2012 黄河河情咨询报告

黄河水利科学研究院

黄 河 水 利 出 版 社

·郑州·

图书在版编目(CIP)数据

2012黄河河情咨询报告/黄河水利科学研究院编著.
郑州:黄河水利出版社,2019.6
ISBN 978-7-5509-2261-7

Ⅰ.①2… Ⅱ.①黄… Ⅲ.①黄河-含沙水流-泥沙运动-影响-河道演变-研究报告-2012 Ⅳ.①TV152

中国版本图书馆CIP数据核字(2019)第020271号

组稿编辑:王路平 电话:0371-66022212 E-mail:hhslwlp@126.com

出 版 社:黄河水利出版社 网址:www.yrcp.com
地址:河南省郑州市顺河路黄委会综合楼14层 邮政编码:450003
发行单位:黄河水利出版社
发行部电话:0371-66026940、66020550、66028024、66022620(传真)
E-mail:hhslcbs@126.com
承印单位:河南新华印刷集团有限公司
开本:787 mm×1 092 mm 1/16
印张:34
字数:790千字 印数:1—1 000
版次:2019年6月第1版 印次:2019年6月第1次印刷

定价:145.00元

《2012 黄河河情咨询报告》编委会

主 任 委 员：时明立

副主任委员：高　航

委　　　员：刘红宾　姜乃迁　江恩惠　姚文艺

张俊华　李　勇　史学建

《2012 黄河河情咨询报告》编写组

主　　编：时明立

副 主 编：姚文艺　李　勇

编写人员：张晓华　尚红霞　张　敏　常温花　王　婷

孙赞盈　王卫红　冉大川　李小平　冯普林

谢志刚　侯素珍　马怀宝　彭　红　田世民

郑艳爽　李　勇　郜国明　郭　彦　樊文玲

张防修　石长伟　王　平　董　倩　曹绮欣

技术顾问：潘贤娣　赵业安　刘月兰　王德昌　张胜利

2012 年咨询专题设置及负责人

序号	专题名称	负责人
1	2012 年黄河河情变化特点	尚红霞
2	黄河宁蒙河段 2012 年洪水调查报告	张　敏　张晓华 谢志刚
3	三门峡库区冲淤演变分析	常温花　侯素珍
4	小浪底库区水沙特点及洪水调度分析	王　婷　马怀宝 部国明
5	黄河下游河道冲淤演变分析	孙赞盈　彭　红
6	内蒙古河段及下游典型河段河势演变特点	王卫红　田世民
7	宁蒙河道洪水特点及河床演变分析	张晓华　郑艳爽 张　敏
8	基于下垫面治理的黄河中游 典型支流暴雨洪水分析	冉大川
9	汛期高含沙中常洪水小浪底 水库调控运用方式研究	李小平　李　勇
10	泾河、渭河干支流河道及水库淤积调查分析	冯普林

前　言

本年度黄河河情咨询及跟踪研究主要开展了以下5个方面的工作：河情跟踪研究、黄河上游洪水特点及对宁蒙河道冲淤演变的作用、典型支流下垫面变化特点及对中游暴雨洪水减水减沙的作用、汛期小浪底水库高含沙中常洪水调控运用方式、内蒙古及下游典型河段河势演变特点。同时，安排了有关小浪底水库、下游河道、宁蒙河段有关方案的水动力学数学模型、水文学模型的方案计算和分析工作。

（1）系统分析了2012运用年三门峡库区（包括小北干流）、小浪底库区、黄河下游等重点河段的河床演变特点及排洪能力的变化。通过对黄河中游多沙粗沙区（河龙区间）汛期降雨—径流、径流—泥沙关系的分析，阐明了近年来降雨—径流—泥沙关系的变化特点。

（2）2012年汛期黄河上游降雨多、洪量大，兰州站出现洪峰3 670 m^3/s的较大流量洪水过程，下河沿站日均流量超过2 000 m^3/s的洪水历时两个多月，为近20多年来少有的丰水年份，在长时间中水流量作用下，宁蒙河道发生了强烈的冲淤调整。为此，重点对洪水期宁蒙河道河床冲淤情况及河道排洪能力进行了分析。本次洪水的发生为深化认识上游河段调水调沙作用及宁蒙河道防洪减淤问题提供了难得的机遇。

（3）2012年7月21日及7月27~28日，黄河中游产生了洪峰流量分别为4 450 m^3/s和10 600 m^3/s的洪水过程，但最大含沙量仅分别为73 kg/m^3和275 kg/m^3。基于近期黄河中游多沙粗沙区水土保持生态工程与淤地坝建设、生态修复与封禁治理等大规模下垫面治理现状，初步分析了皇甫川、佳芦河等典型支流洪水泥沙特性变化、暴雨条件下水土保持措施减水减沙效益。

（4）在现状地形（2012年汛后）边界条件下，选用"96·8"洪水、"88·8"典型高含沙中常洪水，分析了小浪底水库不同调控运用方式对库区冲淤变化、出库水沙过程及下游河道冲淤演变的影响。从水库、河道泥沙联合调度实现更好减淤效果的角度，提出小浪底水库2013年对高含沙中常洪水调控运用的建议。

（5）在2012年汛期较大的洪水过程中，宁蒙河段河势发生了一定程度的调整，三湖河口到头道拐河段有5处出现"裁弯取直"。

另外，小浪底水库运用以来，下游九堡—夹河滩河段畸形河湾（王庵、古城、常堤，2003~2006年）时有发生，2007~2011年间"韦滩"畸形河湾持续发展，但在伊洛河口—花园口河段，近年来河势趋直、下挫现象较为明显，尤其花园口控导工程也几近"脱河"，对此也进行了相应的跟踪研究。

初步阐明了不同类型洪水对宁蒙河道的冲淤演变作用、水土保持措施对典型支流下垫面的改变及其对2012年中游暴雨洪水的减水减沙作用、小浪底水库调控高含沙中常洪水的较优运用方式、2012 年洪水期宁蒙河道和黄河下游河势演变特点等，为上游大型水库和小浪底水库调控运用、中游水土保持治理等提供了科学的参考依据。

2012 年共完成年度咨询总报告 1 份，跟踪研究报告 10 份。本报告主要由时明立、姚文艺、李勇、张晓华、李小平、王卫红、孙赞盈、尚红霞、常温花、张敏、王婷、冉大川、侯素珍、冯普林等人完成，姚文艺负责报告修改和统稿，其他人员不再一一列出，敬请谅解，并对他们表示感谢！工作过程中得到了潘贤娣、赵业安、刘月兰、王德昌、张胜利等专家的指导和帮助，黄河水利委员会有关部门领导、专家也给予了指导，在此表示由衷谢意！

报告中参考了不少他人的研究成果，除已列出的参考文献外，还有一些文献未一一列出，敬请相关作者给予谅解，在此表示歉意和衷心感谢！

黄河水利科学研究院
黄河河情咨询项目组
2017 年 10 月

目　录

第一部分　综合咨询报告

第一章　黄河河情变化特点

一、降雨及水沙特点

(一)汛期降雨特点

根据黄河水情报汛资料统计,2012年(2011年11月~2012年10月,下同)黄河流域汛期(7~10月)降雨量为321.3 mm,较多年平均(1956~2000年,下同)偏多1.4%。偏多主要发生在前汛期(7~8月,下同),降雨量为238 mm,较多年同期偏多12.5%,特别是7月,降雨量达到139.1 mm,较多年同期偏多30.3%。

汛期降雨区域分布不均(图1-1(a)),各区间降雨量与多年同期相比,龙门以上地区降雨量较多年均值偏多,龙门以下地区除三小区间外均偏少。其中,兰州以上、兰托区间、山陕区间、三小区间分别偏多11.2%、21.0%、12.6%、13.7%,沁河、小花干流、黄河下游偏少22%左右,北洛河、伊洛河偏少13%左右,泾渭河、龙三干流、大汶河偏少7%左右(图1-1(b))。汛期降雨量最大值发生在伊洛河的张坪站村,降雨量为695.8 mm。

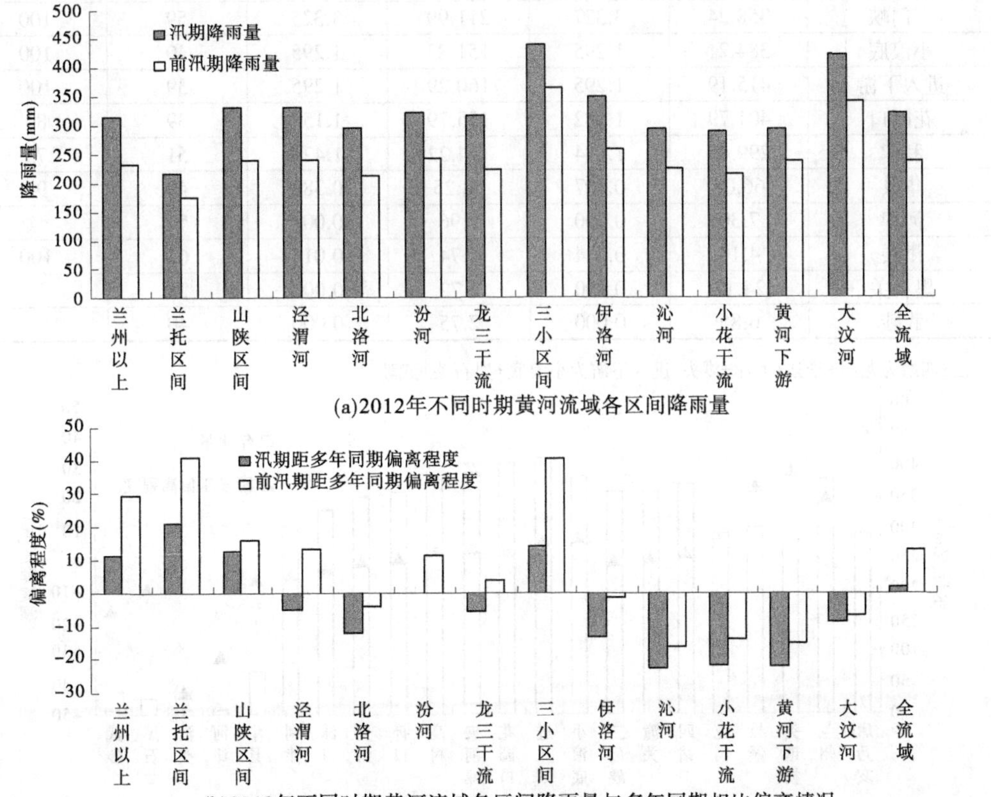

(a)2012年不同时期黄河流域各区间降雨量

(b)2012年不同时期黄河流域各区间降雨量与多年同期相比偏离情况

图1-1　汛期降雨量

（二）径流泥沙特点

1. 干流水量普遍偏多

2012 年干流主要控制站唐乃亥、头道拐、龙门、潼关、花园口和利津年水量分别为 289.66 亿、285.01 亿、291.10 亿、359.06 亿、401.79 亿 m^3 和 299.49 亿 m^3（表 1-1），与多年平均相比，高村以上不同程度偏多，各站偏多程度为从上至下逐渐减少，从唐乃亥的 42% 减少到高村的 3%（图 1-2），高村以下与多年平均基本持平。干流水量偏多主要发生在兰州以上，其中唐乃亥较多年偏多 42%。

表 1-1　2012 年黄河流域主要控制站水沙量统计

项目	运用年		汛期		汛期占全年百分比（%）	
	水量（亿 m^3）	沙量（亿 t）	水量（亿 m^3）	沙量（亿 t）	水量	沙量
唐乃亥	289.66	0.175	181.54	0.153	63	87
小川	329.46	0.088	169.83	0.079	52	90
兰州	376.76	0.371	204.89	0.337	54	91
头道拐	285.01	0.760	172.11	0.500	60	66
吴堡	303.41	1.756	189.26	1.707	62	97
龙门	291.10	1.845	181.79	1.747	62	95
四站	368.58	2.27	220.74	2.144	60	94
潼关	359.06	2.085	213.96	1.790	60	86
三门峡	358.24	3.327	211.99	3.325	59	100
小浪底	384.21	1.295	151.83	1.295	40	100
进入下游	415.19	1.295	160.29	1.295	39	100
花园口	401.79	1.382	155.79	1.154	39	84
利津	299.49	1.884	154.22	1.421	51	75
华县	66.08	0.407	32.25	0.382	49	94
河津	7.30	0.000	3.96	0.000	54	
洑头	4.10	0.014	2.74	0.014	67	100
黑石关	24.13	0.000	5.72	0.000	24	
武陟	6.85	0.000	2.75	0.000	40	

注：四站为龙门+华县+河津+洑头，进入下游为小浪底+黑石关+武陟。

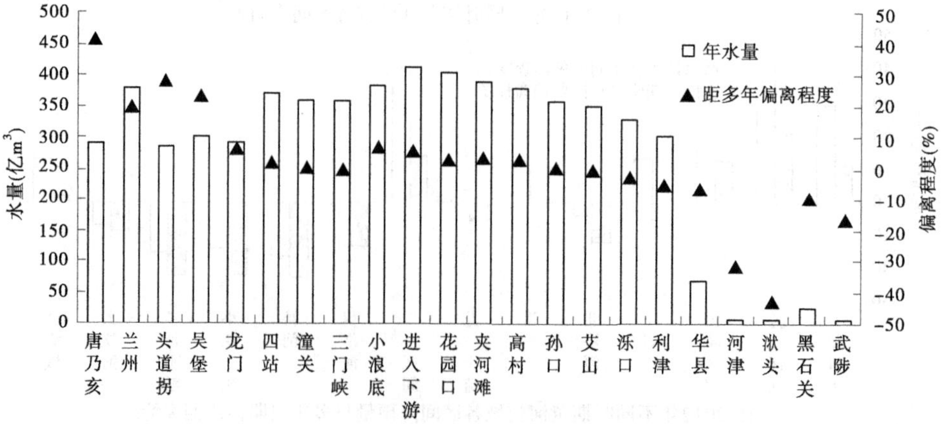

图 1-2　2012 年主要干支流水文站年实测水量

主要支流控制站华县(渭河)、河津(汾河)、洑头(北洛河)、黑石关(伊洛河)、武陟(沁河)来水量分别为66.08亿、7.30亿、4.10亿、24.13亿、6.85亿m^3,与多年平均相比,分别偏少7%、32%、42%、10%、16%(图1-2)。

2.沙量显著偏少

干流主要控制站头道拐、龙门、潼关、花园口和利津年沙量分别为0.760亿、1.845亿、2.085亿、1.382亿t和1.884亿t(表1-1),较多年平均值分别偏少31%、77%、82%、86%和76%(图1-3)。

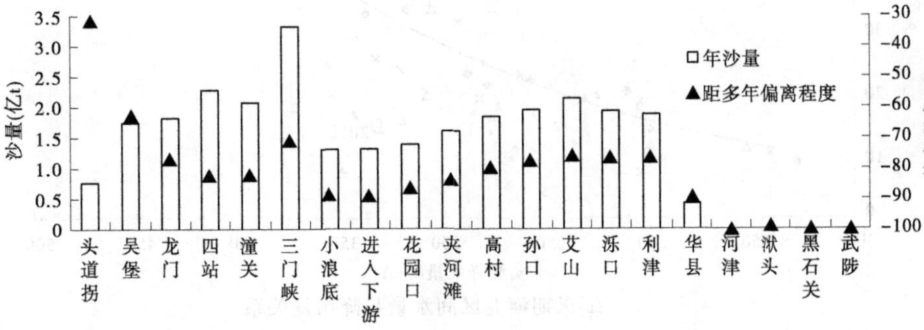

图1-3 2012年主要干支流水文站年实测沙量

主要支流控制站华县(渭河)和洑头(北洛河)分别为0.407亿t和0.014亿t,较多年平均值分别偏少89%和98%。

3.河口镇—龙门区间汛期降雨量偏多而水沙量偏少

河口镇—龙门区间汛期降雨量330.9 mm,来水量14.20亿m^3,来沙量1.548亿t,与多年平均相比,降雨量偏多12.6%,来水量偏少50%,来沙量偏少75%。其中前汛期降雨量239.3 mm,来水量10.13亿m^3,来沙量1.374亿t,与多年平均相比,降雨量偏多4%,来水量偏少43%,来沙量偏少74%。不过,降雨量与实测水量、水沙量之间的函数关系变化不大(图1-4)。

2012年降雨量虽然较多年平均值偏大,但在相对长系列中仍然不大,实测水量在30亿m^3以下时,实测沙量明显减少,但实测水量在30亿m^3以上时,实测沙量不能确定是否减少。

(三)洪水特点

2012年潼关最大流量为5 350 m^3/s(9月3日),花园口最大流量为4 320 m^3/s(6月25日),唐乃亥、兰州、头道拐、吴堡和龙门最大洪峰流量分别为3 440 m^3/s(7月25日)、3 670 m^3/s(7月30日)、3 030 m^3/s(9月7日)、10 600 m^3/s(7月27日)和7 540 m^3/s(7月28日)(图1-5),分别为自1989、1986、1998、1989年和1996年以来最大洪峰。山陕区间部分支流也出现近期最大洪峰流量,如窟野河新庙洪峰流量2 110 m^3/s,为1996年以来最大;秃尾河高家川洪峰流量1 020 m^3/s,为1998年以来最大;清凉寺沟杨家坡洪峰流量1 020 m^3/s,为1961年以来最大;佳芦河申家湾洪峰流量2 010 m^3/s,为1971年以来最大。

受降雨影响,黄河流域干支流出现多次洪水过程,其中编号洪峰四次,分别为龙门站7月28日7时24分洪峰流量7 540 m^3/s(第1号洪峰)、龙门站7月29日0时30分洪峰流量5 950 m^3/s(第2号洪峰)、兰州站7月30日10时20分洪峰流量3 670 m^3/s(第3号洪峰)、潼关站9月3日20时洪峰流量5 350 m^3/s(第4号洪峰)。

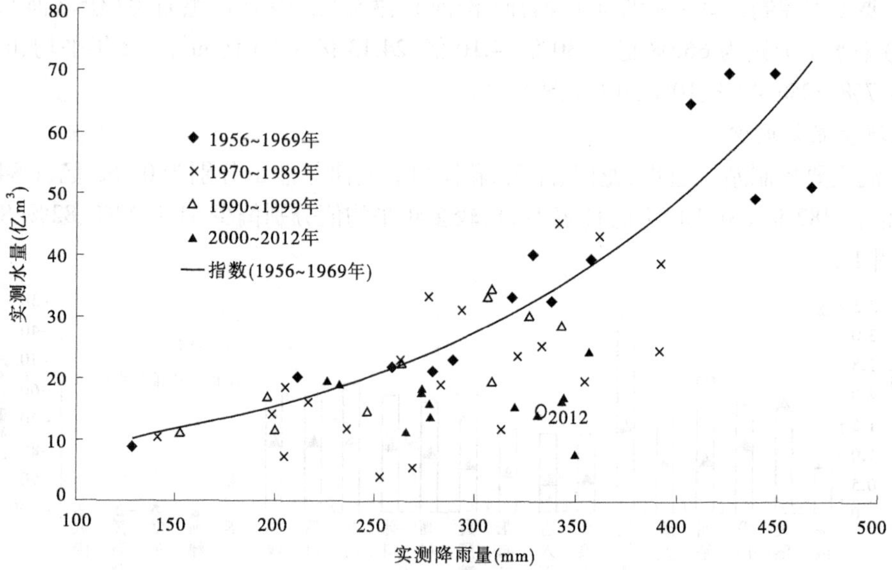

(a)汛期河龙区间水量与降雨量关系

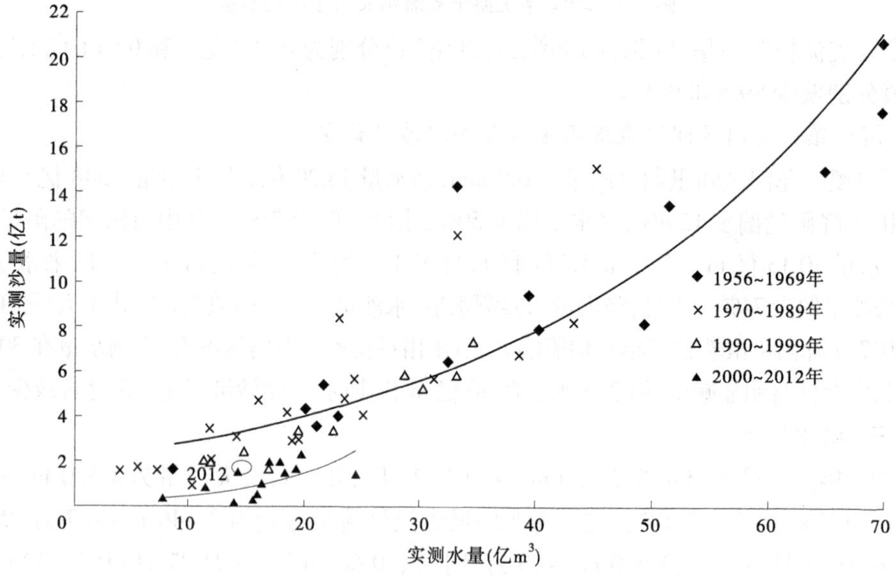

(b)汛期河龙区间水量与沙量关系

图 1-4　汛期河龙区间降雨量与水量关系及水沙量关系

1.黄河干流 2012 年第 1 号洪峰

黄河第 1 号洪峰主要来源于河龙区间的支流皇甫川、秃尾河、佳芦河、清凉寺沟、湫水河以及未控区,其中皇甫川皇甫站洪峰流量 1 840 m^3/s;秃尾河高家川站 27 日 5 时 54 分洪峰流量 765 m^3/s,为 2006 年以来最大洪水;佳芦河申家湾站 27 日 9 时洪峰流量 1 680 m^3/s,排历史资料第六位;清凉寺沟杨家坡站 27 日 9 时 42 分洪峰流量 1 020 m^3/s,为

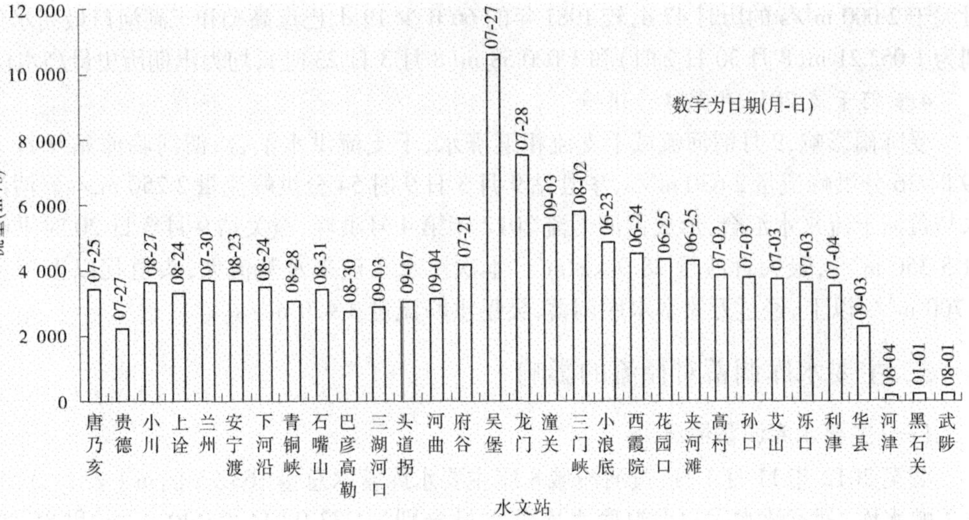

图 1-5　2012 年各站最大流量

1961 年以来最大洪水，排历史资料第二位；湫水河林家坪站 27 日 12 时 36 分洪峰流量 1 400 m^3/s。干支流来水加上未控区间加水流量估算约 6 400 m^3/s，黄河吴堡站 7 月 27 日 12 时 48 分洪峰流量 10 600 m^3/s，27 日 19 时 30 分最大含沙量 275 kg/m^3。吴堡—龙门区间支流没有明显的加水，洪水到达龙门站形成黄河干流第 1 号洪峰，即龙门站 28 日 7 时 24 分洪峰流量 7 540 m^3/s，7 月 28 日 7 时 24 分最大含沙量 184 kg/m^3。

2.黄河干流 2012 年第 2 号洪峰

黄河第 2 号洪峰主要来源于河龙区间的秃尾河、佳芦河、湫水河、无定河，其中秃尾河高家川站 28 日 1 时 54 分洪峰流量 1 020 m^3/s，为 1998 年以来最大洪水；佳芦河申家湾站 28 日 2 时洪峰流量 2 010 m^3/s，为 1971 年以来最大洪水；湫水河林家坪站 28 日 9 时 12 分洪峰流量 214 m^3/s。干支流来水加上未控区间加水流量估算约 4 500 m^3/s，黄河吴堡站 7 月 28 日 8 时 30 分洪峰流量 7 400 m^3/s，为 2003 年以来最大洪水，28 日 10 时最大含沙量 228 kg/m^3。无定河白家川站 28 日 16 时 24 分洪峰流量 882 m^3/s，洪水到达龙门站，形成黄河干流第 2 号洪峰，即龙门站 29 日 0 时 30 分洪峰流量 5 950 m^3/s，为 2003 年以来最大洪水，最大含沙量 184 kg/m^3。龙门—潼关区间支流来水约 300 m^3/s，第 2 号洪峰经小北干流演进至潼关站时，与第 1 号洪峰基本合并在一起，7 月 29 日 14 时 11 分潼关站洪峰流量 4 260 m^3/s。

3.黄河干流 2012 年第 3 号洪峰

由于降水偏多，黄河上游发生 1981 年以来持续时间最长、洪峰流量最大的洪水，唐乃亥站最大洪峰流量 3 440 m^3/s，为 1989 年以来最大洪水，受上游来水、刘家峡水库调控、大通河享堂站以上梯级水库调控及区间持续降雨共同影响，兰州站 7 月 30 日 10 时 30 分出现洪峰流量 3 670 m^3/s，为 1986 年以来最大洪水，形成黄河干流 2012 年第 3 号洪峰，洪水向下游演进中，安宁渡最大洪峰 3 670 m^3/s，为 1984 年以来最大洪水，下河沿、青铜峡、石嘴山、巴彦高勒、三湖河口和头道拐最大洪峰流量分别为 3 470、3 050、3 390、2 710、2 840 m^3/s 和 3 030 m^3/s，均为 1989 年以来最大洪水。上游洪水历时 3 个月，兰州日均流量大于 2 000 m^3/s 的历时 47 d,较 1981 年的 66 d 少 19 d,巴彦高勒和三湖河口最高水位分别为 1 052.21 m(8 月 30 日 2 时)和 1 020.58 m(8 月 3 日 23 时),均为汛期历史最高水位。

4.黄河干流 2012 年第 4 号洪峰

受降雨影响,9 月渭河流域干支流相继涨水,干支流洪水汇合,渭河临潼站 9 月 2 日 19 时 36 分洪峰流量 2 630 m^3/s,华县站 9 月 3 日 9 时 54 分洪峰流量 2 250 m^3/s。渭河洪水与黄河干流来水汇合,形成黄河干流 2012 年第 4 号洪峰,潼关站 9 月 3 日 20 时洪峰流量 5 350 m^3/s,最大含沙量 28.9 kg/m^3。本次洪水干流来水基流大,头道拐以上流量在 2 700 m^3/s 以上,经过万家寨水库调蓄,吴堡洪峰流量 3 420 m^3/s。

二、主要水库调蓄对径流的影响

(一)主要水库调蓄情况

截至 2012 年 11 月 1 日,黄河流域 8 座主要水库蓄水总量 363.95 亿 m^3(表 1-2),其中龙羊峡水库、刘家峡水库和小浪底水库蓄水量分别为 233.00 亿、24.40 亿 m^3 和 85.10 亿 m^3,分别占蓄水总量的 64%、7%和 23%。8 座主要水库非汛期补水总量为 92.76 亿 m^3,其中龙羊峡、刘家峡和小浪底水库分别为 24.00 亿、1.3 亿 m^3 和 63.52 亿 m^3,分别占补水总量的 26%、1%和 68%。汛期蓄水量增加 128.73 亿 m^3,其中龙羊峡和小浪底分别占 43%和 58%。全年增加蓄水量 35.97 亿 m^3。

表 1-2　2012 年主要水库蓄水情况　　(单位:亿 m^3)

水库	2012 年 11 月 1 日蓄水量	非汛期蓄水变量	汛期蓄水变量	年蓄水变量	前汛期蓄水变量
龙羊峡	233.00	-24.00	55.00	31.00	50.00
刘家峡	24.40	-1.30	-3.00	-4.30	3.00
万家寨	3.35	1.97	-0.28	1.69	-2.46
三门峡	3.99	-0.08	-0.39	-0.47	-3.95
小浪底	85.10	-63.52	75.22	11.70	20.82
东平湖老湖	3.21	-1.61	-0.43	-2.04	-0.66
陆浑	5.16	-2.39	1.29	-1.10	1.57
故县	5.74	-1.83	1.32	-0.51	0.03
合计	363.95	-92.76	128.73	35.97	68.35

(二)主要水库调蓄对流量影响

考虑龙羊峡、刘家峡和小浪底水库调控水流的传播时间,初步还原水库调蓄流量(图 1-6),兰州实测日均最大流量 3 380 m^3/s(8 月 28 日),还原以后日均最大流量 5 030 m^3/s(8 月 1 日);花园口实测日均最大流量 4 150 m^3/s(7 月 1 日),还原以后日均最大流量4 880 m^3/s(8 月 2 日)。

三、三门峡水库冲淤及潼关高程变化

(一)水库排沙情况

三门峡入库潼关站年水量为 359.06 亿 m^3,其中汛期 213.96 亿 m^3,占 59.6%;年沙量为

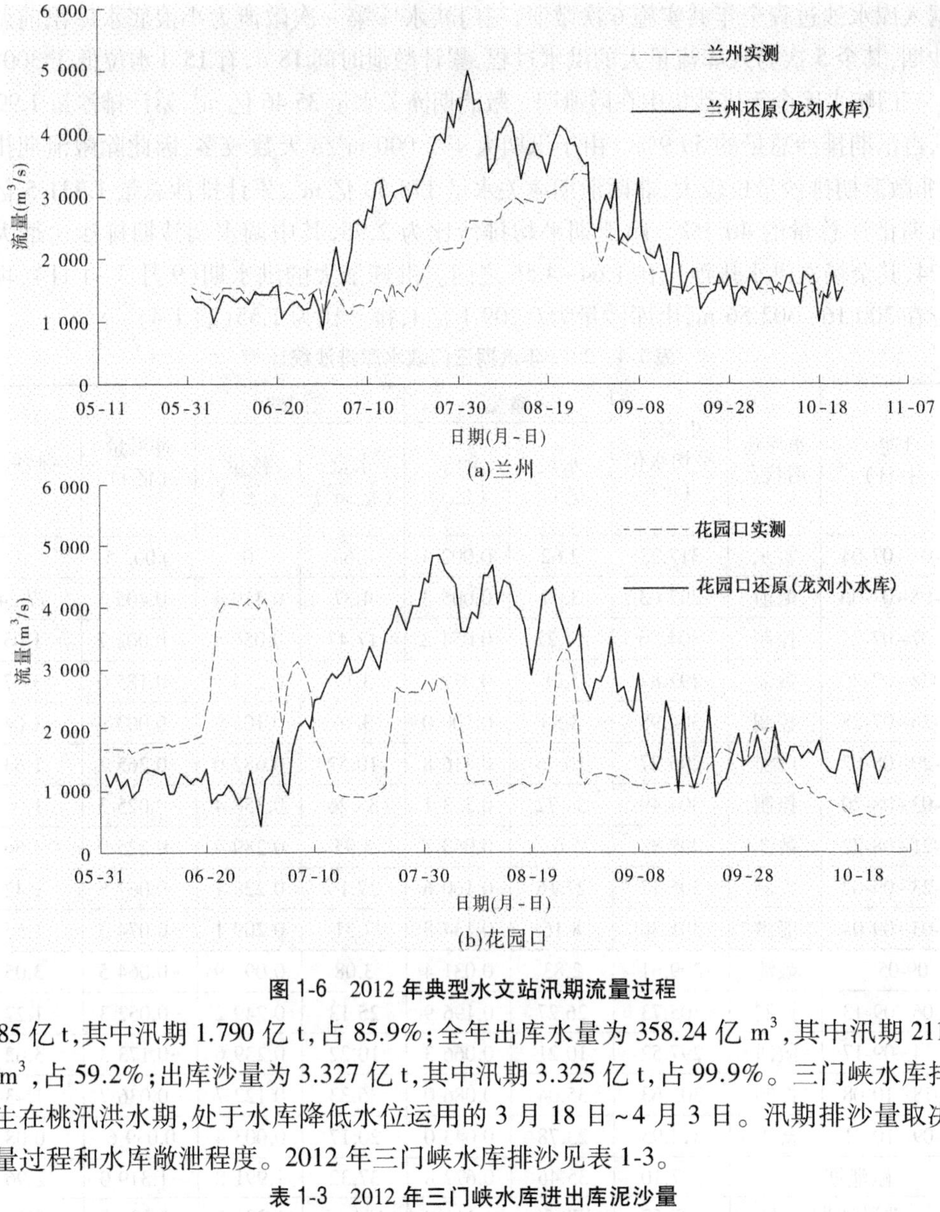

(a)兰州

(b)花园口

图 1-6　2012 年典型水文站汛期流量过程

2.085 亿 t,其中汛期 1.790 亿 t,占 85.9%;全年出库水量为 358.24 亿 m^3,其中汛期 211.99 亿 m^3,占 59.2%;出库沙量为 3.327 亿 t,其中汛期 3.325 亿 t,占 99.9%。三门峡水库排沙发生在桃汛洪水期,处于水库降低水位运用的 3 月 18 日~4 月 3 日。汛期排沙量取决于流量过程和水库敞泄程度。2012 年三门峡水库排沙见表 1-3。

表 1-3　2012 年三门峡水库进出库泥沙量

时段	进库		出库		进出库量差(亿 t)
	水量(亿 m^3)	沙量(亿 t)	水量(亿 m^3)	沙量(亿 t)	
非汛期	145.10	0.295	146.25	0.002	0.293
汛期	213.96	1.790	211.99	3.325	−1.535
运用年	359.06	2.085	358.24	3.327	−1.242

潼关站有 3 次洪峰流量大于 2 500 m^3/s 的洪水过程,最大洪峰流量为 5 350 m^3/s。

根据入库水沙过程全年共实施 6 次敞泄，三门峡水库第一次敞泄为小浪底水库汛前调水调沙期，其余 5 次为入库流量大的洪水过程，累计敞泄时间 18 d，有 15 d 水位低于 300 m。

三门峡水库全年排沙集中在敞泄期。敞泄期潼关水量 35.46 亿 m^3，累计排沙量 1.991 8 亿 t，占汛期排沙总量的 59.9%。由于汛期大于 2 000 m^3/s 天数较多，因此除敞泄期排沙外，非敞泄期排沙量也较大，非敞泄期潼关水量 178.50 亿 m^3，累计排沙总量 1.331 5 亿 t，占汛期排沙总量的 40.1%。敞泄期平均排沙比为 2.96，其中调水调沙期排沙比最大为 77.24，其余场次洪水排沙比在 1.64~4.56 之间。洪峰最大的洪水期(9 月 3~4 日)，坝前水位在 300.16~302.56 m，出库沙量为 0.209 1 亿 t，排沙比为 1.55(表 1-4)。

表 1-4　2012 年汛期三门峡水库排沙统计

日期 (月-日)	水库运用状态	史家滩平均水位 (m)	潼关		三门峡		冲淤量 (亿 t)	排沙比
			水量 (亿 m^3)	沙量 (亿 t)	水量 (亿 m^3)	沙量 (亿 t)		
07-01~07-04	蓄水	317.23	2.62	0.002 5	4.68	0	0.002 5	0
07-05~07-06	敞泄	297.03	3.07	0.005 3	4.37	0.410 4	−0.405 1	77.24
07-07~07-23	控制	304.56	17.22	0.054 2	17.47	0.056 8	−0.002 7	1.05
07-24~07-25	敞泄	297.87	3.28	0.089 4	3.17	0.274 4	−0.185 0	3.07
07-26~07-28	控制	304.98	3.53	0.100 0	3.16	0.103 9	−0.003 9	1.04
07-29~08-02	敞泄	295.27	10.46	0.416 8	10.52	0.682 0	−0.265 2	1.64
08-03~08-20	控制	304.49	34.72	0.333 1	33.26	0.358 4	−0.025 3	1.08
08-21~08-22	敞泄	298.88	5.61	0.063 5	5.95	0.289 4	−0.225 9	4.56
08-23~09-02	控制	305.17	27.16	0.160 6	27.16	0.228 1	−0.067 5	1.42
09-03~09-04	滞洪	301.36	8.16	0.134 8	7.31	0.209 1	−0.074 3	1.55
09-05	敞泄	299.61	2.83	0.031 4	3.08	0.095 9	−0.064 5	3.05
09-06~09-13	控制	305.73	26.27	0.196 9	25.13	0.249 2	−0.052 3	1.27
09-14~09-17	敞泄	297.52	10.21	0.066 3	10.22	0.239 6	−0.173 3	3.62
09-18~10-08	控制	305.63	35.04	0.086 0	36.33	0.122 7	−0.036 7	1.43
10-09~10-31	蓄水	314.95	23.78	0.043 0	20.17	0.003 4	0.039 6	0.08
敞泄期		297.10	35.46	0.672 8	37.32	1.991 8	−1.319 0	2.96
非敞泄期		307.57	178.50	1.111 0	174.66	1.331 5	−0.220 5	1.20
汛期		306.21	213.96	1.783 8	211.99	3.323 3	−1.539 5	1.86

(二)库区冲淤变化

2012 年潼关以下库区非汛期淤积 0.468 亿 m^3，汛期冲刷 0.824 亿 m^3，年内冲刷 0.356 亿 m^3(表 1-5)，冲淤量沿程分布见图 1-7。非汛期淤积末端在黄淤 37 断面，淤积强度最大的河段在黄淤 18—黄淤 29 断面。汛期全河段基本为冲刷，沿程冲刷强度与非汛期淤积强度基本对应，非汛期淤积量大的河段汛期冲刷量也大，由于洪水期敞泄，坝前—黄淤 8 断面冲刷强度也比较大。从全年看，各断面基本表现为冲刷，除坝前的个别断面冲刷较大外，沿程冲刷变化幅度不大。

表 1-5　2012 年潼关以下库区各河段冲淤量　（单位：亿 m^3）

时段	大坝—黄淤 12	黄淤 12—黄淤 22	黄淤 22—黄淤 30	黄淤 30—黄淤 36	黄淤 36—黄淤 41	大坝—黄淤 41
非汛期	0.005	0.144	0.231	0.072	0.016	0.468
汛期	-0.150	-0.246	-0.293	-0.113	-0.022	-0.824
全年	-0.145	-0.102	-0.062	-0.041	-0.006	-0.356

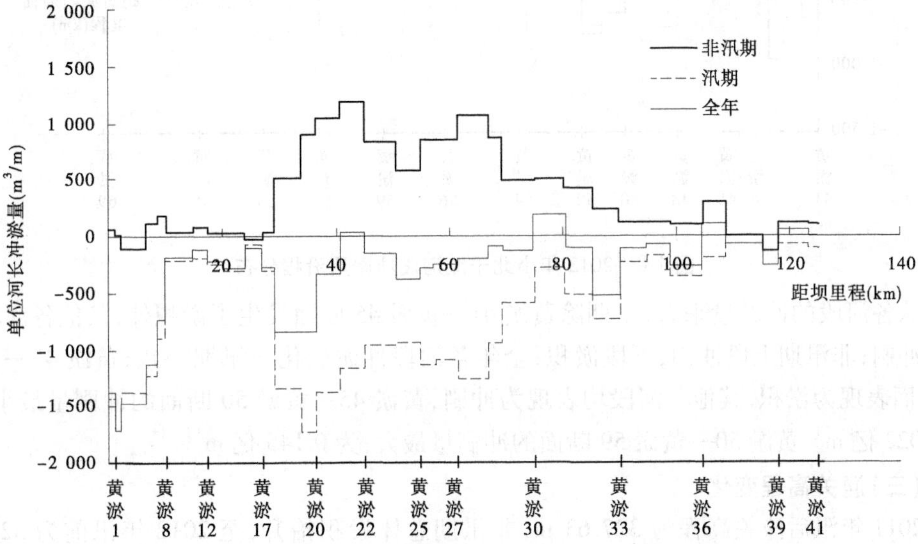

图 1-7　2012 年三门峡潼关以下库区冲淤量沿程分布

2012 年小北干流河段非汛期冲刷 0.221 亿 m^3，汛期冲刷 0.029 亿 m^3，全年共冲刷 0.250亿 m^3（表 1-6），沿程冲淤量分布见图 1-8。其中非汛期黄淤 41—黄淤 42、汇淤 6—黄淤 47 以及黄淤 61—黄淤 63 断面淤积，其余河段均发生不同程度冲刷；汛期各断面有冲有淤，沿程冲淤交替发展，黄淤 42—汇淤 6、黄淤 50—黄淤 52、黄淤 55—黄淤 57 以及黄淤 66—黄淤 68 断面淤积，其余河段均发生不同程度冲刷；从全年看，上段黄淤 66—黄淤 68 断面和下段黄淤 42—黄淤 47 表现为淤积，中间河段基本表现为冲刷，冲刷强度在 500 m^3/m（单位河长）左右。

表 1-6　2012 年小北干流各河段冲淤量　（单位：亿 m^3）

时段	黄淤 41—黄淤 45	黄淤 45—黄淤 50	黄淤 50—黄淤 59	黄淤 59—黄淤 68	黄淤 41—黄淤 68
非汛期	-0.030	0.022	-0.137	-0.076	-0.221
汛期	0.051	-0.044	-0.009	-0.028	-0.030
全年	0.062	-0.022	-0.145	-0.104	-0.250

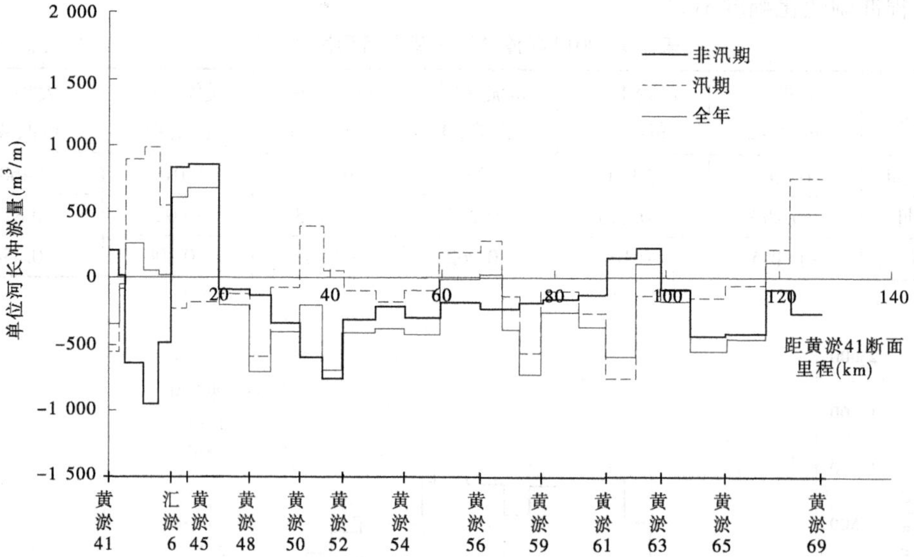

图 1-8　2012 年小北干流河段冲淤量沿程分布

从各河段的冲淤量来看,汛期除黄淤 41—黄淤 45 断面发生了淤积外,其他各河段表现为冲刷;非汛期上段冲刷,下段淤积;全年各河段冲淤变化与汛期一致,黄淤 41—黄淤 45 断面表现为淤积,其他各河段均表现为冲刷,黄淤 45—黄淤 50 断面的冲刷量最小,只有 0.022 亿 m^3,黄淤 50—黄淤 59 断面的冲刷量最大,为 0.145 亿 m^3。

(三)潼关高程变化

2011 年汛后潼关高程为 327.63 m,非汛期总体淤积抬升,至 2012 年汛前为 327.80 m,非汛期淤积抬升 0.17 m,经过汛期的调整,汛后为 327.38 m,运用年内潼关高程下降 0. 25 m。年内潼关高程变化过程见图 1-9。

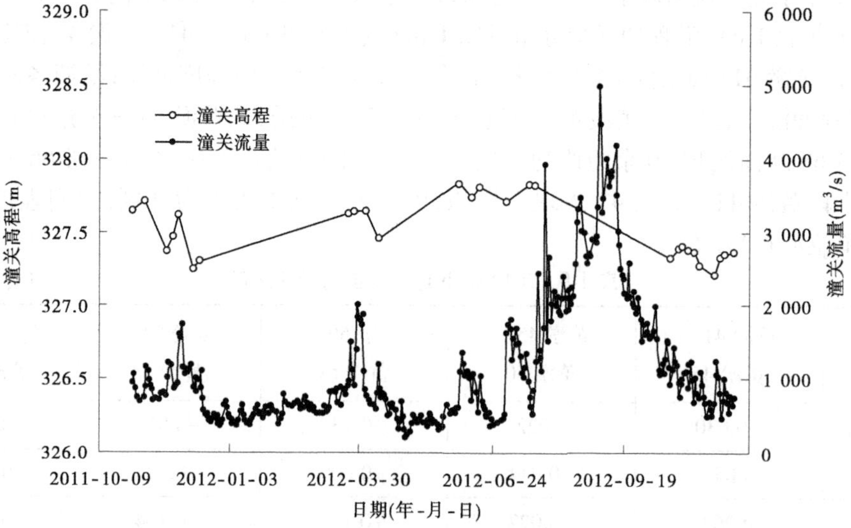

图 1-9　2012 年潼关高程变化过程

非汛期水库运用水位在 319 m 以下，潼关河段不受水库回水直接影响，主要受来水来沙和前期河床条件影响，基本处于自然演变状态，2011 年汛后（10 月末）潼关高程为 327.63 m，11、12 月流量在 1 000 m^3/s 左右，潼关高程继续下降，最低至 327.24 m，之后流量过程较小；到 2012 年桃汛前潼关高程上升为 327.72 m，在桃汛洪水作用下潼关高程下降 0.08 m，桃汛后为 327.64 m，4～5 月流量小，主河槽发生淤积调整，1 000 m^3/s 水位抬升，至汛前潼关高程为 327.80 m。非汛期潼关高程累计上升 0.16 m。

汛期三门峡水库运用水位基本控制在 305 m 以下，潼关高程随水沙条件变化而发生交替升降。从汛初到 7 月 22 日洪水之前，潼关高程变化很小，在 327.70～327.83 m 之间；7 月 22 日黄河干流和渭河分别发生洪水，潼关站 3 次洪峰流量逐渐增大，洪水过程相连，最大洪峰流量 5 350 m^3/s，虽然渭河和龙门最大含沙量分别达 353、184 kg/m^3，但洪水期最大来沙系数为 0.11 $kg \cdot s/m^6$，洪水过后潼关高程发生较大幅度下降，潼关高程下降为 327. 31 m，洪水期共下降 0.49 m；洪水后潼关高程在 327.31～327.40 m 之间变化，汛后潼关高程为 327.38 m，汛期潼关高程共下降 0.42 m。

可见，大洪水对潼关高程冲刷下降起着重要作用。

四、小浪底水库冲淤变化

（一）水库排沙情况

泥沙主要集中在汛前调水调沙期和洪水期排泄出库，汛前调水调沙期水库排沙0.576 亿 t，占全年出库泥沙的 44.5%，水库排沙比达到 1.286；7 月 23 日至 8 月 4 日利用中上游干支流出现洪水降低库水位排沙 0.630 亿 t，占全年出库泥沙的 48.6%，水库排沙比为 0. 562；除此之外，洪水期间小浪底水库也有少量排沙。

（二）库区冲淤特性

根据沙量平衡法计算，2012 年库区淤积量为 2.032 亿 t。根据断面法计算，年度内全库区泥沙淤积量为 1.325 亿 m^3，其中干流淤积量为 1.124 亿 m^3，支流淤积量为 0.201 亿 m^3（表 1-7），年度内库区淤积全部集中于 4～10 月，淤积量为 2.362 亿 m^3。从 1999 年 9 月开始蓄水运用至 2012 年 10 月，小浪底全库区断面法淤积量为 27.500 亿 m^3，其中，干流淤积量为 22.709 亿 m^3，支流淤积量为 4.791 亿 m^3。

表 1-7　2012 年各时段库区淤积量（断面法）

时段		2011 年 10 月～2012 年 4 月	2012 年 4～10 月	2011 年 10 月～2012 年 10 月
淤积量（亿 m^3）	干流	−0.514	1.638	1.124
	支流	−0.523	0.724	0.201
	合计	−1.037	2.362	1.325

年度内库区淤积主要集中在高程 215 m 以下，淤积量达到 1.449 亿 m^3。从淤积库段看（图 1-10），主要淤积在 HH11JA 断面以下，该库段（含支流）淤积量为 1.730 亿 m^3。

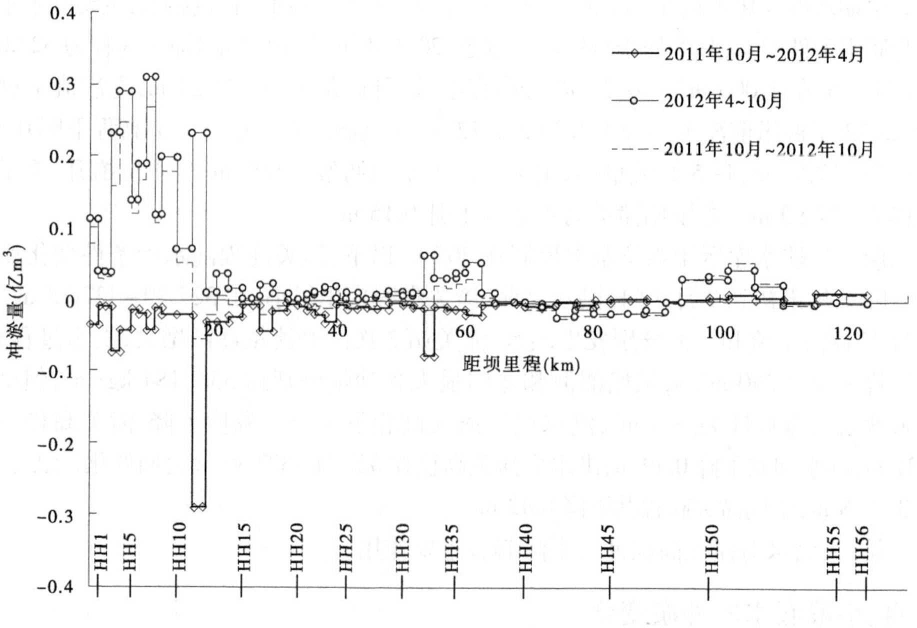

图 1-10　小浪底库区断面间冲淤量分布(含支流)

2012 年 4~10 月支流淤积量为 0.724 亿 m^3,支流泥沙主要淤积在库容较大的支流,如畛水河以及近坝段的大峪河、土泉沟、白马河等支流(图 1-11)。

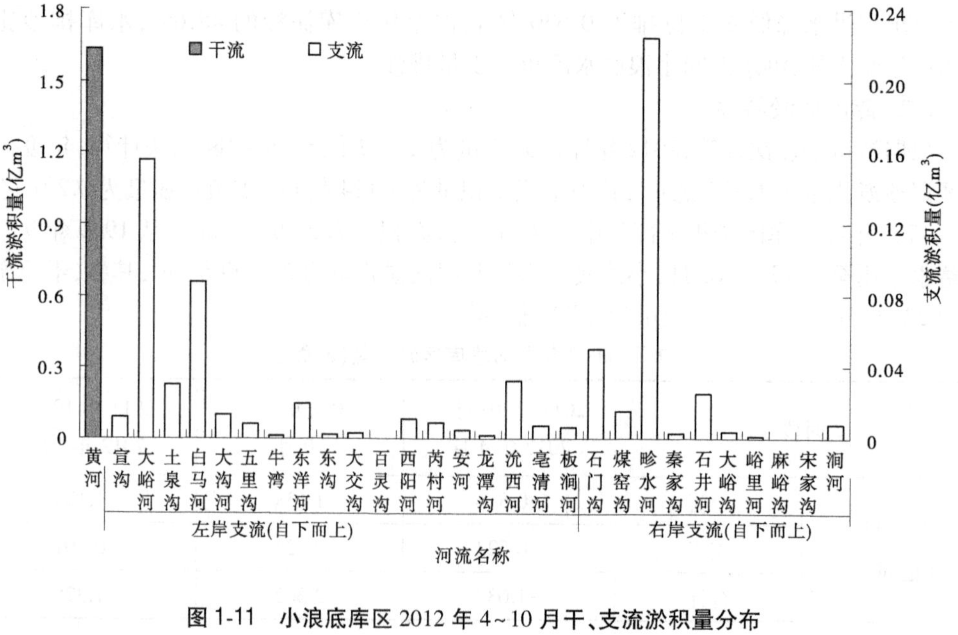

图 1-11　小浪底库区 2012 年 4~10 月干、支流淤积量分布

1. 干流淤积形态

1) 纵向淤积形态

2011 年 11 月至 2012 年 6 月下旬,三门峡水库大部分时段下泄清水,干流纵向淤积形

态在此期间变化不大。2012 年 7~10 月，小浪底库区干流保持三角洲淤积形态，在库区三角洲洲面水流基本为明流流态，三角洲顶点以下的前坡段，水深陡增，流速骤减，水流挟沙力急剧下降，处于超饱和输沙状态，大量泥沙在此落淤，使三角洲洲体随库区淤积量的增加而不断向坝前推进。至 2012 年 10 月，三角洲顶点推进到距坝 10.32 km（HH8），三角洲顶点高程为 210.63 m（图 1-12）。三角洲尾部段有少量淤积，淤积量为 0.151 亿 m^3，比降变缓，达到 7.71‱（表 1-8）。

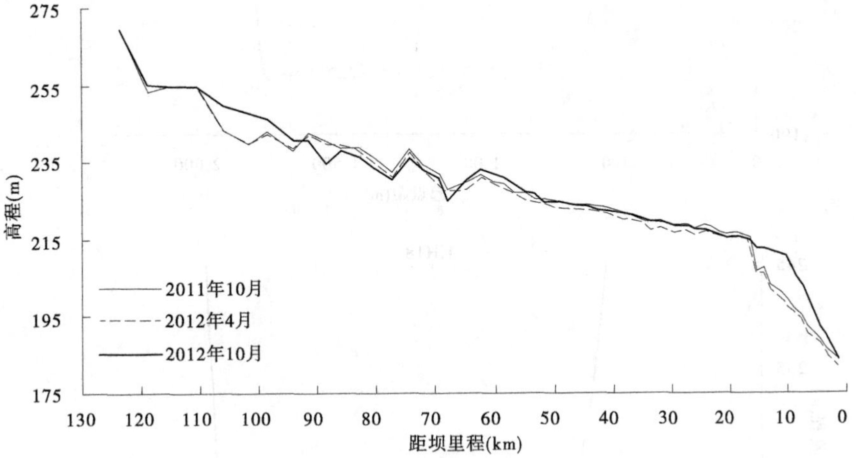

图 1-12　干流纵剖面套绘（深泓点）

表 1-8　干流三角洲淤积形态要素统计表

时间	顶点		坝前淤积段	前坡段		洲面段		尾部段	
	距坝里程（km）	深泓点高程（m）	距坝里程（km）	距坝里程（km）	比降（‱）	距坝里程（km）	比降（‱）	距坝里程（km）	比降（‱）
2011 年 10 月	16.39	215.16	0~6.54	6.54~16.39	20.19	16.39~105.85	3.28	105.85~123.41	11.83
2012 年 10 月	10.32	210.63	0~4.55	4.55~10.32	31.66	10.32~93.96	3.30	93.96~123.41	7.71

2）横断面淤积形态

2011 年 10 月至 2012 年 4 月，全库区地形总体变化不大。受汛期泥沙大量淤积影响，库区大部分滩面均有不同程度的抬升。其中，坝前淤积段和前坡段淤积最为严重（图 1-13）。距坝 7.74 km 处的 HH6 断面主槽抬升 7 m 以上，滩地最高抬升 12 m。2012 年汛期上游来水较多，洪水期运用水位较低，在三角洲洲面河段横断面表现为淤滩刷槽。小流量时冲刷形成的河槽较小，遭遇较大流量时，河槽下切展宽，河槽过水面积显著扩大，如 HH12 断面；在较为顺直的狭窄库段，基本上为全断面过流，如八里胡同库段的 HH18 断面；HH30—HH36 之间断面宽阔，一般为 2 000~2 500 m，在持续小流量年份河槽相对较小，滩地形成横比降，突遇较大流量，极易发生河槽位移，如 HH33 断面，河槽沿横断面变化频繁且大幅度位移。

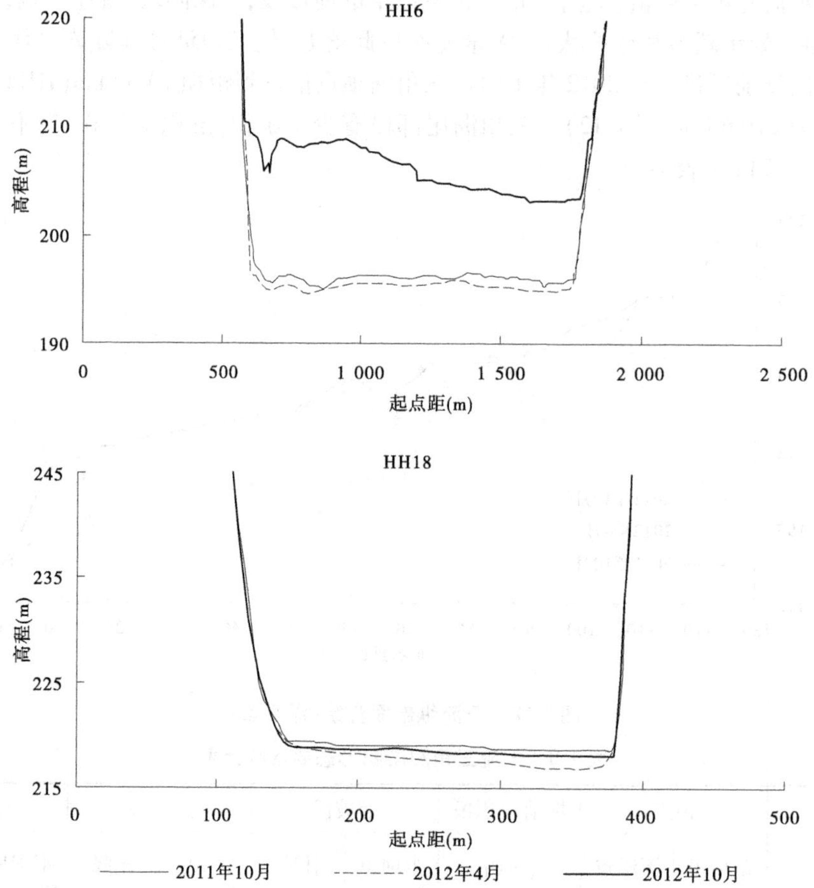

图 1-13　典型横断面套绘图

2. *支流淤积形态*

图 1-14 为部分支流纵断面套绘。可以看出,距坝约 4 km 的大峪河,在非汛期淤积面有所下降;在汛期,发生异重流倒灌,支流内部随着干流淤积面的抬升而同步抬升,河口处与干流滩面抬升幅度相当。由于泥沙的沿程分选,淤积厚度沿程减小,支流淤积纵剖面呈现一定的倒坡。横断面表现为平行抬升,各断面抬升比较均匀。

由于畛水河地形的特殊性,拦门沙坎依然存在,至 2012 年 10 月,畛水河口滩面高程 217 m,而畛水河 3 断面河底高程为 210 m,畛水河 5 断面河底高程仅有 209 m,拦门沙坎高 8 m。库水位下降期间,支流蓄水汇入干流。若干支流高差较大,会在支流口门形成一条或几条与干流连通的河槽,如畛水河 1 断面河槽宽度超过 200 m,深度达 1.5 m,不过仅在沟口有河槽,畛水河 2 断面基本仍为水平淤积面,并没有受到支流下泄水流的影响。同样的情况在库区三角洲洲面段的支流东洋河、西阳河以及沇西河也有发生。

(三)库容变化

随着水库淤积的发展,水库的库容也随之变化。至 2012 年 10 月,水库 275 m 高程下

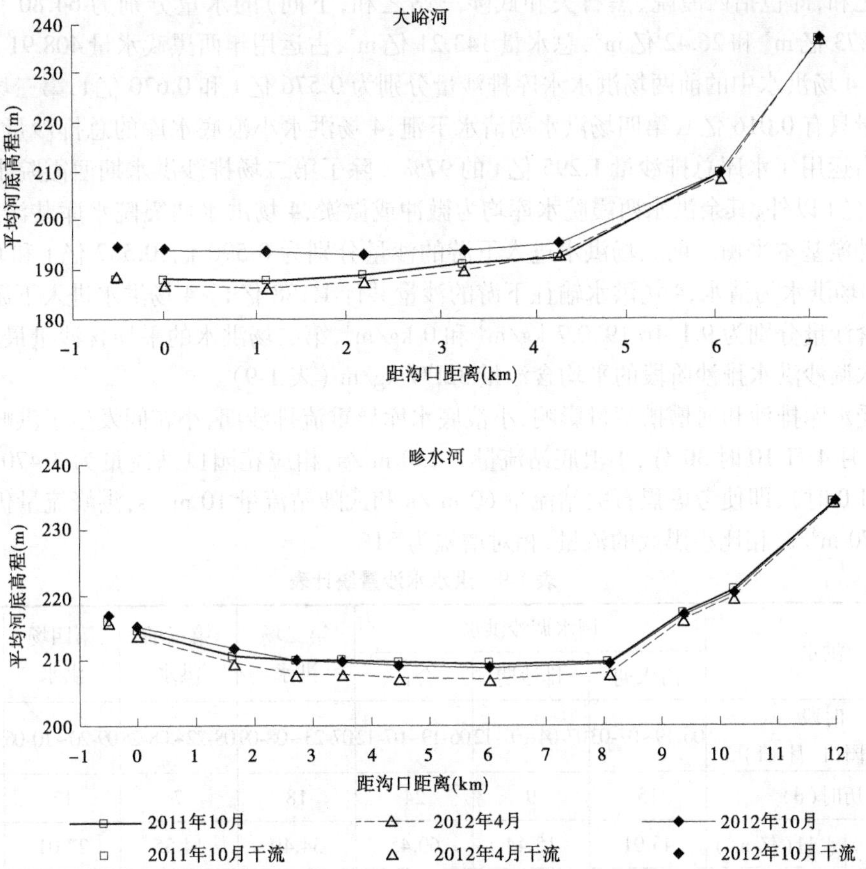

图 1-14　典型支流纵剖面图

总库容为 99.960 亿 m^3，其中，干流库容为 52.071 亿 m^3，支流库容为 47.889 亿 m^3。起调水位 210 m 以下库容仅为 1.929 亿 m^3；汛限水位 230 m 以下库容仅为 14.003 亿 m^3。

五、黄河下游河床演变

2012 年是小浪底水库运用以来泄水最多的一年，出库水量为 384.21 亿 m^3，水库排沙为 1.295 亿 t，且全部集中于汛期。全年进入下游河道的水沙分别为 415.19 亿 m^3 和 1.295 亿 t，其中汛期分别占 39% 和 100%。

（一）黄河下游洪水特点及河道冲淤演变

1.黄河下游洪水特点

花园口站洪峰流量大于 2 000 m^3/s 的洪水共 4 场。小花间（小浪底至花园口区间，下同）支流加水流量很小，4 场洪水基本上为小浪底水库调节出库形成的洪水，其中前三场洪水为调水调沙洪水。

4 场洪水历时分别为 24、18、7 d 和 17 d，总历时 66 d。4 场洪水期间小浪底水库泄水分别为 60.45 亿、34.49 亿、14.55 亿 m^3 和 27.01 亿 m^3，总泄水量 136.50 亿 m^3，占运用年小浪底水量 384.21 亿 m^3 的 36%。4 场洪水期间小花间加水仅 4.17 亿 m^3，进入下游（指西黑武之和,即包括西霞院、黑石关和武陟三站之和,下同)的水量分别为 64.80 亿、36.26 亿、15.73 亿 m^3 和 26.42 亿 m^3,总水量 143.21 亿 m^3,占运用年西黑武水量 408.91 亿 m^3 的 35%。4 场洪水中的前两场洪水水库排沙量分别为 0.576 亿 t 和 0.670 亿 t,第三场洪水的排沙量只有 0.016 亿 t,第四场洪水为清水下泄,4 场洪水小浪底水库的总排沙量为 1.262 亿 t,占运用年水库总排沙量 1.295 亿 t 的 97%。除了第二场排沙洪水期西霞院水库淤积 0.085 亿 t 以外,其余洪水西霞院水库均为微冲或微淤,4 场洪水西霞院水库共淤积 0.077 亿 t,冲淤基本平衡。前三场洪水进入下游的沙量分别为 0.590 亿、0.587 亿 t 和 0.011 亿 t,第四场洪水为清水,4 场洪水输往下游的沙量共计 1.188 亿 t。4 场洪水进入下游的时段平均含沙量分别为 9.1、16.19、0.7 kg/m^3 和 0 kg/m^3,第二场洪水的平均含沙量最高,但低于调水调沙洪水排沙阶段的平均含沙量 32.79 kg/m^3(表 1-9)。

受水库排沙和河槽槽蓄量影响,小浪底水库异重流排沙期,小花间发生了洪峰增值现象。7 月 4 日 10 时 30 分,小浪底站流量 2 230 m^3/s,相应花园口站流量为 3 470 m^3/s(7 月 6 日 0 时),即使考虑黑石关站流量 60 m^3/s 和武陟站流量 10 m^3/s,洪峰流量仍然增加了1 170 m^3/s,相比小黑武的流量,相对增幅为 51%。

表 1-9　洪水水沙量统计表

洪水		调水调沙洪水			第二场洪水	第三场洪水	第四场洪水	合计
		清水期	排沙期	合计				
时段(花园口,月-日)		06-19~07-03	07-04~07-12	06-19~07-12	07-23~08-09	08-22~08-28	09-20~10-06	
历时(d)		15	9	24	18	7	17	66
小浪底	水量(亿 m^3)	45.01	15.44	60.45	34.49	14.55	27.01	136.50
	沙量(亿 t)	0.000	0.576	0.576	0.670	0.016	0.000	1.262
西霞院	水量(亿 m^3)	46.53	17.12	63.65	34.76	15.20	25.43	139.04
	沙量(亿 t)	0.005	0.585	0.590	0.587	0.011	0.000	1.188
西黑武	水量(亿 m^3)	46.96	17.84	64.80	36.26	15.73	26.42	143.21
	沙量(亿 t)	0.005	0.585	0.590	0.587	0.011	0.000	1.188
	平均流量(m^3/s)	3 623	2 294	3 125	2 332	2 601	1 799	2 511
	平均含沙量(kg/m^3)	0.11	32.79	9.10	16.19	0.70	0.00	8.30

2.洪水期河道冲淤演变

4 场洪水在利津以上河道表现为总体冲刷和个别河段淤积,各场洪水利津以上河段的冲刷量分别为 0.137 亿、0.039 亿、0.133 亿 t 和 0.132 亿 t,共冲刷 0.442 亿 t,占运用年冲刷量 1.103 亿 t(沙量法冲淤量)的 40%。

汛前调水调沙洪水在花园口以上淤积 0.150 亿 t,其中清水期花园口以上河段冲刷 0.068亿 t,水库排沙期花园口以上淤积 0.218 亿 t,表明调水调沙期间花园口以上河段的淤积完全集中在排沙期。排沙期花园口—夹河滩河段微淤 0.057 亿 t。花园口以上河段清水期冲刷量 0.068 亿 t，远小于排沙期的淤积量 0.218 亿 t，从而使整个调水调沙期花园口以上河段淤积 0.150 亿 t。调水调沙洪水在夹河滩以下河段均冲刷。西霞院—利津共冲刷 0.137 亿 t。

第二场洪水夹河滩以上河段发生淤积，其中西霞院水库和花园口—夹河滩河段分别淤积 0.085 亿 t 和 0.070 亿 t，泺口—利津河段微淤 0.015 亿 t，其余河段冲刷，西霞院—利津共冲刷 0.039 亿 t。

第三场洪水艾山—泺口河段微淤 0.013 亿 t，其余河段发生冲刷，其中花园口以上冲刷最多，为 0.065 亿 t，西霞院—利津共冲刷 0.133 亿 t。

各场次洪水冲淤量见表 1-10。

表 1-10　各场洪水在西霞院水库及下游各河段的冲淤量统计表　（单位：亿 t）

洪水	第一场洪水			第二场洪水	第三场洪水	第四场洪水	合计
	清水期	排沙期	合计				
西霞院水库	-0.004	-0.009	-0.013	0.085	0.005	0.000	0.077
西霞院—花园口	-0.068	0.218	0.150	-0.019	-0.065	-0.045	0.021
花园口—夹河滩	-0.090	0.057	-0.033	0.070	-0.005	-0.002	0.030
夹河滩—高村	-0.040	-0.021	-0.061	-0.047	-0.032	-0.046	-0.186
高村—孙口	-0.073	-0.008	-0.081	-0.033	-0.002	-0.016	-0.132
孙口—艾山	-0.011	-0.014	-0.025	-0.005	-0.030	-0.009	-0.069
艾山—泺口	-0.030	-0.010	-0.040	-0.020	0.013	0.042	-0.005
泺口—利津	-0.059	0.012	-0.047	0.015	-0.012	-0.057	-0.101
西霞院—利津	-0.371	0.234	-0.137	-0.039	-0.133	-0.133	-0.442

（二）东平湖和金堤河入黄水量

2012 运用年东平湖入黄总水量为 12.19 亿 m^3，其中非汛期和汛期入黄水量分别为 6.24 亿 m^3 和 5.95 亿 m^3。东平湖汛期加水集中在 7 月 4 日～8 月 26 日。最大日均流量为 295 m^3/s（2012 年 7 月 17 日）。2012 年金堤河向黄河加水 1.14 亿 m^3。2012 年运用年进入下游河道的总水量为 428.52 亿 m^3，利津水量为 299.49 亿 m^3，进出河道的水量差为 129.03 亿 m^3，引水量为 109.40 亿 m^3，不平衡水量为 19.63 亿 m^3（表 1-11）。

表 1-11　运用年不平衡水量计算表　（单位：亿 m^3）

小浪底	黑石关	武陟	东平湖	金堤河	利津	水量差	引水量	不平衡水量
384.21	24.13	6.85	12.19	1.14	299.49	129.03	109.40	19.63

（三）下游河道冲淤变化

1.沙量平衡法冲淤量

根据沙量平衡法计算，西霞院至利津河段 2011 年 10 月 14 日～2012 年 4 月 15 日共冲刷 0.315 亿 t,2012 年 4 月 16 日~10 月 15 日共冲刷 0.788 亿 t。整个运用年利津以上共冲刷 1.103 亿 t(表 1-12)。

表 1-12　黄河下游各河段沙量平衡法冲淤量计算结果　　(单位:亿 t)

河段	2011 年 10 月 14 日~2012 年 4 月 15 日	2012 年 4 月 16 日~10 月 15 日	合计
西霞院水库	0	0.103	0.103
西霞院—花园口	-0.123	-0.105	-0.228
花园口—夹河滩	-0.154	-0.095	-0.249
夹河滩—高村	-0.071	-0.244	-0.315
高村—孙口	-0.037	-0.128	-0.165
孙口—艾山	-0.125	-0.124	-0.249
艾山—泺口	0.109	0.033	0.142
泺口—利津	0.086	-0.125	-0.039
西霞院—利津	-0.315	-0.788	-1.103

2.断面法冲淤量

根据断面法计算,2012 年西霞院—利津共冲刷 0.992 亿 m^3(主槽,下同),其中非汛期和汛期分别冲刷 0.258 亿 m^3 和 0.734 亿 m^3,74%的冲刷量集中在汛期。从非汛期冲淤的沿程分布看,具有"上冲下淤"的特点,艾山以上河道冲刷,艾山—利津淤积;汛期整个下游河道都是冲刷的,总的冲刷量沿程分布呈"上大下小"。2012 年花园口以上河段淤积 0. 024 亿 m^3,花园口以下河段冲刷,从整个运用年冲刷量的纵向分布看,78%的冲刷量集中在花园口至孙口之间(表 1-13)。

表 1-13　2012 运用年主槽断面法冲淤量计算成果

河段	冲淤量(亿 m^3)			占西霞院—利津(%)
	2011 年 10 月~2012 年 4 月	2012 年 4 月~2012 年 10 月	合计	
花园口以上	-0.092	0.116	0.024	-2
花园口—夹河滩	-0.237	-0.204	-0.441	44
夹河滩—高村	-0.103	-0.075	-0.178	18
高村—孙口	0.025	-0.178	-0.153	15
孙口—艾山	0.005	-0.062	-0.057	6
艾山—泺口	0.063	-0.156	-0.093	9
泺口—利津	0.081	-0.175	-0.094	9
高村以上	-0.432	-0.163	-0.595	60
高村—艾山	0.03	-0.240	-0.210	21
艾山—利津	0.144	-0.331	-0.187	19
西霞院—利津	-0.258	-0.734	-0.992	100
占全年(%)	26	74	100	

1999 年 10 月到 2012 年汛后,下游河道冲刷主要集中在夹河滩以上,夹河滩以上河

段和夹河滩—利津河段的冲刷量分别为9.940亿 m^3 和6.506亿 m^3，两者之比为1.53：1。从河段平均冲刷面积看，花园口以上河段、花园口—夹河滩、夹河滩—高村、高村—孙口、孙口—艾山、艾山—泺口和泺口—利津河段的冲刷面积分别为3 592、5 444、2 701、1 300、978、784 m^2 和751 m^2。夹河滩以上主槽的冲刷面积超过了3 500 m^2，而孙口以下河段不到1 000 m^2。

2012年，花园口以上河段因河道淤积河段平均面积减少19 m^2，花园口以下各河段冲刷增加的面积分别为438 m^2（花园口—夹河滩）、245 m^2（夹河滩—高村）、115 m^2（高村—孙口）、88 m^2（孙口—艾山）、87 m^2（艾山—泺口）和52 m^2（泺口—利津），其中花园口—夹河滩河段增加最多，泺口—利津河段增加最少。

（四）排洪能力变化

将2012年汛前调水调沙和2011年汛前调水调沙洪水涨水期同3 000 m^3/s 流量水位相比，夹河滩—孙口下降较为明显，降幅为0.17~0.26 m，花园口和泺口下降较少，为0.05 m，艾山和利津有所抬升。

2012年8月下旬洪水（9月下旬至10月上旬洪水）的流量较小，不足3 000 m^3/s，为2012年末场洪水。比较该场洪水和当年调水调沙洪水的3 000 m^3/s 流量水位，花园口和夹河滩分别抬升了0.14 m和0.25 m，高村下降了0.08 m，孙口变化不明显，艾山和泺口分别下降0.2 m和0.11 m，利津微降0.04 m；和2011年汛前调水调沙洪水3 000 m^3/s 水位相比，上段花园口和夹河滩站分别抬升了0.09 m和0.08 m，利津变化不明显，中段高村—泺口水位降幅明显，降幅分别为0.3 m（高村）、0.27 m（孙口）、0.18 m（艾山）和0.16 m（泺口）（表1-14（a））。

孙口和高村2012年在较大流量短时间内水位表现反常，3 500 m^3/s 同流量水位，2012年调水调沙和上年调水调沙相比，孙口和艾山有所抬升（表1-14（b））。

表1-14　3 000 m^3/s 和3 500 m^3/s 水位及其变化　　（单位：m）

（a）3 000 m^3/s 水位及其变化

水文站		花园口	夹河滩	高村	孙口	艾山	泺口	利津
2011年调水调沙	（1）	91.92	75.17	61.63	47.47	40.49	29.77	12.76
2012年调水调沙	（2）	91.87	75	61.41	47.21	40.51	29.72	12.81
2012年8月下旬	（3）	92.01	75.25	61.33	47.2	40.31	29.61	12.77
水位变化	（4）=（2）-（1）	-0.05	-0.17	-0.22	-0.26	0.02	-0.05	0.05
	（5）=（3）-（2）	0.14	0.25	-0.08	-0.01	-0.2	-0.11	-0.04
	（6）=（3）-（1）	0.09	0.08	-0.30	-0.27	-0.18	-0.16	0.01

（b）3 500 m^3/s 水位及其变化

水文站		花园口	夹河滩	高村	孙口	艾山	泺口	利津
2011年调水调沙	（1）	92.17	75.38	61.9	47.88	40.97		
2012年调水调沙	（2）	91.95	75.19	61.74	47.98	41.05	30.37	12.43
水位变化	（3）=（2）-（1）	-0.22	-0.19	-0.16	0.10	0.08		

小浪底水库运用以来，黄河下游各河段同流量水位普遍下降。与1999年2 000 m^3/s流量水位相比，2012年各水文站的水位降幅为花园口1.59 m、夹河滩2.17 m、高村2.44 m、孙口1.82 m、艾山1.38 m、泺口1.83 m、利津1.24 m，高村降幅最大，接近2.5 m，艾山和利津降幅最小，不到1.5 m。

预估2013年汛前黄河下游各水文站的平滩流量分别为6 900 m^3/s（花园口）、6 500 m^3/s（夹河滩）、5 800 m^3/s（高村）、4 300 m^3/s（孙口）、4 150 m^3/s（艾山）、4 300 m^3/s（泺口）和4 500 m^3/s（利津）。受纵向冲刷不断下移的影响，最小平滩流量的位置逐渐下移，目前已下移到艾山水文站上游附近，最小值平滩流量预估为4 150 m^3/s。

（五）扣马至小马村断面发生局部淤积

从2012年4月到2012年10月期间，扣马断面至小马村断面之间的河段发生局部淤积，发生淤积的河段长41.6 km，淤积量为0.210 6亿 m^3，平均淤积厚度0.42 m（图1-15）。

初步分析认为，此次局部河段淤积与小浪底水库持续清水冲刷，花园口镇以下河道不少断面不断发生塌滩展宽，横断面变得宽浅，流速降低，同时花园口镇以下河段的纵比降明显小于上段有关。

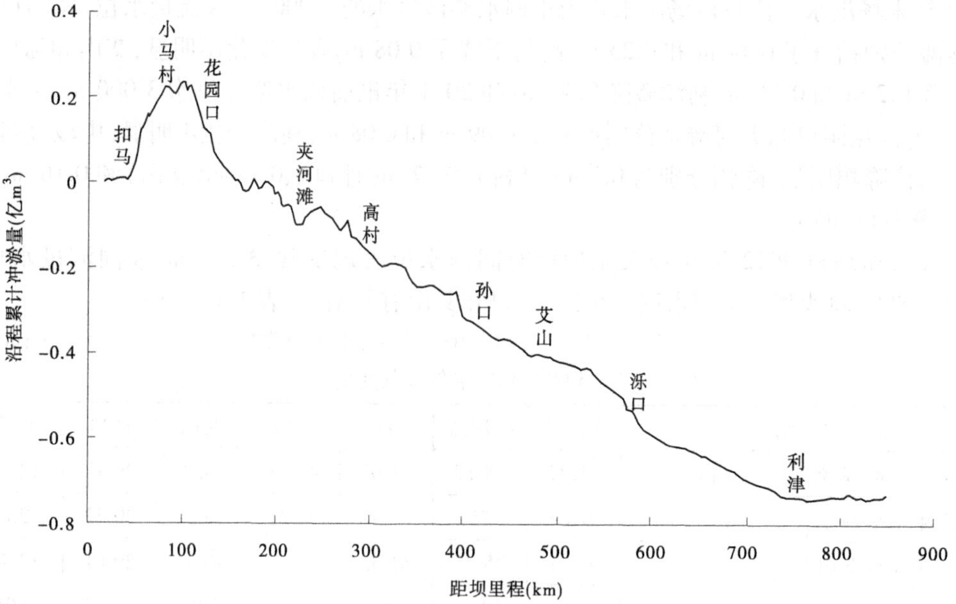

图1-15　汛期沿程累计冲淤量线

六、认识与建议

（一）认识

（1）2012年汛期流域平均降雨量为321.3 mm，较多年平均偏多1.4%。偏多主要发生在前汛期，降雨量为238 mm，较多年同期偏多12.5%。汛期降雨区域分布不均，龙门以上地区降水量较多年均值偏多，龙门以下地区除三小区间外均偏少。

（2）主要干流控制站年水量与多年平均相比，各站偏多，不过从上至下增幅逐渐减少，从唐乃亥的42%减少到高村的3%，高村以下与多年基本持平。

(3)干支流沙量均偏少，其中潼关、花园口和利津年沙量分别约为2.1亿t、1.4亿t和1.9亿t，较多年平均输沙量均减少76%~86%。

(4)潼关和花园口全年最大流量分别为5 350 m^3/s(9月3日)和4 320 m^3/s(6月25日)，唐乃亥、兰州、头道拐、吴堡和龙门全年最大洪峰流量分别为3 440 m^3/s(7月25日)、3 670 m^3/s(7月30日)、3 030 m^3/s(9月7日)、10 600 m^3/s(7月27日)和7 540 m^3/s(7月28日)。山陕区间部分支流也出现近期最大洪峰流量，如窟野河新庙洪峰流量2 110 m^3/s，为1996年以来最大；秃尾河高家川洪峰流量1 020 m^3/s，为1998年以来最大；清凉寺沟杨家坡洪峰流量1 020 m^3/s，为1961年以来最大；佳芦河申家湾洪峰流量2 010 m^3/s，为1971年以来最大。受降雨影响，黄河流域汛期出现多次洪水过程，其中编号洪峰四次。

(5)截至2012年11月1日，黄河流域8座主要水库蓄水总量363.95亿m^3，全年增加蓄水量35.97亿m^3，主要为龙羊峡、刘家峡和小浪底水库，将三大水库调蓄还原后，兰州日均最大流量5 030 m^3/s(8月1日)，相应日均实测流量仅2 250 m^3/s；花园口日均最大流量4 880 m^3/s(8月2日)，相应日均实测流量仅2 910 m^3/s。

(6)三门峡水库继续采用非汛期控制水位318 m、汛期控制水位305 m、洪水期敞泄排沙的运用方式，潼关以下库区，全年冲刷泥沙0.356亿m^3；排沙主要集中敞泄运用期，6次敞泄排沙总排沙量近2亿t，占三门峡沙量的59.9%，平均排沙比296%；2012年汛末潼关高程327.38 m(接近1989年汛后的水平)。

(7)小浪底水库汛前调水调沙期间、主汛期低水位运用，8月以后以蓄水运用为主，10月31日蓄水量约85亿m^3；根据断面法计算，库区全年淤积1.325亿m^3，其中干流淤积量为1.124亿m^3，支流淤积量为0.201亿m^3；淤积主要集中在高程215 m以下，该区间淤积量达到1.449亿m^3；库区淤积形态仍为三角洲淤积、以异重流排沙为主，小浪底水库汛前调水调沙生产运行期间，小浪底水库排沙0.576亿t，排沙比1.286。

至2012年10月，库区累计淤积量达到27.500亿m^3，水库275 m高程下总库容为99.960亿m^3，其中，干流库容为52.071亿m^3，支流库容为47.889亿m^3。到2012年汛后，小浪底三角洲顶点距坝仅10.32 km(HH8)，高程为210.63 m，其下库容只有2.09亿m^3，即将转入锥体淤积、以明流排沙为主的阶段。起调水位210 m高程以下库容仅为1.929亿m^3。

(8)全年进入下游有4场洪水，小浪底站的最大洪峰流量为4 880 m^3/s(6月23日10时)，花园口为4 320 m^3/s(6月25日4时)。前两场洪水水库排沙，后两场洪水基本为清水下泄。汛前调水调沙排沙期洪水在小花间发生了洪峰增值现象，洪峰流量增加了1 170 m^3/s，相对增幅为51%。

(9)下游河道(西霞院到利津)全程冲刷，共冲刷泥沙约1亿m^3(断面法)，其中74%的冲刷集中在汛期，具有明显的"上大下小"的沿程分布特点；非汛期冲刷占全年的26%，大致以艾山为转折点，具有"上冲下淤"的特点。下游平滩流量增幅为50~400 m^3/s，艾山附近河段平滩流量4 150 m^3/s，较上下河段偏小150 m^3/s以上。

(10)汛期扣马至小马村断面之间淤积0.210 6亿m^3，平均淤积厚度0.42 m，小浪底水库运用以来该河段首次发生淤积，也是下游河道局部河段淤积最严重的一次。

（二）建议

（1）库区干流仍保持三角洲淤积形态，至 2012 年汛后，三角洲顶点推进到距坝 10.32 km（HH8）。支流淤积主要在位于干流三角洲顶点以下的支流，畛水的拦门沙坎依然存在，至 2012 年 10 月，畛水沟口拦门沙坎高 8 m。针对这一问题，建议开展相关治理研究。

（2）应优化小浪底水库出库水沙，加强游荡性河道整治，控制塌滩展宽，提高输沙能力，避免局部河段产生累积性淤积。

第二章　宁蒙河道洪水特点及河床演变作用分析

2012 年汛期黄河上游发生持续强降水过程，在龙羊峡、刘家峡水库高水位拦蓄的情况下，进入宁蒙河道的洪水持续时间仍较长，洪峰流量较大，尤其是洪量达到 140 多亿 m^3，成为黄河上游近 30 a 未遇的大洪水，宁夏和内蒙古河段漫滩严重。本次洪水虽然造成较大的灾害损失，但对宁蒙河道来说，是一场非常有利于塑槽和恢复排洪能力的洪水。

在历史上，宁蒙河道为微淤状态，20 世纪 80 年代后期到 21 世纪初发生了强烈淤积萎缩，出现排洪能力下降、防洪防凌形势严峻的局面，洪水的缺失是重要原因之一。黑山峡河段建设开发方案和上游水库运用方式争议的焦点关键之一就在于对洪水的作用即输沙和塑槽作用的认识不同。洪水输沙和塑槽的作用问题成为决定黄河上游防洪防凌和水资源开发争议的关键。因此，剖析这次近 30 a 未遇的大洪水，搞清本次洪水的冲淤和塑槽效果，对科学认识宁蒙河道洪水作用，确定黑山峡河段开发方案有极为重要的意义，对黄河水沙调控体系建设和水利事业的发展也具有重要的促进作用。

以长期的宁蒙河道研究工作积累为基础，根据洪水期和洪水后多次实地查勘和调研收集的资料，对 2012 年上游洪水的洪水演进、河道演变特点和洪水对河道的作用进行分析总结，进而以对宁蒙河道泥沙特性的深入认知为依据，研究了不同洪水过程对宁蒙河道的冲淤作用，并利用数学模型开展了水库调控方案的敏感性分析，探讨了有利于河道演变的水沙过程。研究成果可为黄河上游水库调控的生产需求提供指导。

一、洪水特点

（一）洪水主要来自兰州以上降雨

2012 年 8 月宁蒙河道洪水以黄河上游兰州以上干流及兰州至托克托区间（简称兰托区间）的支流来水为主。黄河上游汛期降雨偏多，7 月兰州以上和兰托区间降雨量分别为 130 mm 和 108 mm，较多年平均偏多 42.1%和 92.5%；8 月兰州以上和兰托区间分别降雨 158 mm 和 60 mm，较多年平均偏多 51.1%和 50.3%（表 2-1）。

表 2-1　主要来水区间旬降水量　　（单位：mm）

区间名称	7 月上旬	7 月中旬	7 月下旬	8 月上旬	8 月中旬	8 月下旬
兰州以上	38	37	55	18	42	98
兰托区间	6	41	61	11	6	43

（二）水库对洪水过程调控作用较大

2012 年入汛后，由于黄河上游降水偏多，上游唐乃亥水文站流量从 6 月底开始起涨，7 月 25 日洪峰流量达到 3 440 m^3/s，为 1989 年以来最大洪峰，大于 2 000 m^3/s 的流量历时长达 54 d。龙羊峡和刘家峡水库联合运用对来水过程进行了调蓄，较大地改变了洪水过程(图 2-1 和图 2-2)。8 月 2 日 8 时,唐乃亥水文站流量 2 730 m^3/s,龙羊峡水库水位 2 591.33 m,刘家峡水库水位 1 728.31 m。根据黄河防总的要求,龙羊峡、刘家峡水库(简称龙刘水库)调度控制黄河兰州段流量不超过 3 500 m^3/s。7 月 20 日~10 月 9 日洪水期间,龙刘水库分别蓄水 32.4 亿、1.82 亿 m^3,分别在设计汛限水位(2 594 m 和 1 726 m)以上运用 48、36 d;在防洪运用汛限水位(2 588 m 和 1 727 m)以上运用 79、31 d。

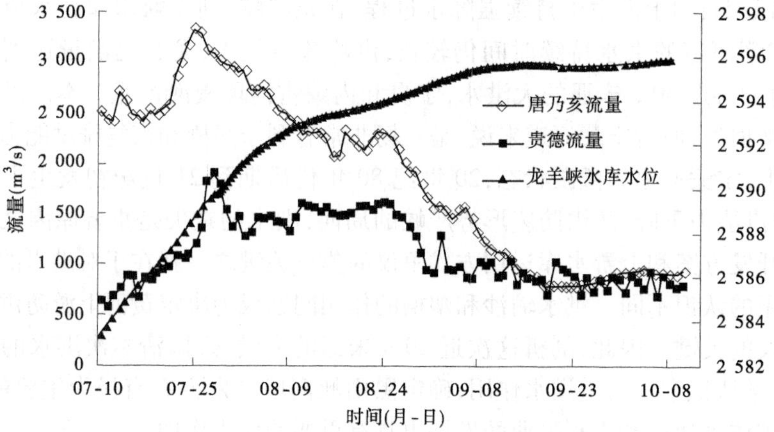

图 2-1 龙羊峡水库水位与流量过程

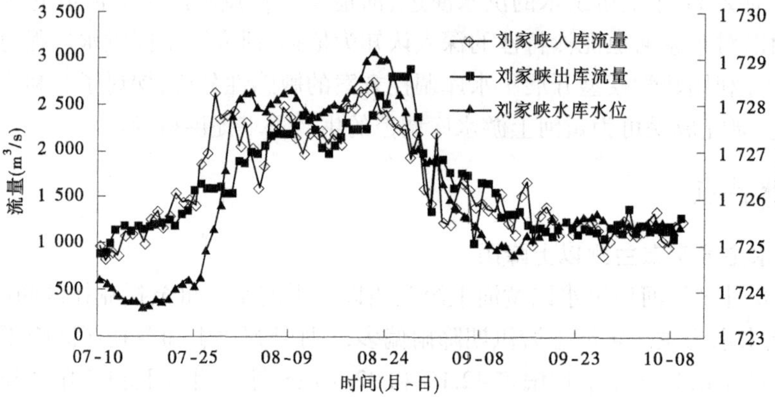

图 2-2 刘家峡水库水位与流量过程

洪水期间宁蒙灌区引走部分水量,7 月 20 日~10 月 10 日青铜峡灌区和三盛公灌区共引水 16.0 亿、16.50 亿 m^3。

(三)洪量大、沙量少

与以往洪水相比,本次洪水的洪峰流量并不高,仅在 3 000 m^3/s 左右,但是其洪量大,下河沿达到 148.9 亿 m^3。由表 2-2 可见,洪水期宁蒙河道各水文站日均流量仍在 2 000 m^3/s 左右。简单还原水库调蓄,若此次洪水龙刘水库不调蓄,下河沿洪量将达到 200 亿 m^3左右,洪水期各站日均流量将达到 2 500~3 000 m^3/s。

本次洪水期间支流来沙很少,因而干流站沙量较小,进入宁夏和内蒙古河段的沙量分别为 0.532 亿 t 和 0.416 亿 t,河道调整后出河段的沙量仅 0.385 亿 t。

洪量大、沙量少形成此次洪水含沙量较低，各站洪水期平均含沙量仅 2.67～5.55 kg/m³。

表 2-2　宁蒙河道 2012 年洪水水沙特征

水文站	时间（月-日）	历时（d）	洪峰流量（m³/s）	水量（亿 m³）	沙量（亿 t）	平均流量（m³/s）	平均含沙量（kg/m³）
下河沿	07-18～10-04	79	3 470	148.9	0.532	2 210	3.57
青铜峡	07-19～10-05	79	3 050	123.1	0.439	1 826	3.57
石嘴山	07-20～10-06	79	3 390	156.0	0.416	2 315	2.67
巴彦高勒	07-22～10-08	79	2 710	130.7	0.405	1 939	3.10
三湖河口	07-23～10-09	79	2 840	136.3	0.756	2 022	5.55
头道拐	07-24～10-10	79	3 030	139.5	0.385	2 070	2.76

（四）洪水位高

相应于巴彦高勒（2 710 m³/s）和三湖河口（2 840 m³/s）洪峰流量的水位分别为 1 052.21 m 和 1 020.58 m，较 1981 年流量分别为 5 290 m³/s 和 5 500 m³/s 的相应水位 1 052.07 m 和 1 019.97 m 还高 0.14 m 和 0.61 m。头道拐（3 030 m³/s）的水位 989.65 m，较 1989 年（3 030 m³/s）相应水位 988.91 m 还高 0.74 m，见表 2-3。巴彦高勒和三湖河口水位较高的主要原因在于河道前期持续淤积，与 1986 年 1 000 m³/s 水位相比，两站分别升高了 1.46 m 和 1.62 m。

表 2-3　洪峰流量和最高水位比较

项目		下河沿	青铜峡	石嘴山	巴彦高勒	三湖河口	头道拐
洪峰流量（m³/s）	2012	3 470	3 050	3 390	2 710	2 840	3 030
	1989	3 710	3 400	3 390	2 780	3 000	3 030
	1981	5 780	5 870	5 660	5 290	5 500	5 150
	1967	5 240	5 020	5 240	4 990	5 380	5 310
相应水位（m）	2012	1 233.63	1 137.55	1 090.06	1 052.21	1 020.58	989.65
	1989	1 233.54	1 137.26	1 090.13	1 051.21	1 019.15	988.91
	1981	1 235.16	1 138.87	1 091.89	1 052.07	1 019.97	9 90.33
	1967	1 234.83	1 138.57	1 091.7	1 051.77	1 020.20	990.69
汛期历史最高水位（m）		1 235.19	1 138.87	1 092.35	1 052.07	1 020.38	990.69
相应时间（年-月-日）		1981-09-16	1981-09-17	1946-09-18	1981-09-22	1967-09-13	1967-09-21

(五)洪峰传播速度慢

由于自 20 世纪 80 年代后期以来河道持续淤积,本次洪峰流量大于主槽过流能力,因此洪水漫滩严重,影响洪水正常演进,传播时间滞后,与 1981 年和 1989 年洪水相比,巴彦高勒—三湖河口分别慢了 85.3 h 和 30 h,三湖河口—头道拐分别慢了 24 h 和 8 h。

三湖河口至头道拐区间由于洪水漫滩和滩区退水形成的附加洪峰汇入,洪峰变形较大,进入内蒙古的两个洪峰传播至头道拐时形成一个峰(图 2-3)。

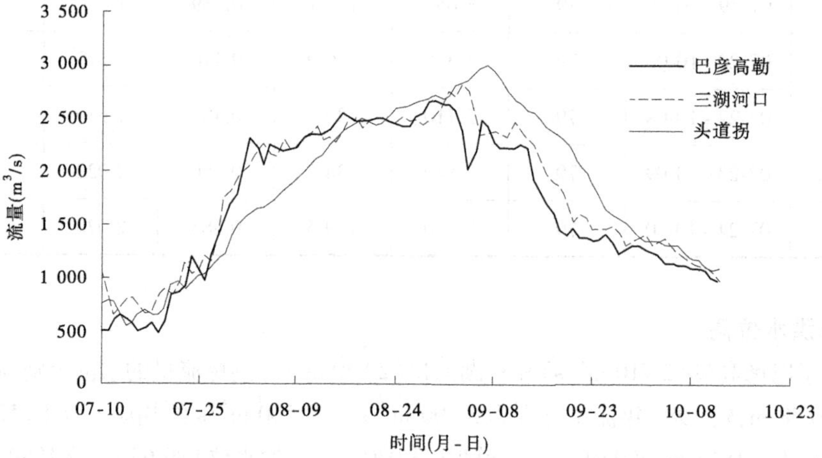

图 2-3　2012 年内蒙古河段洪水演进过程

二、洪水冲淤演变过程

(一)淤滩刷槽效果显著

首先需要说明的是,内蒙古河道包括石嘴山—巴彦高勒河段,因为该河段没有开展淤积断面测量,无法得知本次洪水期泥沙的滩槽分布,且该河段洪水期全断面仅冲刷 0.042 亿 t,因此在计算整个宁蒙河道冲淤量时未计入该河段冲淤量。

近期对内蒙古、宁夏河道分别开展过两次断面流量测量,测量时间相应为 2008 年 7 月与 2012 年 11 月、2011 年 7 月和 2012 年 12 月,但是断面施测工作的标准不完全统一。为尽量准确地确定冲淤量,在淤积断面测量资料、水文站水沙资料、水文站和工程水尺资料、洪水过程遥感监测等相关资料的基础上,多次实地调查并与测量单位交流,采用多种方法分析、论证,综合确定了冲淤量数值。全河段全断面冲淤量采用沙量平衡法计算;三湖河口—头道拐河段滩地采用断面法计算,主槽为全断面减滩地求出;巴彦高勒主槽依据水位资料计算,滩地为全断面减主槽求出。

2012 年洪水期宁蒙河道全断面仅淤积了 0.116 亿 t(表 2-4),淤积量不大,但是主槽发生了强烈冲刷,总共冲刷 1.916 亿 t,相应滩地大量淤积,达 2.032 亿 t。宁蒙河段全断面微淤,主槽冲刷、滩地淤积,其中下河沿—石嘴山主槽冲刷 0.557 亿 t,滩地淤积 0.644 亿 t;内蒙古巴彦高勒—头道拐河段主槽冲刷 1.359 亿 t,滩地淤积 1.388 亿 t。2012 年洪水的滩槽冲淤分布反映出大洪水改善河道条件的积极作用(图 2-4)。

表 2-4　宁蒙河道 2012 年洪水期河道冲淤量纵横分布　（单位：亿 t）

河段	全断面	主槽	滩地
下河沿—青铜峡	0.050	−0.016	0.066
青铜峡—石嘴山	0.037	−0.541	0.578
小计	0.087	−0.557	0.644
巴彦高勒—三湖河口	−0.346	−0.684	0.338
三湖河口—昭君坟	0.375	−0.675	0.600
昭君坟—头道拐			0.450
小计	0.029	−1.359	1.388
合计	0.116	−1.916	2.032

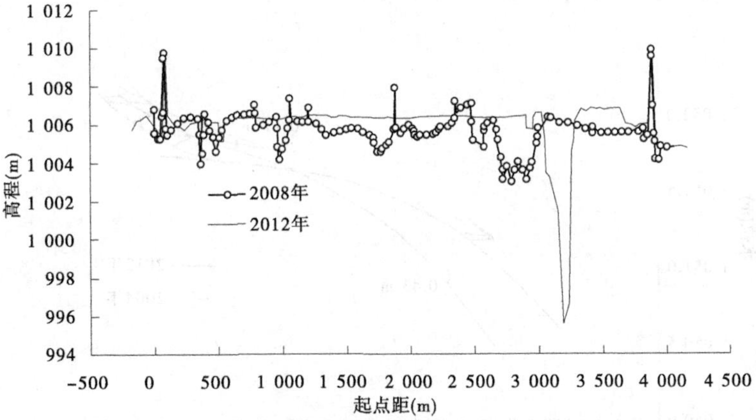

图 2-4　内蒙古典型断面（黄断 66）

（二）内蒙古河道主槽冲刷以中粗泥沙为主

以 2012 年洪水期内蒙古河段实测水沙资料为基础，计算内蒙古巴彦高勒—头道拐河段干流水文站的分组沙量以及河段的冲淤量（表 2-5），泥沙分组为细泥沙（d<0.025 mm）、中泥沙（0.025 mm<d<0.05 mm）、粗泥沙（d>0.05 mm）、特粗沙（d>0.1 mm）。从本次洪水期分组沙量及占全沙的比例来看，细泥沙沙量最大，占全沙的比例也最大，巴彦高勒和头道拐比例分别为 45.8%和 43.2%；在巴彦高勒站中泥沙、粗泥沙和特粗沙的比例基本相同，为 17.3%～19.1%。经过漫滩洪水冲淤调整后到达头道拐站，中泥沙、粗泥沙沙量有所增加，占全沙的比例也分别增加至 23.6%和 21.6%，但特粗沙稍有减少，比例也有所下降。

由于本次洪水期间支流基本没有来沙，因此在河段分组沙冲淤计算中未考虑支流加沙，对结论影响不大。从该河段的冲淤计算结果来看，巴彦高勒—头道拐河段 2012 年洪水期淤积 0.019 亿 t，细泥沙和特粗沙是淤积物的主要组成部分，分别淤积 0.019 亿、0.027 亿 t，占全沙淤积量 0.019 亿 t 的 100.0%和 142.1%；中泥沙和粗泥沙是冲刷的，冲刷量分别为 0.021 亿 t 和 0.006 亿 t，占全沙淤积量 0.019 亿 t 的−110.5%和−31.6%。

表 2-5　内蒙古巴彦高勒—头道拐河段 2012 年洪水期分组泥沙冲淤情况

水文站	含沙量	分组冲淤量(亿 t)					分组冲淤量占全沙冲淤量比例(%)			
	(kg/m^3)	全沙	细泥沙	中泥沙	粗泥沙	特粗沙	细泥沙	中泥沙	粗泥沙	特粗沙
巴彦高勒	3.10	0.404	0.185	0.070	0.077	0.072	45.8	17.3	19.1	17.8
头道拐	2.76	0.385	0.166	0.091	0.083	0.045	43.2	23.6	21.6	11.6
巴彦高勒—头道拐冲淤		0.019	0.019	-0.021	-0.006	0.027	100.0	-110.5	-31.6	142.1

(三)河道过洪能力得到有效恢复

洪水前后同流量水位以下降为主。巴彦高勒 1 000 m^3/s 流量水位降低 0.43 m(图 2-5);三湖河口 1 000 m^3/s 流量水位降低 0.63 m(图 2-6);头道拐由于河势稳定,反映不了冲淤变化,1 000 m^3/s 流量水位升高 0.12 m(图 2-7)。

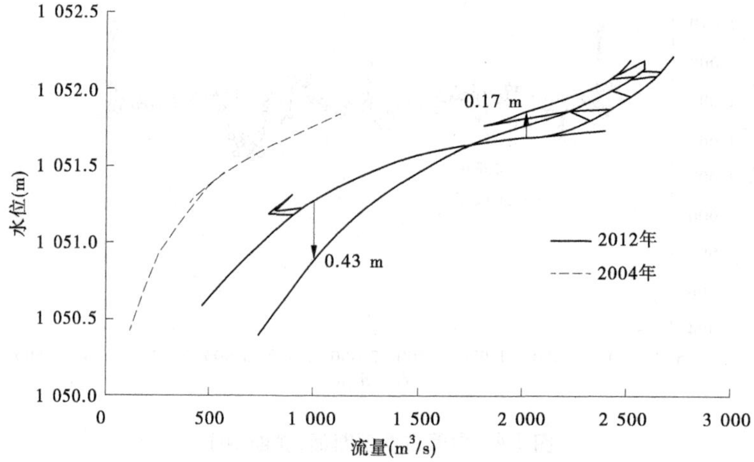

图 2-5　巴颜高勒典型洪水水位流量关系对比

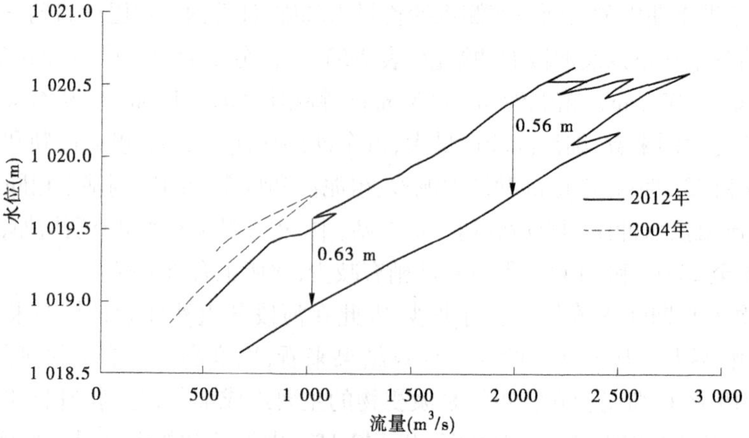

图 2-6　三湖河口典型洪水水位流量关系对比

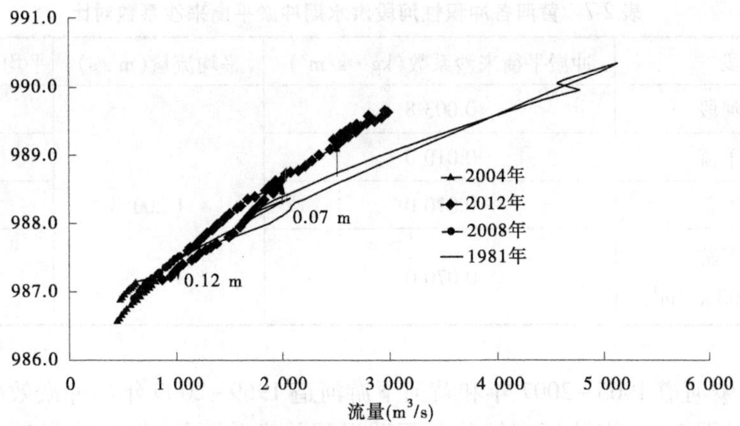

图 2-7 头道拐典型洪水水位流量关系对比

洪水期内蒙古河段各水文站断面以冲刷为主,其间冲淤交替。巴彦高勒、三湖河口和头道拐分别冲刷 341.6、110.4 m^2和 164.4 m^2。洪水过后河道过流能力有所提高,根据洪水期较大流量时(流量大于 1 000 m^3/s)的平均流速,初步估算巴彦高勒平滩流量增加 588 m^3/s,三湖河口增加 201 m^3/s,头道拐增加 252 m^3/s(表 2-6)。

表 2-6 2012 年洪水典型水文站 7 月 21 日至 9 月 29 日平滩流量变化值

站名	冲淤面积(m^2)	平均流速(m/s)	平滩流量增加值(m^3/s)
巴彦高勒	-341.6	1.72	588
三湖河口	-110.4	1.82	201
头道拐	-164.4	1.53	252

三、宁蒙河道洪水作用分析

(一)宁蒙河道输沙特性及原因

1.河道输沙能力较低

黄河上游干流宁蒙河道、小北干流河道、黄河下游河道及支流渭河下游河道均为典型的冲积性河道,由于各河段所处地理位置及水沙条件的差异,河道输沙能力相差较大(表 2-7)。洪水期冲淤平衡来沙系数指洪水期平均情况下,长河段达到基本不冲不淤状态时所需要的水沙组合条件(含沙量与流量的比值)。由表 2-7 可以看出,黄河下游河道、小北干流河道洪水期冲淤平衡来沙系数为 0.01 kg · s/m^6,而宁蒙河道洪水期冲淤平衡来沙系数只有 0.003 8 kg · s/m^6,仅为小北干流河道和黄河下游河道的 1/3。如果同样 2 000 m^3/s,小北干流河道、黄河下游河道和渭河下游河道分别能输沙 20、20 kg/m^3和 140 kg/m^3河道不淤积,而宁蒙河道只能输送 7.6 kg/m^3,超过该量级河道就会发生淤积。

表 2-7　黄河各冲积性河段洪水期冲淤平衡来沙系数对比

河段	冲淤平衡来沙系数($kg \cdot s/m^6$)	平均流量(m^3/s)	平均含沙量(kg/m^3)
宁蒙河段	0.003 8	1 200	4.56
小北干流	0.010 0		12.00
黄河下游	0.010 0		12.00
渭河下游（含沙量<100 kg/m^3）	0.070 0		84.00

对比宁蒙河道 1965～2007 年和黄河下游河道 1969～2009 年的冲淤效率与来沙系数的关系可见（图 2-8），宁蒙河道较黄河下游淤积效率并不低，但是冲刷时的效率相对较低，平均来说，清水冲刷下游能达到 20 kg/m^3，宁蒙河道最大在 7 kg/m^3左右。

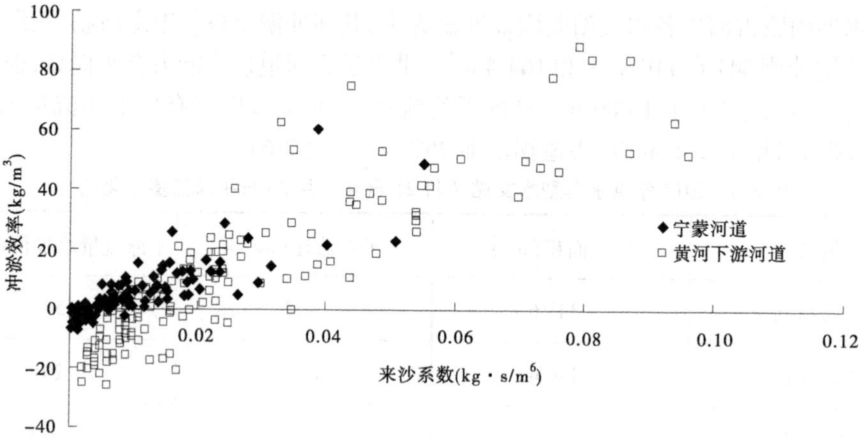

图 2-8　宁蒙河道和黄河下游河道冲淤效率与来沙系数关系

2.泥沙特性是输沙能力低的重要原因

1）宁蒙河道泥沙级配特征

河道输沙存在悬沙和床沙的交换过程，因此泥沙的根本特性决定了河道的输沙能力。以黄河下游河道为例，与宁蒙河道比较说明泥沙的特性以及输沙能力偏低的原因。鉴于宁蒙河道床沙资料非常少，挑选合适的对比观测组次较困难，选取了 1981 年头道拐和利津流量相近的资料进行对比分析。由于 1981 年黄河下游河道处于冲刷状态，利津床沙级配偏粗。但是仍可看到（表 2-8、图 2-9），在床沙中，头道拐粒径小于 0.1 mm 的泥沙比例只有 26.9%，即特粗沙（粒径大于 0.1 mm）占 73.1%，而利津小于 0.1 mm 的泥沙比例为 41.5%，特粗沙占 58.5%，头道拐特粗沙比例比利津高 14.6 个百分点，说明宁蒙河道床沙明显较利津粗；其次，悬沙对比也可见（图 2-10），头道拐悬沙与利津相近，只是大于 0.1 mm 的特粗沙部分稍多。

表 2-8　黄河头道拐站和利津站 1981 年床沙、悬沙级配组成表

头道拐	$Q=1\ 650\ m^3/s$, $S=6.12\ kg/m^3$	粒径(mm)	0.005	0.01	0.025	0.05	0.1	0.17	0.25	0.5	
		床沙小于某粒径百分数(%)			0.3	4.9	26.9	59.7	97.1	100	
		悬沙小于某粒径百分数(%)	29.5	39.8	61.2	87	97.6	98.7	100		
利津	$Q=1\ 940\ m^3/s$, $S=52.1\ kg/m^3$	粒径(mm)	0.007	0.01	0.025	0.05	0.1	0.15	0.17	0.25	0.5
		床沙小于某粒径百分数(%)			2.2	10.9	41.5	78.7	82.5	97.5	100
		悬沙小于某粒径百分数(%)	32.8	41.7	63.4	89.2	100				

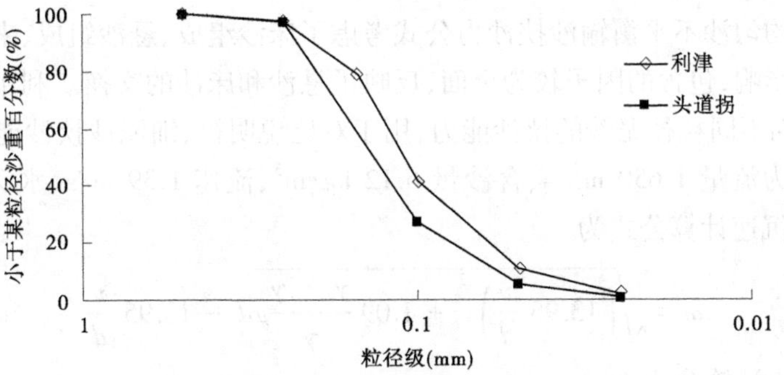

图 2-9　头道拐站和利津站床沙组成级配曲线

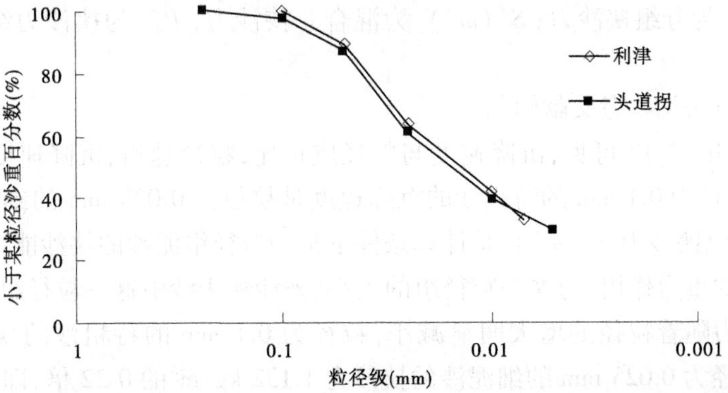

图 2-10　头道拐站和利津站悬沙组成级配曲线

根据宁蒙河道和黄河下游典型年份（1988 年）典型站的床沙级配曲线分析(图 2-11)，宁蒙河道床沙中数粒径范围在 0.093~0.245 mm，而黄河下游的床沙中数粒径范围为 0.045~0.065 mm。宁蒙河道上、中段的石嘴山和巴彦高勒床沙中特粗沙含量最多，经过河道调整在出口头道拐特粗沙比例降为 50%，大于黄河下游的比例，说明宁蒙河

道的床沙明显偏粗。

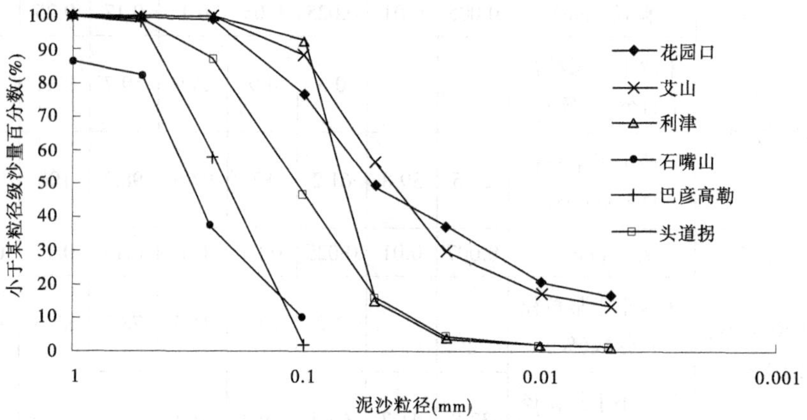

图 2-11　宁蒙河道和黄河下游河道床沙级配对比

2）粗颗粒泥沙的挟沙能力

韩其为非均匀沙不平衡输沙挟沙力公式考虑了床沙组成、悬沙组成、来水含沙量和水力条件的综合影响，包含的因子较为全面，反映了悬沙和床沙的交换。利用该公式计算了表 2-9 中头道拐不同粒径泥沙的挟沙能力，用于对比说明粗、细泥沙挟沙能力的不同。头道拐水力因子为流量 1 650 m^3/s、含沙量 6.12 kg/m^3、流速 1.39 m/s、水深 2.59 m、水温 19.8 ℃。其中沉速计算公式为

$$\omega = \sqrt{\left(13.95\frac{\nu}{d}\right)^2 + 1.09\frac{\gamma_s - \gamma}{\gamma}gd} - 13.95\frac{\nu}{d} \tag{2-1}$$

分组挟沙力计算公式为

$$S_k^*(\omega^*) = P_{4,k}^* S^*(\omega^*) \tag{2-2}$$

式中：$S_k^*(\omega^*)$ 为分组挟沙力；$S^*(\omega^*)$ 为混合总挟沙力；$P_{4,k}^*$ 为挟沙力级配；ω 为泥沙沉降速度。

详细计算方法见参考文献[1]。

由表 2-9 和图 2-12 可见，沉降速度与粒径成正比，粒径越粗、沉降速度越大，粗泥沙越难以悬浮，粒径为 0.1 mm 的特粗沙的沉降速度是粒径为 0.025 mm 的细泥沙沉降速度的 19.9 倍。分组挟沙力 $S_k^*(\omega^*)$ 是计算条件下某一粒径组泥沙的挟沙能力，反映了各组泥沙在水流中的重力作用，与这一粒径组的大小、来沙和床沙中这一粒径组的含量关系较大。分组挟沙力随着粒径的增大明显减小，粒径为 0.1 mm 的特粗沙的挟沙力仅 0.247 kg/m^3，只有粒径为 0.025 mm 的细泥沙的挟沙力 1.132 kg/m^3 的 0.22 倍，即为细泥沙挟沙能力的 1/5。分组挟沙力 S 与泥沙沉降速度 ω 的乘积即为某一粒径组泥沙单位时间内下沉所做的功，也就是悬浮起来所需要的水流能量，反映了泥沙悬浮需要的能量大小。对比头道拐站粒径为 0.1 mm 的特粗沙与粒径为 0.025 mm 的细泥沙的悬浮功，前者是后者的 4.34 倍，说明泥沙越粗，输送所需要的能量越大，越不容易输送。相近流量条件下，利津含沙量达到52.1 kg/m^3，而头道拐只有6.12 kg/m^3，就在于利津来沙中和河床中细泥沙多，

表 2-9　头道拐站各粒径泥沙沉速、分组挟沙力和悬浮功

项目	泥沙粒径(mm)						比值(d=0.1 mm 与 d=0.025 mm)
	0.005	0.01	0.025	0.05	0.10	0.25	
沉速 ω (m/s)	0.000 032 5	0.000 033 2	0.000 17	0.000 83	0.003 31	0.012 75	19.94
头道拐分组挟沙力 S(kg/m^3)	3.512 88	1.028 16	1.132 20	0.369 38	0.246 55	0.556 74	0.22
悬浮功 $S\omega$	0.000 11	0.000 03	0.000 19	0.000 31	0.000 82	0.007 10	4.34

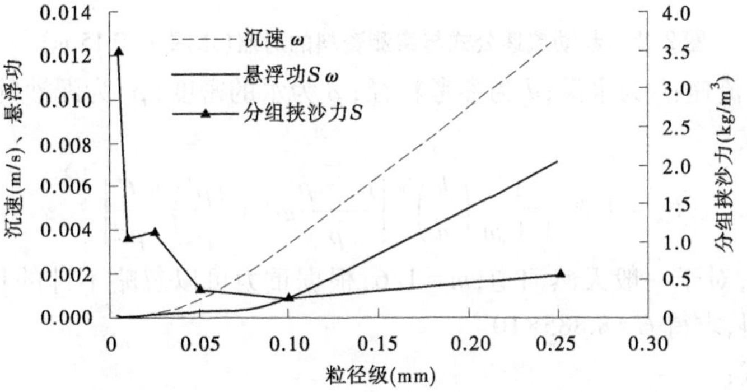

图 2-12　不同粒径级沉速、悬浮功及分组挟沙力变化

细泥沙的挟沙能力能够得到基本满足，挟带较高含沙量的细泥沙，而头道拐由于细泥沙补给少，细泥沙挟沙能力不能得到满足，只能挟带或冲刷偏粗的泥沙，而同样的水流能量挟带的粗泥沙量远小于细泥沙量，所以头道拐的含沙量明显偏低。

3）细泥沙河床补给规律

根据已有的研究成果(图 2-13)，在水深 h=0.15 m 情况下，粒径为 0.17 mm 的泥沙起动流速最小；当粒径 d>0.17 mm 时，重力作用占主要地位，粒径越大，越不易起动，起动流速越高；当粒径 d<0.17 mm 时，黏结力作用占主要地位，粒径越小，越不易起动，起动流速越高。由图 2-11 可见，石嘴山和巴彦高勒床沙中小于 0.25 mm 泥沙比较少，头道拐这一粒径组泥沙较多，说明这部分泥沙可通过悬移或推移运动至其下游河道。因此，冲刷时期，从上游泥沙来源补充看，宁蒙河道的床沙中很少有细沙补给。

参考以下起动流速公式分析宁蒙河段床沙质补给特征。

张瑞瑾公式：

$$U_e = \left(\frac{h}{d}\right)^{0.14}\left(17.6\frac{\rho_s - \rho}{\rho}d + 0.000\,000\,605\,\frac{10 + h}{d^{0.72}}\right)^{1/2} \tag{2-3}$$

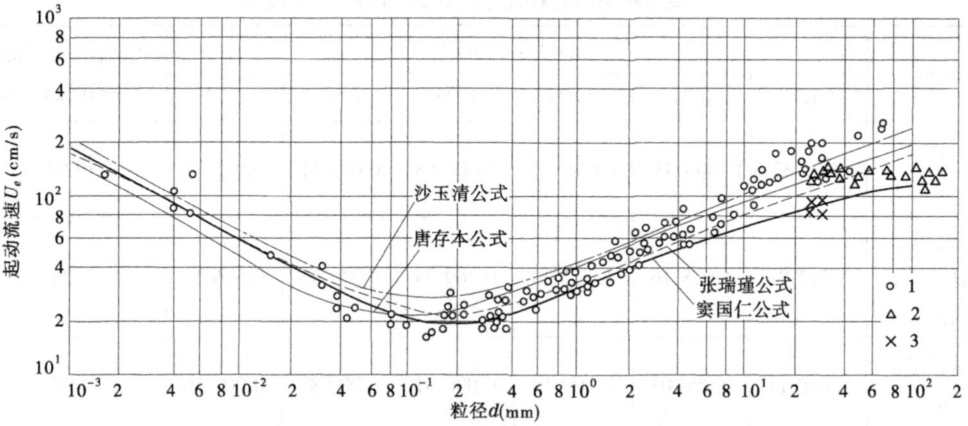

1—窦国仁整理的各家实测资料；2—从长江实测记录换算而得的资料；
3—从武汉水利电力学院轻质卵石试验记录换算而得的资料

图 2-13　起动流速公式与实测资料的对照(水深 h=0.15 m)

式中:U_e 为起动流速;h 为水深;d 为参考粒径;ρ 为水的密度;ρ_s 为泥沙的密度(下同)。

唐存本公式:

$$U_e = 1.79\frac{1}{1+m}\left(\frac{h}{d}\right)^m\left[\frac{\rho_s-\rho}{\rho}gd+\left(\frac{\rho'}{\rho'_c}\right)^{10}\frac{C}{\rho d}\right]^{1/2} \tag{2-4}$$

式中:m 为指数,对于一般天然河道,$m=1/6$;根据重力可以忽略不计的具有稳定干密度的起动流速资料,求得 $C=8.885\times10^{-5}$。

窦国仁公式:

$$U_e = 0.741g\left(11\frac{h}{K_s}\right)\left(\frac{\rho_s-\rho}{\rho}gd+0.19\frac{gh\delta+\varepsilon_k}{d}\right)^{1/2} \tag{2-5}$$

式中:K_s 为河床糙度对于平整床面,当 $d\leqslant0.5$ mm 时,取 $K_s=0.5$ mm,当 $d>0.5$ mm 时,取 $K_s=d$;根据交叉石英丝试验成果取 $\delta=0.213\times10^{-4}$cm, $\varepsilon_k=2.56$ cm^3/s^2。

沙玉清公式:

$$U_e = \left[267\left(\frac{\delta}{d}\right)^{1/4}+6.67\times10^9(0.7-\varepsilon)^4\left(\frac{\delta}{d}\right)^2\right]^{1/2}\sqrt{\frac{\rho_s-\rho}{\rho}gdh^{1/5}} \tag{2-6}$$

式中:δ 为薄膜水厚度,取 0.000 1 mm;ε 为孔隙率,其稳定值约为 0.4;d 为粒径,mm;h 为水深,m;g 以 m/s^2 计;U_e 以 m/s 计。

床沙组成决定泥沙的补给条件,当水流含沙量不足临界含沙量时,水流处于次饱和状态,水流将向床面层寻求补给,河床将发生冲刷。宁蒙河道由于床沙中缺少细泥沙补给,呈现出与黄河下游不同的演变特点。黄河下游细泥沙冲淤效率基本上随着流量的增大而增大,但是当冲刷持续时间较长后,河床发生粗化,床沙中细泥沙补给不足,冲刷效率明显降低,即使大流量的冲刷效率也很低。而宁蒙河道细泥沙的冲刷效率基本上不随流量变化,一直维持在 4 kg/m^3 以下,与下游河床粗化后的情况相似。统计场次洪水的冲刷效率,黄河下游平均为 5.90 kg/m^3,最大达到 18.5 kg/m^3,而宁蒙河道平均为 1.58 kg/m^3,最大也仅 4.10 kg/m^3,较黄河下游偏小很多。

综合起来分析，宁蒙河道来沙中细泥沙比例小，水流的挟沙力难以得到满足，而富余的挟沙力输送粗泥沙时由于相同的水流能量输送的粗泥沙量远少于细泥沙，因此水流的整体含沙量较低。冲刷状态存在同样的问题，床沙中细泥沙含量非常小，恢复含沙量很低，粗泥沙又难以冲起输送，因此水流的整体含沙量也较低。总体来看，在相同的水流条件下，宁蒙河道细泥沙少、粗泥沙比例高，因而决定了其冲刷效率低的特征。

（二）洪水冲淤特性

1.非漫滩洪水输沙效率

采用来沙系数 S/Q（洪水期平均含沙量 S 与平均流量 Q 的比值）反映河道来水来沙条件的组合。根据1960~2009年实测非漫滩洪水资料，点绘宁蒙河道洪水期冲淤效率与来沙系数的关系（图2-8），可以看到，洪水期河道冲淤调整与水沙关系十分密切，淤积效率随着来沙系数的增大而增大；来沙系数较小时，河道发生冲刷，冲刷效率较黄河下游河道低，而且冲刷效率随流量增大而减小。建立宁蒙河道（下河沿—头道拐）冲淤效率与进口站来沙系数的关系：

$$\frac{\Delta W_s}{W} = 745.24\frac{S}{q} - 2.812\,2 \tag{2-7}$$

式中：ΔW_s 为洪水期冲淤量，亿t；W 为洪水期水量，亿 m^3；S 为洪水期平均含沙量，kg/m^3；q 为洪水期平均流量，m^3/s。

由此计算出不同水沙组合条件下的河道冲淤效率（表2-10），在洪水期平均流量达到3 000 m^3/s 时，基本为清水（含沙量小于3 kg/m^3）条件下冲刷效率仅约2 kg/m^3，含沙量超过约10 kg/m^3 即发生淤积，说明非漫滩洪水的输沙效率较低。

同时可见，在相同含沙量时，单位水量的淤积量越小或者冲刷量越大，说明大流量的输沙率或冲刷效率比小流量要高。因此，若能由水库泄放大流量过程，在非漫滩情况下，流量越大，取得的冲刷效果越好，同时在支流来沙、河道含沙量较高时，泄放洪水的输沙效果要好于支流不来沙、含沙量较低时效果。

表2-10 宁蒙河道冲淤效率与平均流量的关系

含沙量级（kg/m^3）	各流量级（m^3/s）冲淤效率（kg/m^3）				
	1 000	1 500	2 000	2 500	3 000
3	-0.58	-1.32	-1.69	-1.92	-2.07
5	0.91	-0.33	-0.95	-1.32	-1.57
10	4.64	2.16	0.91	0.17	-0.33
15	8.37	4.64	2.78	1.66	0.91
20	12.09	7.12	4.64	3.15	2.16

2.漫滩洪水冲刷主槽效果

2012年宁蒙河道发生的大漫滩洪水，对河道起到了很好的塑造作用。巴彦高勒以下主槽冲刷1.365亿t，滩地淤积1.384亿t，虽然全断面基本冲淤平衡，但主槽冲深、滩地淤高，河槽得到很好的恢复，过流能力大幅度提高。参考“黄河干流水库调水调沙关键技术研究与龙羊峡、刘家峡水库运用方式调整研究”项目的相关研究成果，取滩地淤积的 8 场漫滩洪水资料与 2012 年洪水一并分析(表 2-11)，可见 2012 年洪水是各场中洪峰流量最小的一场，沙量和平均含沙量也最小，分别只有 0.39 亿 t 和 3.2 kg/m^3，但洪水历时是最长的，高达 78 d。本次洪水的主槽冲刷量和滩地淤积量都较大，主槽冲刷效率更达到 11.19 kg/m^3。初步分析本次洪水淤滩刷槽效果较好的原因：一是洪水历时长，进出滩水量大，滩槽水沙交换次数多、交换充分；二是洪水前期河道长期淤积萎缩、过流能力较小，涨水期小流量即发生大漫滩，小流量漫滩进滩水流含沙量相对较大，有利于滩地泥沙落淤，同时滩地过流时间长、范围大，也有利于滩槽充分交换；三是主槽长期淤积萎缩，内蒙古河道已形成“悬河”，滩地横比降的存在导致洪水漫过嫩滩后水流易于挟带泥沙大量进入大滩区大量落淤，细泥沙也发生了淤积。利用 2012 年汛后的实测大断面资料，统计了本次洪水漫滩最为严重的三湖河口—昭君坟河段的滩地横比降(图 2-14)，可见该河段滩地平均横比降左滩为 6.87‱，右岸为 8.71‱，不比黄河下游小；四是经过 20 多 a 基本上为持续的小流量淤积，淤积物组成可能较细，有利于冲刷并带至滩地。经过本次淤滩刷槽后，河道的边界条件发生较大变化，在此边界上若再发生相同的洪水，预估效果应该没有本次显著。

表 2-11　内蒙古河道漫滩洪水情况统计

年份	历时(d)	巴彦高勒			巴彦高勒—头道拐冲淤量(亿 t)			主槽冲淤效率(kg/m^3)
		洪峰流量(m^3/s)	水量(亿 m^3)	沙量(亿 t)	全断面	主槽	滩地	
1958	53	3 800	115.8	1.865	0.923	−0.224	1.147	−1.93
1959	48	3 570	97.2	2.354	1.058	0.359	0.699	3.69
1961	20	3 280	49.2	0.655	0.221	−0.135	0.356	−2.74
1964	49	5 100	124.1	1.677	0.467	−0.155	0.622	−1.25
1967	68	4 990	257.3	1.728	−0.317	−1.773	1.457	−6.89
1976	55	3 910	124.7	0.626	−0.429	−2.177	1.748	−17.46
1981	45	5 290	140.6	0.968	0.228	−2.132	2.36	−15.16
1984	30	3 200	77.7	0.522	−0.184	−0.404	0.221	−5.20
2012	78	2 710	122	0.39	0.02	−1.365	1.385	−11.19
总计			1 108.6	10.785	1.987	−8.006	9.995	−7.22

内蒙古河道漫滩洪水大部分是淤滩刷槽的，其中除了 1959 年的漫滩洪水河槽是淤积的，这场洪水沙量最大，达到了 2.354 亿 t，平均流量又较小(仅 2 344 m^3/s)，平均含沙量较高(达到 24.2 kg/m^3)，来沙系数为 0.010 3 kg · s/m^6。因此，说明如果来沙量很大，水沙搭配不好，内蒙古河道漫滩洪水也会发生滩槽同淤。统计的 9 场漫滩洪水合计主槽冲刷 8 亿 t、滩地淤积近 10 亿 t，对内蒙古河道的维持起到了很大作用。将内蒙古河道漫滩洪水滩槽冲淤量关系与黄河下游的点绘在一起可见(图 2-15)，两个河道规律比较相近，主槽冲刷量基本与滩地淤积量成正比，只是黄河下游的量级较宁蒙河道大。比较两个河道

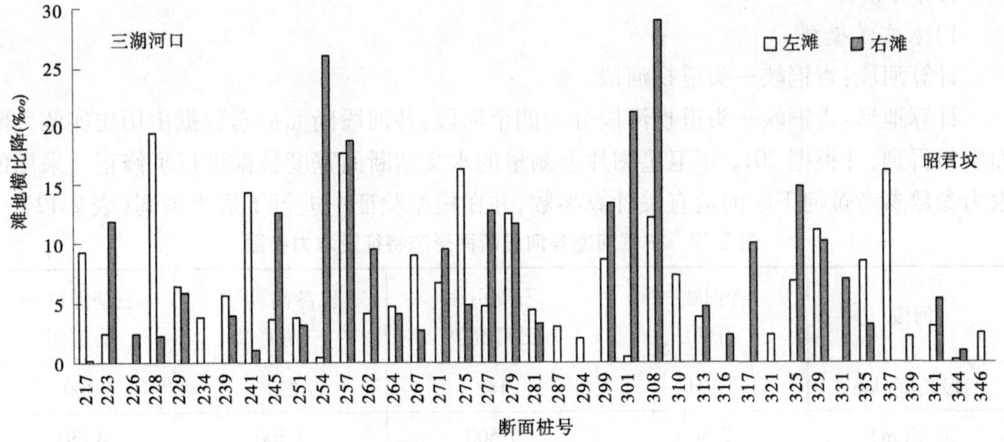

图 2-14 三湖河口—昭君坟河段滩地横比降

滩槽关系，如果要达到主槽 1 亿 t 的冲刷量，黄河下游滩地要淤积 2.3 亿 t 左右，内蒙古河段滩地淤积 1.2 亿 t。

内蒙古河道漫滩洪水的主槽冲刷效率在 1.25~17.46 kg/m^3，平均为 7.22 kg/m^3，明显高于非漫滩洪水的冲刷作用。

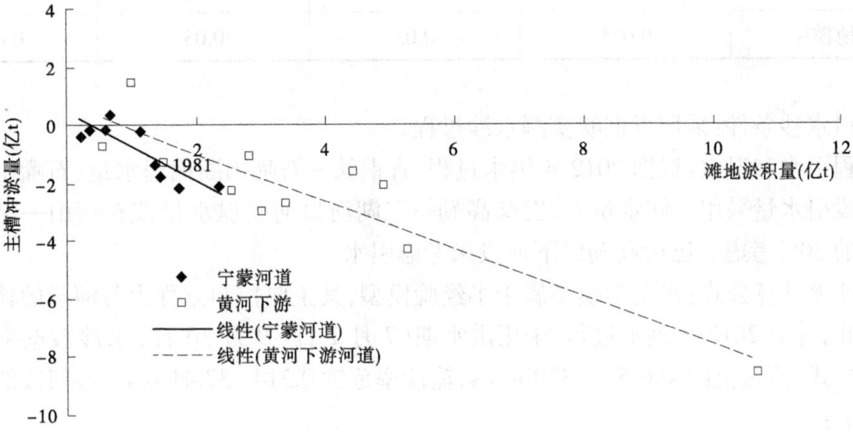

图 2-15 内蒙古河道和黄河滩槽冲淤量的关系

四、不同洪水过程的作用

2012 年洪水有效地恢复了主槽，同时由于洪水来沙较少，因而也是对上游塑造洪水过程的实践检验。本次洪水经过了龙刘水库调控，洪峰流量和洪量有所降低，洪水过程也相应改变。为比较洪水漫滩与否以及不同漫滩程度宁蒙河道的冲淤状况，设置了不同的水沙组合方案，利用数学模型进行方案计算，分析宁蒙河道对水沙条件的敏感性。

（一）模型验证与计算方案设置

本次计算采用了宁蒙河道水文水动力学数学模型（简称水文学模型）和宁蒙河道准二维水动力学数学模型（水动力学模型）。

1.计算条件

1)水文学模型

计算河段:青铜峡—头道拐河段。

计算地形:青铜峡—头道拐河段分为四个河段,各河段断面形态数据由历史实测大断面资料得到,并根据 2012 年卫星图片上测量的水文站断面宽度数据进行了修正。采用的水力参数参考黄河下游河道有关计算参数,并在模型验证中进行了适当微调(表 2-12)。

表 2-12 宁蒙河道各河段断面形态特征及水力参数

河段	青铜峡—石嘴山	石嘴山—巴彦高勒	巴彦高勒—三湖河口	三湖河口—头道拐
河段长度(km)	194	142	221	300
河宽(m)	2 500	1 500	3 500	4 091
主槽宽度(m)	550	550	750	944
滩地宽(m)	1 950	950	2 750	3 147
主槽纵比降(‰)	1.7	1.7	1.4	0.8
滩地纵比降(‰)	1.7	1.7	1.4	0.8
主槽糙率	0.015	0.015	0.015	0.014
滩地糙率	0.025	0.03	0.03	0.03

进口水沙条件:采用青铜峡实测水沙过程。

沿程引水和退水:根据 2012 年洪水过程,青铜峡—石嘴山断面退水量、石嘴山—巴彦高勒河段引水量采用区间水量差,巴彦高勒—三湖河口河段退水量按石嘴山—巴彦高勒引水量的 30%考虑。巴彦高勒以下河段未考虑引水。

输沙率计算公式:水文学模型属于半经验模型,其主要控制方程为各河段的输沙率公式。因此,针对 2012 年洪水过程,采用洪水期(7 月 1 日~9 月 30 日)水沙数据率定主槽输沙率公式,流量范围 490.5~3 370 m^3/s,输沙率范围 0.314~37.41 t/s。各河段的输沙率公式如下:

(1)石嘴山站

$$Q_s = 0.001\,5Q^{1.015}S^{0.36} \tag{2-8}$$

(2)巴彦高勒站

$$Q_s = 1.06 \times 10^{-5}Q^{1.66}S^{0.65} \tag{2-9}$$

(3)三湖河口站漫滩洪水 $$Q_s = 3 \times 10^{-5}Q^{1.669}S^{0.063} \tag{2-10}$$

非漫滩洪水 $$Q_s = 2.6 \times 10^{-5}Q^{1.683\,5}S^{0.051\,9} \tag{2-11}$$

(4)头道拐站漫滩洪水 $$Q_s = 5.4 \times 10^{3}Q^{0.895} \tag{2-12}$$

非漫滩洪水 $$Q_s = 1.6 \times 10^{-6}Q^{2.12}S^{0.160\,6} \tag{2-13}$$

式中:Q_s 为本站输沙率,t/s;Q 为本站流量,m^3/s;S 为上断面的含沙量,kg/m^3。

滩槽水沙交换模式:当水流发生漫滩时,利用曼宁公式通过试算滩地水深得到滩地的过流量，按一定比例分配滩槽的输沙率。主槽的输沙率仍采用上述拟合公式，滩地的挟沙力根据张瑞瑾公式计算。各河段间的滩槽交换次数根据 2012 年洪水期的河势和地形，按照三角形滩区的个数进行估算。

2）水动力学模型

计算河段：巴彦高勒（黄断 1）—头道拐（黄断 109）。

计算地形：黄断 1—黄断 87 采用 2008 年汛前实测大断面资料；黄断 89—黄断 109 采用 2004 年实测大断面资料。采用 1988 年 8 月巴彦高勒实测床沙级配。

进口水沙条件：巴彦高勒实测水沙过程与 2008 年巴彦高勒实测悬沙级配过程。

出口条件：头道拐水文站 2008 年报汛资料（图 2-16）。

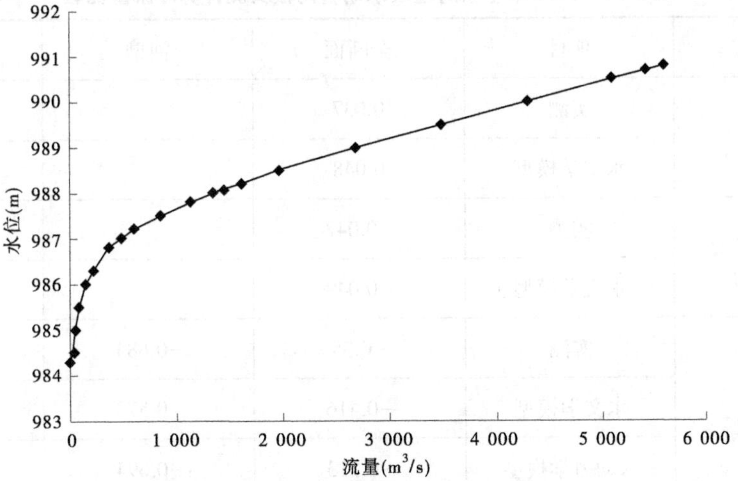

图 2-16　头道拐水文站 2008 年水位流量曲线

引水及河损条件：没有考虑沿程引水、河道损失及孔兑入汇。

滩槽水沙交换模式：当水流发生漫滩时，根据滩、槽流量模数分配滩地与主槽流量，利用式（2-14）计算含沙量的横向分布。分别建立主槽与滩地水沙数学模型，实现水沙在滩槽演进与滩槽水沙交换。含沙量横向分布公式为

$$\frac{S_{k,i,j}}{S_{k,i}} = \frac{Q_i \cdot S_{*k,i}^{\beta}}{\sum_j Q_{ij} \cdot S_{*k,i,j}^{\beta}} \left(\frac{S_{*k,i,j}}{S_{*k,i}}\right)^{\beta} = \frac{Q_i \cdot S_{*k,i,j}^{\beta}}{\sum_j Q_{ij} \cdot S_{*k,i,j}^{\beta}} \tag{2-14}$$

式中：i 为断面编号；j 为子断面编号；k 为粒径组编号；$S_{k,i}$ 为全断面含沙量；$S_{k,i,j}$ 为子断面含沙量；$S_{*k,i}$ 为断面挟沙力；$S_{*k,i,j}$ 为子断面挟沙力；Q_{ij} 为子断面流量；Q_i 为断面流量，$Q_i = \sum_j Q_{ij}$；$\beta = 0.3$ 为指数，由实测资料求得。

2.模型验证

宁蒙河道 2012 年洪水期（7 月 1 日~9 月 30 日）的水沙特点见表 2-13，两个模型冲淤量验算结果见表 2-14。两模型计算的全断面冲淤量与实测基本吻合，滩槽冲淤性质也相同，差别在于滩槽冲淤量均较实测偏小 1.5%~53%。考虑到宁蒙河道实测资料条件，缺少床沙、滩地进退水位置、部分河段的初始地形，因此认为验算在目前条件下基本符合实

际滩槽冲淤特点，可用于方案间定性趋势的比较。

表 2-13 2012 年宁蒙河道洪水期水沙特性

水文站	青铜峡	石嘴山	巴彦高勒	三湖河口	头道拐
水量(亿 m^3)	111.6	141.4	120.4	125.1	128.1
沙量(亿 t)	0.418	0.378	0.390	0.766	0.357
日均最大流量(m^3/s)	2 720	3 370	2 660	2 840	3 010

表 2-14 2012 年宁蒙河道洪水期各河段实测计算冲淤量比较 (单位:亿 t)

河段	项目	全断面	河槽	滩地
青铜峡—石嘴山	实测	0.037		
	水文学模型	0.048		
石嘴山—巴彦高勒	实测	-0.042		
	水文学模型	-0.049		
巴彦高勒—三湖河口	实测	-0.35	-0.684	0.334
	水文学模型	-0.416	-0.573	0.157
	水动力学模型	-0.313	-0.694	0.381
三湖河口—头道拐	实测	0.37	-0.681	1.05
	水文学模型	0.381	-0.383	0.764
	水动力学模型	0.391	-0.404	0.795

3.计算方案设置

根据比较目的，改变流量过程，设置了不同调控流量过程的 2 个方案，方案设置情况见表 2-15。

调控方式一：龙刘水库不调节。

龙刘水库不调节方案以实测青铜峡站水沙过程为基础，将龙刘水库调蓄水流过程叠加到青铜峡实测水流过程上，根据青铜峡水沙关系，计算还原水流过程后的输沙过程，形成还原了水库影响的水库不调节水沙过程(图 2-17 和图 2-18)，可以看到由于本次洪水水库削减了洪水，不调节后洪峰流量由 2 720 m^3/s 增大到 4 320 m^3/s，水量由 111.6 亿 m^3 增加到 164.69 亿 m^3，相应沙量也有所增大。

表 2-15　模型计算方案及水沙条件

方案	水量（亿 m³）	沙量（亿 t）	流量（m³/s）			含沙量（kg/m³）		
			最大日均	最小日均	平均	最大日均	最小日均	平均
实测	111.6	0.418	2 720	841	1 845.7	37.41	1.294	6.913
龙刘水库不调节	164.69	0.503	4 320	1 034	2 723.06	53.67	1.404	8.319
按流量 1 500 m³/s 控制	111.5	0.347	1 500	841	1 466.6	31.35	0.907	4.56

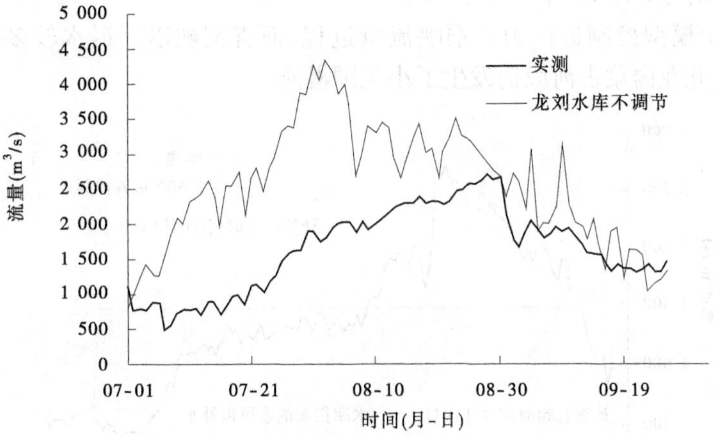

图 2-17　青铜峡断面实测和水库还原后流量过程

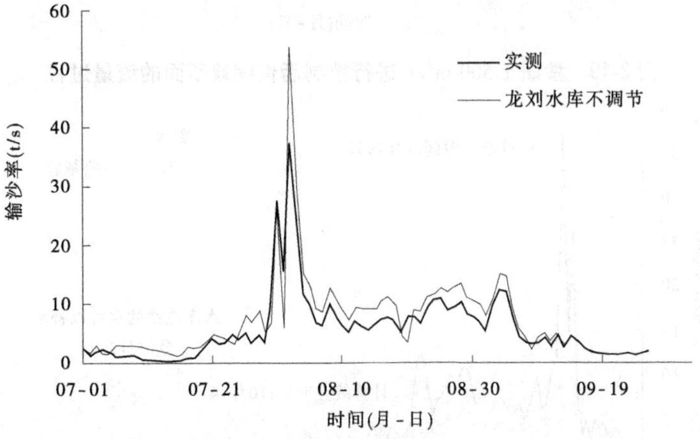

图 2-18　青铜峡断面实测和水库还原后输沙率过程

调控方式二：按 1 500 m³/s 控制流量过程。

按 1 500 m³/s 控制方案的目的是保证河道不漫滩（图 2-19 和图 2-20），在保持水量与实测相同的条件下，根据 2012 年洪水前内蒙古局部河段最小平滩流量只有 1 500 m³/s 设

定控制流量。其中:

(1)流量调节:7 月 27 日~9 月 15 日期间日均流量均超过 1 500 m^3/s,将该时间段内流量全部按 1 500 m^3/s 处理,实际多出的流量通过水库调节补在 9 月 16 日及其以后,使 9 月 16 日以后的日均流量均等于 1 500 m^3/s,一直持续到总水量与洪水期的总水量一致。

(2)输沙率调节:当水库对流量过程进行调节时,保持其含沙量不变,据此得到调节后的日均输沙率。

按平滩流量进行控制后青铜峡断面的流量和输沙率过程见图 2-19 和图 2-20。水库将洪水过程中超出 1 500 m^3/s 的流量拦截后,在洪水后期补水,拦蓄的水量可以一直补水保持日均流量为 1 500 m^3/s 至 11 月 20 日。但考虑到方案计算要保持水量一致,当水库补水至 10 月 14 日时,水量与洪水期(7 月 19 日~9 月 26 日)实测水量一致,故调控方式二计算起止时刻为 7 月 19 日~10 月 14 日。

同时,由于模型控制进口为青铜峡流量过程,而青铜峡以下退水较多,流量超过了 1 500 m^3/s,因此在内蒙古河段仍发生了小范围漫滩。

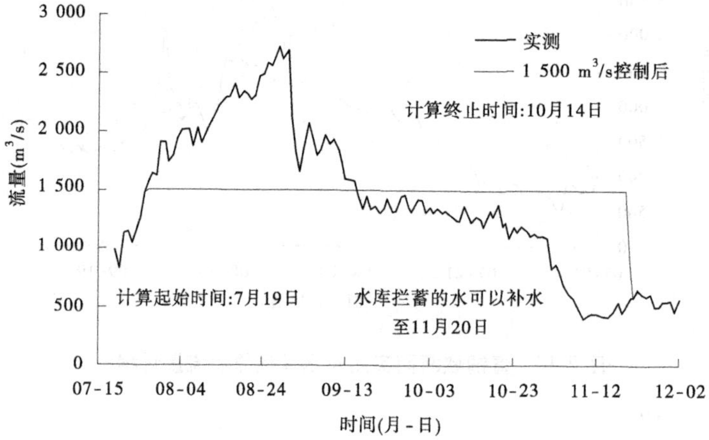

图 2-19 按照 1 500 m^3/s 进行控制后青铜峡断面的流量过程

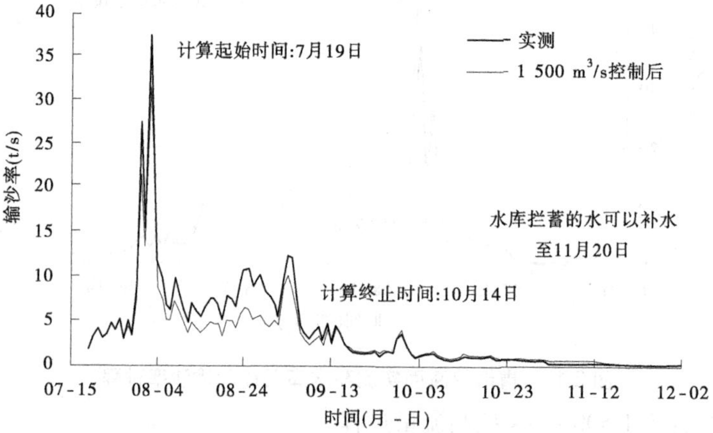

图 2-20 按照 1 500 m^3/s 进行控制后青铜峡断面的输沙率过程

(二)计算结果与分析

计算结果见表2-16。现状方案为水库进行了洪水调蓄,但是河道漫滩仍较严重,发生了明显的淤滩刷槽,主要在巴彦高勒—头道拐河段,全河道全断面微冲。水库不调节方案洪峰流量达到4 320 m^3/s,漫滩进一步增加,淤滩刷槽效果更为显著,与现状方案相比,河槽多冲刷、滩地多淤积,全河段全断面转为微淤;变化仍主要在巴彦高勒—头道拐河段,与现状方案相比,该河段主槽多冲刷0.990亿~1.569亿t,滩地多淤积0.913亿~1.825亿t。

表2-16 模型计算结果与方案比较 (单位:亿t)

方案	河段	水文学模型			水动力学模型		
		全断面	河槽	滩地	全断面	河槽	滩地
现状	青铜峡—石嘴山	0.048	0.048	0.000			
	石嘴山—巴彦高勒	-0.049	-0.062	0.013			
	巴彦高勒—三湖河口	-0.416	-0.572	0.156	-0.313	-0.694	0.381
	三湖河口—头道拐	0.381	-0.383	0.764	0.391	-0.404	0.795
	巴彦高勒—头道拐	-0.035	-0.955	0.920	0.078	-1.098	1.176
	青铜峡—头道拐	-0.036	-0.969	0.933			
水库不调节	青铜峡—石嘴山	0.029	0.024	0.005			
	石嘴山—巴彦高勒	-0.130	-0.165	0.035			
	巴彦高勒—三湖河口	-0.997	-1.734	0.737	-0.461	-1.240	0.779
	三湖河口—头道拐	1.217	-0.791	2.008	0.462	-0.848	1.310
	巴彦高勒—头道拐	0.220	-2.525	2.745	0.001	-2.088	2.089
	青铜峡—头道拐	0.119	-2.666	2.785			
控制1 500 m^3/s	青铜峡—石嘴山	-0.006	-0.006	0.000			
	石嘴山—巴彦高勒	0.000	-0.001	0.001			
	巴彦高勒—三湖河口	-0.413	-0.418	0.005	-0.211	-0.454	0.243
	三湖河口—头道拐	-0.045	-0.261	0.216	0.283	-0.159	0.442
	巴彦高勒—头道拐	-0.458	-0.679	0.221	0.072	-0.613	0.685
	青铜峡—头道拐	-0.464	-0.686	0.222			
水库不调节-现状	青铜峡—石嘴山	-0.019	-0.024	0.005			
	石嘴山—巴彦高勒	-0.081	-0.103	0.022			
	巴彦高勒—三湖河口	-0.580	-1.161	0.581	-0.148	-0.546	0.398
	三湖河口—头道拐	0.836	-0.408	1.244	0.071	-0.444	0.515
	巴彦高勒—头道拐	0.256	-1.569	1.825	-0.077	-0.990	0.913
	青铜峡—头道拐	0.156	-1.696	1.852			

续表 2-16

方案	河段	水文学模型			水动力学模型		
		全断面	河槽	滩地	全断面	河槽	滩地
控制 1 500 m^3/s -现状	青铜峡—石嘴山	-0.054	-0.054	0.000			
	石嘴山—巴彦高勒	0.049	0.061	-0.012			
	巴彦高勒—三湖河口	0.002	0.154	-0.152	0.101	0.240	-0.139
	三湖河口—头道拐	-0.426	0.122	-0.548	-0.108	0.245	-0.353
	巴彦高勒—头道拐	-0.424	0.276	-0.700	-0.007	0.485	-0.492
	青铜峡—头道拐	-0.429	0.283	-0.712			

1 500 m^3/s 控制方案巴彦高勒以上冲淤基本发生在河槽中,以下由于退水较大仍发生了部分漫滩,因此还有淤滩刷槽的效果。从全河段来看,主槽冲刷、滩地淤积,全断面冲刷,但量都不大。与现状方案相比,主槽少冲、滩地少淤,调整较大的巴彦高勒—头道拐河段河槽少冲了 0.276 亿~0.485 亿 t,滩地少淤积 0.492 亿~0.7 亿 t。虽然全断面多冲了,但主槽的冲刷效果和河道恢复效果要远小于现状方案。

从河道演变和河槽恢复角度来看,水库不调控方案的效果最好,主槽得到充分恢复、滩地大量淤积、主槽过流能力显著提高。但同时也需要考虑其他社会经济因素,才能制订合理、科学的洪水调控方案。

五、认识与建议

(一)认识

(1)2012 年汛期黄河上游尤其是兰州以上降雨偏多,形成较大洪水过程,唐乃亥洪峰流量为 3 440 m^3/s。龙刘水库联合调度较大地改变了洪水过程,削减了洪峰流量。洪水期间共蓄水 34.22 亿 m^3,分别超防洪运用汛限水位(龙羊峡2 588 m,刘家峡 1 727 m)运用 79 d 和 31 d。青铜峡灌区和三盛公灌区引水分别达到 16.0 亿 m^3 和 16.5 亿 m^3。

(2)2012 年宁蒙河道洪水洪量大,下河沿水量 148.9 亿 m^3,而沙量仅 0.532 亿 t,因此各站平均含沙量低,各站在 2.67~5.55 kg/m^3。

宁蒙河段洪水漫滩严重,其中三湖河口—头道拐河段漫滩范围最大,基本漫至大堤根,三湖河口—昭君坟和昭君坟—头道拐洪水期水面宽分别达到 1 798 m 和 2 109 m。洪水演进表现为水位高、传播时间长、洪峰变形大的特点,巴彦高勒和三湖河口汛期最高洪水位分别较历史最高水位 1 052.07、1 020.38 m 偏高 0.14 m 和 0.20 m。与 1981 年和 1989 年洪水相比,巴彦高勒—三湖河口洪水传播时间分别慢了 85.3 h 和 30 h;三湖河口—头道拐分别慢了 24 h 和 8 h。三湖河口至头道拐洪峰变形较大。

(3)宁蒙河道淤滩刷槽效果显著,主槽冲刷 1.916 亿 t,滩地淤积 2.032 亿 t,全断面仅淤积了 0.116 亿 t,巴彦高勒以下冲淤量级较大。河道过流能力有效恢复,初步估算巴彦高勒、三湖河口、头道拐平滩流量增加约 588、201 m^3/s 和 252 m^3/s。

(4)宁蒙河道泥沙(悬沙和床沙)偏粗是河道输沙能力低的重要原因。粗泥沙的分组挟沙力远小于细泥沙，输送所需要的悬浮功数倍于细泥沙，因此宁蒙河道在细沙补给不足的情况下能够挟带的粗泥沙量较少，水流的含沙量较低。

(5)非漫滩洪水输沙效率低，平均流量 2 000 m^3/s 冲淤平衡的含沙量仅 7.6 kg/m^3。漫滩洪水主槽冲刷效率较高，多年平均冲刷效率为 7.22 kg/m^3，且淤滩刷槽可对河道维持起到良好作用。

(6)利用水文模型和水动力模型进行冲淤计算的结果表明，与现状调控方案相比，水库不调控的淤滩刷槽效果更大，综合比较不调控方案的河道塑造效果较好。

(二)建议

(1)加强水利水保治理力度，将减少入黄泥沙放在上游开发治理的首位；在河槽恢复期，需要尽早扩大河槽的过流面积，在利用大漫滩洪水的前提下，可通过泄放低含沙洪水冲刷河道、稀释支流来沙、减少淤积；在河槽维持期可实行水量多年调节，一般枯水年份不泄放洪水，调蓄水量，出现丰水或较大洪水漫滩不可避免时，水库少蓄水甚至不蓄水，形成足够程度的漫滩洪水，冲刷前一个时期的河道淤积并增加滩槽高差，恢复河槽过流能力。

(2)宁蒙河道有关研究工作较薄弱，如洪水水沙演进特点、河道输沙规律、河道冲淤和河势演变规律、河道整治方式和适应性等，急需开展深入研究。现状基础研究工作还不足以支撑洪水调度决策的问题，只有在充分研究的基础上才能对治黄生产提出合理的建议。

(3)黄河上游是流域整体的一部分，其来水不仅影响全河的供水安全，其来沙也对中下游河道及水库运用产生影响，尤其是其来沙偏粗，影响程度更大。但是如果泥沙留在上游河道又会对宁蒙防洪和防凌形成威胁，因此从全流域的角度出发，上游泥沙的处理和分布是需要统筹考虑的问题，如何在上游实现泥沙趋利避害是上游治理开发和现阶段需要做出的安排。因此，在流域整体性越来越强的背景下，统筹上游泥沙的处理和利用已提到议事日程，需要尽早开展研究。

(4)宁蒙河道实测资料观测工作不系统、不规范，如河道淤积断面测量基准不统一、位置不固定、时间不连续；许多重要的观测项目未开展，如重要水文站的悬沙级配、河床泥沙级配等，给认识上游水沙和河床演变特性造成极大的困难，建议加强宁蒙河道实测资料的系统观测工作。

第三章　基于下垫面治理的黄河中游典型支流暴雨洪水分析

一、黄河中游暴雨洪水概况

2012 年 7 月 20~21 日，黄河中游河口镇至龙门区间（简称河龙区间）北部地区降大暴雨，其中降雨量大于 50 mm 的暴雨和大于 100 mm 的大暴雨笼罩面积分别为 16 840 km^2和 6 990 km^2。皇甫川、窟野河上游降暴雨到大暴雨。暴雨中心位于窟野河上游支流特牛川和清水川一带，其中特牛川新庙站单站降雨量达 167 mm，21 日 2~8 时的 6 h 降雨量高达 135.6 mm；清水川土墩则墕单站降雨量达 163 mm，哈镇站 6 h 降雨量达 116 mm。与此同时，泾渭河也发生了较强降雨，其中地处泾河流域最大的一级支流马莲河流域的甘肃省庆阳市环县东部和华池县西北部出现局部暴雨的强降雨过程，马莲河二级支流柔远河悦乐站 6 h 降雨量达 110 mm；泾河流域出口站张家山水文站出现入汛以来最大洪水。

2012 年 7 月 26 日 16 时~27 日 14 时，黄河中游山陕区间部分地区突降中到大雨，局部地区降暴雨、大暴雨到特大暴雨。本次降雨是该地区历史上少有的强暴雨过程，陕西省榆林市北部日降雨量达 200 mm 以上。佳芦河申家湾站最大 12 h 降雨量达 221.2 mm，40 min 降雨量达 86.4 mm，为该站有记录以来最大降水；秃尾河高家川站 6 h 降雨量 134.6 mm；清凉寺沟清凉寺站、穆家坪站和湫水河程家塔站 2 h 降雨量分别为 56.8、74.2 mm 和 77.6 mm。佳芦河出现 1971 年以来最大洪水过程，实测最大洪峰流量 1 680 m^3/s。黄河中游干流吴堡水文站 7 月 27 日出现洪峰流量 10 600 m^3/s 的洪水，为 1989 年以来最大洪水；干流龙门水文站 7 月 28 日 7 时出现洪峰流量 7 540 m^3/s，为 1996 年以来最大洪水，由此形成黄河干流 2012 年 1 号洪峰。

2012 年 7 月 27 日 20 时~28 日 8 时，山陕区间北部再次出现较强降水过程，局部降暴雨，个别站降大暴雨。暴雨中心位于秃尾河、佳芦河下游和无定河的上中游以及窟野河口至佳芦河口的黄河干流两岸，暴雨笼罩面积约 1 万 km^2。其中无定河支流黑木头川殿市站、佳芦河支流金明寺川金明寺站最大 6 h 降雨量分别达 114.2 mm 和 87.2 mm；佳芦河实测最大洪峰流量 2 010 m^3/s。由于前后两次暴雨洪水叠加，洪峰接踵而至，吴堡水文站 7 月 28 日 8 时出现 7 580 m^3/s 的洪峰流量，龙门水文站 7 月 29 日 0 时 30 分洪峰流量为 5 740 m^3/s，由此形成黄河干流 2012 年 2 号洪峰。

此外，2010 年 9 月 18~19 日，河龙区间的湫水河、清凉寺沟、三川河普降 100 mm 以上暴雨，暴雨中心在湫水河和三川河下游，其中湫水河林家坪站 4 h 降雨量 185 mm，最大洪峰流量 2 300 m^3/s，最大含沙量 487 kg/m^3。

本次研究选取的典型支流分别为河龙区间右岸北部的皇甫川、佳芦河和左岸南部的湫水河，其地理位置见图 3-1。

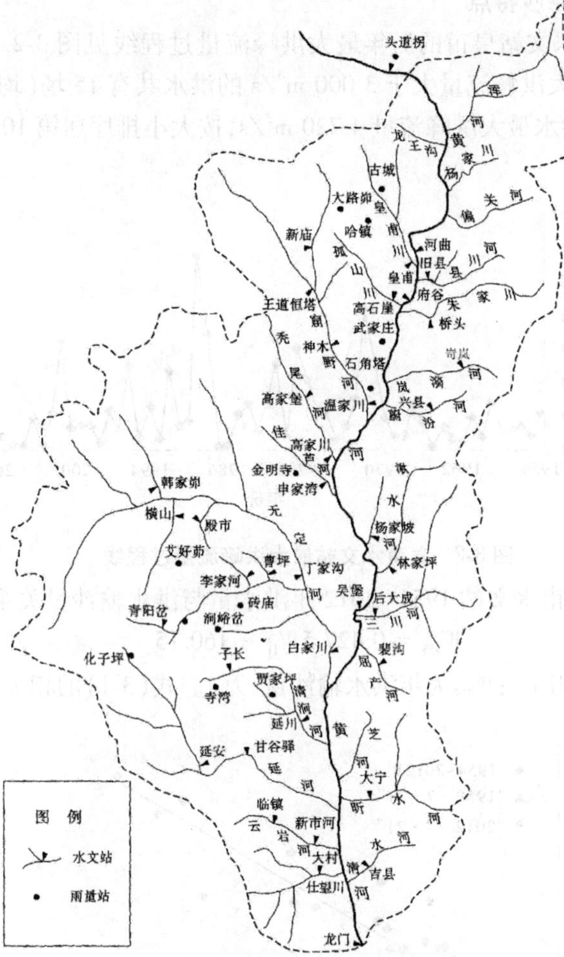

图 3-1 黄河河龙区间水系分布图

二、黄河中游典型支流洪水泥沙特点

根据调查统计，2012 年 7 月皇甫川“7·21”、佳芦河“7·27”、湫水河“7·27”和“2010·9·19”暴雨洪水特征值见表 3-1。

表 3-1 2012 年 7 月黄河中游支流暴雨洪水特征值

河流	洪水发生时间（年-月-日）	次洪量（万 m^3）	次沙量（万 t）	最大含沙量（kg/m^3）	暴雨中心雨量（mm）	面雨量（mm）	最大洪峰流量（m^3/s）
皇甫川	2012-07-21	3 250	1 450	774	121.4	63.5	4 720
佳芦河	2012-07-27	6 040	1 640	784	211.2	170.3	2 010
湫水河	2012-07-27	1 460	532	507	148.4	64.7	1 400
	2010-09-19	3 250	1 260	487	185.0	87.5	2 300

(一)皇甫川洪水泥沙特点

皇甫川流域出口水文站皇甫的历年最大洪峰流量过程线见图3-2。在皇甫川1954~2012年资料系列中最大洪峰流量大于3 000 m^3/s的洪水共有15场(均为1971年以后发生),“2012·7·21”洪水最大洪峰流量4 720 m^3/s,按大小排序居第10位,说明本次洪水的最大洪峰流量不大。

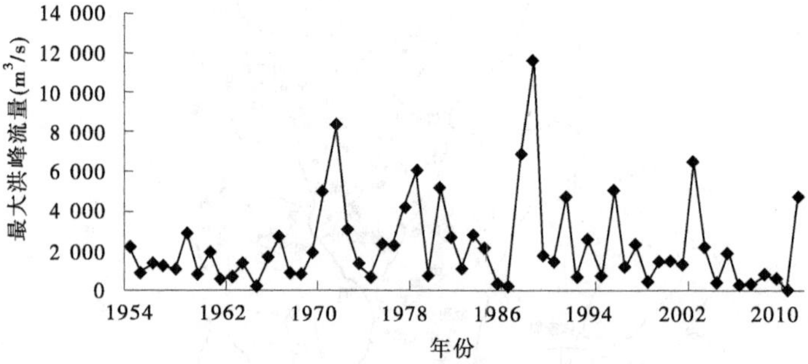

图3-2 皇甫水文站最大洪峰流量过程线

根据回归分析,皇甫水文站1954~2012年洪水量与洪水输沙量关系(图3-3)为:

$$W_{HS} = 0.427\,5W_H - 160.15 \tag{3-1}$$

式中:W_H为年洪水量,万m^3;W_{HS}为年洪水输沙量,万t。式(3-1)的相关系数为0.955。

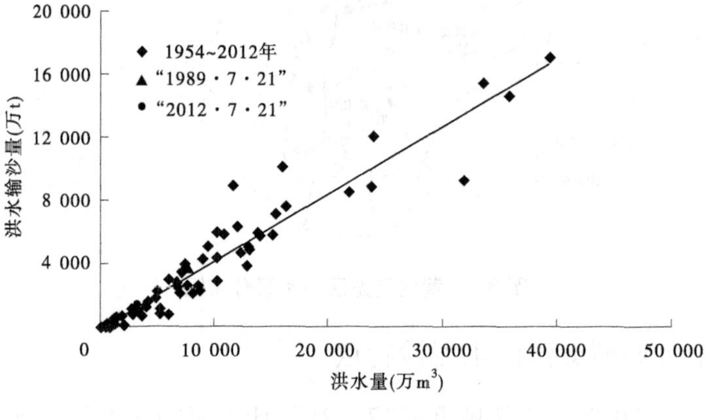

图3-3 皇甫水文站洪水泥沙关系

由于“2012·7·21”暴雨洪水点据与1954~2012年资料系列数据在同一分布带上,说明流域洪水输沙关系未发生明显变化。

皇甫川“1989·7·21”暴雨与“2012·7·21”暴雨的面平均雨量和最大2 h、4 h、6 h暴雨量(雨强)分别为62.5、47.3、51.6、79.6 mm和63.5、34.1、69.8、90.4 mm,均比较接近,但“2012·7·21”暴雨产生的洪水量、洪水输沙量分别只有3 250万m^3和1 450万t,分别比“1989·7·21”暴雨对应值减少了56.6%和63.3%;最大洪峰流量4 720 m^3/s,仅为“1989·7·21”暴雨对应值的40.7%;最大含沙量774 kg/m^3,比“1989·7·21”暴雨洪水最大含沙量984 kg/m^3减小了210 kg/m^3。

(二)佳芦河洪水泥沙特点

1.洪水泥沙关系分析

佳芦河流域把口水文站申家湾的历年最大洪峰流量大于 1 000 m^3/s 柱状图以及对应的洪水量与洪水输沙量关系分别见图 3-4 和图 3-5。据统计,在申家湾水文站 1958~2012 年资料系列中最大洪峰流量大于 1 000 m^3/s 的洪水共有 16 场,“2012 · 7 · 27”洪水最大洪峰流量 2 010 m^3/s,按由大到小排序居第 6 位。由图 3-5 可以看出,与 Q_m大于 1 000 m^3/s 的其他 15 场大洪水相比,相同洪量条件下,“2012 · 7 · 27”洪水输沙量明显偏小。

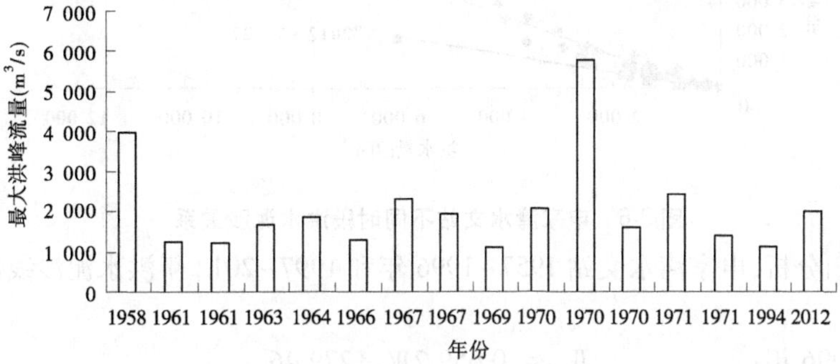

图 3-4　申家湾水文站最大洪峰流量(Q_m>1 000 m^3/s)柱状图

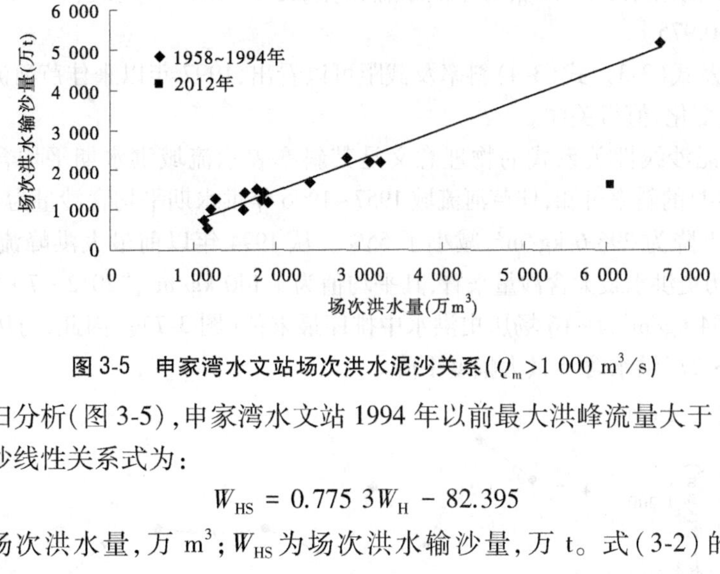

图 3-5　申家湾水文站场次洪水泥沙关系(Q_m>1 000 m^3/s)

根据回归分析(图 3-5),申家湾水文站 1994 年以前最大洪峰流量大于 1 000 m^3/s 的场次洪水泥沙线性关系式为:

$$W_{HS} = 0.775\ 3W_H - 82.395 \tag{3-2}$$

式中:W_H 为场次洪水量,万 m^3;W_{HS} 为场次洪水输沙量,万 t。式(3-2)的相关系数为 0.982。

“2012 · 7 · 27”暴雨洪水量为 6 040 万 m^3,代入式(3-2)计算后得到其对应的洪水输沙量应为 4 600 万 t,但本次暴雨实测洪水输沙量仅为 1 640 万 t,只有计算值的 35.7%,减少了 64.3%。因此,佳芦河流域“2012 · 7 · 27”暴雨洪水输沙量与历史相同洪水量对应的洪水输沙量相比大为减少。

基于佳芦河流域下垫面变化考虑,以 1997 年为界,点绘申家湾水文站 1957~2012 年历年不同时段洪水泥沙关系(图 3-6,其中包括 Q_m小于 1 000 m^3/s 的洪水)表明,1997~

2012 年与 1957~1996 年相比，申家湾水文站洪水泥沙关系直线斜率变小，说明相同洪水量条件下的输沙量减少，这应当与 1997 年以来流域水土保持综合治理对下垫面的影响有密切关系。

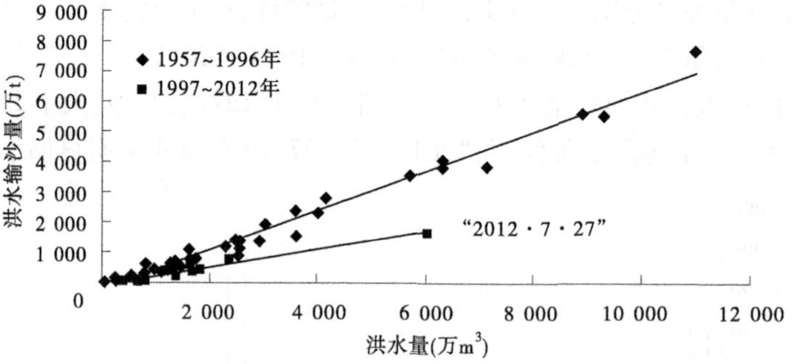

图 3-6　申家湾水文站不同时段洪水泥沙关系

通过回归分析，申家湾水文站 1957~1996 年和 1997~2012 年洪水泥沙线性关系式分别为：

1957~1996 年：　$W_{HS} = 0.659\,2W_H - 279.46$　(3-3)

1997~2012 年：　$W_{HS} = 0.296\,6W_H - 96.277$　(3-4)

式中：W_H为年洪水量，万 m^3；W_{HS}为年洪水输沙量，万 t。式(3-3)、式(3-4)的相关系数分别为 0.989 和 0.975。

由图 3-6 及式(3-3)、式(3-4)斜率及截距可以看出，1997 年以来佳芦河流域洪水泥沙关系已经发生变化，值得关注。

流域洪水泥沙线性关系式的物理意义是其斜率表示流域洪水期平均含沙量。对比式(3-3)、式(3-4)的斜率可知，佳芦河流域 1957~1996 年洪水期平均含沙量为 659.2 kg/m^3，1997~2012 年下降为 296.6 kg/m^3，减小了 55%。从 1994 年以前最大洪峰流量大于1 000 m^3/s 的 15 场历史洪水最大含沙量来看，其平均值为 1 140 kg/m^3，"2012 · 7 · 27"洪水最大含沙量仅为 784 kg/m^3，在 16 场历史洪水中排序最末位(图 3-7)。因此，与历史大洪水相比，"2012 · 7 · 27"洪水含沙量大幅度下降。

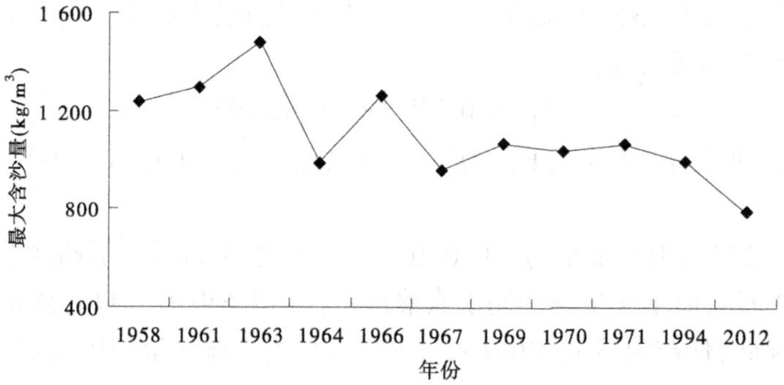

图 3-7　申家湾水文站特大洪水年份最大含沙量变化情况

2.汛期降雨产流关系分析

据1957~2012年水文资料统计,得到佳芦河流域汛期(5~9月)降雨产流关系(图3-8)。按照发生洪水时降雨量的大小,佳芦河流域汛期降雨产流关系可以分为三个区,即暴雨区、大雨区和一般降雨区。其中暴雨区场次洪水对应的面平均雨量 $P_c \geq 50$ mm;大雨区场次洪水对应的面平均雨量 P_c 取值为 25 mm $\leq P_c <50$ mm;一般降雨区场次洪水对应的面平均雨量 $P_c<25$ mm。

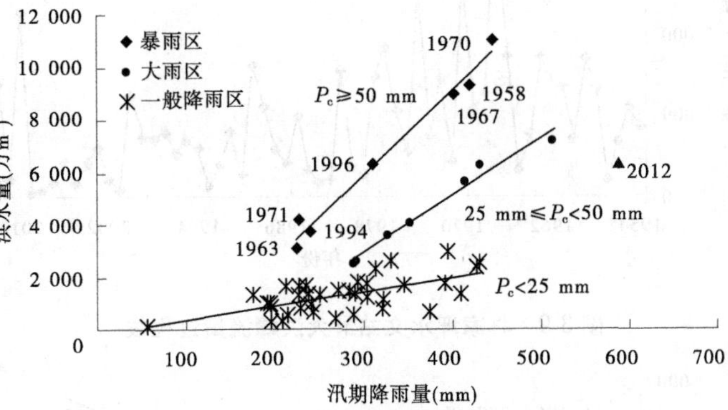

图3-8 佳芦河流域汛期降雨产流关系

通过回归分析,佳芦河流域三个区汛期降雨产流关系式分别为:

暴雨区: $$W_H = 31.987P_X - 3\,755.8 \tag{3-5}$$

大雨区: $$W_H = 21.985P_X - 3\,683.4 \tag{3-6}$$

一般降雨区: $$W_H = 5.465P_X - 206.7 \tag{3-7}$$

式中:W_H为年洪水量,万 m^3;P_X为流域汛期降雨量,mm。式(3-5)~式(3-7)的相关系数分别为0.991、0.984和0.637。

由此可见,当佳芦河流域汛期发生高强度暴雨或大暴雨时,其降雨量与流域产洪量具有非常密切的线性正相关关系,暴雨越大,产洪量越大,且单位降雨量的产洪量也越大。例如,暴雨区的单位毫米暴雨产洪量高达32万 m^3/mm。2012年虽然发生了"7·27"暴雨洪水,但2012年点据却在大雨区右侧,偏离暴雨区较远,说明目前佳芦河流域发生特大暴雨时的降雨产洪关系与以往相比已经发生明显变化,相同汛期降雨对应的产洪量明显减小,这显然与目前流域下垫面的拦蓄作用显著增大密切相关。

对于中等强度的汛期大雨,佳芦河流域汛期降雨产流关系仍为非常密切的线性正相关关系。大雨区降雨产洪量为22万 m^3/mm,比暴雨区绝对值减小10万 m^3/mm,减小了31.3%。

对于一般强度的汛期降雨,佳芦河流域相同降雨量对应的产洪量明显小于大暴雨区。对于相同的汛期降雨(如400 mm),大雨区的产洪量只有暴雨区的56.5%,一般降雨区的产洪量仅分别为暴雨区和大雨区的21.9%和38.7%。由于流域一般降雨区的降雨产流关系相对比较散乱,说明其影响因素比较复杂。

(三)湫水河洪水泥沙特点

湫水河流域把口水文站林家坪的历年最大洪峰流量过程线以及对应的洪水量与洪水输沙量关系分别见图 3-9、图 3-10。

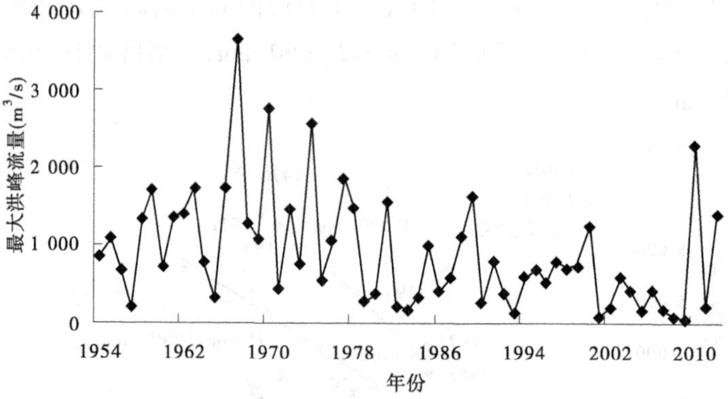

图 3-9　林家坪水文站最大洪峰流量过程线

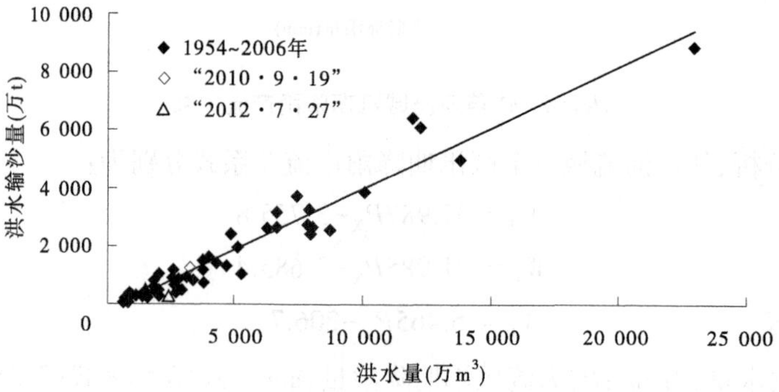

图 3-10　林家坪水文站洪水泥沙关系

根据统计,在林家坪水文站 1954~2012 年共 59 年的资料系列中,"2010·9·19"暴雨洪水最大洪峰流量 2 300 m^3/s,排名第 4,为 1975 年以来最大洪峰流量;"2012·7·27"洪水最大洪峰流量 1 400 m^3/s,排名第 14。虽然这两次洪水的洪峰流量不小,并且"2012·7·27"暴雨的面平均雨量、暴雨中心雨量、笼罩面积和雨强均远高于历史洪水,但产洪产沙量却明显偏小(图 3-10)。

根据回归分析,林家坪水文站长系列洪水输沙关系也很好,其线性关系式为:

$$W_{HS} = 0.420\,4W_H - 261.72 \tag{3-8}$$

式中:W_H为年洪水量,万 m^3;W_{HS}为年洪水输沙量,万 t。式(3-8)的相关系数为 0.965。

由图 3-10 可以看出,"2010·9·19"和"2012·7·27"这两次大洪水的产洪产沙关系仍然符合 2010 年以前湫水河流域产洪产沙关系的线性变化规律。

从最大含沙量变化看,"2010·9·19"洪水最大含沙量为 487 kg/m^3,"2012·7·27"洪水最大含沙量为 507 kg/m^3。由于林家坪水文站 1954~1989 年多年平均最大含沙量为 810 kg/m^3,与之相比,这两次洪水的最大含沙量分别减小了 39.9%和 37.4%,减小幅度均接近40%。

根据以上对比分析,归纳总结皇甫川、佳芦河、湫水河等3条支流2012年7月暴雨洪水特点是:

(1)暴雨量大,雨强大,笼罩面积大;

(2)洪峰流量、最大含沙量、洪水量和洪水输沙量明显减小;

(3)基于下垫面变化的流域产洪产沙关系在不同流域变化复杂。佳芦河流域1997年以来的洪水泥沙关系已有明显变化,但皇甫川和湫水河流域却未发生明显变化。

(四)河龙区间洪水泥沙特点

河龙区间场次暴雨洪水泥沙关系、最大洪峰流量与降雨雨强关系分别见图3-11~图3-13。

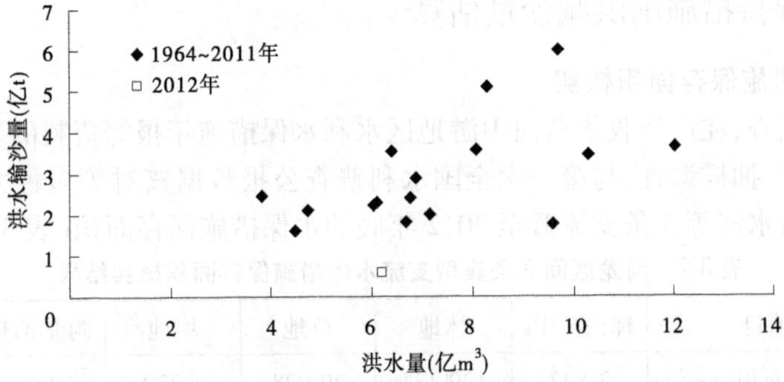

图3-11　河龙区间场次暴雨洪水泥沙关系

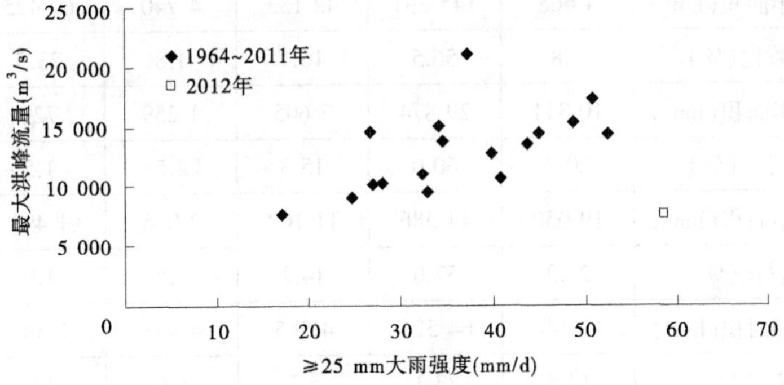

图3-12　河龙区间最大洪峰流量与场次降雨强度关系(1)

由此可见,与龙门水文站1996年以前实测最大洪峰流量在9 000 m^3/s以上的16场大洪水或特大洪水相比,河龙区间"2012·7·28"暴雨虽然≥25 mm的平均强度最大,≥50 mm的平均强度次大,但最大洪峰流量却为最小,洪水输沙量也最小;洪水量按由大到小排序居第12位,也相对较小。

河龙区间2012年1号洪水最为突出的特点是"两大一最小",即暴雨平均强度大,暴雨笼罩面积大,洪水输沙量最小。

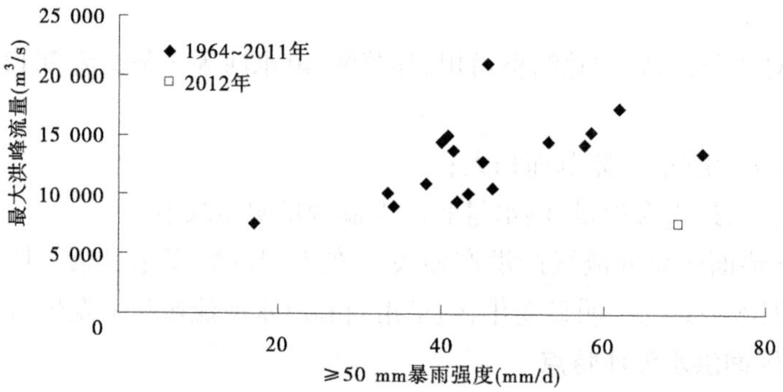

图 3-13　河龙区间最大洪峰流量与场次降雨强度关系(2)

三、水土保持措施削洪减沙量估算

(一)水保措施保存面积核实

通过典型调查,在广泛收集黄河中游地区水利水保措施年报等资料的基础上,采用卫星遥感资料修正、抽样调查、与第一次全国水利普查公报数据核对等多种方法,核实了皇甫川、佳芦河、湫水河等 3 条支流截至 2012 年底的水保措施保存面积(表 3-2)。

表 3-2　河龙区间 3 条典型支流水保措施保存面积核实结果

流域	项目	梯(条)田	林地	草地	坝地	封禁治理	合计
皇甫川	2006 年面积(hm^2)	2 827	129 131	49 928	1 720	10 024	193 630
	配置比(%)	1.4	66.7	25.8	0.9	5.2	100
	2012 年面积(hm^2)	4 668	145 391	42 133	4 740	60 425	257 357
	配置比(%)	1.8	56.5	16.4	1.8	23.5	100
佳芦河	2006 年面积(hm^2)	10 311	29 874	7 605	1 259	722	49 771
	配置比(%)	20.7	60.0	15.3	2.5	1.5	100
	2012 年面积(hm^2)	19 050	44 586	11 102	2 046	1 498	78 282
	配置比(%)	24.3	57.0	14.2	2.6	1.9	100
湫水河	2006 年面积(hm^2)	12 744	64 526	4 585	4 951	1 507	88 313
	配置比(%)	14.4	73.1	5.2	5.6	1.7	100
	2012 年面积(hm^2)	21 400	85 602	5 580	7 474	4 966	125 022
	配置比(%)	17.1	68.5	4.4	6.0	4.0	100

皇甫川、佳芦河、湫水河等 3 条支流 2012 年底水保措施累积保存面积分别比 2006 年底增加了 32.9%、57.3%和 41.6%,增长幅度均超过了 30%,其中佳芦河增幅接近 60%。平均来看,皇甫川、湫水河年均治理进度分别为 5.5%和 7%,佳芦河为 9.6%。

从水保措施配置比(指某一单项水土保持措施保存面积与水土保持措施总保存面积之比)变化来看,2012 年与 2006 年相比,皇甫川、佳芦河、湫水河等 3 条支流的梯田、坝地和封禁治理配置比均呈上升趋势,其中 3 条支流梯田配置比分别上升了 28.6%、17.4%和 18.8%,坝地配置比分别上升了 100.0%、4.0%和 7.1%;佳芦河、湫水河封禁治理配置比分别上升了 26.7%和 135.3%。尤其是皇甫川流域 2012 年封禁治理配置比是 2006 年的 4.5 倍。但 3 条支流林草措施配置比均呈下降趋势,其中林地配置比分别下降了 15.3%、5.0%和 6.3%,草地配置比分别下降了 36.4%、7.2%和 13.5%。

总体而言,3 条支流工程措施(梯田和坝地)配置比上升,封禁治理配置比上升最为明显;林草措施配置比则有所下降。

(二)水保措施减洪减沙量计算

采用"指标法"计算皇甫川、佳芦河、湫水河等 3 条支流 2012 年水土保持措施减洪减沙量。根据"十一五"国家科技支撑计划重点课题"黄河流域水沙变化情势评价研究"成果,求得皇甫川、佳芦河、湫水河等 3 条支流近期水土保持措施减洪减沙指标见表 3-3。3 条支流 2012 年水土保持措施减洪减沙量计算结果见表 3-3。

表 3-3 河龙区间 3 条典型支流 2012 年水土保持措施减洪减沙量计算结果

流域	指标	梯(条)田	林地	草地	坝地	封禁治理	合计
皇甫川	减洪指标(万 m^3/hm^2)	0.009 2	0.006 0	0.003 1	0.603 0	0.001 3	—
	减沙指标(万 t/hm^2)	0.004 6	0.003 0	0.001 6	0.206 4	0.000 6	—
	减洪量(万 m^3)	43	867	132	2 858	78	3 978
	减沙量(万 t)	21	438	67	978	36	1 540
	减洪所占比例(%)	1.1	21.8	3.3	71.8	2.0	100
	减沙所占比例(%)	1.4	28.4	4.3	63.6	2.3	100
佳芦河	减洪指标(万 m^3/hm^2)	0.012 9	0.008 1	0.002 5	0.765 0	0.002 8	—
	减沙指标(万 t/hm^2)	0.009 9	0.006 2	0.002 0	0.258 2	0.002 8	—
	减洪量(万 m^3)	246	363	28	1 565	4	2 206
	减沙量(万 t)	188	275	22	528	4	1 017
	减洪所占比例(%)	11.1	16.4	1.3	71.0	0.2	100
	减沙所占比例(%)	18.5	27.0	2.2	51.9	0.4	100
湫水河	减洪指标(万 m^3/hm^2)	0.014 6	0.007 5	0.007 2	0.260 8	0.006 0	—
	减沙指标(万 t/hm^2)	0.005 3	0.002 7	0.002 6	0.100 4	0.002 0	—
	减洪量(万 m^3)	312	643	40	1 949	30	2 974
	减沙量(万 t)	113	233	15	750	10	1 121
	减洪所占比例(%)	10.5	21.6	1.4	65.5	1.0	100
	减沙所占比例(%)	10.1	20.8	1.3	66.9	0.9	100

(三)水保措施减洪减沙量计算结果分析

(1)2012 年皇甫川流域水土保持措施减洪 3 978 万 m^3,减沙 1 540 万 t,减洪减沙效益分别达到28.2%和41.5%。在"2012·7·21"暴雨中水土保持措施减洪减沙效益分别达到55.0%和51.5%。水土保持措施的削洪减沙效益非常明显。

(2)2012年佳芦河流域水土保持措施减洪2 206万m^3,减沙1 017万t,减洪减沙效益分别达到19.6%和38.0%。在"2012·7·27"暴雨中水土保持措施减洪减沙效益分别达到26.8%和38.3%。水土保持措施的削洪减沙效益也很明显。

(3)2012年湫水河流域水土保持措施减洪2 974万m^3,减沙1 121万t,减洪减沙效益分别达到35.2%和60.8%。在"2012·7·27"暴雨中水土保持措施减洪减沙效益分别达到67.1%和67.8%。水土保持措施的削洪减沙效益最为明显。

从各单项水土保持措施减洪减沙所占比例(表3-3)来看,3条支流中坝地表现均最为"抢眼",减洪减沙所占比例最大。其中减洪所占比例均在65%以上,减沙所占比例均在50%以上。湫水河坝地减沙所占比例最大,达到66.9%,皇甫川居中,为63.6%,佳芦河流域虽然坝库损毁比较严重,却依然发挥了十分重要的拦沙作用,减沙所占比例虽然最小,也有51.9%。

林草等植被措施(包括封禁治理)减洪减沙所占比例居第二位。其中减洪所占比例为17.9%(佳芦河)~27.1%(皇甫川),减沙所占比例为23.0%(湫水河)~35.0%(皇甫川),皇甫川林草等植被措施减洪减沙所占比例均超过25%。

梯田减洪减沙所占比例居第三位。佳芦河、湫水河梯田减洪所占比例相当,均在11%左右,减沙所占比例分别为18.5%和10.1%,均大于10%;皇甫川梯田减洪减沙所占比例最小,仅分别为1.1%和1.4%,尚不及封禁治理的2.0%和2.3%。

北京师范大学杨胜天教授等利用2012年8月遥感影像对皇甫川流域植被状况的解译结果表明,支流纳林川和十里长川植被覆盖度约为70%,平均郁闭度约为40%。由于纳林川正是"2012·7·21"暴雨区,因此皇甫川流域林草等植被措施在本次暴雨中发挥了很大的拦蓄作用,减洪减沙所占比例高居3条支流之首绝非偶然。

此外,通过调查发现,皇甫川流域梯田主要集中在支流十里长川,规模不大,支流纳林川几乎没有梯田。由于"2012·7·21"暴雨中心在地处纳林川下游的古城,因此3条支流中皇甫川梯田减洪减沙所占比例最小。

(四)水土保持措施减沙能力分析

水土保持措施单位措施面积最大减沙量定义为水土保持措施减沙能力。坡面水土保持措施拦减洪水必然减少洪水输沙量。根据以往对黄河中游地区水土保持径流小区资料的分析,小区牧草的减沙作用约为17 000 t/km^2,林地为26 000 t/km^2,水平梯田可达28 000 t/km^2。一般来说,大面积上坡面措施的最大减沙能力要比小区低20%左右。

以往研究结果表明,梯田的减沙能力随着梯田面积的增加而增大,减沙能力存在上限。根据水利部第二期黄河水沙变化研究基金项目"河龙区间水土保持措施减水减沙作用分析"成果,河龙区间小区一类梯田的减沙能力最大可以达到25 000 t/km^2,减沙效益可达86%;二类梯田的减沙能力最大约为15 000 t/km^2,减沙效益在70%左右;三类梯田的减沙能力最大只有5 000 t/km^2,减沙效益在50%左右。

该研究成果同时表明,林地的减沙能力不仅与林地的覆盖度有关,而且与产流产沙水平有关;随着产流产沙量的增大,林地的减洪减沙量增大,当增大到一定的极限以后不再变化。覆盖度为90%时,小区林地的最大减沙能力可以达到27 000 t/km^2;覆盖度为60%时,小区林地的最大减沙能力为18 000 t/km^2;覆盖度为30%时,小区林地最大减沙能力只有5 000 t/km^2。

草地减洪减沙与覆盖度关,覆盖度为70%时,小区草地的最大减沙能力可达2 800 t/km^2;覆盖度为50%时,最大减沙能力可达1 400 t/km^2;当覆盖度为35%时,最大减沙能力只有650 t/km^2,减沙能力较差。

水土保持措施减沙指标定义为某一时段单位措施面积减沙量。由于水土保持措施减沙能力与减沙指标密切相关,在一定时段内,可以将减沙指标视作减沙能力。根据表3-3中各单项水土保持坡面措施的减沙指标可知,皇甫川、佳芦河、湫水河等3条支流2012年梯田减沙能力分别为46、99 t/hm^{2}和53 t/hm^2,林地减沙能力分别为30、62 t/hm^{2}和27 t/hm^2,草地减沙能力分别为16、20 t/hm^{2}和26 t/hm^2。

本次调查中看到,3条支流梯田质量普遍较好,可按一类梯田考虑。根据计算,皇甫川、佳芦河、湫水河植被覆盖度分别为76.4%、50.4%和48.3%。按照上述河龙区间小区不同类别、不同覆盖度的坡面措施最大减沙能力折减20%计算,则皇甫川、佳芦河、湫水河等3条支流梯田最大减沙能力为200 t/hm^2;林地最大减沙能力分别为180、95 t/hm^{2}和90 t/hm^2;草地最大减沙能力分别为24、11.2 t/hm^{2}和10 t/hm^2。

显然,在2012年7月洪水中皇甫川、佳芦河、湫水河流域梯田减沙能力均远未达到其最大减沙能力200 t/hm^2,抵御暴雨洪水的空间仍然很大;林地减沙能力也未达到其最大减沙能力,分别只有其最大减沙能力的16.7%、65.3%和30.0%。

2012年7月洪水中3条支流草地减沙能力变化情况最为特殊。皇甫川流域草地减沙能力只有其最大减沙能力的66.7%,也未达到其最大减沙能力;佳芦河、湫水河流域草地减沙能力分别是其最大减沙能力的1.786倍和2.6倍,是否已经超出其最大减沙能力,有待进一步开展研究。

四、水保措施减少洪水输沙量的成因

皇甫川、佳芦河、湫水河等3条支流水土保持措施在2012年7月暴雨洪水中的削洪减沙效益十分明显,既说明黄河中游地区在1997年以来持续大规模治理背景下,近期水土保持措施的削洪减沙能力有了明显提高,也与近期3条支流下垫面出现的一些新的变化特征密切相关。

(一)梯田

皇甫川、佳芦河、湫水河等3条支流梯田建设情况各不相同。皇甫川流域近期梯田建设主要集中在支流十里长川,规模不大;支流纳林川几乎没有梯田;全流域梯田配置比例仅为1.8%。佳芦河和湫水河近期梯田建设规模则较大,2012年梯田保存面积比2006年分别增加了84.8%和67.9%,梯田配置比例分别达到24.3%和17.1%,因此佳芦河和湫水河流域的梯田在“2012·7·27”暴雨中发挥了较大的拦蓄作用。

(二)淤地坝工程

根据本次调查统计,皇甫川流域截至2012年底共计建设淤地坝约750座,其中1990年以后修建的治沟骨干工程总库容达3.1亿m^3。佳芦河流域截至2012年底共计建设淤地坝 3 913 座，其中骨干坝 202 座，中型坝 1 765 座，小型坝 1 946 座；1990 年以后新建骨干坝 20 座，控制面积比 10.7%，总库容 0.339 亿 m^3。湫水河流域截至 2012 年底共计建设淤地坝 5 540 座，其中骨干坝 76 座，中型坝 63 座，小型坝 5 401 座；1990 年以后新建骨干坝 48 座，控制面积比 9.7%，总库容 0.354 亿 m^3。

皇甫川、佳芦河、湫水河等 3 条支流中，地处“2012 · 7 · 21”和“2012 · 7 · 27”暴雨区的中小淤地坝绝大多数建于 20 世纪 70 年代和 80 年代初期，到 90 年代中后期已基本淤满；但 2003 年以来新建的淤地坝大多数淤积缓慢，至今也未淤满。根据本次现场调查和统计，有 30%左右的骨干坝蓄水运用。由于皇甫川、佳芦河、湫水河等 3 条支流 2012 年 7 月暴雨核心区基本上为 2003 年以来流域淤地坝建设密度最大的地区，因此数量庞大的淤地坝群（系）在本次暴雨中削减洪峰、拦沙减蚀的作用非常突出，减洪减沙所占比例最大。

（三）植被

1997 年以来，黄河中游地区由于退耕还林、生态修复和封禁治理等措施的实施，植被恢复速度明显加快。就 2012 年 7 月发生暴雨的皇甫川、佳芦河、湫水河等 3 条支流而言，植被变化也非常明显。2012 年皇甫川流域植被覆盖度为 76.4%，佳芦河为 50.4%，湫水河为 48.3%；与 2006 年相比，3 条支流植被覆盖度分别增加了 18.1%、16.7%和 12.8%。

根据抽样调查，2012 年 7 月暴雨前皇甫川、佳芦河、湫水河等 3 条支流植被平均郁闭度（植被叶冠垂直投影面积与植被面积之比）分别为 0.47、0.49 和 0.42。根据联合国粮农组织规定，郁闭度在 0.70 以上（含 0.70）为稠密植被，郁闭度在 0.20～0.69 之间为中度植被，郁闭度在 0.20 以下（不含 0.20）为稀疏植被。因此，3 条支流均已达到中度植被的郁闭度水平。显然，皇甫川、佳芦河、湫水河等 3 条支流植被措施在本次暴雨中的拦蓄作用明显是有充分的植被建设覆盖度和郁闭度作基础的，其减洪减沙所占比例仅次于淤地坝并非偶然。

五、认识与建议

（一）认识

（1）2012 年 7 月黄河中游暴雨洪水输沙量明显减少。2012 年 7 月皇甫川、佳芦河、湫水河流域暴雨洪水特点是暴雨量大，雨强大，暴雨笼罩面积大；洪峰流量、最大含沙量、洪水量和洪水输沙量明显减小。河龙区间 2012 年 1 号洪水最为突出的特点是暴雨平均强度大，暴雨笼罩面积大，但洪水输沙量较小。

（2）皇甫川流域“2012 · 7 · 21”暴雨洪水期，水土保持措施减洪减沙效益分别达到 55.0%和 51.5%；佳芦河流域“2012 · 7 · 27”暴雨洪水期，水土保持措施减洪减沙效益分别达到 26.8%和 38.3%；湫水河流域“2012 · 7 · 27”暴雨洪水期，水土保持措施减洪减沙效益分别达到 67.1%和 67.8%。

（3）坝地减洪减沙所占比例最大。在 2012 年 7 月暴雨中，皇甫川、佳芦河、湫水河等 3 条支流中坝地减洪减沙所占比例最大。其中减洪所占比例均在 65%以上，减沙所占比例均在 50%以上。林草等植被措施减洪减沙所占比例次之。其中减洪所占比例为 17.9%～27.1%，减沙所占比例为 23.0%～35.1%。梯田减洪减沙所占比例位居第三。

（4）水保坡面措施抵御暴雨洪水能力差异较大。在 2012 年 7 月暴雨中，皇甫川、佳芦河、湫水河流域梯田、林地减沙能力均未达到其最大减沙能力，抵御暴雨洪水的空间仍然很大；皇甫川流域草地减沙能力只有其最大减沙能力的66.7%，也未达到其最大减沙能力；佳芦河、湫水河流域草地减沙能力分别是其最大减沙能力的1.786倍和2.6倍，已经超出其最大减沙能力，需要继续加大植被措施建设力度。

(5)坡耕地水土流失依然十分严重。地处佳芦河流域的佳县王家砭镇程家沟骨干坝2011年8月建成，坝高35 m，总库容285万 m^3，在“2012·7·27”暴雨中一次淤积厚度达10 m。主要原因是暴雨落区几乎全为坡耕地，特大暴雨造成的水土流失非常严重，导致淤积量非常大。由此说明，目前黄河中游北部黄土丘陵沟壑区坡耕地水土流失依然十分严重。

(6)经济活动强烈地区的人为活动新增水土流失依然严重。根据本次调查，“2010·9·19”暴雨中心在下游林家坪附近，属于黄土丘陵沟壑区，最大4 h降雨量185 mm，侵蚀比较严重；“2012·7·27”暴雨中心在上游土石山区，最大4 h降雨量101 mm，侵蚀相对较弱。但“2012·7·27”洪水最大含沙量反而比“2010·9·19”洪水大20 kg/m^3，主要是2011年以来湫水河流域人为新增水土流失所致。

皇甫川流域发生的现象也同样说明了这一问题。皇甫川流域2012年8月6日又发生了最大洪峰流量为1 520 m^3/s的洪水，虽然该值仅为“2012·7·21”洪水最大洪峰流量的32.2%，但最大含沙量却高达861 kg/m^3，比“2012·7·21”洪水最大含沙量774 kg/m^3还高87 kg/m^3。通过调查走访，其原因主要是上游河道一处采沙场被洪水冲毁所致。

(二)建议

(1)继续加大水土保持综合治理力度。近期淤地坝“亮点”工程、生态修复、封禁治理、坡耕地改造等大规模水土保持生态建设的蓄水减沙作用十分明显，尤其是本次对高强度的大暴雨削洪减沙作用非常明显。但任何流域治理都不可能达到百分之百，加之黄河中游支流沟壑密度大，黄土土质疏松，造成流域洪水最大含沙量仍然较高。因此，需要继续加大水土保持综合治理力度。如果没有后续治理项目支撑，水土保持措施的减洪减沙作用将不可持续。

调查了解，目前黄河中游地区水土保持投入偏少，部分流域治理项目偏少，后续治理项目缺乏，影响治理效果；而水利投入相对偏多，应该注意平衡。陇东干旱地区荒山治理亟待加强。对于陇东干旱地区的环县、华池、镇原等县而言，水土保持治理要以荒山治理为主，封禁为辅，一封了之不行。封禁治理也不能一劳永逸。

(2)针对不同水土保持措施进一步开展科学研究。淤地坝在本次暴雨中拦洪拦沙作用最大，应通过典型调查进行不同规格、不同配比、不同淤积速度单坝与坝系拦洪拦沙作用的综合分析研究；梯田在黄河中游不同地区其减水减沙作用有所不同，应分不同区域、不同水土流失类型区进行分析研究。

随着黄河中游地区退耕还林还草政策的持续实施，本次暴雨区植被对流域坡面来水来沙的削减作用非常明显，是流域径流泥沙减少的重要原因，应深入研究近期植被措施大幅度减少坡面径流后引起的沟谷连锁减沙效应以及坡沟减沙的自调控关系。

(3)加大治沟骨干工程建设力度，在佳芦河流域大力实施“坡改梯”工程。据调查了解,佳芦河、湫水河等“2012 · 7 · 27”暴雨区1990年以后修建的治沟骨干工程数量很少,其治沟骨干工程控制面积占流域水土流失面积的比例分别只有10.7%和9.7%。因此,应进一步加大河龙区间支流治沟骨干工程建设力度,继续提高治沟骨干工程控制面积比例。

佳县王家砭镇程家沟骨干坝在佳芦河流域“2012 · 7 · 27”暴雨中一次淤积厚度达10 m,主要原因是暴雨落区几乎全为坡耕地。由于佳芦河流域坡度大于25°的坡耕地面积占流域黄土丘陵沟壑区总面积的19.5%,是本次特大暴雨水土流失的主要来源地,因此在佳芦河流域大力实施“坡改梯”工程十分必要。

(4)高度关注经济活动强烈地区的人为水土流失。在本次调查中发现,湫水河流域已经开工的山西中南部铁路和临(县)离(石)高速公路建设弃土弃渣乱堆乱倒及河道无序挖沙现象比较严重,由此大大增加了流域洪水期的最大含沙量,应该引起高度重视。佳芦河流域正在施工的榆(林)—佳(县)高速公路建设引起的人为水土流失也值得关注和重视。

(5)加强河道采沙管理。河道采沙对洪水演进的影响不容忽视。近期河龙区间河道填洼水沙量很大也是洪水泥沙减少的原因之一,但同时又是潜在的增沙来源地。应该加强河龙区间支流及干流河道的采沙管理,保证规范有序。同时,流域上游就地拦截、城镇橡胶坝建设对水资源的拦蓄等问题不容忽视。层层拦蓄导致河川径流剧减。

第四章　2013年汛期高含沙中常洪水小浪底水库调控运用方式研究

对中常洪水(洪峰流量4 000～10 000 m^3/s洪水)的调度是现阶段的难点。从洪水发生时间来看,潼关和花园口两站的情况类似,集中发生在7～8月,占总次数的70%以上。其中潼关站6 000 m^3/s以上的洪水全部发生在7～8月。对于花园口站,6 000 m^3/s以上的洪水在9月以后出现相对较多,占38.5%。从发生频率看,1954～2008年潼关站共出现4 000～10 000 m^3/s的中常洪水84次,年均发生1.5次,其中以4 000～6 000 m^3/s量级发生次数最多,占72.6%;花园口站共出现4 000～10 000 m^3/s的中常洪水99次,年均发生1.8次,4 000～6 000 m^3/s的洪水62次,占62.6%;6 000～10 000 m^3/s的洪水37次,占37.4%。

20世纪80年代后期以来,黄河中下游中常洪水出现概率明显降低。潼关和花园口站1987～2012年最大洪峰流量仅分别为8 260 m^3/s和7 860 m^3/s(“96·8”洪水)。另一方面,黄河洪水主要来源于黄河中游的强降雨过程,由于中游总体治理程度还不高,现有水利水保工程对于一般洪水过程的影响比较明显,但对于由强降雨过程所引起的大暴雨洪水的影响程度则十分微弱,因此一旦遭遇中游的强降雨,仍有发生大洪水的可能。比如,龙门水文站在1986年后的1988、1992、1994、1996年都发生了10 000 m^3/s以上的大洪水,2003年府谷站又出现了13 000 m^3/s的洪水,2012年吴堡站出现了10 600 m^3/s的洪水。

本章研究的高含沙中常洪水指的是三门峡站沙峰含沙量超过200 kg/m^3、洪峰流量4 000～8 000 m^3/s的洪水。拟通过研究小浪底水库对典型高含沙中常洪水不同调度方式下,库区及下游河道冲淤变化,提出相对优化的高含沙中常洪水的调控运用方式。结合现状条件及运用方式的最新研究成果,探讨2013年汛期黄河中游高含沙中常洪水小浪底水库运用方式。

一、小浪底水库淤积形态及输沙方式

小浪底水库自1999年9月蓄水运用以来,至2012年10月共计13年,入库沙量为42.411亿t,出库沙量为8.692亿t,根据沙量平衡法计算,淤积量为33.719亿t,年均淤积2.594亿t;按断面法估算,淤积量为27.5亿m^3,年均淤积2.115亿m^3。

自2002年开始,小浪底水库共进行了14次调水调沙,2002年7月4～15日、2003年9月6～18日及2004年6月19日9时～7月12日分别进行了三次调水调沙试验,从2005年开始转入生产运行,共进行了11次,其中2007年7月29日～8月12日、2010年7月24日～8月3日、2010年8月11～21日为汛期调水调沙。

从2004年开始,小浪底水库开展汛前塑造异重流调水调沙,排沙2.417亿t,占水库运用以来排沙量的33.01%。小浪底水库目前已进入拦沙运用后期,三角洲顶点位于HH8

断面，距大坝仅为 10.32 km（图 4-1），三角洲顶点高程 210.66 m，坝前淤积面约为 184 m。从淤积形态分析，2012 年小浪底水库坝前的排沙方式仍为异重流排沙，由于三角洲顶点距坝仅有 10.32 km，形成的异重流很容易排沙出库。探讨小浪底水库汛期调水调沙的关键技术指标显得尤为重要。

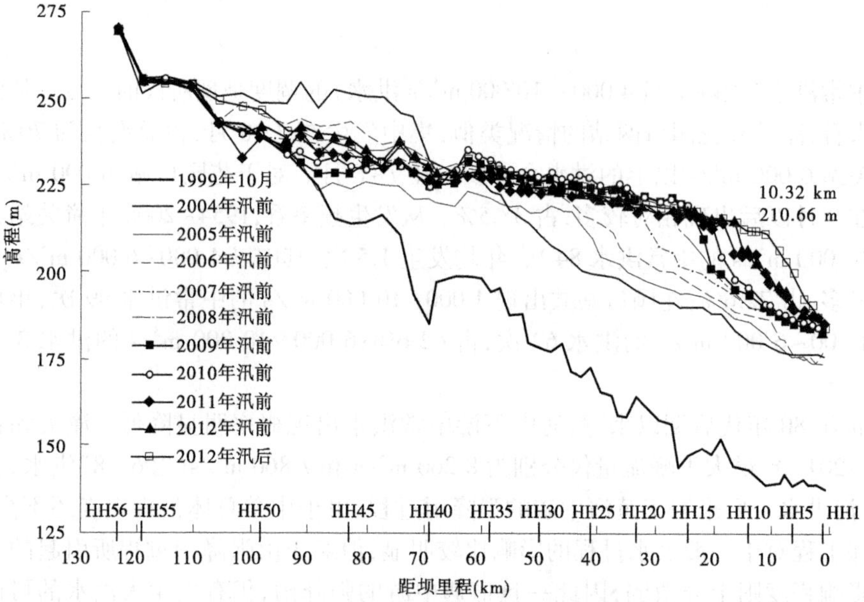

图 4-1　小浪底水库历年淤积纵剖面

表 4-1 为特征水位及其对应的库容。三角洲顶点以下还有约 2.09 亿 m^3 库容，水库最低运用水位 210 m 以下还有 1.93 亿 m^3 库容。

表 4-1　各特征水位及对应库容

水位（m）	230	225	220	215	210
库容（亿 m^3）	14.0	9.45	5.94	3.48	1.93

二、小浪底水库拦沙后期研究成果

小浪底水库的开发任务是以防洪、防凌、减淤为主，兼顾供水、灌溉和发电，除害兴利，综合利用。因此，水库运用方式要着眼于如何提高黄河下游的减淤效益，使黄河下游河道能实现连续 20 a 和更长时间的不淤积抬高河床。

规划设计确定的以防洪、减淤运用为中心的水库运用，分两个时期，即初期为拦沙、调水调沙运用，后期为调水调沙正常运用，保持 51 亿 m^3 有效库容长期进行防洪、减淤和兴利运用。现在，小浪底水库已经具备转入拦沙运用后期的条件，可采取“拦粗排细”、相机排沙运用方式。

调水调沙的任务是：在尽可能延长小浪底水库拦沙运用年限的同时，通过对出库水沙过程的调节，尽可能减少下游河道主河槽的淤积，增加并维持河道主槽的过流能力。调水调沙期主要为7月11日~9月30日,每年的6月可根据前汛期限制水位以上蓄水情况相机进行调水调沙运用。

利用小浪底水库干、支流拦沙库容进行调水调沙具有以下作用:拦粗沙排细沙,提高黄河下游减淤效益;发挥下游河道大水输大沙作用;维持河势流路相对稳定,防止剧烈冲刷和坍滩险情;增大平滩流量,提高排洪能力,减小中常洪水漫滩概率。如何充分发挥下游河道的排沙潜力,减缓库区淤积尤其细泥沙的淤积,并能够维持艾山以下窄河段不淤积、维持主槽较大的平滩流量,是治黄实践所急需回答的问题。

在小浪底工程设计阶段,水库拦沙后期运用方式拟定为逐步抬高拦粗排细运用(简称方式一),即利用黄河下游河道大水输沙、泥沙越细输沙能力越大,且有一定输送大于0.05 mm粗沙能力的特性,使水库保持低壅水、合理地拦粗排细,实现下游河道减淤。运用方式一的库水位变幅小,滩槽同步上升,再降低水位敞泄排沙冲刷,从而形成高滩深槽。不过,这样运用存在以下几个不利因素:一是根据官厅、三门峡等已建水库淤积物特性分析,淤积物的干容重随泥沙淤积厚度的增加而变大,即淤积厚度越深,其干容重越大,淤积体长时间受力固结,泥沙颗粒与颗粒之间已不是没有联系的松散状态,而是固结成整体,这样抗冲性能大,不容易被水流冲刷,所以从恢复库容来说,水库若长时间先淤后冲,不如水库运用到一定时间后,冲淤交替为好;二是龙羊峡、刘家峡两库投入运用后,汛期进入小浪底水库的水量大幅度减少,加之上中游地区工农业用水的增长,汛期中常洪水出现概率日趋减小,因此若水库淤积量较大时再降低水位冲刷淤积物恢复库容的做法风险较大。

变化了的水沙条件迫切需要相应的水库运用方式,黄河勘测规划设计有限公司提出了拦沙后期减淤运用推荐方案。小浪底水库拦沙后期的防洪运用主要分为三个阶段:第一阶段为拦沙初期结束至水库淤积量达到42亿m^3之前的时期,254 m以下防洪库容基本在20亿m^3以上;第二阶段为水库淤积量为42亿~60亿m^3的时期,这一阶段水库的防洪库容减少较多,但防洪运用水位仍不超过254 m;第三阶段为淤积量大于60亿m^3以后的时期,这一时期254 m以下的防洪库容很小,中常洪水的控制运用可能使用254 m以上防洪库容。

目前水库运用进入拦沙后期第一阶段,拦沙后期减淤运用推荐方案的第一阶段为7月11日~9月10日,主要包括蓄满造峰和凑泄造峰、高含沙洪水调度、防洪运用等三种情况。

(一)蓄满造峰和凑泄造峰

当入库流量小于2 600 m^3/s时,调节见图4-2。

(1)当水库可调节水量大于等于13亿m^3时,水库蓄满造峰,凑泄花园口流量大于等于3 700 m^3/s。即当入库流量加黑石关、武陟流量大于等于3 700 m^3/s时,出库流量按入库流量下泄;当入库流量加黑石关、武陟流量小于3 700 m^3/s时,水库凑泄花园口流量为3 700 m^3/s,若凑泄5 d后,水库可调水量仍大于2亿m^3,水库凑泄花园口断面流量为下游主槽平滩流量,直至水库可调水量等于2亿m^3,若最后一天凑泄流量不足2 600 m^3/s,则凑泄造峰调节结束,当日改为蓄水,出库流量等于400 m^3/s;若水库可调水量预留2亿m^3后,水库造峰流量不足5 d,则不再预留,水库继续造峰,满足5 d要求,但水库水位不得低于210 m;当水库造峰结束后,相临日期入库流量加黑武(指黑石关+武陟,下同)流量大于等于2 600 m^3/s,则出库流量按入库流量下泄,直到入库流量加黑武流量小于2 600 m^3/s

时，水库开始蓄水，出库流量等于 400 m^3/s。

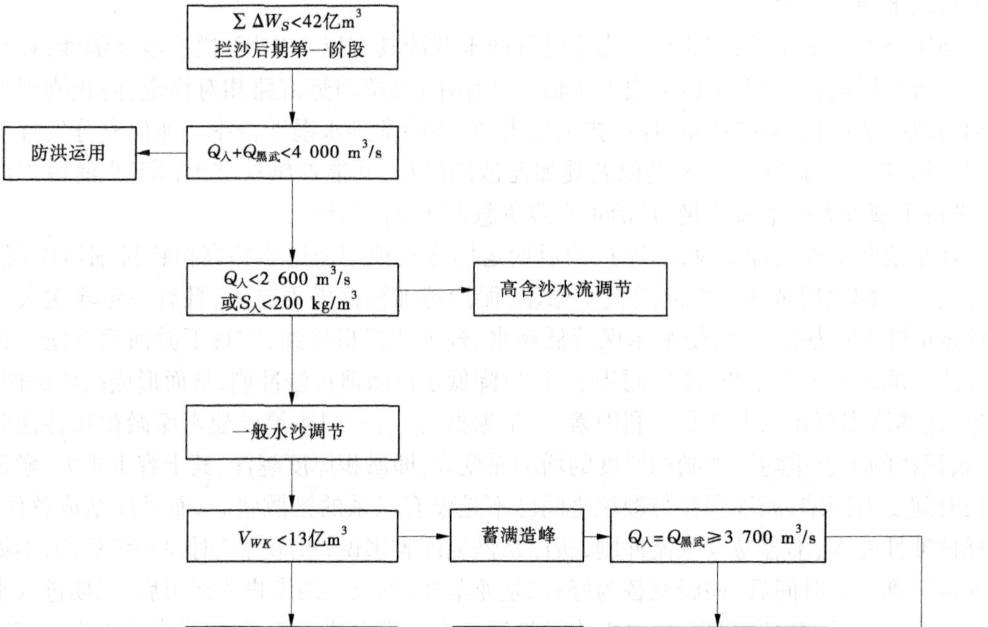

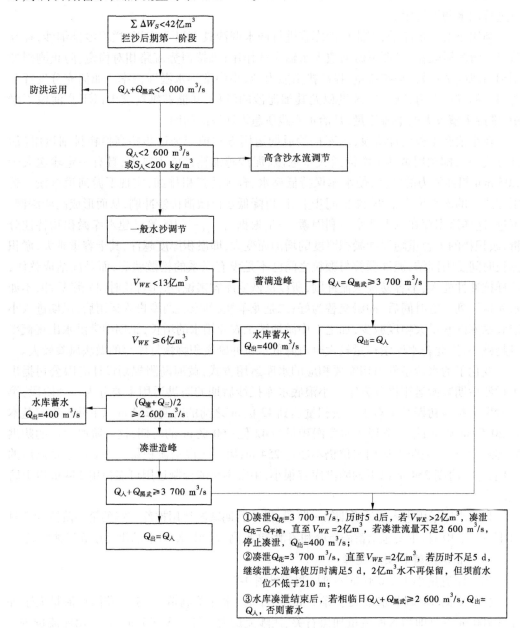

图 4-2　7 月 11 日~9 月 10 日调节指令执行流程

(2)当潼关、三门峡平均流量大于等于 2 600 m^3/s 且水库可调节水量大于等于 6 亿 m^3时，水库相机凑泄造峰，凑泄花园口流量大于等于 3 700 m^3/s。即当入库流量加黑石关、武陟流量大于等于 3 700 m^3/s 时，出库流量按入库流量下泄；当入库流量加黑石关、武陟流量小于 3 700 m^3/s 时，水库凑泄花园口流量为 3 700 m^3/s，若凑泄 5 d 后，水库可调水量仍大于 2 亿 m^3，水库凑泄花园口断面流量为下游主槽平滩流量，直至水库可调水量等于2亿 m^3，若最后一天凑泄流量不足2 600 m^3/s，则凑泄造峰调节结束，当日蓄水，出库流量等于400 m^3/s；若水库可调水量预留2亿 m^3 后，水库造峰流量不足5 d，则不再预留，水库继续造峰，满足5 d要求，但水库水位不得低于210 m；当水库造峰结束后，相临日期入库流量加黑武流量大于等于2 600 m^3/s，则出库流量按入库流量下泄，直到入库流量加黑武流量小于2 600 m^3/s 时，水库开始蓄水，出库流量等于400 m^3/s。

（3）水库可调节水量小于6亿 m^3 时，小浪底出库流量仅满足机组调峰发电需要，出库流量为400 m^3/s。

（4）潼关、三门峡平均流量小于2 600 m^3/s，小浪底水库可调节水量大于等于6亿 m^3 且小于13亿 m^3 时，出库流量仅满足机组调峰发电需要，出库流量为400 m^3/s。

（二）高含沙水流调度

当入库流量大于等于2 600 m^3/s，且入库含沙量大于等于200 kg/m^3 时，进入高含沙水流调度。高含沙水流调度流程见图4-3，具体调度指令如下：

（1）当水库蓄水量大于等于3亿 m^3 时，提前2 d凑泄花园口流量等于下游主槽平滩流量，直至水库蓄水等于3亿 m^3 后，出库流量等于入库。

（2）当水库蓄水量小于3亿 m^3 时，提前2 d水库蓄水至3亿 m^3 后，若第二天满足出库400 m^3/s 的前提下可蓄满至3亿 m^3，则第一天水库不蓄水，出库等于入库，第二天蓄至3亿 m^3 后出库等于入库；若第二天满足出库400 m^3/s 的前提下无法蓄满至3亿 m^3，则需要第一天进行补蓄，且必须保证出库流量不小于400 m^3/s；若连续2 d蓄水均无法蓄满3亿 m^3，则第一天、第二天出库流量均为400 m^3/s。蓄水3亿 m^3 后使出库流量等于入库流量。

（3）当入库流量小于2 600 m^3/s，高含沙水流调度结束。

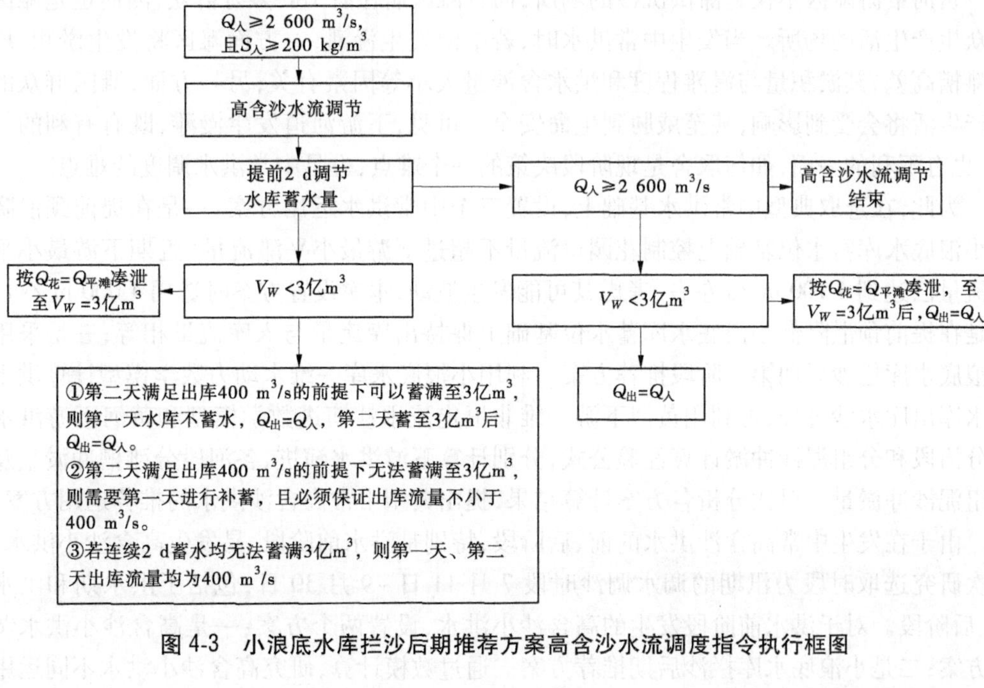

图4-3　小浪底水库拦沙后期推荐方案高含沙水流调度指令执行框图

（三）防洪运用

当预报花园口洪峰流量大于 4 000 m^3/s 时，转入防洪运用。

防洪调度运用按水利部〔2009〕446 号文批复的《关于对小浪底水利枢纽拦沙后期（第一阶段）运用调度规程的批复》执行，防洪运用流程见图 4-4。

（1）当预报花园口洪峰流量 4 000~8 000 m^3/s 时，需根据中期天气预报和潼关站含沙量情况，确定不同的泄洪方式。

①若中期预报黄河中游有强降雨天气或当潼关站实测含沙量大于等于 200 kg/m^3，原则上按进出库平衡方式运用。

②若中期预报黄河中游没有强降雨天气且潼关站实测含沙量小于 200 kg/m^3，小浪底—花园口区间来水洪峰流量小于下游主槽平滩流量，原则上按控制花园口站流量不大于下游主槽平滩流量运用；当小浪底—花园口区间来水洪峰流量大于等于下游主槽平滩流量时，可视洪水情况控制运用，控制水库最高运用水位不超过正常运用期汛限水位 254.0 m。

（2）当预报花园口洪峰流量 8 000~10 000 m^3/s 时，若入库流量不大于水库相应泄洪能力，原则上按进出库平衡方式运用；若入库流量大于水库相应泄洪能力，则按敞泄滞洪运用。

（3）当预报花园口流量大于 10 000 m^3/s 时，若小浪底—花园口区间流量小于等于 9 000 m^3/s，按控制花园口 10 000 m^3/s 运用；若预报小浪底—花园口区间流量大于 9 000 m^3/s，则按不大于 1 000 m^3/s 下泄；当预报花园口流量回落至 10 000 m^3/s 以下时，按控制花园口流量不大于 10 000 m^3/s 泄洪，直到小浪底库水位降至汛限水位以下。

三、中常高含沙洪水小浪底水库运用方案设置

黄河下游滩区不仅是滞洪沉沙的场所，而且滩区居住有 180 多万群众，因而也是滩区群众生产生活的场所。当发生中常洪水时，若下游发生漫滩，一方面滩区将发生淤积，增加滩槽高差，其淤积量与漫滩程度和洪水含沙量大小等因素有关；另一方面，滩区群众的生产生活将会受到影响，甚至威胁到生命安全。可见，下游河道发生漫滩，既有有利的一面，也有不利的一面，如何取舍是现阶段决策的一个难点，也是中常洪水调度的难点。

为此，在选取典型中常洪水基础上，设置三个中常洪水运用方案：一是在提前预泄降低小浪底水库蓄水位基础上控制花园口流量不超过下游最小平滩流量（近期下游最小平滩流量已达到 4 100 m^3/s 左右，考虑其可能发生波动，本次设置方案时选用 4 000 m^3/s）；二是在提前预泄降低小浪底水库蓄水位基础上保持出库流量与入库流量相等；三是采用小浪底水库拦沙后期第一阶段推荐方案。利用小浪底水库一维水动力数学模型计算洪水期水库出库水沙过程，再利用黄河下游一维非恒定流水沙演进数学模型和黄河下游洪水期分河段和分组泥沙冲淤计算经验公式，分别计算下游洪水演进、各河段分滩槽冲淤量及分组泥沙冲淤量。对比分析各方案计算结果，提出典型中常高含沙洪水的推荐运用方案。

由于在发生中常高含沙洪水的前、后阶段，特别是洪水前阶段，易发生高含沙小洪水，本次研究选取时段为汛期的调水调沙时段 7 月 11 日~9 月 30 日，包括了洪水期和洪水前、后阶段。对于洪水前阶段发生的高含沙小洪水，设置两个方案：一是高含沙小洪水调度方案；二是小浪底水库拦沙后期推荐方案。通过数模计算，研究高含沙小洪水不同运用方案对库区和下游的影响，以及对后期的中常高含沙洪水运用的影响。

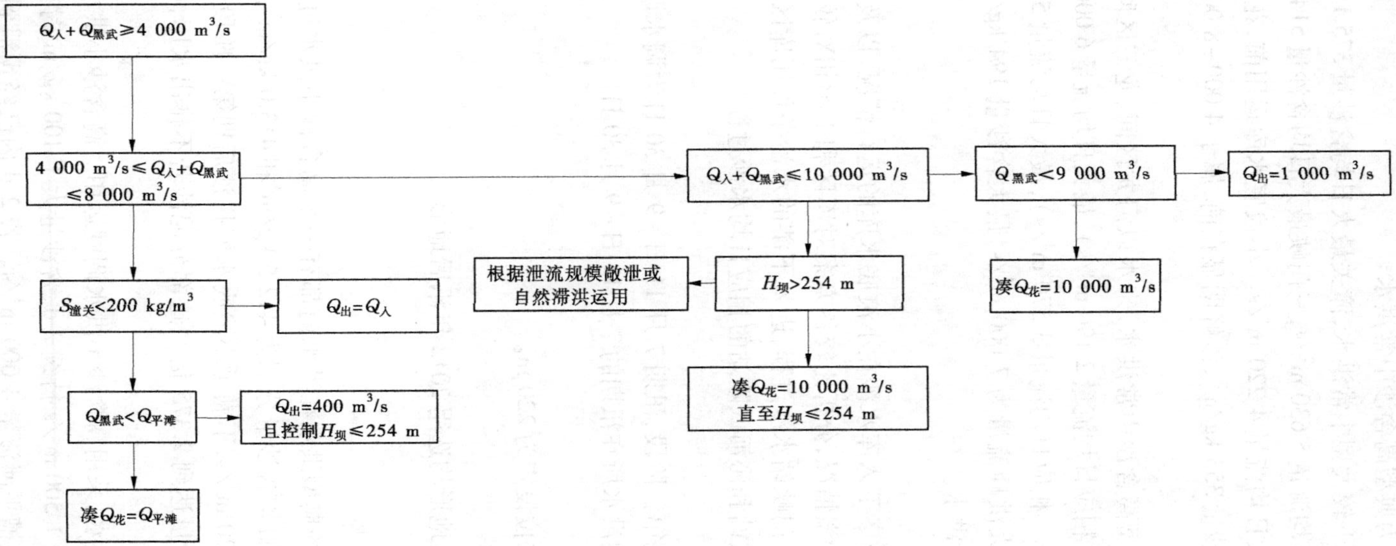

图 4-4　水库拦沙后期第一阶段推荐方案防洪运用调度指令流程图

（一）典型洪水选取

选取1986年以来发生的以中游高含沙洪水与下游同时来水的“96·8”型和以中游高含沙为主的“88·8”型为典型高含沙中常洪水。

“96·8”洪水属于上下较大型中常洪水，潼关最大日均含沙量375.1 kg/m^3（相应日均流量1 810 m^3/s），最大日均流量5 630 m^3/s；三门峡最大日均含沙量514.7 kg/m^3（相应日均流量2 040 m^3/s），最大日均流量4 220 m^3/s。小浪底水库运用前，花园口最大洪峰流量为7 860 m^3/s，最大含沙量353 kg/m^3，沙峰明显在前，属于4 000~8 000 m^3/s量级的中常洪水。

“88·8”洪水为上大型高含沙中常洪水，来水以河龙区间、龙三区间为主，潼关最大日均含沙量268.9 kg/m^3（相应日均流量2 190 m^3/s），最大日均流量6 000 m^3/s；三门峡最大日均含沙量341.7 kg/m^3（相应日均流量3 570 m^3/s），最大日均流量5 050 m^3/s。小浪底水库运用前，花园口最大洪峰流量为7 000 m^3/s，最大含沙量194 kg/m^3，属于4 000~8 000 m^3/s量级的高含沙洪水。

（二）方案设置

通过计算不同调度方案下入库水沙在小浪底水库的运行情况，以及调度后出库水沙在下游河道中的输送和冲淤情况，分析比较各方案对库区和下游相对较为有利的水库调度方案。入库水沙选用三门峡站水沙过程，进入下游的水沙条件用库区数学模型计算的出库水沙和伊洛河黑石关站和沁河武陟站的相应日均水沙过程。

1.计算时段

小浪底水库拦沙后期第一阶段，汛期7月11日~9月30日为调水调沙阶段，因此本次方案计算时段选取典型洪水所在汛期的7月11日~9月30日。

2.出库初始水位

小浪底水库的初始水位设定为220 m。

3.地形

库区地形和下游河道地形均选用2012年汛后地形。

4.调度原则

1）高含沙小洪水调度原则

从水沙过程来看，两场典型洪水在洪水前都有一个高含沙小洪水过程，其中1996年7月17日和7月18日的日均含沙量分别为412.5 kg/m^3和413.0 kg/m^3，而相应日均流量分别为2 420 m^3/s和1 920 m^3/s，不满足小浪底水库拦沙后期第一阶段高含沙洪水的运用条件。7月17~21日沙量达到2.375亿t，这部分泥沙若不排出水库，则库区的淤积严重。

针对这种高含沙小洪水，采用高含沙小洪水调度运用。高含沙小洪水的调度原则为：

当预报潼关流量大于1 500 m^3/s持续2 d、含沙量大于100 kg/m^3时提前2 d预泄，凑泄花园口流量等于下游主槽平滩流量4 000 m^3/s。若2 d内已经预泄到水库蓄水量剩3亿m^3，则从蓄水量达到3亿m^3后按进出库流量相等运用；若预泄2 d后蓄水量仍大于3亿m^3，仍凑泄花园口流量等于下游主槽平滩流量，直至水库蓄水量剩3亿m^3后，按出库流量等于入库流量下泄。结束条件:当三门峡流量小于 1 000 m^3/s 时,水库开始蓄水,按流量 400 m^3/s 下泄。

2)高含沙中常洪水调度原则

在选取的两场高含沙中常洪水过程(1996 年 7 月 28 日~8 月 16 日和 1988 年 8 月 5~25 日)中,小浪底水库的调度运用设为三种方式:

(1)控制花园口流量不超过 4 000 m^3/s($Q_{花} \leq 4\ 000\ m^3/s$)。

水库提前 2 d 预泄,凑泄花园口流量等于下游主槽平滩流量 4 000 m^3/s。若 2 d 内水库蓄水量到达 3 亿 m^3,当来水流量(三门峡+黑石关+武陟)小于等于 4 000 m^3/s 时,按进、出库平衡运用,保持水库蓄水量 3 亿 m^3;当来水流量大于 4 000 m^3/s 时,控制花园口流量 4 000 m^3/s 泄放。若 2 d 后,蓄水量仍大于 3 亿 m^3,当来水流量(三门峡+黑石关+武陟)小于 4 000 m^3/s 时,按控制花园口流量 4 000 m^3/s 泄放,直到水库蓄水量 3 亿 m^3;当来水流量大于 4 000 m^3/s 时,控制花园口流量泄放 4 000 m^3/s。具体调度运用框图见图 4-5。

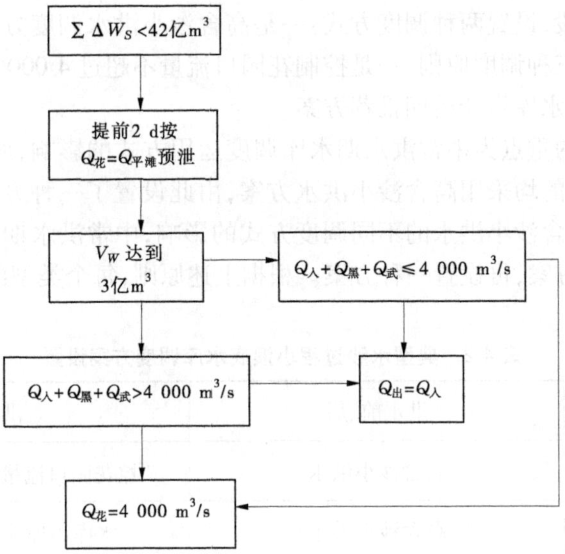

图 4-5 控制花园口流量不超过 4 000 m^3/s 方案水库调度运用框图

(2)出库流量等于入库流量($Q_{出}=Q_{入}$)。

水库提前 2 d 预泄,凑泄花园口流量等于下游主槽平滩流量 4 000 m^3/s。若 2 d 内水库蓄水量达到 3 亿 m^3,保持蓄水量不变,水库按进、出库平衡运用。若 2 d 后,蓄水量仍大于 3 亿 m^3,当来水流量(三门峡+黑石关+武陟)小于 4 000 m^3/s 时,按控制花园口流量 4 000 m^3/s 泄放,直到水库蓄水量 3 亿 m^3;当来水流量大于 4 000 m^3/s 时,按进、出库平衡运用泄放。具体调度运用框图见图 4-6。

(3)小浪底水库拦沙后期第一阶段推荐方案。

见第一部分第三章所述。

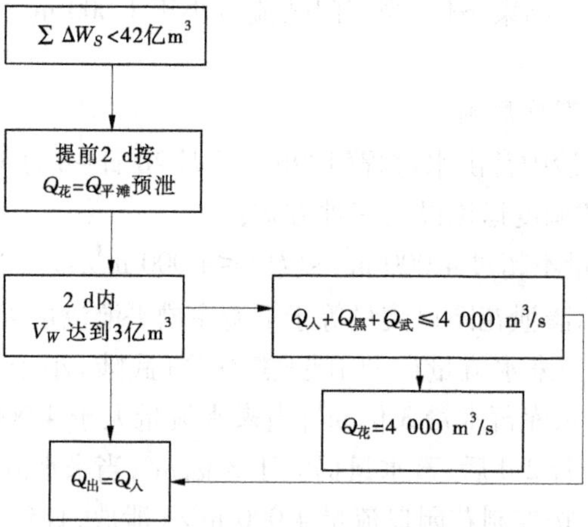

图 4-6 出库流量与入库流量相等方案水库调度运用框图

5.调度方案设置

对于洪水前阶段,设置两种调度方式:一是高含沙小洪水调度方式,二是推荐运用方式。中常洪水期有三种调度原则:一是控制花园口流量不超过 4 000 m^3/s,二是进出库流量相等,三是小浪底水库拦沙后期推荐方案。

因为研究对比的重点为中常洪水期水库调度运用方式的影响,所以在洪水期三种方案的基础上,洪水前的均采用高含沙小洪水方案,由此设置了三种方案。另外,为了对比分析中常洪水前,高含沙小洪水的不同调度方式的影响,中常洪水期采用推荐方案,同时洪水前也采用推荐方案,再设置一种方案。根据上述原则,每个类型的洪水共设置四种方案(表 4-2)。

表 4-2 典型水沙过程小浪底水库调度方案设置

水沙类型	方案	洪水前、后	洪水过程
"88・8"型	方案 1	高含沙小洪水	控花园口流量不超过 4 000 m^3/s
	方案 2	高含沙小洪水	水库出库流量等于入库流量
	方案 3	高含沙小洪水	小浪底水库来沙后期推荐方案
	方案 4	小浪底水库拦沙后期推荐方案	小浪底水库来沙后期推荐方案
"96・8"型	方案 1	高含沙小洪水	控花园口流量不超过 4 000 m^3/s
	方案 2	高含沙小洪水	水库出库流量等于入库流量
	方案 3	高含沙小洪水	小浪底水库来沙后期推荐方案
	方案 4	小浪底水库拦沙后期推荐方案	小浪底水库来沙后期推荐方案

四、不同方案下小浪底水库排沙及下游冲淤效果

利用小浪底水库、下游河道一维水动力学模型模拟评估不同方案下小浪底水库排沙及下游冲淤效果。

(一)小浪底水库一维水动力学模型

在已有的一维水沙模型基础上,加入非恒定水流模块、溯源冲刷模块及坝前含沙分布模块,优化耦合形成一维水沙动力学模型。模型可用于计算库区水沙输移、干流倒灌支流淤积形态、库区异重流产生及输移、河床形态变化与调整、出库水流、含沙量及级配等。通过小浪底水库物理模型试验资料、三门峡水库实测过程及汛前调水调沙过程进行验证,计算结果表明模型计算结果可靠,性能良好,计算结果满足工程精度要求和实际需要。

水库输沙过程中沿程存在多种输沙状态,不同的输沙状态下对地形的塑造特性也不相同。以小浪底水库为例,在水库进口段类似于一般河道,体现出沿程冲淤的特征;水库中段的三角洲顶点附近,若遇降水冲刷运用常发生溯源冲刷,冲刷效率高、输沙强度大,是水库形态优化和库容恢复的重要方式;而在水库近坝段,上游输移的高含沙洪水常能形成异重流排沙出库,输沙能力极强,远高于明渠壅水排沙。模型通过划分沿程冲刷、溯源冲刷和壅水排沙三段实现对水库输沙的全景机制的把握,建立起能够考虑溯源冲刷特征的水库动力学模型构架。

模型建成后,经小浪底水库多年调水调沙和系列年计算验证,特别是在 2008 年以来的历次调水调沙方案编制和年度咨询中得到应用。

(二)黄河下游一维泥沙数学模型

1.模型简介及改进

黄河下游一维非恒定流水沙演进数学模型(YRSSHD1D0112),吸收了国内外最新的建模思路和理论,对模型设计进行了标准化设计,注重泥沙成果的集成,引入最新的悬移质挟沙级配理论等研究成果,通过对已有一维模型的调研,在继承优势模块和水沙关键问题处理方法等基础上,增加了近年来黄河基础研究的最新成果,该模型通过多年的调水调沙及多种方案的验证和计算,比较符合黄河的实际情况。

2.模型中关键问题处理

1)非均匀沙沉速

单颗粒泥沙自由沉降公式一般采用水电部 1975 年《水文测验规范》中推荐的沉速公式:

$$\omega_{0k}=\begin{cases}\dfrac{\gamma_s-\gamma_0}{18\mu_0}d_k^2 & (d_k<0.1\ \text{mm})\\ (\lg S_a+3.79)^2+(\lg\varphi_a-5.777)^2=39 & (0.1\ \text{mm}\leqslant d_k<1.5\ \text{mm})\end{cases}\tag{4-1}$$

式中:粒径判数 $\varphi_a=\dfrac{g^{1/3}\left(\dfrac{\gamma_s-\gamma_0}{\gamma_0}\right)^{1/3}d_k}{\nu_0^{\frac{2}{3}}}$;沉速判数 $S_a=\dfrac{\omega_{0k}}{g^{1/3}\left(\dfrac{\gamma_s-\gamma_0}{\gamma_0}\right)^{1/3}\nu_0^{1/3}}$;$\gamma_s$、$\gamma_0$ 分别

为泥沙和水的重率，取值分别为 2.65 t/m³ 和 1.0 t/m³；μ_0、ν_0 分别为清水动力黏滞性系数（kg·s/m²）和运动黏滞性系数（m²/s）。

2）挟沙水流单颗粒沉速

考虑到黄河水流含沙量高、细沙含量多，颗粒间的相互影响大，浑水黏性作用较强等特征，故需对单颗粒泥沙的自由沉降速度作修正。代表性的相应修正公式如下：

$$\omega_s = \omega_0(1 - 1.25S_V)\left(1 - \frac{S_V}{2.25\sqrt{d_{50}}}\right)^{3.5} \tag{4-2}$$

式中：d_{50} 为泥沙中值粒径，mm。

3）非均匀沙混合沉速

非均匀沙代表沉速采用下式计算：

$$\omega = \sum_{k=1}^{NFS} p_k \omega_{sk} \tag{4-3}$$

式中：NFS 为泥沙粒径组数，模型中取为 8；p_k 为悬移质泥沙级配。

4）水流挟沙力及挟沙力级配

水流挟沙力是反映河床处于冲淤平衡状态下，水流挟带泥沙能力的综合性指标。模型中先计算全沙挟沙力，而后乘以挟沙力级配，求得分组挟沙力。

对于全沙挟沙力，选用张红武公式：

$$S_* = 2.5\left[\frac{(0.002\,2 + S_v)\,U^3}{\kappa\dfrac{\gamma_s - \gamma_m}{\gamma_m}gh\omega_s}\ln\left(\frac{h}{6D_{50}}\right)\right]^{0.62} \tag{4-4}$$

式中：D_{50} 为床沙中径，m；浑水卡门常数 $\kappa = 0.4\left[1 - 4.2\sqrt{S_v}(0.365 - S_v)\right]$。挟沙力级配主要采用韩其为公式。

5）泥沙非饱和系数

泥沙非饱和系数与河床底部平均含沙量、饱和平衡条件下的河底含沙量有关，该系数随着水力泥沙因子的变化而变化，结合含沙量分布公式，经归纳分析后，可将 f_s 表示如下：

$$f_s = \left(\frac{S}{S_*}\right)^{\left[\frac{0.1}{\arctan\left(\frac{S}{S_*}\right)}\right]} \tag{4-5}$$

式中：S 为含沙量；S_* 为挟沙力。

当 $\frac{S}{S_*} > 1$ 时，河床处于淤积状态，$f_s > 1$，一般不会超过 1.5；当 $\frac{S}{S_*} < 1$ 时，河床处于冲刷状态，$f_s < 1$。当含沙量小、挟沙力大时，f_s 是一个较小的数。

6）动床阻力变化

动床阻力是反映水流条件和河床形态的综合系数，取值的合理与否直接影响到水沙演变的计算精度。通过比较国内目前研究的研究成果，采用黄委公式进行计算：

$$n = \frac{c_n\delta_*}{\sqrt{g}h^{5/6}}\left\{0.49\left(\frac{\delta_*}{h}\right)^{0.77} + \frac{3\pi}{8}\left(1 - \frac{\delta_*}{h}\right)\left[\sin\left(\frac{\delta_*}{h}\right)^{0.2}\right]^5\right\}^{-1} \tag{4-6}$$

式中：弗劳德数 $Fr=\sqrt{u^2+v^2}/gh$；摩阻高度 $\delta_*=d_{50}10^{10[1-\sqrt{\sin(\pi Fr)}]}$；涡团参数 $c_n=0.375\kappa$。

（三）"96·8"型水沙过程不同调度方案比较

1.水沙过程

"96·8"型洪水汛期入库水沙过程采用三门峡站的日均流量含沙量（图 4-7）。整个水沙过程按照流量过程划分为洪水前、洪水期和洪水后三个时段。洪水期时段为 1996 年 7 月 28 日~8 月 16 日。该水沙过程在较大流量出现之前有两次高含沙小洪水过程，日均最大含沙量达到 413 kg/m³和 514.7 kg/m³。其中第二次高含沙小洪水过程与大流量洪水过程时间靠近，因而将其划在洪水阶段。

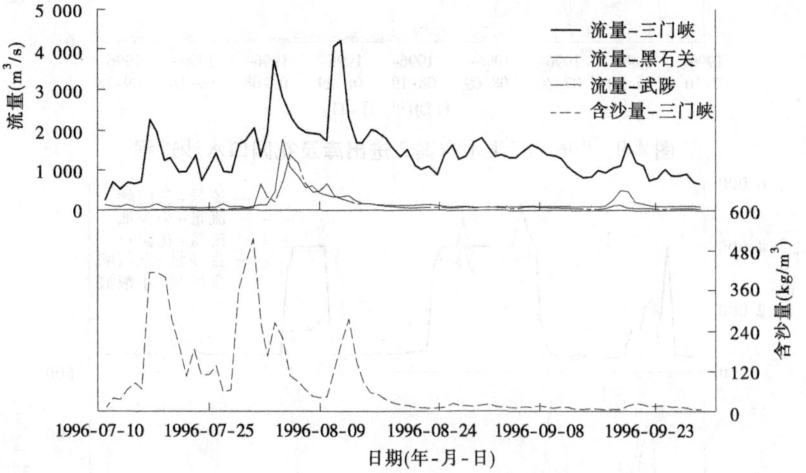

图 4-7 "96·8"型洪水汛期水沙过程

利用模型计算的四种方案的出库流量、含沙量过程及花园口流量过程见图 4-8~图 4-11，坝前水位过程见图 4-12。

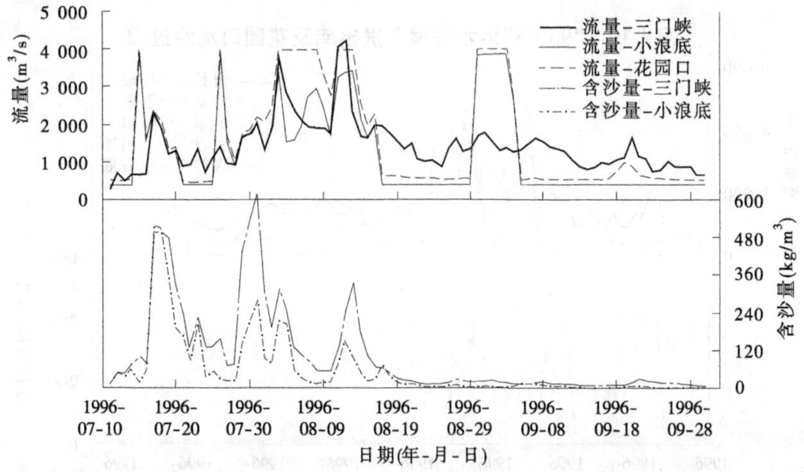

图 4-8 "96·8"洪水方案 1 进出库及花园口水沙过程

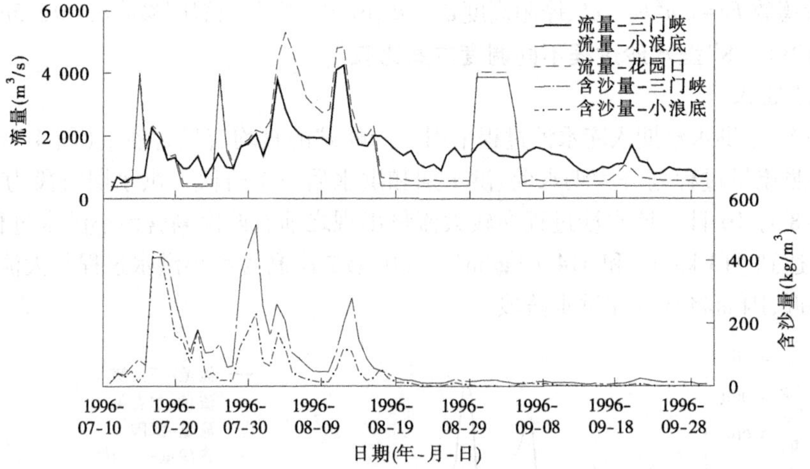

图 4-9 "96·8"洪水方案 2 进出库及花园口水沙过程

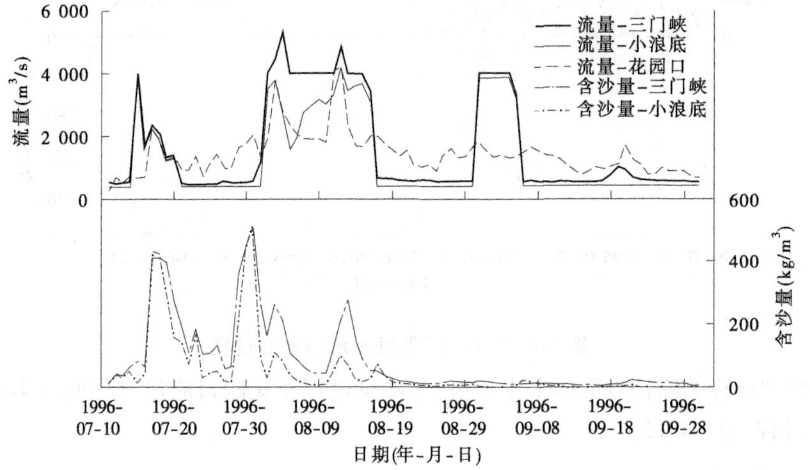

图 4-10 "96·8"洪水方案 3 进出库及花园口水沙过程

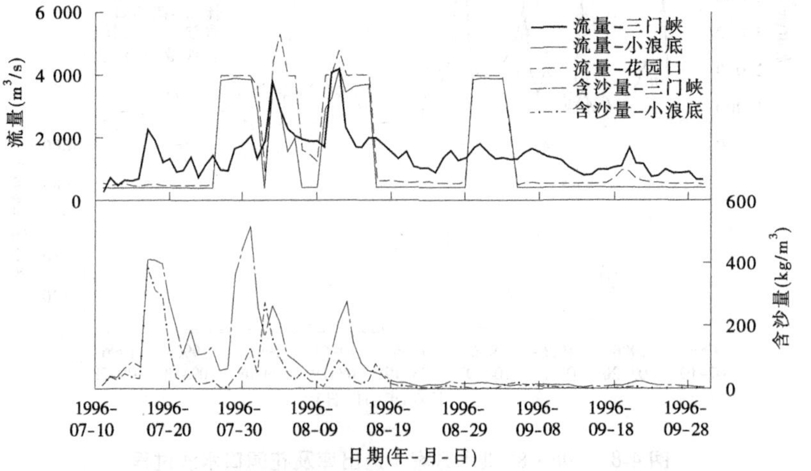

图 4-11 "96·8"洪水方案 4 进出库及花园口水沙过程

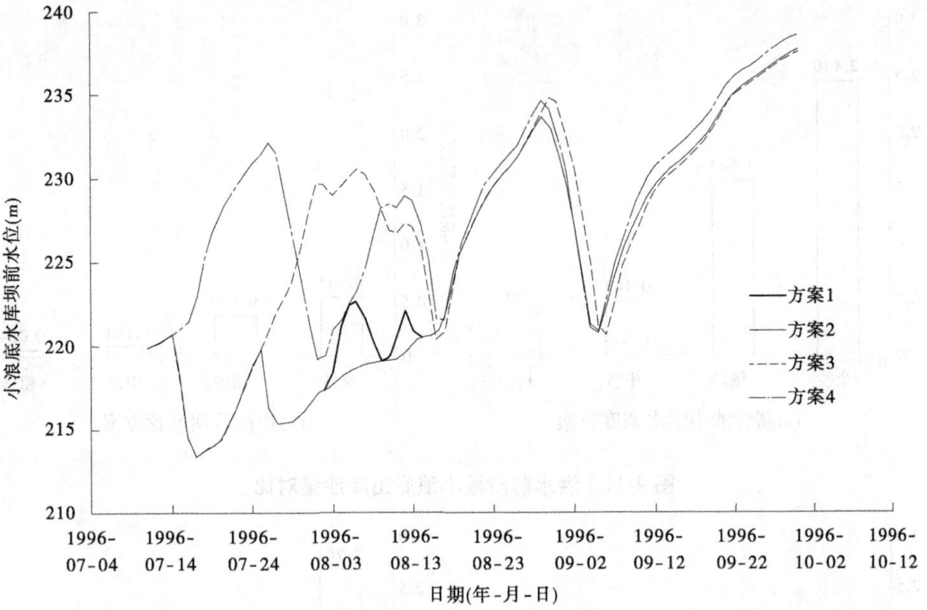

图 4-12 “96·8”洪水各方案小浪底水库坝前水位过程线

2.洪水前不同调度方案比较

“96·8”型洪水前阶段水沙过程为 1996 年 7 月 11~27 日,三门峡站水量 15.246 亿 m^3,沙量 3.236 亿 t,平均流量 1 038 m^3/s,平均含沙量 212.2 kg/m^3。来水平均含沙量高,泥沙组成较粗,其中细颗粒泥沙含量仅 38.8%,中颗粒泥沙含量为 36.5%,粗颗粒泥沙含量为 24.7%。三门峡站来沙组成见图 4-13。

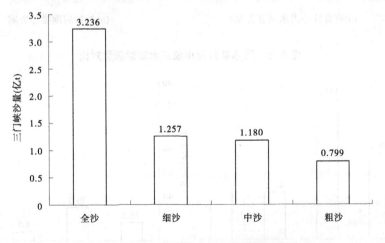

图 4-13 “96·8”型洪水三门峡站泥沙组成

对于这一水沙条件,方案 1~3 均采用高含沙小洪水调度原则,方案 4 为小浪底水库拦沙后期推荐方案,实则仅为高含沙小洪水调度运用和推荐运用两种方案。小浪底推荐方案一直处于蓄水运用状态,出库沙量很少,库区淤积严重。两种方案下出库沙量、水库淤积量和排沙比见图 4-14~图 4-16。

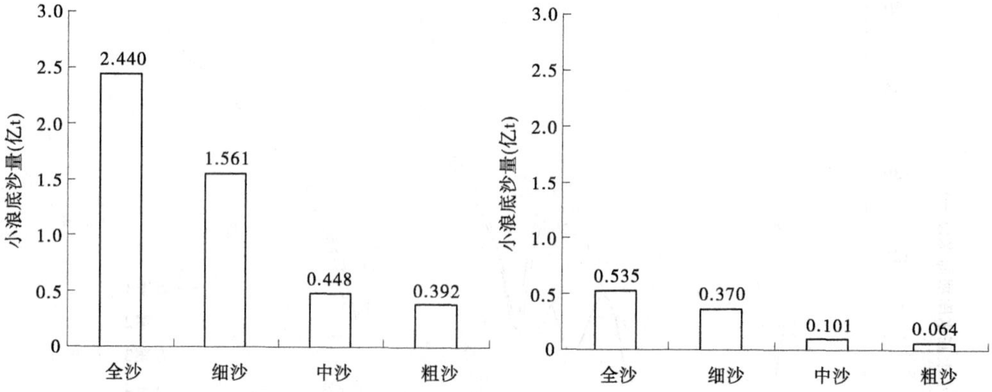

(a)高含沙小洪水调度方案　　(b)拦沙后期推荐方案

图 4-14　洪水前阶段小浪底出库沙量对比

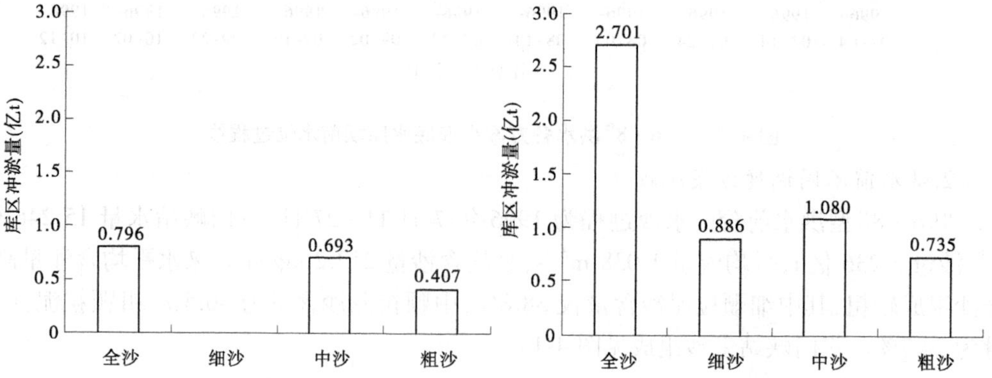

(a)高含沙小洪水调度方案　　(b)拦沙后期推荐方案

图 4-15　洪水前阶段小浪底水库淤积量对比

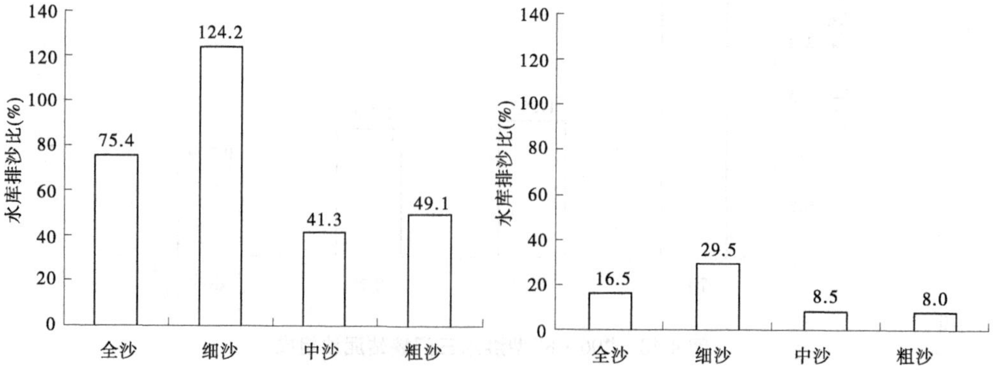

(a)高含沙小洪水调度方案　　(b)拦沙后期推荐方案

图 4-16　洪水前阶段小浪底水库排沙比对比

计算结果表明，经过高含沙小洪水调度运用，由于提前预泄降低水库，出库流量相对较大，可以排出更多的入库泥沙，较推荐方案多排泥沙 1.905 亿 t，其中细颗粒泥沙 1.190 亿 t，占多排沙量的63%，中颗粒泥沙 0.387 亿 t，占 20%，粗颗粒泥沙 0.328 亿 t，仅占 17%。可见，由于水库留有一定的蓄水体，实现了拦粗排细的效果，因此出库泥沙显著变细。

对下游河道的冲淤效果计算表明(表 4-3)，高含沙小洪水方案在下游河道中的淤积量比推荐方案多了 0.815 亿 t，而且多出库沙量中大于 0.05 mm 的粗颗粒泥沙仅有0.328亿 t。由此可见，下游河道中多淤积量中有大量的细颗粒泥沙和中颗粒泥沙，这部分泥沙在后期小浪底水库下泄清水过程中可以被冲刷带走，因此下游的多淤积量不会太大。

表 4-3 "96·8"型洪水前阶段不同方案下游冲淤量数模计算结果 (单位:亿 t)

方案	小浪底—花园口	花园口—夹河滩	夹河滩—高村	高村—孙口	孙口—艾山	艾山—泺口	泺口—利津	全下游
高含沙小洪水方案	0.506	0.254	0.165	0.087	-0.017	0.037	0.087	1.119
拦沙后期推荐方案	0.145	0.095	0.021	0.023	0.002	0.005	0.013	0.304

3.洪水期不同调度方案比较

"96·8"型洪水选取的洪水时段为 1996 年 7 月 28 日~8 月 16 日，入库水量为 37.99 亿 m^3，沙量 6.905 亿 t，平均流量 2 199 m^3/s，平均含沙量 181.8 kg/m^3。来沙平均含沙量高，来沙组成较粗，其中粗颗粒泥沙含量达到 33.7%，细颗粒泥沙含量仅占 38.7%，中颗粒泥沙含量为 27.6%。不同粒径组的入库泥沙量见图 4-17。

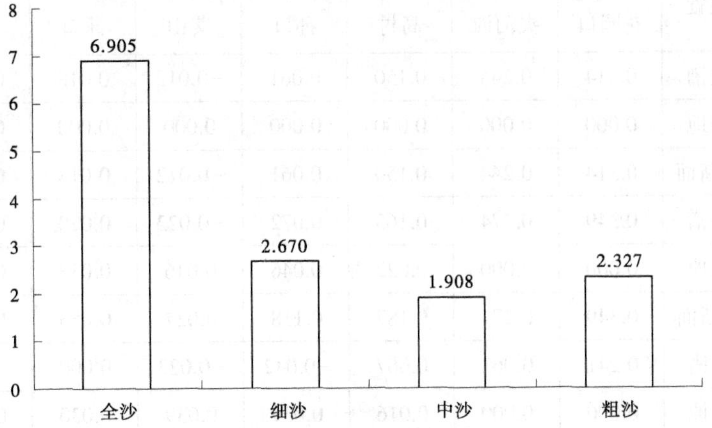

图 4-17 "96·8"型洪水洪水期入库泥沙组成

洪水期不同方案计算结果见表 4-4。对于进出库流量相等方案，即方案 2，小浪底水库排沙量最多，为 3.075 亿 t，控制花园口流量不超过 4 000 m^3/s 方案出库泥沙次之，即方案 1，为 2.931 亿 t。方案 3 和方案 4 均为推荐方案，但由于洪水前调度运用方式不同，洪水期方案 4 初始蓄水量大，可以实施蓄满造峰调水调沙运用。蓄满造峰运用阶段恰逢小浪底水库入库含沙量高(最大 4 d 日均含沙量分别为 360、448、514.7 kg/m^3 和 257 kg/m^3)，而流量都小于 2 600 m^3/s，不满足高含沙洪水运用，蓄满造峰运用下泄大流量降低库水位,导致方案4的出库泥沙量大于方案3。总的来讲,由于“96·8”型洪水的来水量级不大,因此各运用方案出库沙量差别相对较小。

表4-4 “96·8”型洪水不同方案计算结果

方案	三门峡			小浪底			冲淤量（亿t）	排沙比(%)	
	水量（亿 m^3）	沙量（亿t）	细泥沙比例(%)	水量（亿 m^3）	沙量（亿t）	细泥沙比例(%)		全沙	细泥沙
方案1	37.992	6.905	38.7	37.992	2.931	59	3.974	42	64
方案2				37.992	3.075	57	3.831	45	66
方案3				42.217	2.393	62	4.512	35	55
方案4				47.594	2.795	60	4.110	40	63

洪水期下游河道的冲淤计算的结果见表4-5和表4-6。

表4-5表明,淤积主要集中在高村以上河段,高村以下河段微冲或微淤。由表4-6可以看出,方案1和方案2黄河下游河道细颗粒泥沙淤积量分别占58%和53%,粗颗粒泥沙占20%左右;对于方案3和方案4,由于出库粗颗粒泥沙量较少,淤积几乎全部为细泥沙。方案1和方案4的出库沙量比较接近(表4-4),但方案1的淤积量明显大于方案4,主要由于方案4出库平均流量较大,从而输沙能力较强。

表4-5 “96·8”型洪水期不同方案黄河下游河道冲淤量数模计算结果 （单位:亿t）

方案	位置	小浪底—花园口	花园口—夹河滩	夹河滩—高村	高村—孙口	孙口—艾山	艾山—泺口	泺口—利津	全下游
方案1	主槽	0.314	0.244	0.150	0.061	−0.012	0.018	0.034	0.809
	滩地	0.000	0.000	0.000	0.000	0.000	0.000	0.000	0.000
	全断面	0.314	0.244	0.150	0.061	−0.012	0.018	0.034	0.809
方案2	主槽	0.349	0.274	0.165	0.072	−0.022	0.020	0.009	0.866
	滩地	0.000	0.000	0.022	0.046	0.046	0.033	0.046	0.193
	全断面	0.349	0.274	0.187	0.118	0.024	0.053	0.054	1.059
方案3	主槽	0.241	0.062	0.067	−0.042	−0.023	0.000	−0.019	0.286
	滩地	0.000	0.000	0.016	0.039	0.039	0.030	0.013	0.137
	全断面	0.241	0.062	0.083	−0.003	0.016	0.030	−0.006	0.423
方案4	主槽	0.237	0.128	0.002	−0.045	−0.025	0.005	−0.007	0.297
	滩地	0.000	0.000	0.003	0.015	0.026	0.011	0.013	0.068
	全断面	0.237	0.128	0.005	−0.030	0.001	0.016	0.007	0.365

表 4-6 “96·8”型洪水期不同方案黄河下游河道冲淤量经验公式计算结果

方案	进入下游					冲淤量							
	W	W_s	Q_{pj}	S_{pj}	$P_{细}$	小浪底—花园口	花园口—高村	高村—艾山	艾山—利津	全下游	细泥沙	中泥沙	粗泥沙
方案 1	52.02	2.931	3 011	56.3	58.7	0.192	0.382	-0.046	0.156	0.683	0.394	0.147	0.142
方案 2	52.02	3.075	3 011	59.1	57.1	0.273	0.379	-0.019	0.143	0.775	0.410	0.176	0.189
方案 3	56.25	2.393	3 255	42.5	61.8	0.083	0.108	-0.019	0.048	0.220	0.226	0.001	-0.007
方案 4	61.63	2.795	3 566	45.4	60.4	0.080	0.118	-0.006	0.040	0.232	0.232	-0.015	0.015

注：W 指水量，亿 m^3；W_s 指沙量，亿 t；Q_{pj} 指平均流量，m^3/s；S_{pj} 指平均含沙量，kg/m^3；$P_{细}$ 指细颗粒泥沙含量，%。

4.洪水后不同调度方案比较

由于洪水过后入库水流含沙量较低，没有满足高含沙小洪水的启动条件，因此这一阶段各方案的调度运用方式相同，出库水沙量也基本相当，受初始水位和初始蓄水量的影响较小。本阶段入库沙量 0.764 亿 t，细颗粒泥沙为 0.574 亿 t，占 75%。四种方案的小浪底出库沙量比较接近，分别为 0.143 亿、0.139 亿、0.164 亿、0.196 亿 t。

由于各方案进入下游的沙量较少且比较接近，下游河道各河段主槽均发生冲刷，其中方案 2 主槽冲刷量最大，为 0.142 亿 t，方案 4 主槽冲刷量最小，为 0.077 亿 t，有一定差别。滩地基本不淤积，或发生微淤，最大淤积量仅为 0.055 亿 t，详细计算结果见表 4-7。

表 4-7 “96·8”型洪水后阶段各方案黄河下游河道冲淤量数模计算结果（单位：亿 t）

方案	位置	小浪底—花园口	花园口—夹河滩	夹河滩—高村	高村—孙口	孙口—艾山	艾山—泺口	泺口—利津	全下游
方案 1	主槽	-0.068	-0.041	-0.010	-0.011	-0.016	0.010	0.012	-0.124
	滩地	0.000	0.000	0.000	0.000	0.000	0.000	0.000	0.000
	全断面	-0.068	-0.041	-0.010	-0.011	-0.016	0.010	0.012	-0.124
方案 2	主槽	-0.069	-0.041	-0.010	-0.012	-0.020	-0.001	0.012	-0.142
	滩地	0.000	0.000	0.000	0.000	0.009	0.013	0.013	0.035
	全断面	-0.069	-0.041	-0.010	-0.012	-0.011	0.012	0.025	-0.107
方案 3	主槽	-0.064	-0.037	-0.010	-0.013	-0.015	0.013	0.013	-0.113
	滩地	0.000	0.000	0.000	0.005	0.021	0.020	0.010	0.055
	全断面	-0.064	-0.037	-0.010	-0.008	0.006	0.032	0.022	-0.059
方案 4	主槽	-0.055	-0.027	-0.007	-0.012	-0.012	0.017	0.019	-0.077
	滩地	0.000	0.000	0.000	0.001	0.002	0.001	0.000	0.005
	全断面	-0.055	-0.027	-0.007	-0.011	-0.011	0.018	0.019	-0.073

从分河段冲淤量分别来看，洪水后阶段的流量较小，含沙量较低，主槽的冲刷主要发生在夹河滩以上河段，夹河滩—艾山河段微冲，艾山—利津河段发生微淤。这与以前研究的小水低含沙量水流上段冲刷，艾山—利津河段发生淤积的成果是一致的。

5.全过程不同调度方案比较

"96·8"型水沙全过程入库水沙量分别为 100.75 亿 m^3 和 10.905 亿 t,根据水库数学模型计算,不同调度方案出库沙量分别为 5.515 亿、5.653 亿、4.931 亿 t 和 3.526 亿 t,方案 2 出库沙量最多、方案 4 最少,两者相差 2.127 亿 t(表 4-8)。

表 4-8 "96·8"型洪水全过程各方案库区排沙和下游河道冲淤效果对比

方案	小浪底			冲淤量(亿 t)	排沙比(%)		下游冲淤量(亿 t)			水库和下游淤积总量(亿 t)
	水量(亿 m^3)	沙量(亿 t)	细泥沙比例(%)		全沙	细泥沙	主槽	滩地	全断面	
方案 1	88.889	5.515	61.8	5.390	51	76	1.803	0	1.803	7.193
方案 2	88.897	5.653	60.9	5.252	52	77	1.843	0.228	2.071	7.323
方案 3	89.563	4.931	63.7	5.974	45	70	1.346	0.192	1.538	7.512
方案 4	88.803	3.526	63.2	7.379	32	50	0.524	0.073	0.597	7.975

洪水前阶段采用高含沙小洪水调度运用与洪水期控制花园口流量不超过下游平滩流量调度运用相结合的方案 1,较推荐的方案 4 多排沙 1.989 亿 t,其中细颗粒泥沙 1.180 亿 t,中颗粒泥沙 0.434 亿 t,粗颗粒泥沙 0.375 亿 t。从小浪底水库和下游河道淤积看,方案 1 的淤积总量最小,方案 4 的最多,且方案 1 控制下游不漫滩,从而减小下游滩区的淹没损失。

从下游河道冲淤计算结果来看(表 4-9),方案 2 淤积量最多,达到 2.071 亿 t,方案 1 次之,方案 4 最少,仅 0.596 亿 t。四种方案中仅方案 1 没有发生漫滩,其他三种均发生了漫滩,滩地发生不同程度的淤积,但淤积量均较小。方案 2 滩地淤积量最多,为 0.228 亿 t,方案 4 淤积量最小,仅为 0.073 亿 t。

综上所述,从"96·8"型洪水的全过程来看,方案 1 的库区、下游河道的总淤积量最小,且该方案的排沙比高,特别是细颗粒泥沙的排沙比达到 76%。另外,方案 1 控制下游不漫滩。因此,从"96·8"型高含沙中常洪水全过程来看,方案 1 最优。

表 4-9 "96·8"型全过程下游冲淤量数模计算结果

方案	位置	小浪底—花园口	花园口—夹河滩	夹河滩—高村	高村—孙口	孙口—艾山	艾山—泺口	泺口—利津	全下游
方案 1	主槽	0.752	0.457	0.306	0.137	−0.045	0.065	0.132	1.804
	滩地	0.000	0.000	0.000	0.000	0.000	0.000	0.000	0.000
	全断面	0.752	0.457	0.306	0.137	−0.045	0.065	0.132	1.804
方案 2	主槽	0.786	0.486	0.320	0.147	−0.059	0.055	0.108	1.843
	滩地	0.000	0.000	0.022	0.046	0.055	0.046	0.059	0.228
	全断面	0.786	0.486	0.342	0.193	−0.004	0.102	0.166	2.071

续表 4-9

方案	位置	小浪底—花园口	花园口—夹河滩	夹河滩—高村	高村—孙口	孙口—艾山	艾山—泺口	泺口—利津	全下游
方案 3	主槽	0.702	0.374	0.122	0.034	−0.017	0.051	0.081	1.346
	滩地	0.000	0.000	0.016	0.044	0.060	0.049	0.023	0.192
	全断面	0.702	0.374	0.138	0.078	0.043	0.100	0.104	1.538
方案 4	主槽	0.327	0.196	0.016	−0.034	−0.036	0.028	0.026	0.524
	滩地	0.000	0.000	0.003	0.017	0.028	0.012	0.013	0.073
	全断面	0.327	0.196	0.019	−0.017	−0.008	0.040	0.039	0.596

6."96·8"型水沙优化调度方案

"96·8"型出库泥沙量的差异主要在洪水前阶段,高含沙小洪水调度运用可以显著提高水库排沙比,同时留存一定蓄水量可以达到拦粗排细的作用。由于进入黄河下游河道的泥沙以细颗粒为主,粗颗粒泥沙较少,因而虽然在排沙过程中下游河道发生一定的淤积,但由于淤积的泥沙以细颗粒和中颗粒泥沙为主,在小浪底水库下泄清水过程中比较容易被冲刷带走,因此当遇到高含沙小洪水的入库水沙过程时,建议小浪底水库采用高含沙小洪水调度原则运用,既显著减小水库的无效淤积,又对下游淤积影响较小。

"96·8"型洪水过程的高含沙水流过程出现在洪水初期,相应入库流量小,推荐方案采用水库拦蓄,库区发生淤积,但其中有 1 d 满足推荐方案高含沙运用,进而加大出库流量,降低水位排沙。紧接着大流量入库时推荐方案开展防洪运用,控制花园口流量 4 000 m^3/s,出库流量较大,可以显著增大水库排沙。可见,对于"96·8"型洪水,方案 1 与推荐方案相似,但方案 1 在洪水初期预泄 2 d 降低蓄水位,因而其排沙量比推荐方案稍大一点。

方案 2 为来多少走多少运用,水库对入库流量过程没有调节,仅在运用初期通过预泄降低水位,可以显著增大水库排沙量,因而该方案的出库沙量最大。该方案出库流量超过平滩流量 4 000 m^3/s 的天数为 6 d,在下游河道发生漫滩,滩区淤积量不大。可见,方案 1 较方案 2 实现了下游不漫滩,较方案 3(推荐方案)既实现下游不漫滩,又有效排泄入库泥沙,减少水库淤积。因此,针对"96·8"型洪水,建议采用方案 1 调度运用方式,即在提前预泄降低水库蓄水位的基础上控制花园口流量不超过下游平滩流量方案。

(四)"88·8"型水沙过程不同调度方案比较

1.入库水沙及出库过程

"88·8"型洪水汛期来水来沙过程见图 4-18。整个水沙过程按照流量过程划分为洪水前、洪水期和洪水后三个时段,"88·8"洪水期选取为 1988 年 8 月 5~25 日。洪水前阶段有高含沙小洪水过程,最大日均含沙量 260.8 kg/m^3,最大日均流量 3 350 m^3/s,大流量对应的含沙量低,小流量对应的含沙量高,因此不满足拦沙后期推荐方案中的高含沙运用条件。洪水期为典型的高含沙中常洪水,最大日均含沙量为 341.7 kg/m^3,最大日均流量为 5 050 m^3/s,按拦沙后期推荐方案,先按防洪运用,再按高含沙水流运用。

利用模型计算的四种方案的出库流量、含沙量过程及花园口流量过程见图 4-19~图 4-22,坝前水位见图 4-23。

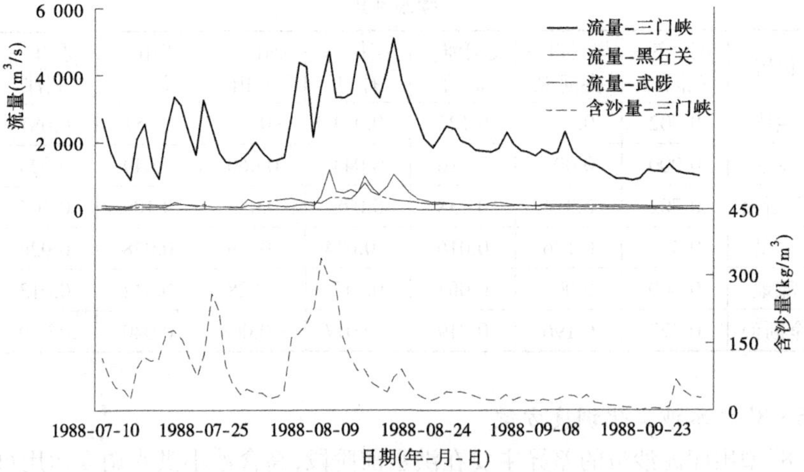

图 4-18 “88 · 8”型洪水汛期水沙过程

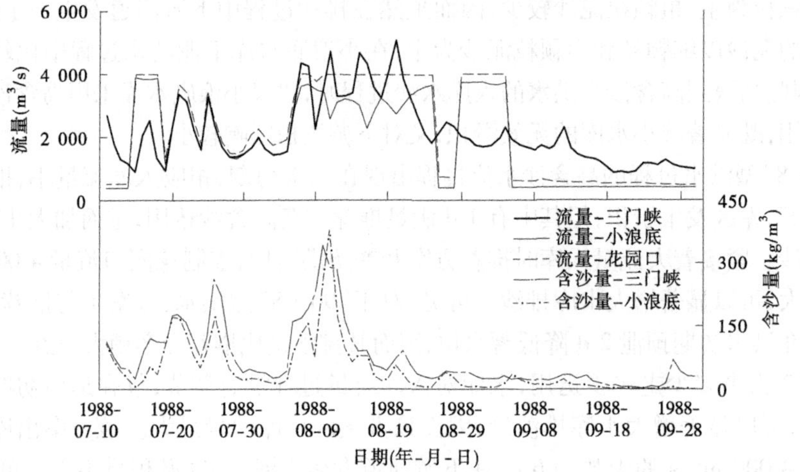

图 4-19 “88 · 8”型洪水方案 1 进出库及花园口水沙过程

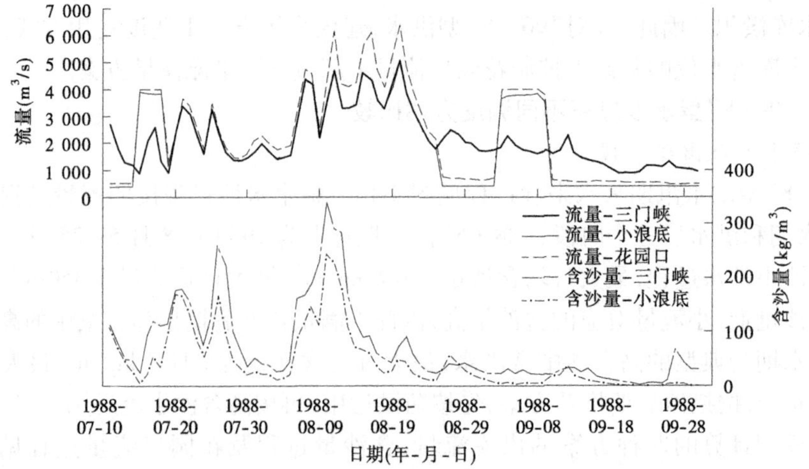

图 4-20 “88 · 8”型洪水方案 2 进出库及花园口水沙过程

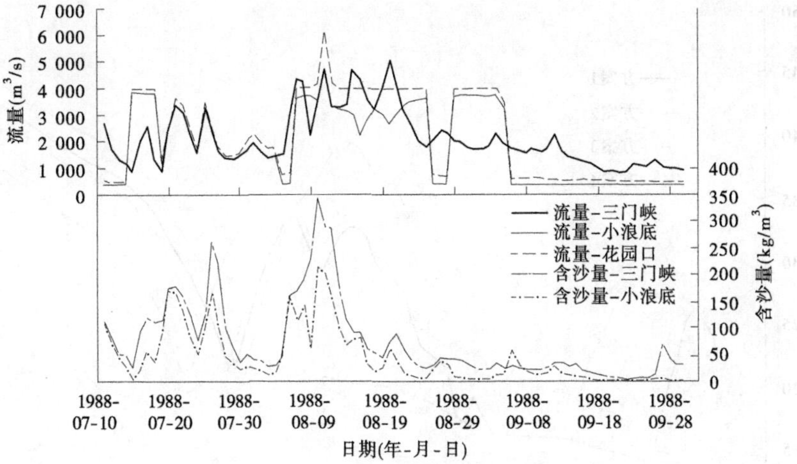

图 4-21 "88·8"型洪水方案 3 进出库及花园口水沙过程

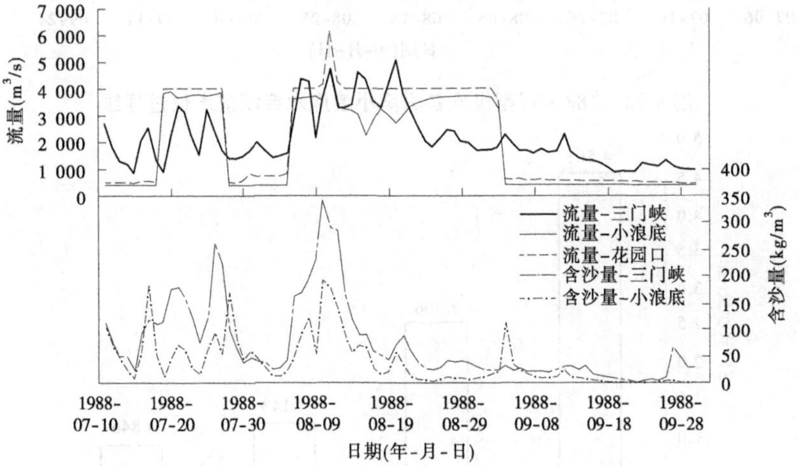

图 4-22 "88·8"型洪水方案 4 进出库及花园口水沙过程

2.洪水前不同调度方案比较

"88·8"型洪水的洪水前时段为 1988 年 7 月 11 日~8 月 4 日,三门峡站水量 40.53 亿 m^3,沙量 4.501 亿 t,平均流量 1 876 m^3/s,平均含沙量 111 kg/m^3。来沙组成相对较细,其中细颗粒泥沙含量占 55.7%,中颗粒泥沙含量为 25.5%,粗颗粒泥沙含量为 18.8%。三门峡站不同粒径组来沙量见图 4-24。

计算结果表明,高含沙小洪水运用方案的出库沙量较推荐方案多排沙 1.151 亿 t,其中多排细泥沙量 0.867 亿 t,占多排沙量的 75%(图 4-25)。

与水库排沙量相反,对于高含沙小洪水调度方案,水库淤积量为 1.508 亿 t,比拦沙后期推荐方案少淤 1.151 亿 t,拦沙后期推荐方案计算的水库淤积量为 2.659 亿 t。从两种方案的分组泥沙的淤积量来看,高含沙小洪水调度方案水库少淤积的主要为细颗粒泥沙。两种方案的中颗粒泥沙和粗颗粒泥沙淤积量差别不大,其中高含沙小洪水运用方案略少(图 4-26)。

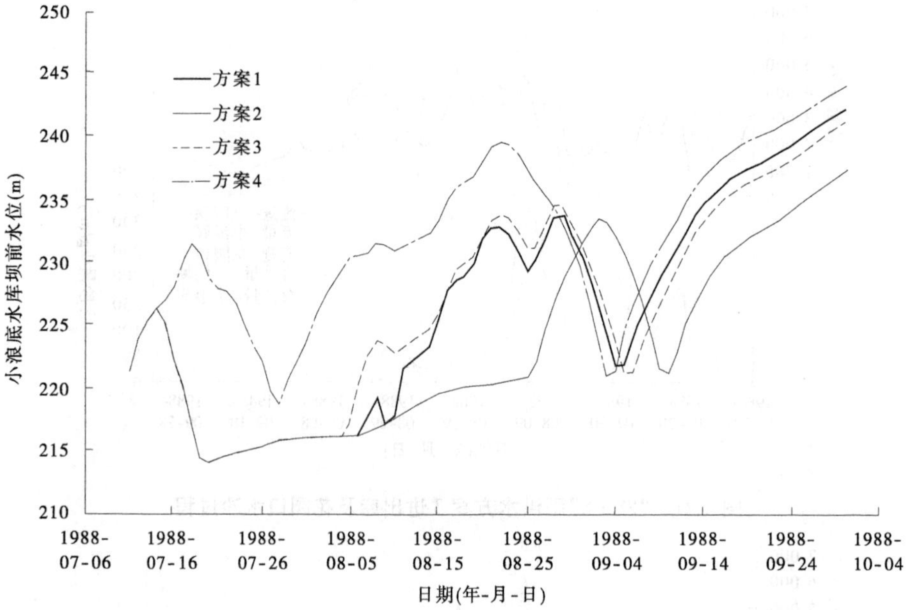

图 4-23 "88·8"型洪水各方案小浪底水库坝前水位过程线

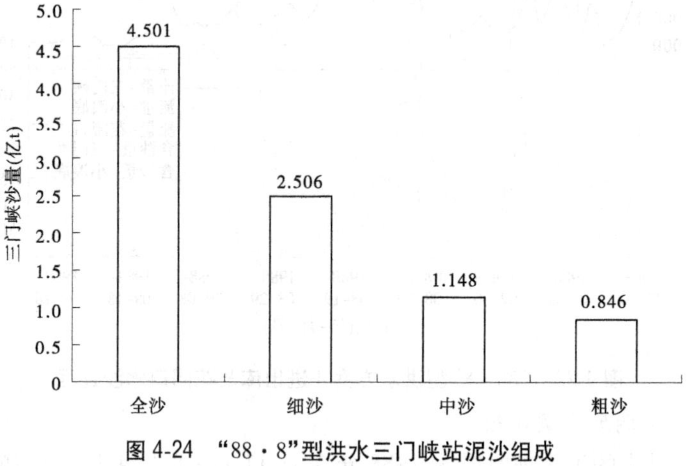

图 4-24 "88·8"型洪水三门峡站泥沙组成

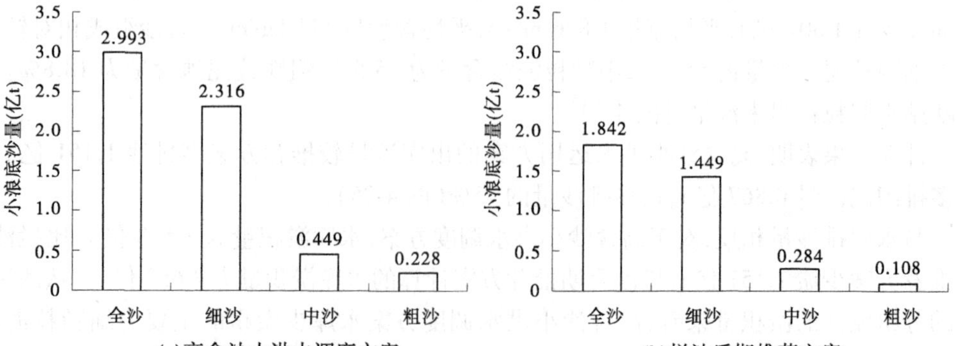

图 4-25 "88·8"型洪水前阶段小浪底出库沙量对比

从两种方案的全沙及分组泥沙的排沙比来看(图 4-27),高含沙小洪水方案计算的水库排沙比较拦沙后期推荐方案高,特别是细颗粒泥沙的排沙比达到了 92%。可见高含沙小洪水方案可以显著增加水库排水比,特别是细颗粒泥沙的排沙比。

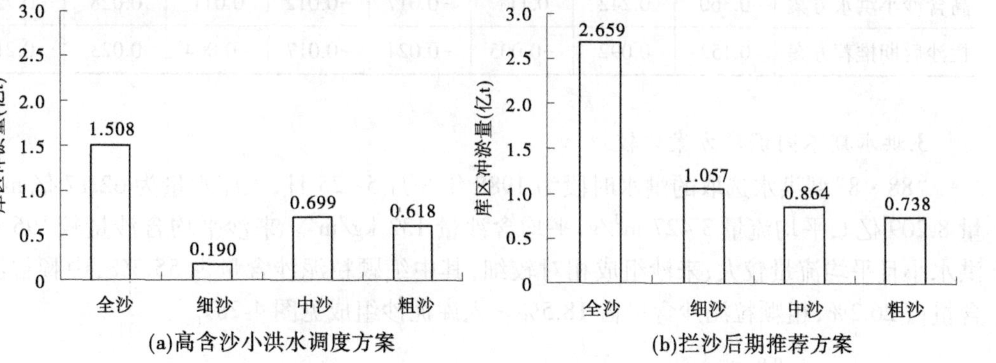

图 4-26 “88 · 8”型洪水前阶段小浪底水库淤积量对比

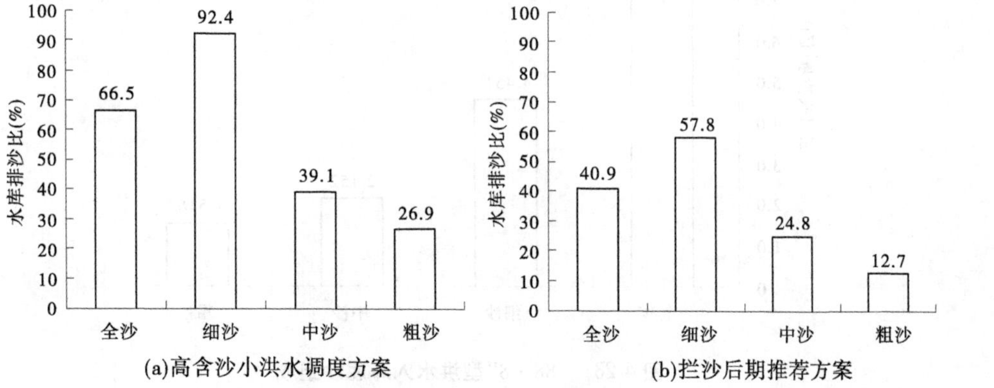

图 4-27 洪水前阶段小浪底水库排沙比对比

“88 · 8”型洪水前阶段,高含沙小洪水调度运用方案的排沙效果明显大于推荐方案。与“96 · 8”型洪水前阶段略有不同,由于“88 · 8”型洪水前阶段入库水量较大,推荐方案在含沙量较高时段,水库蓄水量达到了 13 亿 m^3,满足蓄满造峰条件,实施蓄满造峰调水调沙运用,出库流量大,水位降低,一定程度上加大了高含沙小洪水的出库沙量。但其排沙量仍明显小于高含沙小洪水方案。计算分析表明,当遇到高含沙小洪水时,采用高含沙小洪水调度运用、提前预泄降低水库水位并留少量蓄水体,可以显著增大水库排沙量,同时有效实现拦粗排细作用,显著减小水库淤积。

对黄河下游河道冲淤量的计算表明(表 4-10),高含沙小洪水调度方案出库的水沙过程在下游河道淤积 0.724 亿 t,推荐方案淤积 0.217 亿 t,前者多淤积了 0.507 亿 t。多出库沙量中,中颗粒泥沙和粗颗粒泥沙分别为 0.165 亿 t 和 0.120 亿 t,分别占多出库沙量的 14.3%和 10.4%,而多出库的细颗粒泥沙占 75.3%。可见高含沙小洪水方案下游多淤积的泥沙中大部分为细颗粒泥沙,这部分泥沙在水库下泄清水时段易被冲刷带走。

表 4-10 “88 · 8”型洪水前阶段不同方案下游冲淤量数模计算结果 （单位:亿 t）

方案	小浪底—花园口	花园口—夹河滩	夹河滩—高村	高村—孙口	孙口—艾山	艾山—泺口	泺口—利津	全下游
高含沙小洪水方案	0.360	0.242	0.111	-0.017	-0.012	0.011	0.028	0.724
拦沙后期推荐方案	0.152	0.092	-0.005	-0.024	-0.017	-0.004	0.023	0.217

3.洪水期不同调度方案比较

“88 · 8”型洪水选取的洪水时段为 1988 年 8 月 5~25 日，入库水量为 62.17 亿 m^3，沙量 8.209 亿 t，平均流量 3 427 m^3/s，平均含沙量 132 kg/m^3。来沙平均含沙量较“96 · 8”洪水小且平均流量较大，来沙组成相对较细，其中细颗粒泥沙含量占 55.3%，中颗粒泥沙含量占 26.2%，粗颗粒泥沙含量占 18.5%。入库泥沙组成见图 4-28。

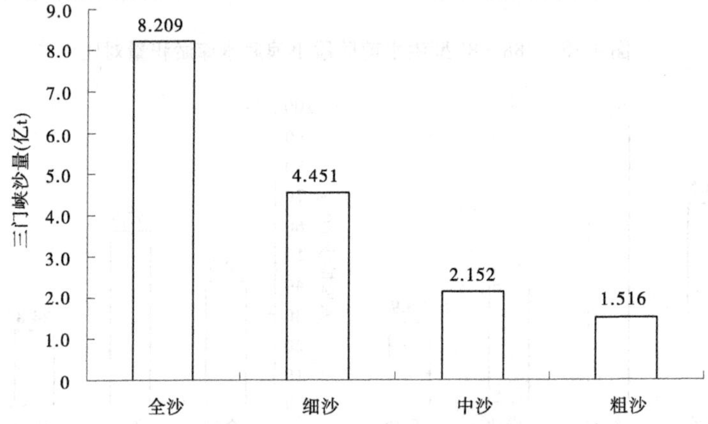

图 4-28 “88 · 8”型洪水入库泥沙组成

表 4-11 为“88 · 8”型洪水不同方案小浪底水库数模计算结果。该类型洪水不同方案下出库泥沙有较大差别，进出库平衡方案 2 的出库沙量最大，为 5.394 亿 t，全沙排沙比达到 66%；推荐方案中初始水库蓄水量较大，方案 4 的出库沙量最小，仅为 3.858 亿 t，排沙比为 47%，较方案 2 的排沙比低 19%。控制花园口流量不超过 4 000 m^3/s 的方案 1 与前期实施高含沙小洪水运用的推荐方案 3 相比，其差别较小，出库沙量分别为 4.778 亿 t 和 4.429 亿 t，排沙比分别为 58%和 54%。

表 4-11 “88 · 8”型洪水不同方案小浪底水库冲淤量及排沙比计算结果

方案	三门峡			小浪底			冲淤量(亿 t)	排沙比(%)	
	水量(亿 m^3)	沙量(亿 t)	细泥沙比例(%)	水量(亿 m^3)	沙量(亿 t)	细泥沙比例(%)		全沙	细泥沙
方案 1	62.173	8.209	55.3	56.053	4.778	67	3.432	58	70
方案 2				62.173	5.394	64	2.815	66	75
方案 3				55.250	4.429	68	3.780	54	67
方案 4				58.019	3.858	72	4.351	47	61

方案1与方案3相比,方案3的洪水阶段出库流量有3 d超过4 000 m^3/s,其中仅1 d日均流量较大,为6 107 m^3/s,其他2 d的日均流量接近4 000 m^3/s,分别为4 141、4 199 m^3/s。方案3的出库流量过程将在下游发生漫滩。可见,对于"88·8"型洪水,即流量级较大(洪水过程平均流量大于3 000 m^3/s)而含沙量较小(洪水过程平均含沙量小于150 kg/m^3)的洪水,小浪底水库采用提前预泄降低水库蓄水位、控制花园口流量不超过下游平滩流量的调度运用方式,既可以显著排泄入库泥沙,又能确保下游不漫滩。

对于洪水期各方案的出库水沙过程计算,分别采用下游一维非恒定流水沙演进数学模型和实测资料回归的经验公式,其结果分别见表4-12和表4-13。两种方法计算的洪水期下游河道的冲淤量结果比较一致。结果显示,方案2下游河道淤积量最多,数模计算的结果为1.032亿t,经验公式计算结果为0.897亿t;方案4下游河道淤积量最少,两种方法计算的结果分别为0.335亿t和0.292亿t。从沿程分布来看,淤积主要发生在高村以上河段,高村—艾山河段微冲或微淤,艾山—利津河段少量淤积。

表4-12 "88·8"型洪水期不同方案下游冲淤量数模计算结果 (单位:亿t)

方案	位置	小浪底—花园口	花园口—夹河滩	夹河滩—高村	高村—孙口	孙口—艾山	艾山—泺口	泺口—利津	全下游
方案1	主槽	0.337	0.250	0.155	-0.026	-0.012	0.019	0.018	0.741
	滩地	0.000	0.000	0.000	0.000	0.000	0.000	0.000	0.000
	全断面	0.337	0.250	0.155	-0.026	-0.012	0.019	0.018	0.741
方案2	主槽	0.398	0.254	0.189	-0.013	-0.016	0.049	-0.028	0.833
	滩地	0.000	0.000	0.032	0.045	0.042	0.016	0.064	0.199
	全断面	0.398	0.254	0.221	0.032	0.026	0.065	0.035	1.032
方案3	主槽	0.223	0.092	0.154	-0.015	-0.013	0.012	-0.003	0.450
	滩地	0.000	0.000	0.011	0.025	0.020	0.020	0.029	0.105
	全断面	0.223	0.092	0.165	0.009	0.007	0.031	0.026	0.554
方案4	主槽	0.206	0.111	-0.010	-0.051	-0.022	0.004	0.021	0.259
	滩地	0.000	0.000	0.010	0.013	0.025	0.006	0.022	0.076
	全断面	0.206	0.111	0.000	-0.038	0.003	0.010	0.044	0.335

表4-13 "88·8"型洪水期不同方案下游冲淤量经验公式计算结果

方案	进入下游					冲淤量(亿t)							
	W	W_s	Q_{pj}	S_{pj}	$P_{细}$	小浪底—花园口	花园口—高村	高村—艾山	艾山—利津	全下游	细泥沙	中泥沙	粗泥沙
方案1	69.94	4.778	3 855	68.3	66.5	0.261	0.464	-0.012	0.155	0.868	0.739	0.075	0.054
方案2	76.06	5.394	4 192	70.9	63.5	0.302	0.463	-0.003	0.134	0.897	0.715	0.069	0.113
方案3	69.14	4.429	3 811	64.1	68.4	0.168	0.437	-0.044	0.153	0.715	0.693	0.037	-0.015
方案4	71.91	3.858	3 963	53.7	71.5	0.088	0.156	-0.004	0.052	0.292	0.528	-0.092	-0.143

注:W指水量,亿m^3;W_s指沙量,亿t;Q_{pj}指平均流量,m^3/s;S_{pj}指平均含沙量,kg/m^3;$P_{细}$指细颗粒泥沙含量(%)。

从分组泥沙的冲淤量来看,由于水库调节进入下游河道的泥沙以细颗粒泥沙为主,加上洪水期流量较大,下游河道淤积以细颗粒泥沙为主,中、粗颗粒泥沙相对较少。从以往来沙较细的中高含沙量洪水来看,洪水期细颗粒泥沙确实也是发生淤积的。由于细颗粒泥沙在下游河道中淤积的危害不大,小浪底水库每年排沙的时段较短,其他大部分时间以下泄清水为主,细颗粒泥沙在水库下泄清水过程中很容易被冲刷带走。

4.洪水后不同调度方案比较

洪水期过后,入库水流含沙量较低,没有满足高含沙小洪水调度的启动条件。因此,两种类型洪水的各方案的调度运用方式相同,出库水沙量也基本相当,受初始水位和初始蓄水量的影响较小。本阶段小浪底水库入库沙量为1.238亿t,出库沙量分别为0.250亿、0.229亿、0.284亿t和0.432亿t。

由于各方案进入下游的沙量较少且比较接近,下游河道各河段主槽均发生冲刷,其中方案1主槽冲刷量最大,为0.168亿t,方案2主槽冲刷量最小,为0.102亿t,差别较小。滩地不淤或微淤,最大淤积量为方案2,只有0.031亿t。各方案下游河道冲淤量数模计算结果见表4-14。

表4-14 “88·8”型洪水后阶段各方案下游河道冲淤量数模计算结果 (单位:亿t)

方案	位置	小浪底—花园口	花园口—夹河滩	夹河滩—高村	高村—孙口	孙口—艾山	艾山—泺口	泺口—利津	全下游
方案1	主槽	-0.065	-0.078	-0.010	-0.017	-0.013	0.015	0.000	-0.168
	滩地	0.000	0.000	0.000	0.000	0.000	0.000	0.000	0.000
	全断面	-0.065	-0.078	-0.010	-0.017	-0.013	0.015	0.000	-0.168
方案2	主槽	-0.070	-0.045	-0.012	-0.012	-0.009	-0.001	0.047	-0.102
	滩地	0.000	0.000	0.000	0.000	0.018	0.013	0.000	0.031
	全断面	-0.071	-0.045	-0.012	-0.012	0.008	0.012	0.047	-0.071
方案3	主槽	-0.066	-0.038	-0.008	-0.013	-0.012	0.007	-0.005	-0.135
	滩地	0.000	0.000	0.003	0.007	0.015	0.002	0.001	0.028
	全断面	-0.066	-0.038	-0.005	-0.005	0.003	0.008	-0.005	-0.108
方案4	主槽	-0.042	-0.024	-0.011	-0.017	-0.019	-0.021	-0.007	-0.141
	滩地	0.000	0.000	0.000	0.005	0.001	0.001	0.001	0.007
	全断面	-0.042	-0.024	-0.011	-0.012	-0.018	-0.021	-0.006	-0.134

从分河段冲淤量分别来看,洪水后阶段的流量较小,含沙量较低,主槽的冲刷主要发生在夹河滩以上河段,夹河滩—艾山河段微冲,艾山—利津河段发生微冲甚至微淤。

5.全过程不同调度方案比较

“88·8”型洪水水沙全过程入库水沙量分别为149.91亿m^3和13.948亿t,方案2的出库沙量最大,为8.616亿t,其在下游河道中的淤积量也最大,为1.687亿t;方案1和方案3的出库沙量居中且接近,方案1较方案3水库多排沙0.315亿t,下游多淤积0.117亿

t;方案 4 的出库沙量最少,为 6.132 亿 t,下游淤积量也最小,为 0.419 亿 t。从水库和下游的淤积总量来看,方案 2 最少,方案 1 其次,方案 4 最多。而方案 1 控制了下游不漫滩,可以减小洪水漫滩在下游滩区造成的损失。

表 4-15 "88 · 8"型洪水全过程各方案库区排沙和下游河道冲淤效果对比

方案	小浪底			冲淤量(亿 t)	排沙比(%)		下游冲淤量(亿 t)			水库和下游淤积总量(亿 t)
	水量(亿 m^3)	沙量(亿 t)	细泥沙比例(%)		全沙	细泥沙	主槽	滩地	全断面	
方案 1	132.24	8.021	71.3	5.927	58	74	1.295	0	1.295	7.222
方案 2	138.39	8.616	69.0	5.333	62	77	1.455	0.232	1.687	7.020
方案 3	133.91	7.706	72.6	6.242	55	72	1.044	0.134	1.178	7.420
方案 4	130.87	6.132	74.7	7.816	44	59	0.331	0.088	0.419	8.235

从下游河道沿程冲淤分布来看(表 4-16),淤积主要集中在花园口以上和花园口—高村,占全下游淤积量的 90%以上。四种方案中,除方案 1 控制花园口流量不超过下游平滩流量外,其他 3 种方案在下游均出现了漫滩现象。不过滩地淤积量均不大,其中方案 2 的淤积量为 0.232 亿 t,方案 3 的淤积量为 0.134 亿 t,方案 4 的淤积量为 0.088 亿 t。由于流量超过 4 000 m^3/s 的天数除方案 2 的较多(14 d)外,方案 3 和方案 4 均较少,均为 3 d;方案 3 和方案 4 花园口流量大于 4 200 m^3/s 的历时仅 1 d。可见,方案 3 和方案 4,虽然漫滩了,但由于大流量历时短,下游淤滩刷槽效果不明显。

表 4-16 "88 · 8"型洪水全过程各方案库区排沙和下游冲淤效果对比 (单位:亿 t)

方案	位置	小浪底—花园口	花园口—夹河滩	夹河滩—高村	高村—孙口	孙口—艾山	艾山—泺口	泺口—利津	全下游
方案 1	主槽	0.632	0.414	0.256	-0.060	-0.038	0.044	0.047	1.295
	滩地	0.000	0.000	0.000	0.000	0.000	0.000	0.000	0.000
	全断面	0.632	0.414	0.256	-0.060	-0.038	0.044	0.047	1.295
方案 2	主槽	0.688	0.452	0.288	-0.041	-0.038	0.059	0.047	1.455
	滩地	0.000	0.000	0.032	0.045	0.060	0.030	0.065	0.232
	全断面	0.688	0.452	0.320	0.004	0.023	0.089	0.112	1.687
方案 3	主槽	0.520	0.297	0.258	-0.045	-0.038	0.030	0.021	1.044
	滩地	0.000	0.000	0.014	0.032	0.035	0.021	0.031	0.134
	全断面	0.520	0.297	0.273	-0.013	-0.002	0.052	0.051	1.178
方案 4	主槽	0.316	0.178	-0.025	-0.092	-0.060	-0.021	0.035	0.331
	滩地	0.000	0.000	0.010	0.018	0.028	0.007	0.026	0.088
	全断面	0.316	0.178	-0.015	-0.075	-0.033	-0.014	0.061	0.419

6.“88 · 8”型水沙优化调度方案

“88 · 8”型水沙过程在洪水前阶段和洪水期阶段，均出现高含沙洪水。洪水前阶段，采用高含沙小洪水调度方案，可以增大水库排沙比，较推荐方案多排沙 1.152 亿 t，而多排沙量中 75%为细颗粒泥沙量，为 0.867 亿 t，可见下游多淤积量中主要为细颗粒泥沙。

洪水期阶段方案 1 控制花园口流量不超过 4 000 m^3/s，一方面是不漫滩；另一方面，该方案在通过预泄降低蓄水位，水库留存少量蓄水，既可以增加水库排沙量，又保证了拦粗排细效果，减小进入下游河道的粗颗粒泥沙量。

方案 2 为进出库平衡运用，也通过预泄降低水库水位，增大水库排沙效果。该方案的水库排沙最多，相应下游的淤积量也最大。该方案花园口流量超过 4 000 m^3/s 的天数较多，下游出现漫滩，但计算的滩地淤积量不大，淤滩刷槽效果不明显。

方案 3 和方案 4 虽然都为推荐方案，但由于洪水前阶段调度运用方式不同，导致洪水期初始蓄水位不同，方案 3 初始水位低，相应水库排沙量大一些。这两种方案在下游河道均发生了漫滩，但大流量历时较短，日均流量大于 4 000 m^3/s 只有 3 d，大于 4 200 m^3/s 的仅 1 d。虽然漫滩，但大流量历史短，滩地淤积很少，没有明显的淤滩刷槽现象。

综合分析来看，对于“88 · 8”型水沙过程，方案 1 在洪水前高含沙小洪水阶段采用高含沙小洪水调度运用，可以显著减少库区无效淤积(细颗粒泥沙淤积)，从长时段来看对下游河道的淤积影响较小；在洪水期，通过提前预泄降低水库水位，同时留存一定量的蓄水体，采用控制花园口流量不超过平滩流量的调度方式，既可以增大水库排沙量，又因进入下游的泥沙以细颗粒泥沙为主，长期而言对下游河道的淤积影响较小。同时方案 1 控制下游河道不漫滩。因此，针对“88 · 8”型洪水，建议采用方案 1 调度运用方式，即在提前预泄降低水库蓄水位的基础上控制花园口流量不超过下游平滩流量方案。

(五)排沙水位对典型洪水排沙效果影响分析

在 2012 年汛后地形条件下，根据小浪底水库排沙水位的不同，设置排沙水位分别为 225、220、215 m 和 210 m 四种方案，利用经验公式估算，各方案计算结果见表 4-17。由于“96 · 8”洪水入库细颗粒含量低，水库排沙比小于“88 · 8”洪水。随着排沙水位的降低，水库排沙量增大，但变化的幅度为先小后大再变小。也就是说，当排沙水位从 225 m 降低到 220 m 时，排沙量有所增加，但增加的幅度较小，“88 · 8”洪水和“96 · 8”洪水分别增加了 0.840 亿 t 和 1.052 亿 t；当排沙水位从 220 m 降低到 215 m 时，排沙量增加幅度较大，“88 · 8”洪水和“96 · 8”洪水分别增加了 2.480 亿 t 和 1.870 亿 t；当排沙水位进一步从 215 m 降低到 210 m 时，排水量增加的幅度明显减小，“88 · 8”洪水和“96 · 8”洪水分别增加了 1.355 亿 t 和 0.839 亿 t。

已有研究表明，当排沙水位在三角洲顶点附近时，易形成溯源冲刷，从而可以显著提高水库排沙量。2012 年汛后，小浪底水库坝前三角洲顶点高程为 210.86 m。从 2012 年汛后水库的库容曲线来看，210 m 以下的库容为 1.93 亿 m^3，215 m 以下库容为 3.84 亿 m^3。考虑后期供水影响，水库需水量应不少于 3 亿 m^3。

因此，综合考虑水库三角洲淤积形态、三角洲顶点以下库容及水库排沙效果，当遭遇高含沙中常洪水时，推荐小浪底水库排沙水位为 215 m。

表 4-17 小浪底水库不同排沙水位方案组合及排沙计算结果

洪水类型	入库沙量(亿 t)	入库泥沙所占比例(%)			水位(m)	出库沙量(亿 t)	排沙比(%)	出库泥沙所占比例(%)			分组沙排沙比(%)		
		细	中	粗				细	中	粗	细	中	粗
“88·8”洪水	8.209	55.3	26.2	18.5	225	3.078	37.5	87.2	9.8	3.0	59.1	14.1	6.0
					220	3.918	47.7	85.9	10.6	3.5	74.1	19.3	9.0
					215	6.398	77.9	82.0	12.8	5.2	115.5	38.1	22.1
					210	7.753	94.5	79.8	14.0	6.2	136.3	50.39	31.9
“96·8”洪水	7.086	39.4	27.3	33.3	225	1.772	25.0	86.4	9.2	4.4	54.9	8.4	3.3
					220	2.824	39.8	84.0	10.5	5.6	54.9	15.3	6.6
					215	4.694	66.2	79.3	12.5	8.2	133.4	30.2	16.3
					210	5.533	78.1	77.2	13.4	9.5	153.0	38.27	22.2

五、主要认识与建议

(一)主要认识

在现状地形(2012 年汛后)条件下,选取“96·8”洪水和“88·8”洪水所在的汛期水沙作为典型水沙过程,洪水前阶段设置两种方案:高含沙小洪水调度方案和拦沙后期推荐方案;洪水期设置三种方案:控制花园口流量不超过 4 000 m^3/s 方案、进出库平衡方案和小浪底水库拦沙后期推荐方案。通过将洪水前和洪水期方案组合,全过程共设置了四种方案进行调度计算。

计算研究表明,采用高含沙小洪水调度原则,可以显著增大水库排沙量,同时由于多排入下游河道的泥沙以细颗粒泥沙为主,长期而言对下游河道的淤积影响较小。对于高含沙中常洪水,采用提前预泄降低水库蓄水位并留存 3 亿 m^3 蓄水体基础上控制花园口流量不超过下游平滩流量的方案,可以显著减小水库的无效淤积,同时进入下游河道的泥沙主要为细颗粒泥沙,在后续的水库下泄清水过程中可以被冲刷带走,不至于对下游河道淤积造成太大的影响。

因此,对于“96·8”和“88·8”两种类型的高含沙中常洪水过程,选取方案 1 为优化方案,不仅可以使水库和下游河道的淤积总量相对较少,而且可以控制下游不漫滩、有效减小下游滩区的漫滩损失,保障滩区群众的生产生活安全。

(二)建议

(1)当黄河中游发生高含沙小洪水时,小浪底水库调度采用高含沙小洪水运用。

(2)当黄河中游发生高含沙中常洪水时,建议采用提前预泄降低水库蓄水位并留存 3 亿 m^3 蓄水量基础上,控制花园口流量不超过下游平滩流量的调度运用方式,既可以减小水库的无效淤积,又不显著增加下游河道的淤积量。

(3)综合考虑水库三角洲淤积形态、三角洲顶点以下库容及水库排沙效果,如果遭遇高含沙中常洪水,建议小浪底库水位降至 215 m 及以下运用。

第五章　黄河典型河段河势演变特点

一、内蒙古河段河势演变特点

巴彦高勒—头道拐共设有 108 个黄淤断面(简称黄断)。其中黄断 1—黄断 38 为巴彦高勒—三湖河口河段;黄断 38—黄断 69 为三湖河口—昭君坟河段;黄断 69—黄断 108 为昭君坟—头道拐河段。

根据洪水前后(2012 年 5 月 17 日与 2012 年 10 月 31 日)两次河势的主流摆幅变化(图 5-1)统计得到的巴彦高勒—头道拐平均主流摆幅(表 5-1)分析,洪水期和汛后主流有一定摆动且有心滩发育。总体来看,游荡段主流摆幅较大,过渡段次之,弯曲段最小。游荡段平均主流摆幅为 200 m,与 2007~2010 年平均主流摆幅 330 m 相比明显减小。如果不考虑裁弯突变现象,过渡段主流摆幅为 130 m,弯曲段仅为 55 m。

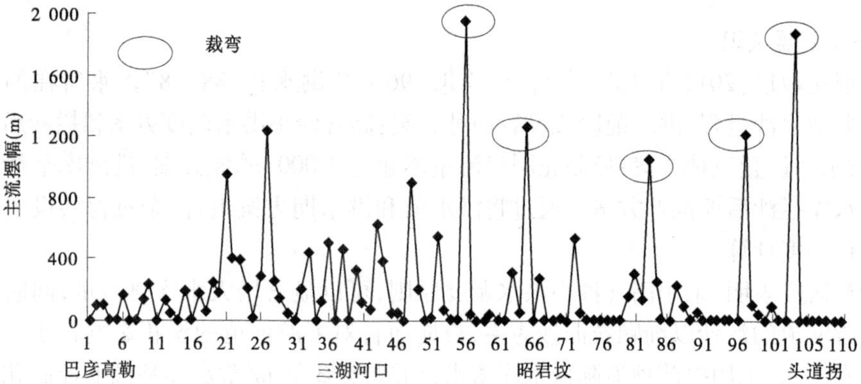

图 5-1　2012 年 10 月相对于 5 月主流摆幅

表 5-1　各河段 2012 年洪水前后平均主流摆幅

河段名称	河道长度(km)	河型	平均主流摆幅(m)	最大主流摆幅(m)
巴彦高勒—三湖河口	220.3	游荡	200	1 380
三湖河口—昭君坟	126.4	过渡	130	1 960
昭君坟—头道拐	174.1	弯曲	55	770

(一)游荡性河段游荡特性未变

由河势图可以看出,巴彦高勒—三湖河口河段游荡特性未变,河势大多相对顺直,主流有一定摆动且心滩多(图 5-2),洪水期有一定程度的漫滩(图 5-3);黄断 20—黄断 24 河段在洪水过后的流路与洪水前的趋势基本一致,但相对来说有所趋直(图 5-4)。

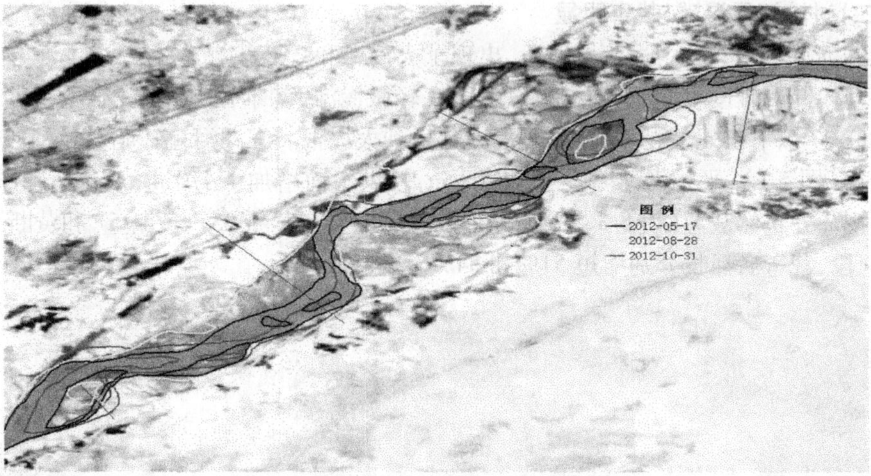

图 5-2　黄断 14—黄断 17 河段河势套绘

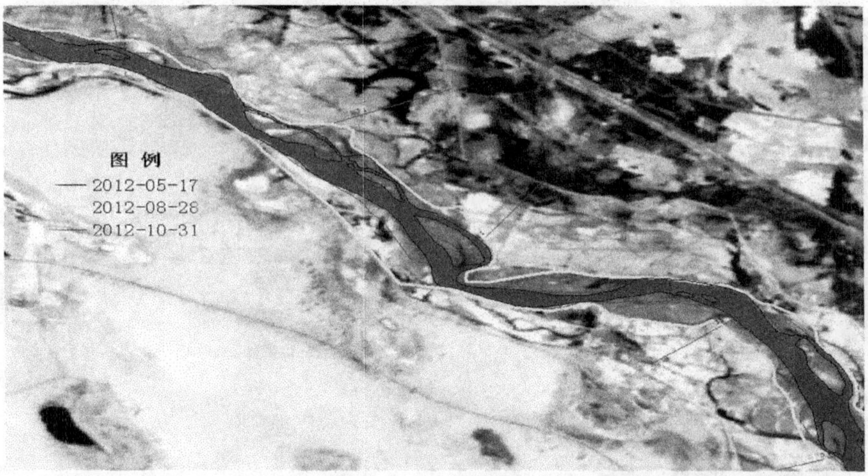

图 5-3　黄断 30—黄断 34 河段河势套绘

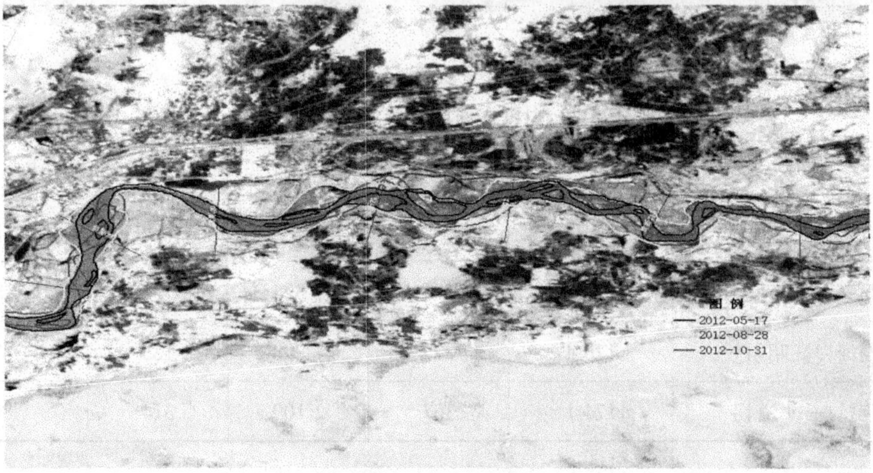

图 5-4　黄断 20—黄断 24 河段河势套绘

(二)过渡河段漫滩、裁弯明显

三湖河口—昭君坟为过渡性河段,出现了大漫滩和 2 处裁弯。

各河段漫滩程度不同,三湖河口以上仅有轻微漫滩,基本在嫩滩范围内;三湖河口以下自黄断 47 以下出现大漫滩,漫滩范围大都达到大堤根。三湖河口—昭君坟河段洪水期漫滩严重(图 5-5),平均漫滩宽度为 1 798 m,较洪水前增加 1 470 m(表 5-2 和图 5-6)。该段出现 2 处自然裁弯(表 5-3、图 5-7 和图 5-8),发生在黄断 55—黄断 57 和黄断 64—黄断 66 河段,裁弯后河长分别缩短 51%和 54%。

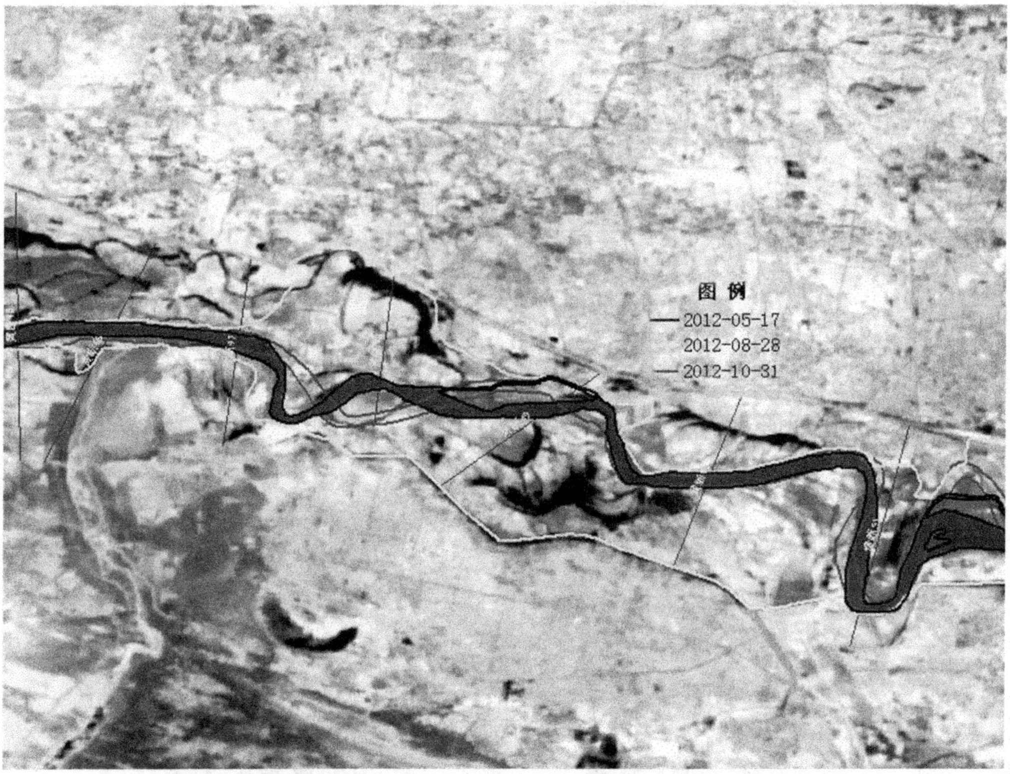

图 5-5　黄断 46—黄断 51 河段河势套绘

表 5-2　内蒙古河段漫滩洪水水面宽度

河段	河道长度(km)	8 月 28 日水面范围		与 5 月相比增加	
		面积(km^2)	河宽(m)	面积(km^2)	平均宽度(m)
巴彦高勒—三湖河口	220.3	291	1 324	132	600
三湖河口—昭君坟	126.4	227	1 798	185	1 470
昭君坟—头道拐	174.1	367	2 109	314	1 800

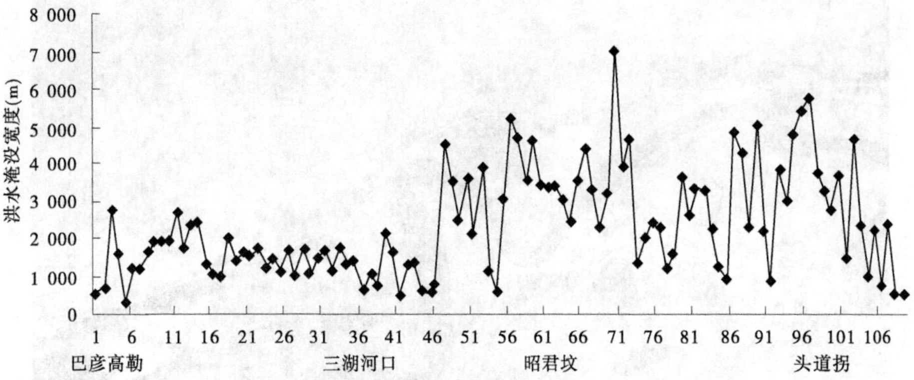

图 5-6　巴彦高勒—头道拐河段洪水期水面宽

表 5-3　2012 年洪水期裁弯及弯曲系数情况

河段名称	河段	裁弯前河长(km)	裁弯后河长(km)	河长缩短比例(%)	时间	全河段主流线长(km)	弯曲系数
三湖河口—昭君坟	黄断 55—黄断 57	8.36	4.13	51	洪水前	231	1.05
	黄断 64—黄断 66	6.28	2.89	54	洪水后	234	1.06
昭君坟—头道拐	黄断 82—黄断 83	2.01	0.84	58	洪水前	140	1.06
	黄断 96—黄断 97	5.37	4.14	23	洪水后	133	1.05
	黄断 103—黄断 104	7.994	2.94	63	洪水前	221	1.27
	合计	30.0	14.94	50	洪水后	211	1.21

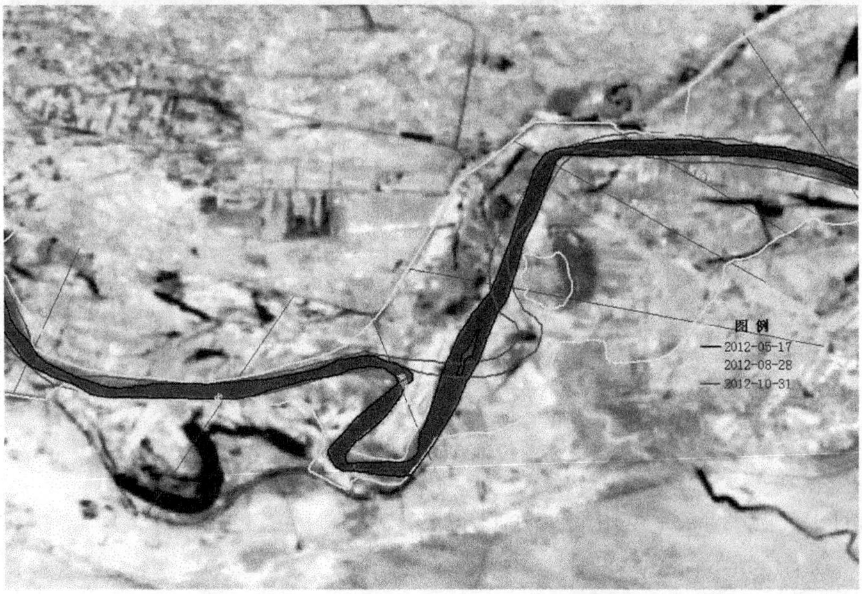

图 5-7　黄断 55—黄断 57 裁弯取直河势

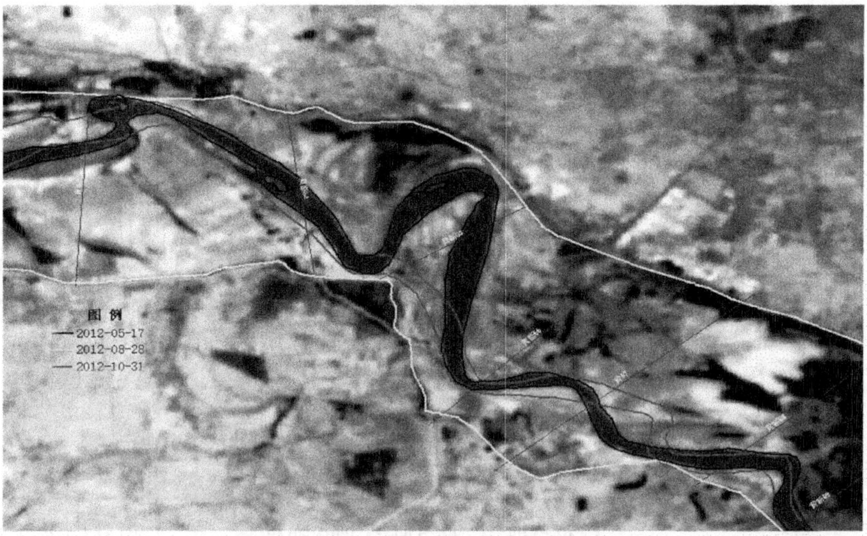

图 5-8　黄断 64—黄断 66 裁弯取直河势

(三)弯曲段漫滩严重、裁弯多

昭君坟—头道拐河段主要呈单一河槽,河道弯曲。该河段漫滩严重,漫滩大都达到堤根,平均漫滩宽度达 2 109 m,比洪水前宽 1 800 m(表 5-2、图 5-5 和图 5-6)。洪水过后出现 3 处裁弯:黄断 82—黄断 83、黄断 103—黄断 104、黄断 96—黄断 97(图 5-9)。

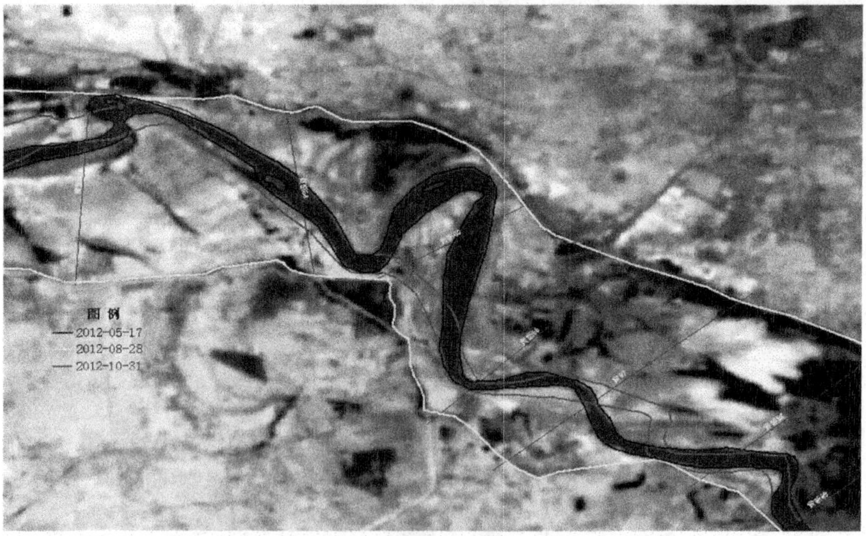

图 5-9　弯曲段洪水漫滩及裁弯河势套绘图

二、内蒙古河段河势相对稳定性分析

(一)主流摆幅

根据各河段主流摆幅(摆动强度)(图 5-10~图 5-12)看出,游荡段主流摆动相对较小的是 2000~2004 年;过渡段为 1995 年以来;弯曲段为 2000~2004 年。

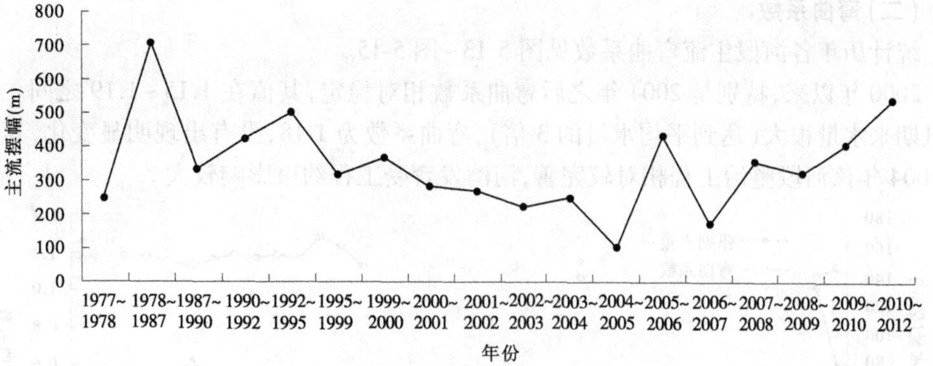

图 5-10　游荡段主流摆幅

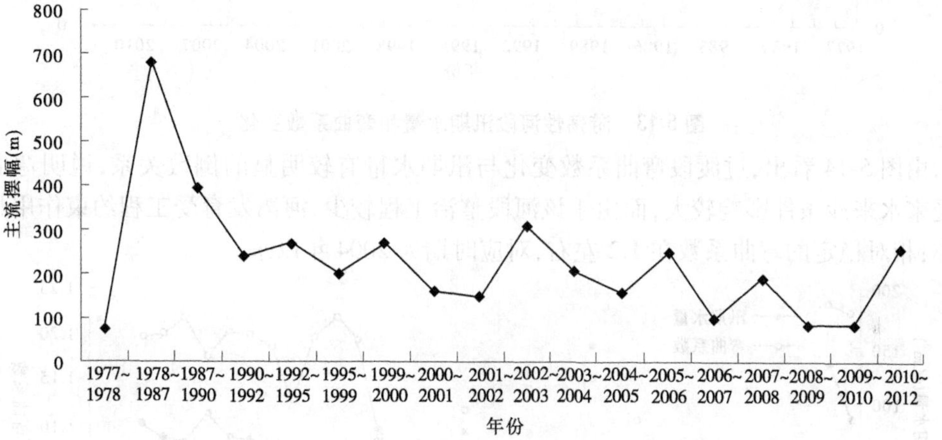

图 5-11　过渡段主流摆幅

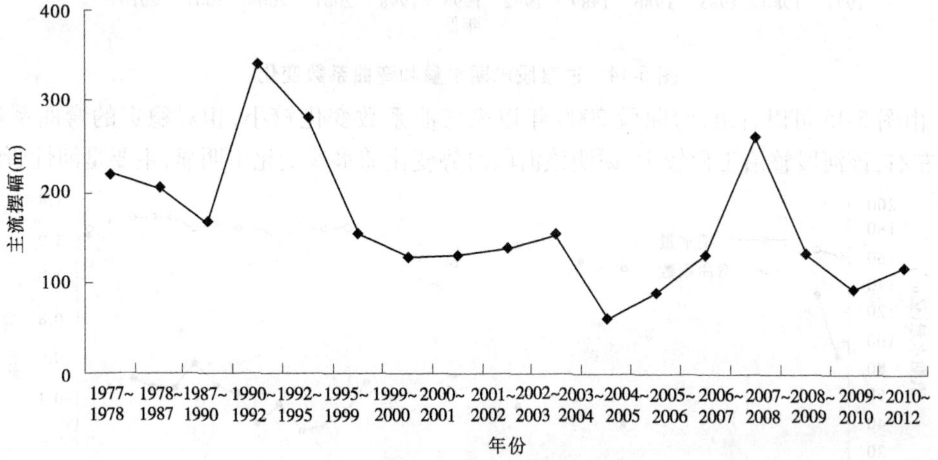

图 5-12　弯曲段主流摆幅

(二)弯曲系数

统计历年各河段主流弯曲系数见图 5-13~图 5-15。

2000 年以来,特别是 2004 年之后弯曲系数相对稳定,其值在 1.15~1.19 之间。2012 年汛期来水量很大(达到平均水量的 3 倍),弯曲系数为 1.18,没有出现明显变化,其原因是 2004 年该河段整治工程相对较完善,河湾发育受工程约束影响较大。

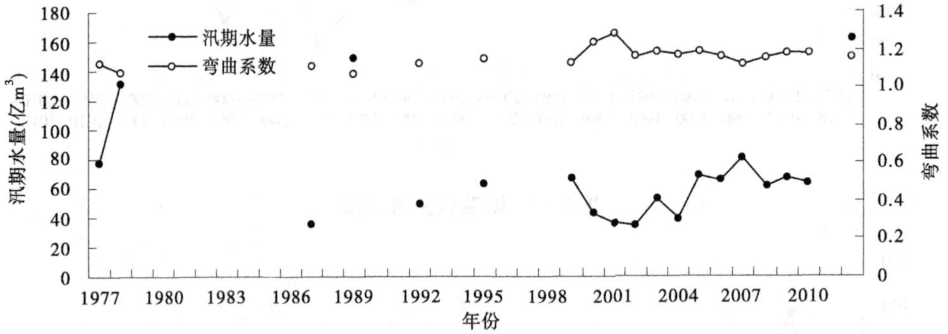

图 5-13 游荡性河段汛期水量和弯曲系数变化

由图 5-14 看出,过渡段弯曲系数变化与汛期水量有较明显的倒数关系,说明弯曲系数受来水来沙条件影响较大,而由于该河段整治工程较少,河湾发育受工程约束作用相对较小;相对稳定的弯曲系数在 1.2 左右,对应时期为 2004 年以来。

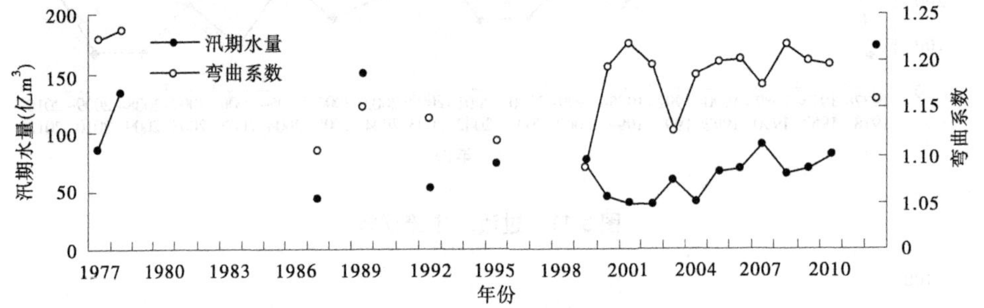

图 5-14 过渡段汛期水量和弯曲系数变化

由图 5-15 可以看出,弯曲段 2000 年以来弯曲系数变化较小,相对稳定的弯曲系数在 1.25左右,该河段整治工程较少,说明该河段河势变化随水沙变化不明显,主要是河性所致。

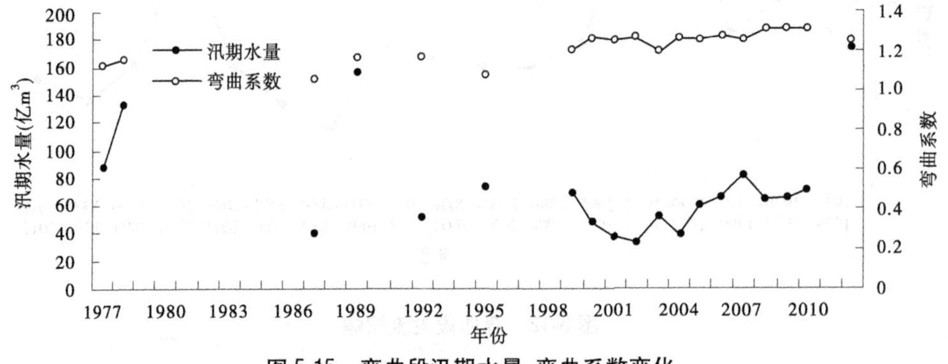

图 5-15 弯曲段汛期水量、弯曲系数变化

总之,从三个河段弯曲系数变化看出,自 2000 年以来,游荡性河段、弯曲性河段的弯曲系数变幅不大,相对稳定,受水沙变化的影响相对较小。但是,过渡性河段近年来的弯曲系数变幅较大,且与年径流量成倒数关系,即水量越大,弯曲系数越小,反之则越大。

(三)河势分形维数

分形维数是综合反映数据及图形散乱、间断和不规则特性的重要参数之一。分形维数越小,表明河势游荡散乱程度就越小,河势越规顺;反之,则河势越散乱。

由图 5-16 游荡性河段不同时段河势分形维数变化可以看出,1986 年之后分形维数逐渐增大,最大分形维数达到 1.45。近年分形维数较小,如 2010 年、2012 年仅为 1.39 左右,说明其间河势相对稳定。由图 5-17 过渡段不同时段河势分形维数变化可以看出,1995~2010 年分形维数较大,最大值发生在 2001 年和 2006 年,最大分形维数达到 1.43。2012 年分形维数较小,表明河势相对稳定。由图 5-18 弯曲段不同时段河势分形维数变化可以看出,1995~2010 年分形维数较大,最大值发生在 2003 年,达到 1.45。2012 年分形维数相对较小,主要是 2012 年汛期大水时裁弯所致,同时表明河势相对稳定。

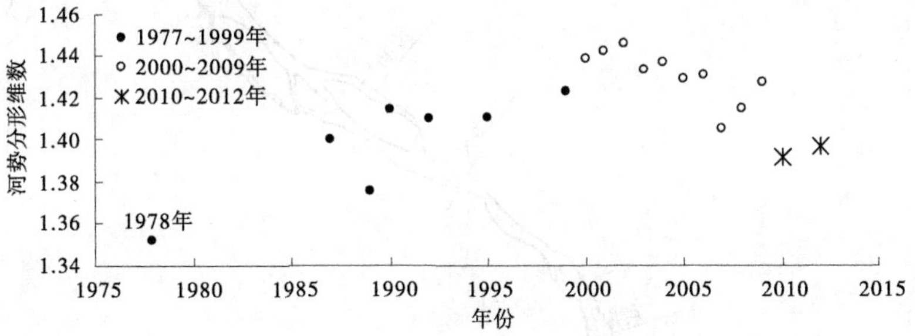

图 5-16 游荡性河段河势分形维数变化

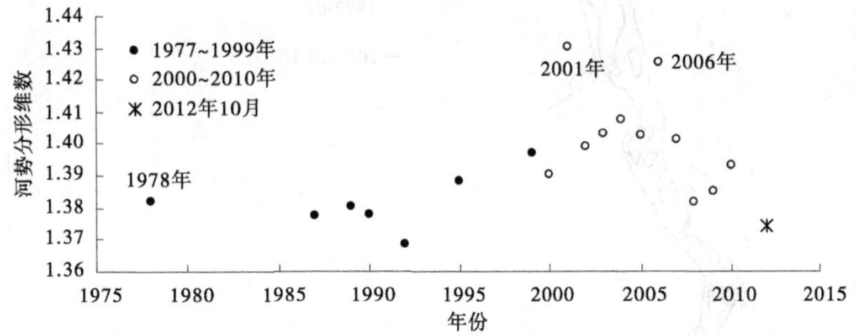

图 5-17 过渡性河段河势分形维数变化

三、内蒙古游荡性河段河势演变过程

图 5-19~图 5-24 为游荡性河段 1992 年汛后与 2012 年汛后河势套绘图。2012 年河势较 1992 年河势明显规顺、心滩减少,河宽缩窄。从平面形态看,2012 年较 1992 年趋于相对规顺。因此,根据内蒙古河段河势变化过程看,其流路尽管有摆动和心滩发育,但顺直段较多。同时,如果能通过水库调控等措施形成诸如 2012 年长时段下泄较大流量的洪水,河势会进一步趋顺。因此,对于该河段游荡性河道整治,应遵循就势设坝控制河势的

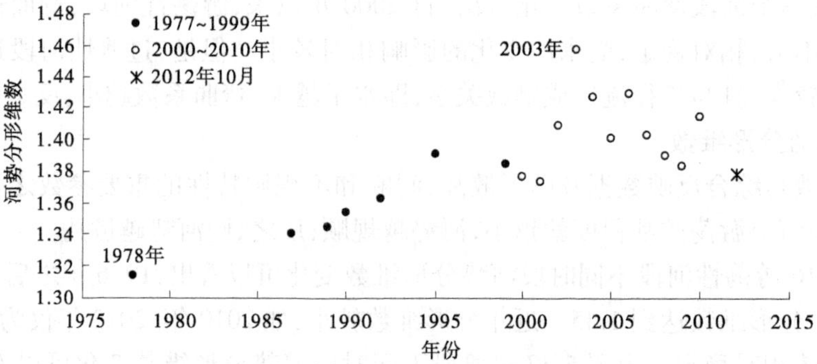

图 5-18　弯曲性河段河势分形维数变化

原则,而不必刻意全部采用微弯整治之类的方案。

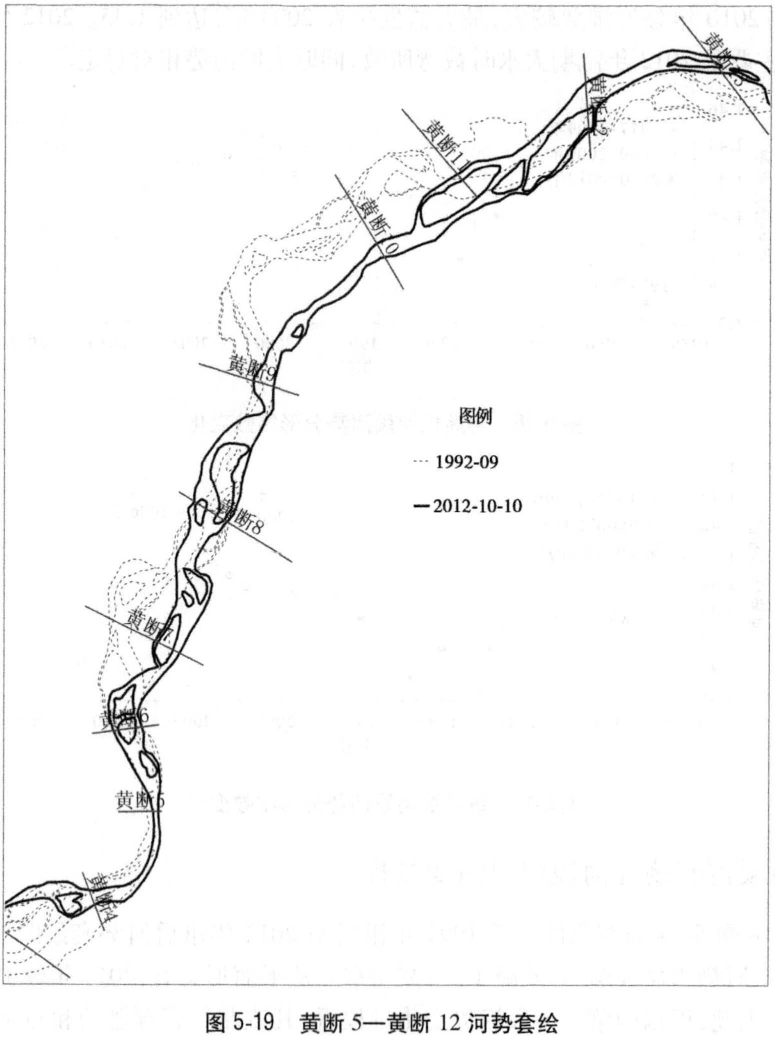

图 5-19　黄断 5—黄断 12 河势套绘

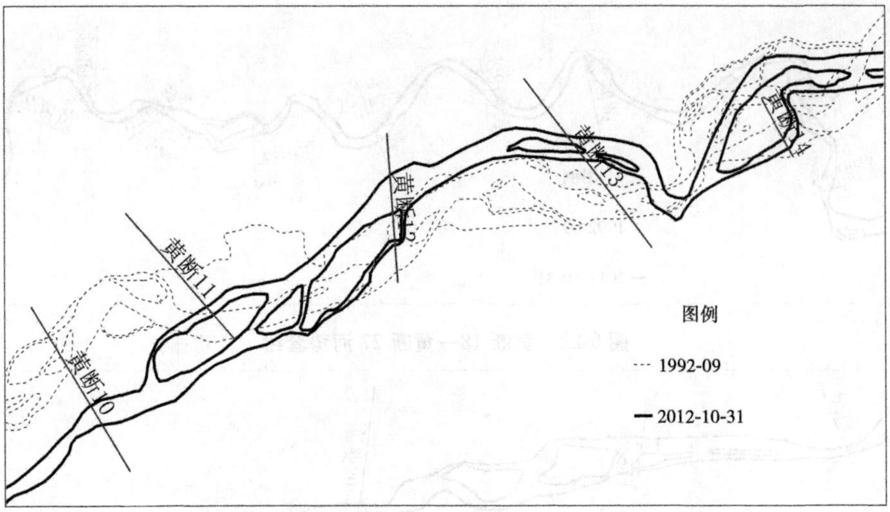

图 5-20　黄断 10—黄断 14 河势套绘

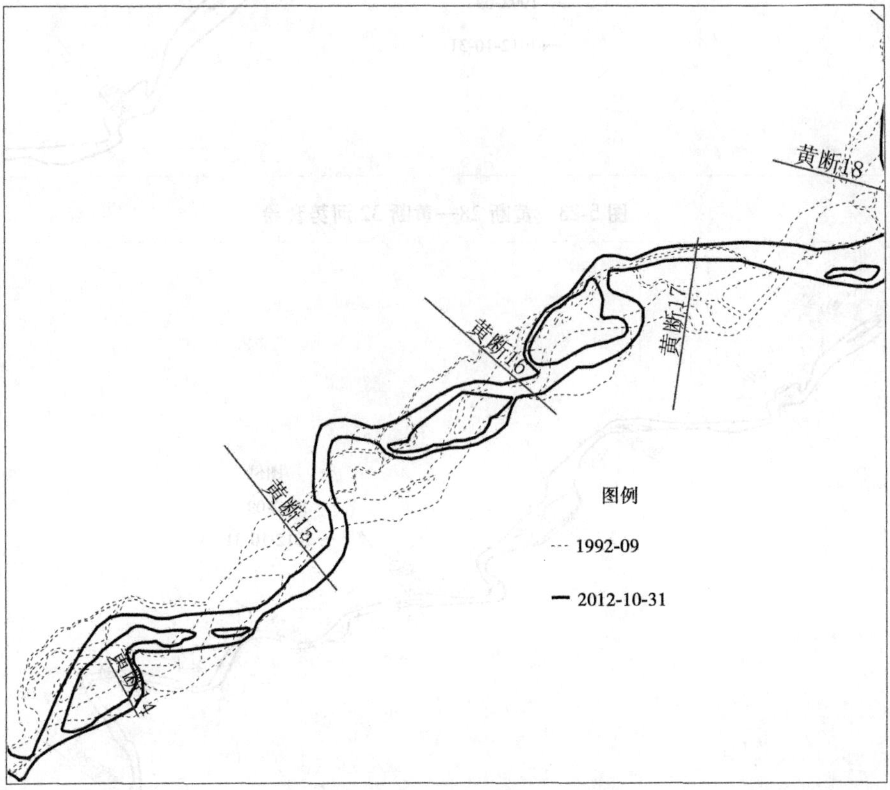

图 5-21　黄断 14—黄断 17 河势套绘

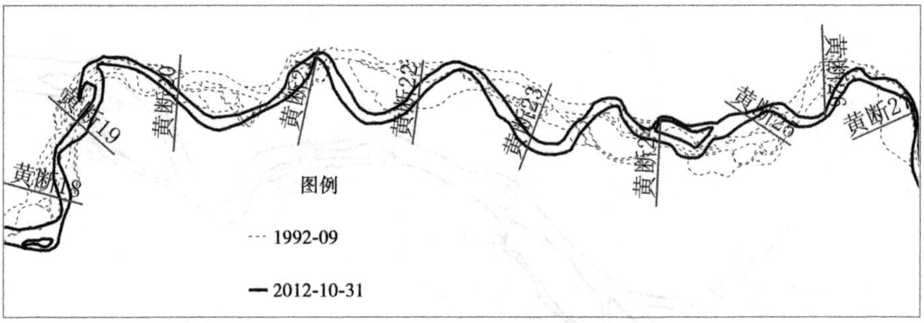

图 5-22 黄断 18—黄断 27 河势套绘

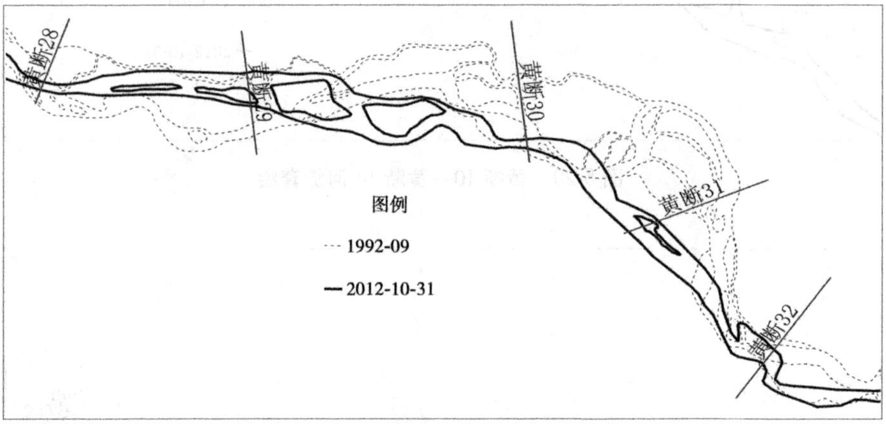

图 5-23 黄断 28—黄断 32 河势套绘

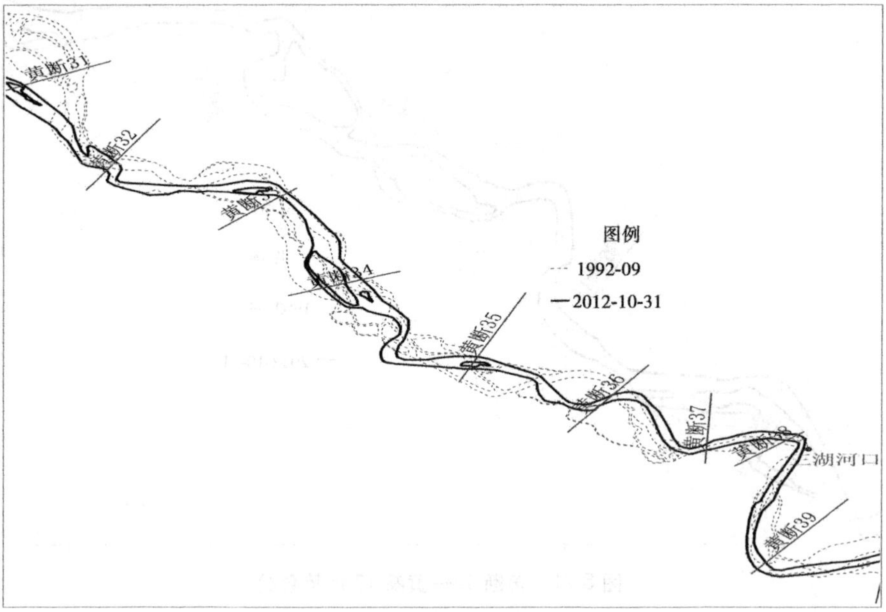

图 5-24 黄断 32—黄断 38(三湖河口)河势套绘

四、黄河下游游荡性河段在小水长期作用下河势演变特点

(一)花园口以上河势趋直

目前温孟滩河段河道整治工程长度已占河道长的95%,但在长期清水作用下,河势仍有上提下挫,局部河段有明显摆动现象(图5-25)。

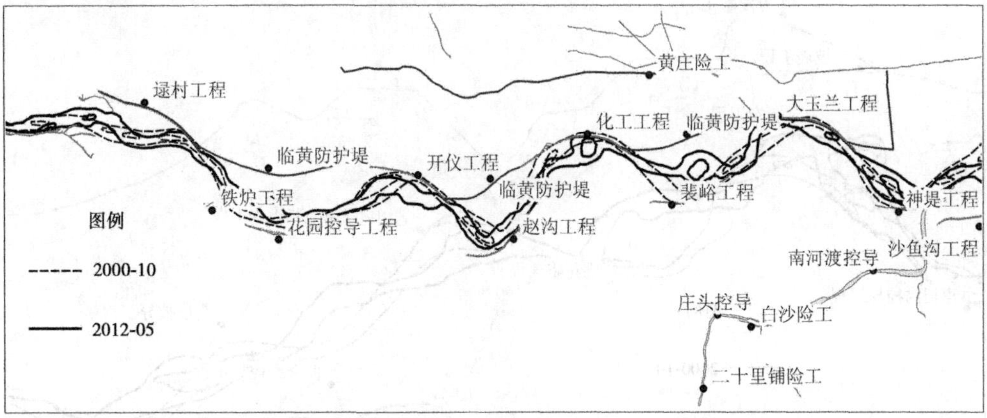

图5-25 温孟滩河段河势

根据多年河势图分析,自2005年之后,伊洛河口—花园口河段河势逐渐趋直或趋顺(图5-26~图5-28)。2012年花园口出现脱河现象。由图5-26看出,伊洛河口以下靠右岸下行,左岸张王庄工程完全脱河,驾部、枣树沟靠溜下挫。河出东安后基本呈直路下行至花园口,致使老田庵、保合寨、马庄脱河(图5-27)。由图5-28看出,河过花园口之后基本呈微弯形河势下行。

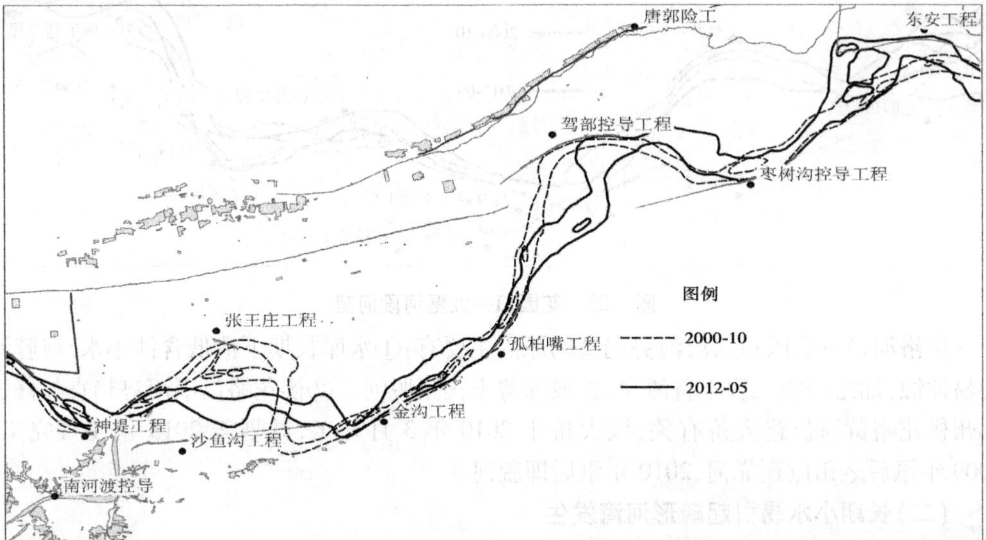

图5-26 伊洛河口—东安河段河势

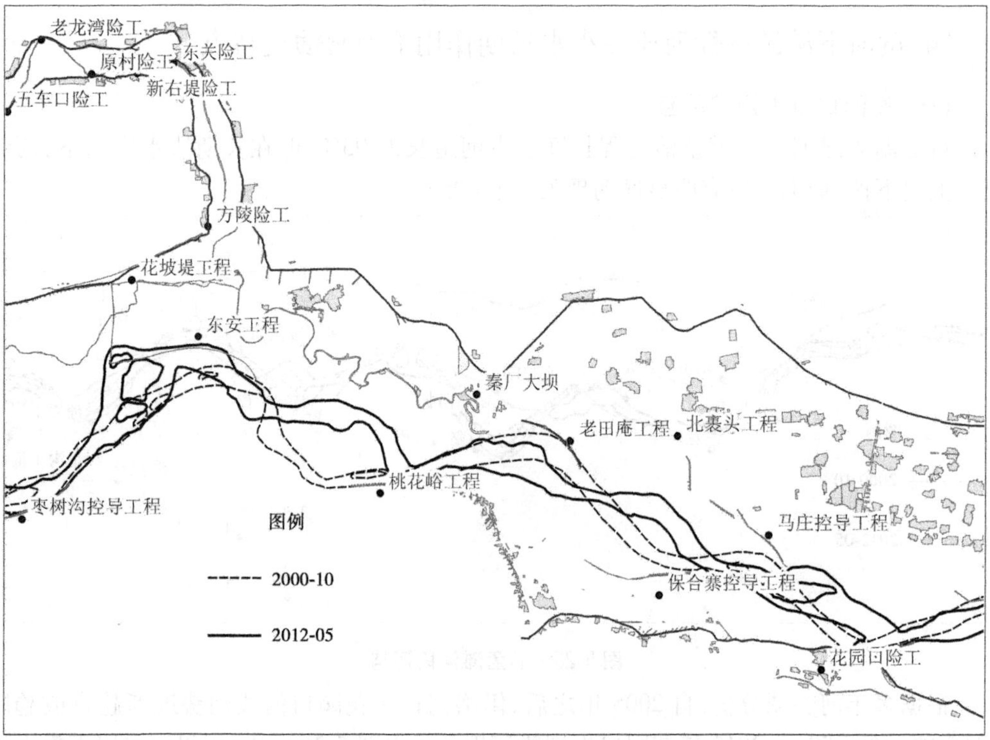

图 5-27　东安—花园口河段河势

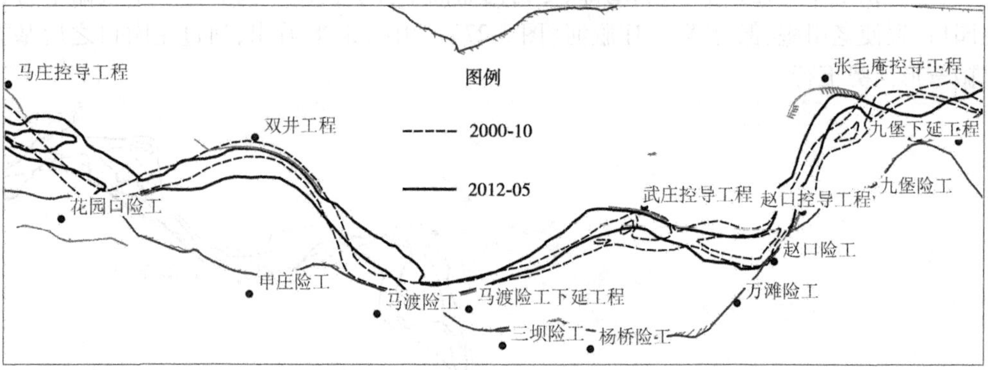

图 5-28　花园口—九堡河段河势

伊洛河口—花园口河段河势趋直的原因主要有:①水库长期下泄低含沙小水,河脖滩尖易冲蚀,加之冲刷工程下首滩岸,造成河势下挫至脱河。②桃花峪以下河势趋直与修建郑州桃花峪黄河公路大桥有关,该大桥于 2010 年 3 月开工,计划于 2013 年 4 月完工。2009 年汛后老田庵还靠河,2010 年汛后即脱河。

(二)长期小水易引起畸形河湾发生

1.畸形河湾情况

畸形河湾是河势变化的特殊情况,小浪底水库拦沙运用以来,在黑岗口—夹河滩河段曾出现了较严重的畸形河湾。历史上黑岗口—夹河滩河段为畸形河湾多发河段,1960 年以来游荡性河段发生畸形河湾的情况见表 5-4。

表 5-4　畸形河湾发生河段及时期

出现时期	河段	消失时间(年-月)	消失方式
1975~1977	王家堤—新店集	1976	自然裁弯
1979、1984	欧坦—禅房	1985	自然裁弯
1981~1984	柳园口—古城	1985	自然裁弯
1993~1995	黑岗口—古城	1996	自然裁弯
2003~2005	王庵—古城	2006-05	人工裁弯
2003~2005	欧坦—贯台	2006-05	自然裁弯

2003~2005 年,在大宫与夹河滩之间河段出现多处畸形河湾,经过 2006 年 5 月人工裁弯后消失,目前该河段流路已与规划流路基本一致(图 5-29 和图 5-30)。

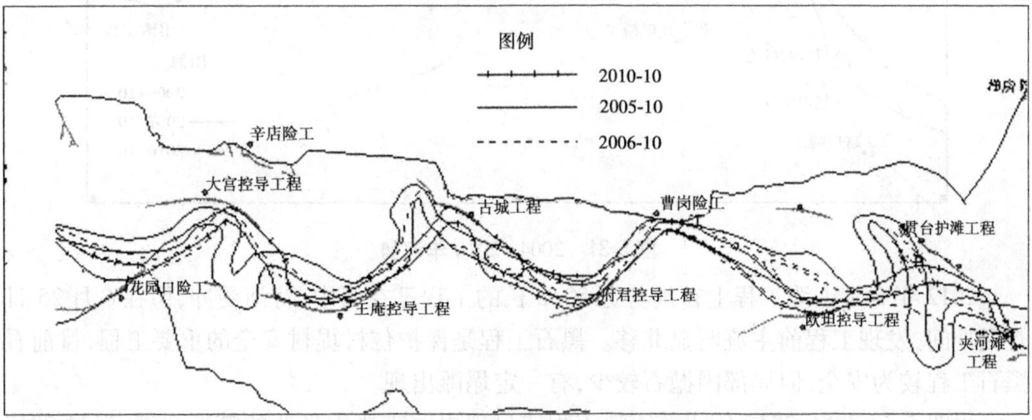

图 5-29　柳园口—夹河滩河段河势

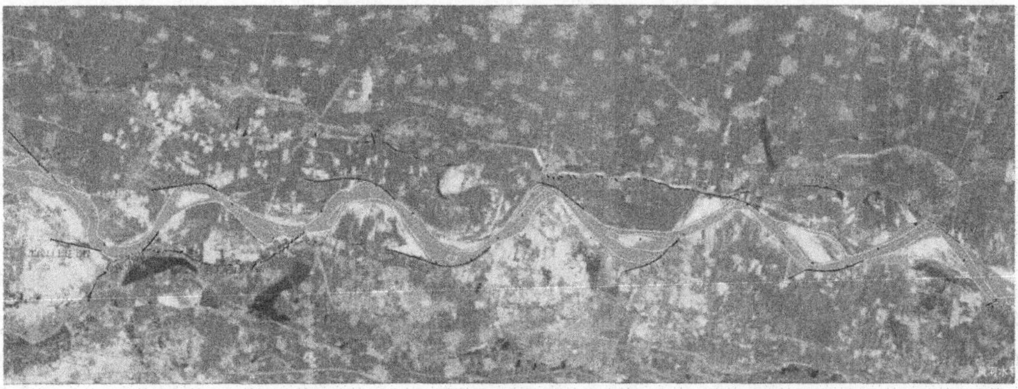

图 5-30　2013 年汛前黑岗口—夹河滩河势

2.韦滩畸形河湾情况好转

韦滩工程前畸形河湾的雏形出现于2005年汛后(图5-31),经过2006~2011年的发展,到2011年汛后南岸弯顶至韦滩工程上首,与2011年汛前相比,至2012年6月,韦滩工程上首弯顶塌滩长度达700 m。分析韦滩工程前的畸形河湾可能与张毛庵工程的修建有关。张毛庵整治工程总长4 600 m,2001年完成联坝,截至2005年修建完成至35坝,2008年汛后,为改变不利河势对仁村堤村的威胁,三官庙控导工程续建了33#~42#坝。2010年汛前至2011年汛前北岸湾顶下移约2 km。

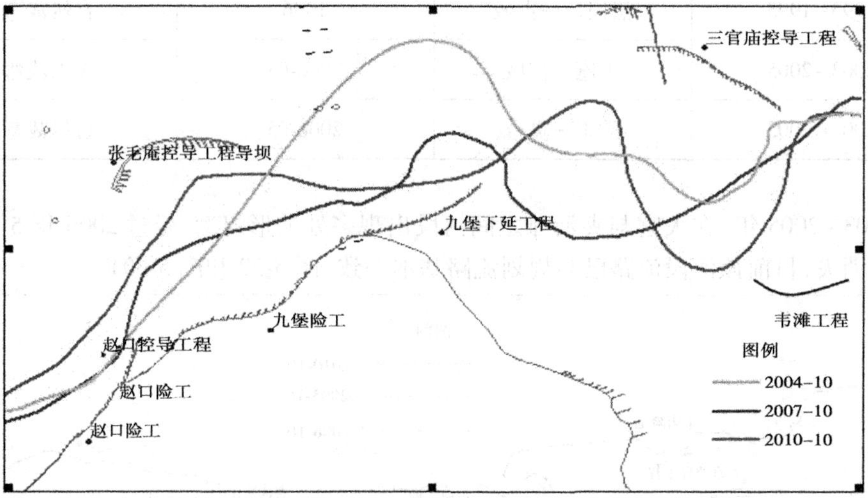

图5-31 2004~2010年河势

2012年5月韦滩工程上首河势近50 m长的工程已在河中,背河受冲,但在6月25日查勘期间,发现工程前主流明显北移。黑石工程是保护仁村堤村安全的重要工程,目前看黑石工程较为安全,但局部因抛石较少,有一定塌滩出现。

由图5-32看出,2012年汛前韦滩工程前呈现出向南严重坐弯的畸形河湾,经过2012年调水调沙,该畸形河湾主流明显向北移动,主流弯顶移动约有2.5 km,使畸形河势有了明显缓解,但北岸弯顶位置和坐弯程度未变,仍需加强防守。

五、认识

(1)经过2012年大水,内蒙古河段游荡段游荡特性未变,汛期前后主流摆幅约200 m,较2007~2012年年均摆幅330 m有所减小,仅有少量漫滩;过渡段发生大漫滩,2处裁弯,裁弯比达50%以上;弯曲段漫滩严重,出现3处裁弯。

(2)根据主流摆幅、弯曲系数和河势分形维数综合判断,2000年以后,特别是2004年之后巴彦高勒—昭君坟河段河势相对稳定,2012年漫滩洪水作用下,河势没有出现大的变化,河势相对稳定。

(3)由多年河势套绘看出,与黄河下游游荡性河段相比,巴彦高勒—三湖河口游荡性河段平面形态相对较为平顺,只有黄断18—黄断27约55 km河段河势弯曲明显,其他河段河势大多呈顺直型。

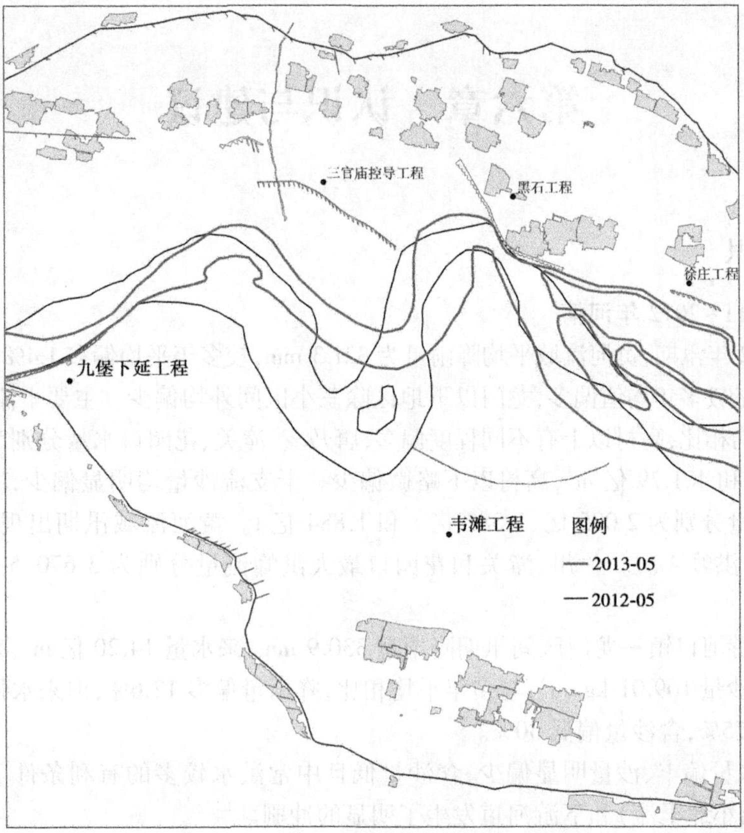

图 5-32　2012 年、2013 年韦滩河段河势套绘图

(4)长期小水容易造成黄河下游河道畸形河湾,韦滩工程前畸形河湾在 2012 年汛前最为明显,2013 年汛前韦滩工程前的畸形河湾有所好转。

(5)小浪底水库运用以来,长期下泄清水,黄河下游游荡性河段河势总体趋于规划治导线方向发展,但在伊洛河口—花园口河段,近年来河势趋直、下挫现象较为明显,尤其花园口控导工程也几近“脱河”;初步分析认为主要是低含沙水流长期持续冲刷塌滩造成的,尤其工程下首滩岸塌退,使河岸的辅助送溜作用减弱。

第六章 认识与建议

一、认识

(一)2011~2012年河情

(1)2012年汛期,黄河流域平均降雨量为321.3 mm,较多年平均偏多1.4%,其中龙门以上地区降水量较多年均值偏多,龙门以下地区除三小区间外均偏少。主要干流控制站年水量与多年平均相比,高村以上有不同程度偏多,唐乃亥、潼关、花园口水量分别为289.66亿、359.06亿m^3和401.79亿m^3,高村以下略微偏少。干支流沙量均明显偏少,潼关、花园口和利津年沙量分别为2.085亿、1.382亿t和1.884亿t。黄河流域汛期出现多次洪水过程,其中编号洪峰4次。兰州、潼关和花园口最大洪峰流量分别为3 670、5 350 m^3/s和4 230 m^3/s。

黄河中游河口镇—龙门区间汛期降雨量330.9 mm,来水量14.20亿m^3,来沙量1.548亿t,平均含沙量109.01 kg/m^3,与多年平均相比,降雨量偏多12.6%,但来水量偏少50%,来沙量偏少75%,含沙量偏低50%。

(2)在水量偏丰、沙量明显偏少、含沙量低且中常洪水较多的有利条件下,三门峡水库库区(包括小北干流)和下游河道发生了明显的冲刷。

三门峡水库继续采用非汛期控制水位318 m、汛期控制水位305 m、洪水期敞泄排沙的运用方式,潼关以下库区全年冲刷泥沙0.356亿m^3,小北干流河段冲刷0.250亿m^3。排沙主要集中在敞泄运用期,6次敞泄排沙总排沙量1.991 8亿t,占三门峡沙量的59. 9%,平均排沙比296%。2012年汛后潼关高程327.38 m,是1993年以来最低的(接近1989年汛后的水平),潼关高程年内降低0.25 m,其中,非汛期升高0.17 m,汛期下降0.42 m。

小浪底水库汛前调水调沙期间和前汛期低水位运用,8月以后以蓄水运用为主,10月31日蓄水量约85亿m^3。库区全年淤积1.325亿m^3,其中干流淤积量为1.124亿m^3,支流淤积量为0.201亿m^3。库区淤积形态仍为三角洲淤积,到2012年汛后三角洲顶点距坝仅10.32 km(HH8),即将转入锥体淤积、以明流排沙为主的阶段。汛前调水调沙期水库排沙0.576亿t,占小浪底全年出库沙量的44.5%,排沙比128%。

(3)下游河道(西霞院到利津)全程冲刷,共冲刷0.992亿m^3(断面法),其中74%集中在汛期,具有明显的"上大下小"的沿程分布特点。非汛期冲刷占全年的26%,大致以艾山为转折点,具有"上冲下淤"的特点。下游平滩流量增幅50~400 m^3/s,2013年汛前下游水文站断面平滩流量达到6 900~4 150 m^3/s,其中艾山附近河段平滩流量最小为4 150 m^3/s,较上下河段偏小150 m^3/s以上。

(二)黄河上游洪水特点及对宁蒙河道冲淤影响

(1)2012年黄河上游兰州站洪峰流量3 670 m^3/s,洪量大、沙量少、含沙量低,洪水演进表现为水位高、传播时间长、洪峰变形大等特点。

宁蒙河道漫滩洪水“淤滩刷槽”效果显著，洪水期全断面淤积 0.116 亿 t，主槽冲刷 1.916亿 t、滩地淤积 2.032 亿 t，其中巴彦高勒—头道拐河段漫滩严重、“淤滩刷槽”现象明显，同流量水位降低 0.15~0.56 m，平滩流量增大 200~590 m^3/s。

与非漫滩洪水河道淤积“以粗沙为主”的特点有所不同，2012 年洪水期间，粒径大于 0.1 mm 的特粗沙是淤积的，占全沙淤积量的 142.1%。同时，粒径小于 0.025 mm 的细颗粒泥沙也发生了淤积，淤积量占全沙淤积量的 100.0%；而粒径介于 0.025~0.05 mm 和 0.05~0.1 mm 的中、粗颗粒泥沙是冲刷的，冲刷量分别占全沙冲淤量的 -110.5% 和 -31.6%，表明中、粗沙在较大流量条件下能够顺利输送。

(2) 宁蒙河道非漫滩洪水输沙效率低，平均流量 2 000 m^3/s 冲淤平衡的含沙量仅 7.6 kg/m^3。在此次洪水含沙量小于 3.0 kg/m^3 的条件下，河道发生冲刷，冲刷效率不高，为 1.69 kg/m^3。宁蒙河道泥沙（悬沙和床沙）偏粗是河道输沙能力低的重要原因。粗泥沙的分组挟沙力远小于细泥沙，输送所需要的悬浮功数倍于细泥沙，因此宁蒙河道在细沙补给不足的情况下能够挟带的粗泥沙量较少，水流的含沙量较低。

相比之下，漫滩洪水主槽冲刷效率较高，冲刷效率为 7.22 kg/m^3，约为低含沙非漫滩洪水（2 000 m^3/s 量级）冲刷效率 1.69 kg/m^3 的 4.3 倍。

(3) 以 2012 年洪水过程为基础，设置现状调控、水库不调控和控制 1 500 m^3/s（不漫滩）三种方案，利用水文模型和水动力模型进行冲淤计算，结果表明，与现状调控方案相比，水库不调控的淤滩刷槽效果更好，综合比较不调控方案的河道塑造效果较好。

(三) 中游“7·21”暴雨产水产沙作用

(1) 2012 年黄河中游“7·21”暴雨洪水输沙量明显减少，水土保持措施削洪减沙效益显著。“皇甫川流域水土保持措施减洪减沙分别为 55.0% 和 51.5%，佳芦河流域分别为 26.8% 和 38.3%，湫水河流域分别为 67.1% 和 67.8%。在梯（条）田、林（草）地、坝地和封禁治理等水土保持措施中，坝地减洪减沙所占比例最大，减洪均在 65% 以上，减沙均在 50% 以上；林草等植被措施其次，减洪为 17.9%~27.1%，减沙为 23.0%~35.1%；梯田位居第三。

(2) 坡耕地水土流失和人为活动新增水土流失依然十分严重。佳芦河流域程家沟骨干坝（佳县王家砭镇）在“7·27”暴雨洪水中一次淤积厚度达 10 m，主要原因是暴雨落区内几乎全为坡耕地，特大暴雨造成的水土流失严重，导致淤积量非常大。因此，加强佳芦河流域“坡改梯”水利水保建设力度是十分必要的。

(四) 小浪底水库高含沙中常洪水调控运用方式

针对“96·8”“88·8”典型高含沙中常洪水过程，采用提前预泄降低水库蓄水位（留存 3 亿 m^3 蓄水量）并控制花园口流量不超过下游平滩流量的运用方式，可有效减少小浪底水库中细（粒径在 0.05 mm 以下）泥沙的淤积（低效淤积），有利于维持小浪底水库长期有效库容。同时，由于小浪底水库多排除的泥沙主要为细颗粒泥沙，洪水期间黄河下游河道虽然也发生淤积，但在后续清水水流作用下可以被冲刷带走，并不显著增加下游主河槽的淤积。

(五)黄河典型河段河势演变特点

2012 年汛期宁蒙河段发生了较大的漫滩洪水过程,河势发生了一定程度的调整,三湖河口—头道拐(过渡性和弯曲性)河段有 5 处出现“裁弯取直”。

小浪底水库运用以来,黄河下游九堡—夹河滩河段畸形河湾(王庵、古城、常堤,2003~2006 年)时有发生,2007~2011 年间韦滩畸形河湾持续发展,2012 年汛前得到了明显的改善。

小浪底水库运用以来,长期下泄清水,游荡性河段河势总体趋于规划治导线方向发展,但在伊洛河口—花园口河段,河势趋直、下挫现象较为明显,尤其花园口控导工程也几近“脱河”,主要是在控导工程没有完善的条件下,低含沙水流长期持续冲刷塌滩造成的。虽然目前的河势仍然控制在两岸控导工程连线之间的“许可”范围内,但亦应引起关注。

二、建议

(1)小浪底库区干流三角洲淤积顶点已经推进到距坝 10.32 km(HH8),顶点高程为 210.63 m,其下相应库容仅为 2.09 亿 m^3,即将转入锥体淤积、以明流排沙为主的阶段。同时,三角洲顶点以下、库容较大的支流(畛水河等)拦门沙坎将越来越明显,2012 年 10 月畛水河口拦门沙坎高约 8 m。建议加强对这两个方面的研究工作。

同时,针对伊洛河口—花园口河段河势显著下挫的问题,建议进一步开展“微弯型”河道整治对清水水流适应性及对策、“对口丁坝双岸整治”对提高河道输沙能力效果及实施可能性的研究工作。

(2)宁蒙河道输沙能力和冲刷能力较低,所以拦沙的效果要好于输沙,而输沙时漫滩洪水的效果又好于非漫滩洪水。因此,建议:①将减少支流和沙漠来沙放在上游开发治理的首位,加强水利水保等治理力度;②现阶段宁蒙河道平滩流量较小,正处在河槽恢复期,应尽可能塑造低含沙洪水过程、冲刷河道、扩大主槽过流面积,同时稀释支流来沙、减少支流来沙对干流河道的淤积;③发生较大洪水、漫滩不可避免时,水库应尽可能少蓄水甚至不蓄水,形成足够程度的漫滩洪水,冲刷前一个时期的河道淤积,并增加滩槽高差,恢复河槽过流能力;④在河槽平滩流量增大到一定程度后的维持期,可实行水量多年调节,一般年份和枯水年份以蓄水为主,不泄放洪水过程。

(3)宁蒙河道研究基础薄弱,如对洪水泥沙演进特点、河道冲淤和河势演变规律、河道整治方式和适应性等方面的研究,还不能为治黄生产提供充分的科学的技术支撑,急需开展深入研究。

宁蒙河道支流较多、引水和退水口门较多,情况复杂,现有测验资料的系统性、规范性还不能有效满足研究工作的需要,实测资料的系统观测工作亟待加强和完善。比如三湖河口到头道拐近 300 km 的河段没有水文站、三湖河口水文站不观测泥沙级配、十大孔兑中七大孔兑没有观测资料、支流不观测泥沙级配等,河道大断面测验资料的可靠性更是值得商榷。

(4)黄河上游是流域整体的一部分,其来沙偏粗,如果泥沙淤积在宁蒙河段,会对宁蒙防洪和防凌形成重大威胁;如果输往下游,对中下游河道和水库的影响更大。因此,需要从全流域的角度统筹考虑,趋利避害,系统研究上游泥沙的处理问题。

（5）继续加大水土保持综合治理力度。目前黄河中游多沙粗沙区水利工程投资较大，但对水土保持综合治理项目的投资偏少，后续治理项目缺乏。如果没有后续治理项目支撑，水土保持措施的减洪减沙作用将不可持续。因此，需要继续加大水土保持综合治理力度，尤其淤地坝建设要持续加强。同时，加强相关基础研究，包括不同规格、不同配比、不同淤积速度单坝与坝系拦洪拦沙综合作用的研究；不同区域、不同水土流失类型区梯田减水减沙作用的研究；植被覆盖度对流域产流机制的影响，尤其要深入研究近期植被措施显著减少坡面径流后所引起的沟谷连锁减沙效应以及坡沟减沙的自调控关系等。

（6）黄河中游若发生"96·8""88·8"型高含沙中常洪水，建议对小浪底水库采用提前预泄降低水库蓄水位并留存3亿 m^3 蓄水量，同时控制花园口流量不超过下游平滩流量的调度运用方式，既减小水库的无效淤积，又不显著增加下游河道的淤积。

第二部分　专题研究报告

第一专题　2012年黄河河情变化特点

依据2012年报汛资料，系统分析了黄河流域降雨、径流量、输沙量、洪水、水库运用及河道冲淤等雨情、水情、河性特点。总体来说，2012年龙门以上降水量较多年平均值偏多，而其下偏少；高村以上径流量较多年平均偏多，且偏多程度沿程递减；干支流输沙量均有所减少；黄河流域共出现4次编号洪水；干流8座主要水库全年增蓄水量近36亿m^3；三门峡、小浪底水库库区还分别淤积-0.355亿m^3、1.325亿m^3；潼关高程下降0.25 m；西霞院以下河段主槽冲刷0.992亿m^3，且主要集中在汛期。该专题为总体了解2012年河情提供了基础数据。

第一章　黄河流域降雨及水沙特点

一、汛期龙门以上降雨偏多

根据黄河水情报汛资料统计,2012年(2011年11月~2012年10月)黄河流域汛期(7~10月)降雨量为321.3 mm(表1-1),较多年平均偏多1.4%。偏多主要发生在前汛期(7~8月),降雨量为238 mm,较多年同期偏多12.5%,特别是7月,降雨量达到139.1 mm,较多年同期偏多30.3%。

汛期降雨区域分布不均,各区间降雨量与多年同期相比,龙门以上地区降雨量较多年均值偏多,龙门以下地区除三小区间外均偏少。其中:兰州以上、兰托区间(指兰州至托克托,下同)、山陕区间(指山西至陕西)、三小区间(指三门峡至小浪底,下同)分别偏多11.2%、21.0%、12.6%、13.7%,沁河、小花干流(指小浪底至花园口,下同)、黄河下游偏少22.2%左右,北洛河、伊洛河分别偏少12.2%和13.1%,泾渭河、龙三干流(指龙门至三门峡,下同)、大汶河偏少5%~9%(图1-1)。

汛期降雨量最大值发生在伊洛河的张坪站村,降雨量为695.8 mm。

汛期黄河流域发生10次较明显的降雨过程,其中山陕区间7月20~21日、7月26~27日、7月27~28日为大暴雨。

(1)7月7~9日,黄河三花间及下游有一次较强降雨过程。7日,三花间大部分地区降小到中雨,局部大到暴雨,个别站大暴雨,其中九龙角站日雨量111.4 mm;黄河下游干流部分地区降中到大雨,局部暴雨到大暴雨,其中泺口站日雨量123.2 mm;大汶河大部分地区降暴雨,局部大暴雨,其中范家镇日雨量122 mm。8日,三小区间大部分地区降暴雨到大暴雨,其中石寺站日雨量198.6 mm;大汶河个别站降暴雨到大暴雨,其中雪野水库日雨量135.5 mm。9日,三花间大部分地区降小到中雨,个别站大雨,黄河下游干流局部降中到大雨;大汶河部分地区降大到暴雨。

(2)2012年7月15日凌晨,地处无定河中下游的绥德、吴堡和榆阳部分地区降暴雨或大暴雨,其中绥德县满堂川3 h降雨量111.2 mm、义和为110.2 mm、韭园沟为100 mm;丁家沟2 h降雨量77.2 mm。这场暴雨的特点是历时短、雨强大。受此次暴雨影响,无定河白家川站洪峰流量达到1 000 m^3/s,最大含沙量达到550 kg/m^3。由于降雨集中,强度大,洪水发生突然,造成一定的灾情。

(3)7月20~21日,山陕区间、泾河上游部分地区出现大到暴雨,局部降大暴雨。这次降雨自7月20日18时开始,到21日20时基本结束,历时26 h。整个暴雨区笼罩皇甫川、清水川、孤山川、窟野河流域和秃尾河上游,以及偏关河、县川河、朱家川下游,黄河干流府谷河段等区域。12 h降雨量超过100 mm的站点达50个,暴雨中心位于窟野河支流牸牛川的陶亥镇(172.4 mm)和新庙(176.2 mm)、清水川的土墩则墕(163 mm)。

表 1-1　2012 年黄河流域区间降雨情况

区域	6 月		7 月		8 月		9 月		10 月		7～10 月			
	雨量（mm）	距平（%）	雨量（mm）	距平（%）	雨量（mm）	距平（%）	雨量（mm）	距平（%）	雨量（mm）	距平（%）	雨量（mm）	距平（%）	最大雨量(mm)	
													量值	地点
兰州以上	55.1	-22.0	134.0	46.5	97.6	11.3	54.7	-20.2	27.3	-19.5	313.6	11.2	526.2	碌曲
兰托区间	55.5	104.9	113.8	100.7	61.5	-4.9	28.5	-9.4	12.0	-10.6	215.8	21.0	470.9	旗下营(三)
山陕区间	78.4	51.7	159.3	57.5	80.0	-21.5	78.4	33.7	13.2	-52.0	330.9	12.6	657.8	德胜西
泾渭河	56.3	-13.0	107.9	-0.8	131.1	28.9	73.9	-17.4	19.3	-61.3	332.2	-5.1	538.8	林家村
北洛河	60.5	2.9	97.3	-12.6	113.9	4.2	75.4	-2.7	8.7	-77.3	295.3	-12.2	467.9	张村驿
汾河	62.8	4.2	179.5	58.4	63.8	-39.4	66.0	0.9	9.7	-72.8	319.0	-0.2	395.2	京香
龙三干流	22.4	-63.5	141.0	27.0	83.4	-20.9	75.9	-2.0	15.9	-61.4	316.2	-5.7	453.6	官道口
三小区间	38.2	-39.8	244.1	64.8	119.4	7.7	63.8	-18.3	12.3	-75.1	439.6	13.7	596.5	横河
伊洛河	43.6	-40.6	119.6	-18.2	139.1	19.1	71.5	-15.3	19.5	-64.6	349.7	-13.1	695.8	张坪
沁河	50.0	-28.5	154.1	3.8	70.4	-41.7	57.7	-17.0	11.0	-72.6	293.2	-23.0	487.4	南岭底
小花干流	76.0	25.2	95.4	-33.2	117.7	11.8	59.4	-18.9	14.7	-67.9	287.2	-21.8	380.6	小关
黄河下游	19.4	-70.3	155.3	1.4	81.4	-35.2	42.2	-32.5	14.4	-59.9	293.3	-22.2	442.2	泺口
大汶河	20.3	-76.2	240.8	13.3	97.7	-35.3	69.1	8.3	12.9	-62.4	420.5	-8.9	615.5	雪野水库
全流域	58.6	9.3	139.1	30.3	98.9	-3.1	67.0	0.2	16.3	-56.1	321.3	1.4	695.8	张坪

注：历年均值 1956～2000 年。

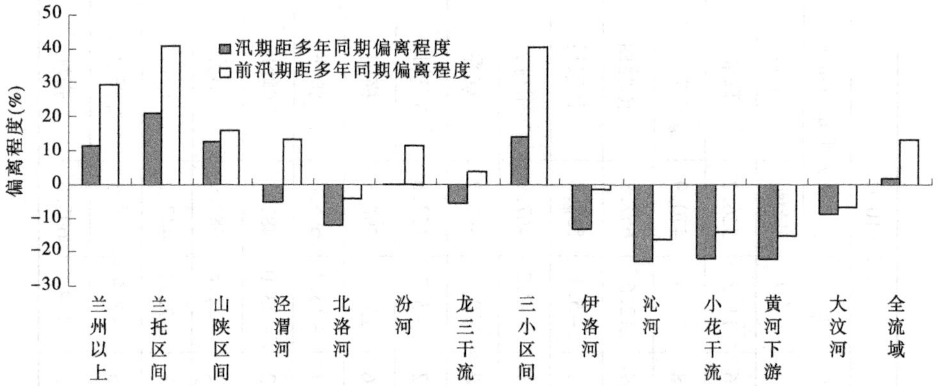

图 1-1　2012 年汛期黄河流域各区间降雨量与多年同期相比偏离情况

(4)7 月 26 ~ 27 日，山陕区间部分地区出现大到暴雨，局部大暴雨。主雨段为 27 日 2 ~ 14 时，暴雨区主要位于府谷—吴堡区间中下部干流两侧，本次降雨区域集中，降雨量 50 ~ 100 mm、100 ~ 200 mm 笼罩面积分别为 0.75 万、0.25 万 km^2。佳芦河申家湾站 27 日 2 ~ 14 时 12 h 降雨量为 227 mm，为有记载以来最大降水。秃尾河高家川站 6 h 降雨量 134.6 mm，清凉寺沟清凉寺站 2 h 降雨量 56.8 mm、穆家坪站 2 h 降雨量 74.2 mm，湫水河程家塔站 2 h 降雨量 77.6 mm。

(5)7 月 27 ~ 28 日，黄河山陕区间北部再次出现较强降水过程，局部暴雨，个别区域大暴雨。此次主要降雨时段集中在 27 日 22 时 ~ 28 日 2 时，暴雨中心主要位于秃尾河、佳芦河下游和无定河的上中游地区，以及窟野河河口至佳芦河河口的黄河干流两岸地区，暴雨区面积约 1 万 km^2。

(6)7 月 29 ~ 30 日，黄河上游刘家峡至兰州（简称刘兰）区间局部地区降中到大雨，个别站暴雨。29 日，刘兰区间隆治沟古鄯站日雨量 75 mm，兰州至托克托区间部分地区降中到大雨，局部暴雨，银川出现 60 a 来最强降雨。银川市贺兰县的小口子气象站日雨量 182 mm，银川气象站日雨量 117 mm，贺兰气象站日雨量 106 mm，苏峪口气象站日雨量 89 mm，水宁气象站日雨量 79 mm。

(7)8 月 4 ~ 6 日，山陕区间、泾渭河、汾河局部降小到中雨，泾渭河、伊洛河个别站暴雨；三花间大部降小到中雨，局部大到暴雨；黄河下游部分地区降中到大雨，局部暴雨。其中 8 月 5 日伊洛河七泉站日雨量 107.8 mm，茅沟站 92.4 mm。

(8)8 月 12 ~ 13 日，泾渭河局部、三花间部分地区降中到大雨，局部暴雨到大暴雨。其中 8 月 12 日泾渭河林家村站日雨量 110.2 mm，沁河西冶站日雨量 119.2 mm，三小区间曹村站日雨量 112.6 mm。

(9)8 月 15 ~ 19 日，山陕区间、泾渭河、汾河部分地区降小到中雨，局部大到暴雨，龙三干流、沁河局部小到中雨，个别站大到暴雨。其中，泾渭河孟家阳坡站 15 日降雨量 75.2 mm；山陕区间南部鄂河乡宁站 16 日降雨量 84.6 mm，芝河坡头站为 69 mm。

(10)8 月 31 日 ~ 9 月 2 日，黄河山陕区间、泾渭洛河大部分地区普降中到大雨，个别站暴雨，降雨持续时间较长，泾渭河降雨主要集中于渭河南岸支流。其中泾渭河黑峪口站 8 月 31 日降雨量 66.6 mm，桃川站 8 月 31 日 ~ 9 月 2 日 3 d 连续降雨量 100.6 mm。

二、沙量仍然偏少

(一)黄河干流各站水量普遍较多年平均偏多

2012 年干流主要控制站唐乃亥、头道拐、龙门、潼关、花园口和利津站年水量分别为 289.66 亿、285.01 亿、291.10 亿、359.06 亿、401.79 亿 m^3 和 299.49 亿 m^3(表 1-2),与多年平均相比,高村以上不同程度偏多,各站偏多程度为从上至下逐渐减少,从唐乃亥的 42% 减少到高村的 3%(图 1-2(a)),高村以下与多年基本持平。干流水量偏多主要发生在兰州以上,刘家峡出库站小川至兰州区间全年加水 47.3 亿 m^3,较多年偏多 8%。

表 1-2 2012 年黄河流域主要控制站水沙量统计

项目	运用年		汛期		汛期/年(%)	
	水量(亿 m^3)	沙量(亿 t)	水量(亿 m^3)	沙量(亿 t)	水量	沙量
唐乃亥	289.66	0.175	181.54	0.153	62.7	87
小川	329.46	0.088	169.83	0.079	51.5	90
兰州	376.76	0.371	204.89	0.337	54.4	91
头道拐	285.01	0.760	172.11	0.500	60.4	66
吴堡	303.41	1.756	189.26	1.707	62.4	97
龙门	291.10	1.845	181.79	1.747	62.4	95
四站	368.58	2.270	220.74	2.144	59.9	94
潼关	359.06	2.085	213.96	1.790	59.6	86
三门峡	358.24	3.327	211.99	3.325	59.2	99.9
小浪底	384.21	1.295	151.83	1.295	39.5	100
进入下游	415.19	1.295	160.29	1.295	38.6	100
花园口	401.79	1.382	155.79	1.154	38.8	83.5
夹河滩	388.76	1.599	155.45	1.070	40.0	66.9
高村	377.18	1.844	155.60	1.263	41.3	68.5
孙口	356.57	1.947	154.26	1.289	43.3	66.2
艾山	351.29	2.126	159.46	1.381	45.4	65.0
泺口	329.52	1.918	157.63	1.339	47.8	69.8
利津	299.49	1.884	154.22	1.421	51.5	75.4
华县	66.08	0.407	32.25	0.382	48.8	93.9
河津	7.30	0.000	3.96	0.000	54.2	
洑头	4.10	0.014	2.74	0.014	66.8	100
黑石关	24.13	0.000	5.72	0.000	23.7	
武陟	6.85	0.000	2.75	0.000	40.1	

注:四站为龙门+华县+河津+洑头,进入下游为小浪底+黑石关+武陟。

对于汛期水量，在三门峡以上不同程度偏多，且偏多程度也是沿程减少，如从唐乃亥的48%减少到三门峡的9%。小浪底—利津汛期水量较多年偏少。对于非汛期水量，头道拐以上偏多10% ~33%，黄河下游偏多20% ~44%（图1-2(b)）。

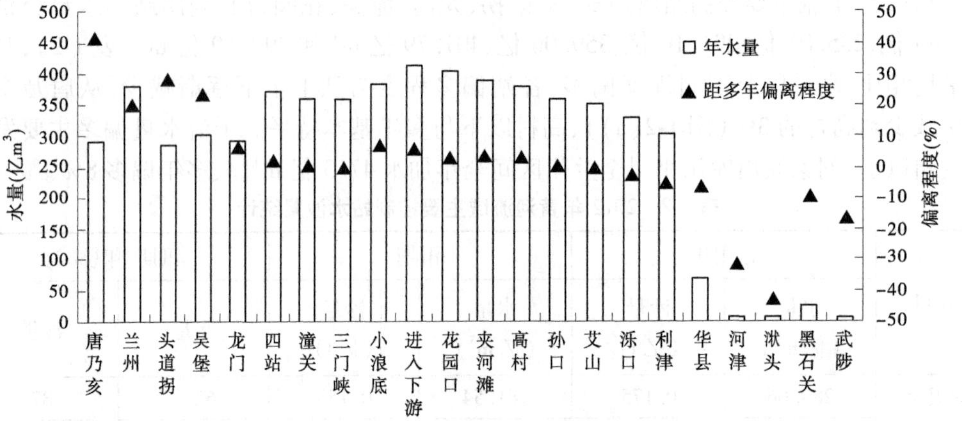

(a)2012年干支流主要水文站年实测水量

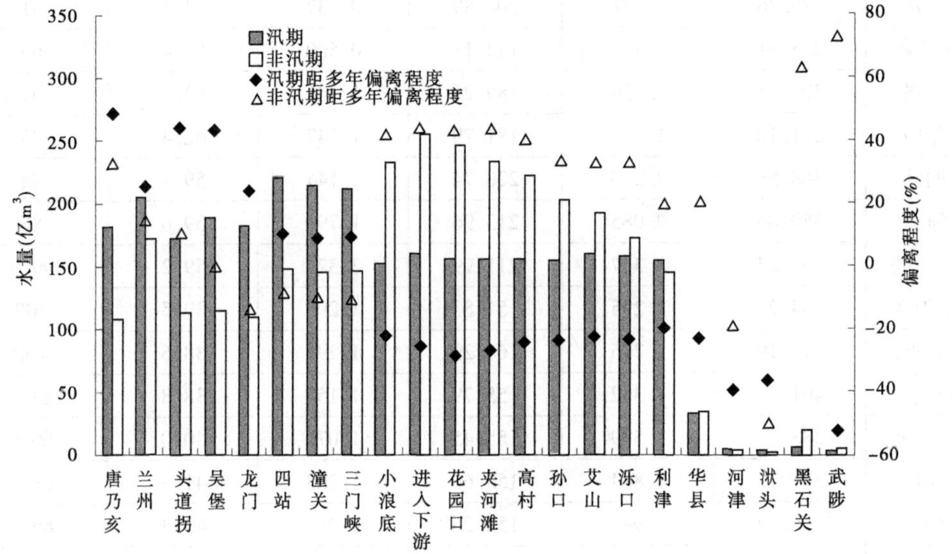

(b)2012年干支流主要水文站汛期和非汛期实测水量

图1-2 2012年干支流主要水文站实测水量

主要支流控制站华县（渭河）、河津（汾河）、洑头（北洛河）、黑石关（伊洛河）、武陟（沁河）全年来水量分别为66.08亿、7.30亿、4.10亿、24.13亿、6.85亿m^3，与多年平均相比，分别偏少7%、32%、42%、10%、16%（图1-2(a)）。汛期5条支流与多年同期相比均偏少，偏少程度大于全年；但非汛期支流华县、黑石关和武陟与多年同期相比分别偏多20%、63%、73%。

干流水文站汛期水量占全年比例潼关以上除小川为51%，兰州为54%，三门峡以下比例在40% ~50%外，其余在60%以上；支流华县、河津、黑石关和武陟汛期水量占全年比例不足60%，特别是黑石关仅24%。

（二）沙量显著偏少

干流主要控制站头道拐、龙门、潼关、花园口和利津站年沙量分别为 0.760 亿、1.845 亿、2.085 亿、1.382 亿 t 和 1.884 亿 t(表 1-2)，较多年平均值分别偏少 31%、77%、82%、86% 和 76%(图 1-3(a))。汛期实测沙量偏少程度与全年的基本相同(图 1-3(b))。

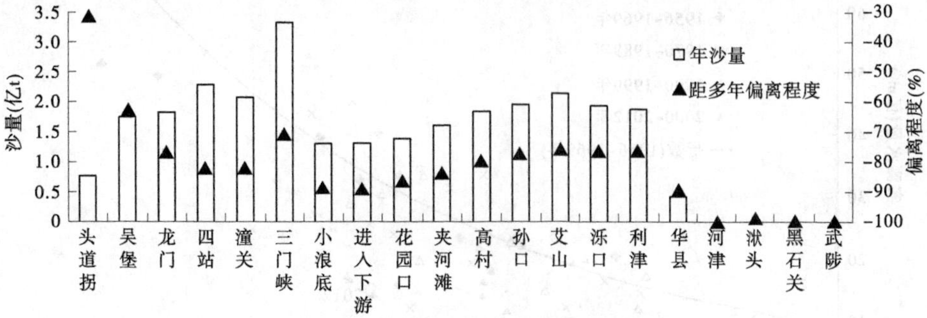

(a)2012 年干支流主要水文站年实测沙量

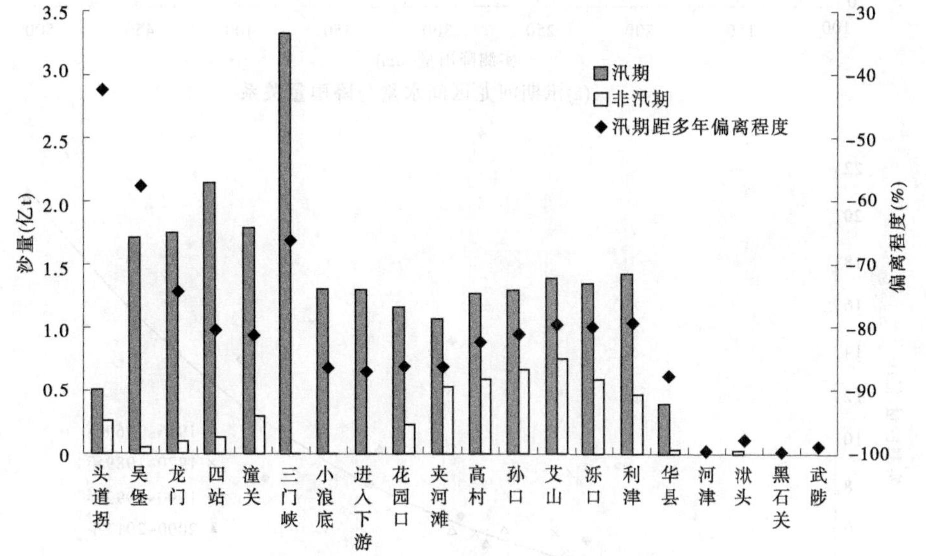

(b)2012年干支流主要水文站汛期和非汛期实测沙量

图 1-3　2012 年干支流主要水文站实测沙量

主要支流控制站华县(渭河)和洑头(北洛河)年沙量分别为 0.407 亿 t 和 0.014 亿 t，较多年平均值分别偏少 89% 和 98%。

（三）河口镇—龙门区间降雨量偏多，水沙量偏少

河口镇—龙门区间汛期降雨量 330.9 mm，来水量 14.20 亿 m^3，来沙量 1.548 亿 t，与多年平均相比，降雨偏多 12.6%，来水量偏少 50%，来沙量偏少 75%。其中前汛期(指 7～8 月，下同)降雨量 239.3 mm，来水量 10.13 亿 m^3，来沙量 1.374 亿 t，与多年平均相比，降雨量偏多 4%，来水量偏少 43%，来沙量偏少 74%。降雨量与实测水量以及实测水沙关系与上年相比，变化不大(图 1-4)。

由图 1-4 知，2000 年以来与多年系列相比，在汛期相同实测水量下的实测沙量明显减

少;相同降雨量下的实测水量亦明显减少。

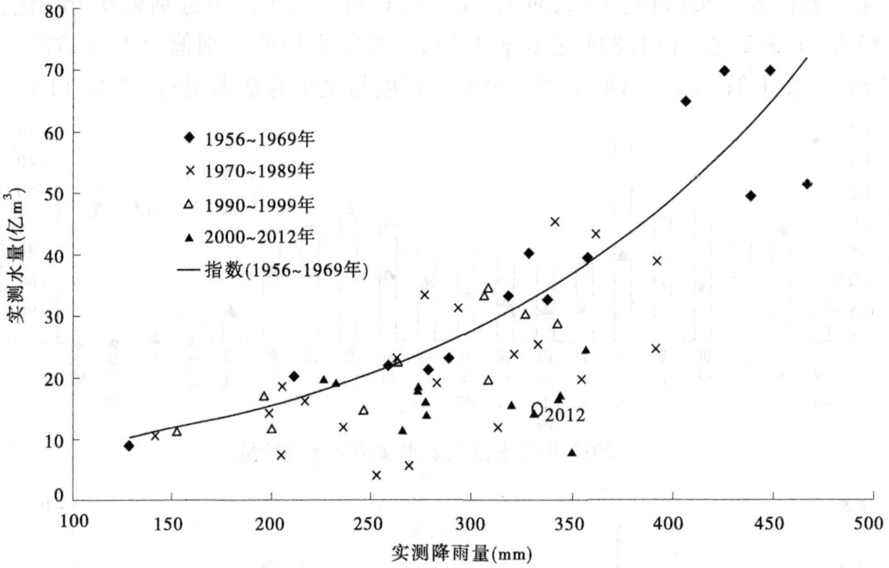

(a)汛期河龙区间水量与降雨量关系

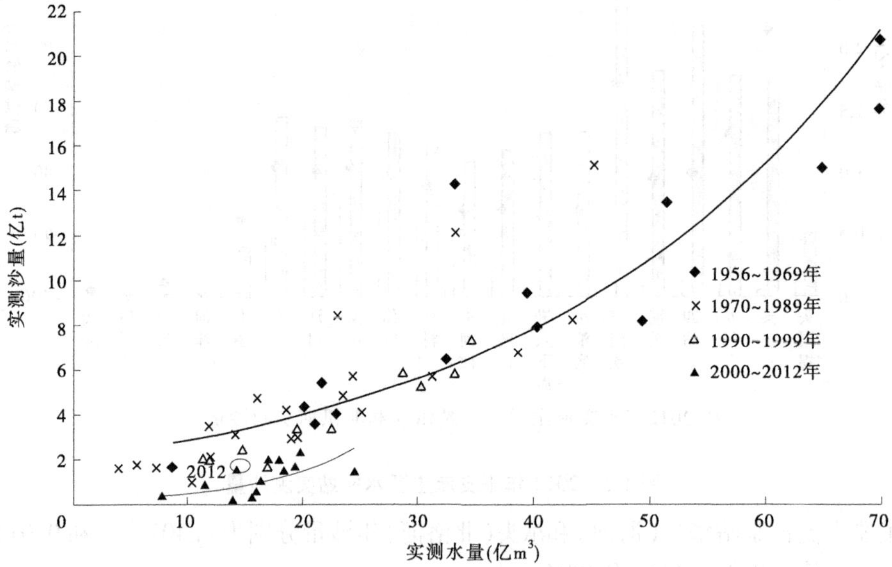

(b)汛期河龙区间水量与沙量关系

图1-4　汛期河龙区间水量与降雨量、沙量关系

(四)大流量级洪水仍然较少

2012年全年龙门以上干流各站未发生4 000 m^3/s以上日流量过程,潼关和下游花园口分别在秋汛洪水期间和小浪底水库汛前调水调沙期出现大于4 000 m^3/s流量的过程,其历时分别为4 d和7 d(表1-3)。唐乃亥、兰州、头道拐、龙门、潼关、花园口和利津小于

1 000 m^3/s 日流量级历时占全年的比例分别为 73%、43%、74%、67%、61%、32% 和 84%，与上年的 78%、53%、94%、93%、84%、83% 和 87% 相比，明显减小；而 7 站大于 3 000 m^3/s 日流量级历时分别为 7、9、1、2、19、16 d 和 8 d，与上年的 0、0、0、0、9、14 d 和 4 d 相比，明显增加。

表 1-3　2012 年干流主要站各流量级出现情况

时段	流量级 (m^3/s)	各流量级出现天数(d)						
		唐乃亥	兰州	头道拐	龙门	潼关	花园口	利津
全年	<1 000	266	157	272	245	222	116	240
	1 000 ~ 2 000	45	162	52	72	88	210	91
	2 000 ~ 3 000	47	38	41	47	37	24	27
	3 000 ~ 4 000	7	9	1	2	15	9	8
	≥4 000	0	0	0	0	4	7	0
汛期	<1 000	46	0	39	24	13	34	46
	1 000 ~ 2 000	22	76	42	50	55	60	48
	2 000 ~ 3 000	47	38	41	47	36	22	22
	3 000 ~ 4 000	7	9	1	2	15	6	7
	≥4 000	0	0	0	0	4	1	0

汛期潼关和花园口大于 3 000 m^3/s 流量级历时分别为 19 d 和 7 d，上年同期仅分别为 9 d 和 5 d。

三、汛期出现 4 次编号洪水

2012 年潼关和花园口最大流量分别为 5 350 m^3/s(9 月 3 日）和 4 320 m^3/s(6 月 25 日)，唐乃亥、兰州、头道拐、吴堡和龙门全年最大洪峰流量分别为 3 440 m^3/s(7 月 25 日)、3 670 m^3/s(7 月 30 日)、3 030 m^3/s(9 月 7 日)、10 600 m^3/s(7 月 27 日)和 7 540 m^3/s(7 月 28 日)，分别为 1989 年、1986 年、1998 年、1989 年和 1996 年以来最大洪峰(图 1-5)。山陕区间部分支流也出现近期最大洪峰流量，如窟野河新庙洪峰流量 2 110 m^3/s，为 1996 年以来最大；秃尾河高家川洪峰流量 1 020 m^3/s，为 1998 年以来最大；清凉寺沟杨家坡洪峰流量 1 020 m^3/s，为 1961 年以来最大；佳芦河申家湾洪峰流量 2 010 m^3/s，为 1971 年以来最大。

2012 年黄河流域出现编号洪峰 4 次，分别为龙门站 7 月 28 日 7 时 24 分洪峰流量 7 540 m^3/s(第 1 号洪峰)、龙门站 7 月 29 日 0 时 30 分洪峰流量 5 950 m^3/s(第 2 号洪峰)、兰州站 7 月 30 日 10 时 20 分洪峰流量 3 670 m^3/s(第 3 号洪峰)、潼关站 9 月 3 日 20 时洪峰流量 5 350 m^3/s(第 4 号洪峰)。

(一)上游洪水

2012 年入汛以来黄河上游降水偏多，上游各省(区)接连出现暴雨、大暴雨，黄河上游

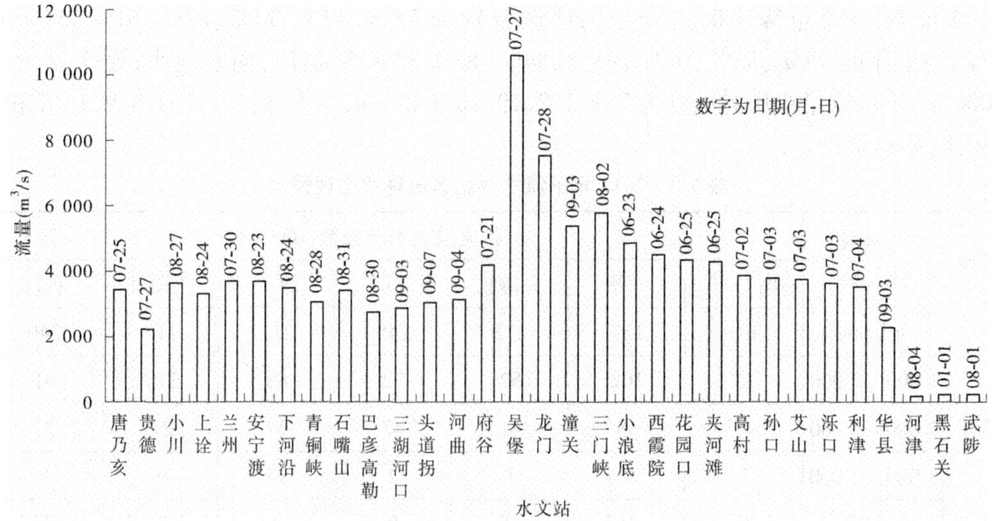

图 1-5　2012 年各站最大流量

发生 1981 年以来持续时间最长、洪峰流量最大的洪水，唐乃亥站最大洪峰流量 3 440 m^3/s(表 1-4)，为 1989 年以来最大洪水，日均流量大于 2 000 m^3/s 历时 54 d。受上游来水、刘家峡水库调控、大通河享堂站以上梯级水库调度及区间持续降雨共同影响，兰州站 7 月 30 日 10 时 30 分出现洪峰流量 3 670 m^3/s，为 1986 年以来最大洪水；安宁渡最大洪峰3 670 m^3/s，为 1984 年以来最大洪水；下河沿、青铜峡、石嘴山、巴彦高勒、三湖河口和头道拐最大洪峰流量分别为 3 470、3 050、3 390、2 710、2 840 m^3/s 和 3 030 m^3/s，均为 1989 年以来最大洪水。

表 1-4　2012 年黄河上游干流洪峰特征值

水文站	最大流量(m^3/s)	相应水位(m)	出现时间(月-日 T 时:分)
唐乃亥	3 440	2 519. 02	07-25 T 02:24
兰州	3 670	1 515. 40	07-30 T 10:30
安宁渡	2 960	1 393. 77	07-30 T 20:54
	3 670	1 394. 12	08-23 T 18:42
下河沿	2 870	1 232. 78	07-31 T 17:00
	3 470	1 233. 63	08-24 T 13:40
青铜峡	2 110	1 136. 79	08-01 T 13:12
	3 050	1 137. 55	08-27 T 19:36

续表 1-4

水文站	最大流量(m^3/s)	相应水位(m)	出现时间(月-日 T 时:分)
石嘴山	2 650	1 089.27	08-02 T 08:00
	3 390	1 090.06	08-31 T 19:00
巴彦高勒	2 390	1 051.73	08-03 T 02:17
	2 710	1 052.21	08-30 T 02:00
三湖河口	2 280	1 020.62	08-03 T 23:00
	2 840	1 020.58	09-03 T 08:00
头道拐	3 030	989.65	09-07 T 20:00

兰州日均流量大于2 000 m^3/s 的历时47 d,较1981年的66 d少19 d,巴彦高勒和三湖河口最高水位分别为1 052.21 m(8月30日2时)和1 020.62 m(8月3日23时),均为汛期历史最高水位。洪水演进过程中洪峰传播慢,宁蒙河道局部漫滩,头道拐以上两个洪峰合成一个(图1-6),宁蒙沿黄两岸多处堤防、控导工程和涉河建筑物发生险情,部分工程受损严重。

(二)中游洪水

1. 干流洪水

2012年龙门出现洪峰大于3 000 m^3/s 的洪水有5场(图1-7),洪峰流量分别为3 420、7 540、3 360、5 950 m^3/s 和3 290 m^3/s,其中有2场为黄河干流编号洪水,即黄河干流2012年第1号洪峰和黄河干流2012年第2号洪峰,第1号洪峰流量为7 540 m^3/s,为1996年以来最大洪水;第2号洪峰流量为5 950 m^3/s,为2003年以来最大洪水。潼关洪峰大于4 000 m^3/s 的洪水有4场(图1-7),洪峰流量分别为4 260、5 350、4 170 m^3/s 和4 270 m^3/s,其中洪峰流量5 350 m^3/s 为黄河干流编号第4号洪峰。

2012年黄河干流出现的4次编号洪水有其不同的特点。

1)第1号洪峰

7月26~27日暴雨造成黄河中游府谷—吴堡区间各支流普遍涨水,部分支流出现近40~50年以来最大洪水,干支流洪水演进至龙门,形成黄河干流2012年第1号洪峰,龙门站28日7时24分洪峰流量7 540 m^3/s(表1-5)。

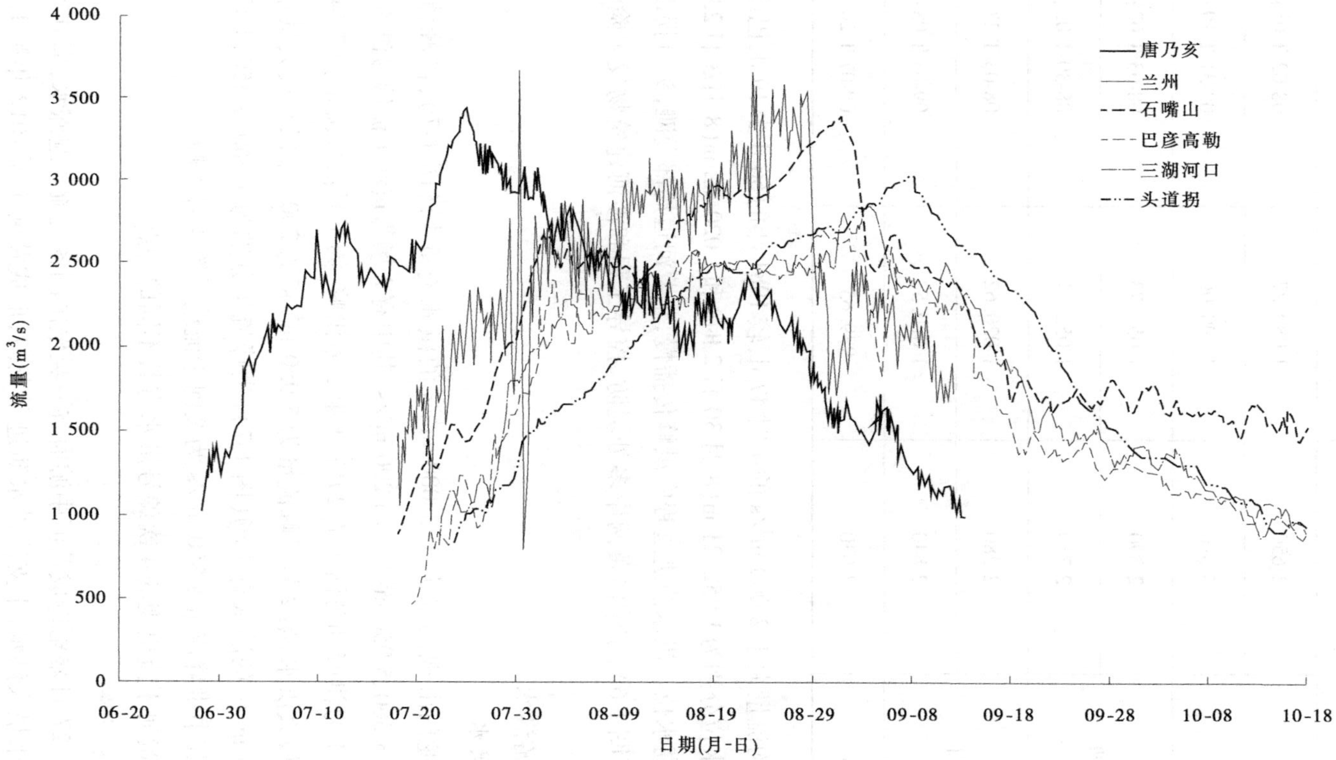

图 1-6　2012 年汛期黄河上游洪峰演进过程

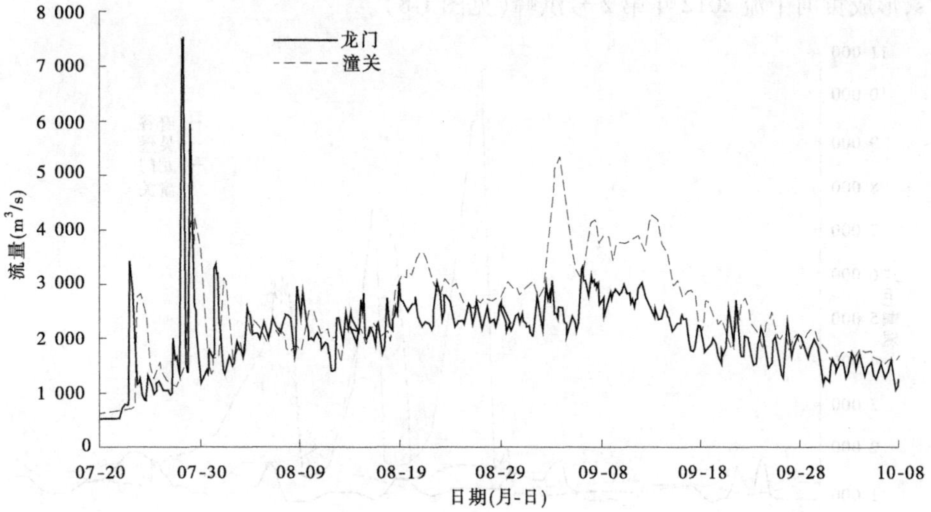

图 1-7　黄河中游洪水

表 1-5　黄河干流 1 号洪峰特征值

河流	水文站	洪峰流量 (m^3/s)	峰现时间 (月-日 T 时:分)	最大含沙量 (kg/m^3)	出现时间 (月-日 T 时:分)	备注
皇甫川	皇甫	1 840	07-25 T 11:42	341	07-25 T 11:18	
黄河	府谷	1 190	07-26 T 04:00	13.9	07-25 T 20:00	
秃尾河	高家川	765	07-27 T 07:54	172	07-27 T 06:06	2006 年以来最大
佳芦河	申家湾	1 680	07-27 T 09:00	784	07-27 T 09:42	1971 年以来最大
清凉寺沟	杨家坡	1 020	07-27 T 09:42	448	07-27 T 09:42	1961 年以来最大
湫水河	林家坪	1 400	07-27 T 12:36	507	07-27 T 12:48	
黄河	吴堡	10 600	07-27 T 12:48	275	07-27 T 19:30	1989 年以来最大
黄河	龙门	7 540	07-28 T 07:24	184	07-29 T 00:00	1996 年以来最大
黄河	潼关	3 960	07-29 T 04:27	88.4	07-29 T 17:36	
黄河	三门峡	4 240	07-29 T 23:00	105	07-30 T 14:00	

本次洪水主要来源于府谷—吴堡区间的支流,洪峰流量大,未控区加水多。根据传播时间计算,府谷—吴堡区间增加流量 6 400 m^3/s,其中佳县以上 2 100 m^3/s,佳县以下 4 300 m^3/s。洪水暴涨陡落,峰高量小,吴堡从涨水到洪峰仅 2.1 h,流量从 1 560 m^3/s 到 10 600 m^3/s,涨峰率达到 4 304(m^3/s)/h,洪水历时 16.3 h,水量 2.9 亿 m^3;吴堡—龙门区间支流没有加水,龙门从涨峰到洪峰 6 h,流量从 1 340 m^3/s 到 7 540 m^3/s(图 1-8),涨峰率 1 033 (m^3/s)/h,洪水历时 17 h,水量 2.7 亿 m^3;吴堡—龙门传播时间较长,本次洪水为 18.6 h,较历史洪水平均值 13 ~ 15 h 明显偏大;小北干流没有漫滩,龙门—潼关河段削峰率 47%,与 2003 年类似洪水洪峰率 70% 相比,明显减小。

2) 第 2 号洪峰

受上游来水及 7 月 27 ~ 28 日降雨共同影响,龙门站 29 日 0 时 30 分洪峰流量 5 950

m^3/s，形成黄河干流2012年第2号洪峰（见图1-8）。

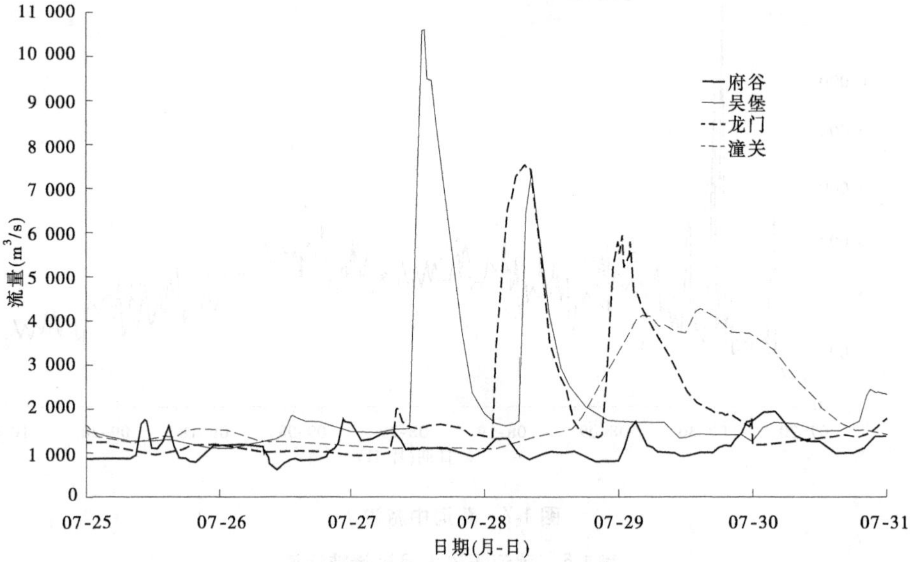

图1-8 2012年黄河1号和2号洪峰干流流量过程线

本次洪水以府谷—吴堡区间支流来水为主，未控区加水多（表1-6）。按传播时间计算，区间增加流量约为4 500 m^3/s。洪水暴涨陡落，峰高量小，吴堡从涨水到洪峰仅2.2 h，流量从1 850 m^3/s到7 400 m^3/s（图1-8），涨峰率达到2 522（m^3/s）/h，洪水历时16.3 h，水量1.99亿m^3；龙门从涨水到洪峰历时3.6 h，流量从1 980 m^3/s到5 950 m^3/s，涨峰率1 103（m^3/s）/h，洪水历时共计21.9 h，水量2.73亿m^3；小北干流没有漫滩，龙门—潼关河段削峰率28%，与黄河1号洪峰相比，明显减小。

表1-6 黄河干流2号洪峰特征值

河流	水文站	洪峰流量(m^3/s)	峰现时间(月-日 T 时:分)	最大含沙量(kg/m^3)	出现时间(月-日 T 时:分)	备注
秃尾河	高家川	1 020	07-28 T 01:54	230	07-28 T 02:00	1998年以来最大
佳芦河	申家湾	2 010	07-28 T 02:00	269	07-28 T 14:00	1971年以来最大
湫水河	林家坪	214	07-28 T 09:12	252	07-28 T 09:18	
黄河	吴堡	7 400	07-28 T 08:30	228	07-28 T 10:30	2003年以来最大
无定河	白家川	882	07-28 T 16:24	172	07-28 T 16:24	
黄河	龙门	5 950	07-29 T 00:30	184	07-29 T 00:00	2003年以来最大
	潼关	4 260	07-29 T 14:11	88.4	07-29 T 17:36	
	三门峡	4 240	07-29 T 23:00	105	07-30 T 14:00	

3）第4号洪峰

受8月31日~9月2日连续降水影响，渭河于9月1~3日发生了一次较大的洪水过程,该洪水与黄河干流洪水汇合,潼关站 9 月 3 日 20 时洪峰流量 5 350 m^3/s,形成黄河干流 2012 年第 4 号洪峰(图 1-9)。

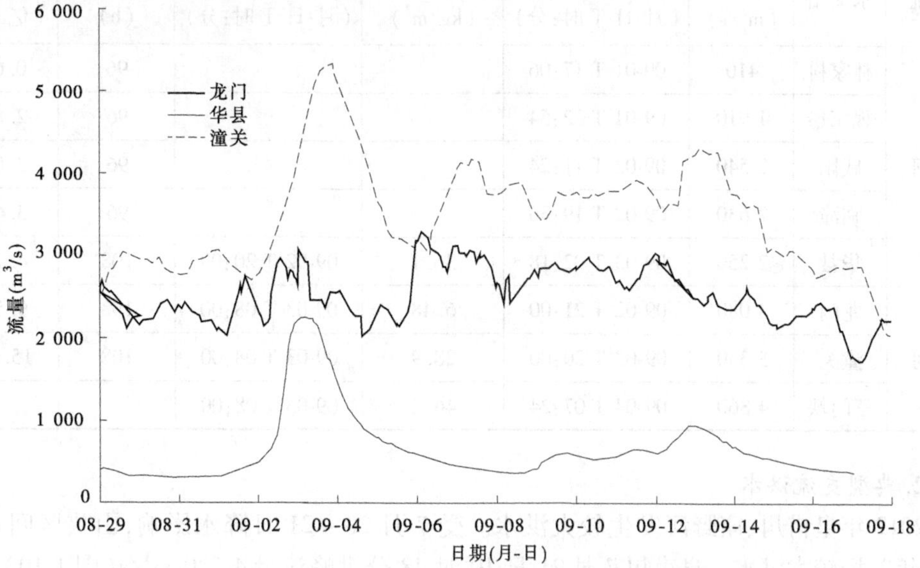

图 1-9　2012 年黄河 4 号洪峰主要站流量过程线

渭河林家村 9 月 1 日 17 时 6 分洪峰流量 410 m^3/s;清姜河益门镇 1 日 12 时 12 分洪峰流量 218 m^3/s;石头河鹦鸽站 1 日 19 时 42 分洪峰流量 834 m^3/s,经过石头河水库调蓄后,1 日 17 时最大出库流量 517 m^3/s;千河千阳站 1 日 20 时 30 分洪峰流量 212 m^3/s。以上洪水加上区间来水,形成渭河魏家堡站 9 月 1 日 22 时 54 分洪峰流量 1 910 m^3/s,魏家堡—咸阳区间南山支流黑河黑峪口站 9 月 1 日 19 时 45 分洪峰流量 290 m^3/s、涝河涝峪口站 9 月 1 日 18 时 54 分洪峰流量 178 m^3/s,魏家堡以上洪水加上区间南山支流来水,渭河咸阳站 9 月 2 日 11 时 24 分洪峰流量 2 540 m^3/s。咸阳—临潼区间南山支流沣河秦渡镇站 9 月 2 日 0 时洪峰流量 302 m^3/s、灞河马渡王站 9 月 2 日 3 时 32 分洪峰流量 553 m^3/s,干支流洪水汇合,渭河临潼站 9 月 2 日 19 时 36 分洪峰流量 2 630 m^3/s,华县站 9 月 3 日 2 时 18 分洪峰流量 2 250 m^3/s。

同时黄河北干流流量维持在 3 000 m^3/s 左右,其中吴堡站 9 月 2 日 0 时 18 分最大流量 3 420 m^3/s。渭河洪水与黄河干流来水汇合,形成黄河干流 2012 年第 4 号洪峰,潼关站 9 月 3 日 20 时洪峰流量 5 350 m^3/s(表 1-7),最大含沙量 28.9 kg/m^3。三门峡水库敞泄运用,4 日 7 时 24 分洪峰流量 4 860 m^3/s,3 日 8 时最大含沙量 46.2 kg/m^3,根据洪水情况,小浪底和西霞院水库联合调度,出库流量在 1 200 m^3/s 左右。

本次洪水干流来水基流大,潼关 15.15 亿 m^3 洪量中龙门占 63%,头道拐流量在 2 700 m^3/s 以上,经过万家寨水库调蓄,吴堡洪峰流量 3 420 m^3/s(2 日 0 时 18 分)。渭河来水集中,林家村—魏家堡区间面积 6 345 km^2,占魏家堡站以上面积的 17%,但区间来水量 2.2 亿 m^3,占魏家堡站洪量的 77%。

表 1-7 黄河干流 4 号洪峰特征值

河流	水文站	洪峰流量 (m^3/s)	峰现时间 (月-日 T 时:分)	最大含沙量 (kg/m^3)	出现时间 (月-日 T 时:分)	洪水历时 (h)	洪量 (亿 m^3)
渭河	林家村	410	09-01 T 17:06			96	0.65
	魏家堡	1 910	09-01 T 22:54			96	2.85
	咸阳	2 540	09-02 T 11:24			96	3.05
	临潼	2 630	09-02 T 19:36			96	3.65
	华县	2 250	09-03 T 02:18	36.1	09-02 T 20:00	108	4.10
黄河	龙门	3 080	09-02 T 21:00	6.48	09-03 T 08:00	108	9.55
	潼关	5 350	09-03 T 20:00	28.9	09-03 T 08:00	108	15.15
	三门峡	4 860	09-04 T 07:24	46.2	09-03 T 08:00		

2. 典型支流洪水

2012 年皇甫川、窟野河发生较大洪水。受 7 月 20～21 日降水影响,山陕区间发生 2012 年首场较大洪水。皇甫川 7 月 21 日 10 时 48 分洪峰流量 4 720 m^3/s(图 1-10),21 日 11 时 18 分最大含沙量 777 kg/m^3。府谷—吴堡区间支流孤山川高石崖站 21 日 15 时洪峰流量 805 m^3/s,15 时 12 分最大含沙量 219 kg/m^3。窟野河新庙站 21 日 9 时 24 分洪峰流量 2 110 m^3/s,为 1996 年以来最大洪水,相应含沙量 98.4 kg/m^3;王道恒塔站 21 时 35 分洪峰流量 670 m^3/s,神木站 16 时 35 分洪峰流量 1 750 m^3/s,温家川站 18 时 48 分洪峰流量 2 050 m^3/s。干支流洪水汇合后,吴堡站 22 日 8 时 36 分洪峰流量 4 440 m^3/s。吴龙区间支流没有明显的洪水过程,龙门站 23 日 2 时 18 分洪峰流量 3 420 m^3/s,25 日 8 时最大含沙量 65.1 kg/m^3(表 1-8)。

表 1-8 皇甫川和窟野河洪水特征值

河流	水文站	洪峰流量 (m^3/s)	峰现时间 (月-日 T 时:分)	最大含沙量 (kg/m^3)	出现时间 (月-日 T 时:分)
皇甫川	皇甫川	4 720	07-21 T 10:48	777	07-21 T 11:18
黄河	府谷	4 160	07-21 T 12:39	126	07-21 T 14:54
孤山川	高石崖	805	07-21 T 15:00	219	07-21 T 15:12
朱家川	桥头	233	07-21 T 17:54	78	07-21 T 15:24
窟野河	温家川	2 050	07-21 T 18:48	127	07-21 T 19:00
黄河	吴堡	4 440	07-22 T 08:36	75.2	07-22 T 07:48
黄河	龙门	3 420	07-23 T 02:18	65.1	07-25 T 08:00
渭河	华县	671	07-23 T 23:00	340	07-24 T 10:00
黄河	潼关	2 840	07-24 T 01:18	74.5	07-25 T 14:00
黄河	三门峡	3 390	07-24 T 06:36	195	07-24 T 10:00

本次洪水主要来源于府谷以上支流，峰型尖廋(图1-10)，洪水历时短，洪水总量小，传播时间比较长。龙门洪水历时2 d，洪量仅2.69亿m^3；府谷—吴堡传播时间20 h(正常平均12 h)，吴堡—龙门传播时间17.7 h(正常平均14 h)，

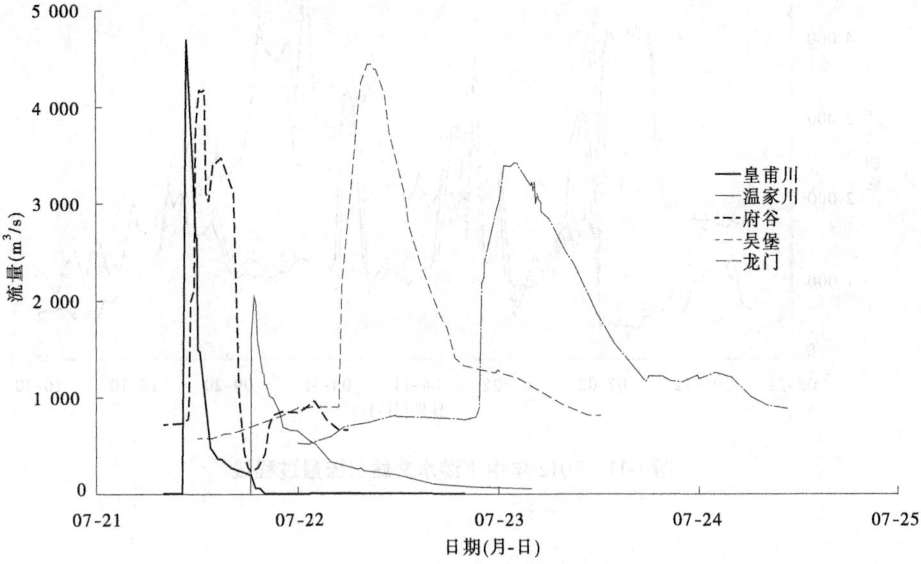

图1-10　2012年典型站洪水过程

(三)三门峡以下洪水

1.三花区间洪水

受7月7~9日暴雨影响，三小区间畛水河石寺站7月9日4时36分洪峰流量386 m^3/s，为建站以来第二大洪水；小花干流漭河赵李庄站7月9日5时25分洪峰流量268 m^3/s。

受8月12~13日降水影响，伊河东湾站8月13日14时10分洪峰流量555 m^3/s，沁河武陟站8月15日8时洪峰流量93.2 m^3/s。

2.大汶河洪水

受降雨影响，大汶河南支楼德站7月10日12时洪峰流量410 m^3/s，北支北望站10日14时30分洪峰流量420 m^3/s；大汶河干流临汶站10日20时48分洪峰流量1 230 m^3/s，戴村坝站7月11日12时洪峰流量1 170 m^3/s。

3.花园口洪水

2012年进入黄河下游(花园口断面)洪峰流量大于2 000 m^3/s的洪水共4场，均为小浪底水库调节出库形成的洪水(见图1-11)。

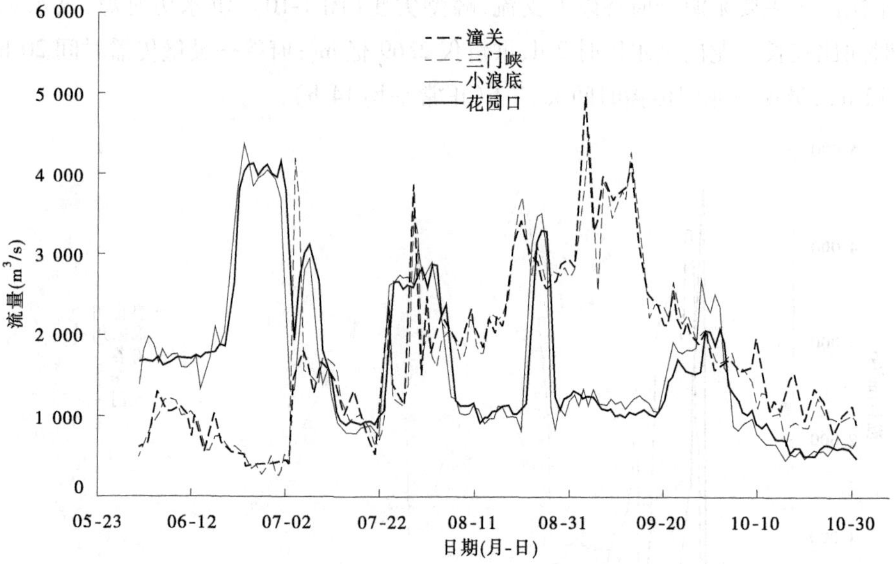

图 1-11　2012 年中下游水文站日流量过程线

第二章 主要水库调蓄对水沙的影响

截至2012年11月1日，黄河流域8座主要水库蓄水总量363.95亿m^3(表2-1)，其中龙羊峡水库、刘家峡水库和小浪底水库蓄水量分别为233.00亿、24.40亿m^3和85.10亿m^3，占蓄水总量的64%、7%和23%。与2011年同期相比，蓄水总量增加35.97亿m^3，主要是龙羊峡水库增加31.00亿m^3。

黄河流域8座主要水库非汛期向下游补水总量为92.76亿m^3，其中龙羊峡、刘家峡和小浪底水库分别为24.00亿、1.3亿m^3和63.52亿m^3，占补水总量的25.9%、1.4%和68.5%。与2011年同期相比，补水总量增加4.71亿m^3，其中小浪底补水量增加最多，达到31.82亿m^3。汛期蓄水量增加128.73亿m^3，其中龙羊峡和小浪底分别占42.7%和58.4%。

表2-1 2012年主要水库蓄水情况

水库名称	2012年11月1日蓄水量(亿m^3)	非汛期蓄水变量(亿m^3)	汛期蓄水变量(亿m^3)	年蓄水变量(亿m^3)	前汛期蓄水变量(亿m^3)	后汛期蓄水变量(亿m^3)
龙羊峡	233.00	-24.00	55.00	31.00	50.00	5.00
刘家峡	24.40	-1.30	-3.00	-4.30	3.00	-6.00
万家寨	3.35	1.97	-0.28	1.69	-2.46	2.18
三门峡	3.99	-0.08	-0.39	-0.47	-3.95	3.56
小浪底	85.10	-63.52	75.22	11.70	20.82	54.40
东平湖老湖	3.21	-1.61	-0.43	-2.04	-0.66	0.23
陆浑	5.16	-2.39	1.29	-1.10	1.57	-0.28
故县	5.74	-1.83	1.32	-0.51	0.03	1.29
合计	363.95	-92.76	128.73	35.97	68.35	60.38

注："-"为水库补水。

一、龙羊峡水库运用及对洪水的调节作用

龙羊峡水库是多年调节水库，截至2012年11月1日库水位2 596.24 m，相应蓄水量233.00亿m^3，较上年同期水位升高8.64 m，蓄水量增加31.00亿m^3。全年最低水位2 579.02 m，最高水位2 596.29 m(图2-1)，较上年最低水位(2 567.71 m)和最高水位(2 587.6 m)分别高出11.31 m和8.69 m。7月24日~9月30日长达69 d超过汛限水位，其中前汛期超过39 d，最高水位2 594.83 m(8月31日)，超过汛限水位6.83 m；9月超过30 d，最高水位2 595.66 m(9月18日)，为历史同期最高，超过汛限水位1.66 m。

全年运用分三个阶段,2011 年 11 月 1 日 ~2012 年 3 月 31 日,主要为防凌、发电、灌溉运用,库水位由 2 596.24 m 下降到 2 579.9 m,水库补水 25.89 亿 m^3;3 月 31 日 ~6 月 30 日,库水位变化不大;7 月 1 日 ~11 月 1 日,为防洪蓄水运用,库水位由 2 580.63 m 上升到 2 596.24 m,水库蓄水量增加 54.74 亿 m^3。

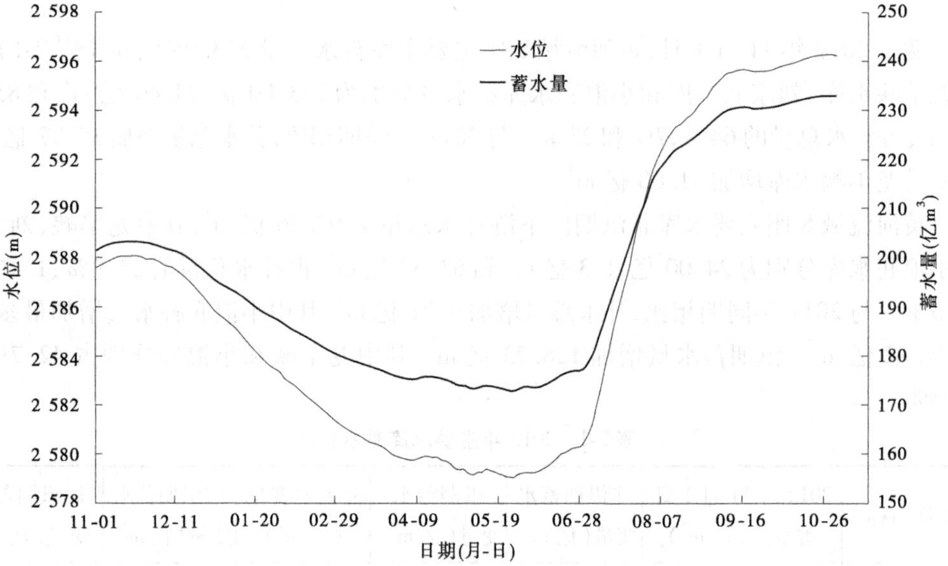

图 2-1　龙羊峡水库运用情况

龙羊峡水库入库站唐乃亥年最大洪峰 3 440 m^3/s(7 月 25 日),入库最大日流量3 350 m^3/s,经过水库调节,相应出库站贵德日流量 1 380 m^3/s,削峰率 59%(图 2-2),出库最大日流量 1 800 m^3/s(7 月 27 日);洪水历时 80 d,入库洪量 150.04 亿 m^3,相应出库水量 80.93 亿 m^3,削洪率 46.7%。

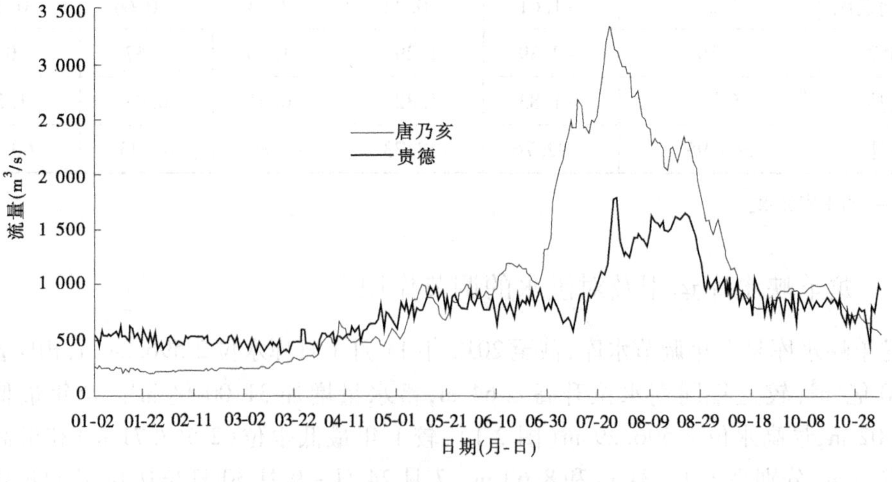

图 2-2　龙羊峡水库进出库日流量调节过程

二、刘家峡水库运用及对水量的调节作用

刘家峡水库是不完全年调节水库，截至2012年11月1日库水位1 271.41 m，相应蓄水量24.40亿m^3，较上年同期水位下降4.15 m，蓄水量减少4.30亿m^3。全年最低水位1 719.61 m，最高水位1 734.65 m（图2-3），较上年最低水位（1 720.07 m）和最高水位（1 734.77 m）分别低0.46 m和0.12 m。7月30日～8月29日长达31 d超过汛限水位（2012年预案值），最高水位1 729.19 m（8月22日），超过汛限水位2.19 m。

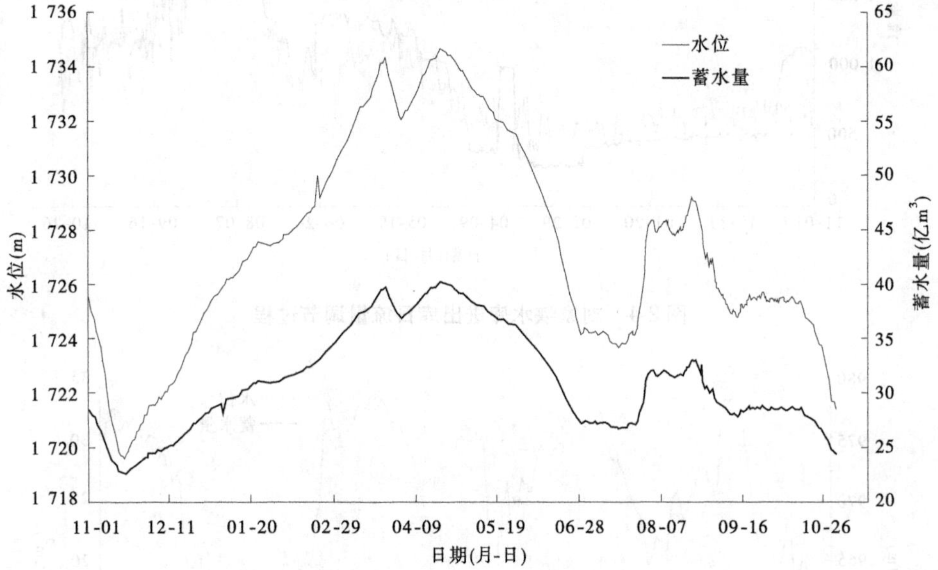

图2-3　刘家峡水库运用情况

刘家峡水库出库过程主要根据防凌、防洪、灌溉和发电需要控制。2011年11月20日～2012年1月31日为防凌封河运用，出库流量在500 m^3/s左右；2012年2月22日～3月18日为防凌开河运用，出库流量在300 m^3/s左右；3月26日～4月1日为了下游灌溉，出库流量在1 000 m^3/s左右；汛期入库3场洪水日最大流量分别为2 646 m^3/s（7月28日）、2 494 m^3/s（8月8日）和2 761 m^3/s（8月22日），经过水库调节，相应出库流量分别为1 626、2 212 m^3/s和2 618 m^3/s，削峰率分别为38.5%、11.3%和5.2%，第三场洪水出库流量达到2 926 m^3/s（8月28日）（图2-4）。三场洪水历时53 d，入库洪量89.43亿m^3，相应出库水量88.40亿m^3，相应削洪率很低。

三、万家寨水库运用对水流的调节作用

2012年继续开展利用桃汛洪水过程冲刷降低潼关高程试验。内蒙古河段开河期间，在确保凌汛期安全情况下，在头道拐凌洪过程中，利用万家寨水库和龙口水库进行补水运用，其中万家寨水库补水前最高蓄水位971.43 m（3月24日）（图2-5），为试验补水2.16亿m^3，最大出库流量1 750 m^3/s（3月25日）（图2-6），基本达到了试验调控指标1 800 m^3/s的要求。补水过程中水库没有进行排沙运用，最大出库含沙量仅为1.03 kg/m^3。

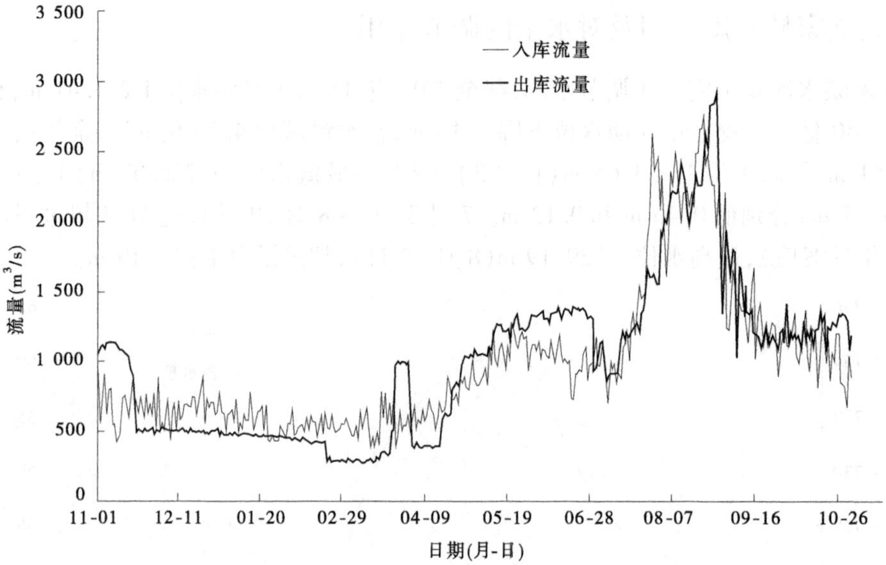

图 2-4　刘家峡水库进出库日流量调节过程

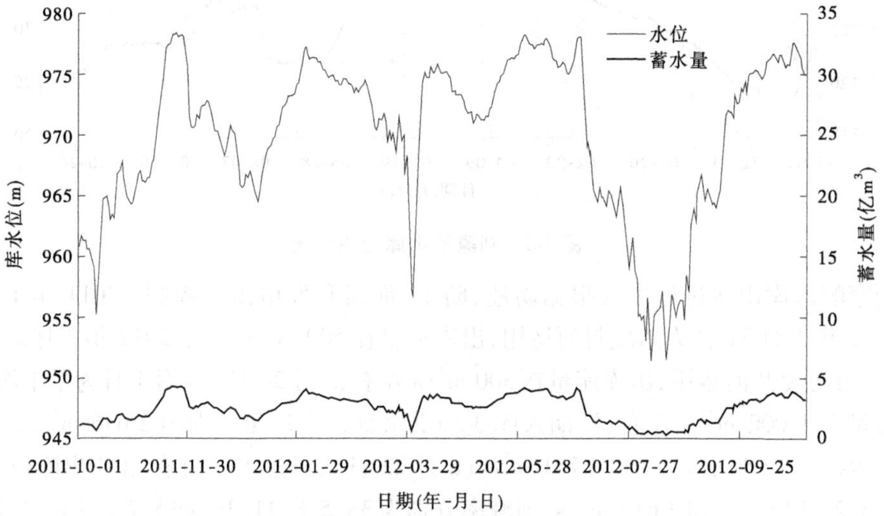

图 2-5　万家寨水库运用情况

2012 年为冲刷三门峡库区非汛期淤积泥沙,塑造三门峡水库出库高含沙水流过程,以增加调水调沙后期小浪底水库异重流后续动力,自 6 月 29 日 8 时起,万家寨水库与龙口水库联合调度运用,按 1 200 m^3/s 均匀下泄,6 月 30 日 12 时起,万家寨水库与龙口水库联合调度运用,按 1 500 m^3/s 均匀下泄,直至万家寨库水位降至 966 m、龙口水库水位降至 893 m 后,按不超汛限水位 966 m 控制运用。7 月 7 日 21 时万家寨水库水位降至汛限水位,达到调水调沙水位控制运用目标,转入汛期正常运用。从 6 月 29 日 8 时至 7 月 9 日 8 时,万家寨水库大流量持续下泄历时约 240 h,补水量 2.64 亿 m^3。

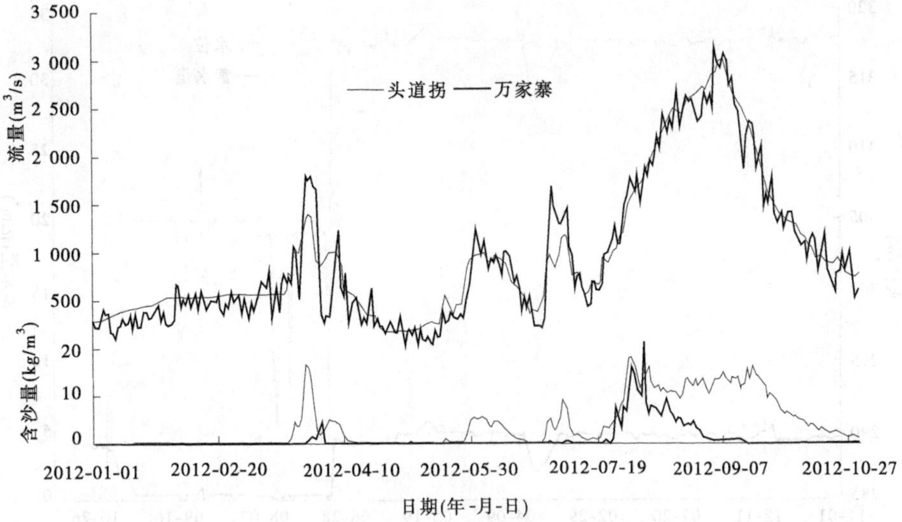

图 2-6　万家寨水库进出库水沙过程

四、三门峡水库运用及对水沙过程的调节作用

2012 年三门峡水库运用原则采用非汛期运用水位按 318.0 m 控制，汛期平水期控制水位不超过 305 m、流量大于 1 500 m^3/s 敞泄排沙的方式。2011 年 11 月 ~2012 年 6 月平均蓄水位 317.60 m，最高日均水位 318.80 m(图 2-7)；3 月下旬配合桃汛洪水冲刷降低潼关高程试验，水位降至 313 m 以下，最低降至 312.53 m。汛期平均水位 306.21 m，其中调水调沙后到 10 月 8 日平均水位 303.79 m。

桃汛洪水期水库基本按 313 m 控制运用，入库最大日均流量为 2 070 m^3/s，含沙量在 0.64 ~4.62 kg/m^3，相应出库最大流量为 1 700 m^3/s，出库最大日均含沙量仅 0.47 kg/m^3，水库仍为蓄水，基本没有排沙。调水调沙期，利用 318 m 以下蓄水塑造洪峰，出库最大日均流量为 4 220 m^3/s(7 月 4 日)，最大含沙量为 106 kg/m^3(7 月 6 日)，沙量为 0.454 0 亿 t；入库最大日均流量为 1 810 m^3/s(7 月 6 日)，最大含沙量为 3.86 kg/m^3(7 月 13 日)，沙量为 0.029 2 亿 t；水库泄空后最低库水位 293.53 m，出库流量和含沙量远大于进库流量和含沙量(除调水调沙洪水外)。汛期水库共有 5 次敞泄运用，库水位低于 300 m，敞泄期进出库流量变化较小，但出库含沙量显著增加，有 5 次沙峰(图 2-8)。其中，第一次洪水入库最大日均流量为 2 420 m^3/s(7 月 24 日)，相应含沙量 51.6 kg/m^3(7 月 25 日)；出库最大日均流量 2 470 m^3/s(7 月 24 日)，相应含沙量 103 kg/m^3(7 月 24 日)。

五、小浪底水库运用及对水沙调节作用

2012 年小浪底水库按照满足黄河下游防洪、减淤、防凌、防断流以及供水等为主要目标，进行了防洪和春灌蓄水、调水调沙及供水等一系列调度。2012 年水库日均最高水位达到 268.09 m(10 月 31 日)，为历年同时期日均水位的最高值，日均最低水位为 211.59 m(8 月 4 日)，库水位及蓄水量变化过程见图 2-9。

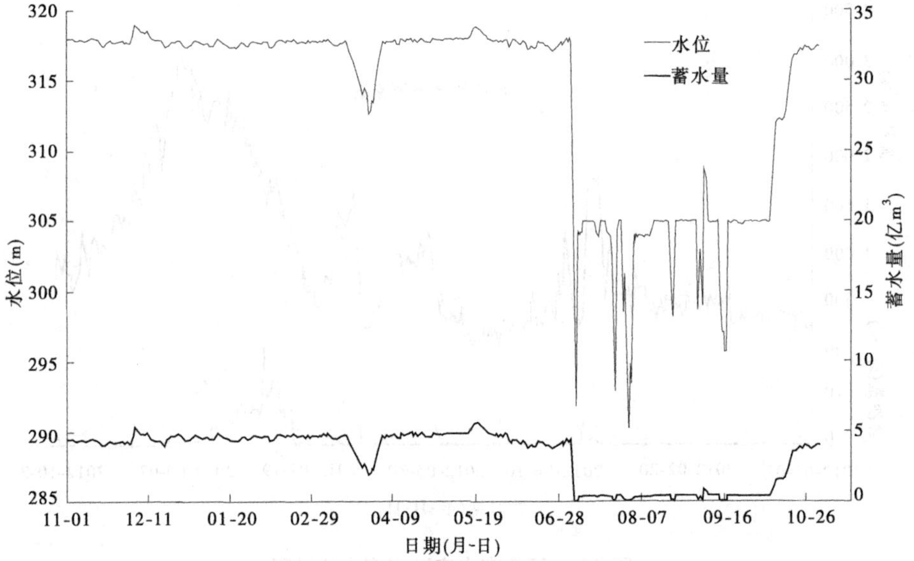

图 2-7　三门峡水库运用情况

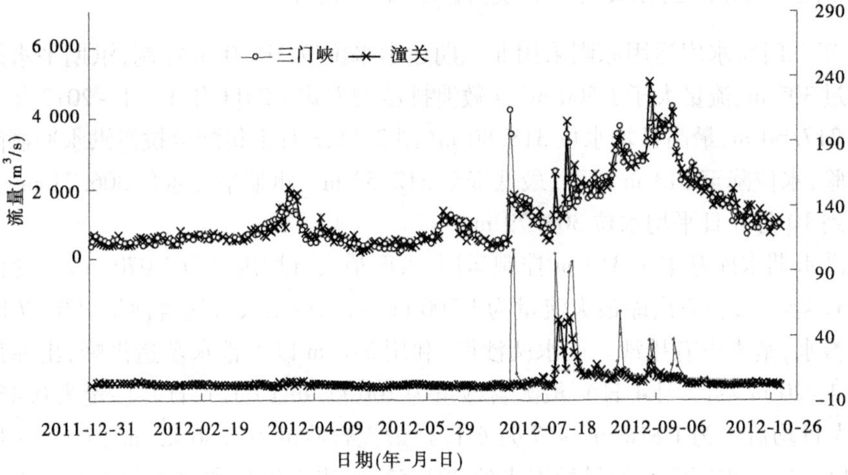

图 2-8　三门峡水库进出库水沙过程

2012 年水库运用可划分为三个时段：

第一阶段为 2011 年 11 月 1 日～2012 年 6 月 18 日。2011 年 11 月 1 日～12 月 17 日，水库蓄水发电，水位上升至 267.9 m，相应蓄水量 83.4 亿 m^3。2011 年 12 月 18 日～2012 年 2 月 26 日，水库防凌发电。2012 年 2 月 27 日～6 月 18 日，春灌泄水期，为满足黄河中下游地区春灌用水及保证河道不断流，小浪底水库下泄水量 115.42 亿 m^3。

第二阶段为 6 月 19 日～7 月 12 日为汛前调水调沙生产运行期(图 2-10、表 2-2)。该时段调水调沙生产运行又可分为两个时段，第一时段为小浪底水库清水下泄阶段，第二时段为小浪底水库排沙出库阶段。第一时段从 2012 年 6 月 19 日 8 时至 7 月 4 日 2 时，小浪底水库加大清水下泄流量，冲刷并维持下游河槽过洪能力，至 7 月 4 日 2 时人工塑造异

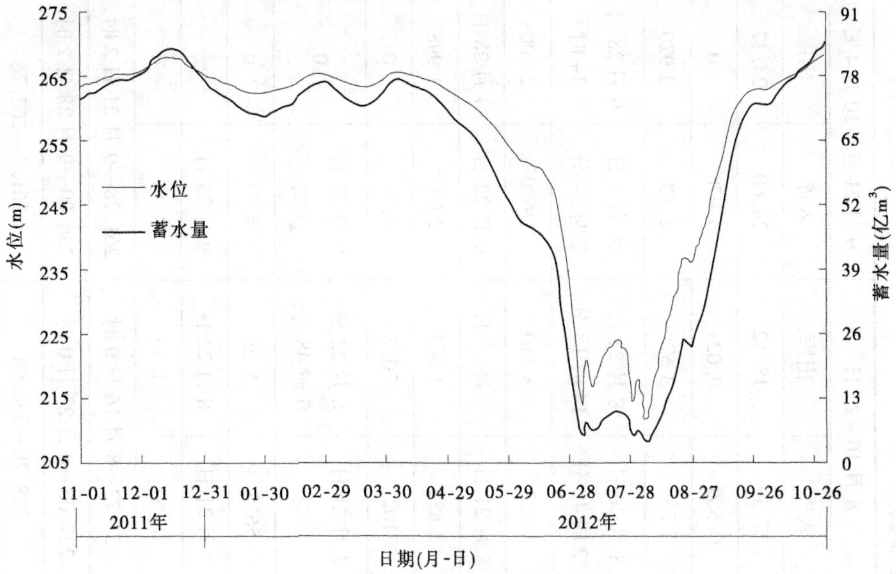

图 2-9　2012 年小浪底水库库水位及蓄水量变化过程

重流开始时，坝上水位已由 248.23 m(6 月 19 日 8 时)降至 214.09 m，蓄水量由 42.79 亿 m^3 降至 5.04 亿 m^3。第二时段从 2012 年 7 月 4 日 2 时至 7 月 12 日 8 时。7 月 4 日 2 时三门峡水库开始加大泄量进行人工塑造异重流，4 日 11 时异重流运行到坝前排泄出库；其间，库水位一度降至 213.87 m(7 月 4 日 8 时)，至 7 月 12 日 8 时小浪底水库关闭排沙洞时，小浪底水库坝上水位为 218.78 m，蓄水量为 7.23 亿 m^3，比调水调沙期开始时减少 35.56 亿 m^3。

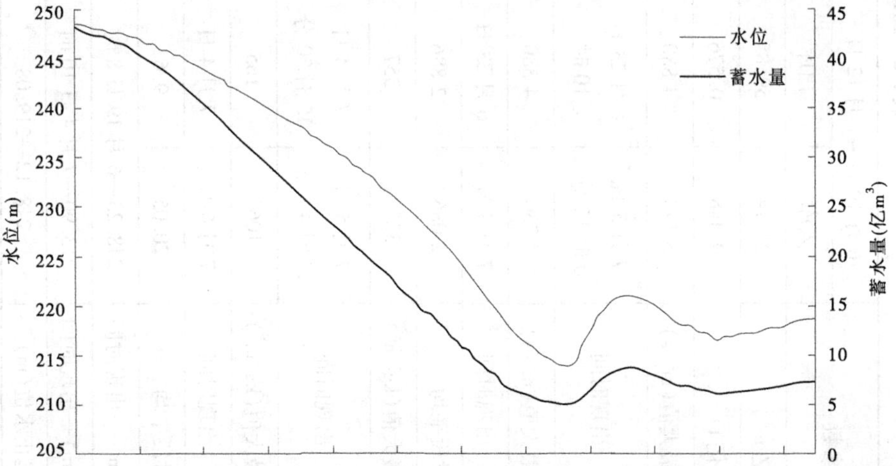

图 2-10　2012 年汛前调水调沙期间小浪底水库水位及蓄水量过程线

表 2-2　2012 年小浪底水库洪水期进出库特征参数

特征参数			6 月 19 日 ~7 月 12 日		7 月 23 日 ~8 月 4 日		8 月 16 ~26 日		9 月 21 日 ~10 月 4 日	
			入库	出库	入库	出库	入库	出库	入库	出库
水量(亿 m^3)			22.14	59.85	20.74	29.32	27.39	18.12	24.60	24.17
沙量(亿 t)			0.448	0.576	1.121	0.630	0.509	0.021	0.078	0
流量	瞬时	最大值(m^3/s)	5 440	4 880	4 240	3 640	5 760	3 670	2 720	2 920
流量	瞬时	出现时间	7 月 5 日 0 时 12 分	6 月 23 日 10 时	7 月 29 日 23 时	8 月 1 日 10 时 42 分	8 月 20 日 22 时 42 分	8 月 23 日 14 时 18 分	10 月 1 日 2 时 54 分	9 月 28 日 14 时
流量	日均	最大值(m^3/s)	4 230	4 380	3 530	3 100	3 720	3 510	2 680	2 700
流量	日均	出现时间	7 月 4 日	6 月 23 日	7 月 29 日	7 月 30 日	8 月 21 日	8 月 25 日	9 月 22 日	9 月 28 日
流量	时段平均		2 086	2 886	1 846	2 610	2 882	1 907	2 033	1 998
含沙量	瞬时	最大值(kg/m^3)	325	357	195	90.2	102	70.2	4.85	0
含沙量	瞬时	出现时间	7 月 5 日 14 时 42 分	7 月 4 日 15 时 30 分	7 月 24 日 10 时	7 月 29 日 11 时	8 月 21 日 4 时	8 月 22 日 9 时 48 分	9 月 23 日 8 时	0
含沙量	日均	最大值(kg/m^3)	106	165	103	41.4	56.5	5.26	4.51	0
含沙量	日均	出现时间	7 月 6 日	7 月 4 日	7 月 24 日	7 月 31 日	8 月 21 日	8 月 22 日	9 月 23 日	—
含沙量	时段平均		20.05	9.62	54.08	21.49	18.57	1.13	3.15	0
库水位	最大值(m)—出现时间		248.23—6 月 19 日 8 时		223.88—7 月 23 日 2 时		227.72—8 月 16 日 0 时		261.28—9 月 21 日 2 时	
库水位	最小值(m)—出现时间		213.90—7 月 4 日 10 时		211.31—8 月 4 日 20 时		237.05—8 月 23 日 0 时		236.00—9 月 28 日 2 时	
库水位	日均起止水位(m)		248.12—219.08		223.74—211.59		228.28—236.04		261.4—262.78	

第三阶段为7月13日~10月31日。其间针对中上游洪水，水库进行三次大的调控。第一次在7月23日~8月4日，利用中上游干支流出现洪水的有利时机，降低库水位进行排沙。7月21~22日，黄河中游局部出现暴雨和大暴雨，为削弱进入下游的洪峰流量，降低漫滩风险，同时利用洪水排泄水库泥沙，水库于7月23日12时42分开始预泄，出库流量逐步增大并基本控制在2 600 m^3/s，至7月29日2时库水位由223.84 m降至214.3 m之后。随着黄河干流第1号、第2号洪峰进入小浪底水库，库水位逐步回升至217.93 m(7月31日0时)，洪水过后水位有所下降，出库流量逐渐减小，至8月4日20时，流量减小至2 190 m^3/s，水位也达到本年度的最低值211.31 m，其间出库日均流量维持在2 600 m^3/s左右，历时达11 d。第二次在8月16~26日。针对8月中下旬洪水，为了减缓库水位增加速度，同时增大后汛期水库对洪水的调节余地，从8月22日8时小浪底水库开始增大下泄流量至8月27日水库开始蓄水，入库水量27.39亿m^3，出库水量18.12亿m^3，水库蓄水9.27亿m^3，水位由228.28 m上升至236.04 m，最大入库流量5 760 m^3/s，最大出库流量3 670 m^3/s。第三次在9月21日~10月4日。针对中上游来水较多、水库蓄水位较历史同时期都高的情况，水库从9月21日增大下泄流量，至10月4日水库蓄水，水库下泄水量24.17亿m^3，遏制了水位的快速增长，保证了水库大坝安全。

随着水库的蓄水，库水位不断抬升，至10月31日日均水位为268.09 m，达到本年度最大日均水位，相应蓄水量为84.73亿m^3。

经过小浪底水库调节，进出库流量及含沙量过程发生了较大的改变(图2-11)。

2012年入库水量较为丰沛，入库日均流量大于3 000 m^3/s流量级出现天数为22 d(表2-3)，最长持续9 d，最大入库日均流量4 630 m^3/s(9月4日)。三门峡水库年内排沙108 d(表2-4)，最长持续104 d，最大日均含沙量106 kg/m^3(7月6日)。

流量介于1 000~2 000 m^3/s的时段主要集中在春灌期3~5月以及汛期洪水期间。出库流量大于2 000 m^3/s的天数有40 d，较前几年明显增加，主要集中在汛前调水调沙和汛期洪水期间，最大出库日均流量为4 380 m^3/s(3月23日)。年内小浪底水库下泄清水天数达到318 d，年内排沙天数为48 d，最大出库含沙量为165 kg/m^3(7月4日)。

六、主要水库蓄水对干流水量影响

龙羊峡、刘家峡水库控制了黄河主要少沙来源区的水量，对整个流域水沙影响比较大；小浪底水库是进入黄河下游水沙的重要控制枢纽，对下游水沙影响比较大。将三大水库2012年蓄泄水量还原后可以看出(表2-5)，龙刘两库非汛期共补水25.30亿m^3，汛期蓄水52.00亿m^3，头道拐汛期实测水量172.11亿m^3，占头道拐年水量的60%，如果没有龙刘两库调节，汛期水量为224.11亿m^3，汛期占全年比例可以增加到72%。

花园口和利津汛期实测水量分别为155.79亿m^3和154.22亿m^3，分别占年水量的39%和51%，如果没有龙羊峡、刘家峡和小浪底水库调节，花园口和利津汛期水量分别为283.01亿m^3和281.44亿m^3，占全年比例分别为64%和83%。

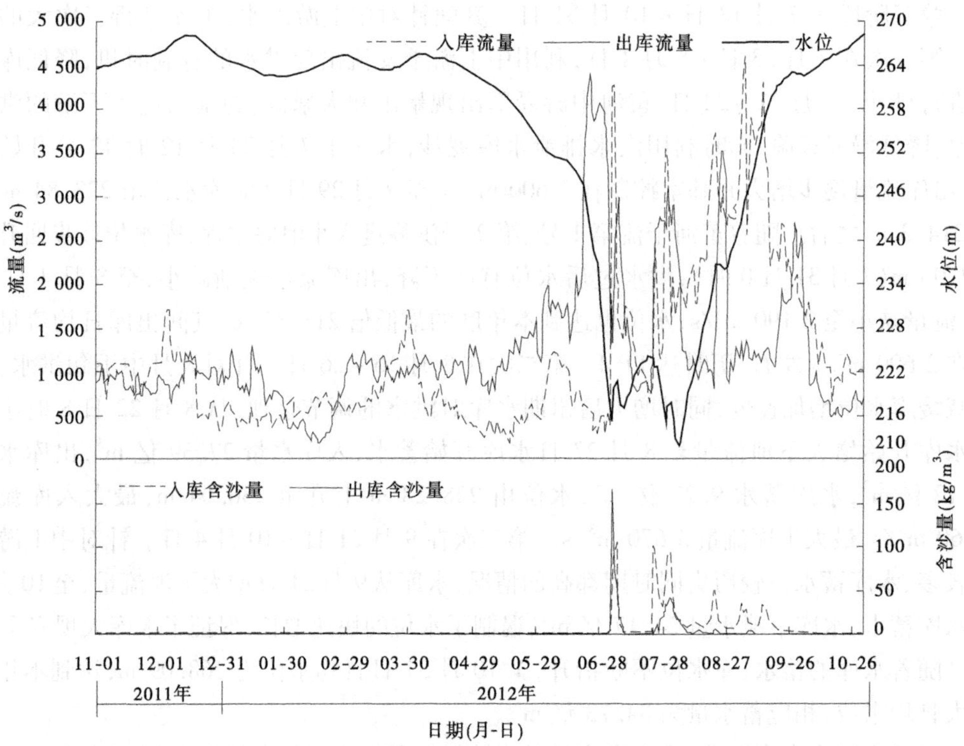

图 2-11 2012 年小浪底水库进出库日均流量、日均含沙量过程对比

表 2-3 2012 年小浪底水库进出库各级流量持续及出现天数

流量级(m^3/s)		<500	500~800	800~1 000	1 000~2 000	2 000~3 000	>3 000
入库(d)	出现	78	96	35	103	32	22
	持续	24	32	5	21	11	9
出库(d)	出现	26	55	90	155	24	16
	持续	23	11	7	37	6	11

注:表中持续天数为全年该级流量连续出现最长时间。

表 2-4 2012 年小浪底水库进出库含沙量持续及出现天数

含沙量级(kg/m^3)	>100		100~50		50~0		合计出现
	持续	出现	持续	出现	持续	出现	
入库(d)	1	2	3	6	56	100	108
出库(d)	1	1	1	1	27	46	48

注:表中持续天数为全年该级含沙量连续出现最长时间。

表2-5　2012 年水库运用对干流水量的调节

项目	非汛期（亿 m^3）	汛期（亿 m^3）	年（亿 m^3）	汛期占年（%）
龙羊峡蓄泄水量	-24.00	55.00	31.00	
刘家峡蓄泄水量	-1.30	-3.00	-4.30	
龙羊峡、刘家峡两库合计	-25.30	52.00	26.70	
头道拐实测水量	112.90	172.11	285.01	60
还原两库后头道拐水量	87.60	224.11	311.71	72
小浪底蓄泄水量	-63.52	75.22	11.70	
花园口实测水量	246.00	155.79	401.79	39
利津实测水量	145.27	154.22	299.49	51
还原龙羊峡、刘家峡、小浪底水库后花园口水量	157.18	283.01	440.19	64
还原龙羊峡、刘家峡、小浪底水库后利津水量	56.45	281.44	337.89	83

第三章　三门峡水库冲淤及潼关高程变化

一、水库排沙情况

三门峡水库入库潼关站2012年水量为359.06亿m^3,其中汛期213.96亿m^3,占全年的59.6%;年入库沙量为2.085亿t,其中汛期1.790亿t,占全年的85.9%;全年出库水量为358.24亿m^3,其中汛期211.99亿m^3,占全年的59.2%;出库沙量为3.327亿t,其中汛期排沙3.325亿t,占全年的99.9%。三门峡水库非汛期排沙发生在水库降低水位运用(3月18日~4月3日)的桃汛洪水期,汛期排沙量取决于流量过程和水库敞泄程度。2012年三门峡水库排沙统计见表3-1。

表3-1　2012年水库排沙统计

时段	水量(亿m^3)		沙量(亿t)		冲淤量(亿t)
	进库	出库	进库	出库	
非汛期	145.10	146.25	0.295	0.002	0.293
汛期	213.96	211.99	1.790	3.325	-1.535
运用年	359.06	358.24	2.085	3.327	-1.242

汛期潼关站有3次洪峰流量大于2 500 m^3/s的洪水过程,最大洪峰流量为5 350 m^3/s。根据入库水沙过程全年共实施6次敞泄,其中第一次敞泄为小浪底水库汛前调水调沙期。累计敞泄时间为18 d,有15 d水位低于300 m。

全年排沙集中在敞泄期(表3-2)。敞泄期潼关入库水量35.46亿m^3,累计排沙总量1.99亿t,占汛期排沙总量的59.9%。由于汛期大于2 000 m^3/s的天数较多,因此除敞泄期排沙外,非敞泄期排沙量也较大。非敞泄期潼关入库水量178.50亿m^3,累计排沙总量1.33亿t,占汛期排沙总量的40.0%。敞泄期平均排沙比为2.96,其中调水调沙期排沙比最大为77.24,其余场次洪水排沙比为1.64~4.56。洪峰最大的洪水期(9月3~4日),坝前水位在300.16~302.56 m,出库沙量为0.209 1亿t,排沙比为1.55。

二、库区冲淤变化

根据2012年大断面资料,潼关以下库区非汛期淤积0.468亿m^3,汛期冲刷0.824亿m^3,年内冲刷0.356亿m^3(表3-3)。非汛期淤积末端在黄淤37断面(图3-1),淤积强度最大的河段在黄淤18—黄淤29断面,黄淤15断面以下河段有少量淤积。汛期全河段基本为冲刷,沿程冲刷强度与非汛期淤积强度基本对应,非汛期淤积量大的河段汛期冲刷量也大,由于洪水期敞泄,坝前—黄淤8断面冲刷强度也比较大。全年来看,各断面基本表现为冲刷,除坝前的个别断面冲刷较大外,沿程冲刷变化幅度不大。

表 3-2　2012 年汛期三门峡水库排沙统计

日期 (月-日)	水库运用状态	史家滩平均水位 (m)	潼关		三门峡		冲淤量 (亿 t)	排沙比
			水量 (亿 m^3)	沙量 (亿 t)	水量 (亿 m^3)	沙量 (亿 t)		
07-01 ~ 07-4	蓄水	317.23	2.62	0.002 5	4.68	0	0.002 5	0
07-05 ~ 07-06	敞泄	297.03	3.07	0.005 3	4.37	0.410 4	-0.405 1	77.24
07-07 ~ 07-23	控制	304.56	17.22	0.054 2	17.47	0.056 8	-0.002 6	1.05
07-24 ~ 07-25	敞泄	297.87	3.28	0.089 4	3.17	0.274 4	-0.185 0	3.07
07-26 ~ 07-28	控制	304.98	3.53	0.100 0	3.16	0.103 9	-0.003 9	1.04
07-29 ~ 08-02	敞泄	295.27	10.46	0.416 8	10.52	0.682 0	-0.265 2	1.64
08-03 ~ 08-20	控制	304.49	34.72	0.333 1	33.26	0.358 4	-0.025 3	1.08
08-21 ~ 08-22	敞泄	298.88	5.61	0.063 5	5.95	0.289 4	-0.225 9	4.56
08-23 ~ 09-02	控制	305.17	27.16	0.160 6	27.16	0.228 1	-0.067 5	1.42
09-03 ~ 09-04	滞洪	301.36	8.16	0.134 8	7.31	0.209 1	-0.074 3	1.55
09-05	敞泄	299.61	2.83	0.031 4	3.08	0.095 9	-0.064 5	3.05
09-06 ~ 09-13	控制	305.73	26.27	0.196 9	25.13	0.249 2	-0.052 3	1.27
09-14 ~ 09-17	敞泄	297.52	10.21	0.066 3	10.22	0.239 6	-0.173 3	3.62
09-18 ~ 10-08	控制	305.63	35.04	0.086 0	36.33	0.122 7	-0.036 7	1.43
10-09 ~ 10-31	蓄水	314.95	23.78	0.043 0	20.17	0.003 4	0.039 6	0.08
敞泄期		297.10	35.46	0.672 8	37.32	1.991 8	-1.319 0	2.96
非敞泄期		307.57	178.50	1.111 0	174.66	1.331 5	-0.220 5	1.20
汛期		306.21	213.96	1.783 8	211.99	3.323 3	-1.539 5	1.86

表 3-3　2012 年潼关以下库区各河段冲淤量　（单位：亿 m^3）

时段	大坝—黄淤 12	黄淤 12—黄淤 22	黄淤 22—黄淤 30	黄淤 30—黄淤 36	黄淤 36—黄淤 41	大坝—黄淤 41
非汛期	0.005	0.144	0.231	0.072	0.016	0.468
汛期	-0.150	-0.246	-0.293	-0.113	-0.022	-0.824
全年	-0.145	-0.102	-0.062	-0.041	-0.006	-0.356

2012 年小北干流河段非汛期冲刷 0.221 亿 m^3，汛期冲刷 0.030 亿 m^3，全年共冲刷 0.251 亿 m^3（表 3-4）。其中非汛期黄淤 41—黄淤 42、汇淤 6—黄淤 47 以及黄淤 61—黄淤 63 断面淤积（图 3-2），其余河段均发生不同程度冲刷；汛期各断面有冲有淤，沿程冲淤交替发展，黄淤 42—汇淤 6、黄淤 50—黄淤 52、黄淤 55—黄淤 57 以及黄淤 66—黄淤 68 断面

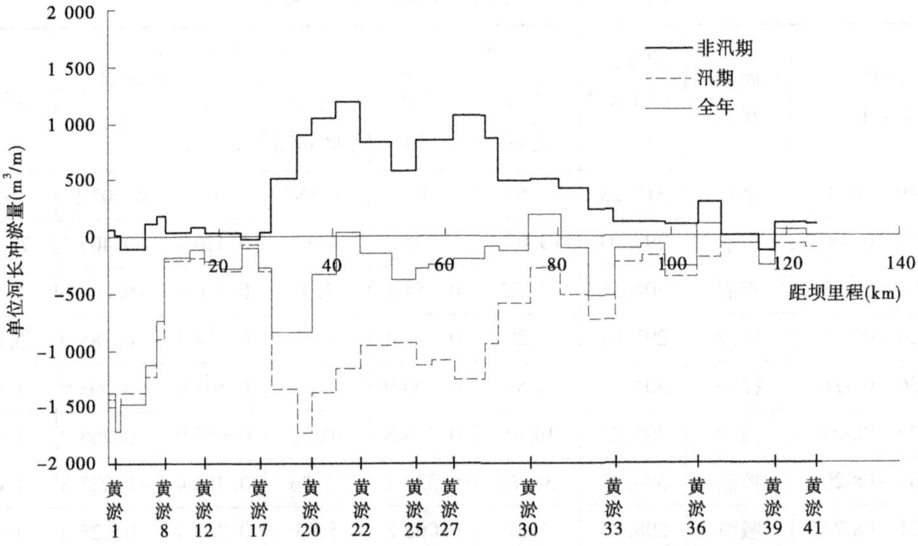

图 3-1　2012 年三门峡潼关以下库区冲淤量沿程分布

淤积，其余河段均发生不同程度冲刷；全年来看，上段黄淤 66—黄淤 68 断面和下段黄淤 42—黄淤 47 断面表现为淤积，中间河段基本表现为冲刷，冲刷强度在 500 m^3/m(单位河长)左右。

表 3-4　2012 年小北干流各河段冲淤量　　(单位:亿 m^3)

时段	黄淤 41—黄淤 45	黄淤 45—黄淤 50	黄淤 50—黄淤 59	黄淤 59—黄淤 68	黄淤 41—黄淤 68
非汛期	-0.030	0.022	-0.137	-0.076	-0.221
汛期	0.051	-0.044	-0.009	-0.028	-0.030
全年	0.021	-0.022	-0.146	-0.104	-0.251

从各河段的冲淤量来看，汛期除黄淤 41—黄淤 45 断面发生了淤积外，其他各河段表现为冲刷；非汛期除黄淤 45—黄淤 50 淤积外，其他各河段表现为冲刷；全年各河段冲淤变化与汛期基本一致，黄淤 41—黄淤 45 断面有少量淤积，其他各河段均表现为冲刷，黄淤 45—黄淤 50 断面的冲刷量最小，只有 0.022 亿 m^3，黄淤 50—黄淤 59 断面的冲刷量最大，为 0.146 亿 m^3。

三、潼关高程变化

2011 年汛后潼关高程为 327.63 m，至 2012 年汛前为 327.80 m，非汛期淤积抬升 0.17 m。经过汛期调整，汛后为 327.38 m，运用年内潼关高程下降 0.25 m(图 3-3)。

非汛期水库运用水位在 319 m 以下，潼关河段不受水库回水直接影响，主要受来水来沙和前期河床条件影响，基本处于自然演变状态，2011 年汛后(10 月末)，11～12 月流量在 1 000 m^3/s 左右，潼关高程持续下降，最低达 327.24 m。之后，流量较小，到 2012 年桃汛前潼关高程上升为 327.72 m。在桃汛洪水作用下潼关高程下降 0.08 m，桃汛后为 327.64 m，4～5 月流量小，主河槽发生淤积调整，1 000 m^3/s 水位抬升，至汛前潼关高程为

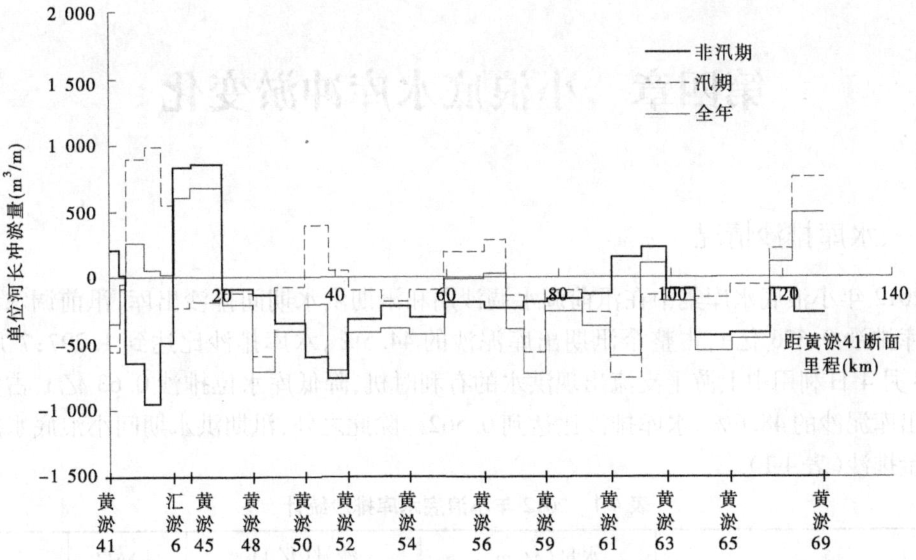

图 3-2　2012 年小北干流河段冲淤量沿程分布

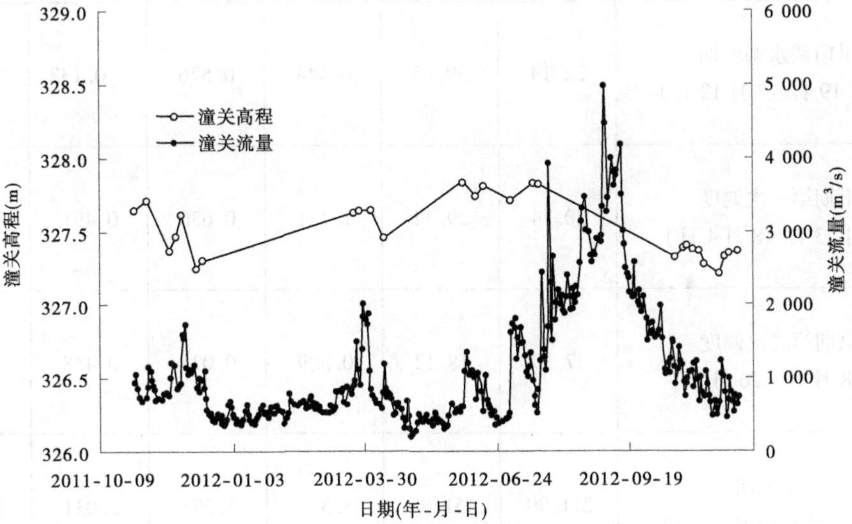

图 3-3　2012 年潼关高程变化过程

327.80 m。非汛期潼关高程累计上升 0.17 m。

汛期三门峡水库运用水位基本控制在 305 m 以下，潼关高程随水沙条件变化而发生升降交替变化。汛初潼关高程为 327.80 m，至 7 月 22 日洪水之前，变动在 327.70 ~ 327.83 m 之间。7 月 22 日黄河干流和渭河分别发生洪水，潼关站 3 次洪峰流量逐渐增大，洪水过程相连，最大洪峰流量 5 350 m^3/s，虽然渭河和龙门最大含沙量分别达 353 kg/m^3 和 184 kg/m^3，但洪水期最大来沙系数为 0.11 $kg \cdot s/m^6$，洪水过后潼关高程发生较大幅度下降，下降到 327.31 m，洪水期共下降 0.49 m。洪水后潼关高程在 327.31 ~ 327.40 m 之间，汛后潼关高程为 327.38 m，汛期潼关高程共下降 0.42 m。可见，大洪水对潼关高程冲刷下降起重要作用。

第四章　小浪底水库冲淤变化

一、水库排沙情况

2012 年小浪底水库集中在汛前调水调沙期和汛期洪水期间排沙出库，汛前调水调沙期水库排沙 0.576 亿 t，占整个汛期出库泥沙的 44.5%，水库排沙比达到 1.297；7 月 23 日～8 月 4 日利用中上游干支流出现洪水的有利时机，降低库水位排沙 0.63 亿 t，占整个汛期出库泥沙的 48.6%，水库排沙比达到 0.562。除此之外，汛期洪水期间小浪底水库也有少量排沙（表 4-1）。

表 4-1　2012 年小浪底水库排沙统计

排沙时段	水量（亿 m^3）		沙量（亿 t）		冲淤量（亿 t）	排沙比
	入库	出库	入库	出库		
汛前调水调沙期（6 月 19 日～7 月 12 日）	22.14	59.85	0.444	0.576	-0.132	1.297
汛期第一次调度（7 月 23 日～8 月 4 日）	20.74	29.32	1.121	0.630	0.491	0.562
汛期第二次调度（8 月 16～26 日）	27.39	18.12	0.509	0.021	0.488	0.041
整个汛期（7 月 1 日～10 月 31 日）	211.99	151.83	3.326	1.295	2.031	0.389

二、库区冲淤特性

根据库区断面测验资料统计，2012 年小浪底水库全库区淤积量为 1.325 亿 m^3，利用沙量平衡法计算库区淤积量为 2.032 亿 t（入库 3.327 亿 t，出库 1.295 亿 t）。根据断面法计算分析可以得出，泥沙的淤积分布有以下特点：

（1）2012 年全库区泥沙淤积量为 1.325 亿 m^3，其中干流淤积量为 1.124 亿 m^3，支流淤积量为 0.201 亿 m^3（表 4-2）。

表 4-2　2012 年各时段库区淤积量(断面法)　　（单位:亿 m^3）

项目	2011 年 10 月 ~2012 年 4 月	2012 年 4 ~10 月	2011 年 10 月 ~2012 年 10 月
干流	-0.514	1.638	1.124
支流	-0.523	0.724	0.201
合计	-1.037	2.362	1.325

(2)2012 年度内库区淤积全部集中于 4 ~10 月,淤积量为 2.362 亿 m^3,其中干流淤积量 1.638 亿 m^3,占该时期库区淤积总量的 69.35%。由于泥沙在非汛期密实固结,淤积面高程有所降低,利用断面法计算的淤积量为冲刷。

(3)全库区年度内淤积主要集中在高程 215 m 以下,该区间淤积量达到 1.449 亿 m^3;高程 215 m 以上除个别高程(230 ~235 m、245 ~260 m)发生淤积外,均出现少量冲刷,冲刷量仅为 0.221 亿 m^3(图 4-1)。

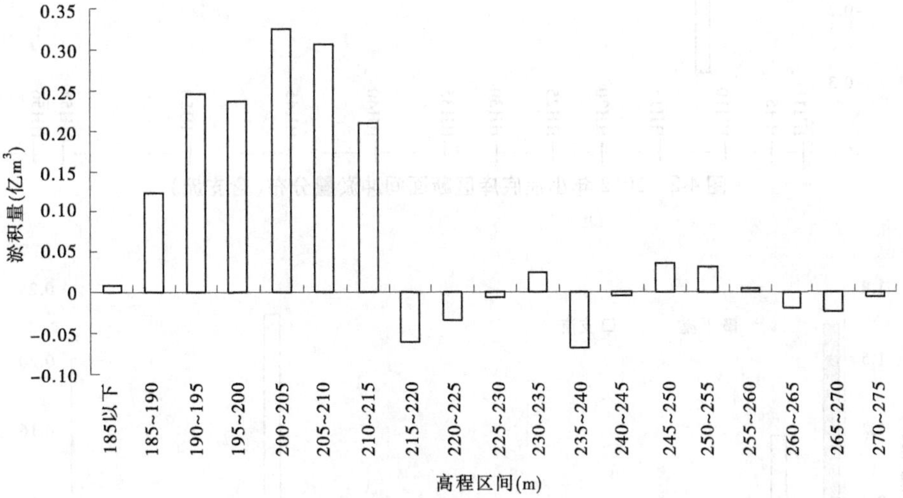

图 4-1　2012 年小浪底库区不同高程冲淤量分布

(4)2012 年 4 ~10 月,除 HH38—HH49 库段外,其他库段均出现不同程度的淤积,其中 HH11 断面以下(含支流)淤积量为 1.730 亿 m^3,是淤积的主体(图 4-2)。

(5)2012 年支流淤积量为 0.201 亿 m^3,其中 2011 年 10 月 ~2012 年 4 月与干流同时期表现一致,由于淤积物的密实作用而表现为淤积面高程的降低,淤积量为 -0.523 亿 m^3,而 2012 年 4 ~10 月淤积量为 0.724 亿 m^3。支流泥沙主要淤积在库容较大的支流,如畛水河以及近坝段的大峪河、土泉沟、白马河等支流。2012 年 4 ~10 月干、支流的详细淤积情况见图 4-3。表 4-3 列出了 2012 年 4 ~10 月淤积量大于 0.01 亿 m^3 的支流。支流淤积主要由干流来沙倒灌所致,淤积集中在沟口附近,不过向上游沿程减少。

(6)从 1999 年 9 月开始蓄水运用至 2012 年 10 月,小浪底全库区断面法淤积量为 27.500 亿 m^3,其中,干流淤积量为 22.709 亿 m^3,支流淤积量为 4.791 亿 m^3,分别占总淤积量的 82.6% 和 17.4%。

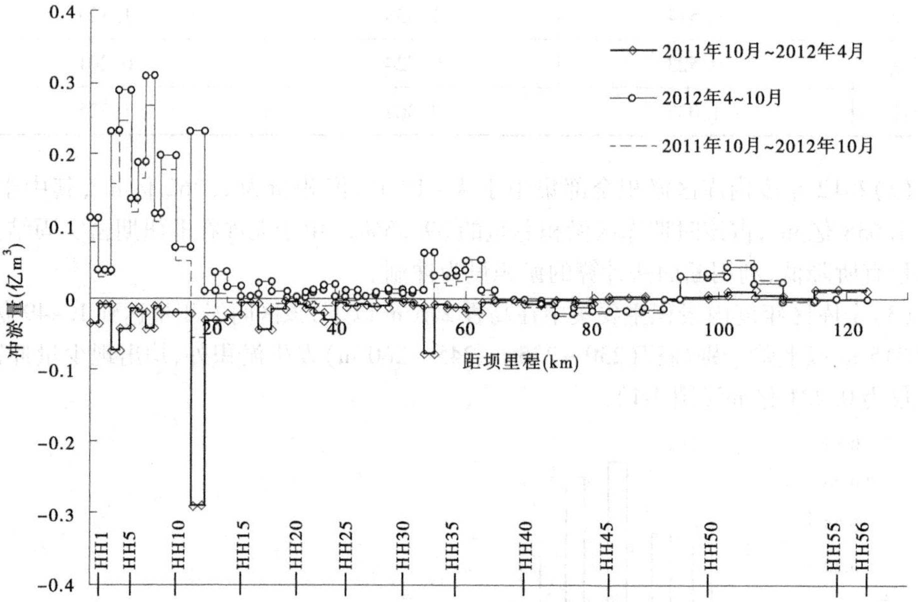

图 4-2　2012 年小浪底库区断面间冲淤量分布(含支流)

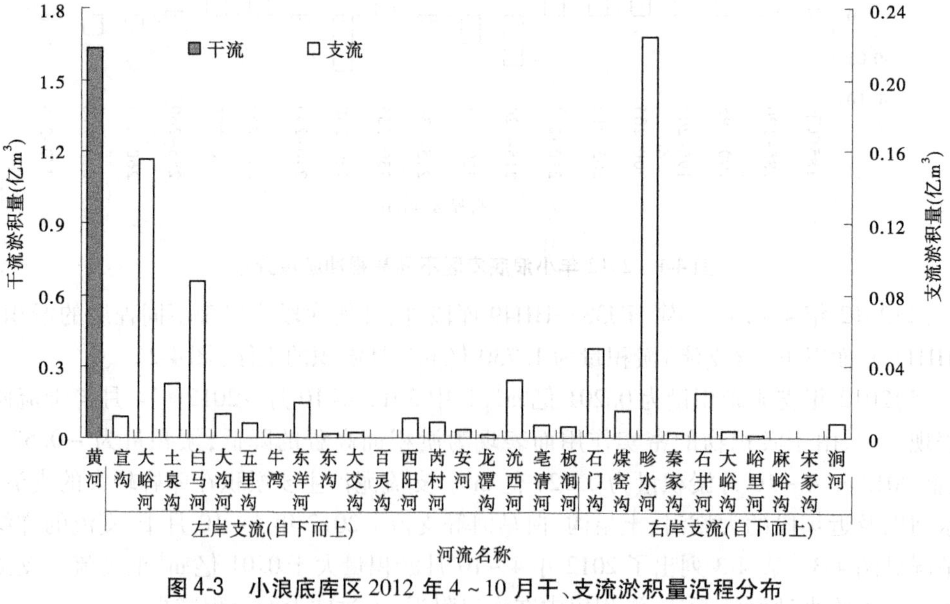

图 4-3　小浪底库区 2012 年 4 ~ 10 月干、支流淤积量沿程分布

表 4-3 典型支流淤积量变化 （单位:亿 m^3）

支流		位置	2011 年 10 月 ~ 2012 年 4 月	2012 年 4 ~ 10 月	2011 年 10 月 ~ 2012 年 10 月
左岸	宣沟	HH1—HH2	-0.003	0.011	0.008
	大峪河	HH3—HH4	-0.057	0.155	0.098
	土泉沟	HH4—HH5	-0.006	0.030	0.024
	白马河	HH7—HH8	-0.015	0.087	0.072
	大沟河	HH10—HH11	-0.004	0.012	0.008
	东洋河	HH18—HH19	-0.033	0.019	-0.014
	西阳河	HH23—HH24	-0.017	0.010	-0.007
	沇西河	HH32—HH33	-0.044	0.032	-0.012
右岸	石门沟	大坝—HH1	-0.011	0.050	0.039
	煤窑沟	HH4—HH5	0.007	0.015	0.022
	畛水河	HH11—HH12	-0.256	0.224	-0.032
	石井河	HH13—HH14	-0.013	0.025	0.012

三、库区淤积形态

（一）干流淤积形态

1. 纵向淤积形态

2011 年 11 月 ~2012 年 6 月下旬，除在 3 月利用并优化桃汛洪水过程冲刷降低潼关高程期间，三门峡水库有少量泥沙排出库外，大部分时段下泄清水；小浪底水库入库沙量仅为 0.001 亿 t，无泥沙出库，干流纵向淤积形态在此期间变化不大。

2012 年 7 ~10 月，小浪底库区干流保持三角洲淤积形态，三角洲顶点以下的前坡段，水深陡增，流速骤减，水流挟沙力急剧下降，处于超饱和输沙状态，大量泥沙在此落淤，使三角洲洲体不断向坝前推进。由表 4-4 和图 4-4 可见，三角洲各库段比降 2012 年 10 月较 2011 年 10 月均有所调整。洲面段除 HH33(1)—HH38(距坝 55.02 ~64.83 km)库段有少量淤积外，三角洲洲面大部分库段均发生冲刷，干流冲刷量为 0.357 亿 m^3。与上年度末相比，洲面向下游库段有所延伸，洲面比降变化不大，为 3.30‱。随着三角洲前坡段与坝前淤积段泥沙的大量淤积，干流淤积量为 1.430 亿 m^3，三角洲顶点不断向坝前推进，由距坝 16.39 km(HH11)推进到 10.32 km(HH8)，向下游推进了 6.07 km，三角洲顶点高程为 210.63 m。三角洲尾部段有少量淤积，淤积量为 0.151 亿 m^3，比降变缓，为 7.71‱。

表 4-4 干流纵剖面三角洲淤积形态要素

时间(年-月)	顶点		坝前淤积段	前坡段		洲面段		尾部段	
	距坝里程(km)	深泓点高程(m)	距坝里程(km)	距坝里程(km)	比降(‰)	距坝里程(km)	比降(‰)	距坝里程(km)	比降(‰)
2011-10	16.39	215.16	0 ~ 6.54	6.54 ~ 16.39	20.19	16.39 ~ 105.85	3.28	105.85 ~ 123.41	11.83
2012-10	10.32	210.63	0 ~ 4.55	4.55 ~ 10.32	31.66	10.32 ~ 93.96	3.30	93.96 ~ 123.41	7.71

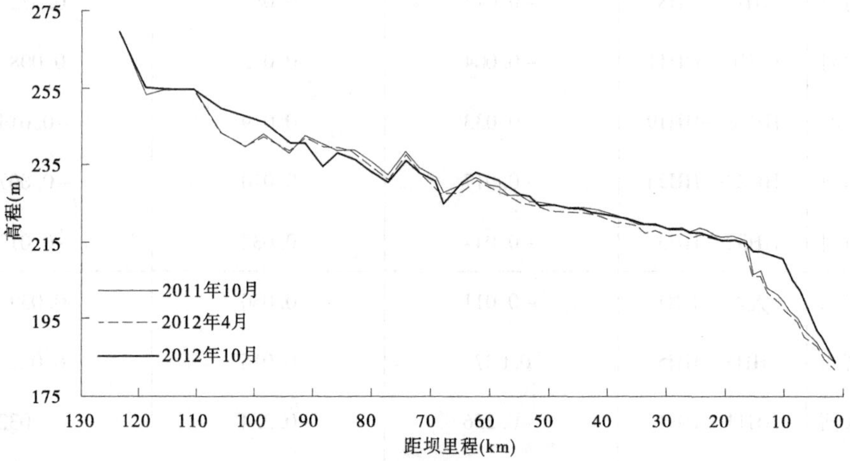

图 4-4 干流纵剖面套绘(深泓点)

2. *横断面淤积形态*

随着库区泥沙的淤积,横断面总体表现为同步淤积抬升趋势。图 4-5 为 2011 年 10 月 ~2012 年 10 月三次库区横断面套绘,可以看出不同的库段冲淤形态及过程有较大的差异。

2011 年 10 月 ~2012 年 4 月,全库区地形总体变化不大。受水库蓄水以及泥沙密实固结的影响,除在 HH45—HH47(距坝 82.95 ~ 88.54 km)库段出现少量淤积外,其他都表现为淤积面下降。

受汛期水沙条件及水库调度等的影响,与 2012 年 4 月地形相比,2012 年 10 月地形变化较大。汛期泥沙大量淤积,库区大部分滩面均有不同程度的抬升。其中,前坡段淤积最为严重,干流淤积量达到 1.282 亿 m^3(HH5—HH11JA)(距坝 6.54 ~ 16.39 km),该库段全断面有较大幅度的淤积抬高,如距坝 7.74 km 处的 HH6 断面主槽抬升 7 m 以上,滩地最高抬升 12 m,由于前坡段泥沙大量淤积,三角洲顶点由距坝 16.39 km(HH11)推进到 10.32 km(HH8)。坝前淤积段(HH4(距坝 4.55 km)断面以下),全断面淤积抬高,如距坝 3.34 km 处的 HH3 断面滩地最高抬升 6 m。

2012 年汛期上游来水较多,洪水期运用水位较低,最低降至 211.59 m。在洲面段,横断面淤积形态整体表现为淤滩刷槽。小流量时,冲刷形成的河槽较小;遭遇较大流量时,河槽下切展宽,河槽过水面积显著扩大,如 HH12(距坝 18.75 km)断面;在较为顺直的狭窄库段,基本上表现为全断面过流,如八里胡同库段的 HH18(距坝 29.35 km)断面。

小浪底库区多数库段河槽位置相对固定，只是随流量的变化，河槽形态有所调整，如HH37（距坝62.49 km）断面以上、HH29—HH27（距坝48～44.53 km）断面之间、HH23—HH14（距坝37.55～22.1 km）断面之间库段，河槽比较稳定。其中，HH23（距坝37.55 km）断面河槽稳定在右岸，遇到大洪水时，河槽下切展宽。部分库段受水库运用及地形条件的影响，河槽往往发生大幅度的位移，在HH30—HH36（距坝50.19～60.13 km）断面之间往往是非汛期泥沙淤积的部位，在淤积过程中河槽被部分或全部掩埋，在翌年汛前降水过程中，河槽出现的位置受上下游河势变化等因素的影响，具有随机性，如HH31（距坝51.78 km）断面。此外，该库段断面宽阔，一般为2 000～2 500 m，在持续小流量年份河槽相对较小，滩地形成横比降，突遇较大流量，极易发生河槽位移，如HH33（距坝55.02 km）断面，河槽沿横断面变化频繁且大幅度位移。

2012年中上游来水较多，由于水库蓄水，水位持续升高，至9月30日，水位已由241.04 m（9月1日）上升至262.86 m，随着水位升高，入库泥沙在回水末端淤积，位于回水末端的HH49（距坝93.96 km）断面以上库段明显淤积抬升，如HH52（距坝105.85 km）断面。

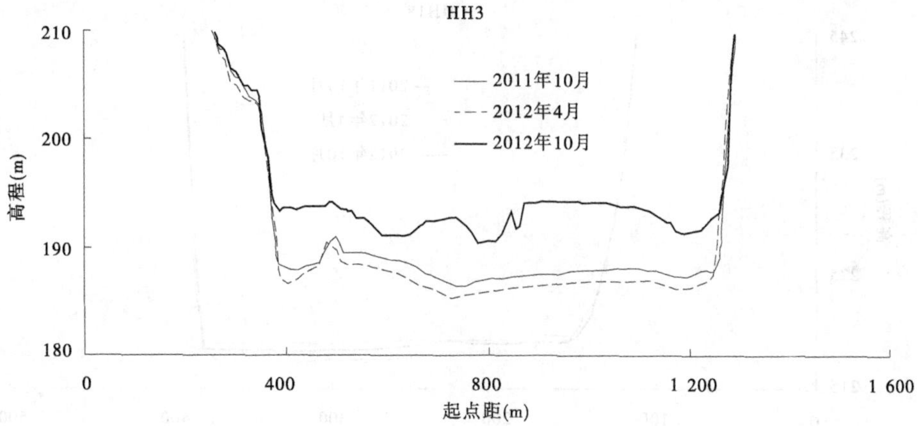

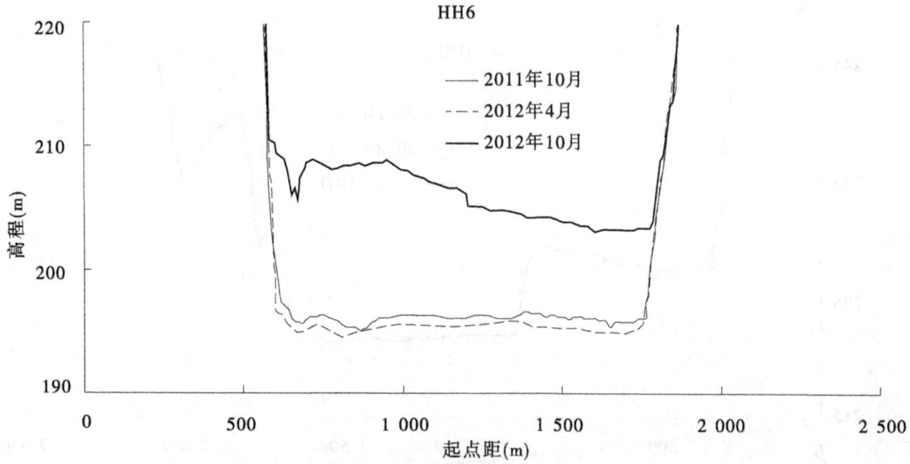

图4-5 典型横断面套绘

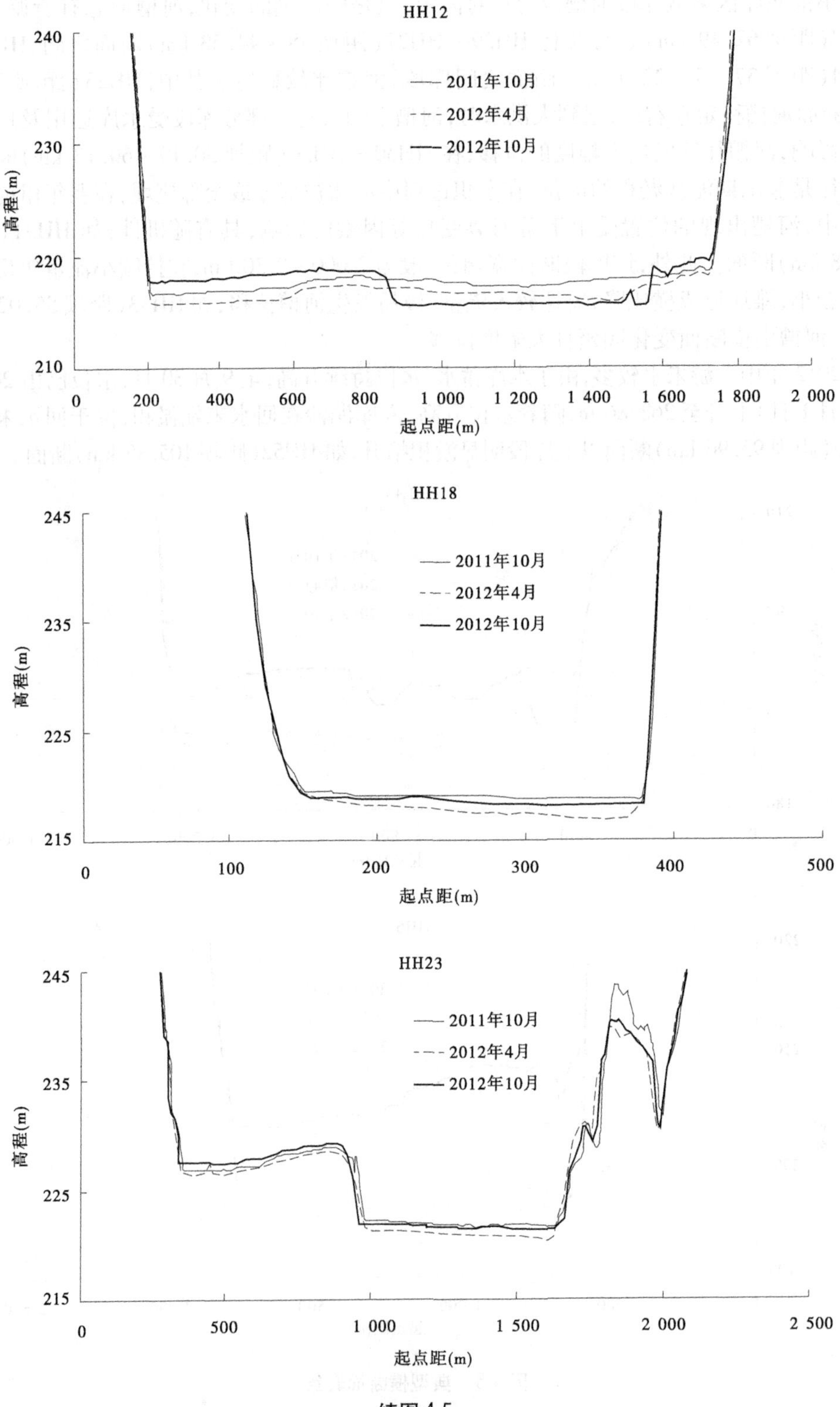
HH12
2011年10月
2012年4月
2012年10月
高程(m)
起点距(m)
HH18
2011年10月
2012年4月
2012年10月
高程(m)
起点距(m)
HH23
2011年10月
2012年4月
2012年10月
高程(m)
起点距(m)

续图 4-5

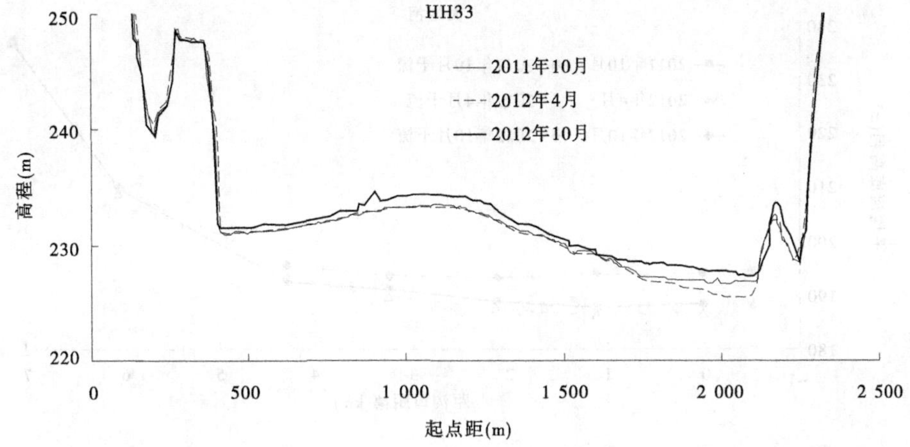

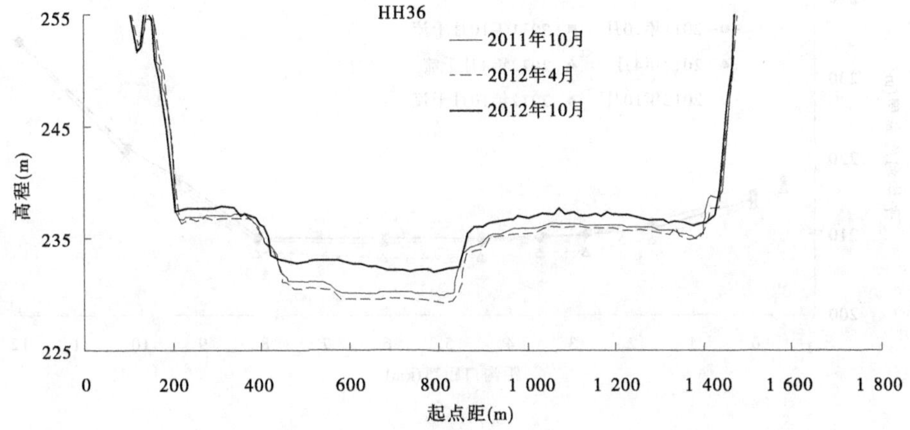

续图 4-5

(二)支流淤积形态

支流倒灌淤积过程与天然的地形条件(支流口门的宽度)、干支流交汇处干流淤积形态(如有无滩槽或滩槽高差,河槽远离或贴近支流口门)、来水来沙过程(历时、流量、含沙量)等因素密切相关。随干流滩面的抬高,支流沟口淤积面同步抬升,淤积形态取决于沟口处干流的淤积面高程。干流浑水倒灌支流,并沿程落淤,表现为支流沟口淤积较厚,沟口以上淤积厚度沿程减少。2012 年汛期,小浪底水库运用水位较低,在三角洲顶点以下库段大多为异重流输沙。

图 4-6、图 4-7 给出了部分支流纵、横断面套绘图。距坝约 4 km 的大峪河,非汛期由于淤积物的密实而表现为淤积面有所下降;汛期淤积量达到 0.155 亿 m^3,全部是异重流倒灌造成的。支流淤积面随着干流淤积面的抬升而同步抬升,支流河口处与干流滩面抬升幅度相当。由于泥沙的沿程分选,淤积厚度沿程减小,支流淤积纵剖面呈现一定的倒坡。横断面表现为平行抬升,各断面抬升比较均匀。

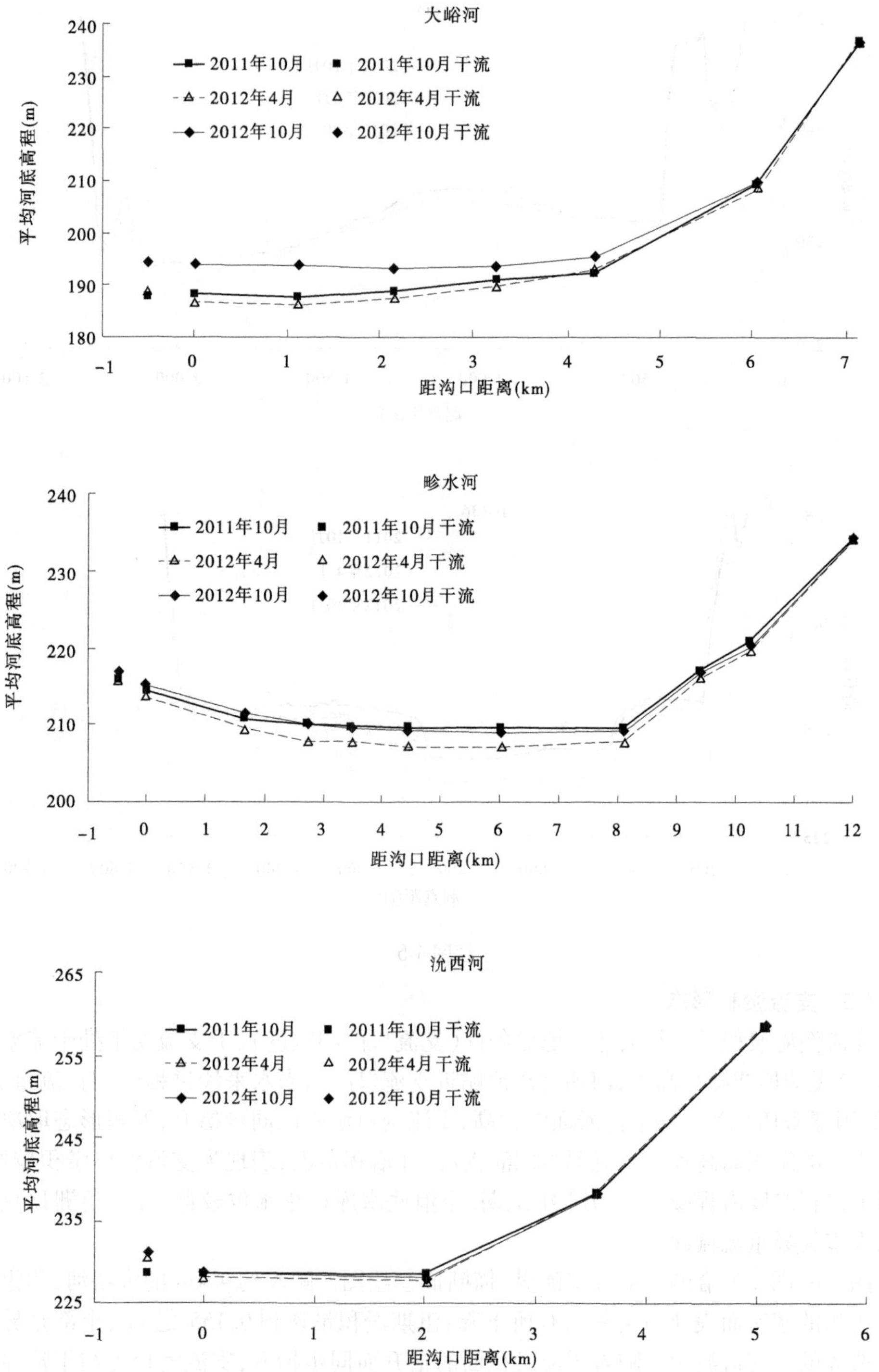
大峪河
240
230
220
210
200
190
180
平均河底高程(m)
2011年10月
2011年10月干流
2012年4月
2012年4月干流
2012年10月
2012年10月干流
−1
0
1
2
3
4
5
6
7
距沟口距离(km)
畛水河
240
230
220
210
200
平均河底高程(m)
2011年10月
2011年10月干流
2012年4月
2012年4月干流
2012年10月
2012年10月干流
−1
0
1
2
3
4
5
6
7
8
9
10
11
12
距沟口距离(km)
沇西河
265
255
245
235
225
平均河底高程(m)
2011年10月
2011年10月干流
2012年4月
2012年4月干流
2012年10月
2012年10月干流
−1
0
1
2
3
4
5
6
距沟口距离(km)

图 4-6　典型支流纵剖面

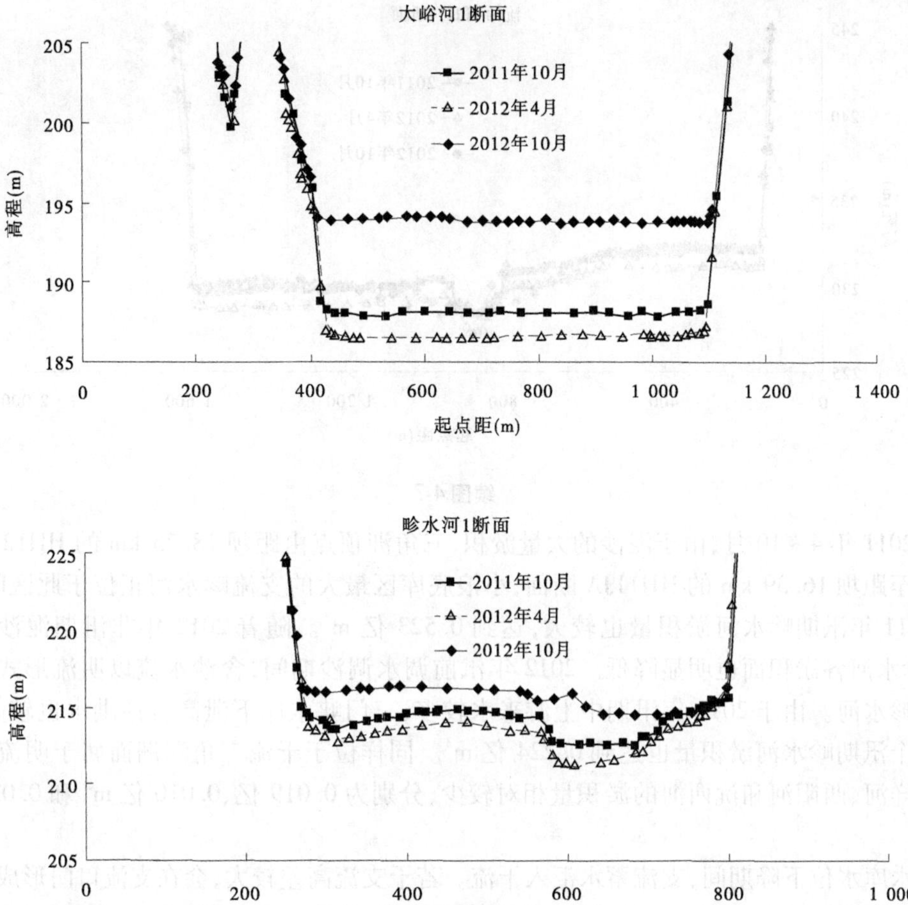
大峪河1断面
2011年10月
2012年4月
2012年10月
高程(m)
起点距(m)
0
200
400
600
800
1 000
1 200
1 400
185
190
195
200
205
畛水河1断面
2011年10月
2012年4月
2012年10月
高程(m)
起点距(m)
0
200
400
600
800
1 000
205
210
215
220
225
畛水河2断面
2011年10月
2012年4月
2012年10月
高程(m)
起点距(m)
0
400
800
1 200
1 600
205
210
215
220
225

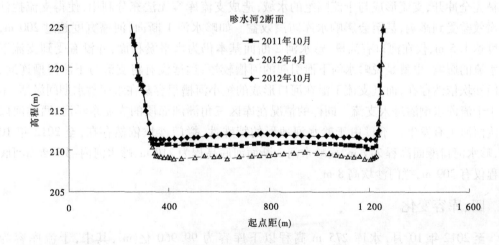

图 4-7　典型支流横断面

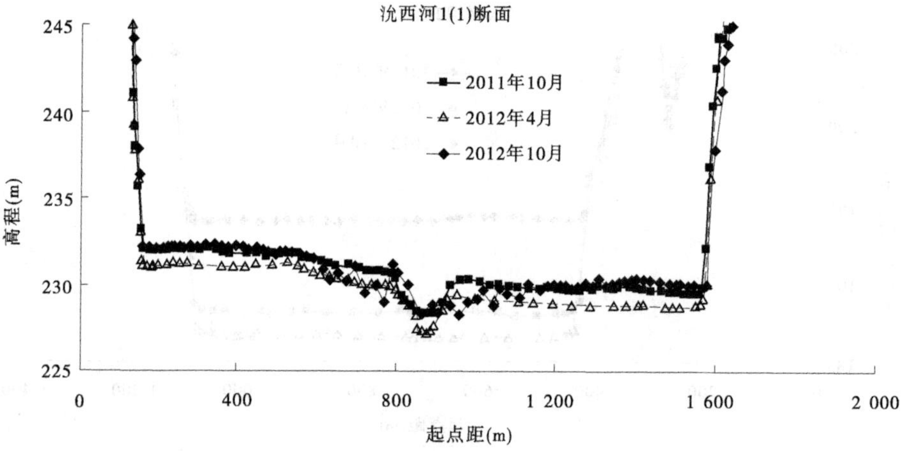

续图 4-7

2011 年 4～10 月，由于泥沙的大量淤积，三角洲顶点由距坝 18.75 km 的 HH12 断面推进至距坝 16.39 km 的 HH11JA 断面，小浪底库区最大的支流畛水河正位于此区间，因此 2011 年汛期畛水河淤积量也较大，达到 0.523 亿 m^3。随着 2012 年非汛期泥沙的密实，畛水河各淤积面也明显降低。2012 年汛前调水调沙期间，含沙水流以明流形式倒灌进入畛水河。由于 2012 年汛期中上游来水较多，三门峡水库下泄高含沙洪水也较多，因此整个汛期畛水河淤积量也达到 0.224 亿 m^3。同样位于干流三角洲洲面属于明流倒灌的东洋河、西阳河和沇西河的淤积量相对较少，分别为 0.019 亿、0.010 亿 m^3 和 0.032 亿 m^3。

水库水位下降期间，支流蓄水汇入干流。若干支流高差较大，会在支流口门形成一条或几条与干流连通的河槽，河槽的形态（宽度、深度、长度以及形状）与支流蓄水、干流水位下降高度与幅度等因素相关。若干支流水位差不足以影响拦门沙的稳定，或是拦门沙不被完全冲开，支流形成与干流隔绝的水域，造成支流库容无法充分利用，使得支流拦沙减淤效益受到影响，甚至会影响水库防洪效益。如畛水河 1 断面，河槽宽度超过 200 m，深度达 1.5 m，仅在河口有河槽，畛水河 2 断面基本仍为水平淤积面，并没有受到支流下泄水流的影响，也就是说畛水河下泄引起的河槽较短，远远没有将支流与干流河槽连通，拦门沙坎依然存在，而且支流下泄在河口形成的短小河槽很容易在水库蓄水期间淤堵，不利于干流浑水倒灌进入支流。同样的情况在库区三角洲洲面段的支流东洋河、西阳河以及沇西河也有发生。不过由于畛水河地形的特殊性，拦门沙坎依然存在，至 2012 年 10 月，畛水河口滩面高程 217 m，而畛水河 3 断面河底高程为 210 m，畛水河内部 5 断面河底高程仅有 209 m，拦门沙坎高 8 m。

四、库容变化

至 2012 年 10 月，水库 275 m 高程以下库容为 99.960 亿 m^3，其中，干流库容为 52.071 亿 m^3，支流库容为 47.889 亿 m^3。图 4-8 给出了各高程下干支流库容分布。起调水位 210 m 高程以下库容仅为 1.929 亿 m^3；汛限水位 230 m 以下库容仅为 14.003 亿 m^3。

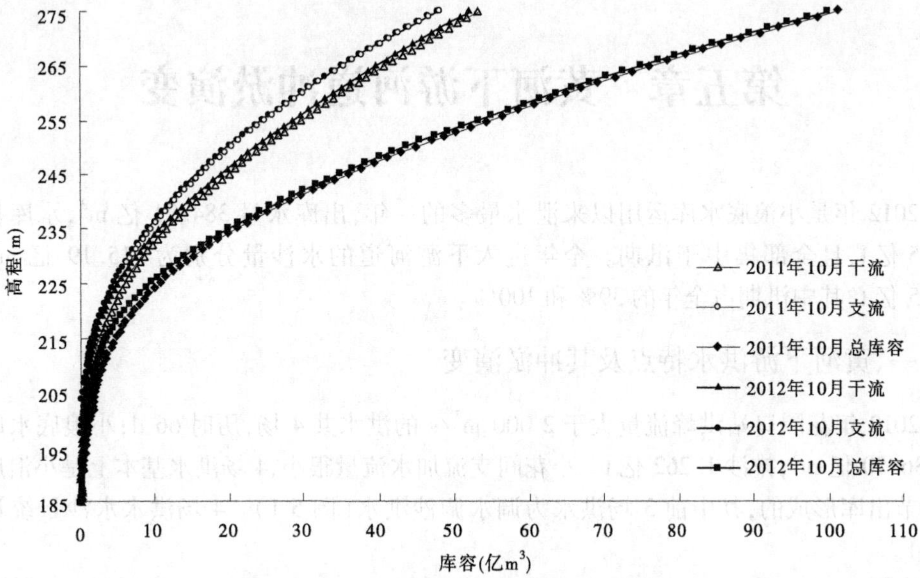

图 4-8 小浪底水库不同时期库容曲线

第五章 黄河下游河道冲淤演变

2012 年是小浪底水库运用以来泄水最多的一年,出库水量 384.21 亿 m^3,水库排沙 1.295 亿 t,且全部集中于汛期。全年进入下游河道的水沙量分别为 415.19 亿 m^3 和 1.295 亿 t,其中汛期占全年的 39% 和 100%。

一、黄河下游洪水特点及其冲淤演变

2012 年花园口站洪峰流量大于 2 000 m^3/s 的洪水共 4 场,历时 66 d;小浪底水库泄水 136.50 亿 m^3,排沙 1.262 亿 t。小花间支流加水流量很小,4 场洪水基本上是小浪底水库调节出库形成的,其中前 3 场洪水为调水调沙洪水(图 5-1)。4 场洪水水沙量统计见表 5-1。

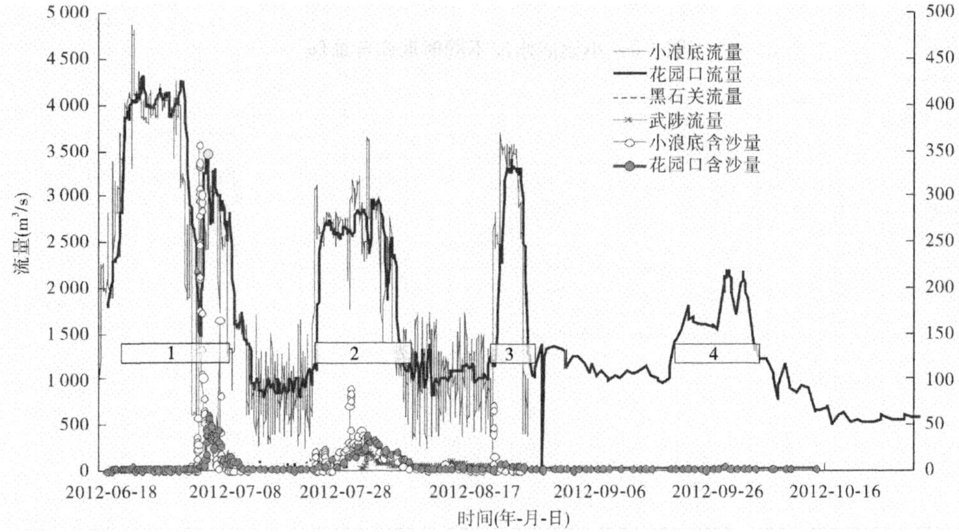

图 5-1 小浪底站水沙过程线

(一)洪水概况

1. 第 1 场洪水

第 1 场洪水是汛前调水调沙形成的, 自 2012 年 6 月 19 日 9 时至 7 月 12 日 8 时,历时 24 d,小浪底水库泄水量和排沙量分别为 60.45 亿 m^3 和 0.576 亿 t,西霞院、黑石关、武陟(简称西黑武)共计水沙量分别为 64.80 亿 m^3 和 0.590 亿 t。汛前调水调沙洪水可分为两个阶段,即清水期和排沙期。

第 1 场洪水的清水期自 2012 年 6 月 19 日至 7 月 3 日,历时 15 d,其间小浪底水库持续下泄清水,泄水量 45.01 亿 m^3,没有排沙,西黑武的水沙量分别为 46.96 亿 m^3 和 0.005 亿 t。6 月 23 日 10 时小浪底站出现洪峰流量 4 880 m^3/s。受沿程引水影响,洪峰流量沿程减小,花园口站洪峰流量为 4 320 m^3/s(6 月 25 日 4 时),到利津站进一步减小为 3 530

m^3/s。河道沿程冲刷，最大含沙量基本上沿程增加，花园口站最大含沙量为 3.53 kg/m^3，到利津站增加为 17.5 kg/m^3，增加明显。

表 5-1 洪水水沙量统计表

洪水		调水调沙洪水			第 2 场洪水	第 3 场洪水	第 4 场洪水	合计
		清水期	排沙期	合计				
时段（月-日）		06-19 ~ 07-03	07-04 ~ 07-12	06-19 ~ 07-12	07-23 ~ 08-09	08-22 ~ 08-28	09-20 ~ 10-06	
历时(d)		15	9	24	18	7	17	66
小浪底	水量（亿 m^3）	45.01	15.44	60.45	34.49	14.55	27.01	136.50
	沙量（亿 t）	0.000	0.576	0.576	0.670	0.016	0.000	1.262
西霞院	水量（亿 m^3）	46.53	17.12	63.65	34.76	15.2	25.43	139.04
	沙量（亿 t）	0.005	0.585	0.590	0.587	0.011	0.000	1.188
西黑武	水量（亿 m^3）	46.96	17.84	64.8	36.26	15.73	26.42	143.21
	沙量（亿 t）	0.005	0.585	0.590	0.587	0.011	0	1.188
	平均流量（m^3/s）	3 623	2 294	3 125	2 332	2 601	1 799	2 511
	平均含沙量（kg/m^3）	0.11	32.79	9.10	16.19	0.70	0.00	8.30

第 1 场洪水排沙期自 2012 年 7 月 4 日 8 时至 7 月 12 日 8 时，历时 9 d，小浪底水库泄水 15.44 亿 m^3，该时段小浪底水库人工塑造异重流排沙出库，水库排沙 0.576 亿 t，洪水在西霞院水库发生微冲，西黑武的水沙量分别为 17.84 亿 m^3 和 0.585 亿 t。小浪底站 7 月 6 日 16 时洪峰流量 3 090 m^3/s，加上小花间加水，花园口相应洪峰流量 3 470 m^3/s，到夹河滩站，洪峰流量减小为 3 320 m^3/s，从高村到利津之间长达 485 km 的河段，洪峰流量一直维持在 3 000 m^3/s，坦化不明显。小浪底站 7 月 4 日 15 时 30 分最大含沙量 357 kg/m^3，洪水在花园口以上河段发生淤积，到花园口站最大含沙量显著减少到 60.6 kg/m^3，到夹河滩站减小到 45.3 kg/m^3；高村站最大含沙量为 41.9 kg/m^3，艾山和利津分别为 40 kg/m^3 和 36.7 kg/m^3，即高村以下河段最大含沙量沿程降低不明显。

受水库排沙和河槽槽蓄量影响，小浪底水库异重流排沙期，小浪底—花园口（简称小花间）发生洪峰增值现象。7 月 4 日 10 时 30 分，小浪底站流量 2 230 m^3/s，相应花园口站流量 3 470 m^3/s（7 月 6 日 0 时），即使考虑黑石关站流量 60 m^3/s 和武陟站流量 10 m^3/s，洪峰流量仍然增加了 1 170 m^3/s，相比小黑武的流量相对增幅为 51%。

2. 第 2 场洪水

第 2 场洪水自 7 月 23 日至 8 月 9 日，历时 18 d，持续时间较长，小浪底水库泄水 34.49 亿 m^3，排沙 0.670 亿 t，洪水在西霞院水库淤积 0.083 亿 t，西黑武水沙量分别为 36.26 亿 m^3 和 0.587 亿 t。小浪底水库出库洪峰流量为 3 640 m^3/s，花园口站为 2 950

m^3/s,到利津为 2 940 m^3/s,洪水在花园口以下河段演进过程中,洪峰流量没有明显减小。该场洪水小浪底水库有异重流排沙,小浪底站最大含沙量为 90.2 kg/m^3,到花园口站减小为 38.4 kg/m^3,到利津站为 35.2 kg/m^3,最大含沙量沿程降低不明显。

3. 第 3 场洪水

第 3 场洪水自 8 月 22 日至 8 月 28 日,历时 7 d,历时较短。小浪底水库泄水 14.55 亿 m^3,排沙仅 0.02 亿 t,洪水在西霞院水库发生微冲,西霞院出库水沙量分别为 15.2 亿 m^3 和 0.011 亿 t。小浪底水库出库洪峰流量为 3 670 m^3/s,花园口站为 3 400 m^3/s,到利津为 3 260 m^3/s,洪水在花园口以下河段演进过程中,洪峰流量有所减小。该场洪水为清水,花园口站最大含沙量为 8.17 kg/m^3,到利津站最大含沙量增加到 13.1 kg/m^3。

4. 第 4 场洪水

第 4 场洪水自 9 月 20 日至 10 月 6 日,历时 17 d,历时较长,小浪底水库泄水 27.01 亿 m^3,为清水下泄,西黑武水量为 26.42 亿 m^3。小浪底站洪峰流量为 2 540 m^3/s,该场洪水洪峰流量不大,历时较长。花园口站为 2 190 m^3/s,到泺口、利津站分别为 2 130、1 950 m^3/s,洪水在花园口至泺口之间的河段几乎没有坦化,在泺口至利津之间洪峰流量减小了 180 m^3/s。花园口站的最大含沙量为 4.1 kg/m^3,沿程增加,到利津增加到 8.3 kg/m^3。

(二)洪水期冲淤特点

洪水期利津以上河道总体表现为冲刷,4 场洪水在利津以上各河段的冲刷量为 0.137 亿、0.039 亿、0.133 亿 t 和 0.133 亿 t,利津以上河段共冲刷 0.442 亿 t(表 5-2),占运用年冲刷量 1.103 亿 t(利用沙量平衡法计算)的 44%。

表 5-2 各场洪水在西霞院水库及下游各河段的冲淤量统计表 (单位:亿 t)

洪水	第 1 场洪水			第 2 场洪水	第 3 场洪水	第 4 场洪水	4 场洪水合计
	清水期	排沙期	合计				
西霞院水库	-0.004	-0.009	-0.013	0.085	0.005	0.000	0.077
西霞院—花园口	-0.068	0.218	0.150	-0.019	-0.065	-0.045	0.021
花园口—夹河滩	-0.090	0.057	-0.033	0.070	-0.005	-0.002	0.030
夹河滩—高村	-0.040	-0.021	-0.061	-0.047	-0.032	-0.046	-0.186
高村—孙口	-0.073	-0.008	-0.081	-0.033	-0.002	-0.016	-0.132
孙口—艾山	-0.011	-0.014	-0.025	-0.005	-0.030	-0.009	-0.069
艾山—泺口	-0.030	-0.010	-0.040	-0.020	0.013	0.042	-0.005
泺口—利津	-0.059	0.012	-0.047	0.015	-0.012	-0.057	-0.101
河道合计	-0.371	0.234	-0.137	-0.039	-0.133	-0.133	-0.442

第 1 场洪水西霞院水库冲刷 0.013 亿 t;在西霞院—花园口河段淤积 0.150 亿 t,其中清水期冲刷 0.068 亿 t,水库排沙期淤积 0.218 亿 t,表明调水调沙期间西霞院—花园口河段的淤积完全集中在排沙期;花园口—夹河滩河段微淤 0.057 亿 t;夹河滩—泺口冲刷。

第 2 场洪水在西霞院水库淤积 0.085 亿 t,西霞院—花园口冲刷 0.019 亿 t,花园口—

夹河滩河段淤积 0.070 亿 t，泺口—利津河段微淤 0.015 亿 t，其余河段冲刷。

第 3 场洪水在西霞院水库淤积 0.005 亿 t，艾山—泺口河段微淤 0.013 亿 t，其余河段发生冲刷，其中西霞院—花园口河段冲刷最多，为 0.065 亿 t。

第 4 场洪水在艾山—泺口河段微淤 0.042 亿 t，在其余河段发生冲刷，其中西霞院—花园口河段发生冲刷最多，为 0.045 亿 t，在西霞院—利津共冲刷 0.133 亿 t。

从 4 场洪水冲淤量看，夹河滩以上河段由于清水期的冲刷量小于排沙期的淤积量，因此洪水期为净淤积，花园口以上和花园口—夹河滩河段分别淤积 0.021 亿 t 和 0.030 亿 t；洪水在夹河滩以下河段均是冲刷的，冲刷最多的是夹河滩—高村河段的 0.186 亿 t，冲刷最少的是艾山—泺口河段，只有 0.005 亿 t。

（三）下游水量平衡

2012 年东平湖入黄总水量为 12.19 亿 m^3，其中非汛期和汛期水量分别为 6.24 亿、5.95 亿 m^3，汛期加水集中在 7 月 4 日～8 月 26 日，共 52 d。最大日均流量为 295 m^3/s（2012 年 7 月 17 日）。2012 年金堤河向黄河加水 1.14 亿 m^3。2012 年运用年进入下游河道的总水量为 428.52 亿 m^3（含东平湖和金堤河），利津水量为 299.49 亿 m^3，进出河道的水量差为 129.03 亿 m^3，引水量为 109.40 亿 m^3，不平衡水量为 19.63 亿 m^3（表 5-3）。

表 5-3　运用年不平衡水量计算表　（单位：亿 m^3）

小浪底	黑石关	武陟	东平湖	金堤河	利津	水量差	引水量	不平衡水量
384.21	24.13	6.85	12.19	1.14	299.49	129.03	109.4	19.63

二、下游河道冲淤变化

（一）沙量平衡法计算冲淤量

根据沙量平衡法，西霞院水库全年淤积 0.103 亿 t，淤积全部集中在 2012 年 4～10 月。西霞院至利津河道 2011 年 10 月 14 日～2012 年 4 月 15 日共冲刷 0.315 亿 t，2012 年 4 月 16 日～2012 年 10 月 15 日共冲刷 0.788 亿 t，全年共冲刷 1.103 亿 t（表 5-4）。从冲淤量的沿程分布看，非汛期艾山以上河道冲刷，而艾山以下河道淤积；汛期除艾山—泺口河段接近微淤 0.033 亿 t 外，其余河段都是冲刷的。

表 5-4　黄河下游各河段沙量平衡法冲淤量计算结果　（单位：亿 t）

河段	2011 年 10 月 14 日～2012 年 4 月 15 日	2012 年 4 月 16 日～10 月 15 日	全年
西霞院水库	0	0.103	0.103
西霞院—花园口	-0.123	-0.105	-0.228
花园口—夹河滩	-0.154	-0.095	-0.249
夹河滩—高村	-0.071	-0.244	-0.315

续表 5-4

河段	2011 年 10 月 14 日～2012 年 4 月 15 日	2012 年 4 月 16 日～10 月 15 日	全年
高村—孙口	-0.037	-0.128	-0.165
孙口—艾山	-0.125	-0.124	-0.249
艾山—泺口	0.109	0.033	0.142
泺口—利津	0.086	-0.125	-0.039
西霞院—利津	-0.315	-0.788	-1.103

（二）断面法计算冲淤量

根据黄河下游河道 2011 年 10 月、2012 年 4 月和 2012 年 10 月三次统测大断面资料，分析计算了 2012 年非汛期和汛期西霞院至利津河段各段冲淤量。西霞院—利津河段全年共冲刷 0.992 亿 m^3（主槽，下同），其中非汛期和汛期分别冲刷 0.258 亿 m^3 和 0.734 亿 m^3，74% 的冲刷量集中在汛期。从非汛期冲淤的沿程分布看，具有“上冲下淤”的特点，艾山以上河道冲刷，艾山—利津淤积；汛期整个下游河道都是冲刷的，冲刷量沿程分布呈“上大下小”。2012 年西霞院—花园口河段发生 0.024 亿 m^3 的微淤，花园口以下河段均表现为冲刷，从整个运用年冲刷量的纵向分布看，78% 的冲刷量集中在花园口至孙口之间的河道（表 5-5）。

表 5-5　2012 运用年主槽断面法冲淤量计算成果　（单位：亿 m^3）

河段	2011 年 10 月～2012 年 4 月	2012 年 4～10 月	全年	占利津以上（%）
花园口以上	-0.092	0.116	0.024	-2
花园口—夹河滩	-0.237	-0.204	-0.441	44
夹河滩—高村	-0.103	-0.075	-0.178	18
高村—孙口	0.025	-0.178	-0.153	15
孙口—艾山	0.005	-0.062	-0.057	6
艾山—泺口	0.063	-0.156	-0.093	9
泺口—利津	0.081	-0.175	-0.094	9
利津以上	-0.258	-0.734	-0.992	100
占全年（%）	26	74	100	

（三）纵向冲淤分布特点

从 1999 年 10 月小浪底水库投入运用至 2012 年 10 月，黄河下游利津以上河段全断面累计冲刷 15.965 亿 m^3，主槽累计冲刷 16.446 亿 m^3，主槽年均冲刷 1.265 亿 m^3。冲刷量主要集中在夹河滩以上河段，夹河滩以上河段和夹河滩—利津河段的冲刷量分别为 9.940 亿 m^3 和 6.506 亿 m^3，两河段的冲刷量之比约为 1.53∶1。从河段平均冲刷面积看，花园口以上河段、花园口—夹河滩、夹河滩—高村、高村—孙口、孙口—艾山、艾山—泺口和泺口—利津河段的冲刷面积分别为3 592、5 444、2 701、1 300、978、784 m^2和751 m^2。夹河滩以上冲刷面积超过了3 500 m^2，而孙口以下河段不到1 000 m^2。2012运用年，花园口以上河段平均面积减少19 m^2，花园口以下各河段冲刷面积分别为438 m^2（花园口—夹河滩）、245 m^2（夹河滩—高村）、115 m^2（高村—孙口）、88 m^2（孙口—艾山）、87 m^2（艾山—泺口）和52 m^2（泺口—利津），花园口—夹河滩河段增加最多，泺口—利津河段增加最少（图5-2）。

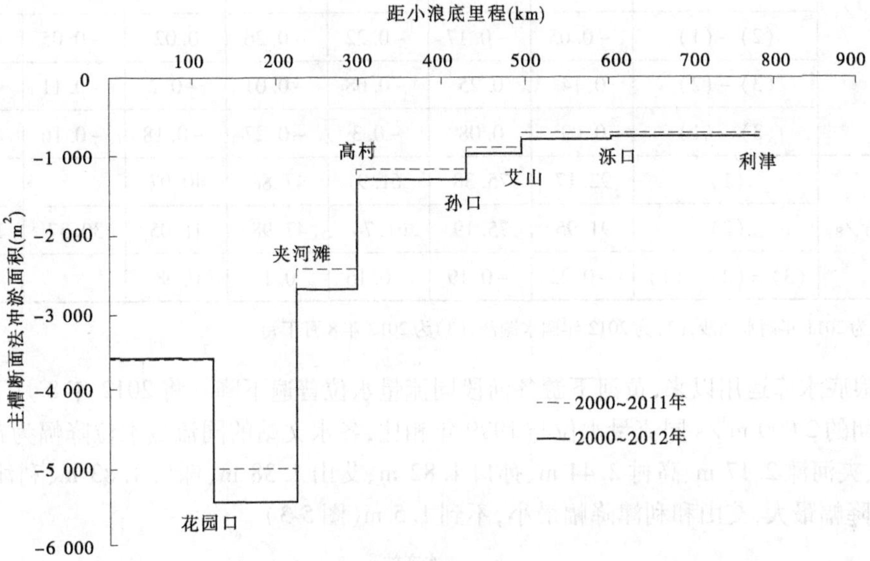

图5-2　下游河道冲淤量沿程分布

三、排洪能力变化

（一）水位变化

2012年汛前调水调沙和2011年汛前调水调沙洪水涨水期3 000 m^3/s同流量水位相比，夹河滩—孙口下降较为明显，降幅在0.17～0.26 m，花园口和泺口下降较少，为0.05 m，艾山和利津有所抬升。

鉴于2012年末场洪水（9月下旬至10月上旬洪水）的流量较小（花园口和利津的洪峰流量分别为2 190 m^3/s和1 950 m^3/s），不到3 000 m^3/s，故将2012年8月下旬作为末场洪水分析。比较2012年8月下旬洪水和当年调水调沙洪水的3 000 m^3/s流量的水位变化，花园口和夹河滩分别抬升了0.14 m和0.25 m，高村下降了0.08 m，孙口变化不明显，艾山和泺口分别下降0.2 m和0.11 m，利津微降0.04 m。

2012年8月下旬洪水和2011年汛前调水调沙洪水相比，上游河段花园口和夹河滩站3 000 m^3/s水位分别抬升了0.09 m和0.08 m，利津变化不明显，中间河段高村—泺口水位降幅明显，降幅分别为0.3 m（高村）、0.27 m（孙口）、0.18 m（艾山）和0.16 m（泺口），见表5-6。

孙口和艾山2012年在较大流量时水位表现反常。从3 500 m^3/s同流量水位看，2012

年调水调沙和上年调水调沙相比,孙口和艾山是抬升的。

表 5-6 同流量水位及其变化 (单位:m)

水文站		花园口	夹河滩	高村	孙口	艾山	泺口	利津
3 000 m^3/s	(1)	91.92	75.17	61.63	47.47	40.49	29.77	12.76
	(2)	91.87	75	61.41	47.21	40.51	29.72	12.81
	(3)	92.01	75.25	61.33	47.2	40.31	29.61	12.77
	(2)-(1)	-0.05	-0.17	-0.22	-0.26	0.02	-0.05	0.05
	(3)-(2)	0.14	0.25	-0.08	-0.01	-0.2	-0.11	-0.04
	(3)-(1)	0.09	0.08	-0.3	-0.27	-0.18	-0.16	0.01
3 500 m^3/s	(1)	92.17	75.38	61.9	47.88	40.97		
	(2)	91.95	75.19	61.74	47.98	41.05	30.37	12.43
	(3)=(2)-(1)	-0.22	-0.19	-0.16	0.1	0.08		

注:(1)为 2011 年调水调沙,(2)为 2012 年调水调沙,(3)为 2012 年 8 月下旬。

小浪底水库运用以来,黄河下游各河段同流量水位普遍下降。将 2012 年 8 月下旬洪水涨水期的 2 000 m^3/s 同流量水位与 1999 年相比,各水文站的同流量水位降幅为花园口 1.59 m、夹河滩 2.17 m、高村 2.44 m、孙口 1.82 m、艾山 1.38 m、泺口 1.83 m、利津 1.24 m,高村降幅最大,艾山和利津降幅最小,不到 1.5 m(图 5-3)。

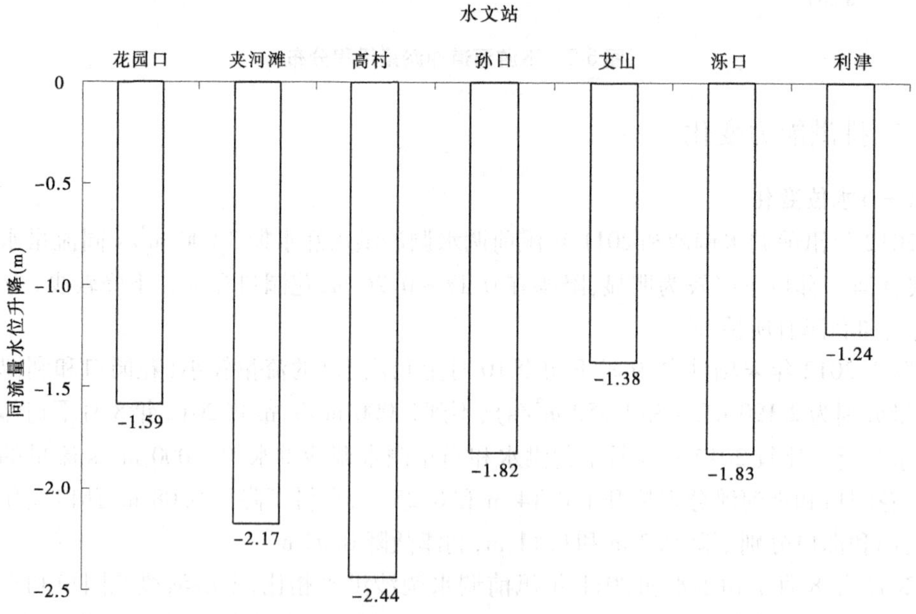

图 5-3 小浪底水库运用以来同流量 2 000 m^3/s 水位变化

(二)平滩流量变化

2013 年汛前黄河下游河道各水文站断面的平滩流量分别为 6 900 m^3/s(花园口)、

6 500 m^3/s(夹河滩)、5 800 m^3/s(高村)、4 300 m^3/s(孙口)、4 150 m^3/s(艾山)、4 300 m^3/s(泺口)和 4 500 m^3/s(利津)。2013 年汛初和上年同期相比,高村、孙口和艾山站的平滩流量比上年增大 400、100 m^3/s 和 50 m^3/s。2013 年汛初和 1999 年相比,水文站断面的平滩流量增加了 1 050 ~ 3 250 m^3/s,增加最多的是花园口断面,增加了 3 250 m^3/s,最少的是艾山断面,仅增加 1 050 m^3/s(见表 5-7)。

表 5-7　黄河下游水文站断面平滩流量及其变化　　(单位:m^3/s)

年份	花园口	夹河滩	高村	孙口	艾山	泺口	利津
1999	3 650	3 400	2 700	2 800	3 100	3 200	3 200
2012	6 900	6 500	5 400	4 200	4 100	4 300	4 500
2013	6 900	6 500	5 800	4 300	4 150	4 300	4 500
2012 ~ 2013	0	0	400	100	50	0	0
1999 ~ 2013	3 250	3 100	3 100	1 500	1 050	1 100	1 300

受纵向冲刷不断下移的影响,最小平滩流量的位置逐渐下移,目前已下移到艾山水文站上游附近。综合分析,彭楼—陶城铺河段为全下游主槽平滩流量最小的河段,最小值预估为 4 100 m^3/s,平滩流量较小的河段有 4 处,分别为武盛庄—十三庄断面河段(4 150 m^3/s)、于庄断面附近河段(4 200 m^3/s)、后张楼—大寺张断面河段(4 100 m^3/s),以及路那里大断面上下河段(4 100 m^3/s)。

四、扣马—小马村断面之间的河段发生局部淤积

根据 2012 年汛期前后大断面分析,从 2012 年 4 月到 2012 年 10 月,扣马—小马村断面长 41.6 km 的河段发生淤积,淤积量为 0.210 6 亿 m^3。图 5-4 为 2011 年 10 月 ~ 2012

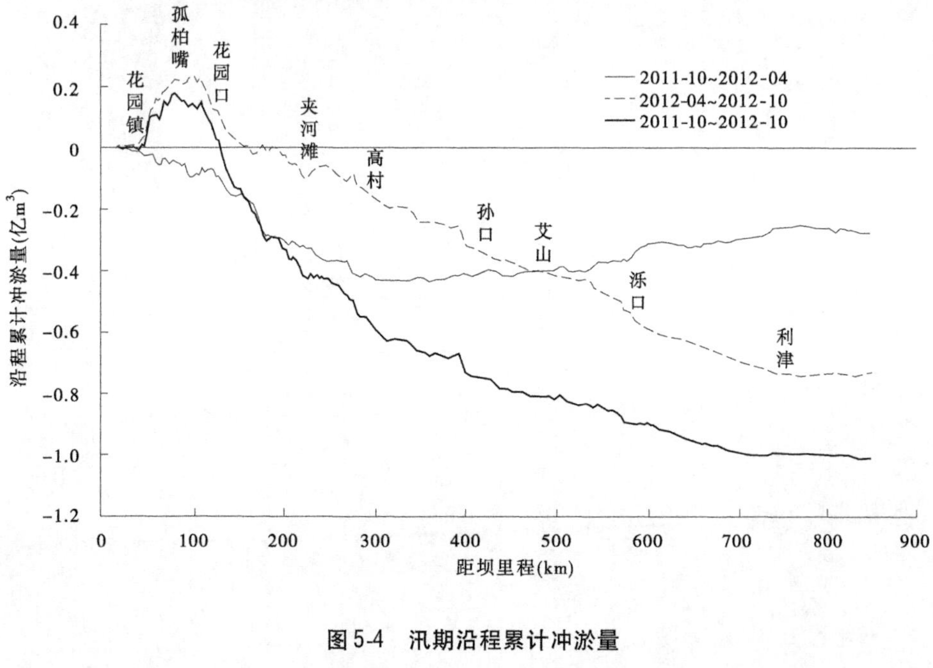

图 5-4　汛期沿程累计冲淤量

年4月、2012年4~10月,以及2011年10月~2012年10月发生的沿程累计冲淤量沿程分布。2012年4~10月该河段的淤积量为0.210 6亿m^3。该河段非汛期(2011年10月~2012年4月)的冲刷量为0.035亿m^3,非汛期的冲刷量远小于汛期的淤积量,因此运用年淤积0.176亿m^3。该河段的平均槽宽约为1 200 m,据此计算淤积厚度,汛期达0.42 m,运用年达0.35 m,局部河段淤积较多。这是小浪底水库运用以来该河段首次发生淤积,也是下游河道局部河段淤积最严重的一次。

第六章　认识及建议

一、认识

(1)根据报汛资料统计,2012 年汛期黄河流域降雨量为 321.3 mm,较多年平均偏多 1.4%。偏多主要发生在前汛期,降雨量为 238 mm,较多年同期偏多 12.5%,特别是 7 月,降雨量达到 139.1 mm,较多年同期偏多 30.3%。汛期降雨区域分布不均,龙门以上地区降水量较多年均值偏多,龙门以下地区除三小区间外均偏少。

(2)主要干流控制站年水量与多年平均相比,高村以上不同程度偏多,各站偏多程度为从上至下逐渐减少,从唐乃亥的 42% 减少到高村的 3%,高村以下与多年基本持平。主要支流控制站华县(渭河)、河津(汾河)、洑头(北洛河)、黑石关(伊洛河)、武陟(沁河)来水量与多年平均相比均偏少。

(3)干支流沙量均偏少,其中潼关、花园口和利津年沙量分别为 2.085 亿、1.382 亿 t 和 1.884 亿 t。

(4)潼关和花园口全年最大流量分别为 5 350 m^3/s(9 月 3 日)和 4 320 m^3/s(6 月 25 日),唐乃亥、兰州、头道拐、吴堡和龙门分别出现 1989 年、1986 年、1998 年、1989 年和 1996 年以来最大洪峰。山陕区间部分支流也出现近期最大洪峰流量。黄河流域出现编号洪峰 4 次。

(5)截至 2012 年 11 月 1 日,黄河流域 8 座主要水库蓄水总量 363.95 亿 m^3,全年增加蓄水量 35.97 亿 m^3,主要为龙羊峡、刘家峡和小浪底水库。将三大水库调蓄量还原,兰州日均最大流量 5 030 m^3/s(8 月 1 日),相应日均实测流量仅 2 250 m^3/s;花园口日均最大流量 4 880 m^3/s(8 月 2 日),相应日均实测流量仅 2 910 m^3/s。

(6)三门峡水库共实施了 6 次敞泄排沙,排沙总量 1.991 8 亿 t,平均排沙比 2.96,水位低于 300 m 累计 15 d。三门峡水库潼关以下库段全年冲刷泥沙 0.355 亿 m^3、小北干流河段冲刷 0.251 亿 m^3;运用年内潼关高程下降 0.25 m。

(7)小浪底水库汛前调水调沙生产运行期间,小浪底水库排沙 0.576 亿 t,排沙比 1.286。年度内全库区泥沙淤积量为 1.325 亿 m^3,其中干流淤积量为 1.124 亿 m^3,支流淤积量为 0.201 亿 m^3。全库区年度内淤积主要集中在高程 215 m 以下,该区间淤积量达到 1.449 亿 m^3。主要淤积在 HH11JA 断面以下,该库段(含支流)淤积量为 1.730 亿 m^3。1999 年 9 月 ~2012 年 10 月,库区累计淤积量达到 27.500 亿 m^3,水库 275 m 高程下总库容为 99.960 亿 m^3,其中,干流库容为 52.071 亿 m^3,支流库容为 47.889 亿 m^3。

(8)全年进入下游有 4 场洪水,小浪底站最大洪峰流量为 4 880 m^3/s,花园口站为 4 320 m^3/s。前 2 场洪水水库排沙,后 2 场洪水基本为清水下泄。汛前调水调沙排沙期洪水在小花间发生了洪峰增值现象,洪峰流量增加了 1 170 m^3/s,相对增幅为 51%。

(9)全年西霞院以下河段主槽共冲刷 0.992 亿 m^3(断面法),其中 74% 的冲刷量集中在汛期；从非汛期冲淤的沿程分布看，具有“上冲下淤”的特点，艾山以上河道冲刷，艾山—利津淤积；汛期整个下游河道都是冲刷的，冲刷量沿程分布呈“上大下小”。2013 年汛前黄河下游河道断面的平滩流量最大为花园口的 6 900 m^3/s，最小为艾山的 4 150 m^3/s。1999 年 10 月～2012 年 10 月，下游利津以上河段全断面累计冲刷 15.965 亿 m^3，主槽累计冲刷 16.446 亿 m^3，主槽冲刷量主要集中在夹河滩以上河段，为 9.940 亿 m^3。

二、建议

（1）库区干流仍保持三角洲淤积形态，至 2012 年汛后，三角洲顶点推进到距坝 10.32 km(HH8)，顶点高程为 210.63 m。支流淤积主要在位于干流三角洲顶点以下的支流以及库容较大的支流。支流畛水河的拦门沙坎依然存在，至 2012 年 10 月，畛水河口拦门沙坎高 8 m。针对这一问题，建议开展相关治理研究。

（2）优化小浪底水库出库水沙调节，加强游荡性河道整治，控制塌滩展宽，提高输沙能力，避免河段产生累积性淤积。

第二专题 黄河宁蒙河段2012年洪水调查报告

2012年7~8月，黄河上游降雨偏多，干流河道兰州站出现1989年以来洪峰流量达到3 650 m^3/s的洪水过程。唐乃亥连续54 d流量在2 000 m^3/s以上。这是黄河上游自20世纪80年代至今经历的一次少见的洪水过程。为及时了解宁蒙河段洪水情况，为黄河防汛指挥调度提供参考依据，对黄河上游洪水过程进行了跟踪，并基于前期研究工作，对洪水表现、水沙演进、河道冲淤规律、河势变化、河道整治及堤防工程安全、洪水期干流水利枢纽的运用情况进行了分析。

第一章　考察缘由

2012 年 7 ~8 月，黄河上游降雨较往年偏多，干流河道唐乃亥站出现 1989 年以来最大洪水，洪峰流量达到 3 440 m^3/s 的洪水过程，大于 2 000 m^3/s 的流量历时约 54 d。宁蒙河道出现连续 48 d 流量在 2 000 m^3/s 以上的径流过程，这是黄河上游自 20 世纪 80 年代至今经历的一次少见的洪水。

黄河宁蒙河段是黄河干流冲积性河道之一，宁蒙河段内水系十分复杂，支流高含沙洪水对干流河道冲淤演变影响较大，水沙变化和河床演变复杂。上游大型水库的修建和运用改变了天然径流过程。自从龙羊峡和刘家峡水库（简称龙刘水库）1986 年联合运用以来，由于多年调节水库具有较大库容，调节水量的能力较强，拦减了进入宁蒙河道的洪水过程。两者的共同作用形成了黄河上游 30 多 a 汛期未出现较大流量的洪水过程，流量基本上在 1 500 m^3/s 以下。自 1986 年以来，宁蒙河道发生严重淤积。根据实测淤积断面成果计算，1991 ~2004 年内蒙古河道淤积 8.4 亿 t，年均淤积 0.65 亿 t。而且，由于流量较小，87% 的淤积集中在主槽内，造成河道排洪排凌能力降低，平滩流量由 1985 年的 4 500 m^3/s 左右降低到 2005 年的约 1 500 m^3/s。

2012 年汛期由于上游降雨丰沛且历时较长，龙羊峡水库蓄水较多，且本次洪水过程中拦蓄量相对较少，加之刘家峡水库高水位运用泄放大流量过程，因此宁蒙河道出现了 30 多 a 未见的洪水过程。

为了解这次洪水的基本情况，以及对河道冲淤的影响，项目组组成 15 人考察小组，于 2012 年 8 月 17 ~22 日，开展了为期 6 d 的查勘工作。通过考察，收集了宝贵的第一手资料，加深了对宁蒙河道的最新认识，并对宁蒙河道洪水表现、水沙演进、河道冲淤规律、河势变化、河道整治及堤防工程安全、洪水期干流水利枢纽的运用情况进行了分析，为上游防洪、治理与开发利用决策提供支撑。

第二章 考察行程

考察组于2012年8月15日从郑州出发,16日晚到达宁夏首府银川。8月17日,先查勘宁夏河段的河道过流及河道整治工程情况。查看的河道整治工程主要有宁夏永宁县西河、东河控导工程、南方控导工程(图2-1)、宁夏仁存渡、六顷地控导工程、平罗第四排水口控导工程、第三排水口控导工程;考察了沙坡头水电站,了解了洪水期水电站的调控运用、库区冲淤及引水等情况;查看了紧靠黄河干流河道的腾格里沙漠,查看了中卫市长乐镇黄河干流的倪滩险工;在青铜峡水利枢纽,与电站技术人员交流了青铜峡水利枢纽运用方式和排沙效果,以及各干渠引水情况(图2-2)。18日,查看了宁夏青铜峡苦水河入黄口(图2-3),了解干流对支流苦水河的影响;查看河东沙地(也称毛乌素沙漠)(图2-4),了解岸边沙漠向黄河加沙的情况;查看宁夏头道墩、六顷地附近的黄河河道、宁夏平罗县四排口控导工程,了解黄河干流的河型变化。下午查看了宁夏灌区退水入黄处(惠农县三排口控导工程)、宁夏石嘴山水文站。

图2-1 宁夏市南方控导工程附近

图2-2 青铜峡大坝左岸的唐徕渠

图2-3 苦水河入黄口

图2-4 河东沙地

之后进入内蒙古河段，查看了内蒙古老包兰铁路桥所在河段（三道坎铁路桥，凌汛期冰塞严重的卡口，位于海勃湾水库坝址上游 20 km），参观了乌海海勃湾水库和水库坝址上游的甘德尔桥址附近乌兰布和沙漠，以及沙漠向库区的加沙情况，并现场提取沙样。8 月 19 日查勘了内蒙古三盛公水利枢纽（图 2-5）、巴彦高勒水文站、乌兰布和分洪闸、乌兰布和沙漠（图 2-6），了解了三盛公水利枢纽运用及冲沙、分洪及灌溉等情况。查看了巴彦淖尔的南套子工程。8 月 20 日，考察了永胜工程、临河马场地控导工程、巴彦淖尔五原控导工程、皮房圪旦险工（图 2-7）、乌梁素海入黄处、三湖河口水文站（图 2-8）、亿利黄河大桥、大河湾、三岔口险工、宝钢取水口，了解了最新的河道整治工程情况。8 月 21 日，查看了内蒙古大城西工程附近河道的过流能力及漫滩情况（图 2-9）；查看了内蒙古鄂尔多斯市达拉特旗的西牛圪卜、团结渠首、皿鸡卜、八里湾（图 2-10）等工程附近的河势及漫滩情况、内蒙古头道拐水文站（图 2-11）、内蒙古头道拐下游的黄河拐弯向南处（图 2-12），了解了该河段的河势变化及河道整治工程的布设情况。8 月 22 日，查看库布齐沙漠及十大孔兑，并重点查看了毛不拉孔兑、西柳沟（图 2-13）及罕台川（图 2-14），了解主要孔兑的河道特性，查看了泥沙在沟口附近的堆积情况等。

图 2-5　三盛公水利枢纽

图 2-6　乌兰布和沙漠

图 2-7　皮房圪旦险工

图 2-8　三湖河口水文站附近河道

图 2-9　大城西漫滩情况

图 2-10　八里湾工程

图 2-11　头道拐水文站断面附近

图 2-12　黄河拐弯向南处上游河道

图 2-13　西柳沟入黄处

图 2-14　罕台川入黄处

第三章　考察内容

本次考察重点了解了洪水表现、河道过流能力、河势变化、河道整治及堤防工程安全、抢险和漫滩淹没等情况，同时与沿河水文站、防汛、规划设计、水利枢纽管理等有关单位进行了座谈，就水文站测验断面变化、河道整治工程布局及设计、沙漠与黄河的关系、水库运用等问题进行了交流。

一、考察区域概况

（一）河道概况

1. 河道特征

黄河宁蒙河段位于黄河上游的下段，西起宁夏中卫县南长滩，东至内蒙古准格尔旗马栅乡，全长为1 203.8 km。受两岸地形控制，形成峡谷河段与平原宽阔河段相间出现的格局。

宁夏河段自宁夏中卫县南长滩至石嘴山头道坎北的麻黄沟，全长380.8 km。宁夏河段境内河势差异明显，南长滩至下河沿为峡谷河段，河长62.7 km；下河沿至仁存渡长161.5 km。下河沿至仁存渡段河道内心滩发育，汊河较多，水流分散，属非稳定分汊型河道，该段河床由粗砂卵石组成并以卵石为主，河宽500～3 000 m，主槽宽300～600 m，河道纵比降青铜峡库区以上约为0.8‰，库区以下为0.61‰；仁存渡至头道墩为平原冲积河道，河床组成由砂卵石过渡为砂质，为卵石分汊河道向下游游荡性河道的过渡段，心滩较少，边滩发育，河段长70.5 km，河宽1 000～4 000 m，平均宽2 500 m，主槽宽400～900 m，平均宽约550 m，河道纵比降0.15‰，弯曲率1.21；头道墩至石嘴山属游荡性河道，断面宽浅，水流散乱，沙洲密布，河床冲淤变化较大，主流游荡摆动剧烈，河段长86.1 km，河宽1 800～6 000 m，平均约3 300 m，主槽宽500～1 000 m，平均约650 m，河道纵比降0.18‰，弯曲率1.23。境内主要支流有清水河、红柳沟、苦水河和都思兔河；石嘴山至麻黄沟右岸为桌子山，左岸为乌兰布和沙漠，河段长24.62 km，属于峡谷河道，河宽400 m，纵比降0.56‰，弯曲系数为1.5。

内蒙古河段自石嘴山麻黄沟至准格尔旗马栅乡，干流河段长823 km（含宁夏和内蒙古的交叉段）。其中，乌达公路桥以上为峡谷河道，平均河宽400 m，河道比降0.56‰；乌达公路桥至三盛公为过渡性河段，河长105 km，平均河宽1 800 m，主槽宽600 m，河道比降0.15‰，河道宽窄相间，河心滩较多；三盛公至三湖河口属游荡性河段，河长220.7 km，河道顺直，断面宽浅，水流散乱，河道内沙洲众多，河宽2 500～5 000 m，平均宽约3 500 m，主槽宽500～900 m，平均宽约750 m，河道比降0.17‰；三湖河口至昭君坟河长126.4 km，为过渡性河段，南岸有三条大的孔兑汇入，河道宽广，河宽2 000～7 000 m，平均宽约4 000 m，主槽宽500～900 m，平均宽约710 m，河道比降0.12‰；昭君坟至蒲滩拐河长193.8 km，属弯曲性河段，河宽1 200～5 000 m，上宽下窄，上段平均宽3 000 m，下段平均宽 2 000 m，主槽宽 400 ~ 900 m，平均 600 m，河道比降 0.1‰，头道拐位于蒲滩拐上游约 20 km 处；蒲滩拐以下属峡谷河段。内蒙古河段沿途有 43 条较大支流汇入黄河，左岸支流主要有昆都仑河、大黑河、浑河等，右岸主要有西柳沟等十大孔兑。

2. 堤防和河道整治工程情况

黄河宁蒙河段干流堤防大部分始建于 20 世纪 50 年代，"九五"以来对部分堤防高度及厚度不足的堤段进行了加高培厚，并新建了部分堤防。截至 2007 年，宁蒙河段干流堤防长 1 453. 123 km，河道整治工程 140 处、长 179. 469 km，坝垛 2 194 道。其中，宁夏河段干支流堤防总长 448. 074 km，河道整治工程 81 处、长 84. 595 km，坝垛 1 045 道，设防标准为 20 a 一遇；内蒙古河段干支流堤防总长 1 005. 049 km，河道整治工程 59 处、长 94. 874 km，坝垛 1 149 道，石嘴山至三盛公设防标准为 20 a 一遇，三盛公至蒲滩拐左岸为 50 a 一遇，右岸除达旗 55 km 堤段为 50 a 一遇，其余均为 30 a 一遇。

宁蒙河段干流大部分堤防高度和宽度不足，缺口多、不连续，支流堤防不完善，河道整治工程数量少、质量差。宁蒙河段近期防洪可研中安排加高培厚干流大堤 624. 949 km，新建堤防 8. 774 km，加高培厚支流堤防 51. 334 km，新建支流堤防 115. 626 km，安排新增河道整治工程 85 处，长 64. 738 km，坝垛 623 道。可研实施后，宁蒙河段干支流堤防长 1 575. 673 km，河道整治工程 225 处，长 224. 207 km，坝垛数 2 817 道。

（二）水沙情况

宁蒙河段径流主要来自兰州以上的干流，泥沙主要来自兰州以下的支流和十大孔兑等，水多沙少且水沙异源是其显著特点。天然情况下（1920 ~ 1968 年）河段进口站下河沿站多年平均水量 314 亿 m^3，沙量 1. 853 亿 t，平均含沙量 5. 90 kg/m^3，其中水量占全河同期（花园口站）的 64%，而沙量只占 13%。水沙异源是下河沿以上来水来沙的另一个特点，其中水量主要来自上诠以上，占下河沿站来水量的 86. 1%，而沙量主要来自上诠至下河沿区间的洮河、大通河、湟水、祖厉河等支流，占下河沿来沙量的 61%。来水来沙量集中在汛期，分别占全年来水量的 61. 4% 和来沙量的 86. 9%。下河沿以下主要是沙量加入，来自于清水河、苦水河和内蒙古的十大孔兑，合计年均沙量 0. 42 亿 t，对河道调整影响较大。

宁蒙河段洪水主要来自兰州以上，由降雨形成。兰州以上降雨一般强度较小，但历时长，覆盖面大。由此形成的上游洪水具有峰型较胖、洪峰低、历时长、洪量大、含沙量较小等特点。统计表明，上游洪水历时一般为 22 ~ 66 d。宁蒙河段有实测资料记录以来最大洪水发生于 1981 年 9 月，下河沿站最大流量 5 780 m^3/s，最大含沙量 7. 12 kg/m^3。

黄河上游龙刘水库运用后汛期拦蓄洪水、削减洪峰。刘家峡单库运用时削峰比一般在 15% ~ 50%，平均削峰比 26%，龙羊峡水库运用后削峰比在 21% ~ 85%，平均为 59%。龙羊峡水库运用以后宁蒙河段 2 000 m^3/s 以上流量大幅减少，3 000 m^3/s 以上流量不再出现。同时水库运用改变了径流量年内分配，使得汛期径流减少、非汛期径流量增多。

（三）水库情况

黄河上游已建成的水库有龙羊峡、拉西瓦、李家峡、公伯峡、刘家峡、盐锅峡、八盘峡、大侠、沙坡头、青铜峡、三盛公等。其中沙坡头、青铜峡、三盛公水库位于宁蒙河段内，其余均位于其上游河段。在这些水库中，龙羊峡、刘家峡水库具有较大库容和调节能力，能够进行多年和不完全年调节。其他水库库容较小，调节能力非常有限，如青铜峡水库正常蓄水位以下的原始库容为6.06亿m^3，建成后淤积较快，库容损失大，由于目前正常蓄水位下库容仅余0.3亿m^3，对径流泥沙基本没有调节能力。

刘家峡水库总库容57亿m^3，其中有效库容41.5亿m^3，是一座不完全年调节水库，正常蓄水位1 735 m，死水位1 694 m，汛期限制水位1 726 m。1968年10月15日下闸蓄水，以发电为主，兼有灌溉、防洪、防凌、航运及养殖等综合效益。刘家峡水库单库运行时期，汛期以蓄水发电运用为主，年均蓄水量26.9亿m^3，非汛期防凌、灌溉、发电运用相结合，以泄水为主，年均泄水24.7亿m^3，即汛期使进入下游的径流量减少26.9亿m^3，非汛期则增加24.7亿m^3。

龙羊峡水库是具有多年调节能力的大型水库，在刘家峡水库坝址上游332 km处，水库总库容247亿m^3，有效库容193.5亿m^3，正常蓄水位2 600 m，死水位2 530 m，汛期（7～9月）限制水位2 594 m。1986年10月15日下闸蓄水，以发电为主，兼有灌溉、防洪、防凌、航运及养殖等综合效益。龙羊峡水库建成运用后，汛期年均蓄水35.8亿m^3，非汛期年均泄水28.1亿m^3。龙羊峡水库建成后，刘家峡水库则调整了原来的运用方式，配合龙羊峡水库对调节后的来水过程进行补偿调节，汛期蓄水量和非汛期泄水量均减少，汛期年均蓄水6亿m^3，非汛期年均泄水7.3亿m^3。两库联合运用的结果是汛期蓄水41.8亿m^3，非汛期泄水35.4亿m^3，即汛期使进入下游的径流量减少41.8亿m^3，非汛期则增加35.4亿m^3。

二、洪水基本情况

（一）洪水来源及雨情

2012年8月宁蒙段洪水以兰州以上来水为主。从7月10日至9月10日黄河流域兰州以上时段降雨量共140.6 mm，其中降雨量在100～200 mm之间的区域占23%（图3-1），大多在该区域北部。降雨量大于200 mm的区域占77%，大多在该区域南部，其甘南自治州碌曲县降雨量达到了390 mm。兰托区间时段降雨量共61.41 mm，其中降雨量在50～100 mm之间的区域占11%（图3-2），约在内蒙古的乌海和临河等地区。其中降雨量在100～200 mm之间的区域占63%，约在内蒙古的包头、呼和浩特等地区。降雨量大于200～300 mm的区域占26%，其中降雨量在300～500 mm之间的占3%。

本次洪水有两次明显的降雨过程，一是7月27日～8月1日，兰州以上及兰托区间多站出现暴雨记录，7月28日黄河巴彦高勒水文站降雨达111 mm，7月30日黄河循化水文站降雨42.1 mm，小川水文站降雨47.0 mm，青铜峡水文站降雨54.0 mm；第二次是8月14～19日，8月14日洮河碌曲水文站降雨56.4 mm，8月17日洮河李家村水文站降雨63.7 mm。本次降雨日数较历年同期平均偏多（表3-1）。

西部地区降雨明显偏多，多地暴雨频发，多站出现极端降水事件，部分地区突破历史纪录（表3-2）。

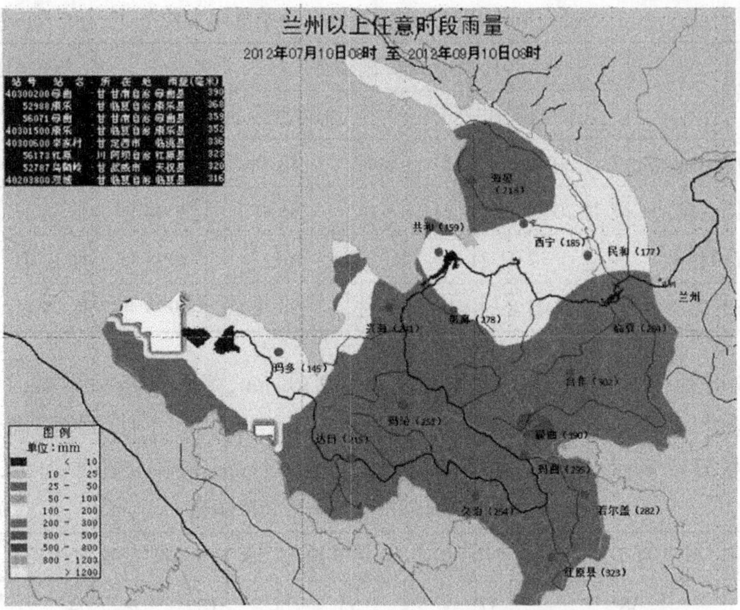

图 3-1　2012 年 7 月 10 日 ~9 月 10 日兰州以上区域降雨量

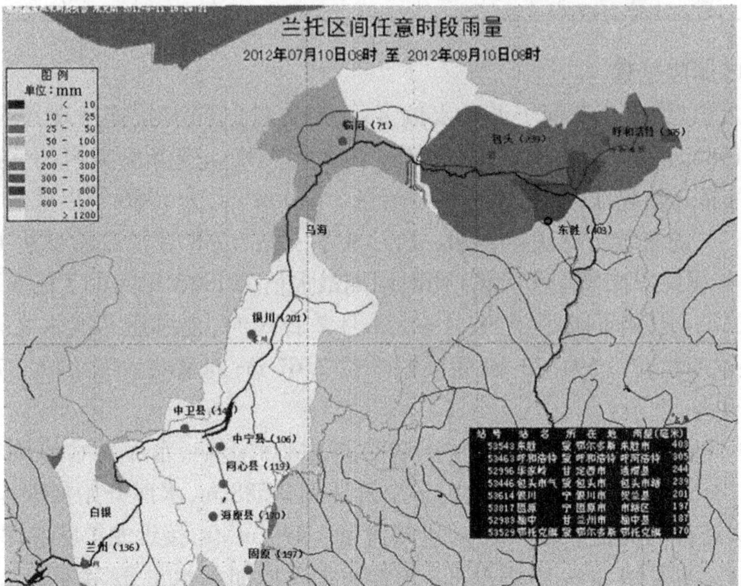

图 3-2　7 月 10 日 ~9 月 10 日兰托区间降雨量

表 3-1　2012 年黄河流域水文站不同量级降雨天数统计　　（单位：d）

区间	不同量级降雨天数		
	中雨（10 ~ 25 mm）	大雨（25 ~ 50 mm）	暴雨（50 ~ 100 mm）
兰州以上	27	10	2
兰托区间	9	3	3

表 3-2　2012 年内蒙古地区极端降雨事件

站名	2012 年极端降雨事件		历史纪录	
	降雨时间	降雨量(mm)	降雨时间	降雨量(mm)
阿拉善盟阿拉善右旗站	7 月 20 日 8 时 ~21 日 8 时	48.9	1974 年 7 月 30 日	46.9
包头市土默特右旗站	7 月 20 日 8 时 ~21 日 8 时	85.0	2008 年 7 月 31 日	72.9
呼和浩特市和林站	7 月 21 日	101.7	1998 年 7 月 12 日	99.1
巴彦淖尔市五原站	7 月 27 日 8 时 ~28 日 8 时	93.1	1995 年 7 月 14 日	58.9

从表 3-3 可知,兰州以上 7 月平均降雨量为 130 mm,降雨量距平为 42.1%;兰托区间 7 月平均降雨量为 108 mm,降雨量距平为 90.5%。兰州以上 8 月平均降雨量为 98 mm,降雨量距平为 51.1%;兰托区间 8 月平均降雨量为 43 mm,降雨量距平为 50.3%。

表 3-3　主要来水区间雨区旬降雨量　(单位:mm)

区间名称	7 月上旬	7 月中旬	7 月下旬	8 月上旬	8 月中旬	8 月下旬
兰州以上	38	37	55	18	42	98
兰托区间	6	41	61	11	6	43

(二)水库调度过程

2012 年入汛后,由于黄河上游降水偏多,上游各省(区)又接连出现暴雨、大暴雨,黄河上游发生 1981 年以来持续时间最长、流量最大的洪峰。受降雨影响,上游唐乃亥水文站流量从 6 月底开始起涨,7 月 25 日洪峰流量 3 440 m^3/s,为 1986 年以来最大洪峰流量,大于 2 000 m^3/s 的流量历时长达 54 d。唐乃亥水文站 7 ~8 月径流总量达 130.3 亿 m^3,为该站 1956 年设站以来同期最大值(历时同期最大值为 1983 年的 117 亿 m^3),较多年平均值偏多 106%,较上年同期偏多 97.1%。8 月 2 日 8 时,上游唐乃亥水文站流量 2 730 m^3/s,龙羊峡水库水位 2 591.33 m,距汛限水位 2.67 m;刘家峡水库水位 1 728.31 m,超汛限水位 2.31 m。

从图 3-3 可以看出,龙羊峡水库在汛期受上游来水影响,水库蓄水位从 7 月 10 日开始上涨,7 月 23 日龙羊峡水库水位提前一个月达到 2 588 m,水库开始加大泄量。7 月 25 日唐乃亥水文站日均流量 3 330 m^3/s,洪峰流量 3 440 m^3/s,接近龙羊峡水库 10 a 一遇洪水 3 660 m^3/s。7 月 10 日 ~10 月 9 日,龙羊峡水库增加蓄水量 32.4 亿 m^3,出库总水量 96.21 亿 m^3。8 月 24 日龙羊峡水库蓄水位超汛限水位 2 594 m 后仍持续上涨,8 月 28 日龙羊峡水库入库流量 1 930 m^3/s,出库流量 1 380 m^3/s,黄河兰州段流量达到 3 490 m^3/s。由于黄河上游降雨偏多,导致龙羊峡水库在 9 月 17 日仍在超汛限水位运行,水位超汛限水位近 2 m,蓄水量达 230.7 亿 m^3。

2012 年 7 月 23 日 18 时 25 分,刘家峡水库水位至 1 724.17 m,至 8 月 2 日水位升至 1 728.18 m,至 8 月 5 日,刘家峡水库水位降至 1 727.95 m,出库流量增大至 2 240 m^3/s。随后至 8 月 15 日,该水库下泄流量从 1 910 m^3/s 增大至 2 400 m^3/s;刘家峡入库流量从 1 800 m^3/s 增大至 2 450 m^3/s。8 月 21 日入库日均流量达到 2 841 m^3/s,刘家峡上游水位

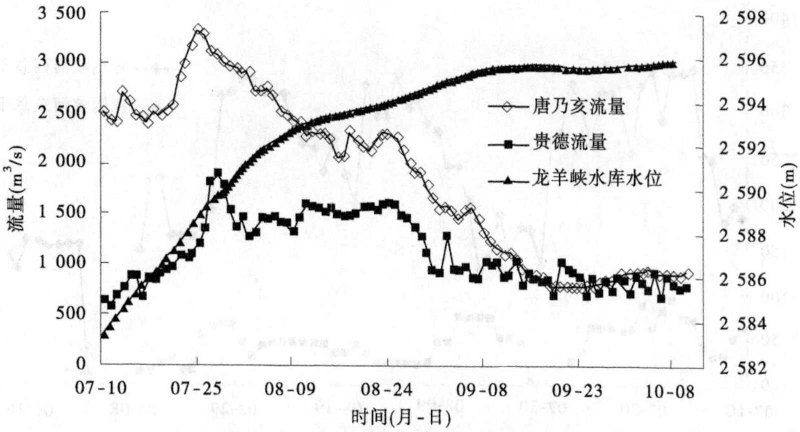

图 3-3　龙羊峡水库水位与流量过程

达到 1 728.97 m，超汛限水位 2.97 m，为全力以赴调控水量，确保下游流域安全，刘家峡水库下泄量按照 2 500 m^3/s 控制，至 8 月底刘家峡水库水位通过调控回落至汛限水位附近，入库与出库流量基本持平，刘家峡水库大致调度情况见图 3-4。

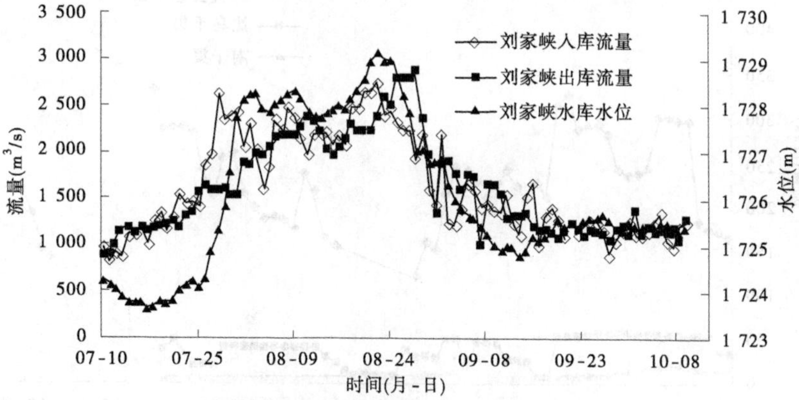

图 3-4　刘家峡水库水位与流量过程

在 7 月 10 日 ~9 月 20 日，青铜峡灌区河西总干渠最大引水流量 342 m^3/s(7 月 15 日)(图 3-5)，河东总干渠最大引水流量 93.5 m^3/s(7 月 17 日)。河西总干渠共引水 14.14 亿 m^3，河东总干渠共引水 2.34 亿 m^3，两渠共引水 16.48 亿 m^3。图 3-5 中断开部分表示该干渠未引水或该干渠干枯。

三盛公水利枢纽的三大干渠大约在每年的 4 月中、下旬开闸放水，10 月底(个别年份 11 月初)停水。三盛公总干渠设计过水流量 565 m^3/s。7 月 10 日 ~9 月 20 日最大引水流量 331 m^3/s(9 月 5 日)(图 3-6)；沈乌干渠洪水期最大引水流量 56.8 m^3/s(7 月 22 日)；南干渠最大引水流量 19.1 m^3/s(7 月 18 日)。三盛公总干渠总引水量为 10.94 亿 m^3，沈乌干渠总引水量为 1.8 亿 m^3，南干渠总引水量为 0.33 亿 m^3，共计引水 13.07 亿 m^3。图 3-6 中断开部分表示该干渠未引水或该干渠干枯。

(三)洪水演进

2012 年入汛以来，黄河上游降水偏多，上游各省(区)接连出现暴雨、大暴雨，黄河上

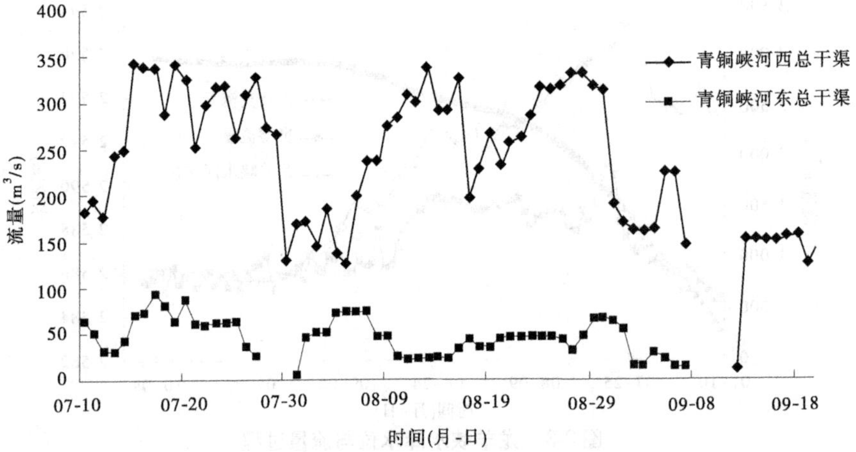

图 3-5　青铜峡干渠流量过程

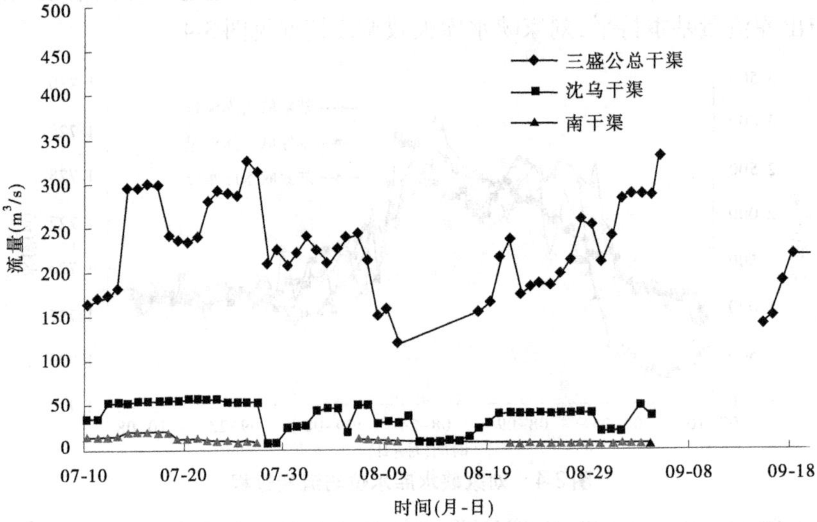

图 3-6　三盛公干渠流量过程

游发生 1981 年以来持续时间最长、洪峰流量最大的洪水，唐乃亥站最大洪峰流量 3 440 m³/s(表 3-4)，为 1989 年以来最大洪水，日均流量大于 2 000 m³/s 历时 54 d。受上游来水、刘家峡水库调控、大通河享堂站以上梯级水库调度及区间持续降雨共同影响，兰州站 7 月 30 日 10 时 30 分出现洪峰流量 3 670 m³/s(黄河干流 2012 年第 3 号洪峰)，为 1986 年以来最大洪水，安宁渡最大洪峰 3 670 m³/s，为 1984 年以来最大洪水，下河沿、青铜峡、石嘴山、巴彦高勒、三湖河口和头道拐最大洪峰流量分别为 3 520、3 070、3 400、2 710、2 840 m³/s 和 3 030 m³/s，均为 1989 年以来最大洪水。

表 3-4　2012 年黄河上游干流洪峰特征值

水文站	最大流量(m^3/s)	相应水位(m)	出现时间(月-日 T 时:分)
唐乃亥	3 440	2 519.02	07-25 T 02:24
兰州	3 670	1 515.40	07-30 T 10:30
安宁渡	2 960	1 393.77	07-30 T 20:54
	3 670	1 394.12	08-23 T 18:42
下河沿	2 870	1 232.78	07-31 T 17:00
	3 520	1 233.64	08-27 T 09:36
青铜峡	2 110	1 136.79	08-01 T 13:12
	3 070	1 137.55	08-27 T 19:36
石嘴山	2 650	1 089.27	08-02 T 08:00
	3 400	1 090.06	08-31 T 19:00
巴彦高勒	2 390	1 051.73	08-03 T 02:17
	2 710	1 052.21	08-30 T 02:00
三湖河口	2 280	1 020.62	08-03 T 23:00
	2 840	1 020.58	09-03 T 08:00
头道拐	3 030	989.65	09-07 T 20:00

兰州日均流量大于 2 000 m^3/s 历时 47 d,较 1981 年的 66 d 少 19 d,三湖河口和巴彦高勒最高水位分别为 1 052.21 m(8 月 30 日 2 时)和 1 020.62 m(8 月 3 日 23 时),均为汛期历史最高水位。洪水演进过程中洪峰传播慢,宁蒙河道局部漫滩,头道拐以上两个洪峰合成一个(图 3-7),沿黄两岸多处堤防、控导工程和涉河建筑物发生险情,部分工程受损严重。

为了完整分析洪水过程,以头道拐的洪水历时作为计算时段,采用等历时法计算各站洪量(表 3-5),计算表明,下河沿累计洪量为 149.27 亿 m^3,由于河东总干渠和河西总干渠引水 16.48 亿 m^3,青铜峡累计洪量仅剩 121.89 亿 m^3;石嘴山到巴彦高勒由于沈乌干渠、南干渠以及总干渠引水约 15 亿 m^3,巴彦高勒累计水量减少到 130.00 亿 m^3;三湖河口累计水量 136.28 亿 m^3,头道拐累计水量为 138.75 亿 m^3。其间由于干渠引退水和滩地上水退水,以及沿程损失等影响,沿程水量略有不闭合。

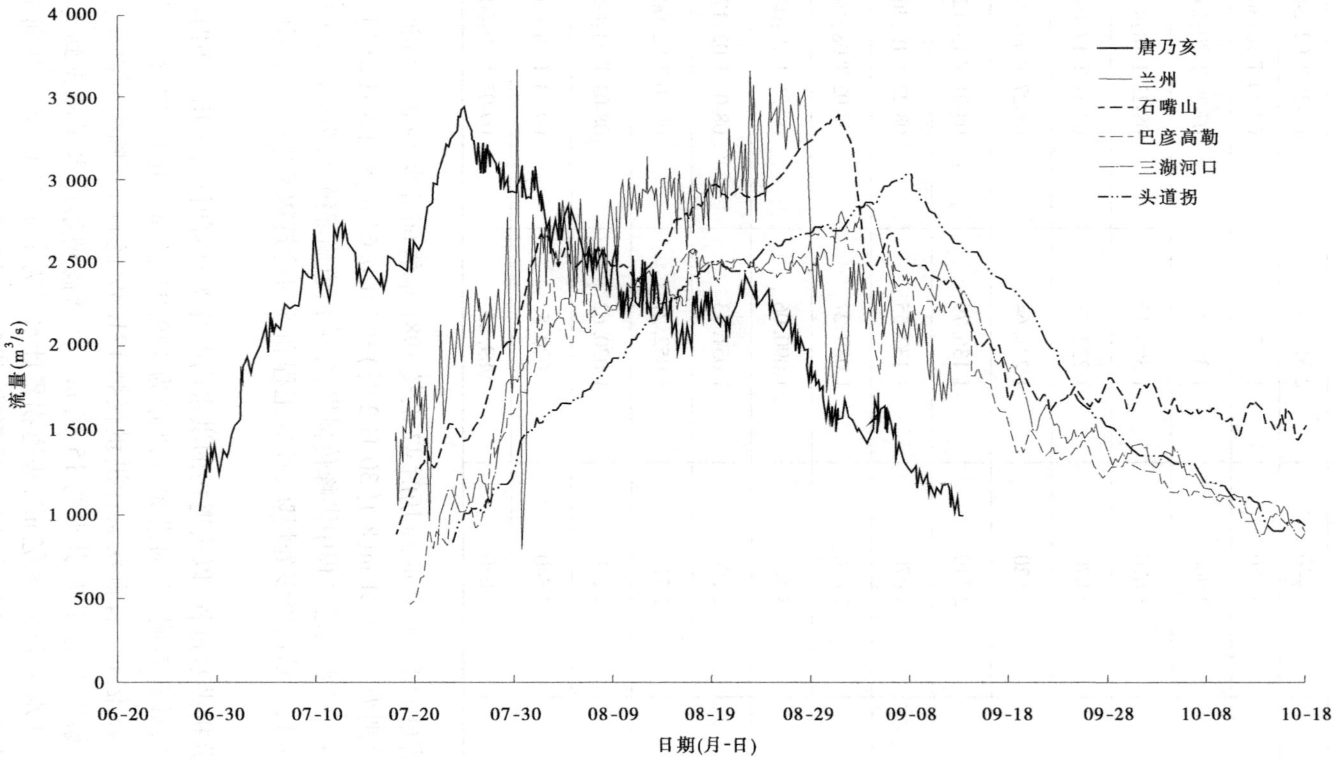

图 3-7　2012 年汛期黄河上游洪峰演进过程

表 3-5　等历时法(79 d)洪水期间各站水量

水文站	开始		结束		水量(亿 m^3)
	时间(月-日)	流量(m^3/s)	时间(月-日)	流量(m^3/s)	
下河沿	07-18	1 470	10-04	1 430	149.27
青铜峡	07-19	963	10-05	1 300	121.89
石嘴山	07-20	1 180	10-06	1 620	155.62
巴彦高勒	07-22	850	10-08	1 100	130.00
三湖河口	07-23	870	10-09	1 110	136.28
头道拐	07-24	907	10-10	1 140	138.75

1. 水位表现高

2012 年洪水演进过程中,与“81 · 9”“89 · 8”洪水对比,宁蒙河段水位表现高,漫滩范围大,洪峰变形严重。

与 1981 年和 1989 年相比,2012 年洪水洪峰流量虽然小,但内蒙古河段的巴彦高勒和三湖河口站的水位均为汛期历史最高(表 3-6),其中巴彦高勒和三湖河口最大流量分别为 2 710 m^3/s 和 2 860 m^3/s,相应水位分别为 1 052.21 m 和 1 020.62 m。头道拐最大流量为 3 020 m^3/s,相应水位 989.65 m,较 1989 年流量 3 030 m^3/s 相应的水位 988.91 m 还高 0.74 m。其原因是 20 世纪 90 年代以来,河道持续发生淤积,同流量水位上升,以及洪水过程中水位涨率偏大。

表 3-6　黄河宁蒙河段洪峰流量和最高水位比较

项目		下河沿	青铜峡	石嘴山	巴彦高勒	三湖河口	头道拐
最大流量(m^3/s)	2012 年	3 520	3 070	3 400	2 710	2 860	3 020
	1989 年	3 710	3 400	3 390	2 780	3 000	3 030
	1981 年	5 780	5 870	5 660	5 290	5 500	5 150
	1967 年	5 240	5 020	5 240	4 990	5 390	5 310
相应水位(m)	2012 年	1 233.64	1 137.55	1 090.05	1 052.21	1 020.62	989.65
	1989 年	1 233.54	1 137.26	1 090.13	1 051.21	1 019.15	988.91
	1981 年	1 235.16	1 138.87	1 091.89	1 052.07	1 019.97	990.33
	1967 年	1 234.83	1 138.57	1 091.70	1 051.77	1 020.38	990.69
汛期历史最高水位(m)		1 235.19	1 138.87	1 092.35	1 052.07	1 020.38	990.69
相应时间(年-月-日)		1981-09-16	1981-09-17	1946-09-18	1981-09-22	1967-09-13	1967-09-21

2. 洪峰传播速度慢

2012 年下河沿 1 号洪峰流量 3 520 m^3/s(8 月 27 日 9.1 时),传播到三湖河口的历时达 166.9 h,较 1981 年洪水(下河沿 1 号洪峰 5 780 m^3/s,表 3-7)慢 15.9 h,较 1989 年洪

水(下河沿6号洪峰3 710 m^3/s,表3-8)慢40.9 h;三湖河口到头道拐最大洪峰历时108 h,较1981年洪水传播84 h慢24 h(1981年头道拐上游两处决口),较1989年6号洪峰慢8 h。传播速度慢的原因主要是平滩流量减小,滩区滞洪,洪峰变形,传播时间滞后(图3-8、图3-9)。

表3-7 黄河宁蒙河段1981年洪水特征值

项目	下河沿	青铜峡	石嘴山	巴彦高勒	三湖河口	头道拐
流量(m^3/s)	5 780	5 870	5 660	5 290	5 500	5 150
时间(月-日T时:分)	09-16 T 13:00	09-17 T 20:06	09-20 T 19:00	09-22 T 03:18	09-22 T 20:00	09-26 T 08:00
水位(m)	1 235.19	1 138.87	1 091.89	1 052.07	1 019.97	990.33
传播时间(h)		31.10	70.90	32.30	16.70	84.00

注:三湖河口到头道拐河段决口。

表3-8 1989年洪水特征值

洪峰编号	项目	下河沿	青铜峡	石嘴山	巴彦高勒	三湖河口	头道拐
1	流量(m^3/s)	2 090	1 380	1 770	1 300	1 280	1 560
	相应水位(m)	1 232.29	1 135.59	1 088.22	1 050.74	1 018.36	987.83
	时间(月-日T时:分)	07-13 T 10:00	07-14 T 8:00	07-16 T 0:00	07-17 T 0:00	07-18 T 16:00	07-22 T 00:00
2	流量(m^3/s)	2 820	2 060	2 280	1 700	1 690	1 880
	相应水位(m)	1 232.89	1 136.23	1 088.89	1 050.8	1 018.73	988.04
	时间(月-日T时:分)	07-25 T 12:00	07-25 T 23:48	07-26 T 03:00	07-26 T 16:00	07-29 T 16:00	08-01 T 05:00
3	流量(m^3/s)	2 520	2 050	2 270	2 250	2 290	2 340
	相应水位(m)	1 232.66	1 136.22	1 088.97	1 050.9	1 019.06	988.34
	时间(月-日T时:分)	08-08 T 15:00	08-08 T 17:00	08-10 T 00:00	08-10 T 16:00	08-10 T 16:00	08-14 T 05:00
4	流量(m^3/s)	2 620	1 920	2 350	2 180	2 140	2 340
	相应水位(m)	1 232.74	1 136.1	1 089.05	1 051.00	1 018.99	988.34
	时间(月-日T时:分)	08-14 T 05:00	08-14 T 16:00	08-16 T 20:00	08-18 T 08:00	08-19 T 16:00	08-22 T 05:00
5	流量(m^3/s)	3 670	2 640	3 060	2 620	2 910	2 810
	相应水位(m)	1 233.51	1 136.72	1 089.8	1 051.05	1 019.12	988.78
	时间(月-日T时:分)	09-06 T 04:00	09-06 T 13:00	09-08 T 01:00	09-08 T 16:00	09-10 T 08:00	09-12 T 20:00

续表 3-8

洪峰编号	项目	下河沿	青铜峡	石嘴山	巴彦高勒	三湖河口	头道拐
6	流量(m^3/s)	3 710	3 400	3 390	2 780	3 000	3 030
	相应水位(m)	1 233.54	1 137.26	1 090.13	1 051.14	1 019.15	988.91
	时间(月-日 T 时:分)	09-15 T 08:00	09-16 T 05:00	09-17 T 16:00	09-18 T 16:00	09-20 T 16:00	09-24 T 20:00
7	流量(m^3/s)	2 830	2 670	2 580	2 100	2 010	洪峰与前一个合并
	相应水位(m)	1 232.90	1 136.74	1 089.30	1 050.78	1 018.61	
	时间(月-日 T 时:分)	09-22 T 01:00	09-22 T 15:00	09-23 T 11:00	09-24 T 08:00	09-25 T 00:00	
1	传播时间(h)		22	40	24	40	80
2			12	3	13	72	61
3			2	31	16	—	85
4			11	52	36	32	61
5			9	36	15	40	60
6			21	35	24	48	100
7			14	20	21	16	
平均传播时间(h)			9	9	36	15	40

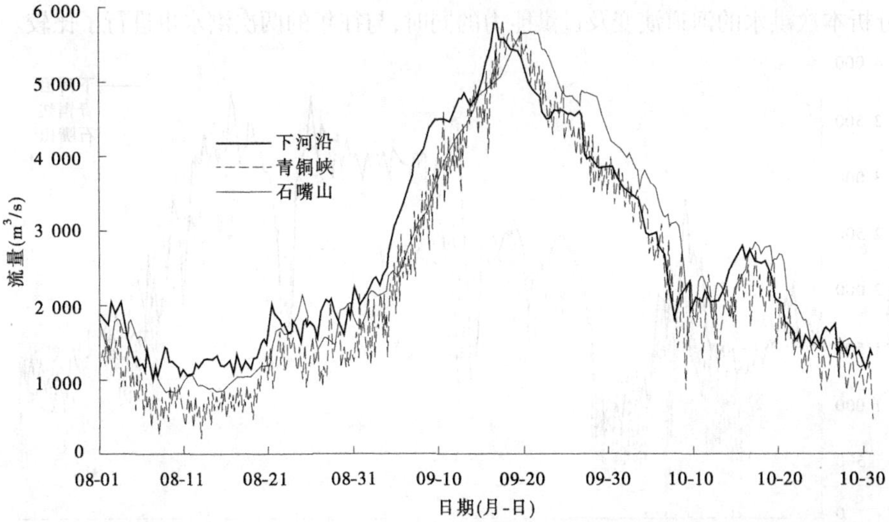

(a)

图 3-8　1981 年 8 月洪水演进过程线

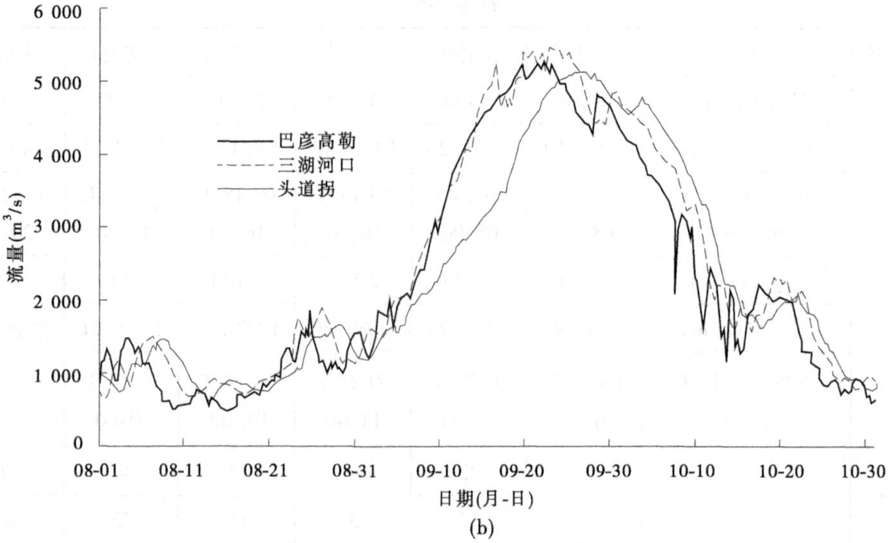

(b)

续图 3-8

三、河道演变及过洪能力

自 1981 年以来,不包括本次洪水,黄河上游还出现过两次较大的洪水过程。第一次是 1981 年 9 月 1 日～10 月 7 日的洪水过程,下河沿站洪峰流量 5 780 m^3/s(1981 年 9 月 16 日),历时 37 d(图 3-8(a));第二次是 1989 年 7 月 10 日～10 月 8 日的多个洪峰相连的一个洪水过程,下河沿最大洪峰流量 3 680 m^3/s(1989 年 9 月 15 日),历时 91 d(图 3-9(a))。因此,在分析本次洪水的河道演变及过洪能力的同时,与往年的两次洪水也进行了比较。

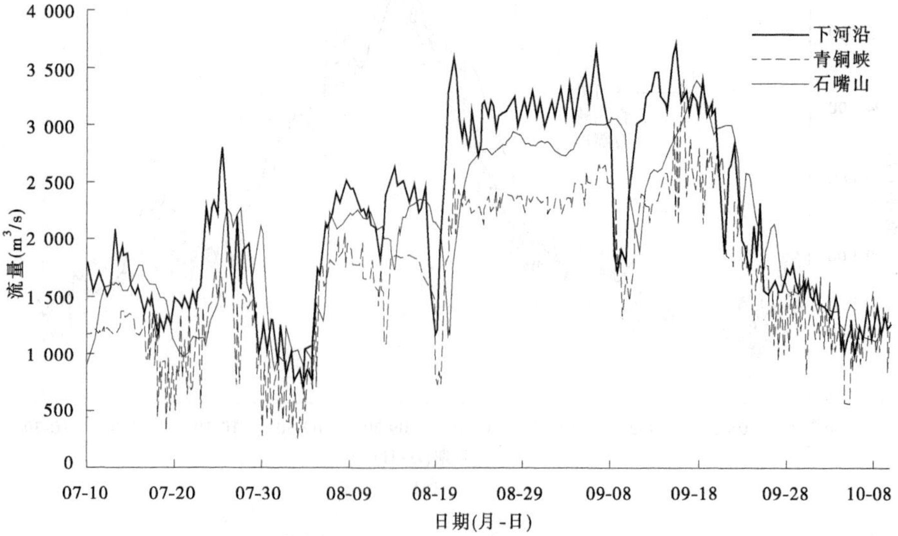

(a)

图 3-9　1989 年洪水演进过程线

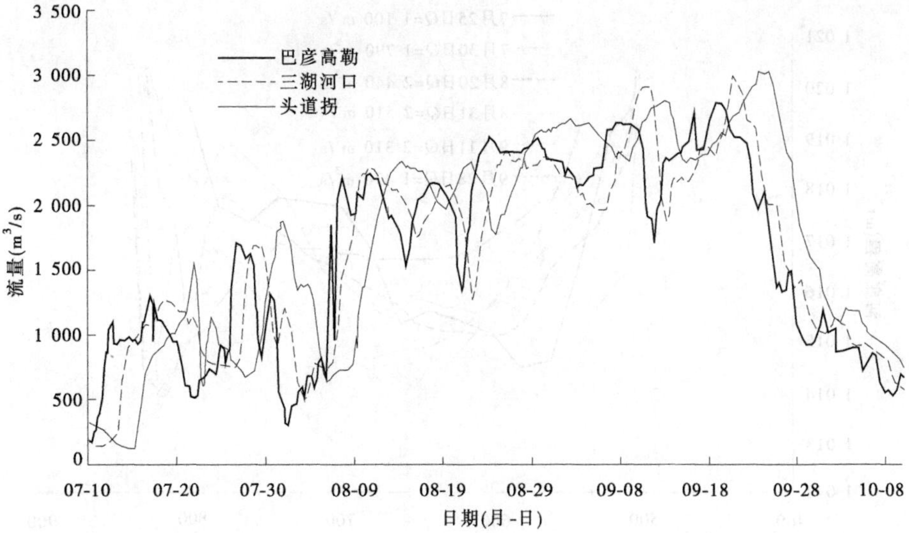

(b)

续图 3-9

(一)水文站断面冲淤变化

内蒙古河段各水文站 2012 年汛期河道断面变化见图 3-10 ~ 图 3-12。巴彦高勒水文站是内蒙古河段的第一个水文站,属于单一河道,比较稳定,横向摆动不大。该水文站在 7 月 20 日至 7 月 23 日流量为 520 ~ 900 m^3/s 时,水文站断面略有冲刷(图 3-13 和图 3-14,表 3-9),7 月 21 日与 7 月 20 日相比,冲刷了 61.4 m^2;7 月 23 日与 7 月 22 日相比洪水冲淤变化不大,冲刷面积仅为 0.3 m^2,至 8 月 1 日,流量达到 1 860 m^3/s 时,与 7 月

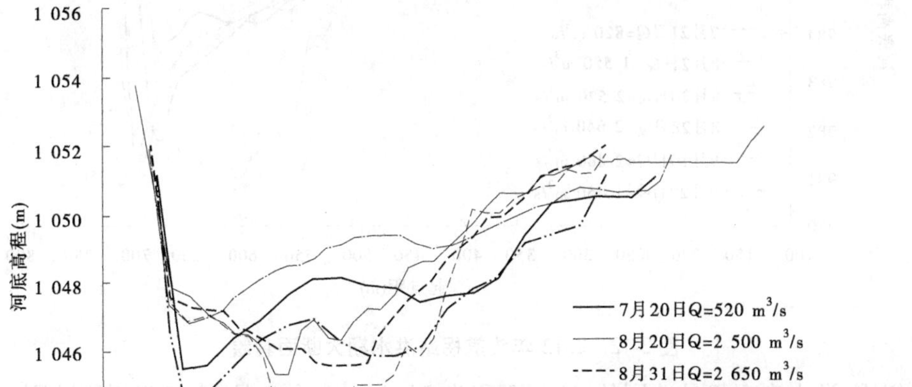

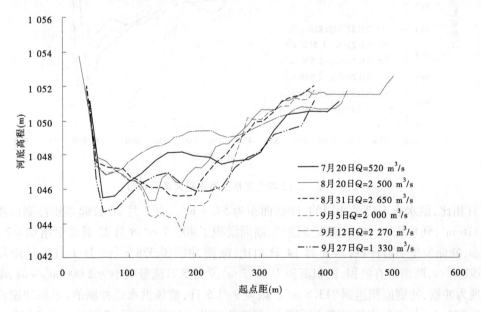

图 3-10　2012 年巴彦高勒站洪水期大断面套绘

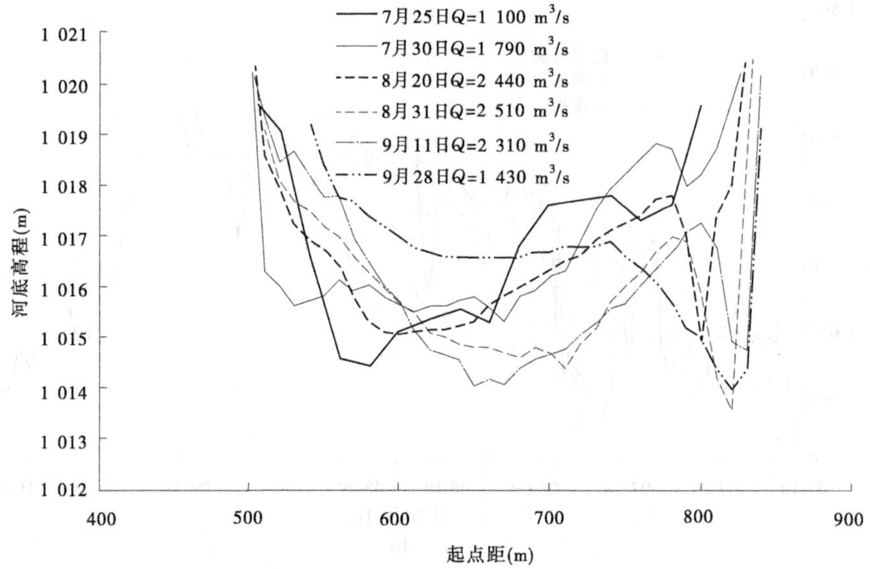

图 3-11　2012 年三湖河口站洪水期大断面套绘

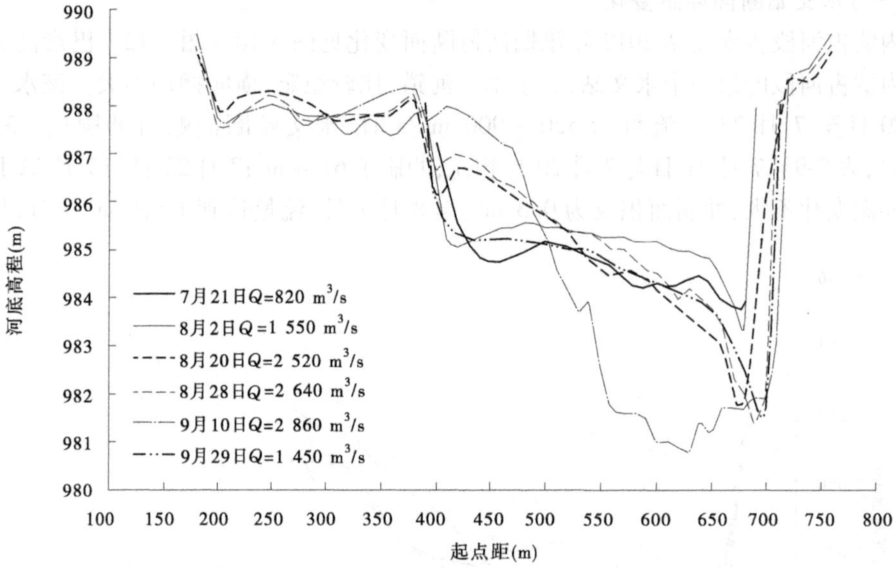

图 3-12　2012 年头道拐站洪水期大断面套绘

23 日相比，洪水表现仍是冲刷的，冲刷面积为 54.4 m^2。自 7 月 20 日起累积冲刷面积达到 116 m^2，到 8 月 14 日，断面发生淤积，断面淤积了 408.7 m^2；8 月 22 日流量增加至2 500 m^3/s，断面发生明显冲刷，与 8 月 14 日相比，断面冲刷了 338 m^2；9 月 1 日流量增加至 2 650 m^3/s，断面略有淤积，淤积面积为 30.7 m^2；9 月 5 日流量减小为 2 000 m^3/s 时，断面表现为冲刷，冲刷面积达到 213.8 m^2。截至 9 月 5 日，整场洪水是冲刷的，累积冲刷面积达到 228.4 m^2，之后流量又有小幅增大，但整体呈落水趋势。9 月 12 日流量为 2 270 m^3/s

时，与9月5日相比，场次洪水之间表现为明显淤积，淤积面积达到491.5 m^2；9月27日流量回落到1 330 m^3/s，与9月12日相比，水文站断面面积增大到604.7 m^2，该水文站断面在整场洪水中断面先冲刷后淤积，该断面累积冲刷面积为341.6 m^2（图3-13）。

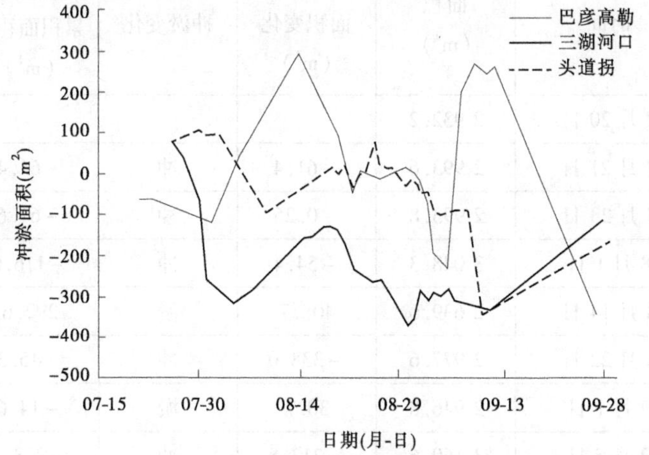

图3-13　2012年内蒙古各水文站断面累积冲淤面积变化

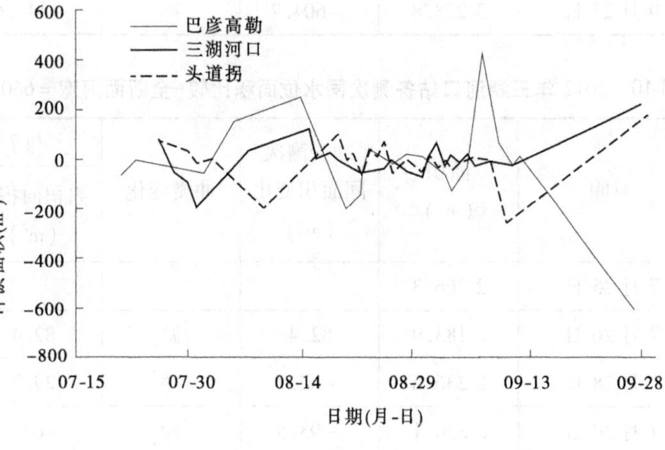

图3-14　2012年内蒙古典型水文站断面冲淤面积变化

三湖河口水文站冲淤变化见图3-13、图3-14和表3-10，与7月25日相比，7月26日流量为1 100 m^3/s时，淤积面积为82.4 m^2；7月28日流量为1 350 m^3/s时该水文站断面略冲52.7 m^2。7月28日，该水文站累积冲刷面积约为29.7 m^2。从7月30日开始，断面开始冲刷，至8月4日流量为2 210 m^3/s，冲刷面积为254.7 m^2，截至8月4日累积冲刷面积达318.4 m^2。之后，该断面又略有回淤，至8月18日流量为2 500 m^3/s，断面淤积194.9 m^2，整场洪水仍为冲刷，累积冲刷面积为123.5 m^2。之后随着大流量持续时间增长，断面冲刷又加剧，至8月30日累积冲刷面积达到374.7 m^2，直至9月11日，已处于落水阶段，流量为2 310 m^3/s，与8月30日相比，该水文站断面淤积41.9 m^2，到9月28日流量为1 430 m^3/s时，水文站断面仍然是淤积的。截至9月28日，该水文站断面累积冲刷面积为 110.4 m²(图 3-13)。

表 3-9 2012 年巴彦高勒站各测次同水位面积比较(全断面河宽 =530 m)

计算高程(m)	时间	面积(m^2)	冲淤测次间面积变化(m^2)	冲淤变化	与7月20日相比	
					累积面积差(m^2)	增减百分数(%)
1 055.08	7月20日	2 932.2				
	7月21日	2 993.6	-61.4	冲	-61.4	-2.1
	7月23日	2 993.8	-0.25	冲	-61.6	-2.1
	8月1日	3 048.3	-54.4	冲	-116.0	-4.0
	8月14日	2 639.6	408.7	淤	292.6	10.0
	8月22日	2 977.6	-338.0	冲	-45.3	-1.5
	9月1日	2 946.8	30.7	淤	-14.6	-0.5
	9月5日	3 160.6	-213.8	冲	-228.4	-7.8
	9月12日	2 669.1	491.5	淤	263.1	9.0
	9月27日	3 273.8	-604.7	冲	-341.6	-11.6

表 3-10 2012 年三湖河口站各测次同水位面积比较(全断面河宽 =660 m)

计算高程(m)	时间	面积(m^2)	冲淤测次间面积变化(m^2)	冲淤变化	与7月25日相比	
					累积面积差(m^2)	增减百分数(%)
1 021.86	7月25日	2 266.3				
	7月26日	2 183.9	82.4	淤	82.4	3.6
	7月28日	2 236.6	-52.7	冲	29.7	1.3
	7月30日	2 330.1	-93.5	冲	-63.8	-2.8
	8月4日	2 584.8	-254.7	冲	-318.4	-14.1
	8月18日	2 389.8	194.9	淤	-123.5	-5.4
	8月30日	2 641.0	-251.2	冲	-374.7	-16.5
	9月11日	2 599.1	41.9	淤	-332.8	-14.7
	9月28日	2 376.7	222.4	淤	-110.4	-4.9

头道拐水文站断面 7 月 21 日 ~8 月 2 日，淤积面积为 99 m²(图 3-13 和图 3-14，表 3-11);8 月 2 日后转向冲刷，至 8 月 9 日流量达到 1 930 m³/s 时，断面冲刷 194.3 m²，累积冲刷面积为 95.3 m²。之后又略有淤积，至 8 月 19 日流量为 2 530 m³/s 时，水文站断面淤积面积 105.6 m²，与 7 月 21 日相比，该场洪水微淤 10.3 m²。至 8 月 30 日，其间是微

冲或微淤，中间调整幅度变化不大。从9月2日流量为2 710 m^3/s 时，断面开始冲刷，至9月10日冲刷最剧烈，该断面冲刷面积为300.7 m^2；到9月29日水文站流量有所回落，流量达到1 450 m^3/s 时，与9月10日相比水文站断面有所淤积，截至9月29日，该水文站断面累积冲刷面积达到164.5 m^2（图3-13）。

总的来说，从洪水起始7月21日（830 m^3/s）至落水期9月29日（1 310 m^3/s），三个水文站断面均是冲刷的（图3-13）。其中巴彦高勒水文站断面累积冲刷面积为341.6 m^2；三湖河口水文站断面共冲刷110.4 m^2；头道拐水文站断面共冲刷164.5 m^2。

表3-11　2012年头道拐站各测次同水位面积比较（全断面河宽=586 m）

计算高程（m）	时间	面积（m^2）	冲淤测次间面积变化（m^2）	冲淤变化	与7月21日相比	
					累积面积差（m^2）	增减百分数（%）
990.98	7月21日	2 684.2				
	8月2日	2 585.3	99.0	淤	99.0	3.7
	8月9日	2 779.5	-194.3	冲	-95.3	-3.5
	8月19日	2 673.9	105.6	淤	10.3	0.4
	8月30日	2 714.3	-40.5	冲	-30.2	-1.1
	9月2日	2 728.4	-14.0	冲	-44.2	-1.6
	9月10日	3 029.1	-300.7	冲	-344.9	-12.8
	9月29日	2 848.7	180.4	淤	-164.5	-6.1

（二）水位表现

1. 巴彦高勒站

2012年巴彦高勒站于7月26日流量开始起涨，起涨流量950 m^3/s，8月30日5时出现最大流量2 710 m^3/s，至10月4日洪水已全部落下，流量为1 090 m^3/s。起涨时，当流量小于1 200 m^3/s 时（7月27日之前），水位涨率较大（图3-15）。当流量涨到1 230～2 250 m^3/s 之间（7月28日至8月13日）时，水位涨率减小。在流量涨至2 250～2 500 m^3/s（8月14日至8月16日）时，水位涨率突然增大，且明显大于起涨期1 230～2 250 m^3/s 之间（7月28日至8月13日）的流量的水位涨率。在流量为2 410～2 710 m^3/s 的"平头峰"期间（8月14日至9月3日），水位流量关系散乱。落水阶段流量从2 440 m^3/s 降低到1 900 m^3/s（如图3-14中落水阶段一），后又快速涨到2 480 m^3/s（落水阶断二），流量变化在2 200～2 480 m^3/s 之间。最后到落水阶段三，流量小于2 200 m^3/s 以后（9月13日以后），水位流量关系单一减小。对比2 000 m^3/s 涨落水位差，落水阶段比涨水阶段高约0.17 m。但对比1 500 m^3/s 涨落水位差，落水比涨水低约0.15 m。对比1 000 m^3/s 同流量涨落水位差，落水阶段比涨水阶段低约0.43 m。巴彦高勒水文站距离三盛公水库闸约700 m，水文站水位在洪水期受水库的出库流量和水库排沙的影响较大，因此水位流量关系散乱。

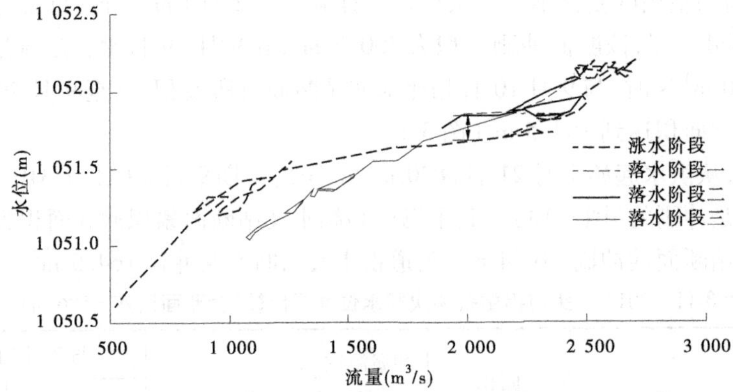

图 3-15　2012 年 7 月洪水巴彦高勒站水位流量关系

对比近 30 a 几场典型洪水的水位流量关系可见(图 3-16),1981 年洪水期间以及到 1985 年,水位明显降低,其后到 2004 年水位抬升显著,与 1981 年相比,500 m³/s、1 500 m³/s 同流量的水位抬升幅度基本相同,在 1.3 m 左右。然后到 2012 年水位出现下降,同流量水位降 0.6 ~0.8 m。2012 年与 1981 年对比同流量水位高 0.9 m 左右。

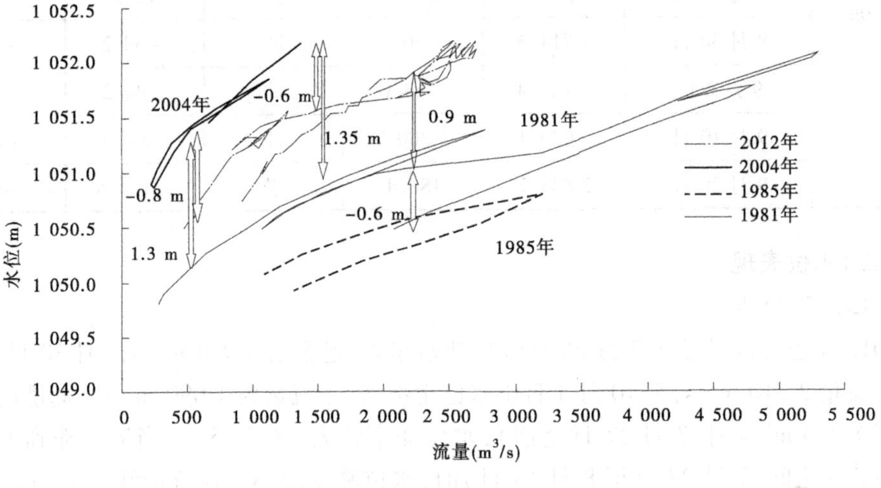

图 3-16　巴彦高勒站典型洪水水位流量关系对比

2. 三湖河口站

2012 年三湖河口站于 7 月 27 日开始涨水,起涨流量 1 030 m³/s,9 月 3 日 8 时出现最大流量 2 860 m³/s(图 3-17),至 10 月 7 日洪水已全部落下,流量为 1 130 m³/s。本次洪水为明显的顺时针绳套关系。涨水期的水位流量关系单一,当流量大于 2 000 m³/s 至洪峰 2 860 m³/s 时(8 月 1 日至 9 月 3 日),随着流量增加,水位在 1 020.4 ~1 020.6 m 之间徘徊,9 月 3 日之后,水位则随流量减小而明显降低。从 2 000 m³/s 的涨落水同流量水位对比看,落水阶段比涨水阶段水位降低 0.56 m。从 1 500 m³/s 的涨落水同流量水位对比看,落水阶段比涨水阶段水位降低 0.62 m。对比 1 000 m³/s 同流量涨落水位差,落水阶段比涨水阶段低约为 0.63 m。

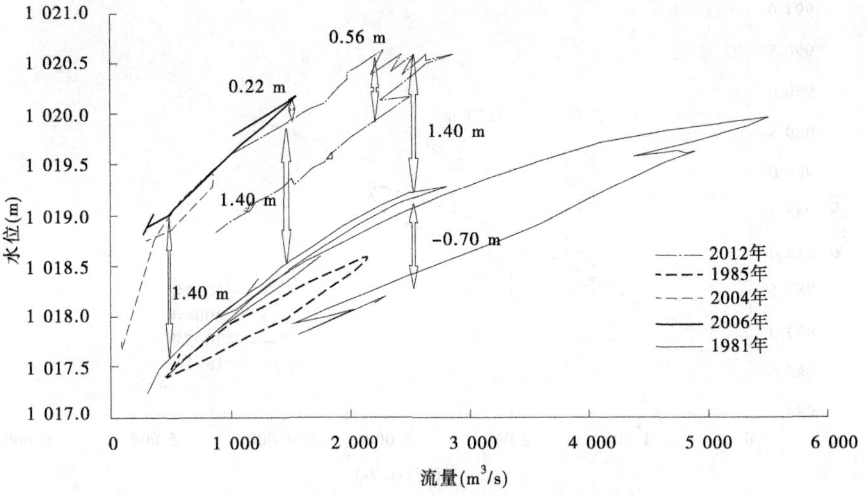

图 3-17 三湖河口站典型洪水水位流量关系对比

从近 30 a 来三湖河口断面的水位对比来看,1981 年大水期间水位下降较大,2 500 m^3/s 同流量水位下降 0.7 m,但是其后又有所上升。1985 年水位与 1981 年相比水位变化不大。1985 ~ 2004 年,三湖河口水位升高较多,500、1 500 m^3/s 和 2 500 m^3/s 同流量水位普遍升高 1.4 m 左右,而且与巴彦高勒不同的是 2004 ~ 2012 年水位变化大,未出现下降的趋势,直至本次洪水才出现较大降幅。2012 年与 1981 年相比同流量水位偏高 1.4 m 左右。

3. 头道拐站

2012 年头道拐站于 7 月 27 日流量开始起涨,起涨流量 1 020 m^3/s,9 月 3 日 8 时出现最大流量 2 800 m^3/s,至 10 月 9 日已基本落下,流量为 1 180 m^3/s。可以看出,本次洪水水位流量关系呈逆时针绳套状(图 3-18),但涨落阶段水位仍有差别,2 000 m^3/s 同流量水位落水期比涨水期略高 0.07 m。1 500 m^3/s 同流量水位落水期比涨水期略高 0.36 m;1 000 m^3/s 同流量水位落水期比涨水期略高 0.12 m。

头道拐断面所处河段属基岩河道,对整个河段起到侵蚀基准面的作用,即使这样,近几年水位也逐步抬升,且水位涨率陡,高水部分水位抬升幅度更高于低水部分。2012 年比 1981 年 1 500 m^3/s 和 2 500 m^3/s 同流量水位分别抬高 0.41 m 和 0.77 m。

4. 与 1981、1989 年洪水比较

本场洪水下河沿、青铜峡、石嘴山、巴彦高勒、三湖河口和头道拐水文站的最大流量分别为 3 520、3 070、3 400、2 710、2 840 m^3/s 和 3 030 m^3/s(表 3-4),计算本场洪水涨水期 1 000、2 000 m^3/s 和 2 500 m^3/s 的同流量水位,并将其与 1981 年和 1989 年进行比较(图 3-19、图 3-20)。

与 1981 年相比,下河沿、青铜峡和石嘴山各站 2 500 m^3/s 同流量水位的抬升值分别为 0.09、0.18 m 和 0.26 m,总的来说抬升幅度不大;巴彦高勒断面 1 000、2 000 m^3/s 和 2 500 m^3/s 同流量水位分别抬升了 0.6、0.42 m 和 0.61 m。三湖河口断面同流量水位抬升很大,1 000、2 000 m^3/s 和 2 500 m^3/s 同流量水位分别抬升了 1.48、1.58 m 和 1.32 m,

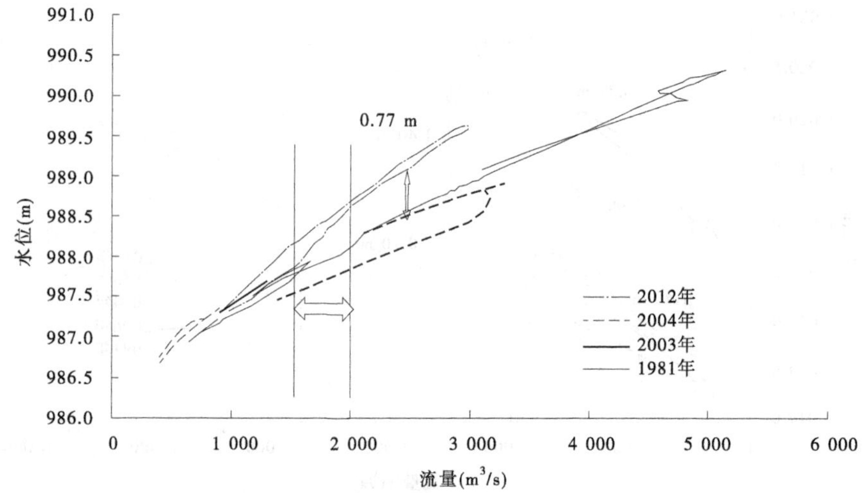

图 3-18　头道拐站典型洪水水位流量关系对比

是所有上述水文站断面同流量水位抬升幅度最大的断面；头道拐站 1 000 m^3/s 同流量水位抬升 0.19 m，但 2 000 m^3/s 和 2 500 m^3/s 的同流量水位分别抬升了 0.8 m 和0.77 m，仅次于三湖河口断面。从以上同流量水位分析可以看出，宁夏河段水文站断面从 1981 年至 2012 年略有淤积，抬升幅度不大，而内蒙古河段三个水文站断面均发生淤积，其中三湖河口淤积最大，头道拐次之，最后是头道拐断面。

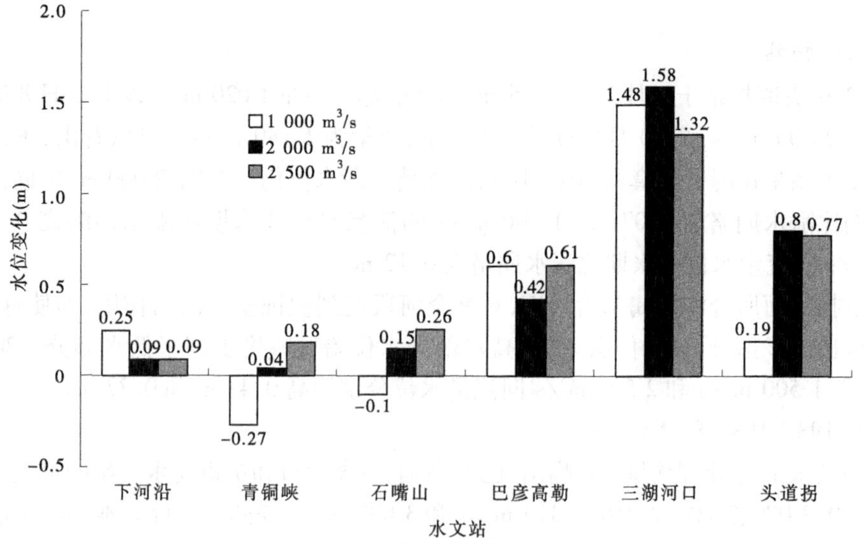

图 3-19　2012 年和 1981 年相比各站同流量水位变化

图 3-20 为和 1989 年相比各站同流量水位变化。2012 年与 1989 年相比，下河沿和石嘴山断面的同流量水位抬升不多，青铜峡、巴彦高勒、三湖河口及头道拐断面抬升明显，其中三湖河口断面是 6 个水文站断面中同流量水位抬升最多的，1 000、2 000 m^3/s 和 2 500 m^3/s 同流量水位分别抬升了 1.27、1.53 m 和 1.34 m，其次为巴彦高勒断面，1 000、2 000

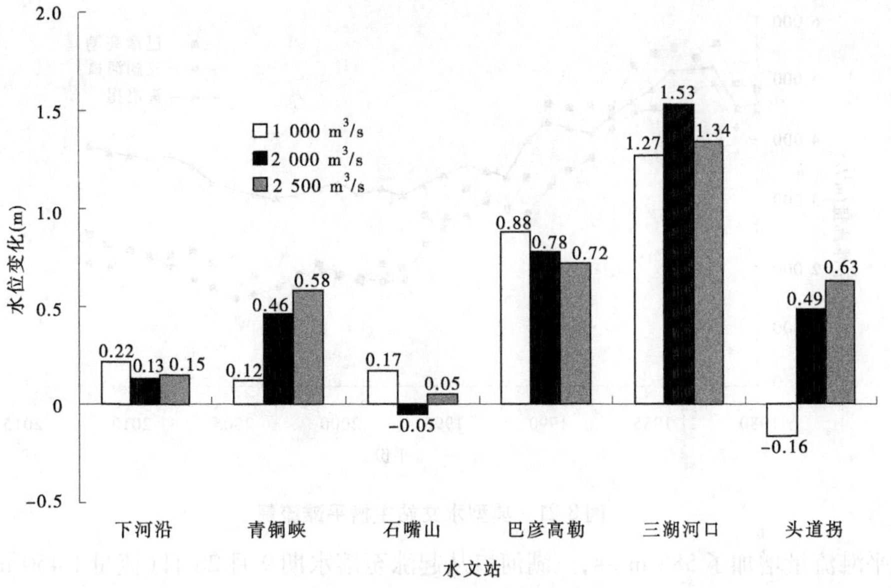

图 3-20 2012 年和 1989 年相比各站同流量水位变化

m^3/s 和2 500 m^3/s 同流量水位分别抬升了 0.88、0.78 m 和 0.72 m，再次为青铜峡和头道拐断面。

(三)平滩流量

1.历年平滩流量变化过程

根据宁蒙河段水文站实测资料，通过水位流量关系、河道冲淤变化及断面形态分析等多种方法综合研究，得到 1980～2012 年汛前平滩流量(图 3-21)。1986 年以来，宁蒙河段的排洪输沙能力降低，河槽淤积萎缩，平滩流量减少。1980～1985 年来水来沙条件有利，河槽过流能力较大，巴彦高勒和头道拐平滩流量在 4 600～5 600 m^3/s 之间，三湖河口在 4 400～4 900 m^3/s 之间。1986～1997 年龙刘水库联合运用，平滩流量逐渐减小，至 1997 年巴彦高勒、三湖河口和头道拐断面平滩流量分别减小为 1 900、1 700 m^3/s 和 3 100 m^3/s。巴彦高勒和三湖河口在 1998～2001 年的平滩流量变幅较小，2002～2005 年有所减小，此后开始逐渐回升。头道拐 1997～2005 年变幅较小，基本维持在 3 000 m^3/s 左右，此后逐渐增大。

2012 年汛前巴彦高勒、三湖河口和头道拐平滩流量分别为 2 460、2 000 m^3/s 和 3 900 m^3/s。

2.本次洪水期过流能力变化

平滩流量变化可以用涨落水同流量水位和冲淤面积进行预估，其中断面资料从 7 月 21 日至 9 月 27 日，9 月 27 日巴彦高勒(1 330 m^3/s)、三湖河口(1 430 m^3/s)和头道拐(1 450 m^3/s)已明显处于落水阶段。涨落水过程中同流量水位差可从洪水起涨(7 月 26 日)至落水(10 月 9 日)。

巴彦高勒、三湖河口和头道拐三站洪水期平均流速约为 1.72、1.82 m/s 和 1.53 m/s，从洪水起涨的 7 月 26 日(流量约 1 000 m^3/s)至落水期 9 月 27 日(流量 1 330 m^3/s)巴彦

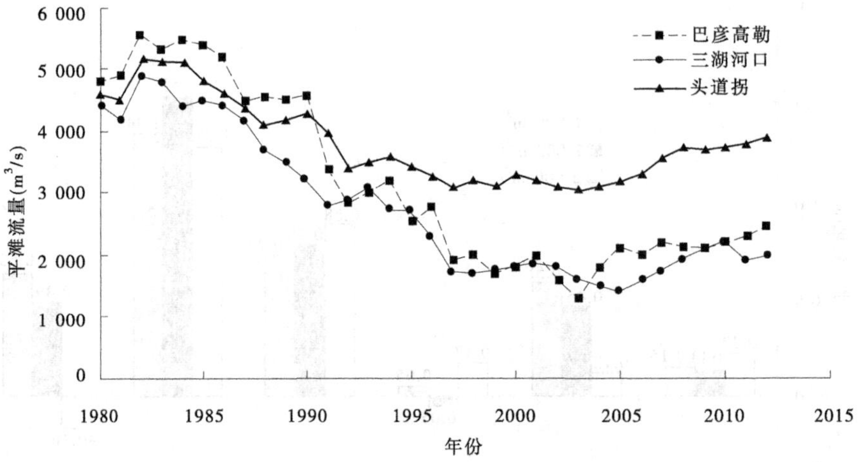

图 3-21　典型水文站主槽平滩流量

高勒平滩流量增加了 588 m³/s，三湖河口从起涨至落水期 9 月 28 日（流量 1 450 m³/s）平滩流量增加了 201 m³/s，头道拐从起涨至 9 月 29 日（此时流量 1 450 m³/s，9 月 7 日洪峰 3 020 m³/s）平滩流量增加了 252 m³/s（表 3-12）。

表 3-12　2012 年典型水文站 7 月 21 日至 9 月 29 日平滩流量变化值

站名	冲淤面积（m²）	平均流速（m/s）	平滩流量增加值（m³/s）
巴彦高勒	-341.6	1.72	588
三湖河口	-110.4	1.82	201
头道拐	-164.4	1.53	252

另外，采用定河宽和起涨与落水 1 000、2 000 m³/s 同流量水位差来估算平滩流量变化，见表 3-13。从涨水 7 月 26 日（流量约 1 000 m³/s）至 10 月 9 日（流量约 1 100 m³/s），巴彦高勒和头道拐平滩流量分别减小 146、60 m³/s，三湖河口则增加 386 m³/s。与此同时，还采用 1 000 m³/s 同流量水位差来估算平滩流量变化，见表 3-13。从起涨 7 月 26 日（流量约 1 000 m³/s）至 10 月 15 日（流量约 980 m³/s），巴彦高勒和三湖河口平滩流量分别增加 296、344 m³/s，头道拐则减小 91 m³/s。

可以看出，同流量水位估算的结果比断面法偏小。因两个方法的时间段不同，同流量水位法至 10 月 15 日，而断面法资料仅至 9 月 29 日，经过两者对比说明落水过程各断面均有不同程度的回淤。另外，同流量水位法也有不足，2 000 m³/s 同流量水位差值，能反映涨落水期大流量期间河道冲淤情况，对于落水以后流量小于 2 000 m³/s 的洪水过程无法反映；而 1 000 m³/s 同流量水位差值，基本能反映整个洪水过程起涨和落水期间水位差值，但 1 000 m³/s 的水位反映深槽的冲淤较多，也不能代表全部主槽断面。

基于以上原因，考虑到断面法资料仅到 9 月 29 日（此时流量 1 450 m³/s，9 月 7 日洪峰 3 020 m³/s），而缺少落水后期河道冲淤的调整情况，因此最终结果采用断面法与 1 000 m³/s 的水位冲淤取平均的办法得到最终结果。即整个洪水过程中，巴彦高勒、三湖河口和头道拐水文站断面平滩流量均略有增加，分别为442、272 m^3/s 和80 m^3/s。

表3-13　2012年典型水文站洪水过后平滩流量变化值

站名	流量 (m^3/s)	涨水减落水水位差(m)	河宽 (m)	冲淤面积 (m^2)	平均流速 (m/s)	平滩流量增加值(m^3/s)
巴彦高勒	2 000	-0.17	500	85	1.72	-146
三湖河口	2 000	0.53	400	-212	1.82	386
头道拐	2 000	-0.07	550	39	1.53	-60
巴彦高勒	1 000	0.43	400	-172	1.72	296
三湖河口	1 000	0.63	300	-189	1.82	344
头道拐	1 000	-0.17	350	59.5	1.53	-91

(四)河道冲淤变化特点

1. 河道冲淤

宁蒙河道大断面实测资料非常少，内蒙古河道近几年仅有2008年7月与2012年11月两个测次，宁夏河道为2011年7月和2012年12月两个测次，而且两次施测工作的标准也不统一，给本次洪水期冲淤量和滩槽分布的确定带来极大困难。为尽量准确地确定冲淤量，在收集相关资料并进行分析计算的基础上，多次到实地调查并与测量单位交流，采用多种方法综合计算分析确定冲淤量数值。

宁蒙河段两个测次间除2012年漫滩洪水外均无漫滩洪水，因此可认为在此期间滩地的淤积量即为2012年7月至2012年11月洪水期间滩地的淤积量。全断面冲淤量采用沙量平衡法计算结果，滩地冲淤量除巴彦高勒到三湖河口河段外均采用实测淤积断面计算结果，两者相减得到主槽冲淤量。

根据实测断面计算滩地冲淤情况(图3-22)，巴彦高勒至三湖河口河道大部分断面滩地是冲刷的，2012年滩地高程低于2008年滩地高程，与实际河道情况明显不符。根据以往经验，水位变化能够比较好地反映滩槽的冲淤调整，因此收集了黄委水文系统和内蒙古水利厅分别设置的遥测水尺资料，根据水位变化计算滩槽冲淤量。

首先，对河段水位反映冲淤的可靠性进行了论证。根据2008年和2011年两次断面套绘，三湖河口—头道拐河段断面冲淤表现基本合理(表3-14)，计算滩地淤积量为1.050亿t，由于主槽冲淤量含有2008年到2012年洪水前的冲淤量，因此采用沙量平衡法统计的洪水期冲淤量0.375亿t作为全断面冲淤量，再反求出主槽冲淤量为-0.675亿t。而利用三湖河口—头道拐河段的遥测水尺洪水前后2 000 m^3/s 同流量水位变幅为-0.276 m(表3-15)，按照500 m河宽计算主槽冲刷量为0.594亿t，与前面水位变化确定的0.675亿t比较一致，因此从两种方法对比可以说明三湖河口—头道拐河段，水位变化基本反映了主槽冲淤状况。

其次，利用巴彦高勒—三湖河口河段的遥测水尺洪水期水位变化来计算河段主槽的冲淤量。该河段水位平均降低0.355 m，按照600 m主槽宽度来计算，冲刷量为0.684亿t。滩地则用输沙率法全断面的结果-0.346亿t减去同流量水位推算的主槽冲淤量，得到巴彦高勒至三湖河口河段滩地淤积为0.338亿t。

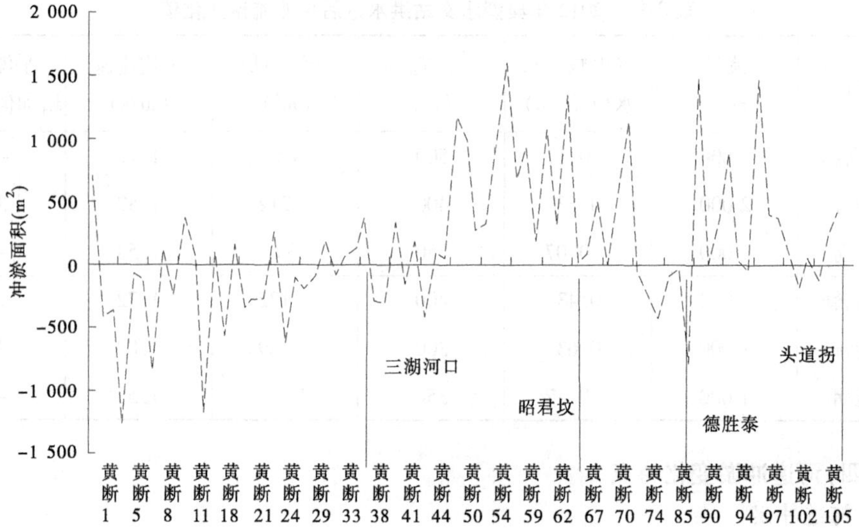

图3-22 内蒙古河段滩地冲淤面积沿程变化

表3-14 宁蒙河段2012年汛期滩槽冲淤量 （单位:亿t）

河段	全断面	主槽	滩地
下河沿—青铜峡	0.050	-0.016	0.066
青铜峡—石嘴山	0.037	-0.541	0.578
小计	0.087	-0.557	0.644
巴彦高勒—三湖河口	-0.346	-0.684	0.338
三湖河口—昭君坟	0.375	-0.675	0.600
昭君坟—头道拐			0.450
小计	0.029	-1.359	1.388
合计	0.116	-1.916	2.032

表3-15 根据洪水前后实测水尺同流量水位变化计算主槽冲淤量

水尺名称	2 000 m³/s同流量水位变幅(m)		河宽(m)	主槽冲淤量(亿t)
	水尺	河段平均		
巴彦高勒	-0.31	-0.355	600	-0.684
五原一段(皮房圪旦)	-0.21			
四科河头	-0.24			
三湖河口	-0.66			

续表 3-15

水尺名称	2 000 m^3/s 同流量水位变幅(m)		河宽(m)	主槽冲淤量(亿 t)
	水尺	河段平均		
大河湾	-0.35	-0.276	500	-0.594
三岔口	-0.29			
画匠营子	-0.17			
新河口	-0.26			
头道拐	0.07			

2. 断面形态变化

1) 断面形态沿程变化

套绘 2008 年 6 月和 2012 年 10 月 87 个大断面,量取河槽的宽度,计算滩唇下的断面面积及河相系数。结果表明,2012 年 10 月和 2008 年 6 月相比,有 76% 的断面河槽面积是增加的(图 3-23),有 62% 的断面河槽发生展宽(图 3-24);有 67% 的断面河槽平均深度是增加的(图 3-25);有 61% 的断面的河相系数是减小的。通常多数断面的冲深和展宽同时发生,但多数断面冲深甚于展宽,因此反映断面形态的河相系数有所减小(图 3-26)。

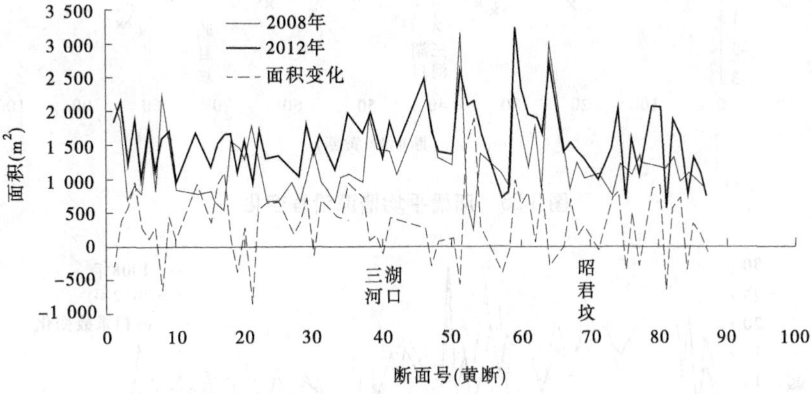

图 3-23　河槽面积沿程变化

以三湖河口和昭君坟为分界点,分为三湖河口以上、三湖河口—昭君坟和昭君坟以下三个河段,统计每个河段的平均面积、平均槽宽、平均槽深及河相系数(表 3-16)。三湖河口以上、三湖河口—昭君坟和昭君坟以下三个河段的河槽面积分别增加了 356、330 m^2 和 262 m^2,河槽宽度平均展宽了 100、69 m 和 76 m,可见河槽面积和槽宽增加最多的是三湖河口以上河段;从平均槽深看,三湖河口以上和三湖河口—昭君坟河段的平均槽深分别增加了 0.3 m 和 0.4 m,河相系数减小说明了河槽略变窄深,昭君坟以下河段没有明显变化。

2) 典型断面

依据断面变化特点,可将典型断面分为三类:第一类是展宽和冲深兼具,如黄断 16,

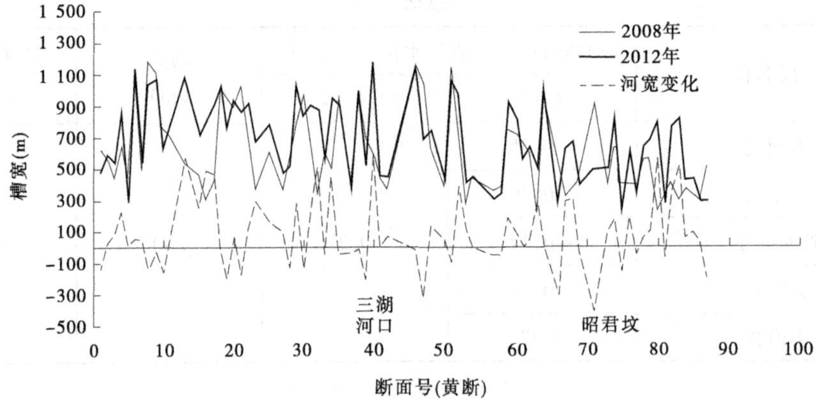

图 3-24　河槽宽度沿程变化

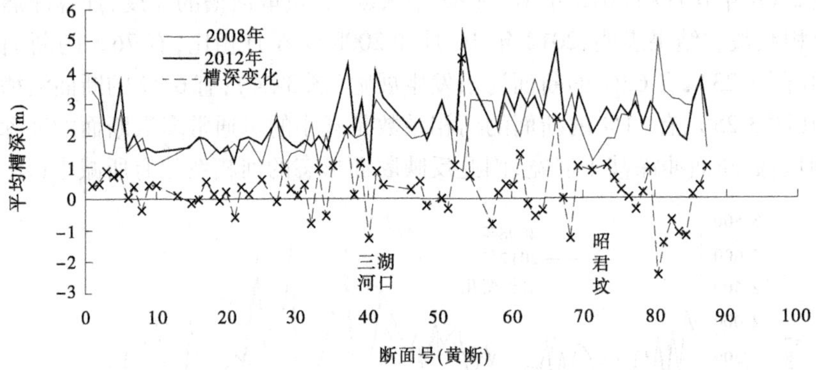

图 3-25　河槽平均槽深沿程变化

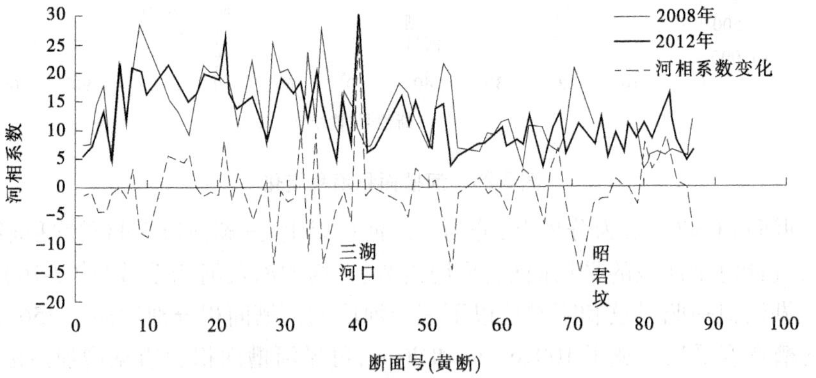

图 3-26　河槽河相系数沿程变化

多数断面属于此类(图 3-27);第二类是河槽位置发生显著变化,如黄断 32,河槽位置在横向上移动了 1 km(图 3-28);第三类是以缩窄冲深为主的断面,如黄断 66(图 3-29),最深点高程冲刷降低了近 7 m,但此类断面不多。

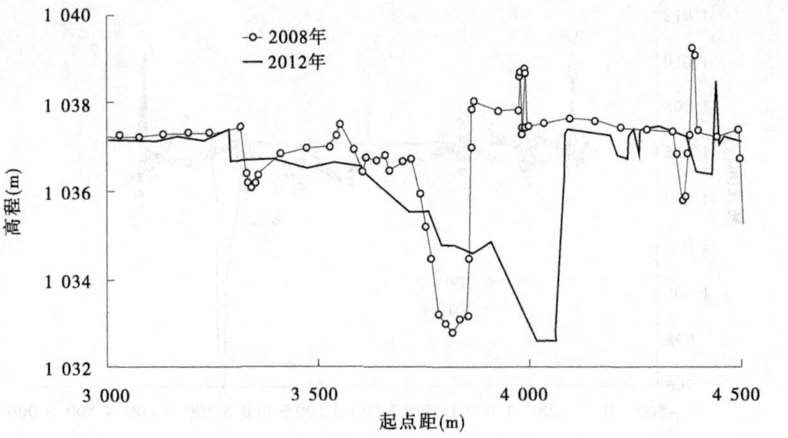

图 3-27　黄断 16

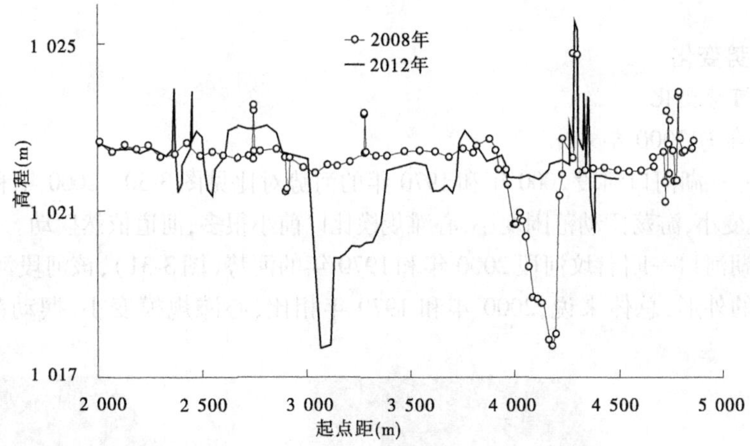

图 3-28　黄断 32

表 3-16　河段平均面积、平均槽宽、平均槽深及其河相系数

河段	时期	平均面积(m^2)	平均槽宽(m)	平均槽深(m)	河相系数
三湖河口以上	2008 年	1 129	685	1.7	16.6
	2012 年	1 485	785	2.0	15.3
	变化	356	100	0.3	-1.4
三湖河口—昭君坟	2008 年	1 465	599	2.5	10.7
	2012 年	1 795	668	2.9	10.1
	变化	330	69	0.4	-0.5
昭君坟以下	2008 年	1 087	445	2.7	9.2
	2012 年	1 349	521	2.7	8.9
	变化	262	76	0.0	-0.3

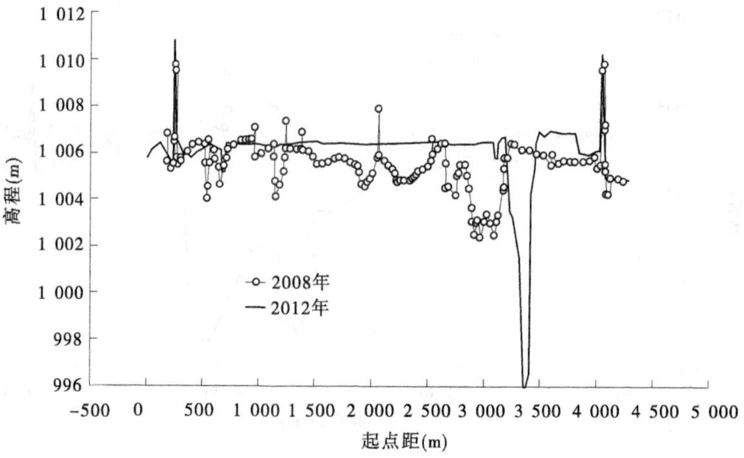

图 3-29　黄断 66

(五)河势变化

1. 历史河势变化

1)1970 年与 2000 年对比

三盛公—三湖河口河段 2000 年和 1970 年的河势对比见图 3-30。2000 年和 1970 年相比,河宽明显变小,游荡摆动范围变小,心滩规模比以前小很多,河道依然摆动。

对比三湖河口—昭君坟河段 2000 年和 1970 年的河势(图 3-31),该河段河道有心滩,也有弯曲性的外形,总体来说,2000 年和 1970 年相比,心滩规模变小,摆动范围略有减小。

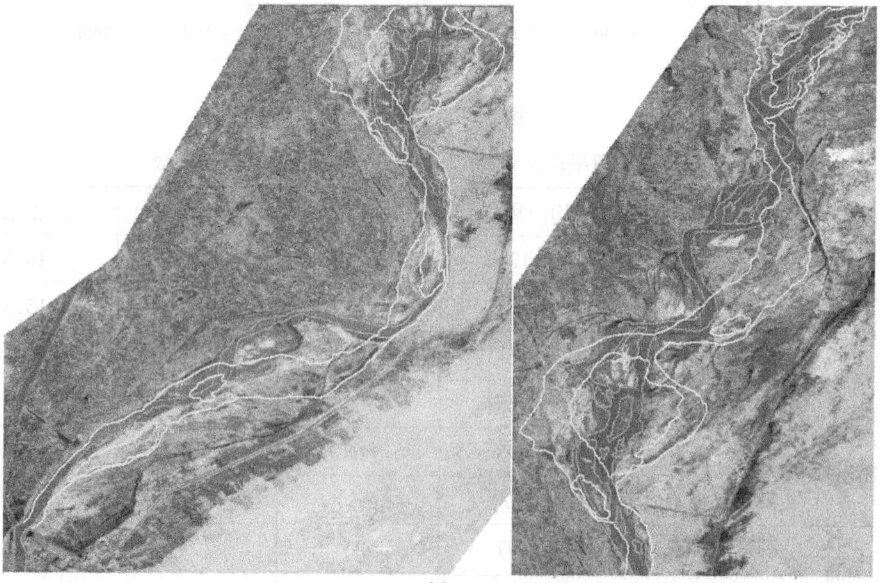

(a)

图 3-30　三盛公—三湖河口河段(黄色 1970 年,绿色 2000 年)

(b)

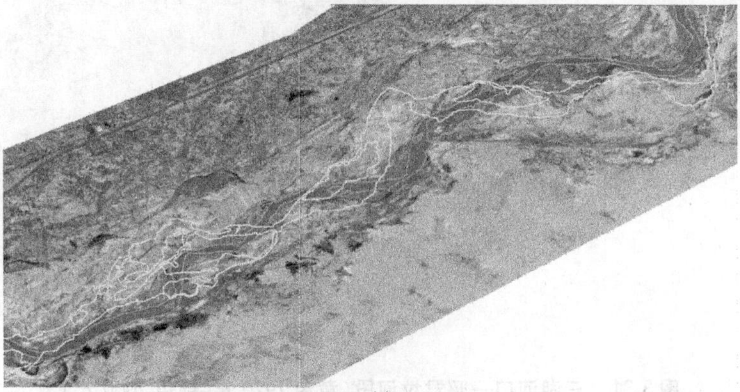

(c)

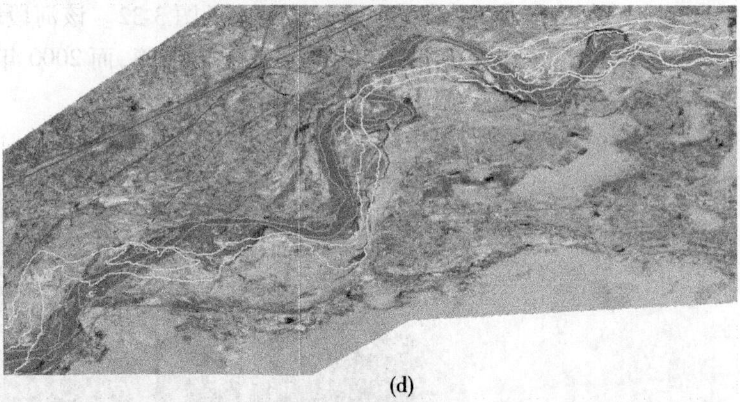

(d)

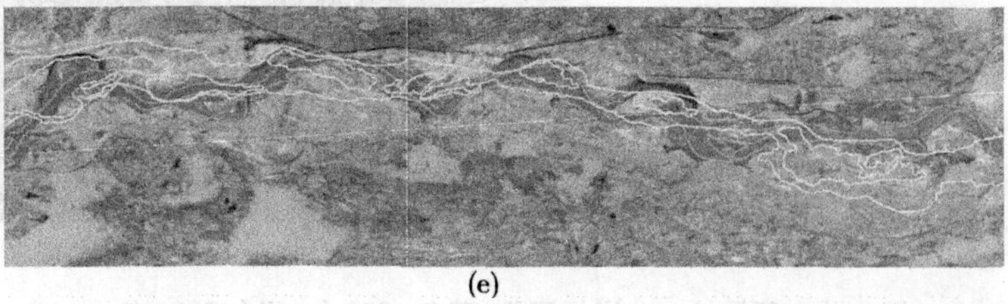

(e)

续图 3-30

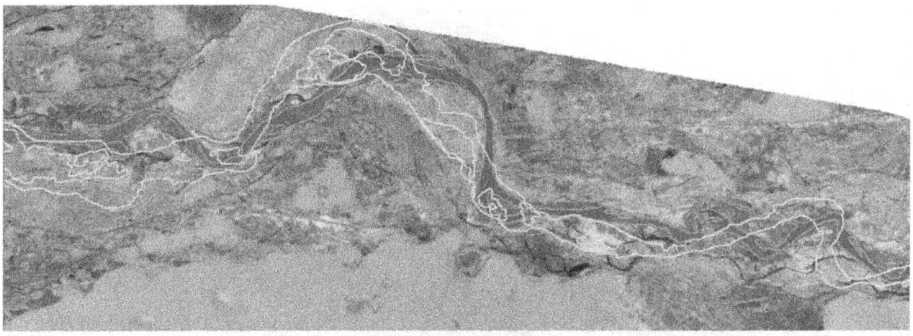

(a)

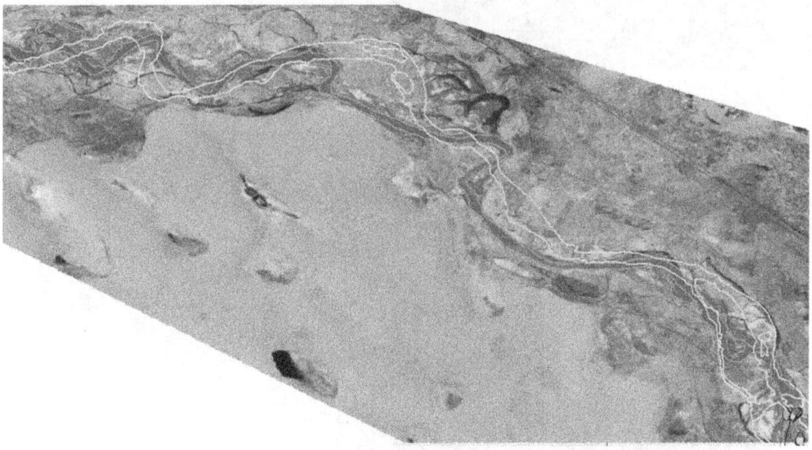

(b)

图 3-31　三湖河口—昭君坟河段(黄色 1970 年,绿色 2000 年)

昭君坟—头道拐河段 2000 年和 1970 年的河势对比见图 3-32。该河段较弯曲,2000 年和 1970 年相比,河湾半径略有减小。1970 年均是较大的河湾,而 2000 年则是个数稍多的小河湾。

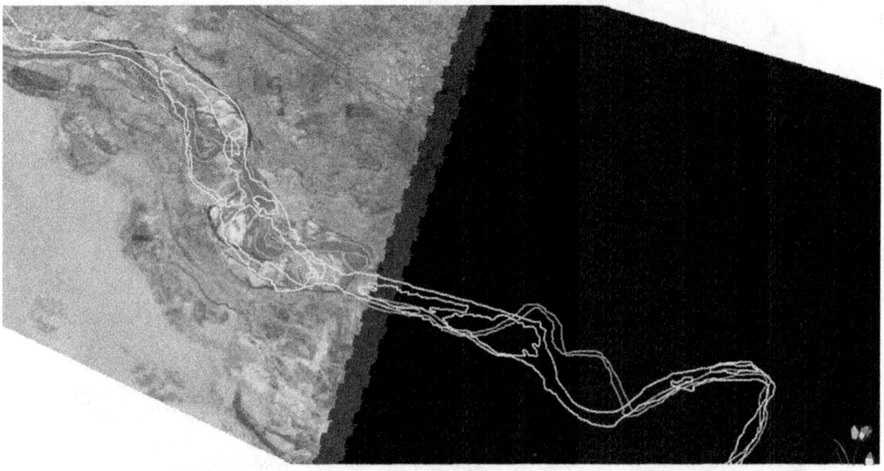

(a)

图 3-32　昭君坟—头道拐河段(黄色 1970 年,绿色 2000 年)

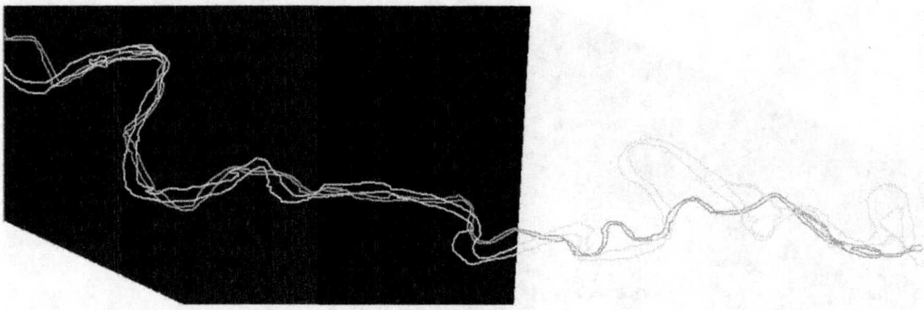

(b)

续图 3-32

2)2000 年与 2010 年对比

三盛公—三湖河口河段 2000 年和 2010 年的河势对比见图 3-33，后者与前者相比，游荡摆动的范围并没有明显变化，河心滩依然较多，河道依然摆动频繁。

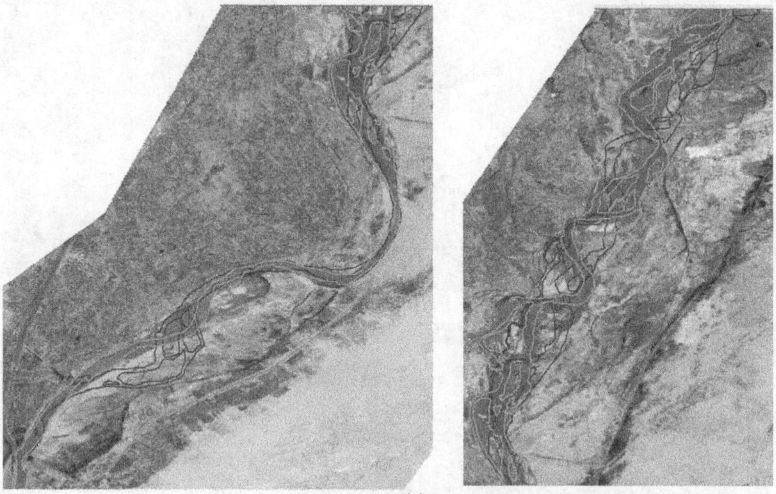

(a)

(b)

图 3-33　三盛公—三湖河口河段(绿色 2000 年，红色 2010 年)

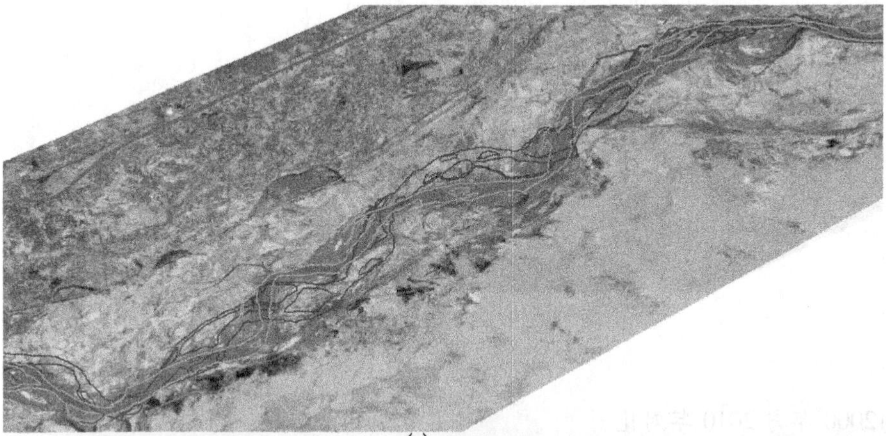

(c)

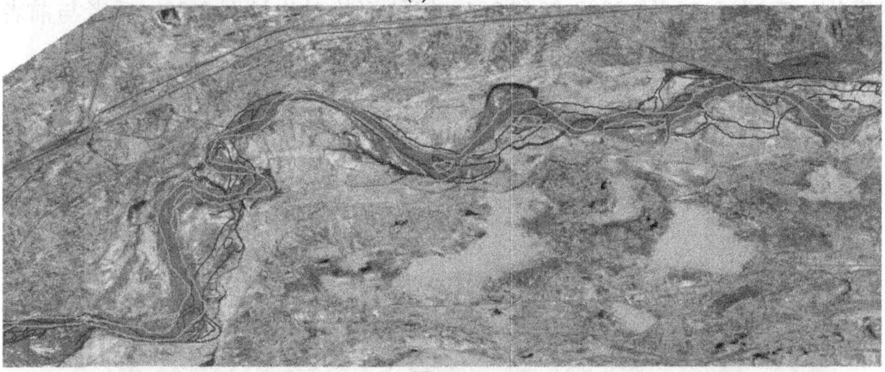

(d)

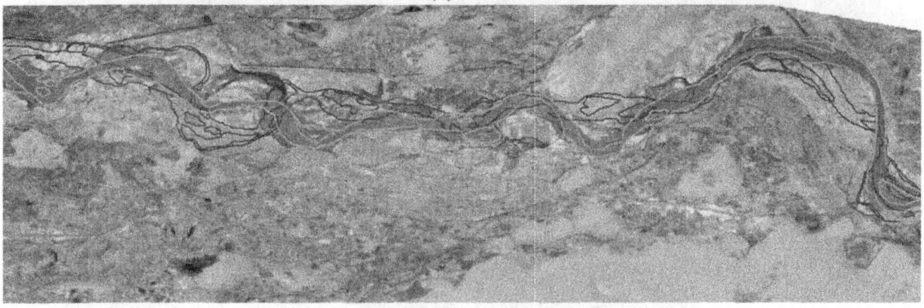

(e)

续图 3-33

三湖河口—昭君坟河段 2000 年和 2010 年的河势对比见图 3-34，河道仍有心滩，也有弯曲性的外形，总体来说，2010 年与 2000 年相比变化较小。

同理分析，昭君坟—头道拐河段，2010 年与 2000 年相比，河湾有上提或是下挫，局部小河湾发育完全后发生裁弯，河湾半径并无明显变化，仍为弯曲性河段。

2. 洪水期间河势变化

图 3-35 ~ 图 3-38 是 2012 年 7 月 29 日和 8 月 29 日的河势套绘。其中 2012 年 7 月 29 日，巴彦高勒水位站日均流量为 1 040 m^3/s，为洪水开始起涨时流量，8 月 29 日日均流量为 2 550 m^3/s。

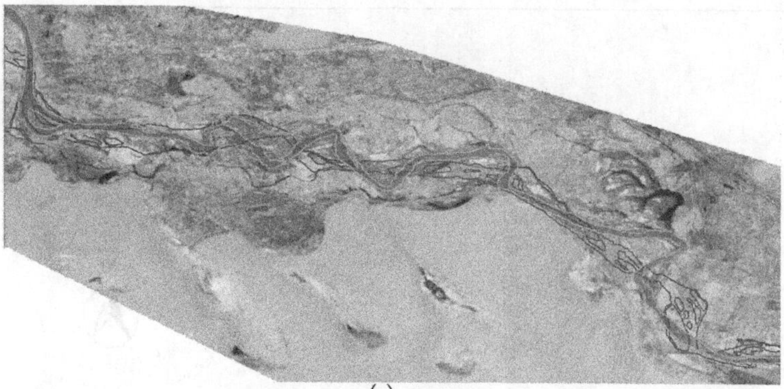

(a)

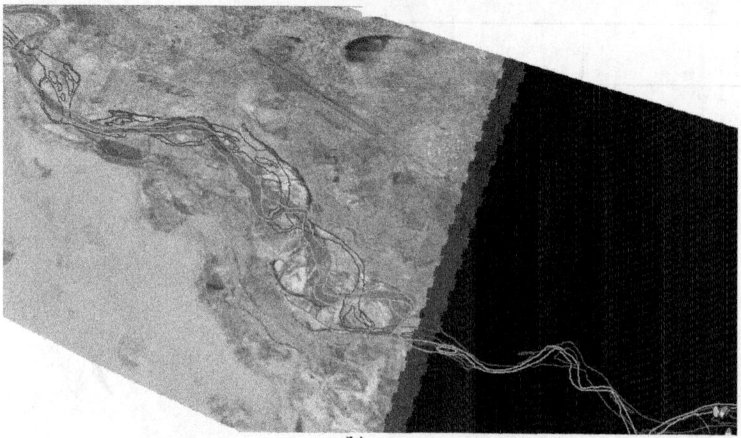

(b)

图 3-34　三湖河口—昭君坟河段(绿色 2000 年,红色 2010 年)

内蒙古乌达铁路桥至三盛公河段属于过渡性河段,通过洪水涨水前后的对比知,随着洪水流量增大(图 3-35),水面宽略有增大,该河段无大面积漫滩,仅以前裸露的心滩被水覆盖,或是大心滩变为小心滩。整体来看河势较稳定。

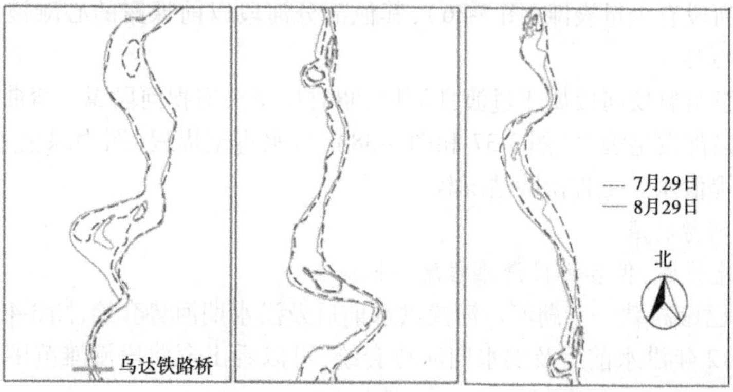

(a)

图 3-35　乌达铁路桥—三盛公河段

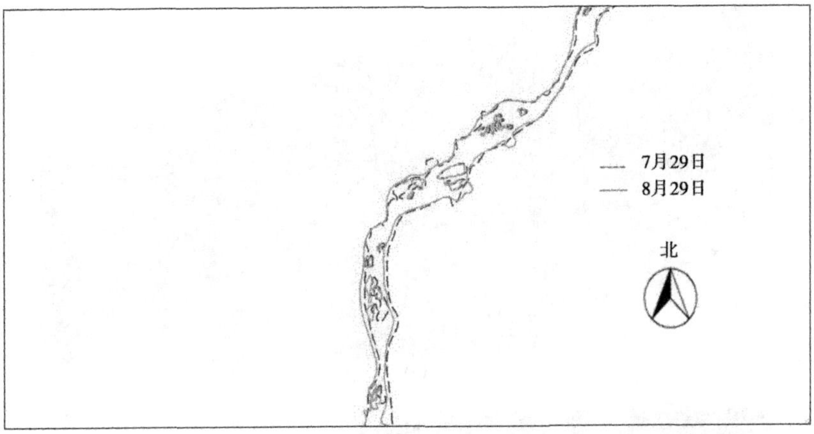

(b)

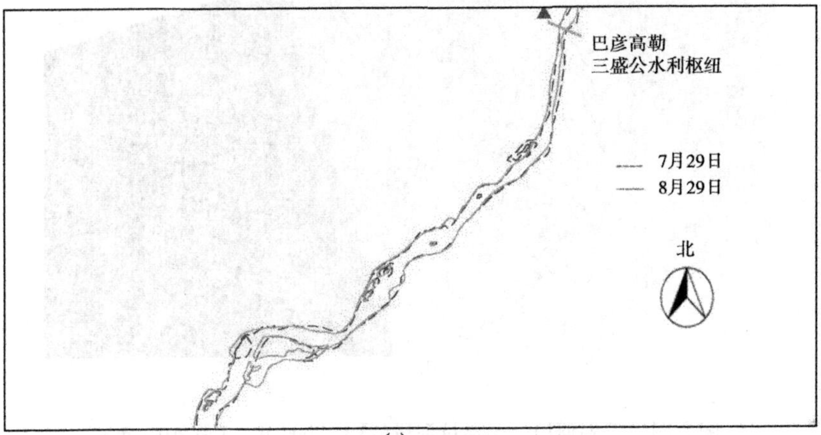

(c)

续图 3-35

三盛公至三湖河口河段属于游荡性河段,随着洪水流量的增大,水面宽增大,三盛公水利枢纽上部河段有少量漫滩(图 3-36),其他部分河段以前裸露的心滩被水覆盖,或是大心滩变为小心滩。

三湖河口至昭君坟河段属于过渡性河段,昭君坟至头道拐河段属于弯曲性河段,可以看出这两个河段都发生漫滩(图 3-37 和图 3-38),洪水直至堤根(图中绿色边界即为大堤位置),形成大堤偎水。工程出险情况较多。

3. 2012 年河势特点

1) 洪水发生漫滩,但各河段漫滩程度不同

图 3-39 为巴彦高勒—三湖河口河段洪水前后及洪水期河势套绘,图 3-40 为昭君坟—头道拐河段 2012 年洪水前后及洪水期河势套绘,可以看出弯曲段漫滩范围大,基本漫至大堤根。

通过点绘巴彦高勒—头道拐河段洪水期河宽变化过程看出(图 3-41),过渡性河段和弯曲性河段漫滩范围大,而游荡性河段漫滩范围较小。

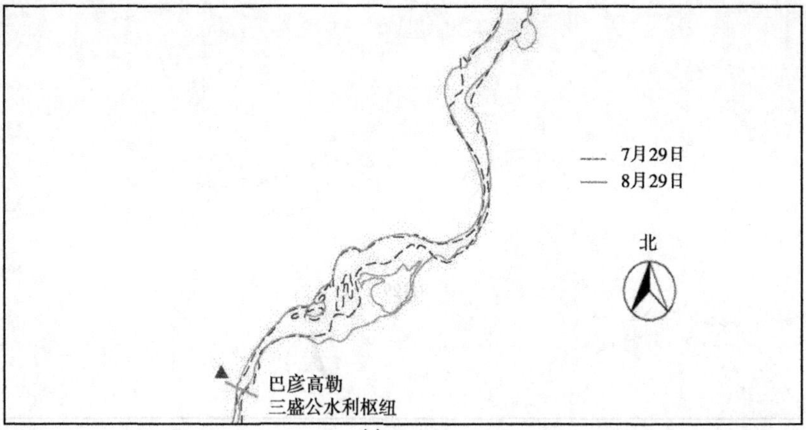

(a)

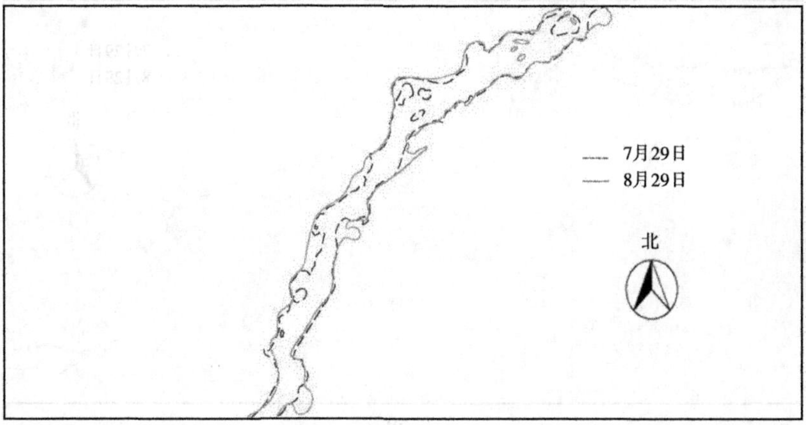

(b)

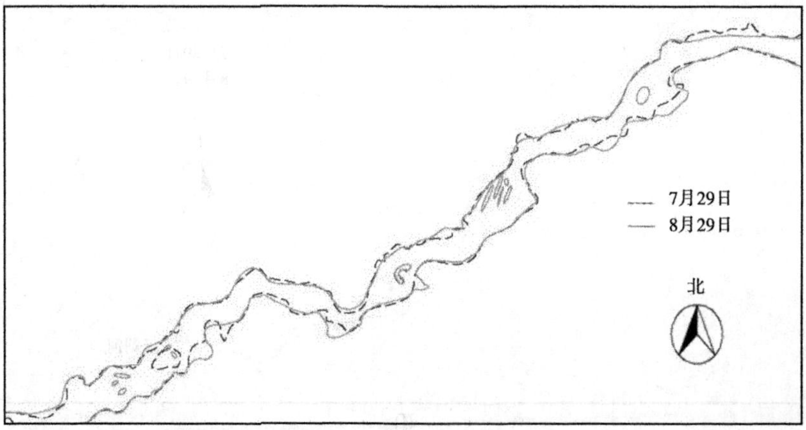

(c)

图 3-36　三盛公—三湖河口河段

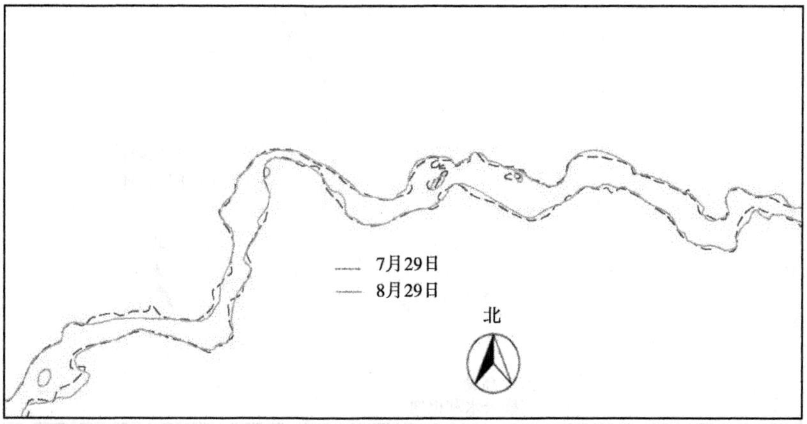

(d)

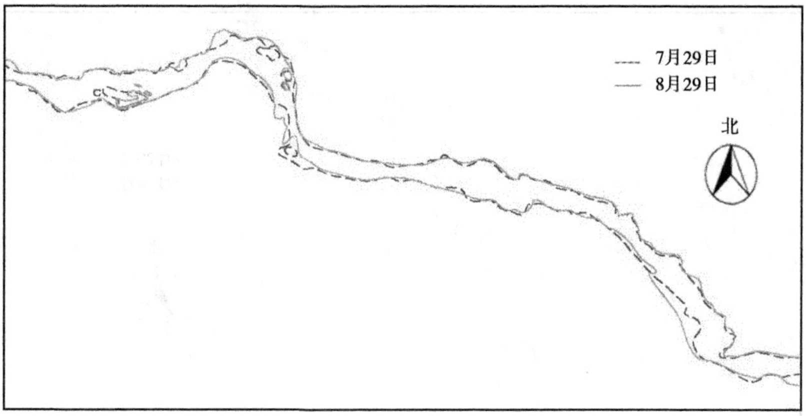

(e)

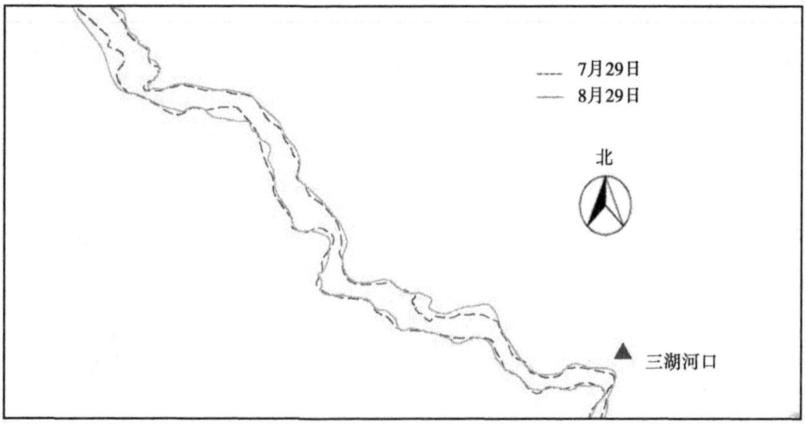

(f)

续图 3-36

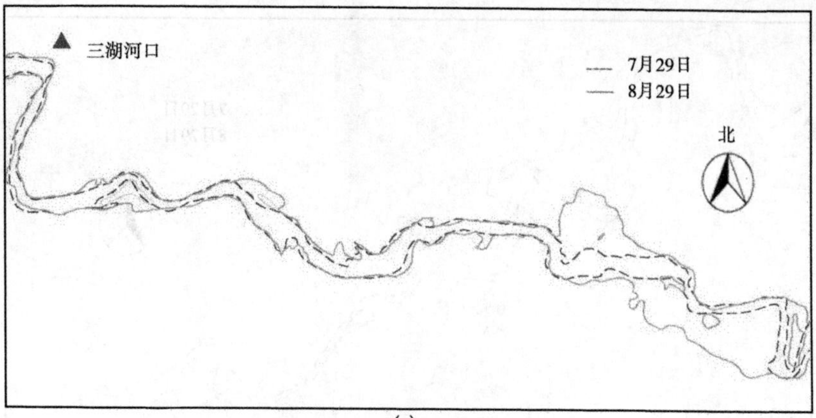

(a)

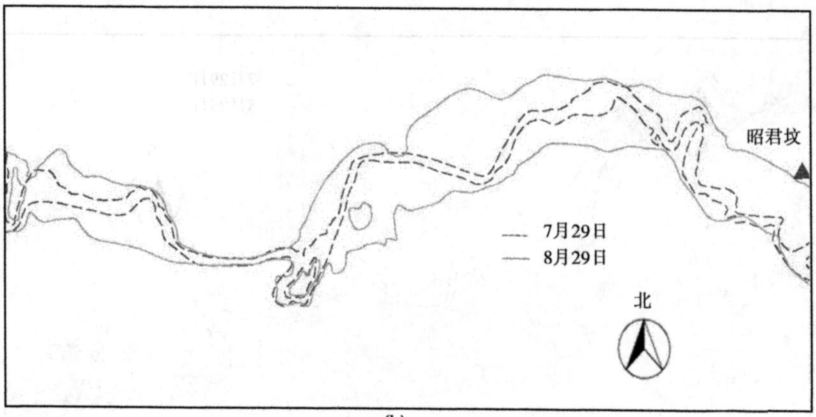

(b)

图 3-37　三湖河口—昭君坟河段

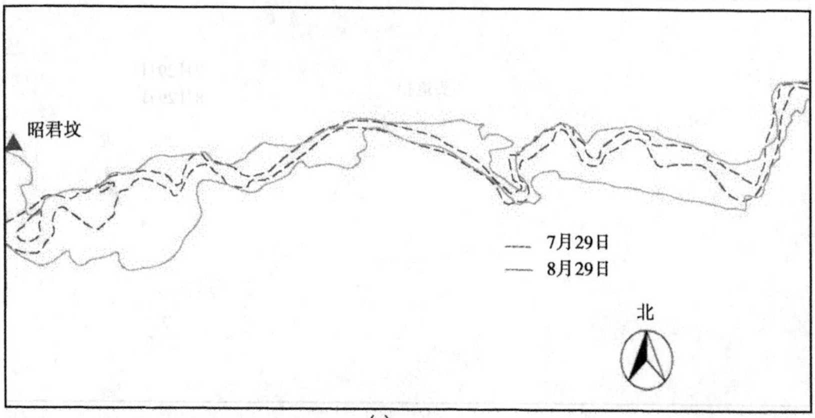

(a)

图 3-38　昭君坟—头道拐河段

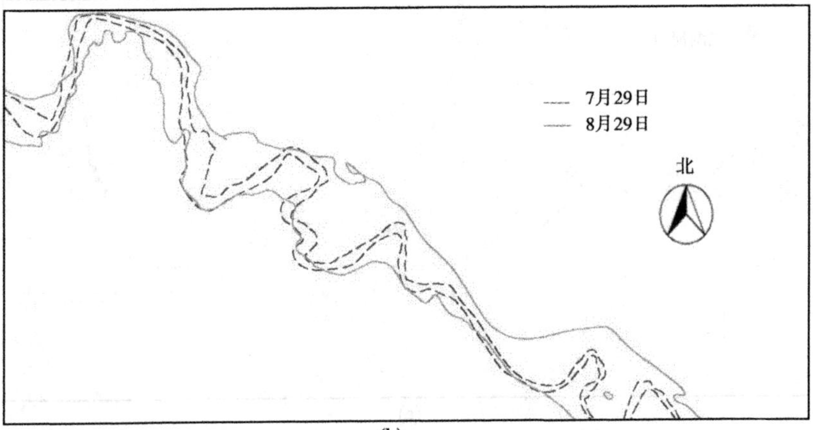

(b)

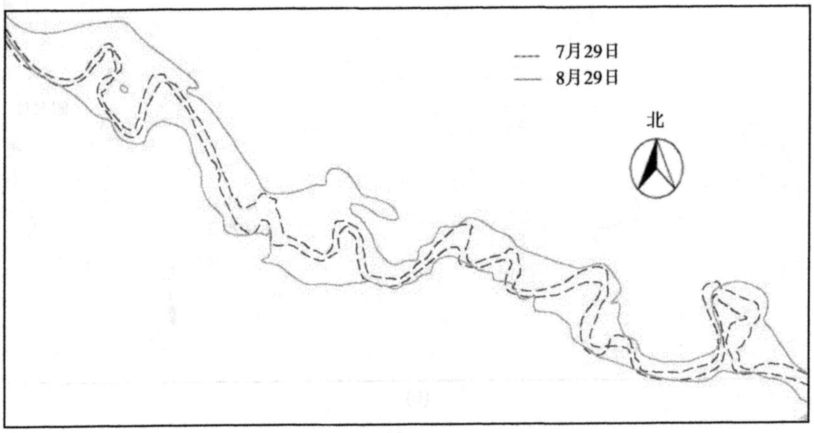

(c)

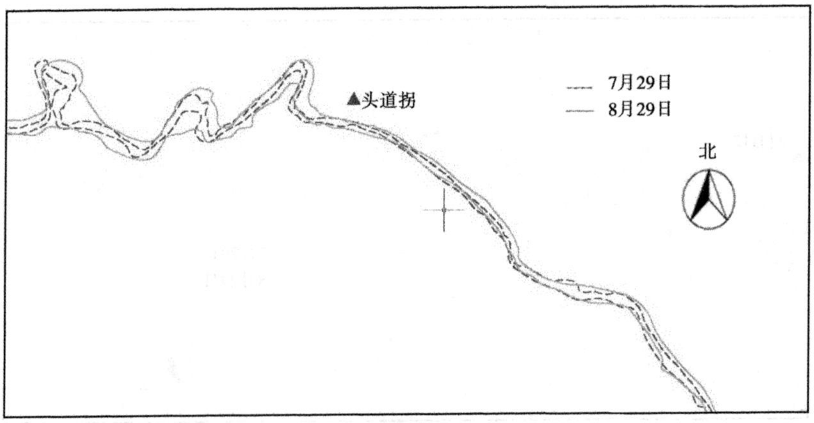

(d)

续图 3-38

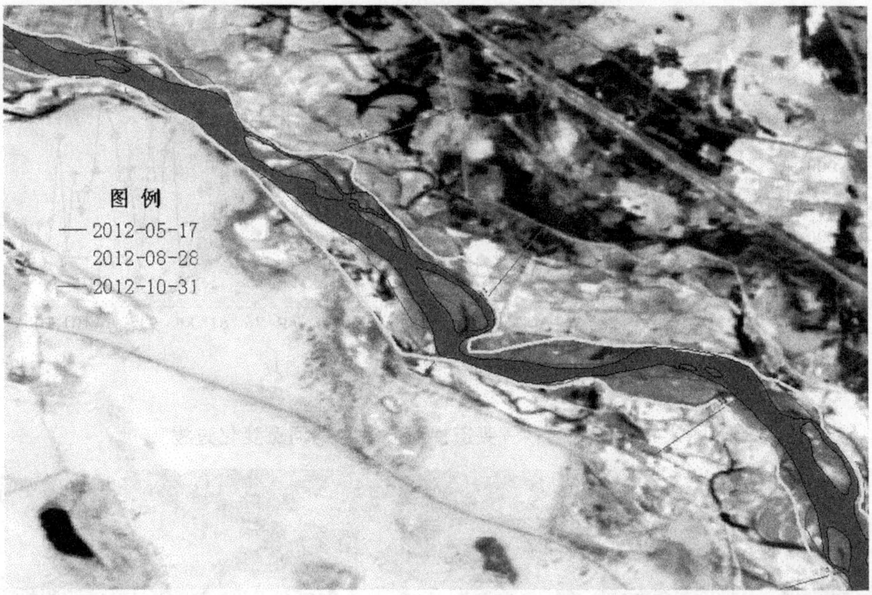

图 3-39 巴彦高勒—三湖河口河段洪水前后及洪水期河势套绘图

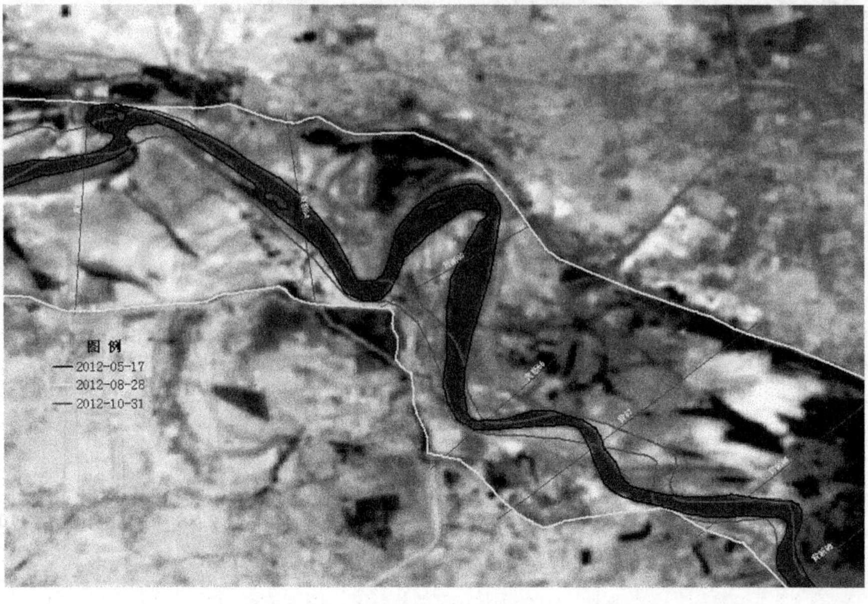

图 3-40 昭君坟—头道拐河段洪水前后及洪水期河势套绘图

2)河势发生较大变化

游荡河段主流摆动较大(图 3-42),过渡段次之。统计巴彦高勒—三湖河口、三湖河口—昭君坟和巴彦高勒—头道拐 108 个黄断面洪水前后主流摆幅(图 3-43)及各河段平均和最大主流摆幅知(表 3-17),若扣除裁弯的主流摆幅,游荡段平均主流摆幅为 200 m;过渡段为 130 m;弯曲段为 55 m。

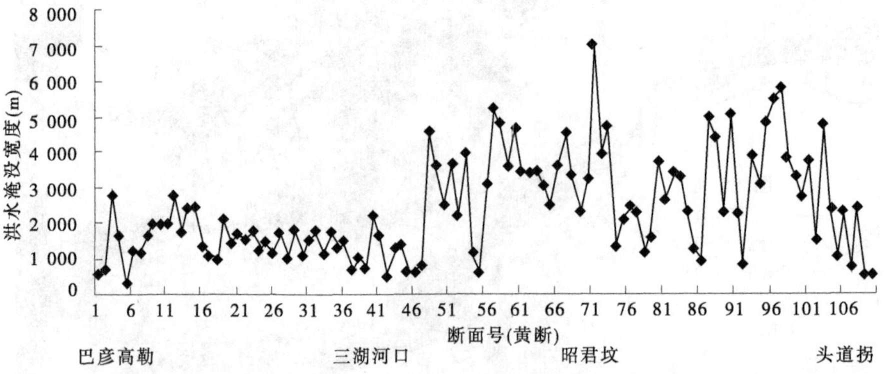

图 3-41 巴彦高勒—头道拐河段洪水期河宽变化过程

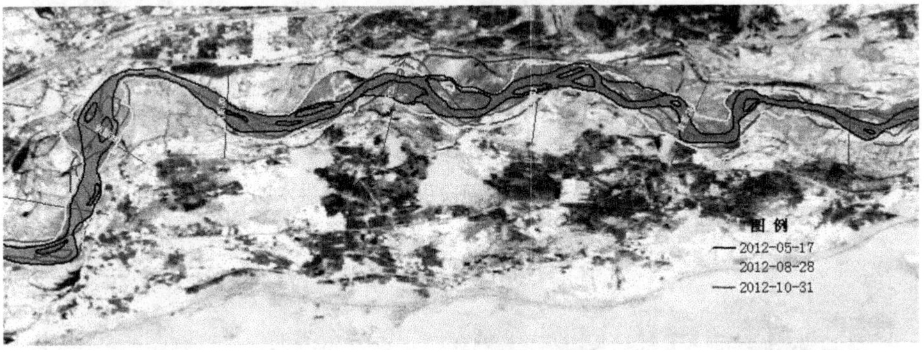

图 3-42 巴彦高勒—三湖河口河段(黄断 20—黄断 24)河势套绘

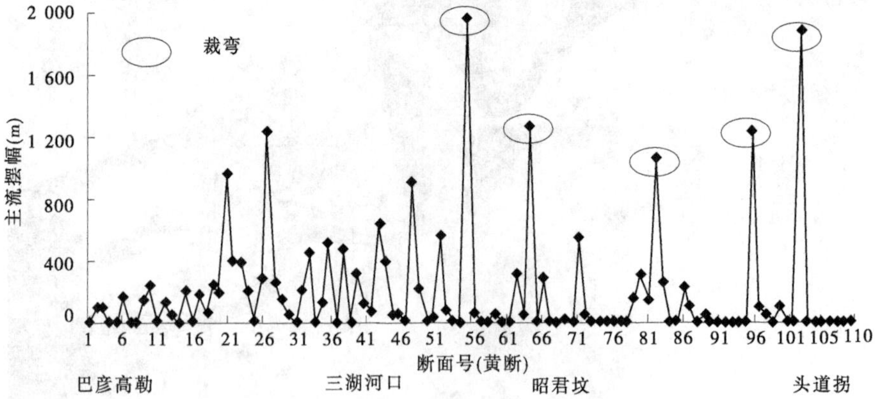

图 3-43 2012 年汛前汛后主流摆幅沿程变化

表 3-17 2012 年洪水前后主流摆幅统计

河段名称	河道长度(km)	河型	平均主流摆幅(m)	最大主流摆幅(m)
巴彦高勒—三湖河口	220.3	游荡	200	1 380
三湖河口—昭君坟	126.4	过渡	240(扣除裁弯为 130)	1 960
昭君坟—头道拐	174.1	弯曲	150(扣除裁弯为 55)	770

3）自然裁弯现象明显

根据2012年洪水前后河势分析，共有5处发生自然裁弯，其中过渡段2处，弯曲段3处（图3-44、图3-45）。由表3-18看出，裁弯后弯道河长较裁弯前缩短了一半，各河湾河长缩短比例在23%～63%之间。

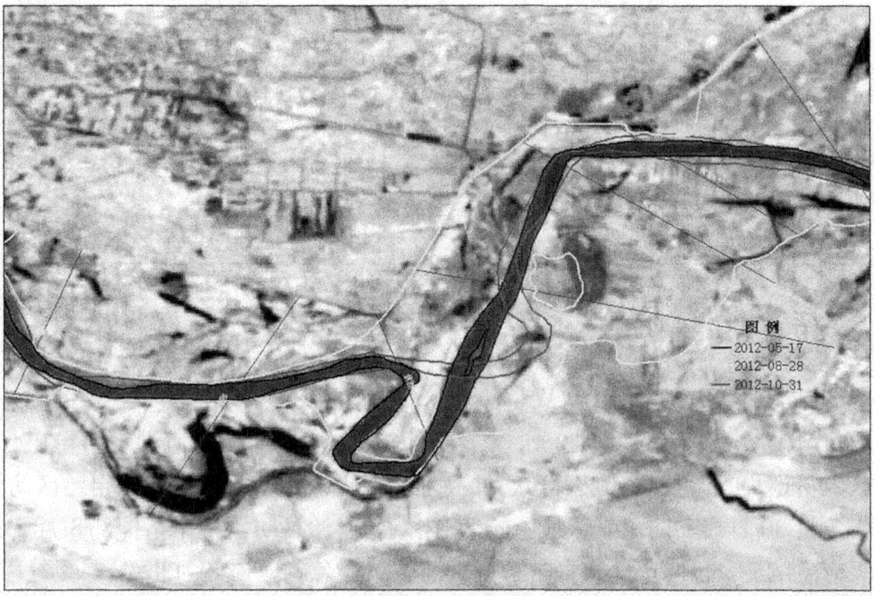

图3-44　过渡段黄断55—黄断57裁弯河势

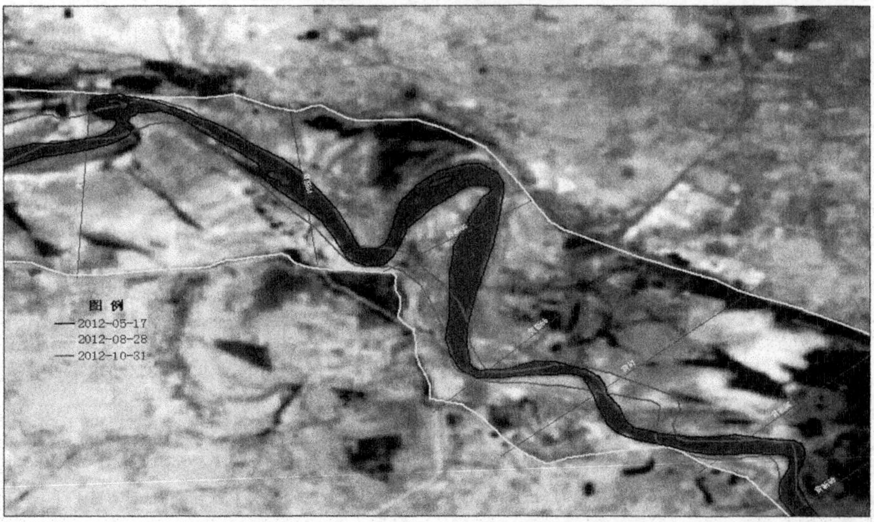

图3-45　弯曲段黄断64—黄断66裁弯河势

表 3-18　2012 年洪水期裁弯情况

河段名称	河段 (黄断面号)	裁弯前河长(km)	裁弯后河长(km)	河长缩短比例(%)
三湖河口—昭君坟	57 ~ 59	8.36	4.13	51
	64 ~ 66	6.28	2.89	54
昭君坟—头道拐	82 ~ 83	2.01	0.84	58
	96 ~ 97	5.37	4.14	23
	103 ~ 104	7.994	2.94	63
	合计	30	14.94	50

四、工情、险情、灾情及凌洪区运用

(一)洪水漫滩及淹没情况

2012 年汛期宁蒙河段大部滩上水。宁夏、内蒙古全力加强黄河洪水防御工作,组织沿黄地区人员巡堤查险,撤离滩区群众,加高加固重点段堤防。宁夏回族自治区防汛抗旱指挥部于 7 月 30 日启动防汛Ⅲ级应急响应,内蒙古自治区防汛抗旱指挥部 8 月 2 日启动防汛Ⅲ级应急响应(8 月 26 日又将内蒙古黄河防汛应急响应提升为Ⅱ级)。

根据宁夏回族自治区防办的《黄河近期水情防汛工作情况汇报》,截至 8 月 14 日,下河沿流量为 3 000 m^3/s,仍处于涨水阶段。宁夏河段受前期来水影响,全河段 39 处 105 km 堤防偎水,44 处 507 km 堤岸出现滑塌险情,116 座河道整治坝垛受损;沿河 36 座泵站机电设施受淹,3 处约 400 m 渠道引水口水毁严重;河道滩区 2 500 多亩鱼池进水,17.06 万亩农作物漫水受淹,其中 4.4 万亩因长期高水位浸泡,作物枯萎死亡,直接经济损失达 3.5 亿元。

根据内蒙古水利厅网站内报道,截至 8 月 14 日 8 时,内蒙古沿黄各盟市堤防偎水长度达 294.14 km。其中鄂尔多斯市 105.8 km,巴彦淖尔市 20.34 km,乌海市 20 km,阿拉善盟 28 km,包头市 120 km。偎水深度一般为 0.1 ~ 1.6 m。最大偎水深度 2.5 m,发生在达拉特旗段。淹没滩区耕地 59.8 万亩,其中鄂尔多斯市 36.9 万亩,乌海市 0.9 万亩,包头市 17 万亩,巴彦淖尔市 4.7 万亩,阿拉善盟 0.3 万亩。搬迁滩区群众 421 户 985 人。

8 月 21 日,下河沿流量 2 830 m^3/s,仍处于涨水阶段。内蒙古堤防偎水长度达362.93 km,其中鄂尔多斯市 156.85 km,巴彦淖尔市 25.34 km,乌海市 23 km,阿拉善盟 28 km,包头市 124.5 km,呼和浩特市 5.24 km。偎水深度一般为 0.1 ~ 1.7 m,最大偎水深度 2.5 m,发生在达拉特旗段。淹没滩区耕地 69.5 万亩,其中鄂尔多斯市 43.4 万亩,乌海市 9 000亩,包头市 19.5 万亩,巴彦淖尔市 5.4 万亩,阿拉善盟 3 000 亩。搬迁滩区群众 631 户1 534人。

根据宁夏、内蒙古的不完全统计,截至 8 月 27 日,下河沿流量 3 390 m^3/s,洪水达到洪峰阶段。本次洪水造成宁夏沿黄 10 个市(县、区)22 个乡镇 15 万人不同程度受灾。转移滩区人员 2 864 人、大牲畜 5 600 余头，转移安置被围困群众 277 人；250 间临时房屋受淹；16 处主要支流(排水干沟)发生倒灌；滩区 4 300 多亩鱼池进水，23 万亩农作物、经济作物被淹，其中，8.5 万亩作物因浸泡死亡，1 100 多亩护岸林地受淹。初步估算直接经济损失约 4.2 亿元。

截至 9 月 10 日，内蒙古河段堤防偎水长度 414.03 km，淹没滩区耕地 77.1 万亩。搬迁滩区群众 631 户 1 534 人。

1981 年 9 月黄河上游洪水相关资料显示，"81 · 9"洪水期间宁夏转移受灾人口 4 万多人，受灾农田 8.7 万亩，倒塌房屋 4 500 多间，中宁县及跃进渠胜金关决口 2 处，全区直接经济损失 1 200 万元；内蒙古受灾村庄 25 个，受灾群众 2 231 户 1.25 万人，倒塌房屋 3 800多间，淹没农田 19 万亩，损失粮食超过 100 万 kg，损失牲畜 5.66 万头，堤防决口 5 处，全区直接经济损失 2 264 万元。本次洪水对宁、蒙造成的经济损失已远远超过"81 · 9"洪水。

(二)河道堤防、工情、险情

河道在大流量、长时间下行洪，宁、蒙沿黄两岸多处堤防、控导工程和涉河建筑物发生险情，部分工程受损严重，经受了一次较为严峻的考验。险情表现主要为堤防偎水造成的渗水、管涌险情及洪水淘刷引起的险工、控导工程滑坡和坍塌险情。

截至 8 月 27 日，宁夏河段 53 处 124 km 堤防偎水，65 处 7 km 护岸出现滑塌，122 座坝垛不同程度受损，1.5 km 联坝滑塌受损；42 座小型泵站进水，15 处渠道引水口堤防水毁严重。全区沿黄 10 个市(县、区)先后出动 2.1 万人参与抢险救灾和巡堤查险，拆除黄河浮桥 5 座，施工便桥 1 座，停止 8 处旅游区、8 处渡口运营，清理河道采砂船 34 只，清理滩区作业和休闲人员 2 000 余人。抢修、新建重点段落堤防、护岸 42 处共 29 km，抢修、新建防洪坝垛 60 余座，加高培厚支流(排水干沟)堤防 17 处共 27 km，封堵穿堤建筑物 230 多处，加固泵站、取水口 22 处。累计投入抢险大型机械 1 600 余套，石料 30 万 m^3，土方 50 万 m^3，混凝土四脚体 1.8 万 m^3，木架四面体 7 500 多组，编织袋 32 余万条，铅丝 120 t，累计投入抢险资金 1.2 亿元。

截至 9 月 10 日，内蒙古河段受损险工工程 46 座，长 31 915 m；受损坝垛 225 座，联坝 15 422 m，格堤 5 740 m；淹没泵站 18 座(报废 2 座)，沿黄各盟市 7 月 29 日开始陆续对 60 处险工进行加固，其中 39 处险工不同程度出现险情，35 处险工正在加固。达拉特旗河段、杭锦旗河段、土右旗河段等 8 处险段，主要采取抛投块石、铅丝石笼裹护，装抛塑土枕填充等方法抢护丁坝和坝垛；采取加高培厚措施加固格堤、联坝和险段。持续加固杭锦旗河段 27 km 国堤和包头市土右旗 35 km 国堤。包头市、鄂尔多斯市加固堤防戗台 35 km，加高 2 m、加宽 4 m。累计拉运土方 1 205 万 m^3、石方 195 万 m^3，铺设土工布 42 万 m^2、铅丝 578 t、编织袋 631 万条。抢险累计投入 50 185 万元，人工 162 266 人次，机械设备 63 993台班。

宁蒙河段防御本次洪水中有以下两点值得重视。

1. 工程措施发挥重大作用

宁夏目前已完成402 km 的标准化堤防建设，本次洪水中在水位表现接近"81 · 9"洪水位情况下,堤防基本未发生险情,减轻了河段防汛压力。

宁夏河段河道整治工程系统建设始于 1998 年,经历十几年建设,工程数量有较大增加,标准有较大提高。河道整治工程设计标准为:依靠堤防修建的护岸工程坝顶高程按低于设计堤顶高程 1.0 m 考虑,就岸布设的护岸工程,顶部高程按设计整治流量相应水位加 1.0 m 超高或与滩面齐平。平面布置形式采用坝垛式护岸和平顺护岸形式,主要由丁坝、垛、护岸组成。断面结构形式有混凝土四脚体固脚、铅丝笼固脚块石护坡、草土卷埽结构和木架附重四面体等。在护脚结构形式选择上依据河段特性采用不同方案,对于下河沿至仁存渡河段采用混凝土四脚体做护脚根石,仁存渡至石嘴山河段采用铅丝笼做护脚根石。裹护体结构形式及材料主要根据河床地质条件及河道特点确定。以仁存渡为界,分上、下两种做法。下河沿至仁存渡河段护脚部分采用混凝土四脚体(占 3/4)与散抛石(占 1/3)混抛。护坡采用堆石砌面法砌筑,其中沿子石(砌面石,水平宽度 0.5 m)由人工挑选排整,腹石填充密实(顶部水平宽度为 0.5 m)。仁存渡至石嘴山河段护脚根石采用铅丝块石(3/4)和散块石(1/4)混抛护脚,护坡根据河道冰凌易发河段分为两种,仁存渡至银川黄河大桥河段因冰凌灾害较轻,护坡采用堆石砌面法砌筑;银川黄河大桥至石嘴山河段,因易发生凌汛灾害,为增加护坡抗冰块冲撞能力,护坡采用铅丝笼块石护坡。

河道整治工程的兴建控制了河势变化,减轻了堤防防洪压力。考察期间宁夏河段整体防汛抢险工作较为平稳和从容。

2. 工程新结构、抢险新方法效果明显

在中卫市新墩整治工程现场看到,其护坡形式采用了格宾(铅丝笼镀高尔矾)石笼护坡。其做法为用高尔矾镀层铅丝穿塑后编制成网笼,网笼每 2 延米为一个单元,填筑石块后铺设于坝面,单元间相互连接(图 3-46)。格宾网笼由于高尔矾镀层本身延展性和可变形性极强,镀层不易脱落,改变了以往铅丝笼防腐防锈能力差的缺点。工程结构设计为混凝土四脚体结合散抛石护脚,格宾网笼护坡。设计中考虑了坝体受洪水淘刷而变形的因素,预留了变形和滑塌量,坝体抗冲能力得到提高,实现一次投资,长期受益。考察组在考察的工程点都没有看到坝体坍塌险情发生。

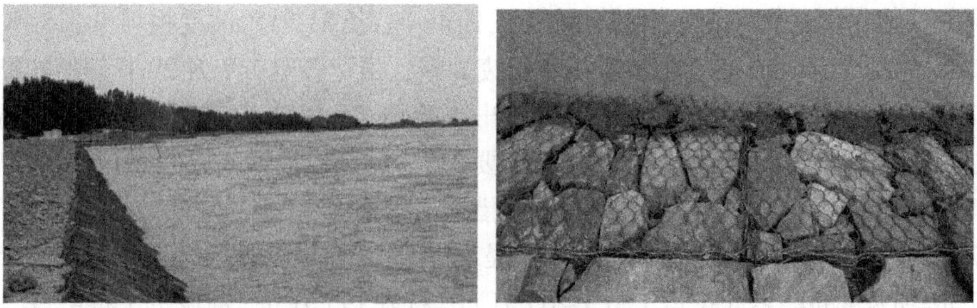

图 3-46　宁夏中卫新墩整治工程格宾网笼护坡

此外,机械化抢险方法得到了较好的应用。不论在宁夏河段,还是内蒙古河段的抢险工地,都能看到机械化抢险已成为主要抢险方法,自卸车、挖掘机、推土机、装载机在抢险现场成为主要施工力量,显著加快了施工速度,提高了抢险效率,同时使与之相关的一些新抢险材料和抢险方法得到了应用。

在宁夏六顷地险工抢险工地，考察组看到当地抢险队伍正在应用土工织物土枕新技术抢修应急工程和抢护工程坍塌险情，防止工程受洪水淘刷。土工织物土枕的制作、搬运与抛投都实现了人工辅助下的机械化操作。具体做法为由人工预先铺设铅丝网或土工格栅，挖掘机将钢制露底箱体放置其上，箱内铺设大编织袋，由挖掘机填土后，人工折叠袋口，并用绳扎口。挖掘机吊出箱体，人工封闭铅丝笼口，完成土工枕制作(图3-47)。根据抢险需要，由挖掘机完成土工枕的搬运或抛投。

(a)挖掘机放置箱体模板　(b)人工铺设大编织袋

(c)挖掘机填土　(d)人工封编织袋

(e)挖掘机脱模　(f)封笼口

图3-47　土工织物土枕制作

土工织物土枕取代了传统的草土埽体枕，避免了其易于腐烂的缺点，并初步实现了机械化操作，充分发挥了省时、省力和工效高的优点，且工程变形沉陷量小，在耐久性、稳定性方面具有明显优势。

同样，在内蒙古河段永胜、南套子、马场地等抢险现场也看到大型编织土袋在工程防护洪水淘刷、减少坍塌中的应用(图3-48)。

(a)永胜抢险现场

(b)南套子抢险现场

图3-48 内蒙古河段抢险现场应用大土工袋防冲

8月26日,黄河防总在前期派出两批抢险专家组的基础上,又派出由河南、山东两省黄河河务局组成的两个机动抢险队紧急投入到巴彦淖尔磴口永胜险工和鄂尔多斯达拉特旗张四圪堵险工抢险加固工作中。黄河下游抢险力量的加入,使黄河上、下游抢险技术得到了交流,土工布防冲、大土工包、大铅丝笼等新型抢险技术得以在更大范围内应用。新的抢险技术在本次抢险中起到了关键作用。

(三)凌洪区运用情况

黄河水利委员会批准的黄河内蒙古河段防凌分洪区共有6处,位于左岸的有3处,分别为巴彦淖尔市磴口县乌兰布和分洪区、河套灌区及乌梁素海分洪区、包头市小白河分洪区;右岸3处,即鄂尔多斯市杭锦旗杭锦淖尔分洪区、达拉特旗蒲圪卜分洪区、昭君坟分洪区。

乌兰布和分洪区位于磴口县粮台乡,分洪口位于三盛公水利枢纽拦河闸上游二十里柳子,距拦河闸19.4 km的库区围堤上。该分洪工程的主要任务是在发生冰塞、冰坝等严重凌情时,分蓄凌洪,降低壅水高度,减轻凌汛对堤防的威胁。分洪量为11 700万m^3,设计滞洪水位1 055.42 m,滞洪区面积为230 km^2。工程为Ⅱ等,主要建筑为Ⅰ级,设计防洪标准为百年一遇洪水。工程主要包括引洪渠、围堤、分洪闸等。

河套灌区及乌梁素海分洪区为利用河套灌区骨干渠道、排干沟及灌区尾部的天然海子和乌梁素海分洪。通过三盛公枢纽总干渠及上游的沈乌干渠分洪,由于有三盛公枢纽的调度,分洪能够做到灵活、方便、快捷,是十分理想的防凌分洪区。分洪量1.61亿m^3,其中乌梁素海1.0亿m^3,河套灌区排水干沟、灌区北缘的天然海子等0.61亿m^3。乌梁素海水库分洪区为Ⅱ等工程,河套灌区分洪渠道及重建闸为Ⅳ等工程,建筑物为4级。

小白河分洪区位于黄河左岸包头市境内,距上游三盛公水利枢纽拦河闸326 km,距上游三湖河口水文站122 km,距上游昭君坟水文站17 km,距画匠营子冰情站约7.5 km。分洪区西起包西铁路,东到四道沙河右堤,南依防洪大堤,北到包头市奶业公司,横跨稀土高新区和九原区两个行政区域,东西长6.8 km,南北宽1.5～2.5 km,占地面积11.77 km^2,设计库容3 436万m^3。分洪口位于包神铁路桥上游6.5 km。利用小白河分凌,可减轻下游凌洪灾害或为抢险、堵复堤防溃口创造条件，从其时效性、快捷性来看，这是解决包神铁路、210国道桥梁附近发生凌汛险情最合适的分洪区。

杭锦淖尔分洪区位于黄河右岸鄂尔多斯市杭锦淖尔乡境内，距上游三盛公水利枢纽拦河闸225.4 km，距上游三湖河口水文站20.6 km。分洪区北依防洪大堤，南到吉巴公路，西起东口子村杭锦淖尔乡政府所在地杭锦淖尔以东，东抵隆茂营村。

蒲圪卜分洪区位于黄河右岸鄂尔多斯市达拉特旗恩格贝镇境内，距上游三盛公枢纽拦河闸和三湖河口水文站分别为269 km和68.4 km，距下游昭君坟水文站40 km。分洪区西起恩格贝镇所在地以东500 m，东到黑赖沟，北依防洪大堤，南到蒲圪卜、林儿湾村北及吉巴公路。分洪区总面积为13.77 km^2，库容为3 090万 m^3。分洪区围堤总长23.7 km，围堤平均高度3.3 m。对应黄河防洪堤桩号为264+890～274+260，工程新建分洪闸1座，防洪堤桩号为266+150，过闸流量127.3 m^3/s；新建退水洪闸1座，所在防洪堤桩号为271+000，退水流量为12.5 m^3/s。

昭君坟分洪区位于黄河右岸内蒙古鄂尔多斯市达拉特旗西部昭君镇境内西柳沟入黄汇入口西南，昭君镇政府东侧，昭君坟旅游地西侧，防洪大堤保护区内。分洪区具体范围为东侧以黄河干堤为界，南侧以二狗弯高地、吉巴公路、城拐子和斯尔凯湾高地为界，西至新建队与斯尔凯湾连线以东，北抵旧黄河大堤，总面积为19.93 km^2。分洪区范围内土地涉及4个行政村21个组，人口5 262人。

分洪区总库容为3 296万 m^3。分洪区围堤总长19.16 km，围堤平均高度4.64 m。加高培厚黄河防洪堤4.34 km，对应黄河防洪堤桩号为299+950～304+440，分洪闸1座，过闸流量219.33 m^3/s，穿堤涵洞闸2座，过闸流量分别为5.04 m^3/s和17.14 m^3/s。

乌兰布和分洪区分洪于19日上午8时开始，闸前水位为1 056.63 m，闸后水位为1 055.93 m，分洪流量为50 m^3/s，一直持续到23日16时。由于分洪闸下游护坡出现塌坡险情，24～26日停止分洪，抢修工程。27日8时恢复分洪，分洪流量为50 m^3/s。29日分洪流量逐步加大到100～110 m^3/s。截至31日分洪水量共约4 000万 m^3，加上库区原有4 000多万 m^3，分洪区内已有水量8 000万～9 000万 m^3，约占设计分水量1.17亿 m^3的70%。

此次乌兰布和分洪区的分洪运用是首次在汛期运行，也是内蒙古河段6个分洪区中唯一启用的一个。本次分洪减缓了三盛公枢纽下游的防汛压力，为下游的防汛抢险争取了时间。同时向沙漠地区引水，对改善沙漠生态环境起到有益的作用。由于分洪区部分围堤在分洪开始时尚未完全建成，本次分洪采用了边抢筑围堤边分洪的方式，分滞水量在4 000万 m^3左右。由于没有汛期分洪运用的先例，如何运用分滞库区的洪水及对今冬明春凌汛期的影响，尚需进一步研究确定。

第四章　结论与认识

一、结论

(1)2012年黄河上游汛期降雨偏多,7月兰州以上和兰托区间分别为130 mm和108 mm,较多年平均偏多42.1%和90.5%;8月兰州以上和兰托区间分别降雨98 mm和43 mm,较多年平均偏多51.1%和50.3%。本次洪水主要来自兰州以上区间。

(2)7月20日~10月9日洪水期间,龙羊峡和刘家峡水库分别增加蓄水32.4亿m^3和1.82亿m^3,分别超汛限水位(2 594 m和1 726 m)48 d和36 d。青铜峡灌区和三盛公灌区共引水16.48亿m^3和13.07亿m^3。

(3)洪水过程表现出水位高、传播时间长、洪峰变形的特点。其中巴彦高勒(2 710 m^3/s)和三湖河口(2 860 m^3/s)洪水位分别为1 052.21 m和1 020.62 m,较1981年5 500 m^3/s和5 290 m^3/s流量的相应水位1 052.07 m和1 019.97 m还高0.14 m和0.65 m。头道拐(3 020 m^3/s)相应水位989.65 m,较1989年(3 030 m^3/s)相应水位988.91 m高0.74 m。由于平滩流量比20世纪80年代减小、本次洪水漫滩情况严重、滩区退水等因素影响,因此洪峰变形,传播时间滞后。

(4)洪水期内蒙古断面各水文站断面以冲刷为主,其间冲淤交替。巴彦高勒、三湖河口和头道拐断面分别冲刷了341.6、110.4 m^2和164.1m^2。

(5)从水位表现来看,各站都出现洪水期高水位较乱的特点,洪水前后同流量水位以下降为主。巴彦高勒呈现出复杂的水位流量关系,落水与涨水相比,2 000 m^3/s同流量水位升高约0.17 m,1 000 m^3/s同流量水位降低约为0.43 m。三湖河口则是明显的顺时针绳套关系,其中2 000 m^3/s和1 000 m^3/s同流量水位分别降低0.56 m和0.63 m。头道拐呈现出逆时针绳套关系,2 000 m^3/s和1 000 m^3/s同流量水位分别升高0.07 m和0.12 m。

(6)河道过流能力有所提高,根据断面法与1 000 m^3/s的水位冲淤取平均的方法初步估算,巴彦高勒平滩流量增加约442 m^3/s、三湖河口增加约272 m^3/s、头道拐增加约80 m^3/s。

(7)内蒙古乌达铁路桥至三盛公河段和三盛公至三湖河口河段以前裸露的心滩被水覆盖,三盛公水利枢纽上游河段有少量漫滩,整体来看河势较稳定。三湖河口至头道拐河段发生大量漫滩,洪水直至堤根,形成大堤偎水,工程出险情况较多。

(8)截至8月27日,宁夏滩区23万亩农作物和经济作物被淹,初步估算直接经济损失约4.2亿元;截至9月10日,内蒙古河段堤防偎水长度414.03 km,淹没滩区耕地77.1万亩。对比“81·9”洪水,本次洪水对宁、蒙造成的经济损失已远远超过“81·9”洪水。

(9)本次洪水仅使用了乌兰布和分洪区,也是其首次在汛期运用。于8月19日8时开始运用,截至8月31日分洪水量共约4 000万m^3。

二、建议

(1)进一步提高宁夏和内蒙古河段的堤防和工程的防御标准。

本次洪水漫滩范围大,三湖河口以下大部分河段已偎水至堤根,在防御本次洪水中,工程措施发挥了重大作用,高标准的堤防和控导工程有效地控制了洪水,减缓了洪水灾害,经受住了洪水的考验。但本次洪水对工程的损坏程度也较大,尤其漫滩洪水较严重的河段,应提高防御能力,以抵抗未来不可预知的洪水灾害。

(2)洪水风险依然存在,应加强龙刘水库的联合调度调控洪水的优化技术研究。

黄河上游30 a来未发生大漫滩洪水过程,尤其经历了20世纪90年代枯水时期,麻痹了一些人的警惕性。从21世纪开始,上游来水有转丰趋势,说明大水、丰水还是有可能出现的,不可掉以轻心。尽管黄河上游有大中型水库控制,宁夏和内蒙古河道堤防标准有不同程度的提高,同时内蒙古河段的平滩流量与2000年相比已有明显增大,但仍未恢复到20世纪80年代的水平,防洪形势依然严峻,一旦发生大洪水,三湖河口以下至头道拐河段漫滩严重,该河段堤防将面临严重的考验,洪水风险依然存在。本次洪水主要来自河源区,沙量较少,河道以冲刷为主,如果遇到支流洪水加沙,尤其是十大孔兑来沙淤堵干流河道,防洪形势将更为严峻。因此,要加强龙刘水库的联合调度研究,以提高宁蒙河道的排洪能力。

(3)滞洪区和灌区起到一定分洪作用,但仍需整治。

目前,由于内蒙古局部河段过流能力较小,特别是三湖河口河段,过流断面较小,堤防标准不一,存在堤防薄弱等问题。在汛期发生大洪水时,各蓄滞洪区大多为凌汛期运用,其水位较高,容易分洪,但若遇到汛期洪水,对于分滞于库区的洪水计划不退回黄河,暂存库区使用。由于没有汛期分洪运用的先例,如何运用分滞洪区的洪水及对今冬明春凌汛期有多大影响等,尚需进一步研究。

第三专题 三门峡库区冲淤演变分析

根据黄河报汛资料,对2011~2012年度三门峡库区冲淤演变进行了分析,主要包括入库水沙条件、水库运用水位、水库排沙特点、库区冲淤变化以及潼关高程变化。分析表明,2012年入库年水量较大,沙量明显减少;年内水沙分配不均匀,汛期水沙量占全年比例增大;桃汛期,潼关洪峰流量和含沙量是利用"桃汛洪水冲刷降低潼关高程"试验以来最小的一年;汛期洪水主要来自干流,洪峰流量大,持续时间长;大流量天数增加,各级流量的输沙量减少。水库非汛期平均蓄水位317.60 m,最高蓄水位318.8 m,蓄水位超过318 m 12 d;汛期坝前平均水位306.21 m,有6次敞泄,低于300 m水位15 d,最低水位291.32 m。水库排沙集中在汛期,汛期集中在敞泄期,敞泄期排沙1.99亿t,平均排沙比2.96。2012年潼关以下非汛期淤积、汛期冲刷,全年冲刷0.355亿m^3,沿程均发生冲刷;小北干流河段发生冲刷,全年冲刷0.250亿m^3,其中非汛期冲刷量占88.4%。潼关高程非汛期抬升0.17 m,汛期下降0.42 m,汛期下降主要发生在洪水期,洪水期潼关高程下降0.49 m,全年下降0.24 m。

第一章　入库水沙特性

一、年水量较大，沙量明显减少

2012 年(运用年，指 2011 年 11 月～2012 年 10 月，下同)三门峡库区潼关水文站年径流量为 359.06 亿 m^3，年输沙量为 2.085 亿 t。与 1987～2011 年枯水系列相比，年径流量增加 49.5%，年输沙量减少 62.8%，年平均含沙量由 23.33 kg/m^3 减少为 5.77 kg/m^3。黄河龙门水文站年径流量为 291.14 亿 m^3，年输沙量为 1.845 亿 t，与枯水少沙时段的 1987～2011年相比径流量增加 53.7%，输沙量减少 47.6%，年平均含沙量由 18.58 kg/m^3 减少为 6.34 kg/m^3。渭河华县水文站年径流 66.08 亿 m^3，年输沙量 0.407 亿 t，与 1987～2011 年相比，径流量增加 35.3%，输沙量减少 80.4%，年平均含沙量由 42.47 kg/m^3 减少为 6.16 kg/m^3(表 1-1)。可见，2012 年龙门以上干流和支流渭河径流量较近 20 a 平均增加较多、沙量减少较多；潼关站 1950～2000 年长系列水沙量分别为 368.4 亿 m^3、11.825 亿 t，潼关站年径流量、输沙量与长系列相比，年径流量接近，输沙量减少 82.4%(图 1-1)，年径流量是 1999 年以来较大的一年。

从全年水沙来源看，渭河华县站径流量占潼关站的 18.4%，小于 1987～2011 年的平均值 20.3%，渭河来沙占潼关的 19.5%，小于 1987～2011 年的平均值 37.0%；干流龙门径流量占潼关的 80.9%，大于多年的平均值 78.9%，来沙占潼关站的 88.7%，比 1987～2011 年的平均值 62.8% 增大 25.9 个百分点。2012 年渭河来沙较少，主要是龙门以上干流来沙。

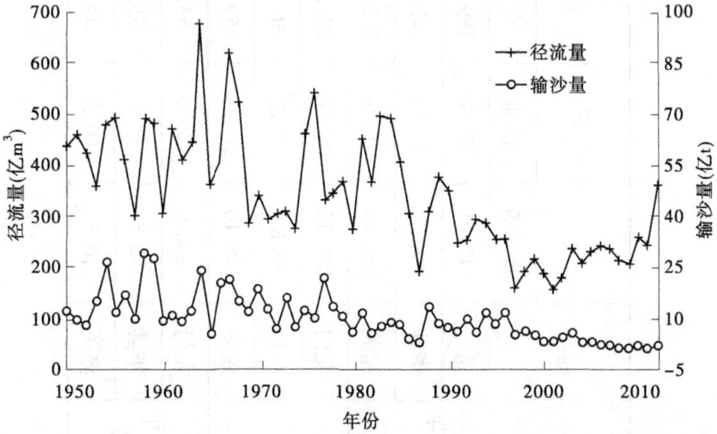

图 1-1　潼关站历年水沙量变化过程

表 1-1　龙门、华县、潼关站水沙量统计

时段	测站	水量(亿 m^3)			沙量(亿 t)			含沙量(kg/m^3)			汛期占全年比例(%)	
		非汛期	汛期	全年	非汛期	汛期	全年	非汛期	汛期	全年	水量	沙量
1987～2011 年平均	龙门	112.01	77.38	189.39	0.661	2.858	3.519	5.90	36.94	18.58	40.9	81.3
	华县	19.13	29.72	48.86	0.242	1.833	2.075	12.63	61.67	42.47	59.8	88.3
	潼关	131.23	108.90	240.14	1.391	4.211	5.602	10.60	38.67	23.33	45.1	75.1
2012 年	龙门	109.33	181.81	291.14	0.098	1.747	1.845	0.89	9.61	6.34	62.5	94.7
	华县	33.82	32.25	66.08	0.025	0.382	0.407	0.74	11.85	6.16	48.8	93.9
	潼关	145.10	213.96	359.06	0.295	1.790	2.085	2.02	8.34	5.77	59.6	85.8
2012 年较 1987～2011 年增减百分数(%)	龙门	-2.4	135.0	53.7	-85.2	-38.9	-47.6	-84.9	-74.0	-65.9		
	华县	76.8	8.5	35.3	-89.7	-79.2	-80.4	-94.1	-80.8	-85.5		
	潼关	10.6	96.5	49.5	-78.8	-57.6	-62.8	-80.9	-78.4	-75.3		

二、年内分配不均

潼关站非汛期径流量为145.10亿m^3,来沙量为0.295亿t,分别占全年的40.4%和14.2%,与1987～2011年相比,径流量增加10.6%,来沙量减少78.8%,平均含沙量由10.60 kg/m^3减少为2.02 kg/m^3。汛期径流量为213.96亿m^3,来沙量为1.790亿t,分别占全年的59.6%和85.8%,与1987～2011年相比,径流量增加96.5%,来沙量减少57.5%,平均含沙量由38.67 kg/m^3减少为8.34 kg/m^3。1987～2011年水沙量汛期和非汛期比例分别为45:55、75:25,2012年分别为60:40、86:14,汛期水量和沙量占比例增大。

龙门站非汛期径流量为109.33亿m^3,来沙量仅为0.098亿t,分别占全年的37.6%和5.3%,与1987～2011年相比,径流量减少2.4%,来沙量减少85.2%,平均含沙量由5.90 kg/m^3减少为0.89 kg/m^3。汛期径流量为181.81亿m^3,来沙量为1.747亿t,分别占全年的62.5%和94.7%,与1987～2011年相比,径流量增加135.0%,来沙量减少38.9%,平均含沙量由36.94 kg/m^3减少为9.61 kg/m^3。

华县站非汛期径流量为33.82亿m^3,来沙量为0.025亿t,分别占全年的51.2%和6.1%,与1987～2011年相比,径流量增加76.8%,来沙量减少80.4%,平均含沙量由12.63 kg/m^3减少为0.74 kg/m^3;汛期径流量为32.25亿m^3,来沙量为0.382亿t,分别占全年的48.8%和93.9%,与1987～2011年相比,径流量增加8.5%,来沙量减少79.2%,平均含沙量从61.67 kg/m^3减少为11.85 kg/m^3。

与1987～2011年相比,三站汛期水沙量占全年的比例发生不同程度变化。从水量占全年的比例看,龙门站增加比例最大,为21.6%,华县站减少12.0%,潼关站增加14.1%;从沙量占全年的比例看,龙门站增加13.5%,华县站减少1.1%,潼关站增加10.6%。以上表明,龙门和潼关站汛期水沙量占全年的比例均有不同程度的增加,华县站汛期水沙量占全年的比例均有减少。从潼关站沙量变化看,2012年非汛期和汛期较1987～2011年分别减少78.8%和57.6%,年输沙量显著减少。

从汛期水沙来源看,渭河径流量占潼关15.1%,沙量占21.4%,径流量比例小于1987～2011年的27.3%,沙量比例较1987～2011年的43.5%约减少一半;龙门径流量占潼关的85.0%,沙量占97.9%,大于1987～2011年相应值71.1%和67.9%。2012年潼关径流量和沙量主要来自干流,特别是沙量,渭河沙量减小幅度较大。

三、桃汛期洪水特点

2012年开展了利用并优化桃汛洪水过程冲刷降低潼关高程试验。内蒙古河段开河在头道拐站形成的桃汛洪水过程比较平坦,洪峰流量仅1 430 m^3/s,最大日均流量1 400 m^3/s。通过万家寨、龙口、天桥水库的联合调度,府谷站瞬时最大流量达1 890 m^3/s,最大10 d水量12.85亿m^3,较头道拐增加2.15亿m^3,洪水演进到潼关最大洪峰流量2 100 m^3/s,最大10 d水量13.09亿m^3,最大含沙量5.08 kg/m^3。从河曲到潼关洪水过程相似,其演进过程见图1-2,洪峰流量和洪量的沿程变化见表1-2。

自2006年开展利用并优化桃汛洪水过程冲刷降低潼关高程试验以来,2006～2011年桃汛期潼关最大10 d水量11.01亿～13.88亿m^3、洪峰流量2 310～2 850 m^3/s、含沙

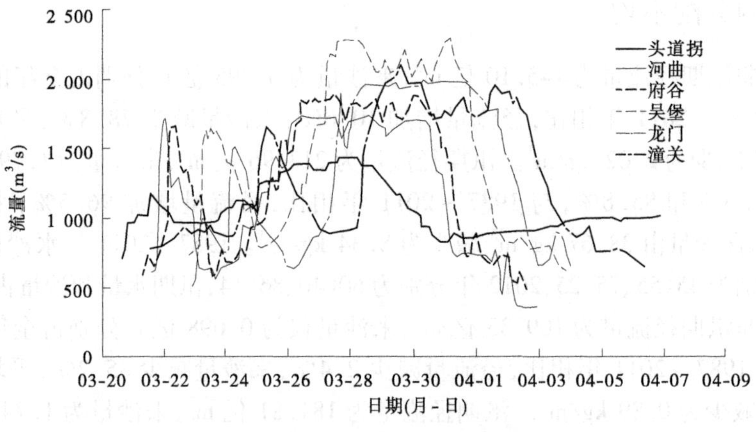

图 1-2　桃汛洪水演进过程

量 8.52 ~ 37.9 kg/m³，2012 年潼关洪峰流量和含沙量是试验以来最小的一年。2012 年桃汛潼关站水沙过程见图 1-3。

表 1-2　2012 年桃汛期各站水沙特征统计

站名	10 d 洪量（亿 m³）	10 d 沙量（亿 t）	洪峰流量（m³/s）	最大日均流量（m³/s）
头道拐	10.04	0.059	1 430	1 400
河曲	11.24	0.004	1 750	1 970
府谷	12.20	0.002	1 890	1 830
潼关	13.09	0.041	2 100	2 010

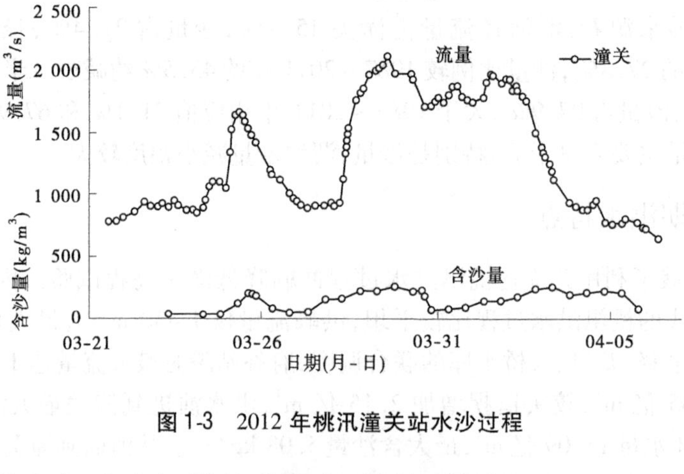

图 1-3　2012 年桃汛潼关站水沙过程

四、汛期洪水主要干流，洪峰流量大，持续时间长

图 1-4 为 2012 年龙门、华县、潼关站汛期日均流量及含沙量过程。龙门站最大洪峰

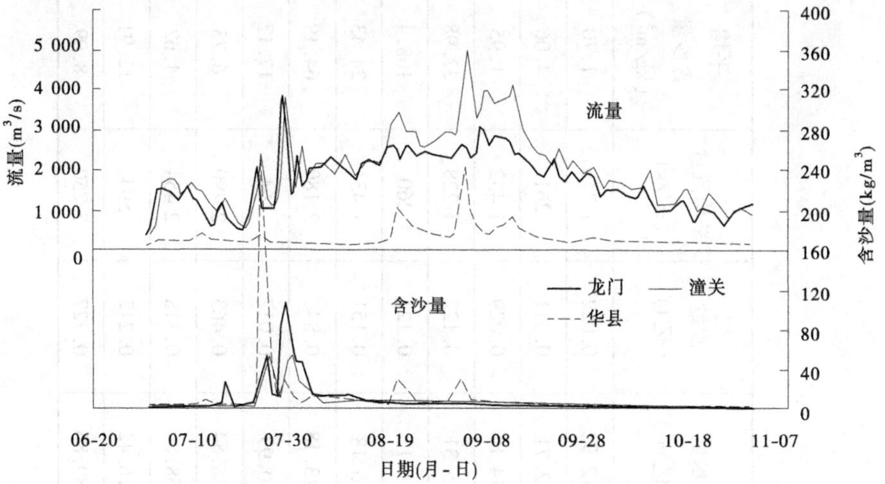

图 1-4　2012 年汛期龙门、华县、潼关站汛期日平均流量、含沙量过程

流量 3 850 m^3/s，华县最大洪峰流量 2 020 m^3/s，潼关最大洪峰流量 4 980 m^3/s。渭河华县出现了 3 次洪水过程，洪峰流量在 2 000 m^3/s 以上的有 1 次。干流龙门有 3 次洪水过程，其中一次由小浪底水库调水调沙期万家寨水库补水形成，洪峰流量在 2 000 m^3/s 以上的有 2 次。潼关站共有 4 次洪水过程，包括渭河 3 次洪水和干流大流量过程遭遇在潼关站形成历时约 1 个月的洪水，最大洪峰流量 4 980 m^3/s；干流来水在潼关站形成 3 次较独立的洪水过程（表 1-3）。

7 月 3～14 日潼关站的洪水过程，是小浪底水库调水调沙期万家寨水库补水运用形成的，7 月 9 日 06:12 万家寨水库塑造的洪水过程到达龙门，龙门站瞬时最大流量 1 920 m^3/s，最大含沙量 5.2 kg/m^3（7 月 3 日 08:00）；渭河来水较少，华县最大流量 418 m^3/s，到潼关站洪峰流量为 1 920 m^3/s，最大含沙量只有 4.0 kg/m^3（7 月 13 日 08:00）。

7 月 22～26 日，由于中游山陕区间北部地区降雨，皇甫川支流涨水，皇甫站洪峰流量达 4 720 m^3/s(7 月 21 日 10:00)，在干流形成洪水过程，吴堡—龙门区间支流没有明显的降雨径流加入，7 月 23 日 02:18 龙门站洪峰流量达 3 420 m^3/s，最大含沙量出现在 25 日 08:00，为 65.1 kg/m^3；渭河来水较少，但含沙量较大，7 月 23 日 21 时 27 分华县最大洪峰流量 671 m^3/s，最大含沙量出现在 24 日 21:51，为 353.0 kg/m^3；在潼关站形成洪峰流量为 2 840 m^3/s（7 月 24 日 01:18）、最大含沙量为 74.6 kg/m^3（7 月 25 日 14:00）的洪水过程。

7 月 27 日～8 月 2 日期间，在这次洪水过程中，黄河干流龙门站洪水出现 3 次尖瘦洪水过程。7 月 26～27 日，受黄河中游府谷—吴堡区间暴雨洪水影响，区间各支流相继涨水，佳芦河申家湾站洪峰流量达 1 680 m^3/s(7 月 29 日 09:00)；清凉寺沟杨家坡站洪峰流量 1 020 m^3/s(7 月 29 日 09:00)；干、支流加上未控区间加水，在黄河干流形成较大的洪水过程。龙门站洪峰流量为 7 540 m^3/s(7 月 28 日 07:24)，对应最大含沙量 184 kg/m^3（7 月 29 日 14:00），形成黄河干流 2012 年第 1 号洪峰，为 1996 年以来最大洪水，洪水到达潼关，洪峰流量 4 200 m^3/s(7 月 29 日 13:36)，对应最大含沙量 88.5 kg/m^3（7 月 29 日 17:36）。7 月 27～28 日，受府谷—吴堡区间再次出现暴雨影响，区间部分支流相继涨水。

表 1-3　2012 年汛期洪水特征值

时段（月-日）	洪水来源	站名	瞬时最大流量（m^3/s）	瞬时最大含沙量（kg/m^3）	日均最大流量（m^3/s）	日均最大含沙量（kg/m^3）	水量（亿 m^3）	沙量（亿 t）	平均流量（m^3/s）	平均含沙量（kg/m^3）
07-03 ~ 14	调水调沙	龙门	1 920	5.24	1 650	5.15	12.92	0.022	1 246	1.70
		华县	418	10.50	382	9.48	2.71	0.011	261	4.06
		潼关	1 920	4.00	1 810	3.86	14.85	0.029	1 432	1.95
07-22 ~ 26	黄河	龙门	3 420	65.10	2 050	53.60	5.31	0.122	1 228	22.98
		华县	671	353.00	379	255.00	1.12	0.121	260	108.4
		潼关	2 840	74.60	2 420	51.60	6.18	0.151	1 431	24.43
07-27 ~ 08-02	黄河	龙门	7 540	184.00	3 850	105.00	13.18	0.846	2 180	64.19
		华县	—	—	188	27.50	0.99	0.017	164	17.17
		潼关	4 200	88.50	3 890	53.30	68.84	0.463	2 490	6.73
08-17 ~ 09-17	黄河渭河	龙门	3 300	11.40	3 070	9.31	68.84	0.318	2 454	4.62
		华县	2 250	39.70	2 020	30.90	16.42	0.212	594	12.91
		潼关	5 350	28.30	4 980	11.80	89.86	0.727	3 250	8.09

秃尾河高家川站洪峰流量 1 020 m^3/s(7 月 28 日 01:00)，佳芦河申家湾站洪峰流量达 2 010 m^3/s(7 月 28 日 02:00)，其间府谷以上干流来水 1 000 m^3/s 左右，加上府谷—吴堡未控区间加水，形成黄河干流 2012 年第 2 号洪峰，龙门洪峰流量达 5 950 m^3/s(7 月 29 日 00:30)，对应最大含沙量 159 kg/m^3(7 月 29 日 14:00)，第 2 号洪峰演进到潼关时与第 1 号洪峰前后相连；7 月 29 ~ 30 日，受刘家峡水库出库及 7 月 29 ~ 30 日刘家峡至兰州区间暴雨洪水共同影响，兰州站洪峰流量 3 670 m^3/s(7 月 30 日 10:30)，形成黄河干流 2012 年第 3 号洪峰，龙门洪峰流量 3 340 m^3/s(7 月 31 日 13:36)，对应最大含沙量 62.3 kg/m^3(8 月 1 日 14:00)。洪水演进到潼关，潼关站出现 2 次洪水过程，第 1 次洪峰流量 4 200 m^3/s(7 月 29 日 13:36)，对应最大含沙量 88.5 kg/m^3(7 月 29 日 17:36)；第 2 次洪峰流量 3 130 m^3/s(8 月 1 日 13:30)，对应最大含沙量 62.2 kg/m^3(7 月 31 日 08:00)，沙峰出现在洪峰之前。从瞬时流量过程图 1-5 可以看出，龙门有 3 次洪峰，但洪峰历时和间隔时间都很短，前 2 次洪峰到潼关只形成一次洪峰，第 3 次洪峰只有 2 d 时间，日均流量过程只有 2 d，因此将龙门这 3 次洪峰作为一次洪水过程。

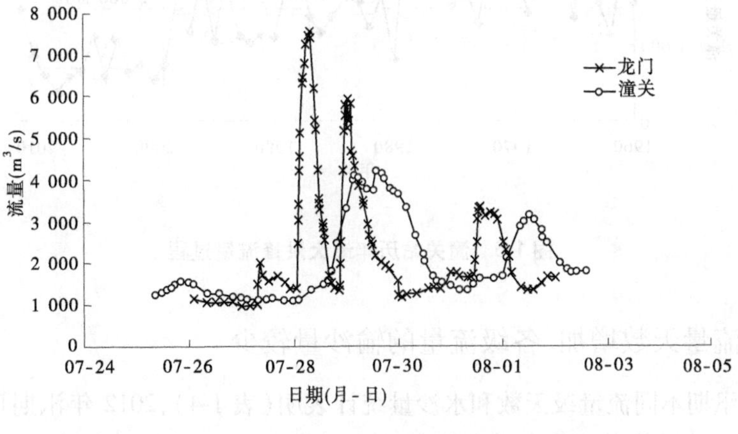

图 1-5　2012 年 7 月 27 日 ~ 8 月 2 日瞬时流量过程

8 月 17 日 ~ 9 月 17 日，受渭河中下游降雨影响，南山支流普遍涨水，林家村至临潼站洪峰流量沿程增加，临潼—华县区间基本没有加水，华县站洪峰流量 2 250 m^3/s(9 月 3 日 02:00)，其间黄河干流也出现历时较长的洪水过程，洪水过程矮胖，流量在 1 730 ~ 3 300 m^3/s之间，持续时间 1 月有余，含沙量较小，最大含沙量只有 11.4 kg/m^3。渭河洪水与黄河干流来水汇合，潼关站洪峰流量 5 350 m^3/s(9 月 3 日 20:00)，形成黄河干流 2012 年第 4 号洪峰，对应最大含沙量 28.3 kg/m^3(9 月 3 日 08:00)。在这次历时较长的洪水过程中，渭河出现 3 次洪水过程，第 1 次洪峰流量 1 130 m^3/s(8 月 20 日 22:08)，对应最大含沙量 39.7 kg/m^3(8 月 20 日 22:08)，沙峰和洪峰同步；第 2 次洪水过程洪峰流量 2 250 m^3/s(9 月 3 日 23:35)，最大含沙量 36.1 kg/m^3(9 月 2 日 23:27)，沙峰出现在洪峰之前；第 3 次洪水，洪峰流量 940 m^3/s(9 月 12 日 00:24)，最大含沙量 5.6 kg/m^3(9 月 13 日 00:27)，沙峰出现在洪峰之后。受渭河洪水过程的影响，与干流大流量过程遭遇后在潼关洪水过程中，有 3 次明显的峰形，第 1 次洪峰流量 3 570 m^3/s(8 月 21 日 04:00)，对应最大含沙量 14.5 kg/m^3(8 月 20 日 17:18);第 2 次洪峰流量 5 350 m^3/s(9 月 3 日 20:00),对应最大含沙量 28.3 kg/m^3(9 月 3 日 08:00);第 3 次洪峰流量 4 330 m^3/s(9 月 13 日 03:48),对应最大含沙量 10.6 kg/m^3(9 月 8 日 08:00)。

2012 年潼关站汛期洪水主要来自干流,前 3 场洪水潼关站水量 33.91 亿 m^3,其中龙门站水量 31.41 亿 m^3,占潼关水量的 92.6%;第 4 场洪水龙门 68.84 亿 m^3,占潼关站水量的 76.6%。4 场洪水龙门合计 100.26 亿 m^3,占潼关水量的 81.0%。

与历年洪峰相比,潼关站 2012 年最大洪峰流量为 5 350 m^3/s,为 1999 年以来的最大值,与 1960 年以来洪峰流量平均值 5 880 m^3/s 接近(见图 1-6)。

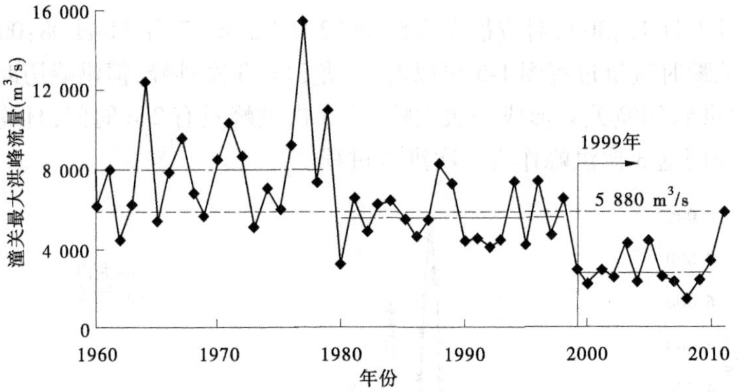

图 1-6　潼关站历年最大洪峰流量过程

五、大流量天数增加、各级流量的输沙量较少

潼关站汛期不同流量级天数和水沙量统计表明(表 1-4),2012 年汛期日平均流量大于 4 000 m^3/s 的天数有 4 d,水量为 15.21 亿 m^3;3 000 ~ 4 000 m^3/s 的天数有 15 d,水量为 45.09 亿 m^3,水量和天数较 1987 ~ 2011 年时段平均值分别增大 5.15 和 5.44 倍;日平均流量在 2 000 ~ 3 000 m^3/s 天数为 36 d,水量为 75.07 亿 m^3,与时段平均值相比,分别增大 3.54 和 2.01 倍;日平均流量在 1 000 ~ 2 000 m^3/s 天数为 55 d,水量为 70.36 亿 m^3,与时段平均值相比,分别增大 0.41 和 0.52 倍;日平均流量在 1 000 m^3/s 以下天数为 13 d,比时段平均值减小较多,减少 59.68 d,水量较时段平均值减小 27.13 亿 m^3,分别减少 82% 和 77%。各流量级相应沙量较时段平均值均明显减少,但各级流量的输沙量占汛期的比例有所调整(图 1-7),流量大于 2 000 m^3/s 相应沙量比例增大。

总体来看,流量大于 2 000 m^3/s 的天数、水量增加,天数、水量占汛期的比例也增加;1 000 ~ 2 000 m^3/s的天数增加,但水量和沙量占汛期的比例减小;小于 1 000 m^3/s 的天数、水量、沙量均大幅减少。

表 1-4　2012 年汛期潼关站不同流量级天数、水沙量与长时段对比

时段	项目	<1 000 m^3/s	1 000 ~ 2 000 m^3/s	2 000 ~ 3 000 m^3/s	3 000 ~ 4 000 m^3/s	>4 000 m^3/s
1987 ~ 2011 年平均	天数(d)	72.68	39.08	7.92	2.44	0.88
	水量(亿 m^3)	35.36	46.41	16.52	7.00	3.63
	沙量(亿 t)	0.66	1.60	1.05	0.50	0.39
2012 年	天数(d)	13	55	36	15	4
	水量(亿 m^3)	8.23	70.36	75.07	45.09	15.21
	沙量(亿 t)	0.023 3	0.431 0	0.621 4	0.521 3	0.186 9

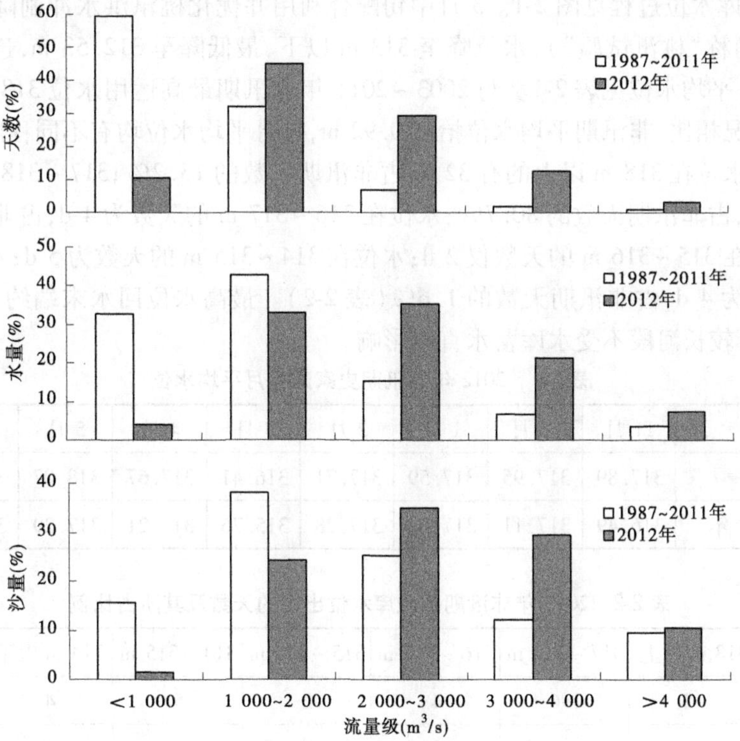

图 1-7　各流量级天数、水沙量占汛期百分数

第二章　水库运用情况

一、运用水位

（一）非汛期

非汛期水库运用水位原则上是按 318 m 控制，2012 年三门峡水库非汛期平均蓄水位 317.60 m，最高日均水位 318.8 m，水库运用水位超过 318 m，共 32 d，有 12 d 出现在 5 月 12～24 日。其主要原因是配合三门峡市旅游节，增加水域面积；其他时间出现在 2011 年 11～12 月。库水位过程见图 2-1。3 月中旬配合利用并优化桃汛洪水冲刷降低潼关高程试验（以下简称“桃汛试验”），水位降至 313 m 以下，最低降至 312.53 m，连续 4 d 低于 314 m。各月平均水位见表 2-1。与 2003～2011 年非汛期最高运用水位 318 m 控制运用以来平均情况相比，非汛期平均水位抬高 0.92 m，各月平均水位均有不同程度抬高。

非汛期水位在 318 m 以上的有 32 d，占非汛期天数的 13.2%；317～318 m 的天数最多，为 196 d，占非汛期天数的 80.7%；水位在 316～317 m 的天数为 4 d，占非汛期天数的 1.6%；水位在 315～316 m 的天数仅 2 d；水位在 314～315 m 的天数为 5 d；水位在 314 m 以下的天数为 4 d，占非汛期天数的 1.6%（表 2-2）。最高水位回水末端约在黄淤 34 断面，潼关以下较长河段不受水库蓄水直接影响。

表 2-1　2012 年非汛期史家滩各月平均水位　（单位：m）

时间	11 月	12 月	1 月	2 月	3 月	4 月	5 月	6 月	平均
2012 年	317.89	317.95	317.59	317.71	316.41	317.67	318.07	317.53	317.60
2003～2011 年	316.49	317.11	317.02	317.28	315.76	317.21	317.29	315.34	316.68

表 2-2　2012 年非汛期各级库水位出现的天数及其所占比例

项目	318 m 以上	317～318 m	316～317 m	315～316 m	314～315 m	314 m 以下	合计
天数(d)	32	196	4	2	5	4	243
占非汛期比例(%)	13.2	80.7	1.6	0.8	2.1	1.6	100

（二）汛期

汛期水库运用原则上按平水期控制水位不超过 305 m、流量大于 1 500 m^3/s 敞泄排沙的运用方式，运用过程见图 2-1。汛期坝前平均水位 306.21 m，其中配合调水调沙后到 10 月 10 日平均水位 303.75 m。

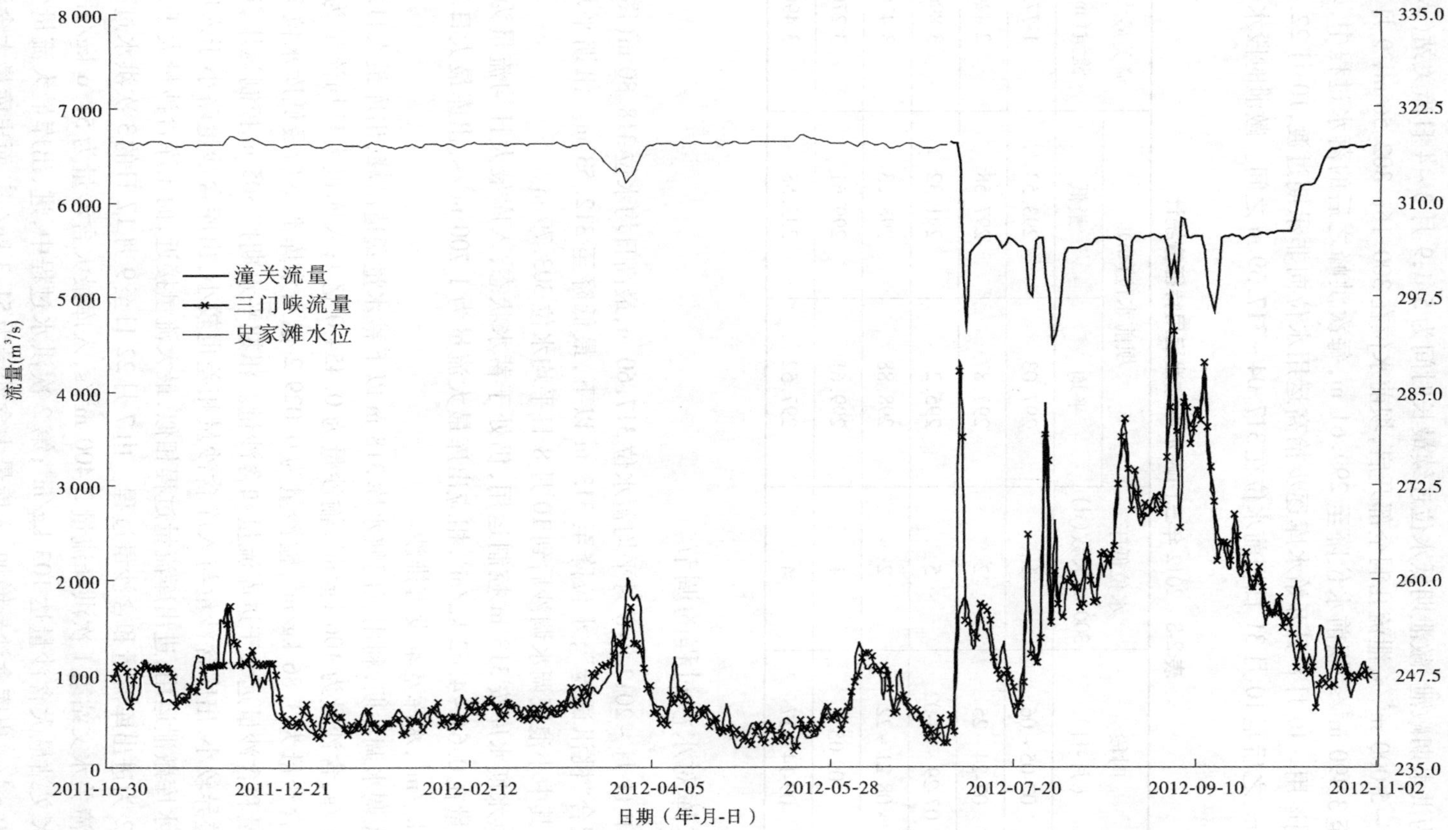

图 2-1　2012 年三门峡水库进出库流量和蓄水位过程

从7月5日到10月8日,三门峡水库共进行6次敞泄运用,水位300 m以下天数累计15 d。其中7月6日敞泄是配合小浪底水库调水调沙生产运行进行的首次敞泄运用;其余5次为洪水期敞泄,敞泄期低水位连续最长时间为5 d;9月3~4日潼关站(入库)流量在4 500~5 000 m^3/s,泄流孔洞全部开启,坝前水位在300.16~302.56 m,9月5日洪峰流量降至3 490 m^3/s,坝前水位降至299.61 m,每次洪峰之后的落水过程中,基本按305 m控制运用。10月8日开始水库逐步抬高运用水位向非汛期过渡,10月22日水位达317.04 m,之后至10月31日坝前水位在317.04~317.39 m之间。敞泄时段水位特征值见表2-3。

表2-3　2012年三门峡水库敞泄运用特征值统计

序号	时段(月-日)	水位低于300 m天数(d)	坝前水位(m)		潼关最大日均流量(m^3/s)
			平均	最低	
1	07-05~06	1	297.03	293.53	1 775
2	07-24~25	2	297.87	297.58	2 420
3	07-29~08-02	5	295.27	291.32	3 890
4	08-21~22	2	298.88	298.23	3 470
5	09-05	1	299.61	299.61	3 270
6	09-14~17	4	297.52	295.58	3 490

二、水库对水沙过程的调节

2011年11月~2012年6月平均蓄水位317.60 m,最高日均水位318.80 m(图2-1);3月下旬配合"桃汛试验",水位降至313 m以下,最低降至312.53 m。汛期平均水位306.21 m,其中小浪底调水调沙后到10月8日平均水位303.79 m。

桃汛洪水期水库按313 m控制运用,仍处于蓄水状态,入库最大日均流量为2 070 m^3/s,含沙量在0.64~4.62 kg/m^3,相应出库最大流量为1 700 m^3/s,出库最大日均含沙量仅0.47 kg/m^3,水库基本没有排沙。

小浪底调水调沙期,利用三门峡水库318 m以下蓄水量塑造洪峰,出库最大日均流量为4 220 m^3/s,含沙量为106 kg/m^3,输沙量为0.454 0亿t;入库最大日均流量为1 810 m^3/s,最大含沙量为3.86 kg/m^3,输沙量为0.029 2亿t;水库泄空后最低库水位293.53 m,出库流量和含沙量远大于进库流量和含沙量。汛期平水期按305 m控制运用,进出库流量过程差异较小,出库含沙量与入库含沙量相差也较小,出库含沙量略小于入库含沙量;洪水期水库敞泄运用,进出库流量过程相似,最大流量接近,而出库含沙量大于入库含沙量,图2-2为进出库流量和含沙量过程。由7月22日至9月17日的3次洪水过程可以看出,入库潼关水文站第1次洪峰流量2 400 m^3/s,入库最大含沙量为51.6 kg/m^3,而出库三门峡水文站最大含沙量达103 kg/m^3;第2次洪水过程中,进、出库最大流量分别为3 890、3 530 m^3/s,出库含沙量增加,入库最大含沙量为51.3 kg/m^3,而出库最大含沙量达96.1 kg/m^3;第3次洪水过程中,进、出库最大流量分别为4 980、4 630 m^3/s,出库含沙量增加，入库最大含沙量为 20.7 kg/m³，而出库最大含沙量达 56.5 kg/m³（表 2-4）；大水期水库有一定滞洪作用，库水位高于 300 m，出库含沙量增加值较小。

汛期水库共有 5 次敞泄运用，库水位低于 300 m，敞泄期进出库流量变化较小，但出库含沙量显著增加。水库对流量调节较小，对含沙量调节较大。

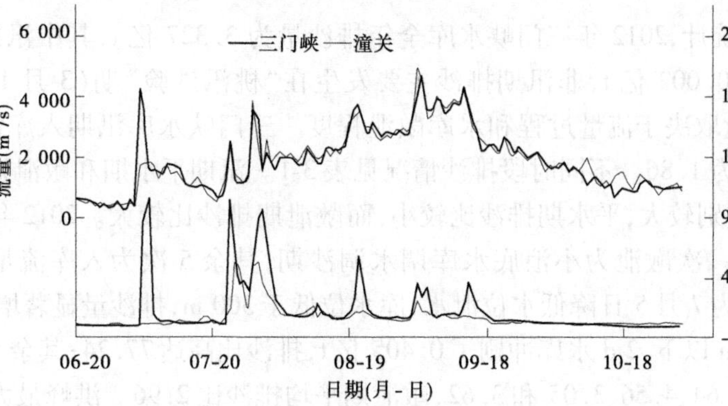

图 2-2　2012 年三门峡水库进出库日均流量、含沙量过程

表 2-4　2012 年水库敞泄进出库含沙量对比

项目	7 月 6 日	7 月 24 日	7 月 31 日	8 月 21 日	9 月 3 日	9 月 14 日
出库最大含沙量（kg/m³）	106.0	103.0	96.1	56.5	35.2	35.6
相应入库含沙量（kg/m³）	4.0	51.6	37.1	10.9	20.7	7.16

第三章　水库排沙特点

按输沙率法统计,2012 年三门峡水库全年排沙量为 3.327 亿 t,其中汛期排沙 3.325 亿 t,非汛期排沙 0.002 亿 t,非汛期排沙主要发生在"桃汛试验"期(3 月 18 日 ~4 月 3 日)。汛期排沙量取决于流量过程和水库敞泄程度。三门峡水库汛期入库沙量为 1.784 亿 t,水库排沙比为 1.86。不同时段排沙情况见表 3-1。汛期平水期和敞泄期水库均进行排沙,排沙效果差别较大,平水期排沙比较小,而敞泄期排沙比较大。2012 年水库进行了 6 次敞泄排沙,第一次敞泄为小浪底水库调水调沙期,其余 5 次为入库流量大的洪水过程。其中第一次为 7 月 5 日降低水位泄水,库水位低于 300 m,排沙量显著增大,7 月 5 ~6 日库水位在 300 m 以下,2 d 水库冲刷了 0.405 亿 t,排沙比高达 77.24;其余 5 场洪水排沙比分别为 3.07、1.64、4.56、3.05 和 3.62,敞泄期平均排沙比 2.96。洪峰最大的洪水期(9 月 3 ~4 日),坝前水位在 300 ~303 m,出库沙量为 0.209 亿 t,排沙比为 1.55。平水期入库流量小,水库控制水位 305 m 运用,虽然坝前有一定程度壅水,但入库流量较大,含沙量小,平均排沙比为 1.20。敞泄期入库流量较大,库水位较低,产生自坝前往上的溯源冲刷,冲刷量大。在洪水敞泄运用中,单位水量冲刷量平均为 37.2 kg/m³。敞泄期径流量 35.46 亿 m³,仅占汛期水量的 16.6%,但排沙量占汛期的 59.9%,汛期冲刷量主要集中在敞泄期,非敞泄期也有少量冲刷。

可见,2012 年三门峡水库排沙主要集中在汛期,更集中在敞泄期,敞泄期 16 d,共排沙 1.993 亿 t,平均排沙比 2.96;非敞泄期 107 d,由于入库流量较大,其中大于 2 000 m³/s 天数达 55 d,库区发生冲刷,平均排沙比达 1.20。

表 3-1　2012 年汛期三门峡水库排沙统计

日期(月-日)	水库运用状态	史家滩平均水位(m)	潼关		三门峡		冲淤量(亿 t)	排沙比
			水量(亿 m³)	沙量(亿 t)	水量(亿 m³)	沙量(亿 t)		
07-01 ~04	蓄水	317.23	2.62	0.003	4.68	0	0.003	0
07-05 ~06	敞泄	297.03	3.07	0.005	4.37	0.410	-0.405	77.24
07-07 ~23	控制	304.56	17.22	0.054	17.47	0.057	-0.003	1.05
07-24 ~25	敞泄	297.87	3.28	0.089	3.17	0.275	-0.186	3.07
07-26 ~28	控制	304.98	3.53	0.100	3.16	0.104	-0.004	1.04
07-29 ~08-02	敞泄	295.27	10.46	0.417	10.52	0.682	-0.265	1.64
08-03 ~20	控制	304.49	34.72	0.333	33.26	0.359	-0.026	1.08
08-21 ~22	敞泄	298.88	5.61	0.064	5.95	0.29	-0.226	4.56

续表 3-1

日期（月-日）	水库运用状态	史家滩平均水位（m）	潼关		三门峡		冲淤量（亿 t）	排沙比
			水量（亿 m^3）	沙量（亿 t）	水量（亿 m^3）	沙量（亿 t）		
08-23～09-02	控制	305.17	27.16	0.161	27.16	0.228	-0.067	1.42
09-03～04	滞洪	301.36	8.16	0.135	7.31	0.209	-0.074	1.55
09-05	敞泄	299.61	2.83	0.031	3.08	0.096	-0.065	3.05
09-06～13	控制	305.73	26.27	0.197	25.13	0.249	-0.052	1.27
09-14～17	敞泄	297.52	10.21	0.066	10.22	0.240	-0.174	3.62
09-18～10-08	控制	305.63	35.04	0.086	36.33	0.123	-0.037	1.43
10-09～31	蓄水	314.95	23.78	0.043	20.17	0.003	0.040	0.08
敞泄期		297.10	35.46	0.672	37.32	1.993	-1.321	2.96
非敞泄期		307.57	178.50	1.112	174.66	1.332	-0.220	1.20
汛期		306.21	213.96	1.784	211.99	3.325	-1.541	1.86

第四章　库区冲淤变化

一、潼关以下冲淤量

（一）横断面形态调整

河道横断面形态的变化可以反映河道冲淤横向分布，图 4-1 是潼关以下河段典型断面 2012 年汛前汛后套绘图。汛后黄淤 1 断面主槽河床冲刷降低，深泓点降低 2.7 m，河宽没有明显变化；黄淤 12 断面主槽河床冲刷较少，主槽深泓点附近河床冲刷降低，深泓点降低 2.2 m，河宽没有明显变化；黄淤 22 断面主槽展宽，河床普遍刷深，深泓点降低 3.4 m，是河床冲刷幅度最大的断面；黄淤 30 断面深泓点从左岸摆向右岸，右岸三分之二河床冲刷，左岸河床淤积抬高，深泓点抬高 2.1 m，河宽变化较小；黄淤 36 断面主槽向左岸摆动并展宽 107 m，深泓点变化较小，仅抬高 0.1 m；黄淤 41 断面主槽左岸淤积，右岸冲刷降低，深泓点抬高 0.8 m，河宽变化较小。

可以看出，潼关以下河段典型断面河宽变化较小，深泓点变化较大，黄淤 22 断面以下深泓点高程降低，黄淤 22 断面以上主槽有摆动，纵向和横向均有变化，黄淤 22 断面河床冲刷最大。

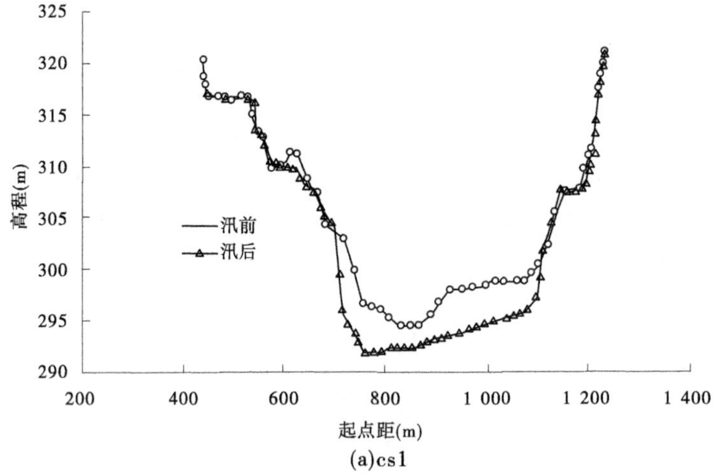

(a)cs1

图 4-1　三门峡水库库区典型断面汛前汛后套绘

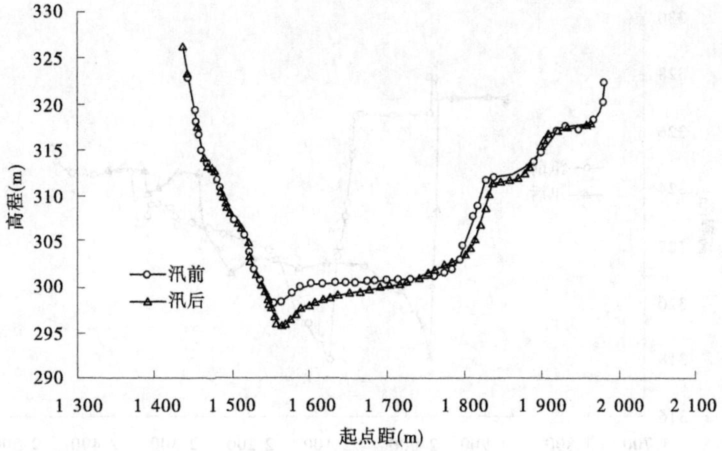

(b)cs12

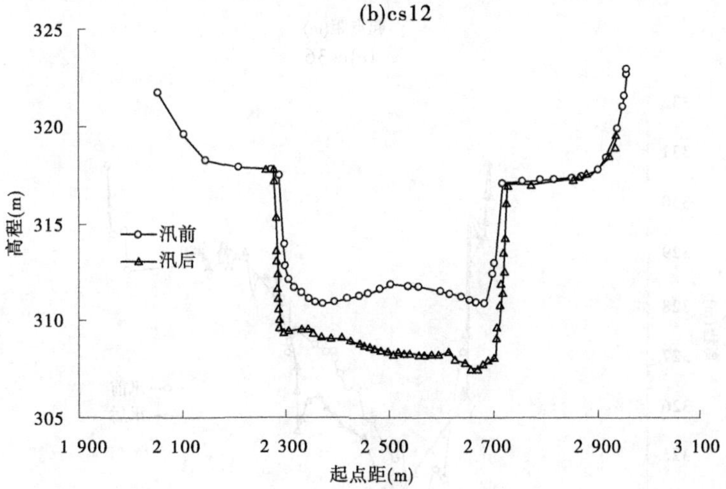

(c)cs22

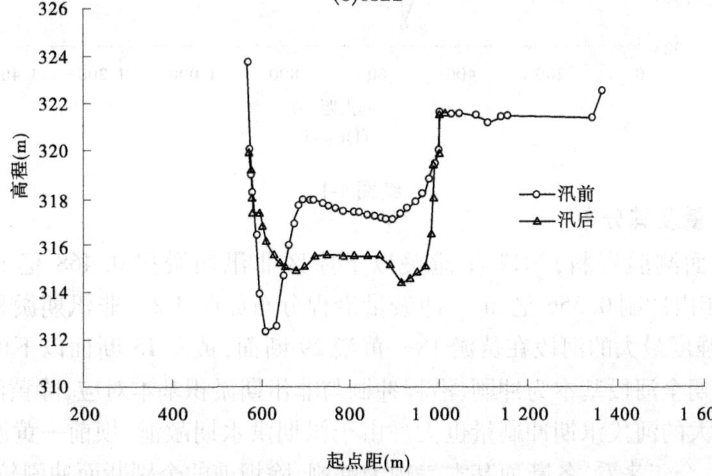

(d)cs30

续图 4-1

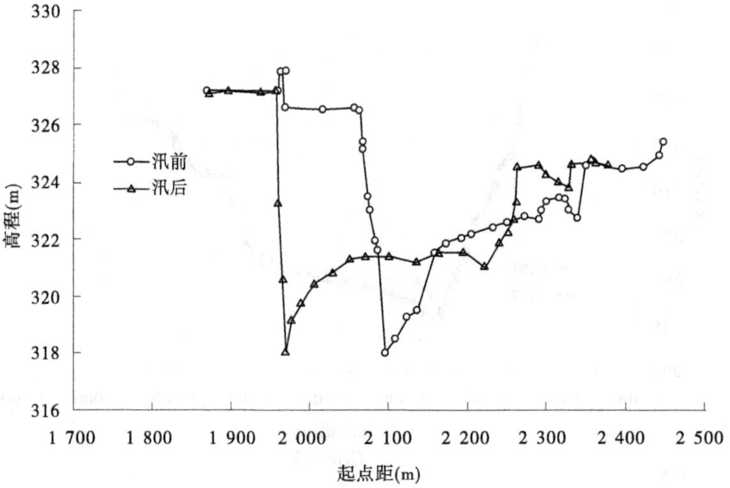

(e)cs36

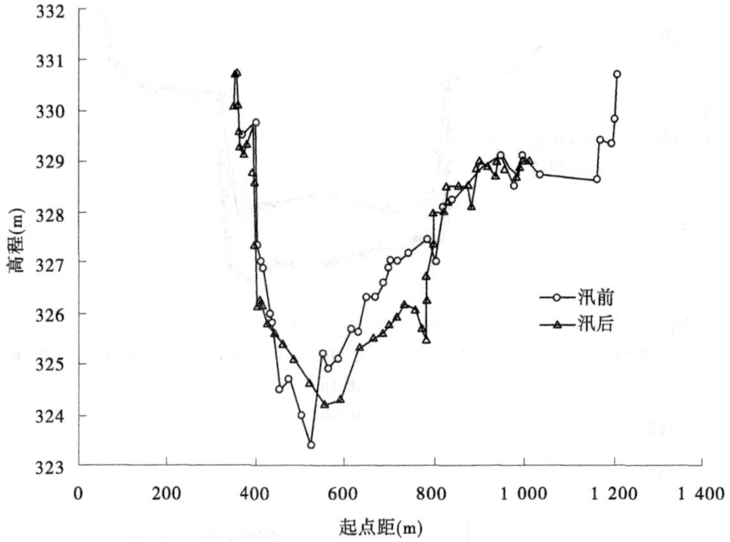

(f)cs41

续图 4-1

(二)冲淤量及其分布

根据大断面测验资料,2012 年潼关以下库区非汛期淤积 0.468 亿 m^3,汛期冲刷 0.824 亿 m^3,年内冲刷 0.356 亿 m^3。冲淤量沿程分布如图 4-2。非汛期淤积末端在黄淤 37 断面,淤积强度最大的河段在黄淤 18—黄淤 29 断面,黄淤 15 断面以下的坝前河段有少量淤积。汛期全河段基本为冲刷,沿程冲刷与非汛期淤积基本对应,除黄淤 15 断面外,非汛期淤积量大的河段汛期冲刷量也大。由于汛期洪水期敞泄,坝前—黄淤 8 断面冲刷强度也比较大,全年来看,各断面基本表现为冲刷,除坝前的个别断面冲刷较大外,沿程冲刷幅度不大。

从各河段的冲淤量来看,各库段均具有非汛期淤积、汛期冲刷的特点,冲淤变化最大的河段在黄淤 22—黄淤 30,其次是黄淤 12—黄淤 22,大坝—黄淤 12 河段,非汛期微淤,汛期冲刷较大。全年来看,除少数断面间表现为淤积外,其他各库段均表现为冲刷,冲刷最大的河段是大坝—黄淤 12,冲刷最小的是黄淤 36—黄淤 41 断面,冲刷量分别为 0.145 亿 m^3、0.006 亿 m^3(见表 4-1)。

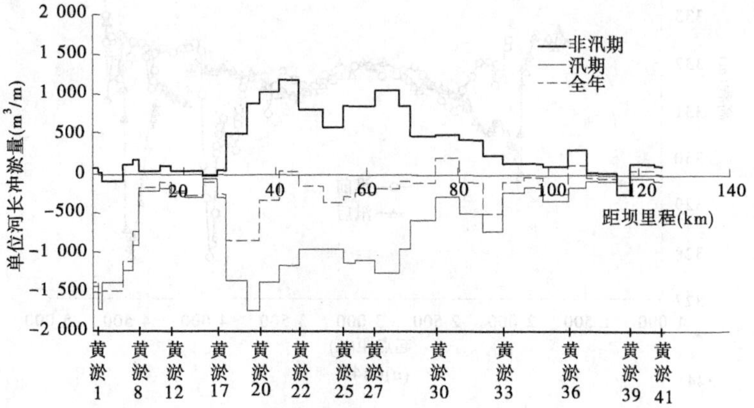

图 4-2　2012 年三门峡潼关以下库区冲淤量沿程分布

表 4-1　2012 年潼关以下库区各河段冲淤量　　(单位:亿 m^3)

时段	大坝—黄淤 12	黄淤 12—黄淤 22	黄淤 22—黄淤 30	黄淤 30—黄淤 36	黄淤 36—黄淤 41	大坝—黄淤 41
非汛期	0.005	0.144	0.231	0.072	0.016	0.468
汛期	-0.150	-0.246	-0.293	-0.113	-0.022	-0.824
全年	-0.145	-0.101	-0.062	-0.041	-0.006	-0.356

二、小北干流冲淤量及分布

(一)横断面冲淤调整

图 4-3 是小北干流河段典型断面 2012 年汛前汛后套绘。黄淤 45 断面为 2 股河,左股河主槽向左展宽,河床冲刷,深泓点降低 1.3 m,右股河主槽向右摆动,深泓点向右摆动 498 m,但没有刷深,主槽河宽较汛前增大;黄淤 50 断面主槽在右岸,汛后主槽向左摆动,深泓点冲刷下降 0.8 m,左岸有 2 个串沟,汛后串沟冲深冲宽,并向右岸摆动;黄淤 59 断面,汛后主槽向右岸摆动,并冲刷下降,深泓点冲刷下降 1 m,河宽变化较小;黄淤 68 断面,主槽河床淤积抬高,深泓点抬高 2.8 m,主槽河宽减小。

黄淤 50、黄淤 59 断面河槽摆动较大,深泓点冲深,河宽变化较小;黄淤 68 断面主槽淤积,深泓点高程抬高,河宽减小。这说明小北干流河段主槽游荡摆动较大,河势不稳。

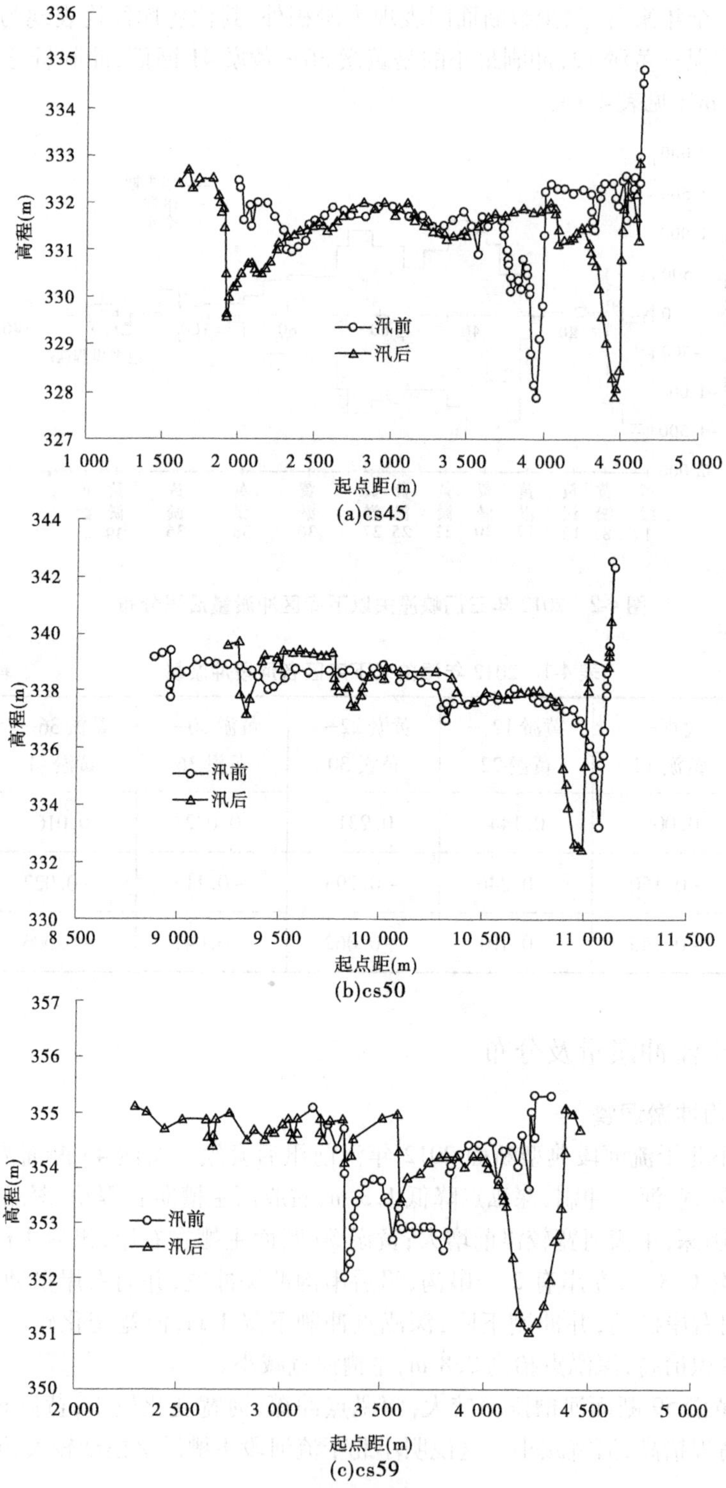

图 4-3　小北干流河段典型断面汛前汛后对比

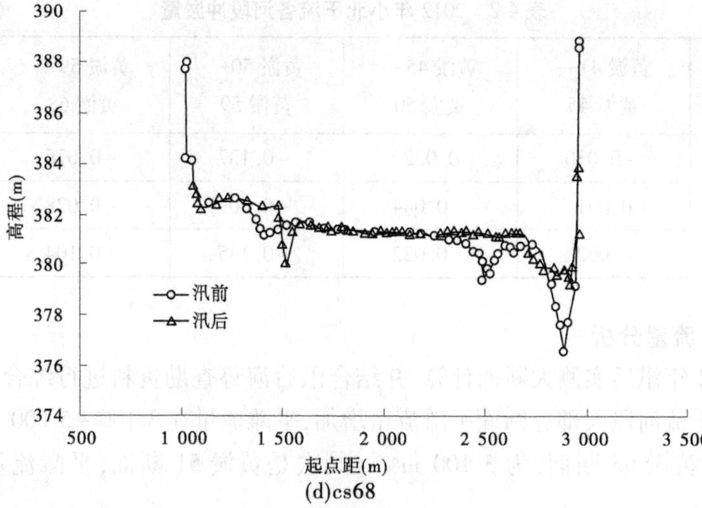

(d)cs68

续图 4-3

（二）冲淤量及其分布

2012 年非汛期小北干流河段冲刷 0.221 亿 m^3，汛期冲刷 0.029 亿 m^3，全年共冲刷 0.250 亿 m^3。沿程冲淤分布见图 4-4，其中非汛期黄淤 41—黄淤 42、汇淤 6—黄淤 47 以及黄淤 61—黄淤 63 河段淤积，其余河段均发生不同程度冲刷；汛期各断面有冲有淤，沿程冲淤交替发展，黄淤 42—汇淤 6、黄淤 50—黄淤 52、黄淤 55—黄淤 57 以及黄淤 66—黄淤 68 淤积，其余河段均发生不同程度冲刷。全年来看，上段黄淤 66—黄淤 68 河段淤积，下段黄淤 42—黄淤 47 表现为淤积，中间河段基本表现为冲刷，冲刷强度（单位河长冲刷量）在 500 m^3/m 左右。

汛期除黄淤 41—黄淤 45 发生了淤积外，其他各河段表现为冲刷；非汛期上段冲刷，下段淤积；全年各河段冲淤变化与汛期一致，黄淤 41—黄淤 45 表现为淤积，其他各河段均表现为冲刷，黄淤 45—黄淤 50 的冲刷量最小，只有 0.022 亿 m^3，黄淤 50—黄淤 59 的冲刷量最大，为 0.145 亿 m^3，见表 4-2。

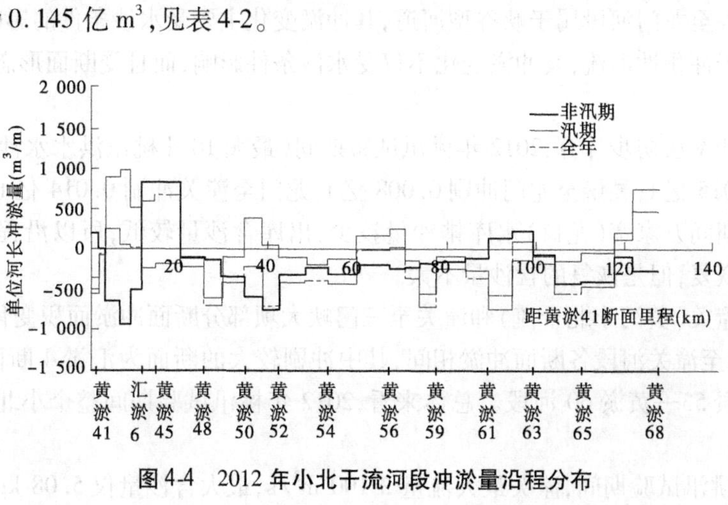

图 4-4　2012 年小北干流河段冲淤量沿程分布

表 4-2　2012 年小北干流各河段冲淤量　　（单位：亿 m^3）

时段	黄淤 41—黄淤 45	黄淤 45—黄淤 50	黄淤 50—黄淤 59	黄淤 59—黄淤 68	黄淤 41—黄淤 68
非汛期	-0.030	0.022	-0.137	-0.076	-0.221
汛期	0.051	-0.044	-0.009	-0.028	-0.029
全年	0.062	-0.022	-0.145	-0.104	-0.250

（三）平滩流量分析

根据 2012 年汛后实测大断面计算，并结合汛后河势查勘资料进行综合分析，与 2011 年相比，小北干流河段大部分断面平滩流量增加，平滩流量在 3 100 ~ 5 600 m^3/s 之间，最小平滩流量是黄淤 65 断面，为 3 100 m^3/s，其次是黄淤 51 断面，平滩流量 3 300 m^3/s（表 4-3）。

表 4-3　2012 年汛后黄河小北干流河段平滩流量变化

序号	断面号	平滩流量（m^3/s）	序号	断面号	平滩流量（m^3/s）
1	黄淤 68	5 500	7	黄淤 52	5 500
2	黄淤 65	3 100	8	黄淤 51	3 300
3	黄淤 61	4 900	9	黄淤 47	3 400
4	黄淤 59	4 000	10	黄淤 45	5 600
5	黄淤 55	4 300	11	汇淤 4	3 700
6	黄淤 54	5 600	12	黄淤 41	2 900

三、桃汛期冲淤变化

黄河府谷至龙门河段属于峡谷型河道，其冲淤变化主要受水沙条件的影响，而龙门至潼关河段属于冲积性河流，其冲淤变化不仅受水沙条件影响，而且受断面形态及河势变化的影响。

根据输沙率法初步计算，2012 年桃汛试验期间（最大 10 d 桃汛洪水水沙量），府谷至吴堡冲刷 0.015 亿 t；吴堡至龙门冲刷 0.008 亿 t；龙门至潼关冲刷 0.014 亿 t。由于 2012 年桃汛试验期间万家寨（龙口）水库排沙量较少，出库含沙量较低，所以沿程传播过程中含沙量有所恢复，但是恢复的含沙量不大。

龙门至潼关（黄河小北干流）和潼关至三门峡大坝部分断面冲淤面积变化见图 4-5 和图 4-6。龙门至潼关河段各断面冲淤相间，其中冲刷较大的断面为汇淤 4 断面，而淤积主要集中在黄淤 53—黄淤 60 河段。总体来看，2012 年桃汛试验期间整个小北干流河段有冲有淤。

2012 年桃汛试验期间，潼关最大流量 2 100 m^3/s，最大含沙量仅 5.08 kg/m^3，同时三门峡水库按不超过 313 m 控制运用，三门峡潼关以下库区发生上冲下淤的现象。黄淤 26

以下断面发生不同程度淤积，黄淤22（北村）断面淤积面积最大；黄淤28以上到黄淤41断面（潼关）除个别断面外均发生不同程度的冲刷。可见，桃汛期进入库区的泥沙和黄淤28断面以上冲刷的泥沙，除极少量排出库外，基本淤积在黄淤26断面以下，在汛期降低水位运用时易冲刷出库，有利于减少库区累积性淤积，保持水库年内冲淤平衡。

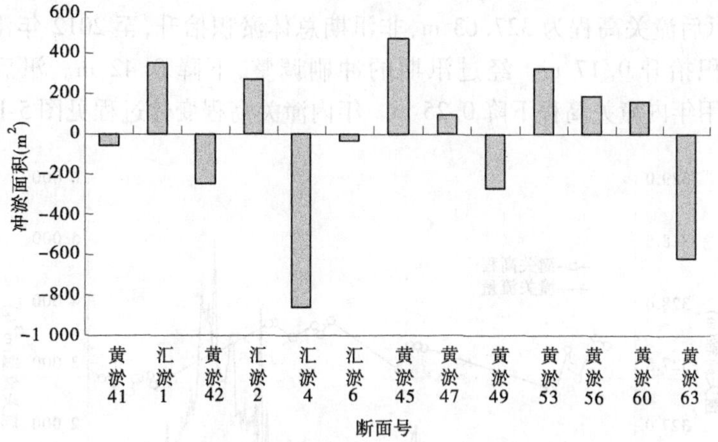

图4-5　2012年桃汛试验期间黄河小北干流河段冲淤分布图

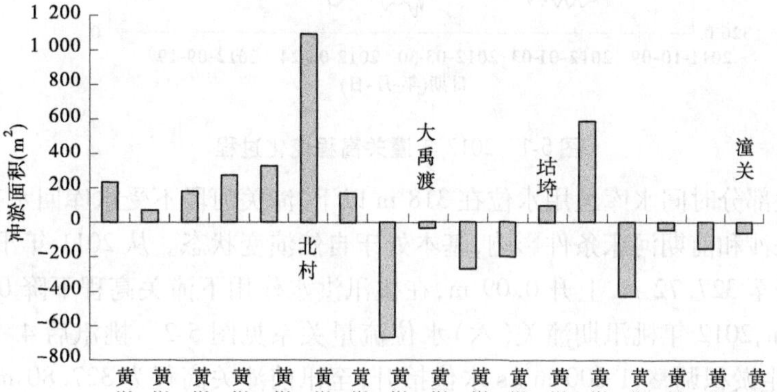

图4-6　2012年桃汛试验期间三门峡潼关以下库区冲淤分布

第五章 潼关高程变化

2011 年汛后潼关高程为 327.63 m，非汛期总体淤积抬升，至 2012 年汛前为 327.80 m，非汛期淤积抬升 0.17 m。经过汛期的冲刷调整，下降 0.42 m。汛后潼关高程为 327.38 m，运用年内潼关高程下降 0.25 m。年内潼关高程变化过程见图 5-1。

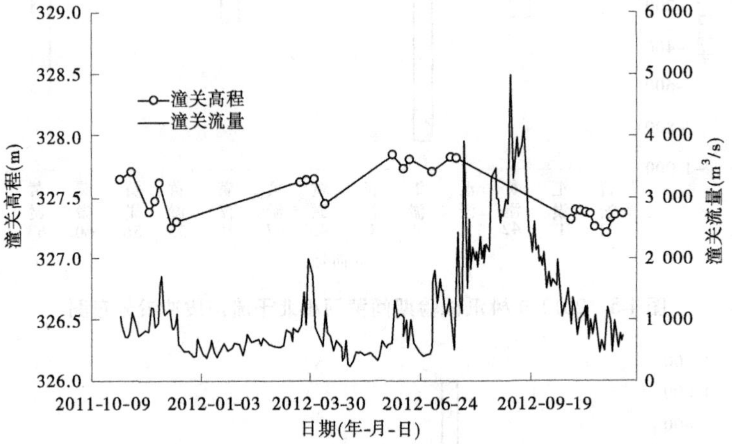

图 5-1 2012 年潼关高程变化过程

非汛期大部分时间水库运用水位在 318 m 以下，潼关河段不受水库回水直接影响，而主要受来水来沙和前期河床条件影响，基本处于自然演变状态。从 2011 年汛后到桃汛前潼关高程上升至 327.72 m，上升 0.09 m，在桃汛洪水作用下潼关高程下降 0.08 m，桃汛后为 327.64 m，2012 年桃汛期潼关(六)水位流量关系见图 5-2。桃汛后 4～5 月流量较小，主河槽发生淤积调整，1 000 m^3/s 水位抬升，至汛前潼关高程为 327.80 m。非汛期潼关高程累计上升 0.17 m。

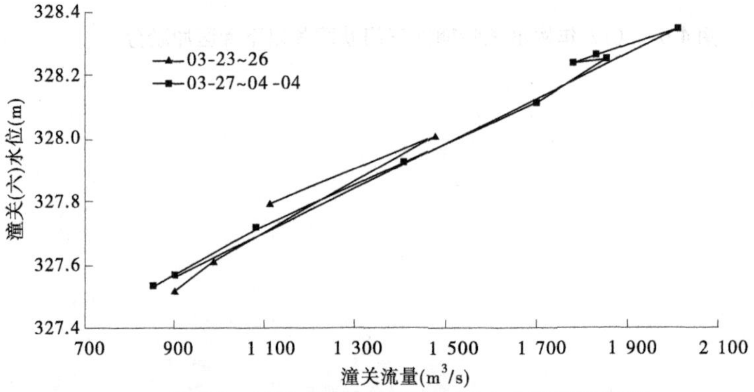

图 5-2 2012 年桃汛期潼关(六)水位流量关系

2012 年汛期三门峡水库运用水位基本控制在 305 m 以下,潼关高程随水沙条件变化而升降交替。汛初潼关高程为 327.80 m,至 7 月 22 日洪水之前,潼关高程变动在 327.70 ~ 327.83 m之间; 7 月 22 日开始黄河干流和渭河来洪水,潼关站 3 次洪峰流量逐渐增大,最大达 5 350 m^3/s,虽然渭河和龙门最大含沙量分别达 353、184 kg/m^3,但洪水过后潼关高程发生较大幅度下降,潼关高程下降至 327.31 m,洪水期下降 0.49 m;洪水后潼关高程在 327.31 ~ 327.40 m 之间,汛末潼关高程降为 327.38 m。2012 年汛期潼关(六)水位流量关系见图 5-3。

可见,大洪水对潼关高程冲刷下降起重要作用。

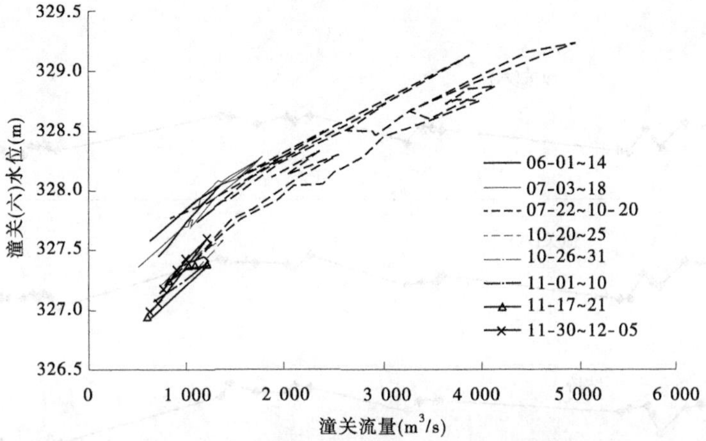

图 5-3　2012 年汛期潼关(六)水位流量关系

从近年变化过程看,在 2003 年和 2005 年明显冲刷下降之后, 2005 ~ 2011 年保持相对稳定,2012 年在干流洪水作用下潼关高程又一次发生明显下降,汛末潼关高程恢复到 1990 年以前的水平(图 5-4)。

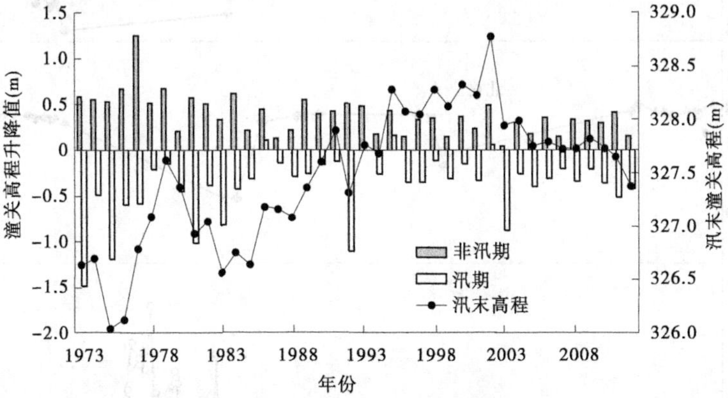

图 5-4　历年潼关高程变化

根据库区各站 1 000 m^3/s 流量相应水位的变化分析(图 5-5),潼关(八)同流量水位和潼关高程变化基本一致,2011 年汛后至 12 月下降,之后回升, 2012 年 3 月桃汛洪水作用冲刷下降,桃汛洪水试验后至 6 月潼关高程回升,之后相对稳定,7 月 22 日渭河与北干流洪水,使潼关高程冲刷下降,直至 10 月 20 日;之后变化较小,坫垮同流量水位洪水期的变化与潼关(六)、潼关(八)一致,在7~10月均有较大幅度下降。共下降0.78 m,汛初至汛末同流量(1 000 m^3/s)水位相比,坫埼下降幅度大于潼关(六)和潼关(八),其中潼关(六)下降值只有0.33 m;大禹渡和北村断面,受调水调沙期间水库排沙影响,同流量(1 000 m^3/s)水位下降幅度较大,汛初至7月22日第一场洪水来之前,分别下降0.91 m和6.6 m,汛末受坝前水位回升影响,与汛初相比,大禹渡断面水位下降了0.62 m,北村断面水位上升了0.46 m。这说明潼关(八)和坫埼受来水影响较大,而北村和大禹渡受溯源冲刷和回水影响较大。

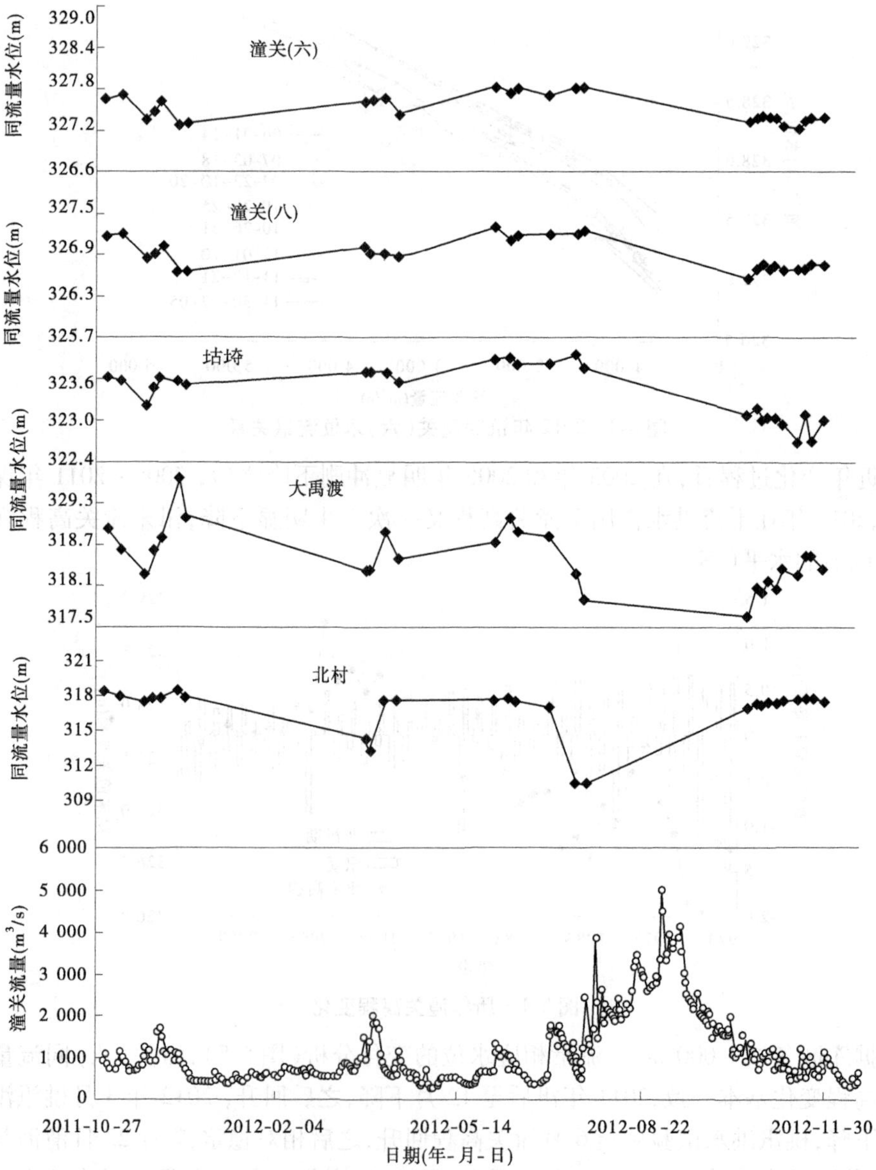

图5-5　潼关站流量1 000 m^3/s各站水位变化

第六章　主要认识

(1)2012 年黄河干流龙门水文站年径流量 291.10 亿 m^3,年输沙量 1.845 亿 t;渭河华县水文站年径流量 66.08 亿 m^3,年输沙量 0.407 亿 t;潼关水文站年径流量 359.6 亿 m^3,年输沙量 2.085 亿 t。与 1987 年以来相比,径流量偏丰,泥沙偏少,为平水少沙年。潼关水文站年径流量是 1999 年以来较大的一年。

同时,潼关站具有洪峰流量大、含沙量低的特点。

(2)潼关站形成 4 次洪水过程,洪水主要来自干流,洪峰流量达 5 880 m^3/s,是 1999 年以来最大值;洪水历时长,大于 2 000 m^3/s 洪水历时 55 d;含沙量低,最大日均含沙量 53.30 kg/m^3。

(3)水库非汛期平均运用水位 317.60 m,最高运用水位 318.8 m,318 m 以上运用 32 d;汛期水库平均运用水位 306.21 m,低于 300 m 水位运用 15 d,最低运用水位 291.32 m。

(4)三门峡水库全年排沙量为 3.327 亿 t,其中汛期排沙 3.325 亿 t,非汛期排沙 0.002 亿 t。潼关以下河段全年冲刷 1.242 亿 t,其中汛期冲刷 1.535 t,非汛期淤积 0.293 亿 t。

(5)小北干流河段全年冲刷 0.250 亿 m^3,其中非汛期冲刷量占 88.4%。潼关以下非汛期淤积。

(6)潼关高程在非汛期抬升 0.17 m,桃汛期下降 0.08 m,汛期下降 0.42 m,全年下降 0.24 m。汛期下降主要发生在洪水期,下降 0.49 m,可见大洪水对降低潼关高程起着重要作用。

第四专题　小浪底库区水沙特点及洪水调度分析

根据2012年度小浪底水库进出库水沙、地形以及库容等资料，分析了2012年度小浪底库区干支流淤积量、干支流淤积形态及其演变特点、水库调度及库容变化情况；基于汛前调水调沙资料，分析了汛前调水调沙期间水库调度情况，研究了异重流运行规律、异重流流速及含沙量变化规律；根据汛期入库洪水特点及水库运用情况，分析了汛期水库调度效果。最后，对今后汛前调水调沙及汛期水库调度提出了建议。

第一章　小浪底库区冲淤特性

一、小浪底水库运用情况

（一）水库水沙条件

在 2012 年，小浪底水库库区相对较大支流测站石寺（畛水）、皋落（亳清河）、桥头（西阳河）等站观测到的入汇水沙量较少（表 1-1）。石寺站最大流量 386 m^3/s，最大含沙量 40.3 kg/m^3，全年水量、沙量分别为 1 483 万 m^3、14.8 万 t；皋落站最大流量 44.4 m^3/s，最大含沙量 13.2 kg/m^3，全年水量、沙量分别为 1 740 万 m^3、0.8 万 t；桥头站最大流量 134 m^3/s，最大含沙量 14.7 kg/m^3，全年水量、沙量分别为 4 074 万 m^3、0.5 万 t。石寺、皋落、桥头三站全年共计水量、沙量分别为 7 297 万 m^3、16.1 万 t。因此，相对干流而言，小浪底水库支流入汇水沙量较少，因此本章仅以干流三门峡站水沙过程代表小浪底水库入库水沙条件。2012 年小浪底水库入库年（水库运用年，2011 年 11 月～2012 年 10 月，下同）水量、沙量分别为 358.24 亿 m^3、3.327 亿 t（表 1-2），入库水量是小浪底水库运用以来最为丰沛的一年。从三门峡水文站 1987～2012 年的水沙量来看，2012 年入库水沙量分别是该系列多年平均水量、沙量的 152.70%、59.68%。

表 1-1　小浪底库区较大支流测站 2012 年入库水沙统计

支流测站名称	最大流量		最大含沙量（kg/m^3）		入库水量（万 m^3）	入库沙量（万 t）
	流量（m^3/s）	出现日期（月-日 T时:分）	流量（m^3/s）	出现日期（月-日 T时:分）		
石寺	386	07-09 T04:36	40.3	07-09 T04:30	1 483	14.8
皋落	44	07-31 T07:00	13.2	07-31 T07:00	1 740	0.8
桥头	134	07-31 T09:36	14.7	07-09 T08:30	4 074	0.5
合计	—	—	—	—	7 297	16.1

表 1-2　三门峡水文站近年水沙量统计

年份	水量（亿 m^3）			沙量（亿 t）		
	非汛期	汛期	全年	非汛期	汛期	全年
1987	124.55	80.81	205.36	0.17	2.71	2.88
1988	129.45	187.67	317.12	0.08	15.45	15.53
1989	173.85	201.55	375.4	0.50	7.62	8.12
1990	211.53	135.75	347.28	0.57	6.76	7.33
1991	184.77	58.08	242.85	2.41	2.49	4.90
1992	116.82	127.81	244.63	0.47	10.59	11.06
1993	157.17	137.66	294.83	0.45	5.63	6.08
1994	145.44	131.6	277.04	0.16	12.13	12.29
1995	134.21	113.15	247.36	0	8.22	8.22

续表 1-2

年份	水量(亿 m^3)			沙量(亿 t)		
	非汛期	汛期	全年	非汛期	汛期	全年
1996	120.67	116.86	237.53	0.14	11.01	11.15
1997	95.54	50.54	146.08	0.03	4.25	4.28
1998	94.47	79.57	174.04	0.26	5.46	5.72
1999	104.58	87.27	191.85	0.07	4.91	4.98
2000	99.37	67.23	166.60	0.229	3.341	3.570
2001	81.14	53.82	134.96	0	2.830	2.830
2002	108.39	50.87	159.26	0.971	3.404	4.375
2003	70.70	146.91	217.61	0.005	7.559	7.564
2004	112.5	65.89	178.39	0	2.638	2.638
2005	103.8	104.73	208.53	0.457	3.619	4.076
2006	133.49	87.51	221.00	0.249	2.076	2.325
2007	105.71	122.06	227.77	0.611	2.514	3.125
2008	138.10	80.02	218.12	0.593	0.744	1.337
2009	135.43	85.01	220.44	0.365	1.615	1.980
2010	133.26	119.73	252.99	0.007	3.504	3.511
2011	109.28	125.33	234.61	0.005	1.748	1.753
2012	146.25	211.99	358.24	0.002	3.325	3.327
1987 ~ 2012 年平均	125.79	108.82	234.61	0.339	5.236	5.575

2012 年入库水量较为丰沛，日均入库流量大于 3 000 m^3/s 流量级出现天数为 22 d，主要集中在 8 月下旬和 9 月中上旬，最长持续 9 d，最大日均入库流量 4 630 m^3/s(9 月 4 日)。年内三门峡水库下泄含沙水流 108 d，集中出现在汛前调水调沙期和汛期洪水期间，最长持续 104 d(7 月 5 日 ~ 10 月 16 日)，最大日均入库含沙量 106 kg/m^3(7 月 6 日)。入库各级流量及含沙量持续时间及出现天数见表 1-3、表 1-4。

出库流量小于 1 000 m^3/s 的天数有 171 d(表 1-3)，主要集中在 2011 年 11 月 ~ 2012 年 2 月、2012 年 10 月；流量介于 1 000 ~ 2 000 m^3/s 的时段主要集中在春灌期 3 ~ 5 月，以及洪水期间；出库流量大于 2 000 m^3/s 的天数有 40 d，较前几年明显增加，主要集中在汛前调水调沙和洪水期间，年内最大日均出库流量 4 380 m^3/s(6 月 23 日)。年内小浪底水库大部分时间下泄清水，水库下泄清水天数达到 318 d，年内排沙天数为 48 d(表 1-4)，最大日均出库含少量为 165 kg/m^3(7 月 4 日)。

表 1-3 2012 年小浪底水库进出库各级流量持续及出现天数

流量级(m^3/s)		<500	500 ~ 800	800 ~ 1 000	1 000 ~ 2 000	2 000 ~ 3 000	>3 000
入库天数(d)	出现	78	96	35	103	32	22
	持续	24	32	5	21	11	9
出库天数(d)	出现	26	55	90	155	24	16
	持续	23	11	7	37	6	11

注：表中持续天数为全年该级流量连续出现最长时间。

表 1-4　2012 年小浪底水库进出库含沙量持续及出现天数

含沙量级 (kg/m^3)	>100		100~50		50~0		0	
	持续	出现	持续	出现	持续	出现	持续	出现
入库天数(d)	1	2	3	6	56	100	149	258
出库天数(d)	1	1	1	1	27	46	244	318

注:表中持续天数为全年该级含沙量连续出现最长时间。

2012 年小浪底水库入库洪水主要出现在桃汛洪水期、汛前调水调沙期和主汛期。桃汛期入库洪水出现在 3 月 24 日 ~4 月 1 日,本着确保防凌安全、追求综合效益最大化的原则,黄河防总制定调度预案并开展了利用并优化桃汛洪水过程冲刷降低潼关高程的原型试验,最大日均入库流量为 1 700 m^3/s,最大日均入库含沙量 0.47 kg/m^3。汛前调水调沙期入库洪水出现在 7 月 4 ~12 日,最大日均入库流量为 4 230 m^3/s(7 月 4 日),最大日均入库含沙量 106 kg/m^3(7 月 6 日)。汛期黄河干流相继迎来第 1、2、3、4 号洪峰,最大日均入库流量为 4 630 m^3/s(9 月 4 日),最大日均入库含沙量 103 kg/m^3(7 月 24 日)(表 1-5)。

表 1-5　2012 年三门峡水文站洪水期水沙特征值

时段 (月-日)	水量 (亿 m^3)	沙量 (亿 t)	流量(m^3/s)		含沙量(kg/m^3)	
			最大日均	时段平均	最大日均	时段平均
桃汛洪水 03-24 ~04-01	10.47	0.001	1 700	1 347	0.47	0.10
汛前调水调沙 06-19 ~07-12	22.14	0.448	4 230	2 086	106	20.05
汛期洪水 07-23 ~10-06	163.37	2.851	4 630	2 488	103	17.45
合计	195.98	3.300	—	—	—	—

出库泥沙主要集中在汛前调水调沙期和洪水期排泄,汛前调水调沙期水库排沙 0.576 亿 t,洪水期水库排沙 0.719 亿 t(表 1-6),分别占全年出库泥沙的 44.48%、55.52%。

表 1-6　2012 年小浪底水文站洪水期水沙特征值

时段 (月-日)	水量 (亿 m^3)	沙量 (亿 t)	流量(m^3/s)		含沙量(kg/m^3)	
			最大日均	时段平均	最大日均	时段平均
汛前调水调沙 06-19 ~07-12	59.85	0.576	4 380	2 886	165	9.62
汛期洪水 07-23 ~10-06	108.88	0.719	3 510	1 658	41.4	6.60
合计	168.73	1.295	—	—	—	—

2012 年小浪底水库入库总水量为 358.22 亿 m^3，汛期 7～10 月入库水量为 211.99 亿 m^3，占全年入库水量的 59.18%，汛期又以 8～9 月来水为主，8～9 月来水量为 140.45 亿 m^3，占汛期来水量的 66.25%；非汛期入库水量为 146.23 亿 m^3，占全年入库水量的 40.82%。全年入库沙量为 3.328 亿 t，几乎全部来自 7～10 月，其中汛前调水调沙期间三门峡水库下泄沙量为 0.448 亿 t，占全年入库沙量的 13.46%。表 1-7、图 1-1 给出了小浪底水库 2012 年度进出库水量、沙量年内分配。

表 1-7　小浪底水库进出库水沙量年内分配表

年份	时段	水量(亿 m^3)		沙量(亿 t)	
		入库	出库	入库	出库
2011	11 月	25.10	22.40	0.000	0.000
	12 月	24.31	25.45	0.000	0.000
2012	1 月	12.48	22.85	0.000	0.000
	2 月	14.69	10.49	0.000	0.000
	3 月	24.05	27.79	0.001	0.000
	4 月	16.41	27.75	0.000	0.000
	5 月	10.28	30.74	0.000	0.000
	6 月	18.91	64.91	0.000	0.000
	7 月	40.06	49.25	1.365	0.963
	8 月	64.44	42.35	0.994	0.322
	9 月	76.01	37.84	0.943	0.010
	10 月	31.48	22.39	0.025	0.000
汛期		211.99	151.83	3.327	1.295
非汛期		146.23	232.38	0.001	0.000
全年		358.22	384.21	3.328	1.295

小浪底水库出库站小浪底水文站 2012 年全年出库水量为 384.21 亿 m^3，其中汛期 7～10月水量为 151.83 亿 m^3，占全年出库水量的 39.52%；春灌期 3～6 月水量为 151.20 亿 m^3，占全年出库水量的 39.35%；汛前调水调沙期(6 月 19 日～7 月 12 日)出库水量 59.85 亿 m^3，占全年出库总水量的 15.58%。全年出库沙量为 1.295 亿 t，全部集中在汛期下泄洪水时段出库。

(二)水库调度方式及过程

2012 年小浪底水库按照满足黄河下游防洪、减淤、防凌、防断流以及供水等为主要目标，进行了防洪和春灌蓄水、调水调沙及供水等一系列调度。2012 年水库日均最高水位达到 268.09 m(10 月 31 日)，为历年同时期日均水位的最高值，日均最低水位达到 211.59 m(8 月 4 日)(见图 1-2)。

2012 年水库运用可划分为三个阶段：

第一阶段 2011 年 11 月 1 日～2012 年 6 月 18 日。2011 年 11 月 1 日～12 月 17 日水库蓄水发电，水位上升至 267.9 m，相应蓄水 83.4 亿 m^3；2011 年 12 月 18 日～2 月 26 日水库防凌发电；2012 年 2 月 27 日～6 月 18 日春灌泄水期，为满足黄河下游地区春灌用水

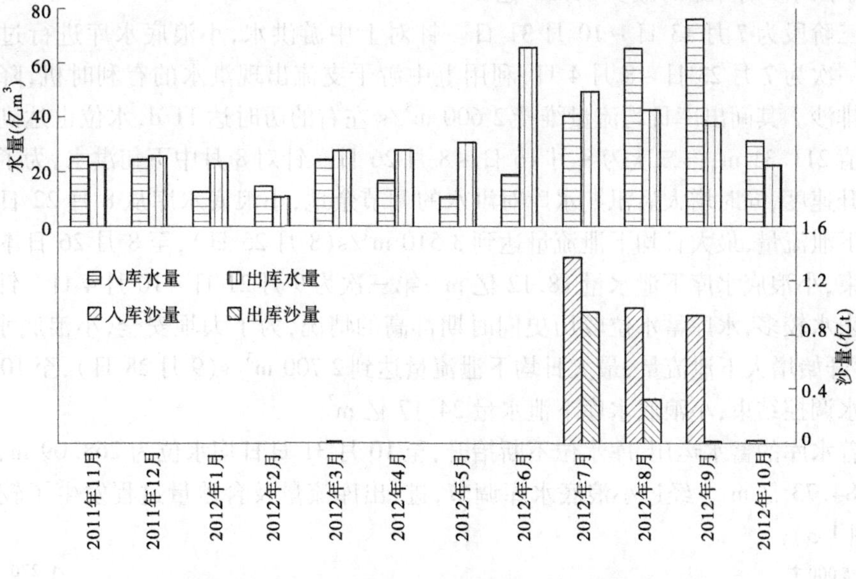

图 1-1　2012 年小浪底水库进出库水沙量年内分配

及保证河道不断流，小浪底水库下泄水量 115.42 亿 m^3。

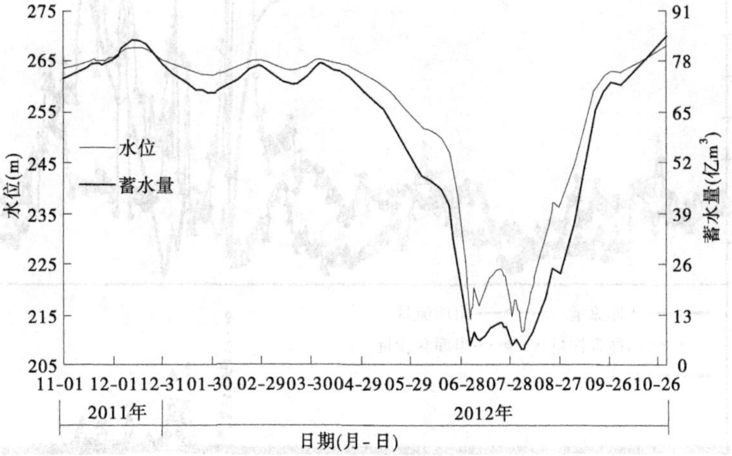

图 1-2　2012 年小浪底水库库水位及蓄水量变化过程

第二阶段 6 月 19 日 ~7 月 12 日为汛前调水调沙生产运行期。该阶段调水调沙生产运行又可分为两个时段，第一时段为小浪底水库清水下泄阶段，第二时段为小浪底水库排沙出库阶段。第一时段从 2012 年 6 月 19 日 8 时至 7 月 4 日 2 时，小浪底水库加大清水下泄流量，冲刷并维持下游河槽过洪能力，至 7 月 4 日 2 时人工塑造异重流开始时，坝上水位已由 248.26 m 降至 214.09 m，蓄水量由 42.79 亿 m^3 降至 5.04 亿 m^3。第二时段从 2012 年 7 月 4 日 2 时至 7 月 12 日 8 时，7 月 4 日 2 时三门峡水库开始加大泄量进行人工塑造异重流，4 日 11 时异重流运行到坝前排泄出库，库水位一度降至 213.87 m，至 7 月 12 日 8 时小浪底水库关闭排沙洞时，小浪底水库坝上水位为 218.78 m，蓄水量为 7.23 亿

m^3，比调水调沙期开始时减少 35.56 亿 m^3。

第三阶段为 7 月 13 日 ~10 月 31 日。针对上中游洪水，小浪底水库进行过三次调控。第一次为 7 月 23 日 ~8 月 4 日，利用上中游干支流出现洪水的有利时机，降低库水位进行排沙。其间出库日均流量维持 2 600 m^3/s 左右的历时达 11 d，水位也达到本年度的最低值 211.31 m；第二次为 8 月 16 日 ~8 月 26 日。针对 8 月中下旬洪水，为了减缓库水位上升速度，同时增大后汛期水库对洪水的调节余地，小浪底水库从 8 月 22 日 8 时开始加大下泄流量，最大日均下泄流量达到 3 510 m^3/s(8 月 25 日)，至 8 月 26 日本次洪水调控结束，小浪底水库下泄水量 18.12 亿 m^3；第三次为 9 月 21 日 ~10 月 4 日。针对汛期上中游来水较多，水库蓄水位较历史同时期都高的情况，为了大坝安全，小浪底水库从 9 月 21 日开始增大下泄流量，最大日均下泄流量达到 2 700 m^3/s(9 月 28 日)，至 10 月 4 日本次洪水调控结束，小浪底水库下泄水量 24.17 亿 m^3。

随着水库的蓄水运用，库水位不断抬升，至 10 月 31 日日均水位为 268.09 m，相应蓄水量为 84.73 亿 m^3。经过小浪底水库调节，进、出库流量及含沙量过程发生了较大的改变(见图 1-3)。

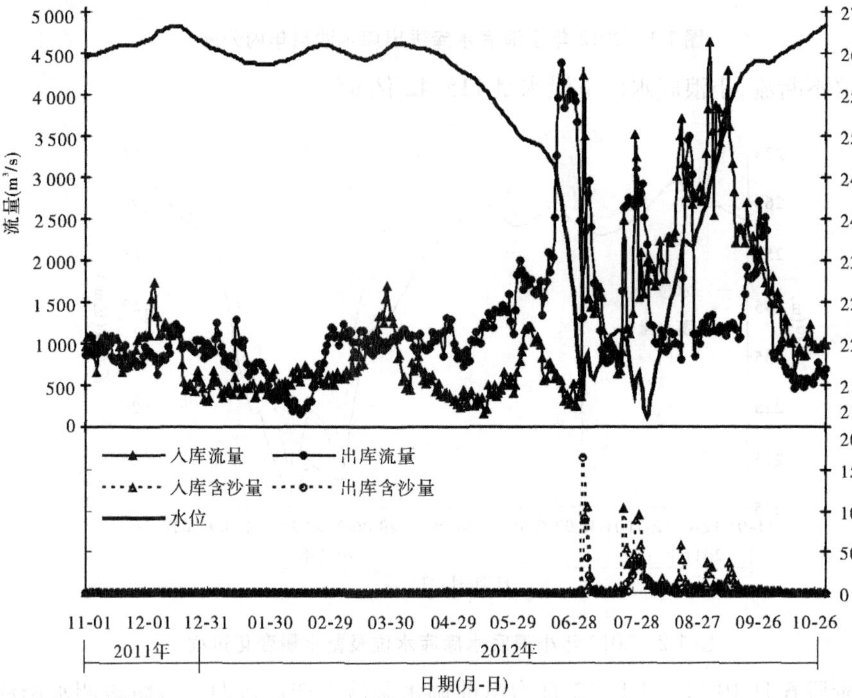

图 1-3 2012 年小浪底水库进、出库日均流量、日均含沙量过程对比

根据水库蓄水量变化分析(见表 1-7)，2012 年进、出库水量分别为 358.22 亿 m^3、384.21 亿 m^3，则年内水库补水 25.99 亿 m^3。根据图 1-2 可知，年初运用水位 263.5 m，而年末运用水位为 268.3 m，则水位抬升了 4.8 m。分析认为，2012 年黄河流域降水较多，入库水量较为丰沛，小浪底库区众多支流来水及库区降雨是引起这种现象的主要原因。

二、库区冲淤特性及库容变化

(一)库区冲淤特性

根据库区测验资料,利用断面法计算 2012 年小浪底全库区淤积量为 1.325 亿 m^3,泥沙的淤积分布有以下特点:

(1)库区干流淤积量为 1.124 亿 m^3,支流淤积量为 0.201 亿 m^3。

(2)库区淤积全部集中于 4~10 月,淤积量为 2.362 亿 m^3,其中干流淤积量 1.638 亿 m^3,占该时期库区淤积总量的 69.35%(见表 1-8)。

表 1-8 2012 年各时段库区淤积量

时段		2011 年 10 月~2012 年 4 月	2012 年 4~10 月	2011 年 10 月~2012 年 10 月
淤积量(亿 m^3)	干流	-0.514	1.638	1.124
	支流	-0.523	0.724	0.201
	合计	-1.037	2.362	1.325

(3)全库区年度内淤积主要集中在高程 215 m 以下,该区间淤积量达到 1.449 亿 m^3;高程 215 m 以上除个别高程间(230~235 m、245~260 m)发生淤积外,出现少量冲刷,冲刷量为 0.221 亿 m^3(见图 1-4)。

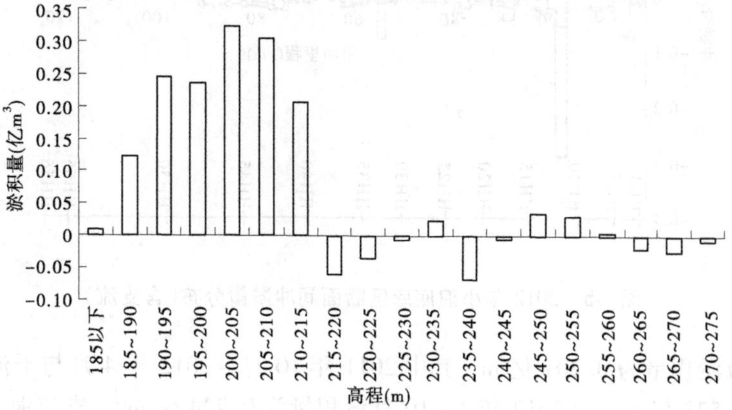

图 1-4 2012 年小浪底库区不同高程冲淤量分布

(4)2012 年 4~10 月,除 HH38—HH49 库段外,其他库段均出现不同程度的淤积(见表 1-9),其中 HH11 断面以下(含支流)淤积量为 1.730 亿 m^3,是淤积的主体。2011 年 10 月至 2012 年 4 月,除 HH49 断面以上,库区其他库段为冲刷。不同时段各断面间冲淤量分布见图 1-5。

表 1-9　2012 年小浪底库区不同库段(含支流)冲淤量分布　　(单位:亿 m^3)

断面区间	HH11 以下	HH11—HH33	HH33—HH38	HH38—HH49	HH49 以上	合计
距坝里程(km)	0 ~ 16.39	16.39 ~ 55.02	55.02 ~ 64.83	64.83 ~ 93.96	93.96 ~ 123.41	—
2011 年 10 月 ~ 2012 年 4 月	-0.300	-0.676	-0.065	-0.031	0.035	-1.037
2012 年 4 ~ 10 月	1.730	0.486	0.162	-0.132	0.116	2.362
2011 年 10 月 ~ 2012 年 10 月	1.430	-0.190	0.097	-0.163	0.151	1.325

注:表中"-"表示发生冲刷。

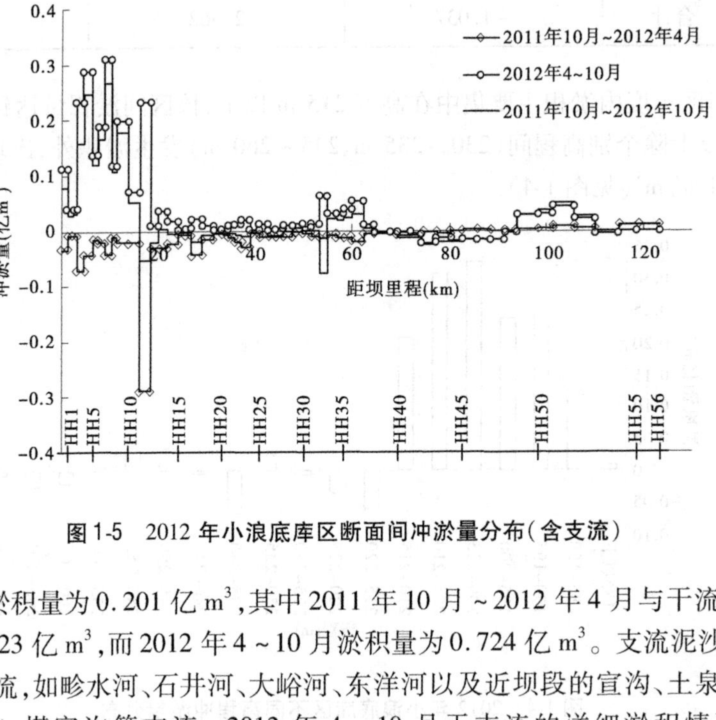

图 1-5　2012 年小浪底库区断面间冲淤量分布(含支流)

(5)支流淤积量为 0.201 亿 m^3,其中 2011 年 10 月 ~2012 年 4 月与干流同时期表现一致,冲刷 0.523 亿 m^3,而 2012 年 4 ~ 10 月淤积量为 0.724 亿 m^3。支流泥沙主要淤积在库容较大的支流,如畛水河、石井河、大峪河、东洋河以及近坝段的宣沟、土泉沟、白马河、大沟河、石门沟、煤窑沟等支流。2012 年 4 ~ 10 月干支流的详细淤积情况见图 1-6。表 1-10列出了 2012 年 4 ~ 10 月淤积量大于 0.01 亿 m^3 的支流。支流淤积主要为干流来沙倒灌所致,淤积集中在沟口附近,沟口向上沿程减少。

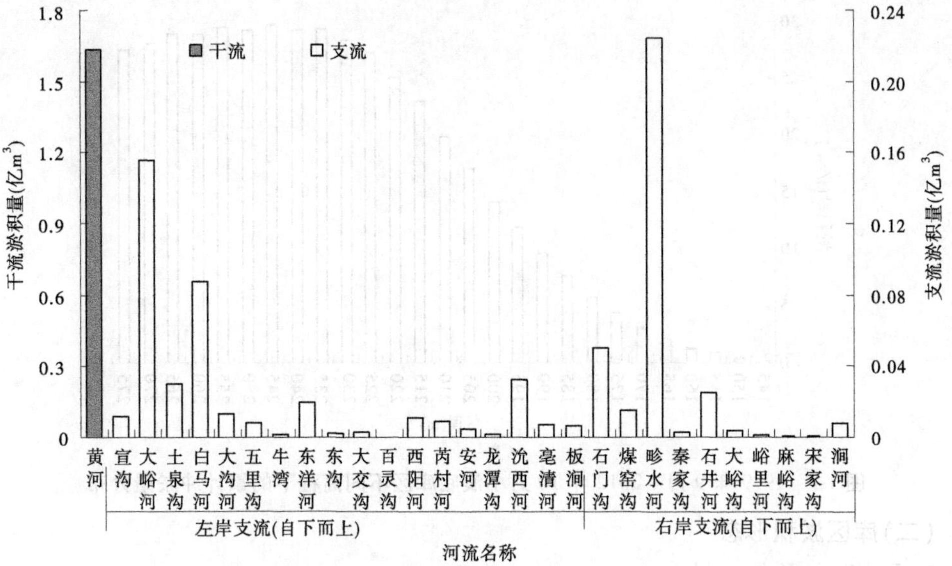

图 1-6 小浪底库区 2012 年 4～10 月干支流淤积量分布

表 1-10 典型支流淤积量变化 (单位:亿 m³)

支流		位置	2011 年 10 月～2012 年 4 月	2012 年 4～10 月	2011 年 10 月～2012 年 10 月
左岸	宣沟	HH1—HH2	-0.003	0.011	0.009
	大峪河	HH3—HH4	-0.057	0.155	0.098
	土泉沟	HH4—HH5	-0.006	0.030	0.024
	白马河	HH7—HH8	-0.015	0.087	0.073
	大沟河	HH10—HH11	-0.004	0.012	0.008
	东洋河	HH18—HH19	-0.033	0.019	-0.015
	西阳河	HH23—HH24	-0.017	0.010	-0.006
	沇西河	HH32—HH33	-0.044	0.032	-0.012
右岸	石门沟	大坝—HH1	-0.011	0.050	0.038
	煤窑沟	HH4—HH5	0.007	0.015	0.022
	畛水河	HH11—HH12	-0.256	0.224	-0.032
	石井河	HH13—HH14	-0.013	0.025	0.011

从 1999 年 9 月开始蓄水运用至 2012 年 10 月,小浪底全库区断面法淤积量为 27.500 亿 m³,其中,干流淤积量为 22.709 亿 m³,支流淤积量为 4.791 亿 m³,分别占总淤积量的 82.6% 和 17.4%。1999 年 9 月～2012 年 10 月小浪底库区不同高程下的累计冲淤量分布见图 1-7。

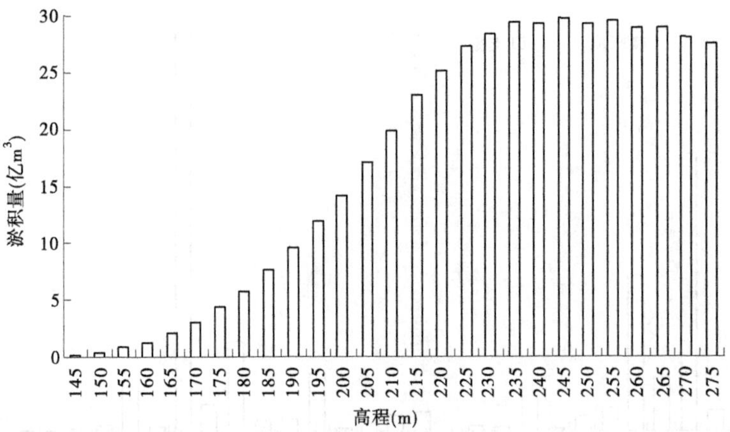

图 1-7　1999 年 9 月～2012 年 10 月小浪底库区不同高程下的累计冲淤量分布

（二）库区淤积形态

1. 干流淤积形态

1）纵向淤积形态

2011 年 11 月～2012 年 6 月下旬，除在 3 月利用并优化桃汛洪水过程冲刷降低潼关高程试验期间有少量泥沙排出外，三门峡水库大部分时段下泄清水；小浪底水库入库沙量仅为 0.001 亿 t，无泥沙出库，干流纵向淤积形态在此期间变化不大。

2012 年 7～10 月，小浪底库区干流保持三角洲淤积形态，在库区三角洲洲面水流基本为明流流态，三角洲顶点以下的前坡段，水深陡增，流速骤减，水流挟沙力急剧下降，处于超饱和输沙状态，大量泥沙在此落淤，使三角洲洲体随库区淤积量的增加而不断向坝前推进。表 1-11、图 1-8 给出了三角洲淤积形态要素统计与干流纵剖面。三角洲各库段比降 2012 年 10 月较 2011 年 10 月均有所调整。首先，洲面段除 HH33(1)—HH38 库段有少量淤积外，三角洲洲面大部分库段均发生冲刷，干流冲刷量为 0.357 亿 m^3。与上年度末相比，洲面向下游库段有所延伸，洲面比降变化不大，为 3.30‱。其次，随着三角洲前坡段与坝前淤积段泥沙的大量淤积，干流淤积量为 1.430 亿 m^3，三角洲顶点不断向坝前推进，由距坝 16.39 km（HH11）推进到 10.32 km（HH8），向下游推进了 6.07 km，三角洲顶点高程为 210.66 m。三角洲尾部段有少量淤积，淤积量为 0.151 亿 m^3，比降变缓，达到 7.71‱。

表 1-11　干流纵剖面三角洲淤积形态要素

时间（年-月）	顶点		坝前淤积段	前坡段		洲面段		尾部段	
	距坝里程（km）	深泓点高程（m）	距坝里程（km）	距坝里程（km）	比降（‱）	距坝里程（km）	比降（‱）	距坝里程（km）	比降（‱）
2011-10	16.39	215.16	0～6.54	6.54～16.39	20.19	16.39～105.85	3.28	105.85～123.41	11.83
2012-10	10.32	210.66	0～4.55	4.55～10.32	31.66	10.32～93.96	3.30	93.96～123.41	7.71

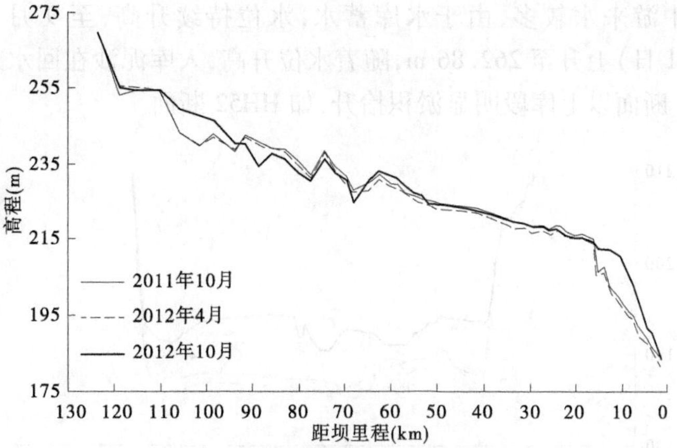

图 1-8　干流纵剖面套绘(深泓点)

2)横断面淤积形态

随着库区泥沙的淤积,横断面总体表现为同步淤积抬升趋势。图 1-9 为 2011 年 10 月~2012 年 10 月三次库区横断面套绘,可以看出不同的库段冲淤形态及过程有较大的差异。

2011 年 10 月~2012 年 4 月,全库区地形总体变化不大。受水库蓄水以及泥沙密实固结的影响,除在 HH45—HH47 库段出现少量淤积外,其他都表现为淤积面下降。随着距坝里程增加,降低程度减缓。

受汛期水沙条件及水库调度等影响,与 2012 年 4 月地形相比,2012 年 10 月地形变化较大。汛期泥沙大量淤积,库区大部分滩面均有不同程度的抬升。其中,前坡段淤积最为严重,干流淤积量达到 1.282 亿 m^3(HH5—HH11),该库段全断面有较大幅度的淤积抬高,如距坝 7.74 km 处的 HH6 断面主槽抬升 7 m 以上,滩地最高抬升 12 m,由于前坡段泥沙大量淤积,三角洲顶点由距坝 16.39 km(HH11)推进到 10.32 km(HH8)。坝前淤积段(HH4 断面以下)全断面淤积抬高,例如距坝 3.34 km 处的 HH3 断面滩地最高抬升 6 m。

河槽形态主要取决于水沙过程。2012 年汛期上游来水较多,洪水期运用水位较低,最低降至 211.59 m。在洲面段,横断面淤积形态整体表现为淤滩刷槽。小流量时,冲刷形成的河槽较小;遭遇较大流量时,河槽下切展宽,河槽过水面积显著扩大,如 HH12 断面;在较为顺直的狭窄库段,基本上表现为全断面过流,如八里胡同库段的 HH18 断面。

小浪底库区大部分库段在大部分时段河槽位置相对固定,只是随流量的变化,河槽形态发生调整或略有位移,如 HH37 断面以上、HH29—HH27 库段、HH23—HH14 库段,河槽比较稳定;其中,HH44 断面基本处于湾顶处,主流稳定在左岸;HH23 断面河槽稳定在右岸,遇到大洪水时,河槽下切展宽。部分库段受水库运用及地形条件的影响,河槽往往发生大幅度的位移,在 HH30—HH36 之间往往是非汛期泥沙淤积的部位,在淤积过程中河槽被部分或全部掩埋,在翌年汛前降水过程中,河槽出现的位置受上下游河势变化等因素的影响,往往具有随机性,如 HH31 断面。此外,该库段断面宽阔,一般为 2 000~2 500 m,在持续小流量年份河槽相对较小,滩地形成横比降,突遇较大流量,极易发生河槽位移,如 HH33 断面,河槽沿横断面变化频繁且大幅度位移。

2012 年上中游来水较多,由于水库蓄水,水位持续升高,至 9 月 30 日,水位已由 241.04 m(9 月 1 日)上升至 262.86 m,随着水位升高,入库泥沙在回水末端淤积,位于回水末端的 HH49 断面以上库段明显淤积抬升,如 HH52 断面。

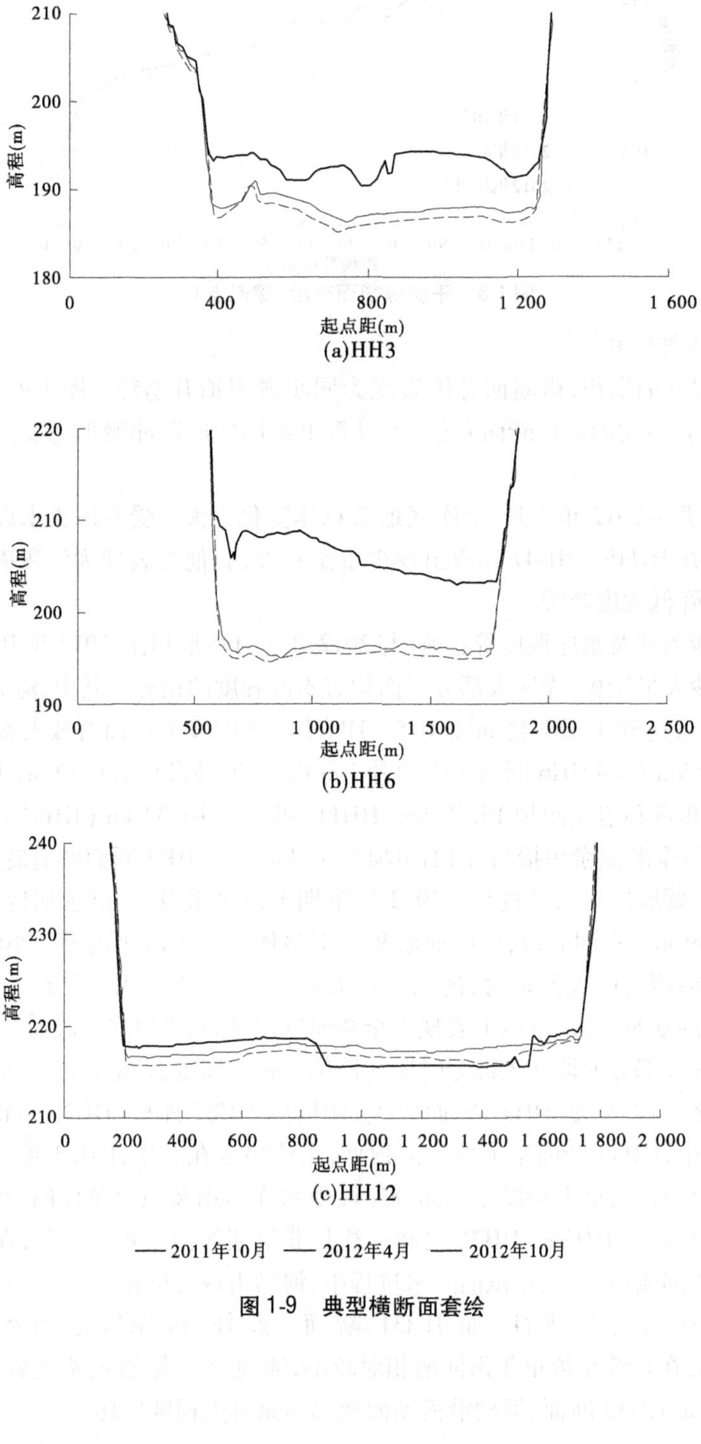

图 1-9 典型横断面套绘

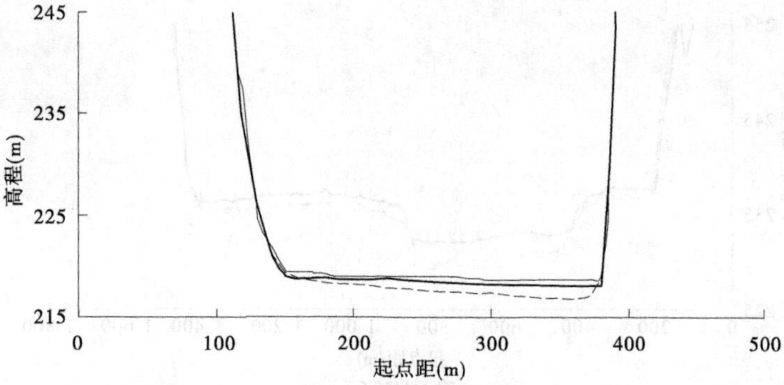

(d)HH18

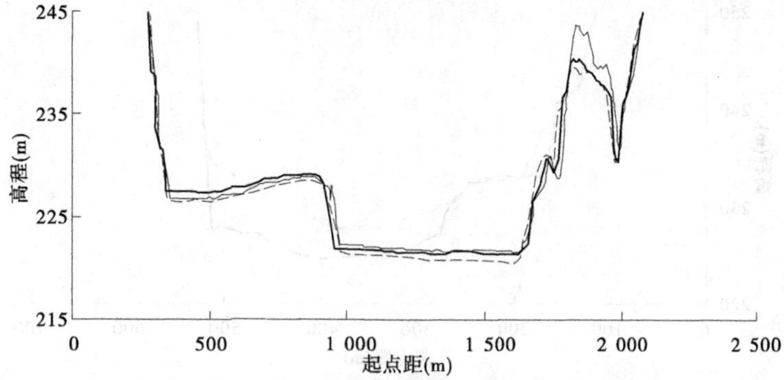

(e)HH23

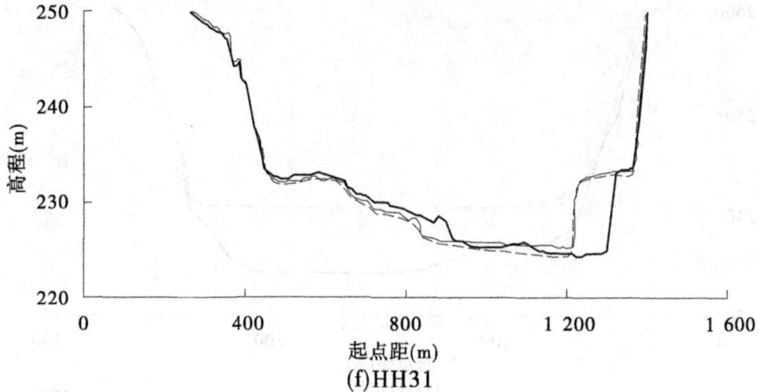

(f)HH31

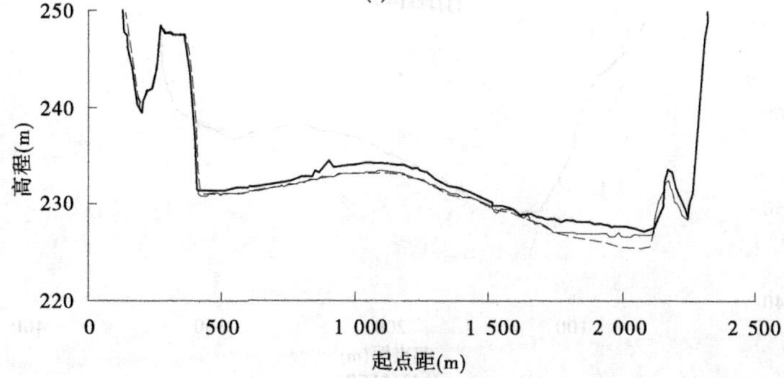

(g)HH33

续图 1-9

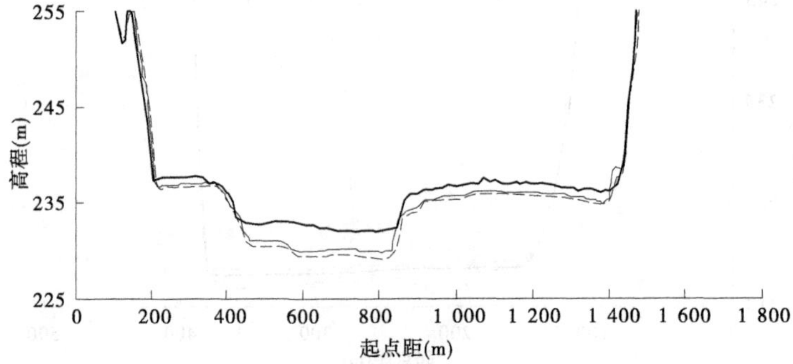

(h)HH36

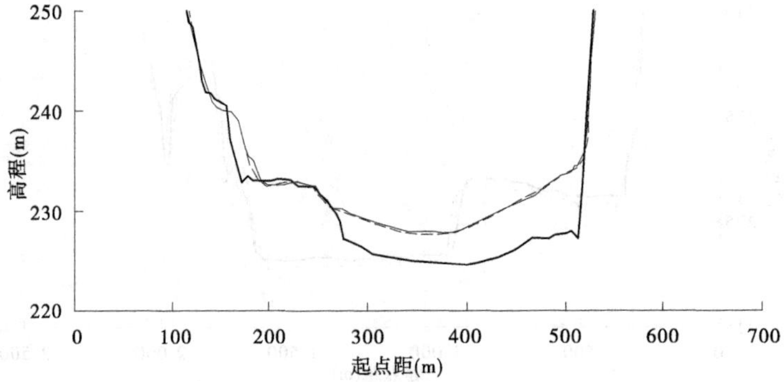

(i)HH39

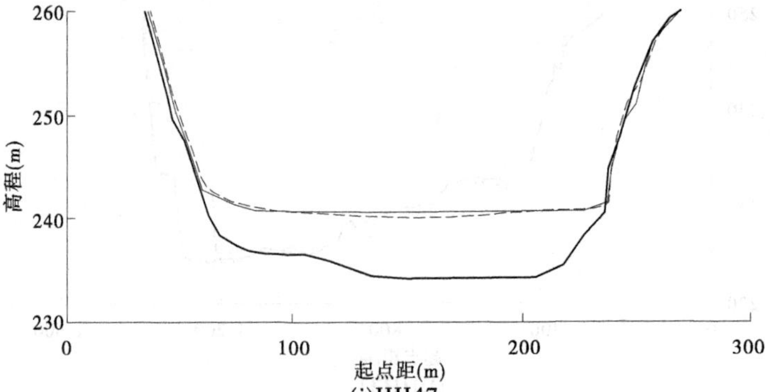

(j)HH47

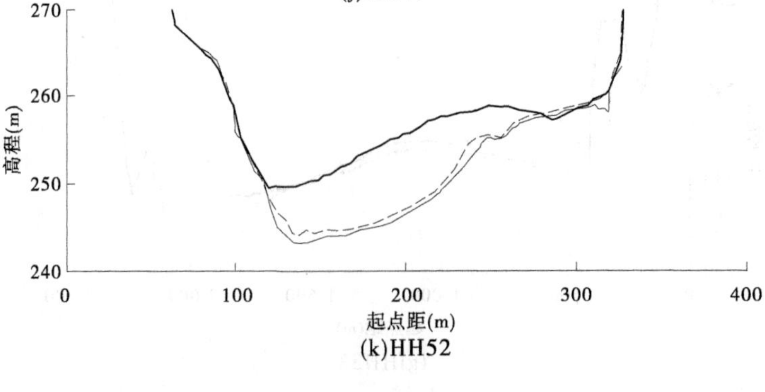

(k)HH52

续图 1-9

2. 支流淤积形态

支流河床倒灌淤积过程与天然的地形条件(支流口门的宽度)、干支流交汇处干流的淤积形态(有无滩槽或滩槽高差,河槽远离或贴近支流口门)、来水来沙过程(流量、含沙量大小及历时)等因素密切相关。随干流滩面的抬高,支流沟口淤积面同步上升,支流淤积形态取决于沟口处干流的淤积面高程。干流浑水倒灌支流,并沿程落淤,表现为支流沟口淤积较厚,沟口以上淤积厚度沿程减少。2012 年汛期,小浪底水库运用水位较低,在三角洲顶点以上基本为准均匀明流输沙,以下库段大多为异重流输沙。

图 1-10、图 1-11 给出了部分支流纵、横断面套绘。可以看出,距坝约 4 km 的大峪河,非汛期由于淤积物的密实而表现为淤积面有所下降;汛期淤积量达到 0.155 亿 m^3,全部为异重流倒灌,支流内随着干流淤积面的抬升而同步抬升,河口处与干流滩面抬升幅度相当。由于泥沙的沿程分选,淤积厚度沿程减小,支流淤积纵剖面呈现一定的倒坡。横断面表现为平行抬升,各断面抬升比较均匀。

距坝约 18 km 的支流畛水河,随着非汛期淤积物的密实,各淤积面也明显降低,呈现出与大峪河相似的现象。2012 年汛前调水调沙期间,畛水位于汛前异重流潜入点(HH9 +5 断面)以上的干流三角洲洲面,在这种情况下,含沙水流以明流形式倒灌进入畛水河,倒灌效果不如异重流。但是,由于 2012 年汛期上中游来水较多,三门峡水库下泄高含沙洪水也较多,浑水倒灌进入畛水河的机会也相应增多,2012 年 4 ~ 10 月畛水河淤积泥沙量虽没有 2011 年多(0.523 亿 m^3),但也达到 0.224 亿 m^3。同样位于干流三角洲洲面属于明流倒灌的东洋河、西阳河和沇西河 2012 年 4 ~ 10 月淤积量相对较少,分别为 0.019亿、0.010 亿 m^3 和 0.032 亿 m^3。

库水位下降期间,支流内蓄水汇入干流。若干支流高差较大,会在支流口门形成一条或几条与干流连通的河槽,河槽的形态(宽度、深度、长度以及形状)与支流内蓄水、干流水位下降幅度等因素相关。若干支流水位差不足以影响拦门沙的稳定,或是拦门沙不被完全冲开时,支流形成与干流隔绝的水域,造成支流内库容无法充分利用,使得支流拦沙减淤效益受到影响,甚至会影响水库防洪效益。如畛水河 1 断面河槽宽度超过 200 m,深度达 1.5 m,不过仅在沟口有河槽,畛水河 2 断面基本仍为水平淤积面,并没有受到支流下泄水流的影响。也就是说,畛水内水流下泄引起的沟槽较短,远远没有将支流内与干流河槽连通,拦门沙坎依然存在,而且支流内水流下泄在沟口形成的短小沟槽很容易在水库蓄水期间淤堵,不利于干流浑水倒灌进入支流。同样的情况在库区三角洲洲面段的支流东洋河、西阳河以及沇西河也有发生。不过由于畛水地形的特殊性,拦门沙坎依然存在,至 2012 年 10 月,畛水河口滩面高程 217 m,而畛水河 3 断面河底高程为 210 m,畛水河 5 断面河底高程仅有 209 m,拦门沙坎高 8 m。

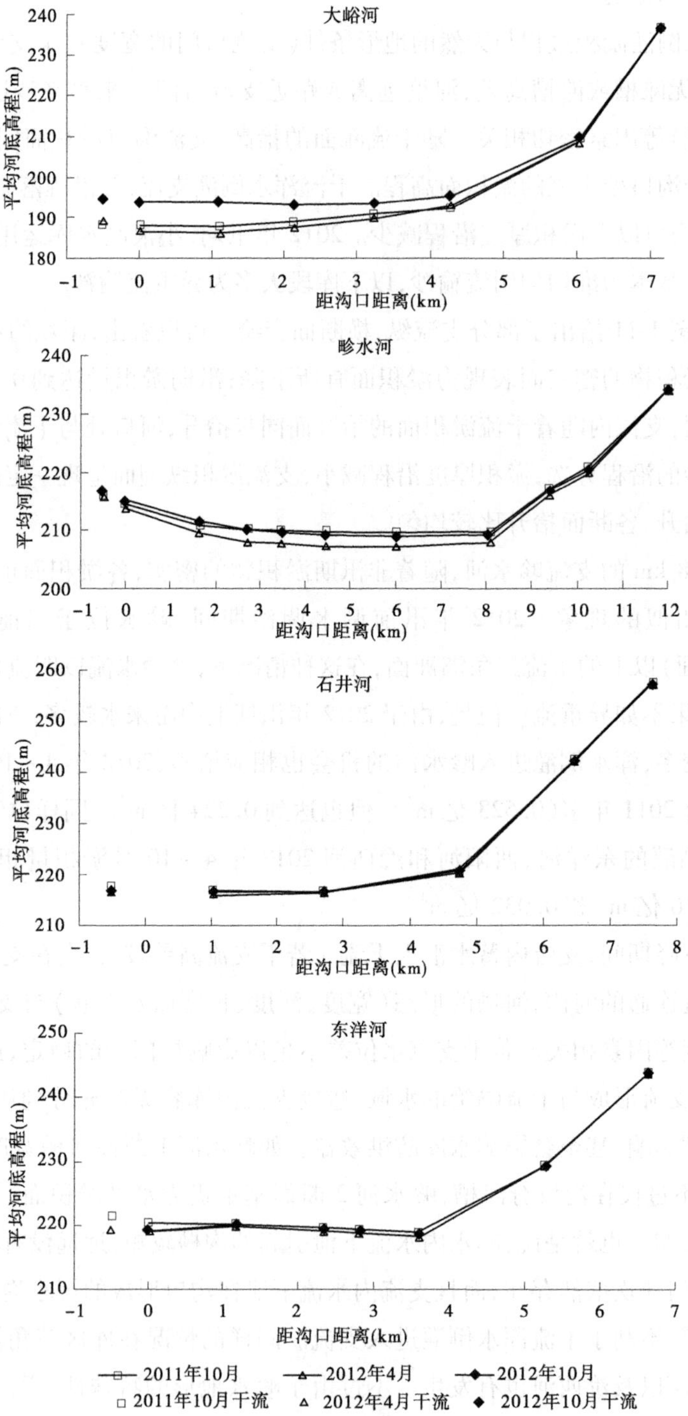

图 1-10　典型支流纵剖面图

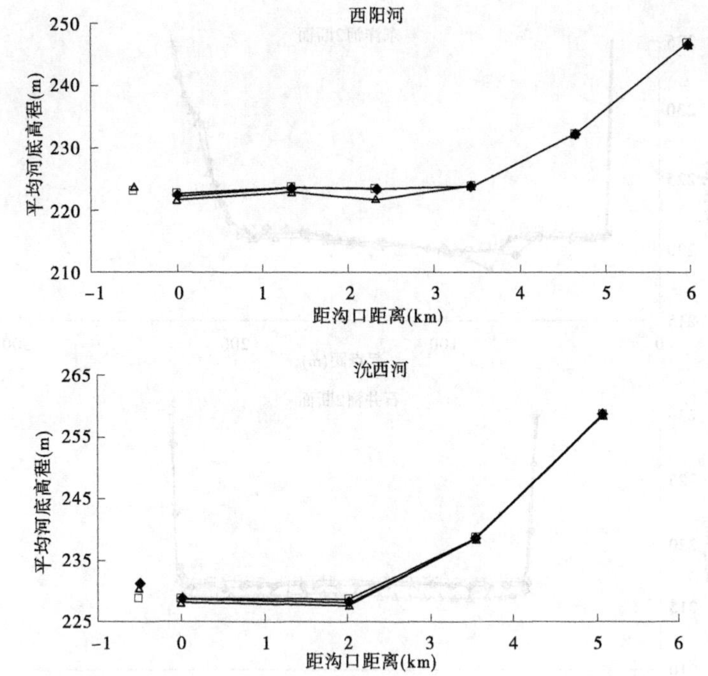

续图 1-10

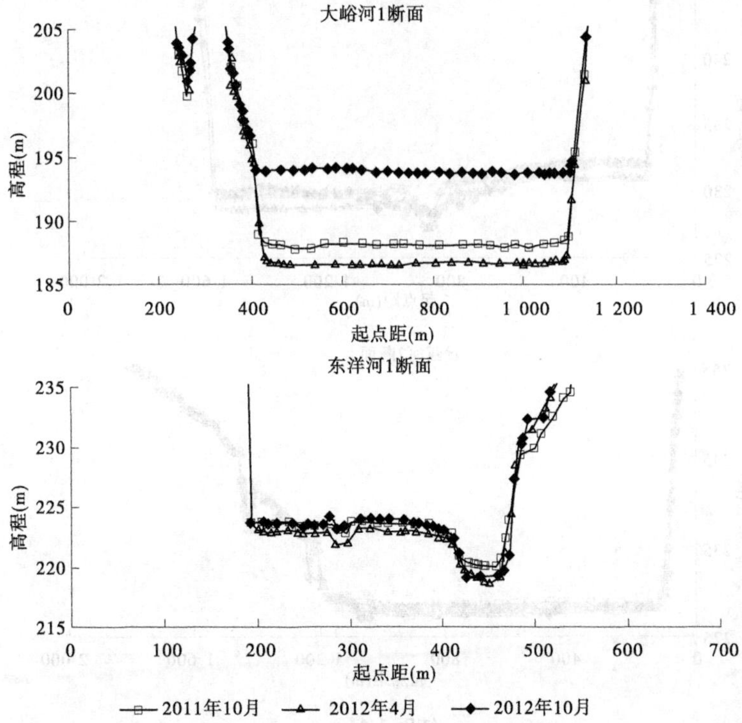

图 1-11　典型支流横断面图

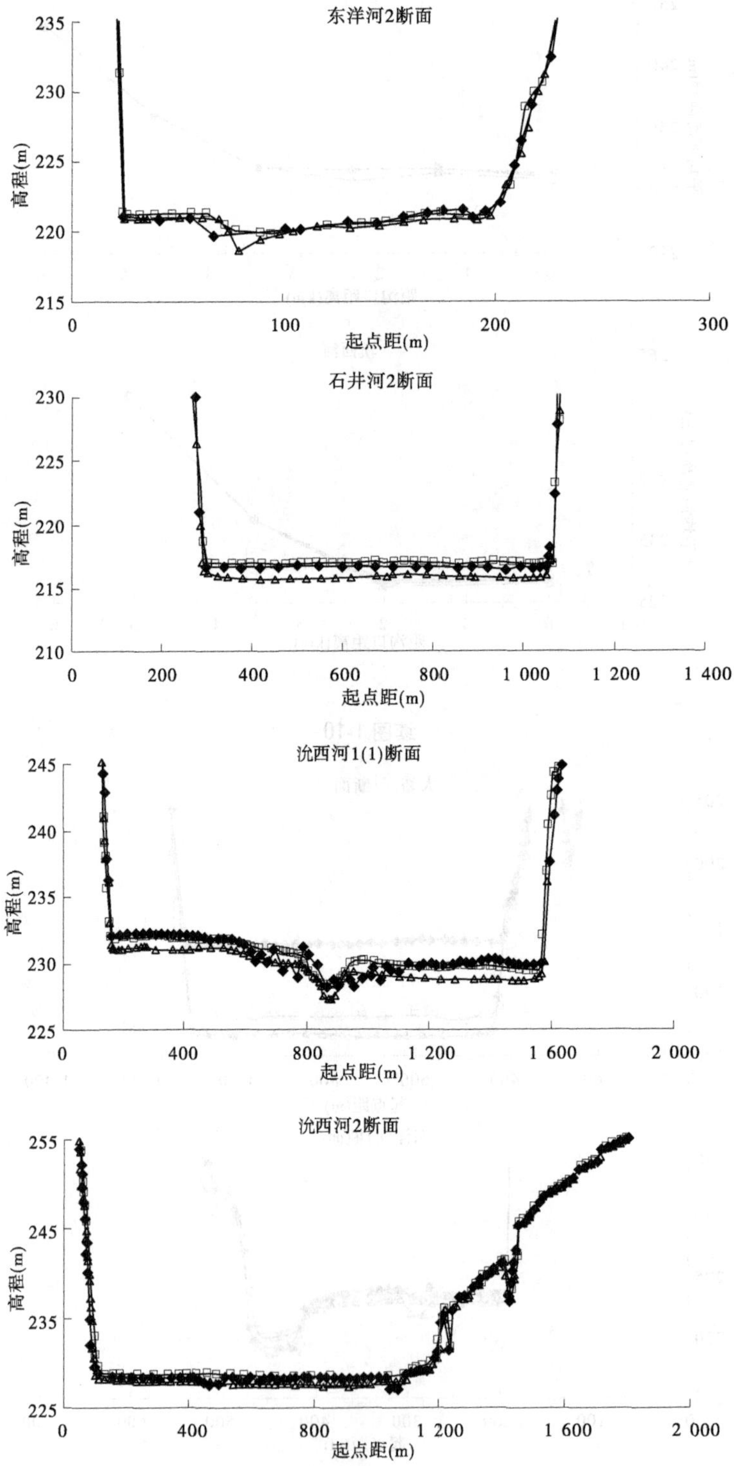
东洋河2断面
高程(m)
起点距(m)
235
230
225
220
215
0
100
200
300
石井河2断面
高程(m)
起点距(m)
230
225
220
215
210
0
200
400
600
800
1 000
1 200
1 400
沇西河1(1)断面
高程(m)
起点距(m)
245
240
235
230
225
0
400
800
1 200
1 600
2 000
沇西河2断面
高程(m)
起点距(m)
255
245
235
225
0
400
800
1 200
1 600
2 000

续图 1-11

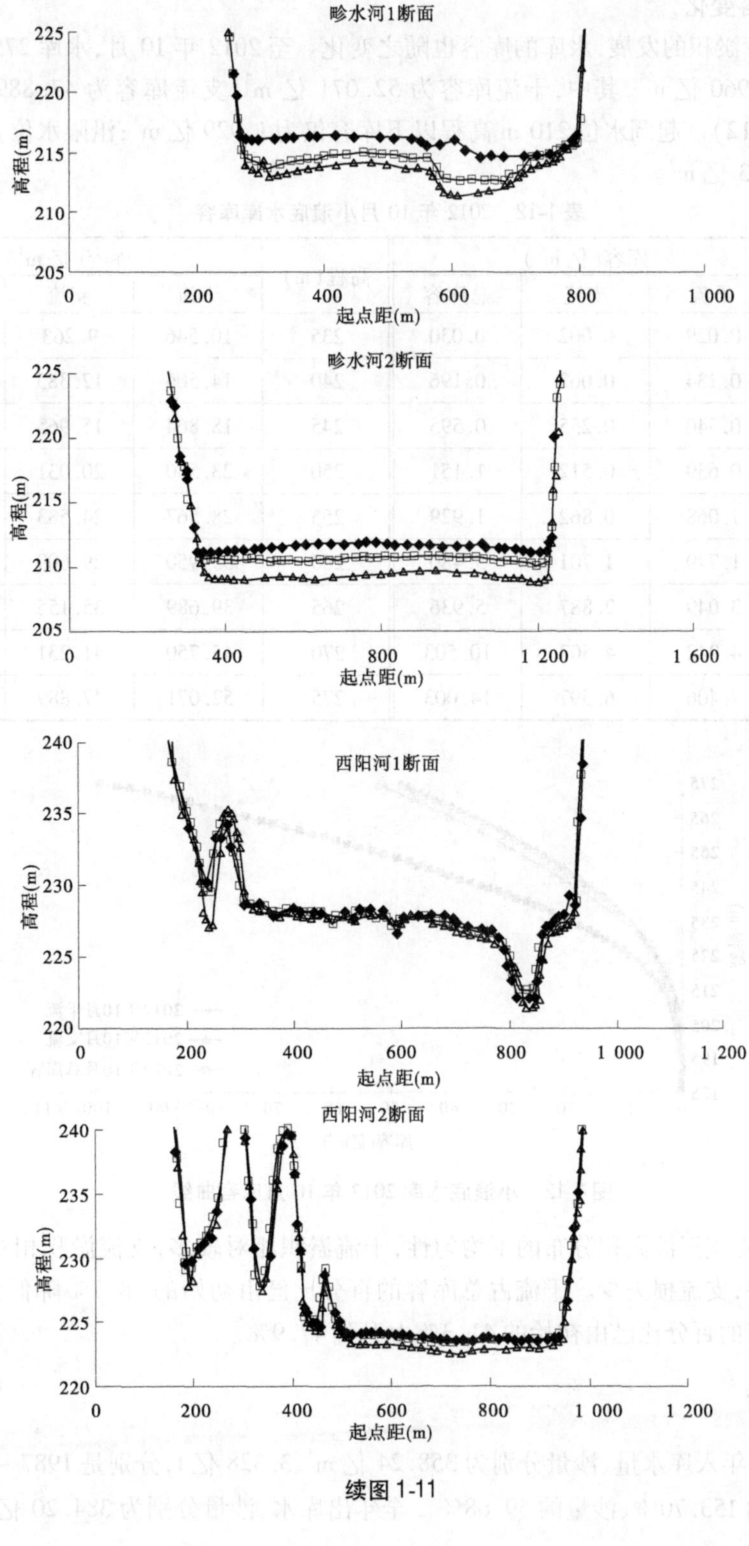

畛水河1断面
高程(m)
起点距(m)
畛水河2断面
高程(m)
起点距(m)
西阳河1断面
高程(m)
起点距(m)
西阳河2断面
高程(m)
起点距(m)

续图 1-11

(三)库容变化

随着水库淤积的发展,水库的库容也随之变化。至2012年10月,水库275 m高程下总库容为99.960亿 m^3,其中,干流库容为52.071亿 m^3,支流库容为47.889亿 m^3(见表1-12、图1-12)。起调水位210 m高程以下库容仅为1.929亿 m^3;汛限水位230 m以下库容为14.003亿 m^3。

表1-12　2012年10月小浪底水库库容

高程(m)	库容(亿 m^3)			高程(m)	库容(亿 m^3)		
	干流	支流	总库容		干流	支流	总库容
190	0.029	0.002	0.030	235	10.546	9.263	19.809
195	0.134	0.062	0.196	240	14.506	12.385	26.890
200	0.340	0.255	0.595	245	18.864	15.965	34.829
205	0.639	0.512	1.151	250	23.550	20.031	43.581
210	1.068	0.862	1.929	255	28.567	24.583	53.151
215	1.779	1.701	3.480	260	33.950	29.609	63.558
220	3.049	2.887	5.936	265	39.689	35.155	74.844
225	4.942	4.507	10.503	270	45.750	41.231	86.980
230	7.406	6.597	14.003	275	52.071	47.889	99.960

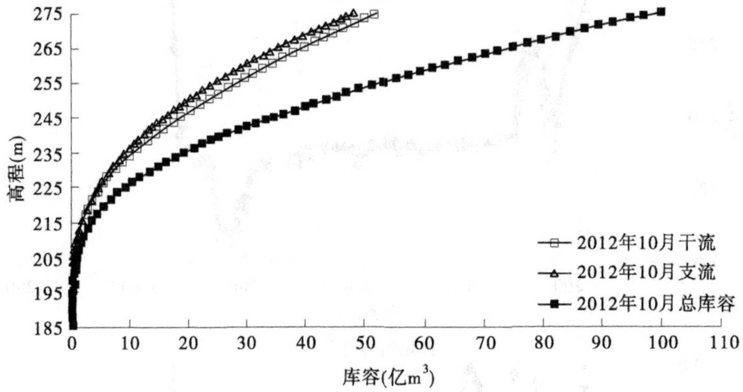

图1-12　小浪底水库2012年10月库容曲线

由于干、支流泥沙淤积分布的不均匀性,干流淤积相对较多,支流淤积相对较少。干流库容损失多,支流损失少。干流占总库容的百分比已由初始的58.7%降低到52.1%,支流占总库容的百分比已由初始的41.3%上升到47.9%。

三、小结

(1)2012年入库水量、沙量分别为358.24亿 m^3、3.328亿t,分别是1987~2012年多年平均水量的153.70%、沙量的59.68%。全年出库水、沙量分别为384.20亿 m^3、1.295亿t。

(2)水库运用可划分为三个时段:第一阶段 2011 年 11 月 1 日 ~2012 年 6 月 18 日,包括防凌期、春灌蓄水期和春灌泄水期;第二阶段 6 月 19 日 ~7 月 12 日为汛前调水调沙生产运行期;第三阶段 7 月 13 日 ~10 月 31 日,包括水库防洪运用和水库蓄水运用。2012 年水库日均最高水位达到 268.09 m,为历年同时期日均水位的最高值;日均最低水位达到 211.59 m。

(3)2012 年断面法计算全库区泥沙淤积量为 1.325 亿 m^3,其中干流淤积量为 1.124 亿 m^3,支流淤积量为 0.201 亿 m^3。从高程区间看,全库区年度内淤积主要集中在高程 215 m 以下,该区间淤积量达到 1.449 亿 m^3。从淤积库段看,主要淤积在 HH11 断面以下,该库段(含支流)淤积量为 1.730 亿 m^3。

(4)库区干流仍保持三角洲淤积形态,至 2012 年汛后,三角洲顶点推进到距坝 10.32 km(HH8),顶点高程为 210.66 m。支流淤积主要在位于干流三角洲顶点以下的支流以及库容较大的支流。

(5)支流畛水河的拦门沙坎依然存在。至 2012 年 10 月,畛水河口滩面高程 217 m,而畛水 3 断面河底高程为 210 m,畛水 5 断面河底高程仅有 209 m,拦门沙坎高 8 m。

(6)至 2012 年 10 月,水库 275 m 高程下总库容为 99.960 亿 m^3,其中干流库容为 52.071 亿 m^3,支流库容为 47.889 亿 m^3。起调水位 210 m 高程以下库容仅为 1.929 亿 m^3;汛限水位 230 m 以下库容为 14.003 亿 m^3。

第二章　汛前调水调沙小浪底水库调度及异重流分析

2012 年第 14 次黄河调水调沙仍是基于干流水库群联合调度，通过调控万家寨、三门峡、小浪底水库的泄流时间和流量，尽可能降低小浪底水位，人工塑造异重流排沙出库，减缓库区淤积速度，进一步提高黄河下游主槽排洪能力。本次汛前调水调沙自 6 月 19 日 8 时开始，至 7 月 12 日 8 时水库调度结束，其间小浪底水库从 7 月 4 日 8 时开始排沙，基本实现了水库减淤、排沙入海、抗旱保灌、生态用水等多重目标。

一、进出库水沙条件

2012 年 6 月 19 日 8 时，小浪底水库开始加大下泄流量，调水调沙开始（图 2-1）。三门峡水库 7 月 4 日 2 时（流量 1 300 m^3/s）开始加大泄量，最大流量为 5 440 m^3/s（5 日 0 时 12 分），5 日 4 时三门峡水库开始排沙，最大含沙量达 325 kg/m^3（5 日 14 时 42 分）。

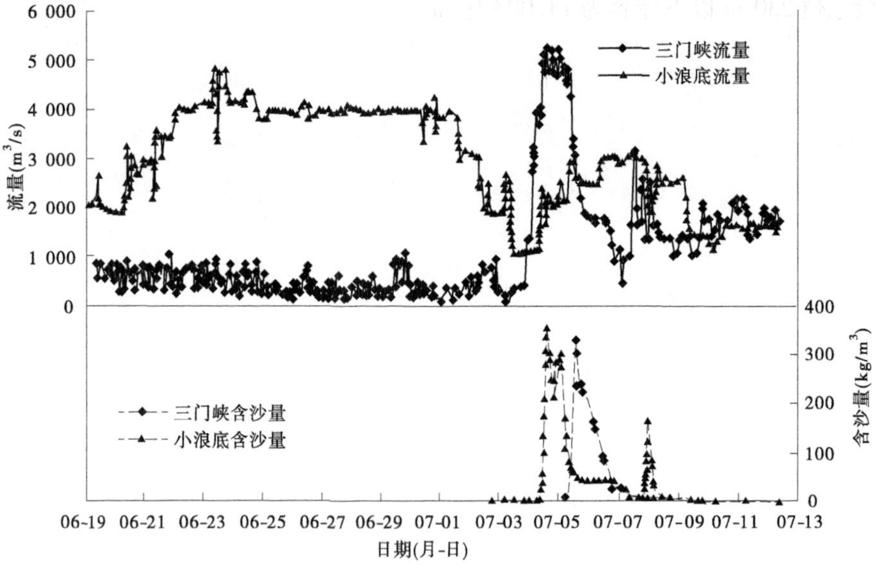

图 2-1　2012 年调水调沙小浪底水库进出库水沙过程

6 月 19 日 8 时调水调沙开始后，小浪底水文站 6 月 19 日 9 时 12 分流量开始起涨，最大流量为 4 880 m^3/s（6 月 23 日 10 时）。7 月 2 日 20 时 42 分开始排沙，含沙量为 0.504 kg/m^3，最大含沙量达 357 kg/m^3（7 月 4 日 15 时 30 分）。图 2-1 给出了调水调沙期间小浪底水库进出库水沙过程。

以三门峡水库开始加大泄量的时间（7 月 4 日 2 时）作为分界点，整个调水调沙过程分为两个阶段，第一阶段为小浪底水库清水下泄阶段（调水期），第二阶段为小浪底水库排沙出库阶段（调沙期）。

第一阶段,从2012年6月19日8时开始,至7月4日2时结束,历时14.75 d,入库水量5.92亿m^3,出库水量44.54亿m^3,出库沙量为0.004亿t。其间三门峡水库下泄清水,最大入库流量为1 330 m^3/s(7月4日1时),最大出库流量为4 880 m^3/s(6月23日10时)。

第二阶段,从2012年7月4日2时开始,至7月12日8时结束,历时8.25 d,入库水量16.22亿m^3,入库沙量0.448亿t,出库水量15.31亿m^3,输沙量0.572亿t。其间最大入库流量为5 440 m^3/s(7月5日0时12分),最大入库含沙量为325 kg/m^3(5日14时42分),最大出库流量为3 120 m^3/s(7月6日15时48分),最大出库含沙量为357 kg/m^3(7月4日15时30分)。

自6月19日8时汛前调水调沙开始,至7月12日8时水库调度结束,整个调水调沙过程中,入库水量22.14亿m^3、沙量0.448亿t,出库水量59.85亿m^3、沙量0.576亿t,排沙比128.6%。

二、水库调度及排沙分析

汛前在中游不来洪水的条件下,小浪底水库塑造异重流的关键是水库调度。水库调度的关键一是库水位达到对接水位时,三门峡水库开始加大泄量塑造人工洪峰,冲刷小浪底水库三角洲淤积面的泥沙作为异重流的前锋;二是三门峡水库临近泄空时,万家寨水库蓄水塑造的洪峰开始冲刷三门峡水库,形成的水沙作为异重流的后续动力。

(一)三门峡水库

依据不同的水流条件,为塑造小浪底水库异重流,三门峡水库的调度可分为下泄清水期、排沙期两个时段。图2-2绘出了汛前调水调沙塑造异重流期间潼关流量、史家滩水位及三门峡水库进出库流量过程。

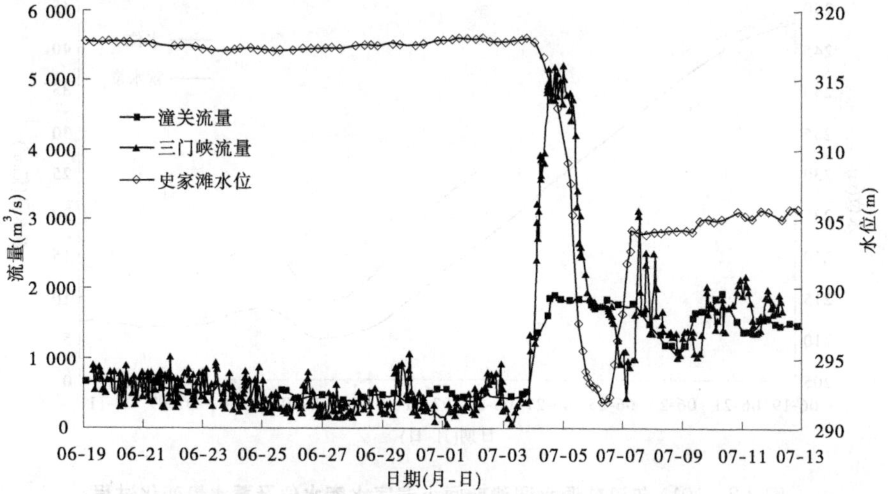

图2-2　三门峡水库进出库流量及水位变化过程

1.三门峡水库下泄清水期

7月4日2时~7月5日4时为三门峡水库下泄清水期,持续时间26 h。

三门峡水库7月4日2时开始增加下泄流量,至7月4日2时30分流量由1 300

m^3/s(7 月 4 日 2 时)增大到 2 800 m^3/s,7 月 4 日 6 时 12 分流量增大到 4 080 m^3/s,7 月 4 日 11 时流量增大到 5 100 m^3/s,此阶段最大流量为 5 440 m^3/s(7 月 5 日 0 时 12 分)。

从三门峡水库进出库流量看(图 2-2),在三门峡水库加大泄量的同时,由于万家寨水库下泄的洪水传播到潼关,潼关流量也开始增大,7 月 4 日 18 时潼关流量达到 1 920 m^3/s。随着出库流量大于入库流量,库水位持续下降,至 7 月 5 日 4 时史家滩水位降至 309.12 m,三门峡水库排沙。

2. 三门峡水库排沙期

三门峡水库敞泄排沙期从 7 月 5 日 4 时至调水调沙结束。

三门峡水文站 7 月 5 日 4 时观测到的含沙量为 0.502 kg/m^3,之后随着库水位的降低,含沙量迅速增加,5 日 11 时达到 120 kg/m^3,5 日 14 时 42 分达到最大含沙量 325 kg/m^3。库水位 300 m 以下持续时间约 44 h,最低降至 291.81 m(7 月 6 日 12 时),调水调沙结束时库水位 304.97 m。本阶段三门峡出库沙量 0.448 亿 t。

(二)小浪底水库

图 2-3 为调水调沙期间小浪底水库水位及蓄水量变化过程。6 月 19 日 8 时调水调沙开始时小浪底水库坝上水位为 248.26 m,蓄水量 42.79 亿 m^3,随着小浪底水库加大清水下泄流量冲刷并维持下游河槽过洪能力,水库水位持续下降,至 7 月 4 日 2 时三门峡水库开始加大泄量塑造人工异重流,坝上水位降至 214.09 m,蓄水量降至 5.04 亿 m^3;7 月 4 日 8 时,库水位降至本次调水调沙最低点 213.87 m,对应蓄水量为 4.96 亿 m^3;之后,随着入库流量大于出库流量,库水位开始回升,7 月 6 日 4 时,回升至 221 m,相应蓄水量为 8.59 亿 m^3;7 月 12 日 8 时小浪底水库关闭排沙洞,小浪底水库坝上水位为 218.78 m,蓄水量为 7.23 亿 m^3,比调水调沙开始时减少 35.56 亿 m^3。

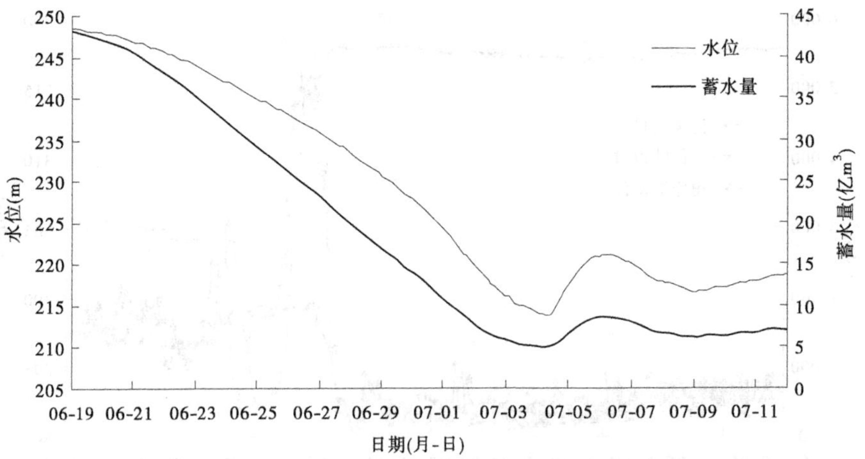

图 2-3　2012 年汛前调水调沙期间小浪底水库水位及蓄水量变化过程

如果把小浪底水库排沙增大的时间作为分界点,人工塑造异重流排沙可分三个阶段。

1. 预排沙阶段

7 月 4 日 2 时三门峡水库加大泄量之前。本阶段从 7 月 2 日 20 时小浪底水文站观测到含沙量,到 7 月 4 日 8 时 12 分小浪底水库第一次含沙量增加结束。图 2-4 绘出了预排沙阶段小浪底水库进出库水沙和库水位变化过程。小浪底水库排沙时(7 月 2 日 20 时),对应库水位 216.75 m,高出三角洲顶点高程(214.16 m)2.59 m,对应流量为 1 840 m^3/s,含沙量为 0.504 kg/m^3;7 月 3 日 6 时,流量为 2 500 m^3/s,含沙量为 5.8 kg/m^3。从观测资料分析,7 月 3 日 7 时 30 分在 HH9 + 5 断面(距坝 15.96 km)处观测到异重流潜入点,HH9、HH4 及 HH1 断面均观测到异重流。预排沙阶段小浪底水库排沙 0.004 亿 t。

预排沙阶段形成异重流的主要原因为:

(1)小浪底水库出库流量较大,在 2 500 m^3/s 左右,库水位迅速降低,上游呈现自然河道,回水末端以上形成冲刷。

(2)考虑三门峡水库下泄流量在小浪底水库的传播时间,本阶段三门峡水库下泄流量均在 1 000 m^3/s 以下,长期的小流量冲刷小浪底库区回水末端以上河段的泥沙,在小浪底水库形成异重流,缓慢地向坝前移动。

(3)形成的异重流运行距离短,运行最大距离仅为 16 km 左右,很容易排沙出库。

(4)小浪底水库排沙洞开启,排沙洞附近小漏斗的泥沙排出水库。

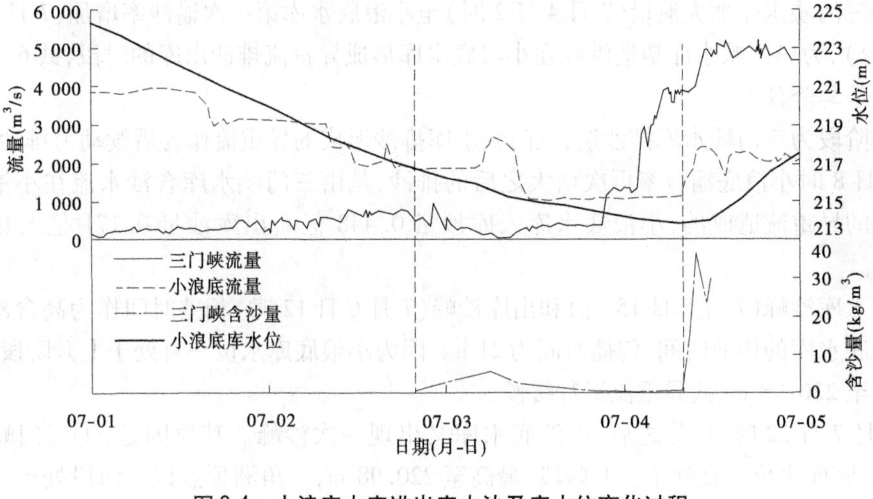

图 2-4 小浪底水库进出库水沙及库水位变化过程

2. 第一阶段

本阶段对应三门峡水库下泄清水期,即从 7 月 4 日凌晨三门峡水库开始加大流量下泄清水到三门峡水库排沙结束。本阶段三门峡水库 7 月 4 日 2 时流量开始增大,7 月 4 日 6 时 12 分流量迅速增大到 4 080 m^3/s,7 月 4 日 11 时流量迅速增大到 5 100 m^3/s,此后持续 22 h 按 5 000 m^3/s 下泄至 7 月 5 日 9 时,此阶段最大流量为 5 440 m^3/s(5 日 0 时 12 分)。小浪底水库库水位最低降至 213.87 m(图 2-5),三门峡水库塑造的洪峰在小浪底水库三角洲洲面产生沿程冲刷和溯源冲刷,使得水流含沙量增加,在小浪底库区形成异重流并运行至坝前排沙出库。

7 月 4 日 8 时 12 分小浪底水库第一次输沙率增加的时间及 7 月 6 日 8 时小浪底输沙率再次增大的时间,为三门峡水库塑造洪峰冲刷小浪底水库淤积泥沙形成异重流排沙出库时间,本阶段出库沙量 0.401 亿 t。

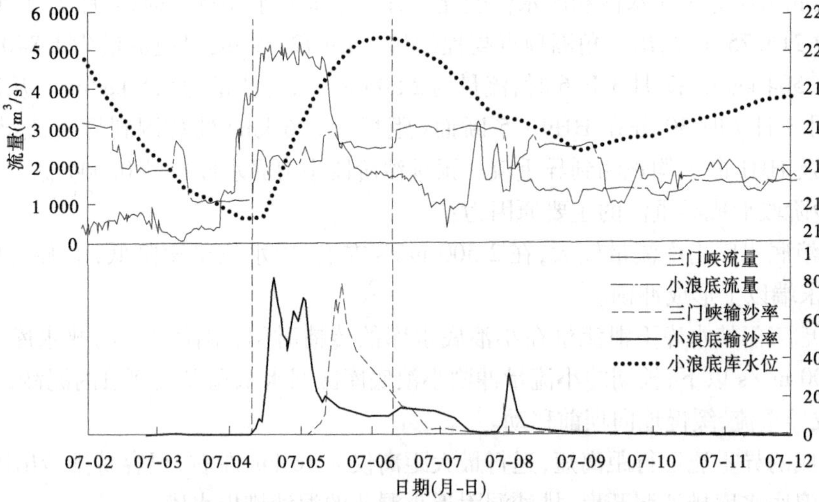

图 2-5 调水调沙期间小浪底水库进出库流量、输沙率及水位变化过程

自三门峡水库加大泄量(7 月 4 日 2 时)至小浪底水库第一次输沙率增加(7 月 4 日 8 时 12 分),为三门峡水库塑造洪峰在小浪底水库形成异重流排沙出库的时段,共 6.2 h。

3. 第二阶段

本阶段为三门峡水库排沙期,三门峡水库排沙形成的异重流作为后续动力排沙出库。7 月 6 日 8 时小浪底输沙率再次增大之后的排沙,是由三门峡水库含沙水流在小浪底水库形成的异重流造成的,小浪底水库入库沙量 0.448 亿 t,出库沙量 0.171 亿 t,排沙比 38.2%。

把入库沙峰(7 月 5 日 15 时)和出库沙峰(7 月 6 日 12 时)相差时间作为高含沙水流在小浪底水库的传播时间,传播时间为 21 h。因为小浪底库水位一直处于上升阶段,库水位最高至 220.98 m,故异重流运行缓慢。

7 月 7 日 22 时 30 分之后,小浪底水库又出现一次沙峰。其原因是:①三门峡排沙后,小浪底库水位一直处于上升阶段,最高至 220.98 m,三角洲顶点以上河段处于壅水输沙,导致泥沙淤积;②三门峡水库 7 月 6 日 8 时水位降至 291.83 m 后,维持 292 m 左右至 7 月 6 日 14 时,三门峡水库开始蓄水,到 7 月 7 日 8 时水位到达 304 m 以上,此时三门峡水库下泄流量在 1 000 m^3/s 以下。7 月 7 日 8 时后,三门峡水库下泄流量增大,7 月 7 日 13 时 24 分流量为 3 220 m^3/s,此时小浪底水库库水位处于下降阶段,刚刚沉积的泥沙再次启动,出现异重流并排沙出库,出现小浪底水库排沙的又一次沙峰。

三、异重流运动特性分析

(一)异重流运行概况

2012 年 7 月 3 日 7 时 30 分,在小浪底库区 HH9 +5 断面监测到异重流潜入点,最大测点流速达到 1.64 m/s,最大含沙量为 138 kg/m^3;7 月 3 日 9 时 HH1 断面监测到异重流,最大测点流速达到 0.76 m/s,最大含沙量为 35.7 kg/m^3,表明三门峡水库下泄小流量形成的异重流排沙出库。

7 月 4 日 7 时 20 分 HH9 断面上游 1 600 m 处(距坝 13.02 km)监测到异重流潜入点，潜入点处水深 6.4 m，浑水厚度 5.1 m，最大测点流速 1.97 m/s，最大含沙量 675 kg/m^3，浑水厚度和流速明显增大，小浪底水库人工塑造异重流已经潜入。

7 月 4 日 7 时 20 分，HH9 断面(距坝 11.42 km)异重流浑水厚度 3.61 m，最大测点流速 1.30 m/s，最大测点含沙量 425 kg/m^3；4 日 10 时，异重流最大测点流速 3.39 m/s，最大测点含沙量 791 kg/m^3，无论浑水厚度、流速还是含沙量均较大，表明 7 月 4 日三门峡水库下泄大流量产生的异重流快速向下游推进。

随着异重流向下游推进，4 日 10 时，HH4(距坝 4.55 km)断面监测到异重流前锋，16 时 30 分监测到大流量形成的异重流，此时浑水厚度 2.4 m，最大测点流速 1.70 m/s，最大测点含沙量为 500 kg/m^3，流速大，厚度较小。

随着异重流峰头的推进，4 日 11 时，HH1 断面(距坝 1.32 km)监测到异重流，浑水厚度 4.0 m，最大测点流速 1.42 m/s，异重流运行至坝前。

三门峡水库从 5 日 4 时开始排沙，含沙量为 0.502 kg/m^3，5 日 13 时含沙量为 232 kg/m^3，沙峰出现在 5 日 14 时 42 分，含沙量为 325 kg/m^3，到 7 月 6 日，随着大含沙量水流的下泄，前后两个阶段形成的异重流得到较好的衔接，小浪底水库异重流依然保持较强过程。

此后三门峡水库持续下泄 2 000 m^3/s 以下流量，含沙量减小，异重流逐渐减弱。7 月 9 日 8 时小浪底水库排沙洞关闭，同时小浪底水库各测验断面异重流也明显减弱，标志着异重流基本结束。异重流特征值表见表 2-1。

表 2-1　异重流特征值统计

时间	断面	距坝里程(km)	最大流速(m/s)	最大含沙量(kg/m^3)	平均流速(m/s)	平均含沙量(kg/m^3)	异重流厚度(m)	d_{50}(mm)
7 月 4 日	HH9 +5	12.90	1.97	675	0.81 ~ 1.28	29.4 ~ 148	5.1 ~ 5.4	0.024 ~ 0.043
	HH9	11.42	3.64	791	0.39 ~ 1.66	28.7 ~ 499	3.61 ~ 12.9	0.013 ~ 0.050
	HH4	4.55	1.81	1 140	0.14 ~ 1.12	15.2 ~ 471	2.38 ~ 19.2	0.011 ~ 0.046
	HH1	1.32	1.66	1 140	0.19 ~ 0.90	32.2 ~ 300	4.04 ~ 25.2	0.009 ~ 0.049
7 月 5 日	HH9	11.42	1.91	960	0.11 ~ 1.28	17.3 ~ 180	9.1 ~ 16.1	0.009 ~ 0.028
	HH4	4.55	0.66	909	0.02 ~ 0.50	3 ~ 42.4	0.36 ~ 18.4	0.007 ~ 0.012
	HH1	1.32	1.25	701	0.07 ~ 0.55	23.8 ~ 101	16.6 ~ 27.8	0.008 ~ 0.018
7 月 6 日	HH9	11.42	1.51	679	0.09 ~ 1.0	10.2 ~ 232	2.73 ~ 10.5	0.011 ~ 0.025
	HH4	4.55	1.00	761	0.20 ~ 0.55	27.8 ~ 45.2	10.2 ~ 15.0	0.008 ~ 0.01
	HH1	1.32	1.43	1 050	0.11 ~ 0.50	17.8 ~ 91.3	13.6 ~ 25.7	0.007 ~ 0.013
7 月 7 日	HH9	11.42	1.1	828	0.12 ~ 0.79	6.6 ~ 51.7	1.28 ~ 6.6	0.009 ~ 0.021
	HH4	4.55	0.64	1 040	0.13 ~ 0.44	3 ~ 24.5	1.07 ~ 3.94	0.007 ~ 0.008
	HH1	1.32	1.35	1 030	0.08 ~ 0.87	4.21 ~ 48.3	2.72 ~ 5.9	0.006 ~ 0.012
7 月 8 日	HH9	11.42	1.22	785	0.07 ~ 0.85	6.5 ~ 106	2.91 ~ 7.5	0.009 ~ 0.022
	HH4	4.55	0.61	48.5	0.4 ~ 0.54	6.95 ~ 16.4	0.69 ~ 2.75	0.008 ~ 0.009
	HH1	1.32	1.08	674	0.19 ~ 0.67	3.43 ~ 26.6	1.95 ~ 7.1	0.007 ~ 0.008

续表 2-1

时间	断面	距坝里程(km)	最大流速(m/s)	最大含沙量(kg/m^3)	平均流速(m/s)	平均含沙量(kg/m^3)	异重流厚度(m)	d_{50}(mm)
7月9日	HH9	11.42	1.36	770	0.24~0.84	6.47~15.8	3.32~11.7	0.011~0.019
	HH4	4.55	0.64	48.4	0.4~0.51	9.19~14.8	0.39~6.3	0.008~0.009
	HH1	1.32	1.05	447	0.22~0.70	4.6~21.7	1.23~7.4	0.007~0.01

(二)异重流流速及含沙量变化

1. 横向变化

在横断面上,异重流流速、含沙量随入库水量、沙量的变化而不断变化,同时随地形改变而不断改变。在潜入点断面(HH9+5),垂线最大点流速靠上,越接近坝前最大点流速越接近库底;主流区垂线流速、含沙量明显大于非主流区(表2-2),清浑水交界面分明,不同垂线的清浑水交界面高程略有差异。图2-6~图2-12给出了不同断面异重流流速、含沙量横向分布。

表 2-2 调水调沙期异重流各断面水沙因子垂线平均值横向变化

项目		HH1		HH4		HH9	
		流速(m/s)	含沙量(kg/m^3)	流速(m/s)	含沙量(kg/m^3)	流速(m/s)	含沙量(kg/m^3)
7月4日	主流线	0.19~0.90	32.2~300	0.24~1.66	72.8~471	0.84~1.54	105~236
	非主流区	—	—	0.14~0.77	15.2~319	0.39~1.66	28.7~499
7月5日	主流线	0.38~0.55	76~101	0.48~0.50	30.8~42.4	1~1.28	36.2~69.5
	非主流区	0.07~0.51	23.8~49.9	0.02~0.37	3~39.7	0.23~0.84	17.3~180
7月6日	主流线	0.36~0.50	54.1~70.1	0.40~0.55	27.8~40.2	0.86~0.93	27.8~36.5
	非主流区	0.11~0.36	17.8~91.3	0.20~0.39	30.3~45.2	0.09~1.00	14.4~232
7月7日	主流线	0.09~0.87	4.84~33	0.13~0.44	3~24.5	0.73~0.79	13~51.7
	非主流区	0.08~0.55	4.21~48.3	—	—	0.12~0.72	6.6~29.4
7月8日	主流线	0.45~0.68	9.45~26.6	0.40~0.54	6.95~10.3	0.79~0.85	15.5~17.1
	非主流区	0.19~0.35	3.43~3.88	0.45~0.54	8.1~16.4	0.07~0.71	6.49~106
7月9日	主流线	0.22~0.70	6.76~21.7	0.51	10.6~14.8	0.65~0.84	11.5~15.8
	非主流区	0.25~0.59	4.60~18.1	0.40~0.51	9.19~12.9	0.24~0.53	6.47~13.4

在潜入点下游断面,由于异重流刚刚潜入,动能沿程损耗较小,异重流流层平均流速较大,从距离潜入点下游最近观测断面HH9流速、含沙量横向分布图(图2-6~图2-8)可以看出,由于受异重流潜入后带动上层清水向下游流动的作用,表层明显出现负流;在断面横向上异重流流层平均流速变化较大,主流异重流流层平均流速较大,边流流速较小;主流含沙量大,动能大,流速相对也较大,边流含沙量小,相应的流速也小;异重流主流往往位于凹岸,主流区清浑水交界面略高,在同一高程上流速及含沙量均较大,而在异重流消退结束期流速、含沙量及清浑水交界面横向变化不大。

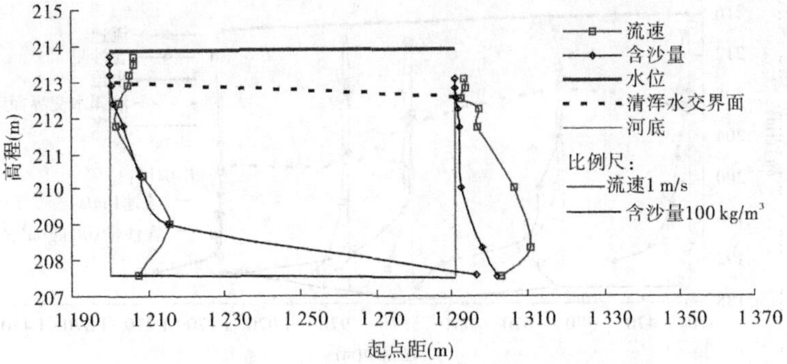

图 2-6　HH9 +5 断面(7 月 4 日)异重流流速、含沙量横向分布

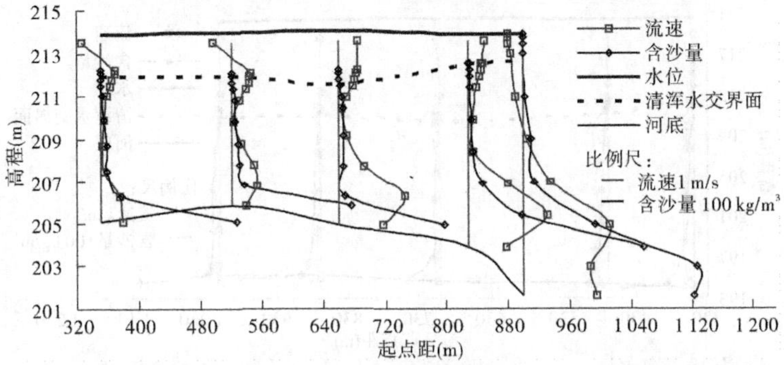

图 2-7　HH9 断面(7 月 4 日)异重流流速、含沙量横向分布

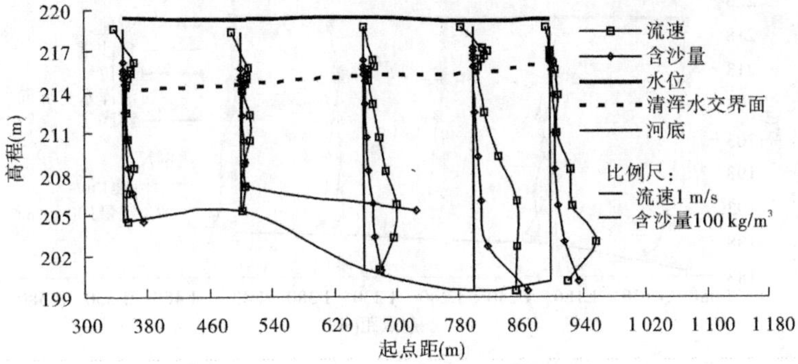

图 2-8　HH9 断面(7 月 5 日)异重流流速、含沙量横向分布

根据 HH4 断面异重流流速、含沙量横向分布可以看出(图 2-9、图 2-10)，7 月 4 日起点距 948 m 处异重流流层平均流速为 0.82 m/s，最大测点流速达到 1.81 m/s，为本测次异重流 HH4 断面最大测点流速。HH4 断面含沙量横向分布基本均匀，含沙量梯度变化较大，含沙量极值均靠近异重流底部。

坝前断面流速横向分布受水库河道影响和闸门开启情况影响，起点距 1 100 ~ 1 300 m 之间形成一个流速较大的区域，7 月 6 日起点距 1 100 m 处异重流流层平均流速为 0.5 m/s，最大测点流速达到 1.43 m/s，为本测次异重流 HH1 断面最大测点流速。HH1 断面含沙量横向分布基本均匀，含沙量梯度变化较大，含沙量极值均靠近异重流底部(图 2-11、图 2-12)。

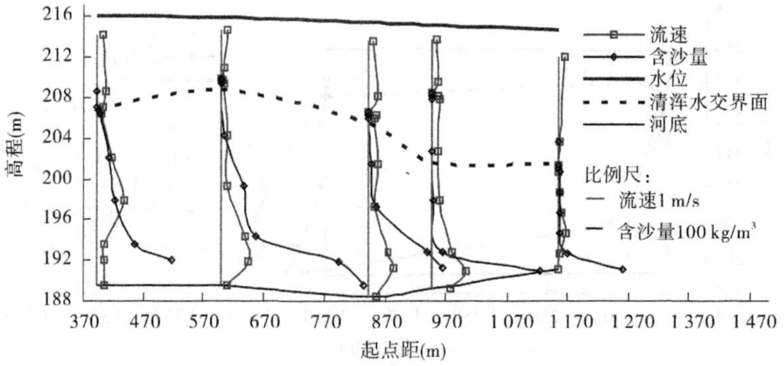

图 2-9　HH4 断面(7 月 4 日)异重流流速、含沙量横向分布

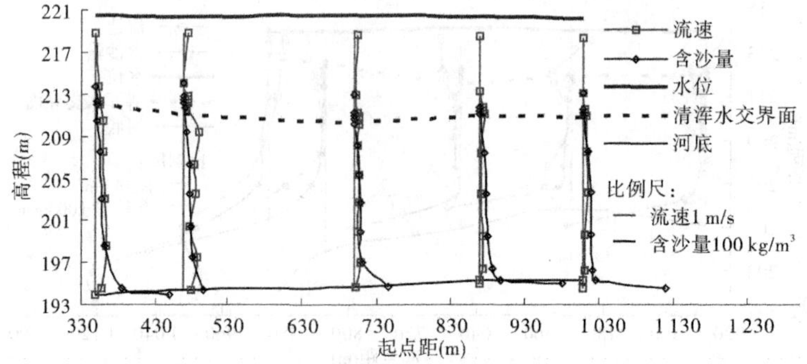

图 2-10　HH4 断面(7 月 5 日)异重流流速、含沙量横向分布

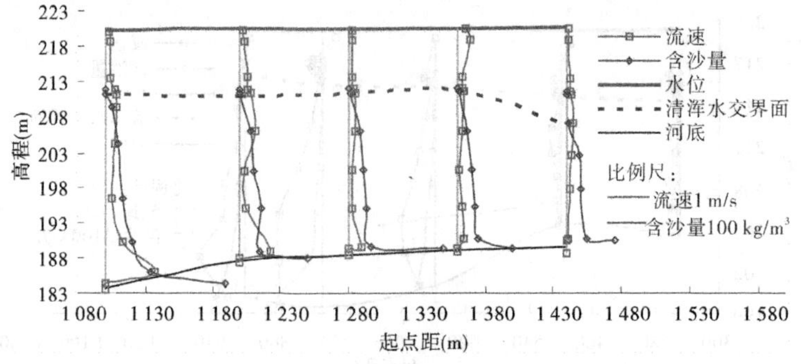

图 2-11　HH1 断面(7 月 5 日)异重流流速、含沙量横向分布

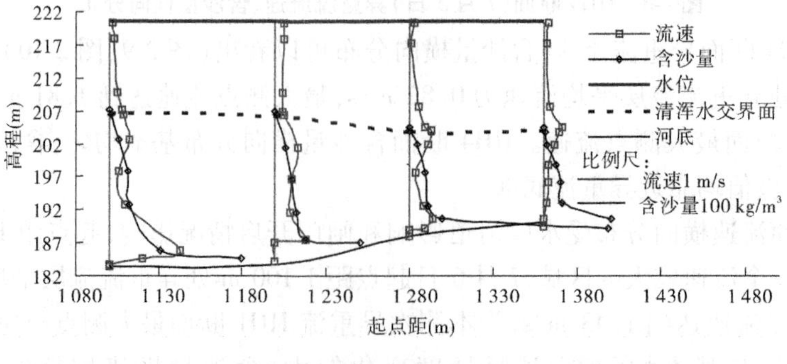

图 2-12　HH1 断面(7 月 6 日)异重流流速、含沙量横向分布

2. 沿程变化

异重流在运行过程中会发生能量损失,包括沿程损失及局部损失。局部损失在小浪底库区较为显著,包括支流倒灌、局部地形的扩大或收缩、弯道等因素。此外,异重流总是处于超饱和输沙状态,在运行过程中流速逐渐变小,泥沙沿程发生淤积,交界面的掺浑及清水的淅出等,均可使异重流的流量逐渐减小,其动能相应减小。

7 月 4 日 7 时 20 分,在 HH9 +5 断面上游发现异重流潜入,此后异重流迅速向下游推进,至 4 日 11 时小浪底水库排沙出库,异重流在水库内运行时间约 3.7 h,运行速度约 0.97 m/s。图 2-13 ~ 图 2-15 分别给出不同时间异重流的沿程表现。异重流潜入断面(HH9 +5、HH9)含沙量较高,能量较大,流速相对较大。从潜入点至坝前,各断面的最大

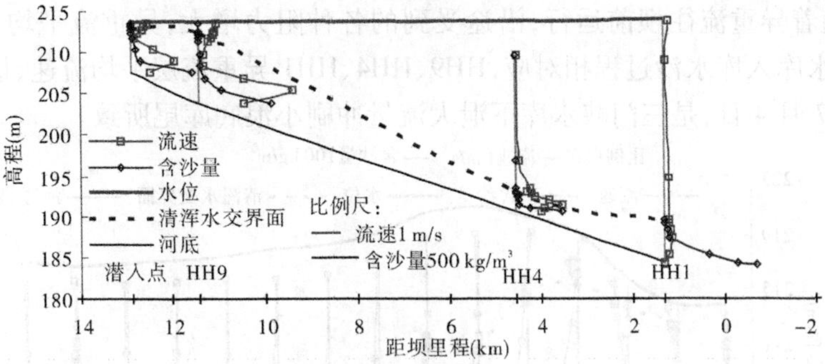

图 2-13 7 月 4 日(12:00 前)主流线流速、含沙量沿程分布

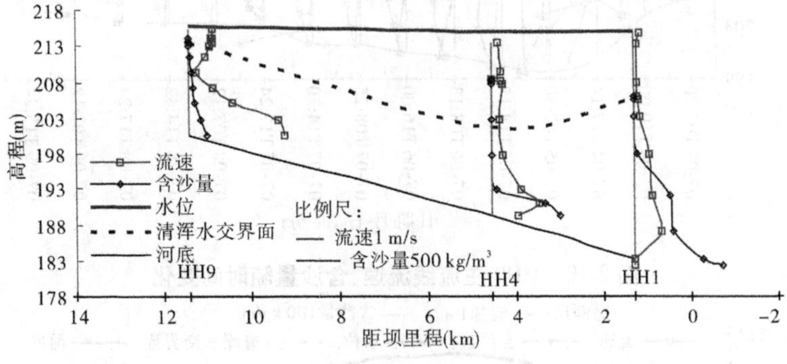

图 2-14 7 月 4 日(12:00 后)主流线流速、含沙量沿程分布

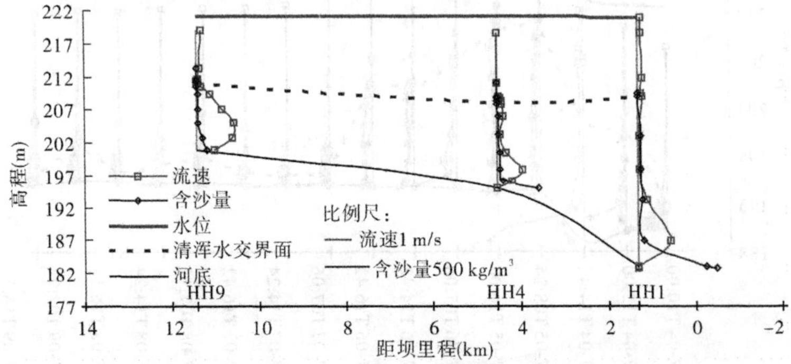

图 2-15 7 月 6 日(12:00 前)主流线流速、含沙量沿程分布

流速基本呈现递减趋势。异重流运行到坝前区后，由于异重流下泄流量小于到达坝前的流量，部分异重流的动能转化为势能，产生壅高现象，形成坝前浑水水库。本次异重流各断面流速较大，最大测点流速为3.71 m/s，最大垂线平均流速为1.66 m/s。

3.随时间变化

与进出库水沙过程相对应，异重流期间各断面依次呈现异重流发生、增强、维持、消失等阶段。图2-16～图2-18绘制了测验断面主流线异重流流速、含沙量垂线分布及随时间变化过程。异重流厚度、位置、流速、含沙量等因子基本表现出与各阶段相适应的特性：①上游流速大、下游流速小。前期由于库尾自然河道部分处于回水末端以外，下泄水流受到的阻力较小，能量损失不大，挟沙能力强，使得异重流潜入后表现为上游各断面平均含沙量较大，随着异重流往坝前运行，沿途受到的各种阻力增大，异重流平均含沙量减小。②与小浪底水库入库水沙过程相对应，HH9、HH4、HH1异重流层平均流速、最大含沙量极值均出现在7月4日，是三门峡水库下泄大流量冲刷小浪底库尾所致。

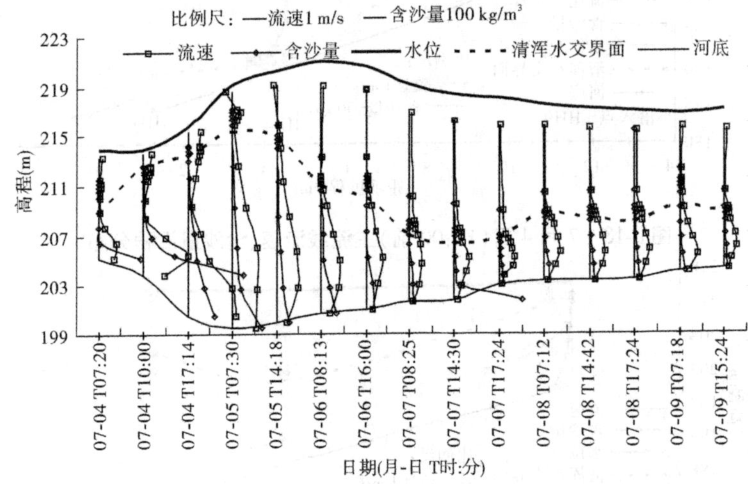

图2-16　HH9主流线流速、含沙量随时间变化

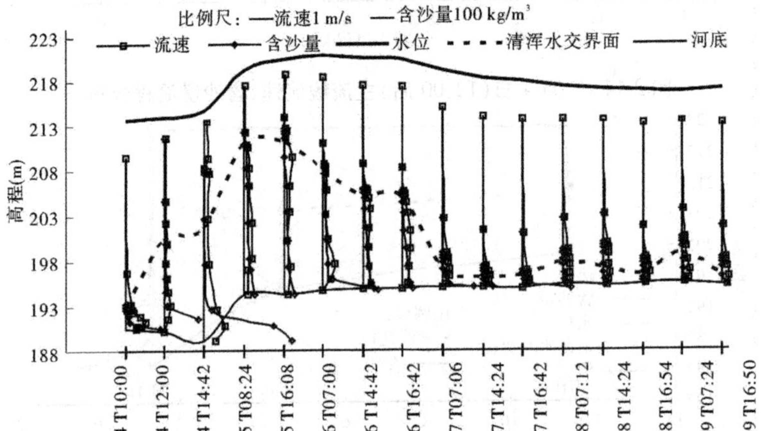

图2-17　HH4主流线流速、含沙量随时间变化

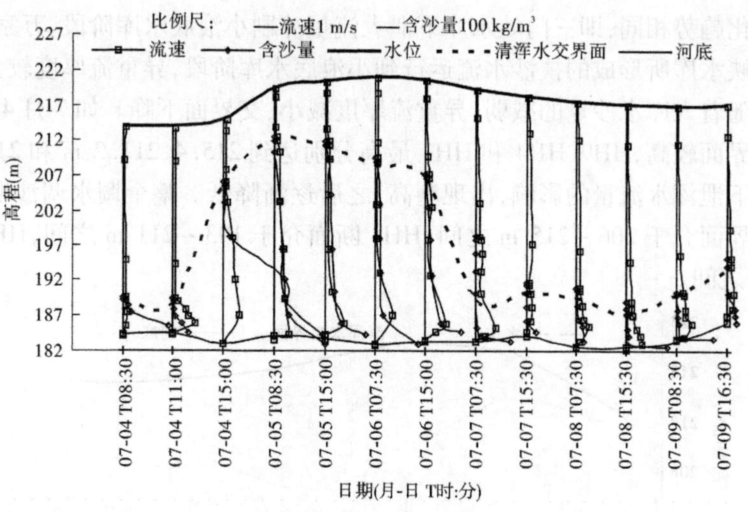

图 2-18　HH1 主流线流速、含沙量随时间变化

(三)异重流泥沙粒径的变化

异重流的超饱和输沙仍然服从悬沙的不平衡输沙规律,由于悬沙沿程分选,悬沙级配沿程逐渐变细。图 2-19 为 7 月 4 ~ 9 日异重流泥沙中数粒径沿程变化状况。中数粒径沿程总的表现为自上游到下游由粗变细,在水库上游段,自异重流潜入开始,中数粒径迅速减小。7 月 4 日异重流刚潜入时流速大,水流挟沙能力强,中数粒径较大,而且上游靠近潜入点处的 HH9 断面的明显大于下游的。至 7 月 8 日异重流逐渐消退,中数粒径 D_{50} 明显减小。

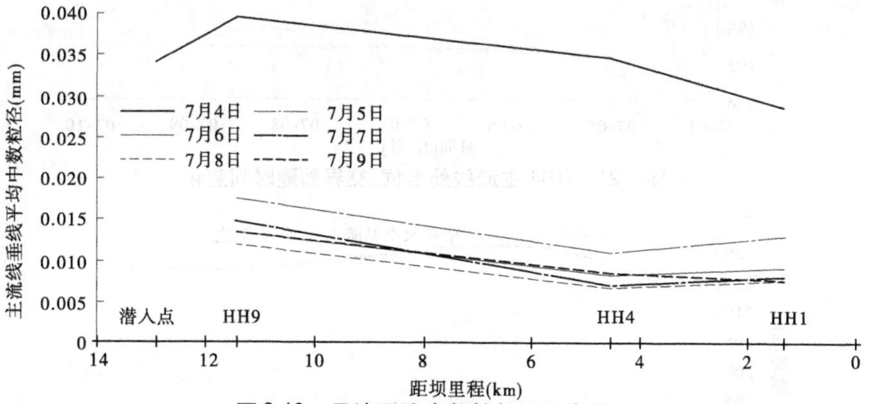

图 2-19　悬沙平均中数粒径沿程变化

(四)清浑水交界面变化过程

在水文测验中,确定异重流清浑水交界面的一般方法是:含沙量沿垂线分布,在清浑水交界区有一转折点,该转折点以下含沙量突然增大,该点所处的水平面即为异重流清浑水交界面,其上为清水,下为浑水异重流。根据小浪底库区异重流测验资料,以含沙量 3 kg/m^3 作为清浑水交界面。清浑水交界面高程主要取决于异重流的水力特征,即异重流厚度及紊动强度,异重流水深大或清浑水掺混剧烈,则清浑水交界面较高,反之亦然。图 2-20 ~ 图 2-22 为典型断面主流线清浑水交界面、水位及地形变化过程。三个断面清浑水交界面变化趋势相同，即三门峡水库下泄大流量冲刷小浪底水库阶段、万家寨下泄大流量冲刷三门峡水库所形成的挟沙水流运行到小浪底水库阶段，异重流厚度较大，清浑水交界面较高。随着入库水沙量的减弱，异重流厚度减小，交界面下降。如7月4～6日，各断面清浑水交界面较高，HH9、HH4和HH1最高分别达到215.4、211.2 m和212.0 m，HH1断面受水库下泄浑水流量的影响，出现壅高，之后逐渐降低。整个调水调沙期间，HH9断面清浑水交界面介于206～215 m之间，HH4断面介于193～211 m之间，HH1断面介于187～209 m之间。

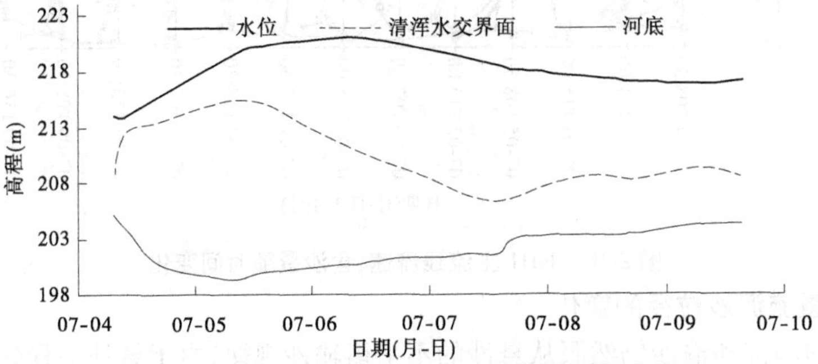

图2-20　HH9主流线处水位、交界面随时间变化

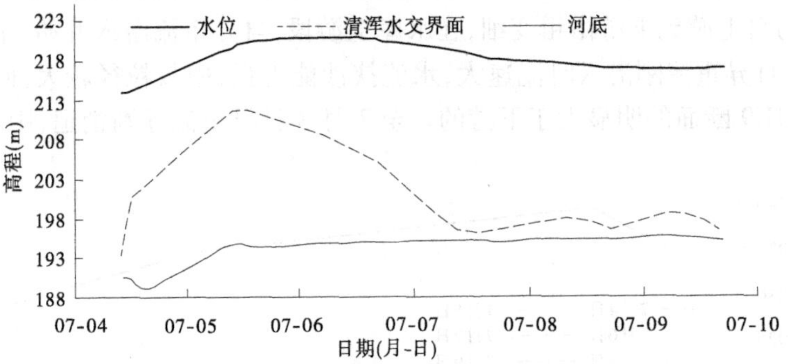

图2-21　HH4主流线处水位、交界面随时间变化

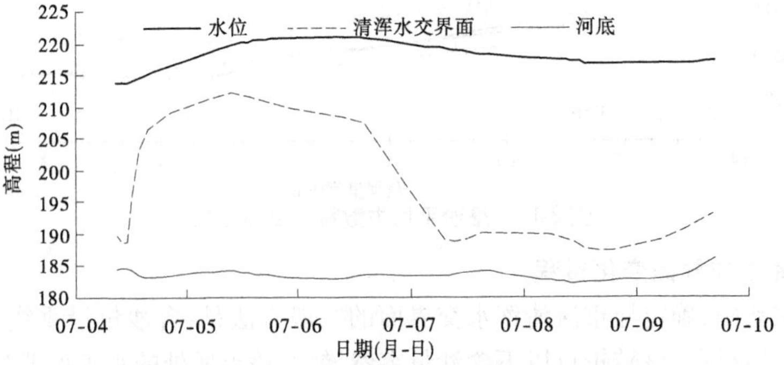

图2-22　HH1主流线处水位、交界面随时间变化

图2-23给出了不同时间清浑水交界面沿程变化。除了坝前HH1断面受水库泄流影响较大外，清浑水交界面几乎与河底平行。

图2-24给出了不同断面主流线上异重流厚度随时间变化。HH9、HH4和HH1断面

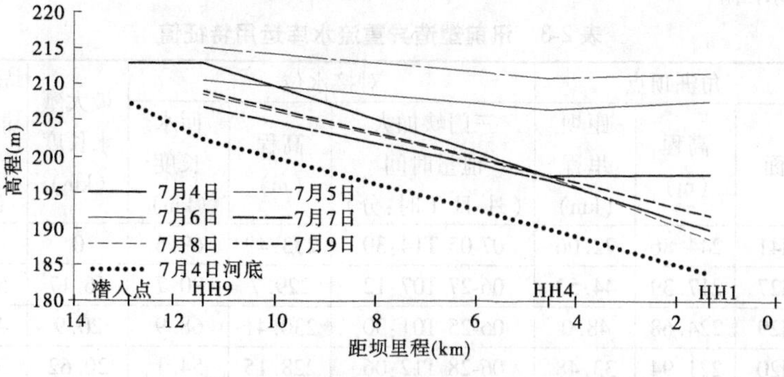

图 2-23　不同时间清浑水交界面沿程变化

最大异重流厚度分别为 16.1、19.2 m 和 27.8 m，均出现在 7 月 5 日，这主要是由三门峡水库下泄大流量冲刷小浪底库区所致。异重流厚度的变化情况与三门峡水库的水沙调度有着较为明显的关系。随着三门峡水库下泄高含沙水流入库形成异重流并向坝前推进，各断面异重流强度有所持续。从 7 月 6 日开始异重流厚度迅速降低，表明随着三门峡水库下泄流量、含沙量的减小，异重流进入持续消退阶段。

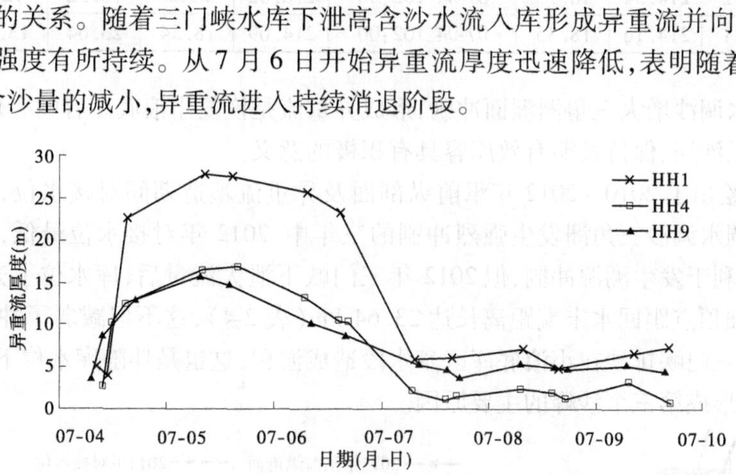

图 2-24　各断面主流线上异重流厚度变化过程

四、对今后汛前调水调沙建议

2004 ~ 2012 年汛前调水调沙期小浪底水库产生异重流时淤积纵剖面及水库运用特征值见表 2-3，自 2010 年起水库排沙比都大于 1。众所周知，小浪底水库目前是异重流排沙，而异重流输沙属于超饱和输沙，沿程淤积；水库排沙比大于 1 说明异重流潜入点位置输沙量远远大于入库沙量，也说明三角洲洲面发生了强烈冲刷。

表 2-4 为 2010 ~ 2012 年汛前调水调沙特征值。在考虑传播时间的基础上，将小浪底库区排沙期分成了两个阶段，即三门峡水库下泄大流量清水冲刷小浪底库区三角洲洲面形成异重流的排沙阶段（第一阶段）、三门峡水库排沙在小浪底形成异重流排沙（第二阶段）。从表 2-4 看出，2012 年三角洲洲面冲刷排沙量为历年之最，高达 0.494 亿 t。

对比 2010 年、2011 年和 2012 年小浪底水库排沙第一阶段，对接水位低于三角洲顶点，潼关大流量持续时间长，三角洲洲面发生更强烈的溯源冲刷，是 2012 年洲面冲刷排沙量大的根本原因。

表 2-3 汛前塑造异重流水库运用特征值

年份	三角洲顶点			对接水位			最大壅水长度(km)	异重流最大运行距离(km)	排沙比(%)
	断面	高程(m)	距坝里程(km)	三门峡加大泄量时间(月-日 T时:分)	高程(m)	回水长度(km)			
2004	HH41	244.86	72.06	07-05 T14:30	233.49	69.6	0	57	14.3
2005	HH27	217.39	44.53	06-27 T07:12	229.7	90.7	46.17	53.44	4.4
2006	HH29	224.68	48.0	06-25 T01:30	230.41	68.9	20.9	44.03	30.0
2007	HH20	221.94	33.48	06-28 T12:06	228.15	54.1	20.62	30.65	38.2
2008	HH17	219.00	27.19	06-28 T16:00	228.14	53.7	26.51	24.43	61.8
2009	HH15	219.16	24.43	06-29 T19:18	227	50.7	26.27	23.1	6.6
2010	HH15	219.61	24.43	07-03 T18:36	219.91	24.5	0.07	18.9	132.3
2011	HH12	214.34	18.75	07-04 T02:00	216.02	23.7	10.52	12.9	120.5
2012	HH11	214.16	18.35	07-04 T02:00	214.09	18.34	23.64	13.02	128.6

利用调水调沙增大三角洲洲面冲刷,形成异重流是恢复小浪底库容的有效手段之一,对延长水库拦沙期、保持长期有效库容具有积极的意义。

图 2-25 绘出了 2010~2012 年汛前纵剖面及异重流塑造期间对接水位、库水位变化过程。汛前调水调沙三角洲发生强烈冲刷的三年中,2012 年对接水位最低,低于三角洲顶点高程,有利于发生溯源冲刷,但 2012 年三门峡下泄大流量后,库水位上升较快,达到 221 m,三角洲顶点距回水末端距离长达 23.64 km(表 2-4),这不但减弱了冲刷三角洲洲面强度,也使三门峡排沙在小浪底库区壅水段造成淤积,这也是伴随库水位下降淤积泥沙第二次起动,形成第三个沙峰的主要原因。

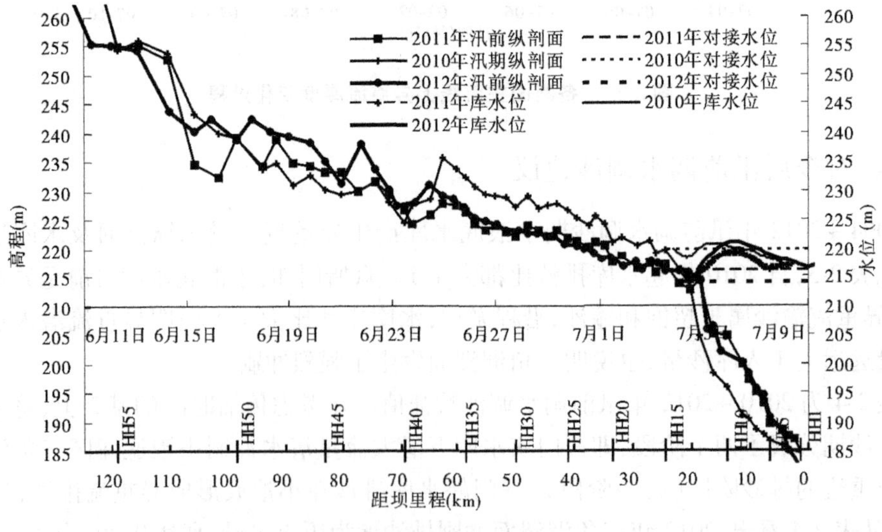

图 2-25 2010~2012 年汛前纵剖面及异重流塑造期间库水位对比图

表 2-4　2010～2012 年调水调沙特征值对比

水文站	项目		2010 年	2011 年	2012 年
潼关	$Q>800$ m³/s 历时(h)		68	46.9	128
	$Q>1\ 000$ m³/s 历时(h)		56	36.7	128
三门峡水库	$Q>800$ m³/s 历时(h)		66.25	72	130.3
	$Q>1\ 000$ m³/s 历时(h)		64.25	58.2	120.5
	敞泄时间(d)		1.54	1	1.5
	加大泄量时水位(m)		317.84	317.66	317.7
	加大泄量时水量(亿 m³)		4.46	4.14	4.23
	最大洪峰流量(m³/s)		5 340	5 290	5 240
小浪底水库	入库细泥沙颗粒含量(%)		34.52	41.9	—
	三角洲顶坡段比降(‰)		3.1	2.9	3
	潜入点	距坝里程(km)	18.9	12.9	13.02
		位置	HH12 上游 150 m	HH9 +5	HH9 上游 1 600 m
	三角洲顶点距回水末端最大长度(km)		0.07	10.52	23.64
	传播时间(h)		17.48	16.2	21
	三角洲顶点	高程(m)	219.61	214.34	214.16
		断面位置	HH15	HH12	HH11
		距坝里程(km)	24.43	18.75	18.35
	对接水位	高程(m)	219.91	216.02	214.09
		回水长度(km)	24.5	23.7	18.34
	排沙期时段(月-日 T时:分)	第一阶段	07-03 T18:36～07-05 T16:33	07-04 T18:12～07-05 T22:12	07-04 T08:12～07-06 T08:00
		第二阶段	07-05 T16:33～07-08 T08:00	07-05 T22:12～07-08 T08:00	07-06 T08:00～07-12 T08:00
	排沙期水位变动范围(m)	第一阶段	218.16～220.76	214.28～219.07	213.87～220.99
		第二阶段	217.33～220.62	216.23～219.17	216.52～220.99
	入库沙量(亿 t)	第一阶段	0	0	0
		第二阶段	0.418	0.26	0.448
		调水调沙期	0.418	0.26	0.448
	出库沙量(亿 t)	第一阶段	0.411	0.296	0.405
		第二阶段	0.142	0.082	0.171
		调水调沙期	0.553	0.378	0.576
	排沙比(%)	第一阶段	—	—	—
		第二阶段	34	31.5	38.2
		调水调沙期	132.3	145.4	128.6

根据历年汛前调水调沙分析认为,在小浪底水库形成异重流的沙源主要为冲刷小浪底水库三角洲洲面的泥沙、三门峡水库排泄的泥沙。今后汛前调水调沙如果要增大小浪底水库排沙量,应从以下几方面考虑:

（1）尽可能降低对接水位，使之接近或低于三角洲顶点，使三门峡水库塑造的洪峰及万家寨水库泄水过程在三角洲发生沿程及溯源冲刷。三门峡水库下泄清水后，适时增大小浪底水库泄量，尽可能减少小浪底库水位抬升，不超过 218 m，避免在小浪底水库形成壅水，影响冲刷效果。

（2）三门峡水库在增大泄量时，在三门峡库区工程允许水位最大下降的前提下，尽可能塑造较大洪峰，达到冲刷小浪底水库三角洲洲面的目的。建议三门峡水库从 318 m 时开始增大泄量，塑造的洪峰流量大于 5 000 m^3/s。

（3）三门峡水库泄空后，尽可能长时间地维持潼关 800 m^3/s 甚至 1 000 m^3/s 的流量过程，并进一步优化三门峡水库调度，使万家寨来流尽可能及时与三门峡水库泄流衔接。

五、小结

（1）2012 年汛前调水调沙 6 月 19 日 8 时开始，7 月 12 日 8 时结束。三门峡水库 7 月 4 日 2 时开始加大泄量，5 日 4 时三门峡水库开始排沙，5 日 14 时 42 分最大含沙量 325 kg/m^3；小浪底水库 7 月 2 日 20 时 42 分开始排沙出库，含沙量 0.504 kg/m^3，7 月 4 日 15 时 30 分最大含沙量达 357 kg/m^3。

（2）小浪底水库排沙最后一个沙峰形成的原因主要有两方面：一是三门峡水库排沙后，由于再次蓄水流量减小，同时小浪底库水位抬升，造成洲面淤积；二是伴随着小浪底库水位下降，三门峡水库再次下泄流量增大，淤积泥沙再次起动。

（3）建议三门峡水库下泄清水后，增大小浪底水库泄量，尽可能减少库水位抬升，不超过 218 m，避免在小浪底水库形成壅水，影响冲刷效果。调水调沙结束后，观测三角洲洲面冲刷变化过程，以便更好地研究小浪底库区溯源冲刷；建议恢复麻峪沟水位站。

第三章　汛期洪水小浪底水库调度分析

2012年汛期黄河上游降雨持续偏多,中游出现多次强降雨过程,黄河干支流多个水文站出现多年未遇洪水,洪水演进形成黄河干流4个编号洪峰。黄河防总办公室提出了"上控、中防、下调"的洪水处理及应对原则。通过对小浪底水库精心调度调控水沙过程,减少了水库河道淤积,确保了下游防洪安全。

一、进出库水沙

在前述的第一部分综合咨询报告中已介绍,2012年黄河共发生4次编号洪水。相应地,2012年汛期小浪底水库共进行过三次大的调度,分别在7月23日~8月4日、8月16~26日和9月21日~10月4日。

(一)汛期第一次调度期进出库水沙

针对7月19~21日中游洪水含沙量较高的情况,小浪底水库于7月23日12时42分开始预泄,至23日18时30分出库流量增大至2 620 m^3/s,24日0时增大至3 120 m^3/s,之后减小并维持在2 600 m^3/s左右至7月29日6时,其间小浪底水库最大入库流量3 390 m^3/s(7月24日6时36分),最大入库含沙量195 kg/m^3(7月24日10时),沙峰滞后于洪峰。随着大流量长历时下泄,库水位降低,出库含沙量明显增大,7月29日11时出库含沙量达到90.2 kg/m^3,为本次调度的最大出库含沙量,相应库水位为214.3 m,出库流量为1 750 m^3/s。

伴随着黄河干流第1、2号洪峰的到达,入库含沙量明显增大,7月30日14时增大至105 kg/m^3,7月31日8时达到111 kg/m^3,为本次调度的又一个峰值。小浪底水库再次增大下泄流量,7月29日22时达到3 160 m^3/s。7月31日5时24分,随着第1、2号洪峰的通过,出库流量减小,8月1日8时为2 410 m^3/s。

随着第3号洪峰入库,小浪底水库再次增加下泄流量,8月1日10时42分增至3 640 m^3/s,随着第3号洪峰的通过,8月1日13时小浪底水库开始减小下泄流量至2 600 m^3/s左右,并维持至8月3日17时54分。之后,出库流量减小,水库蓄水。本场洪水期间小浪底水库进出库水沙见表3-1及图3-1。

考虑沙峰在小浪底库区传播时间约18 h,根据入库洪水过程及含沙量变化(图3-2),小浪底水库排沙过程分为两个阶段。第一阶段从小浪底水库7月23日18时开始排沙至7月29日8时,相应时段小浪底库水位介于214.3~223.8 m之间,第一个沙峰在小浪底水库形成异重流与浑水水库,本时段入库沙量0.375亿t,出库沙量0.139亿t,排沙比37.1%。第二阶段从7月30日20时至8月4日24时,小浪底水库水位介于214.3~217.9 m之间,第二个沙峰进入小浪底水库,入库沙量0.746亿t,出库沙量0.491亿t,排沙比65.8%。

表 3-1　2012 年小浪底水库洪水期进出库特征参数

<table>
<tr><th colspan="3" rowspan="2">特征参数</th><th colspan="2">7 月 23 日 ~8 月 4 日</th><th colspan="2">8 月 20 ~26 日</th><th colspan="2">9 月 21 日 ~10 月 4 日</th></tr>
<tr><th>入库</th><th>出库</th><th>入库</th><th>出库</th><th>入库</th><th>出库</th></tr>
<tr><td colspan="3">水量(亿 m³)</td><td>20.74</td><td>29.32</td><td>23.52</td><td>16.18</td><td>24.60</td><td>24.17</td></tr>
<tr><td colspan="3">沙量(亿 t)</td><td>1.121</td><td>0.630</td><td>0.487</td><td>0.016</td><td>0.078</td><td>0</td></tr>
<tr><td rowspan="5">流量</td><td rowspan="2">瞬时</td><td>最大值(m³/s)</td><td>4 240</td><td>3 640</td><td>5 760</td><td>3 670</td><td>2 720</td><td>2 920</td></tr>
<tr><td>出现时间</td><td>7 月 29 日
23 时</td><td>8 月 1 日
10 时 42 分</td><td>8 月 20 日
22 时 42 分</td><td>8 月 23 日
14 时 18 分</td><td>10 月 1 日
2 时 54 分</td><td>9 月 28 日
14 时</td></tr>
<tr><td rowspan="2">日均</td><td>最大值(m³/s)</td><td>3 530</td><td>3 100</td><td>3 720</td><td>3 510</td><td>2 680</td><td>2 700</td></tr>
<tr><td>出现时间</td><td>7 月 29 日</td><td>7 月 30 日</td><td>8 月 21 日</td><td>8 月 25 日</td><td>9 月 22 日</td><td>9 月 28 日</td></tr>
<tr><td colspan="2">时段平均(m³/s)</td><td>1 846</td><td>2 610</td><td>2 882</td><td>1 907</td><td>2 033</td><td>1 998</td></tr>
<tr><td rowspan="5">含沙量</td><td rowspan="2">瞬时</td><td>最大值(kg/m³)</td><td>195</td><td>90.2</td><td>102</td><td>70.2</td><td>4.85</td><td>0</td></tr>
<tr><td>出现时间</td><td>7 月 24 日
10 时</td><td>7 月 29 日
11 时</td><td>8 月 21 日
4 时</td><td>8 月 22 日
9 时 48 分</td><td>9 月 23 日
8 时</td><td>0</td></tr>
<tr><td rowspan="2">日均</td><td>最大值(kg/m³)</td><td>103</td><td>41.4</td><td>56.5</td><td>5.26</td><td>4.51</td><td>0</td></tr>
<tr><td>出现时间</td><td>7 月 24 日</td><td>7 月 31 日</td><td>8 月 21 日</td><td>8 月 22 日</td><td>9 月 23 日</td><td>—</td></tr>
<tr><td colspan="2">时段平均(kg/m³)</td><td>54.08</td><td>21.49</td><td>18.57</td><td>1.13</td><td>3.15</td><td>0</td></tr>
<tr><td rowspan="3">库水位</td><td colspan="2">最大值(m)/出现时间</td><td colspan="2">223.88 / 7 月 23 日 2 时</td><td colspan="2">237.05 / 8 月 23 日 0 时</td><td colspan="2">261.28 / 9 月 21 日 2 时</td></tr>
<tr><td colspan="2">最小值(m)/出现时间</td><td colspan="2">211.31 / 8 月 4 日 20 时</td><td colspan="2">232.34 / 8 月 20 日 0 时</td><td colspan="2">236.00 / 9 月 28 日 2 时</td></tr>
<tr><td colspan="2">日均起止水位(m)</td><td colspan="2">223.74 ~211.59</td><td colspan="2">232.34 ~236.04</td><td colspan="2">261.4 ~262.78</td></tr>
</table>

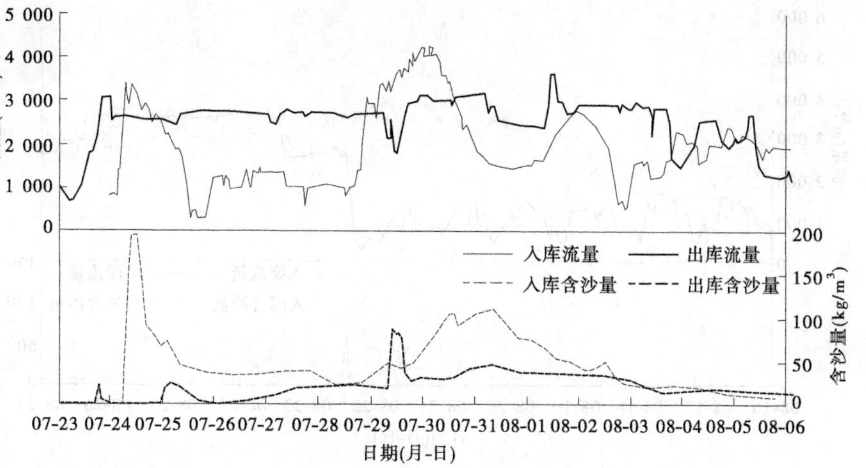

图 3-1　小浪底水库 2012 年汛期第一次调控期间进出库水沙过程

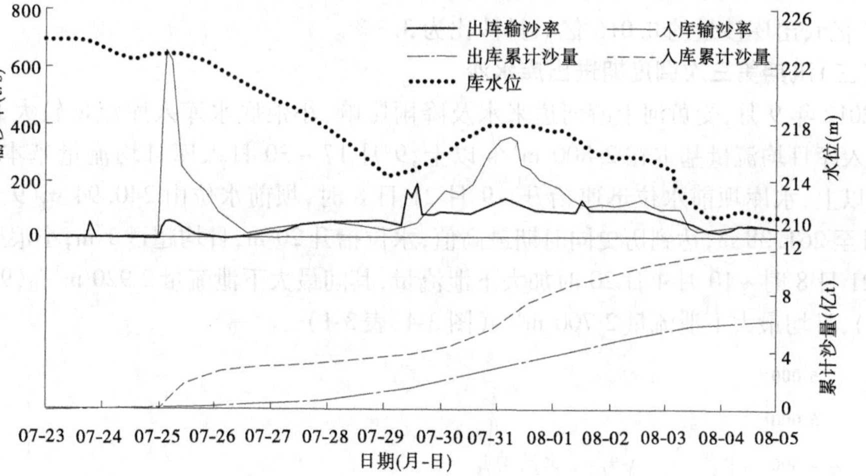

图 3-2　小浪底水库进出库输沙率过程及累计沙量过程(传播到小浪底站)

自 7 月 23 日 12 时 42 分开始预泄至 8 月 2 日 8 时,小浪底水库入库沙量约 1.121 亿 t,出库沙量约 0.630 亿 t,排沙比为 56.2%。

(二)汛期第二次调度期进出库水沙

2012 年 8 月 16 ~ 19 日,黄河上中游洪水于 8 月 18 日 20 时进入小浪底水库,最大入库流量达到 5 760 m^3/s(8 月 20 日 22 时 42 分),最大入库含沙量为 102 kg/m^3(8 月 21 日 4 时),沙峰滞后于洪峰。8 月 22 日 8 时小浪底水库开始增大下泄流量,至 22 日 9 时 42 分,流量由 761 m^3/s(8 月 22 日 8 时)增大至 2 540 m^3/s,至 23 日 8 时出库流量基本维持在 2 600 m^3/s 左右,其间,出库最大含沙量达到 70.2 kg/m^3(8 月 22 日 9 时 48 分)。之后,小浪底水库再次增大下泄流量,至 23 日 9 时 42 分达到 3 420 m^3/s 后,并维持 3 500 m^3/s 左右下泄 3 d;8 月 26 日 8 时出库流量开始减小,水库蓄水。本场洪水期间小浪底水库进出库水沙变化过程见图 3-3 和表 3-1。

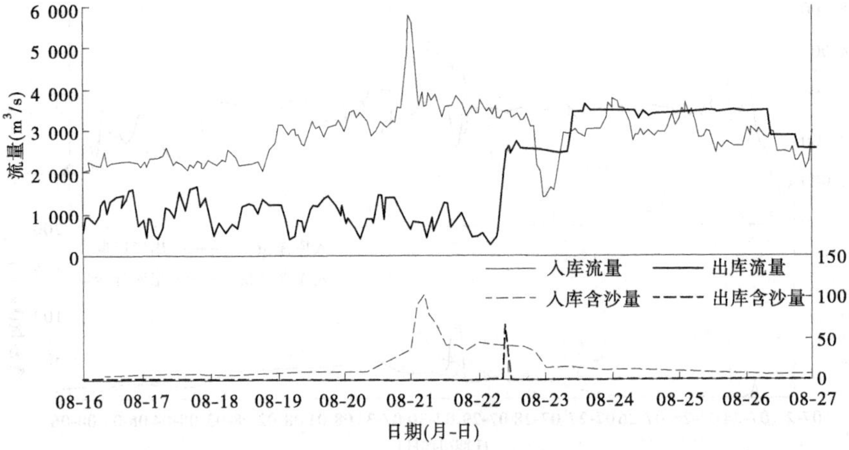

图 3-3　小浪底水库 2012 年汛期第二次调控期间进出库水沙过程

自 8 月 18 日黄河上中游洪水进入小浪底水库至 8 月 26 日，小浪底水库入库沙量约 0.487 亿 t，出库沙量约 0.016 亿 t，排沙比为 3.3%。

（三）汛期第三次调度期进出库水沙

2012 年 9 月，受黄河上游河道来水及降雨影响，小浪底水库入库流量较大，9 月 1～16 日入库日均流量基本在 2 800 m^3/s 以上，9 月 17～30 日入库日均流量基本在 2 000 m^3/s 以上，水库坝前水位迅速抬升。9 月 21 日 8 时，坝前水位由 240.94 m（9 月 1 日 8 时）升至 261.38 m，达到历史同时期最高值，水位抬升 20 m，日均超过 1 m，小浪底水库于 9 月 21 日 8 时～10 月 4 日 20 时加大下泄流量，其间最大下泄流量 2 920 m^3/s（9 月 28 日 14 时），日均最大下泄流量 2 700 m^3/s（图 3-4、表 3-1）。

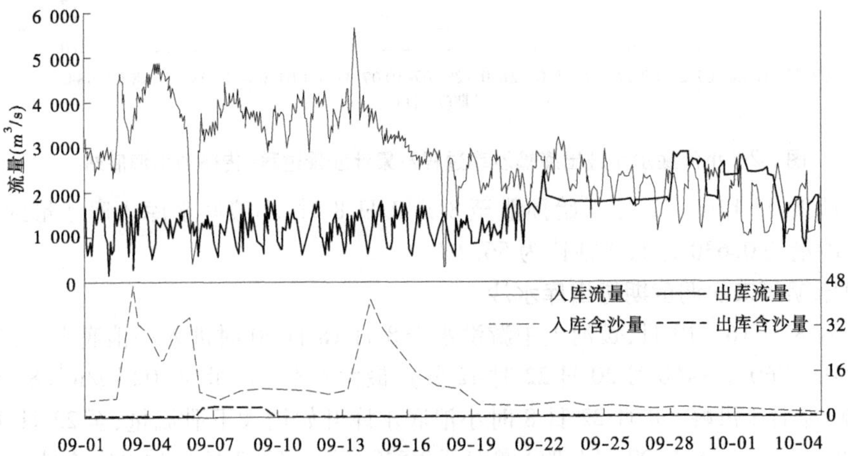

图 3-4　小浪底水库 2012 年汛期第三次调控期间进出库水沙过程

自 9 月 21 日小浪底水库加大下泄流量至 10 月 4 日，小浪底水库入库水量 24.60 亿 m^3，出库水量约 24.17 亿 m^3；入库沙量约 0.078 亿 t，水库下泄清水，出库沙量为 0。

二、水库调度

根据水库运用方式，2012 年三门峡水库汛期采用平水期控制水位不超过 305 m、汛期洪水期（流量大于 1 500 m^3/s）水库敞泄运用。小浪底水库三次调度期间，三门峡水库均采用上述运用方式。

（一）汛期第一次调度

小浪底水库于 7 月 23 日 12 时 42 分开始增大下泄流量，库水位下降，至 7 月 29 日 2 时，库水位由 223.84 m（7 月 23 日 12 时 42 分）降至 214.28 m，蓄水量由 10.66 亿 m^3 降至 5.13 亿 m^3，减少 5.53 亿 m^3。随着黄河干流第 1、2 号洪峰的入库，库水位逐步回升至 217.93 m（7 月 31 日 0 时），蓄水量为 6.76 亿 m^3。之后随着第 1、2、3 号洪峰通过，库水位进一步下降，至 8 月 4 日 20 时，水位降至 211.31 m，达到本年度的最低值，相应蓄水量仅为 4.03 亿 m^3，之后水库开始蓄水，至 8 月 14 日 4 时水库蓄水位为 225.14 m，超过汛限水位 225 m（图 3-5）。

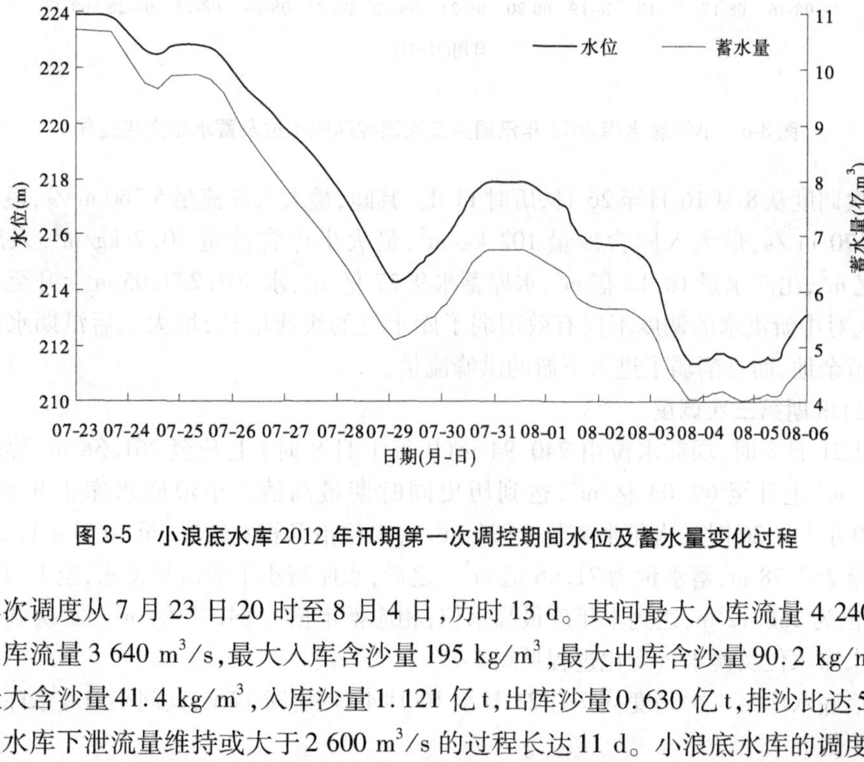

图 3-5　小浪底水库 2012 年汛期第一次调控期间水位及蓄水量变化过程

本次调度从 7 月 23 日 20 时至 8 月 4 日，历时 13 d。其间最大入库流量 4 240 m^3/s，最大出库流量 3 640 m^3/s，最大入库含沙量 195 kg/m^3，最大出库含沙量 90.2 kg/m^3，日均出库最大含沙量 41.4 kg/m^3，入库沙量 1.121 亿 t，出库沙量 0.630 亿 t，排沙比达 56.2%，小浪底水库下泄流量维持或大于 2 600 m^3/s 的过程长达 11 d。小浪底水库的调度削减了入库的两个沙峰量值，调节了洪水过程和泥沙过程，使出库沙量过程均匀化，塑造的长历时较大流量有利于维持黄河下游河槽，确保下游防洪安全。

（二）汛期第二次调度

8 月 22 日 8 时小浪底水库增大下泄流量时，小浪底水位已由 230.70 m（8 月 18 日 20 时）达到 236.73 m，蓄水量由 17.28 亿 m^3 降至 24.48 亿 m^3，增加了 7.20 亿 m^3。至 8 月 23 日 0 时洪水全部进入小浪底，水位上涨至 237.09 m，相应蓄水量达到 24.98 亿 m^3。之后，随着小浪底水库再次增大下泄流量，水位有所下降，至8月27日4时下泄流量开始减小时，水位降至235.99 m，水库蓄水量为23.50亿 m^3。本场洪水期间小浪底水库水位及蓄水量变化过程见图3-6。

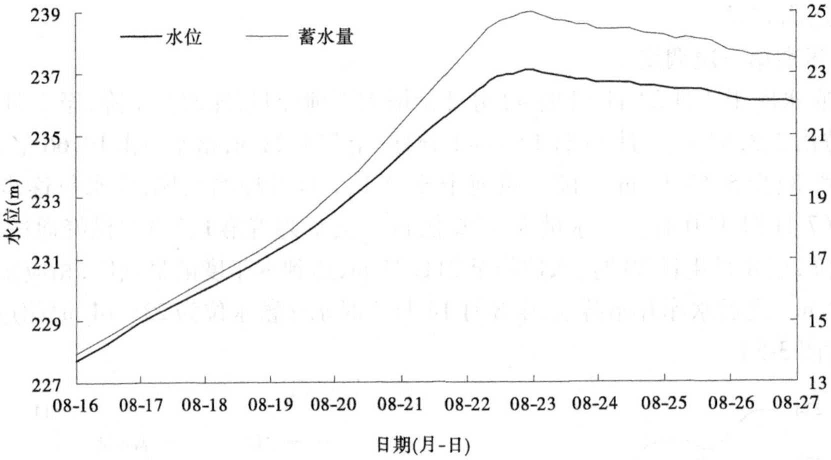

图3-6　小浪底水库2012年汛期第二次调控期间水位及蓄水量变化过程

本次调度从8月16日至26日，历时11 d。其间，最大入库流量5 760 m^3/s，最大出库流量3 670 m^3/s，最大入库含沙量102 kg/m^3，最大出库含沙量70.2 kg/m^3，入库水量27.39亿 m^3，出库水量18.12亿 m^3，水库蓄水9.27亿 m^3，水位由227.05 m上升至236.04 m。本次对中游洪水的调度不仅有效削弱了库水位的快速增长，增大了后汛期水库对洪水的调节余地，而且削弱了进入下游的洪峰流量。

（三）汛期第三次调度

9月21日8时，坝前水位由240.94 m（9月1日8时）上升至261.38 m，蓄水量由30.68亿 m^3 上升至69.03亿 m^3，达到历史同时期最高值。小浪底水库于9月21日8时～10月4日20时最大下泄流量2 920 m^3/s，水位抬升相对较慢，至10月4日20时水位抬升至262.78 m，蓄水量为71.96亿 m^3。之后，水库减小下泄流量蓄水，至10月31日20时水位为268.12 m，达到本年度最高水位，相应蓄水量为84.73亿 m^3。本次调控期间小浪底水库水位及蓄水量变化过程见图3-7。

小浪底水库第三次调度从9月21日至10月4日，历时14 d，其间小浪底水库下泄水量24.17亿 m^3。

从7月23日小浪底水库开始调节汛期第一场入库洪水至10月5日汛期洪水调度结束，小浪底水库入库水量160.51亿 m^3，出库水量107.39亿 m^3，水库蓄水53.12亿 m^3；入库沙量2.847亿t，出库沙量0.719亿t，排沙比25.3%。小浪底水库调度调节了洪水过程和泥沙过程，使得出库水沙组合较为理想，塑造的长历时较大流量有利于塑造黄河下游河槽，同时降低漫滩风险，确保下游防洪安全。

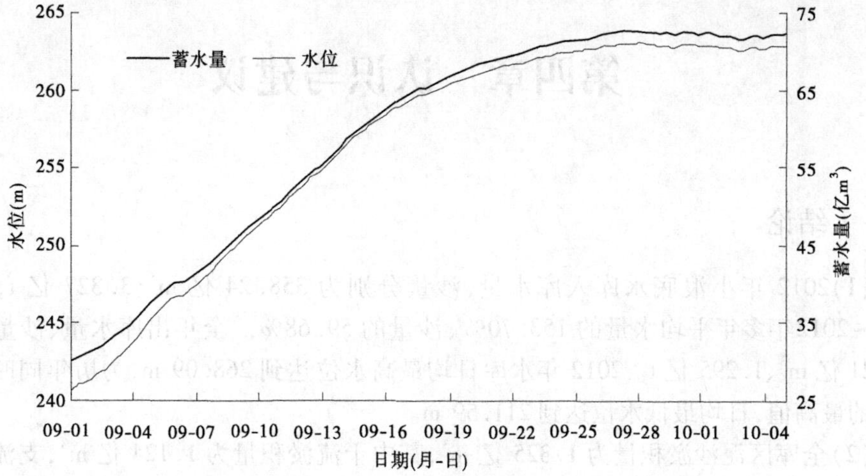

图 3-7　小浪底水库 2012 年汛期第三次调控期间水位及蓄水量变化过程

第四章　认识与建议

一、结论

(1)2012 年小浪底水库入库水量、沙量分别为 358.24 亿 m^3、3.327 亿 t，分别是 1987～2012年多年平均水量的 153.70%、沙量的 59.68%。全年出库水量、沙量分别为 384.21 亿 m^3、1.295 亿 t。2012 年水库日均最高水位达到 268.09 m，为历年同时期日均水位的最高值，日均最低水位达到 211.59 m。

(2)全库区泥沙淤积量为 1.325 亿 m^3，其中干流淤积量为 1.124 亿 m^3，支流淤积量为 0.201 亿 m^3。至 2012 年 10 月，水库 275 m 高程下总库容为 99.960 亿 m^3，其中干流库容为 52.071 亿 m^3，支流库容为 47.889 亿 m^3。

(3)库区干流仍保持三角洲淤积形态，至 2012 年汛后，三角洲顶点推进到距坝 10.32 km(HH8)，顶点高程为 210.66 m。畛水河等支流的拦门沙坎依然存在。

(4)调水调沙从 6 月 19 日 8 时至 7 月 12 日 8 时。其间最大进出库流量分别为 5 440、4 880 m^3/s，最大进出库含沙量分别为 325、357 kg/m^3；进出库水量分别为 22.14 亿、59.85 亿 m^3，进出库沙量分别为 0.448 亿、0.576 亿 t。

(5)全年小浪底水库进行了三次洪水调控，有效地削减了进入下游的洪峰、沙峰，遏制了小浪底水库库水位的快速增长，塑造的长历时较大流量有利于塑造黄河下游河槽。

二、建议

(1)支流畛水河的拦门沙坎依然存在，建议开展相关研究，以充分利用支流库容，发挥水库综合效益。

(2)建议调水调沙结束后及时观测三角洲洲面冲淤变化过程，以便更好地研究小浪底库区溯源冲刷规律。

(3)建议今后在汛前调水调沙期间，三门峡下泄清水后，增大小浪底水库泄量，尽可能减少库水位抬升，以增加水库排沙效果。

(4)建议恢复麻峪沟水位站。

(5)建议在汛期充分利用上中游洪水的有利时机，多进行排沙，减少水库淤积，保持水库调节库容的长期使用。

第五专题　黄河下游河道冲淤演变分析

本专题重点分析了2012年进入黄河下游的水沙变化特点、洪水演进特征、河段冲淤、水位变化及河道排洪能力变化情况，并确定了最小平滩流量的河段位置及量值；分析了2012年汛期来水来沙及边界条件对伊洛河口上游30 km以上的扣马至小马村河段淤积的影响，提出了减少淤积的建议。

2012年西霞院—利津主槽冲刷0.99亿m^3，非汛期具有“上冲下淤”、汛期冲刷具有“上大下小”的冲淤分布特点；自小浪底水库投入运用以来，黄河下游河道累计冲刷近16亿m^3，其中主槽冲刷16.446亿m^3；黄河下游艾山断面平滩流量最小，为4 150 m^3/s。建议优化小浪底水库出库水沙条件，尽可能利用较大流量级排沙。

第一章　来水来沙及洪水特点

一、水量多且流量大

2012 年(运用年,下同)是小浪底水库运用以来水量最多的一年(表 1-1)。

(一)小浪底水库出库径流过程

2012 年是小浪底水库运用以来水库泄水最多的一年。2012 年出库水量 384.21 亿 m^3,比 2000 ~ 2011 年平均水量 212.83 亿 m^3 偏多 81%,其中汛期和非汛期水量分别为 151.83 亿 m^3 和 232.38 亿 m^3,分别比 2000 ~ 2011 年平均 72.89 亿 m^3 和 139.49 亿 m^3 偏多 108% 和 67%。

2012 年小浪底水库排沙较多,为 1.295 亿 t,且全部集中于汛期,沙量与 2010 年(1.360 亿 t)接近,比 2000 ~ 2011 年平均 0.610 亿 t 偏多 112%。

2012 年也是小浪底水库运用以来大流量级泄量较多的一年。按流量级 0 ~ 1 500、1 500 ~ 2 500 m^3/s 和 2 500 ~ 4 500 m^3/s 统计各流量级的水沙量,其中 1 500 ~ 2 500 m^3/s 水量为 61.44 亿 m^3,比 2000 ~ 2011 年平均的 19.86 亿 m^3 多 209%,是小浪底水库运用以来最多的一年;2 500 ~ 4 500 m^3/s 小浪底站的水量为 86.36 亿 m^3,比 2000 ~ 2011 年平均的 29.58 亿 m^3 多 192%,也是小浪底水库运用以来最多的一年。从 2012 年各流量级出现的天数看,较小流量级 0 ~ 1 500 m^3/s 出现的天数是 297 d,比 2000 ~ 2011 年平均的 343 d 减少了 46 d,而流量大于 1 500 m^3/s 的天数显著增加,其中 1 500 ~ 2 500 m^3/s 出现的天数为 38 d,比平均的 11.75 d 增加了 26.25 d;2 500 ~ 4 500 m^3/s 出现的天数为 31 d,比平均的 10.5 d 增加了 20.5 d(表 1-2)。

(二)花园口断面

2012 年也是花园口断面水量最多的一年。2012 年花园口站水量 401.79 亿 m^3,比小浪底水库运用以来的 2000 ~ 2011 年平均 250.17 亿 m^3 偏多 60.6%,其中汛期和非汛期水量分别为 155.79 亿 m^3 和 246.00 亿 m^3,分别比 2000 ~ 2011 年平均 107.07 亿 m^3 和 143.10亿 m^3 偏多 45.5% 和 71.9%。

2012 年花园口站沙量为 1.010 亿 t,比年平均偏多 36.8%,其中汛期和非汛期沙量分别为 1.154 亿 t 和 0.228 亿 t,非汛期沙量比 2000 ~ 2011 年平均偏少 29.6%,汛期沙量比 2000 ~ 2011 年平均偏多 68.2%。

2012 年也是小浪底水库运用以来花园口断面大流量级径流量较多的一年。2012 年 1 500 ~ 2 500 m^3/s 花园口站的水量为 71.57 亿 m^3,比 2000 ~ 2011 年平均的 22.65 亿 m^3 多 216%,比 2003 年的 53.36 亿 m^3 还多 34%;2 500 ~ 4 500 m^3/s 花园口的水量为 87.09 亿 m^3,比 2000 ~ 2011 年平均的 39.18 亿 m^3 多 122%,比 2010 年的 71.06 亿 m^3 还多 22.6%。从 2012年各流量级出现的天数看,0 ~ 1500m^3/s花园口出现的天数是289d,比2000 ~ 2011

表 1-1　小浪底、花园口站水沙量

时段	测站	水量(亿 m^3)			沙量(亿 t)			含沙量(kg/m^3)			汛期占全年比例(%)	
		非汛期	汛期	全年	非汛期	汛期	全年	非汛期	汛期	全年	水量	沙量
2000～2011 年平均	小浪底	139.49	72.89	212.38	0.044	0.566	0.610	0.32	7.77	2.87	34	93
	花园口	143.10	107.07	250.17	0.324	0.686	1.010	2.26	6.41	4.04	43	68
2012 年	小浪底	232.38	151.83	384.21	0.000	1.295	1.295	0	8.53	3.37	40	100
	花园口	246.00	155.79	401.79	0.228	1.154	1.382	1.32	4.4	2.51	39	68

表 1-2　小浪底、花园口站各流量级水沙量

水文站	项目	各流量级(m^3/s)水量(亿 m^3)			各流量级(m^3/s)沙量(亿 t)			各流量级(m^3/s)出现天数(d)		
		0～1 500	1 500～2 500	2 500～4 500	0～1 500	1 500～2 500	2 500～4 500	0～1 500	1 500～2 500	2 500～4 500
小浪底	2000～2011 年平均	162.94	19.86	29.58	0.13	0.34	0.14	343.00	11.75	10.50
	2012 年	236.41	61.44	86.36	0.24	0.30	0.76	297	38	31
	增幅(%)*	45	209	192	86	-13	448	-46	26.25	20.5
花园口	2000～2011 年平均	174.03	22.65	39.18	0.37	0.30	0.29	337.75	13.00	12.25
	2012 年	243.13	71.57	87.09	0.25	0.24	0.89	289.00	46.00	31.00
	增幅(%)*	40	216	122	-32	-20	210	-48.75	33	18.75

注:水量和沙量增幅为和平均值相比相对增幅百分数;出现天数增幅为和平均值相比增加的天数。

年平均的 337.75 d 减少了 48.75 d，而大于 1 500 m^3/s 的天数显著增加，1 500～2 500 m^3/s出现的天数为46 d，比平均的13 d 增加了 33 d；2 500～4 500 m^3/s 出现的天数为 31 d，比平均的12.26 d 增加了 18.75 d(表 1-2)。

二、黄河下游洪水特点及其冲淤

2012 年花园口站洪峰流量大于 2 000 m^3/s 的洪水共 4 场，历时 66 d，小浪底水库泄水 136.50 亿 m^3，排沙 1.266 亿 t。小花间(指小浪底至花园口区间)支流加水流量很小，4 场洪水基本上为小浪底水库调节出库形成的洪水，其中第 1 场洪水为汛前调水调沙洪水，第 2 场和第 3 场洪水为汛期调水调沙洪水，图 1-1 为 4 场洪水小浪底和花园口站流量和含沙量过程线，表 1-3 为洪水水沙量，表 1-4 为洪水特征值。

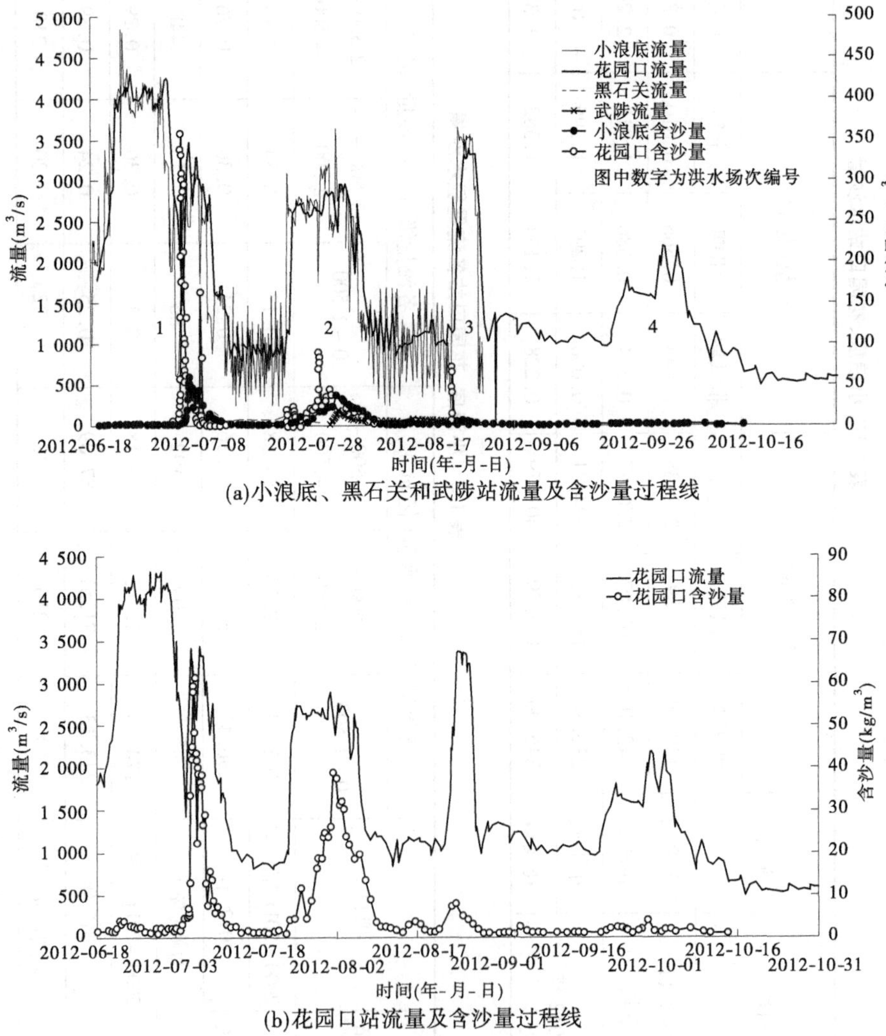

(a)小浪底、黑石关和武陟站流量及含沙量过程线

(b)花园口站流量及含沙量过程线

图 1-1　2012 年黄河下游流量及含沙量过程线

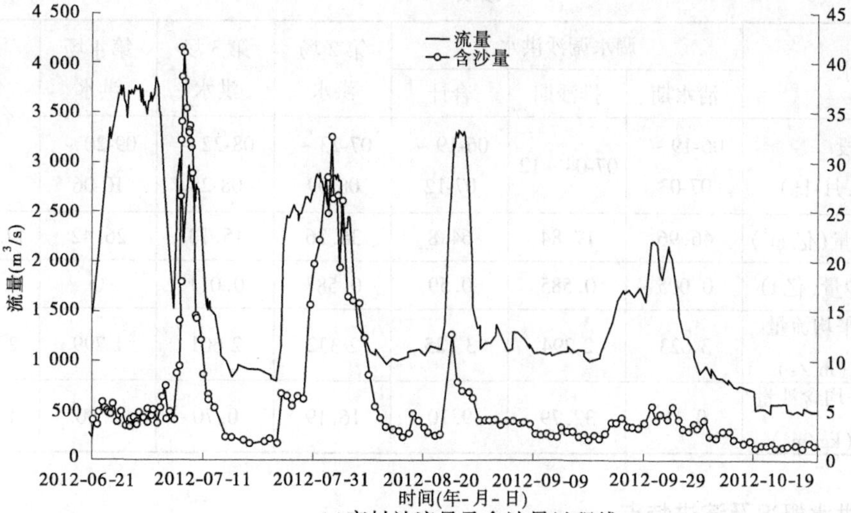

(c)高村站流量及含沙量过程线

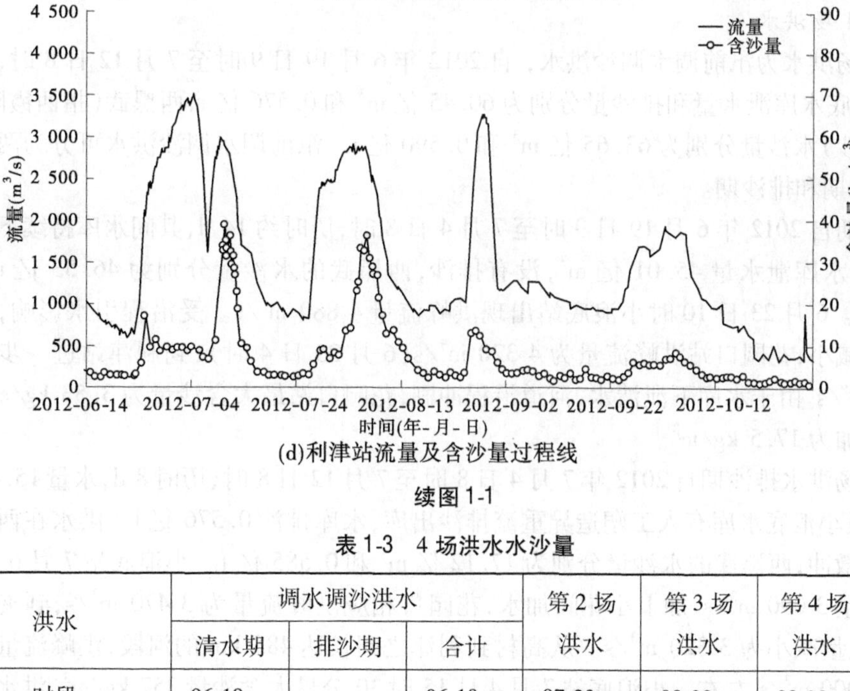

(d)利津站流量及含沙量过程线

续图 1-1

表 1-3　4 场洪水水沙量

洪水		调水调沙洪水			第 2 场洪水	第 3 场洪水	第 4 场洪水	合计
		清水期	排沙期	合计				
时段（花园口，月-日）		06-19 ~ 07-03	07-04 ~ 12	06-19 ~ 07-12	07-23 ~ 08-09	08-22 ~ 08-28	09-20 ~ 10-06	
历时(d)		15	8	24	18	7	17	66
小浪底	水量(亿 m^3)	45.01	15.44	60.45	34.49	14.55	27.01	136.50
	沙量(亿 t)	0.000	0.576	0.576	0.670	0.020	0.000	1.266
西霞院	水量(亿 m^3)	46.53	17.12	63.65	34.76	15.2	25.43	139.04
	沙量(亿 t)	0.005	0.585	0.590	0.587	0.011	0.000	1.188

续表 1-3

洪水		调水调沙洪水			第 2 场洪水	第 3 场洪水	第 4 场洪水	合计
		清水期	排沙期	合计				
时段（花园口，月-日）		06-19 ~ 07-03	07-04 ~ 12	06-19 ~ 07-12	07-23 ~ 08-09	08-22 ~ 08-28	09-20 ~ 10-06	
西黑武	水量（亿 m^3）	46.96	17.84	64.8	36.26	15.73	26.42	143.21
	沙量（亿 t）	0.005	0.585	0.59	0.587	0.011	0	1.188
	平均流量（m^3/s）	3 623	2 294	3 125	2 332	2 601	1 799	2 511
	平均含沙量（kg/m^3）	0.11	32.79	9.10	16.19	0.70	0.00	8.30

（一）洪水概况及演进特点

1. 第 1 场洪水

第 1 场洪水为汛前调水调沙洪水，自 2012 年 6 月 19 日 9 时至 7 月 12 日 8 时，历时 24 d，小浪底水库泄水量和排沙量分别为 60.45 亿 m^3 和 0.576 亿 t，西黑武（指西霞院、黑石关和武陟）水沙量分别为 63.65 亿 m^3 和 0.590 亿 t。汛前调水调沙洪水可分为两个阶段，即清水期和排沙期。

清水期自 2012 年 6 月 19 日 9 时至 7 月 4 日 8 时，历时约 14 d，其间水库持续下泄清水，小浪底水库泄水量 45.01 亿 m^3，没有排沙，西黑武的水沙量分别为 46.53 亿 m^3 和 0.005 亿 t。6 月 23 日 10 时小浪底站出现洪峰流量 4 880 m^3/s。受沿程引水影响，洪峰流量沿程减小，花园口站洪峰流量为 4 320 m^3/s（6 月 25 日 4 时），到利津站进一步减小为3 530 m^3/s。由于水库下泄清水，河道沿程冲刷，花园口站最大含沙量为 3.53 kg/m^3，到利津站增加为 17.5 kg/m^3。

第 1 场洪水排沙期自 2012 年 7 月 4 日 8 时至 7 月 12 日 8 时，历时 8 d，水量 15.44 亿 m^3，该时段小浪底水库有人工塑造异重流排沙出库，水库排沙 0.576 亿 t。洪水在西霞院水库发生微冲，西黑武的水沙量分别为 17.12 亿 m^3 和 0.585 亿 t。小浪底站 7 月 6 日 16 时洪峰流量 3 090 m^3/s，加上小花间加水，花园口相应洪峰流量为 3 470 m^3/s，到夹河滩站，洪峰流量减小为 3 320 m^3/s。从高村到利津之间长达 485 km 的河段，洪峰流量一直维持在 3 000 m^3/s 左右。小浪底站 7 月 4 日 15 时 30 分最大含沙量 357 kg/m^3，洪水在西霞院—花园口河段发生淤积，花园口最大含沙量减少到 60.6 kg/m^3，到夹河滩站减小到 45.3 kg/m^3；高村站最大含沙量为 41.9 kg/m^3，艾山和利津分别为 40 kg/m^3 和 36.7 kg/m^3，高村以下河段最大含沙量沿程降低不明显。

受水库排沙和河槽槽蓄量影响，小浪底水库异重流排沙期，小花间发生了洪峰增值。7 月 4 日 10 时 30 分，小浪底站流量 2 230 m^3/s，相应花园口站流量为 3 470 m^3/s（7 月 6 日 0 时），即使考虑黑石关站流量 60 m^3/s 和武陟站流量 10 m^3/s，洪峰流量仍然增加了 1 170 m^3/s，相比小黑武的流量，增幅为 51%。

表 1-4　4 场洪水特征值

场次	水文站	开始时间	结束时间	洪峰流量（m^3/s）	发生时间	对应水位（m）	最大含沙量（kg/m^3）	发生时间
1（清水期）	小浪底	6 月 19 日 09:00	7 月 4 日 08:00	4 880	6 月 23 日 10:00	137.4	5.81	7 月 3 日 06:00
	黑石关	6 月 20 日 00:00	7 月 4 日 00:00	61	6 月 30 日 08:00	106.34		
	武陟	6 月 20 日 00:00	7 月 4 日 00:00	12.9	6 月 29 日 20:00			
	花园口	6 月 20 日 02:00	7 月 4 日 02:00	4 320	6 月 25 日 04:00	92.16	3.53	6 月 23 日 08:00
	夹河滩	6 月 20 日 11:00	7 月 4 日 11:00	4 290	6 月 25 日 10:00	75.49	6.9	6 月 23 日 08:00
	高村	6 月 20 日 20:00	7 月 4 日 20:00	3 850	7 月 2 日 13:00	61.84	7.36	7 月 4 日 08:00
	孙口	6 月 21 日 04:00	7 月 5 日 04:00	3 780	7 月 3 日 05:00	48.19	9.65	6 月 23 日 17:30
	艾山	6 月 21 日 08:00	7 月 5 日 08:00	3 730	7 月 3 日 11:00	41.23	11.2	6 月 23 日 20:00
	泺口	6 月 21 日 18:00	7 月 5 日 18:00	3 650	7 月 3 日 19:55	30.48	10.3	6 月 26 日 08:00
	利津	6 月 22 日 08:15	7 月 6 日 08:15	3 530	7 月 4 日 02:00	13.21	17.5	6 月 25 日 08:00
1（排沙期）	小浪底	7 月 4 日 08:00	7 月 11 日 08:00	3 090	7 月 6 日 16:00	136.16	357	7 月 4 日 15:30
	黑石关	7 月 4 日 00:00	7 月 11 日 00:00	183	7 月 10 日 07:00	107.41		
	武陟	7 月 4 日 00:00	7 月 11 日 00:00	195	8 月 1 日 16:00	103.48	1.61	8 月 1 日 18:00
	花园口	7 月 4 日 02:00	7 月 11 日 02:00	3 470	7 月 6 日 00:00	91.68	60.6	7 月 6 日 05:42
	夹河滩	7 月 4 日 11:00	7 月 11 日 11:00	3 320	7 月 6 日 05:54	75.12	45.3	7 月 7 日 00:00
	高村	7 月 4 日 20:00	7 月 11 日 20:00	3 020	7 月 6 日 20:00	61.25	41.9	7 月 7 日 13:00
	孙口	7 月 5 日 04:00	7 月 12 日 04:00	2 980	7 月 7 日 08:36	47.37	40.8	7 月 8 日 08:00
	艾山	7 月 5 日 08:00	7 月 12 日 08:00	3 000	7 月 7 日 15:00	40.37	40	7 月 8 日 15:30
	泺口	7 月 5 日 18:00	7 月 12 日 18:00	3 010	7 月 9 日 00:00	29.55	38.5	7 月 9 日 08:00
	利津	7 月 6 日 08:15	7 月 13 日 08:15	3 020	7 月 9 日 12:00	12.83	36.7	7 月 11 日 17:36

续表 1-4

场次	水文站	开始时间	结束时间	洪峰流量（m^3/s）	发生时间	对应水位（m）	最大含沙量（kg/m^3）	发生时间
2	小浪底	7 月 23 日 00:00	8 月 10 日 00:00	3 640	8 月 1 日 10:42	136.52	90.2	7 月 29 日 11:00
	黑石关	7 月 23 日 00:00	8 月 10 日 00:00	145	7 月 23 日 18:00	108.27		
	武陟	7 月 23 日 00:00	8 月 10 日 00:00					
	花园口	7 月 23 日 08:00	8 月 10 日 08:00	2 950	8 月 2 日 05:00	91.49	38.4	8 月 1 日 08:00
	夹河滩	7 月 24 日 02:00	8 月 11 日 02:00	2 940	8 月 3 日 18:24	75.09	40.8	8 月 2 日 08:00
	高村	7 月 24 日 08:00	8 月 11 日 08:00	2 980	8 月 1 日 15:00	61.28	34.3	8 月 2 日 20:00
	孙口	7 月 25 日 08:00	8 月 12 日 08:00	2 960	8 月 1 日 21:00	47.3	35.1	8 月 3 日 12:48
	艾山	7 月 25 日 08:00	8 月 12 日 08:00	3 030	8 月 2 日 10:24	40.48	34.2	8 月 4 日 08:00
	泺口	7 月 25 日 08:00	8 月 12 日 08:00	3 000	8 月 2 日 14:00	29.64	34.8	8 月 4 日 08:00
	利津	7 月 25 日 08:00	8 月 12 日 08:00	2 940	8 月 3 日 16:00	12.82	35.2	8 月 6 日 08:00
3	小浪底	8 月 21 日 00:00	8 月 28 日 00:00	3 670	8 月 23 日 14:18	136.63	70.2	8 月 22 日 09:48
	黑石关	8 月 21 日 00:00	8 月 28 日 00:00					
	武陟	8 月 21 日 00:00	8 月 28 日 00:00					
	花园口	8 月 22 日 00:00	8 月 29 日 00:00	3 400	8 月 25 日 11:36	92.15	8.17	8 月 24 日 08:00
	夹河滩	8 月 23 日 08:00	8 月 30 日 08:00	3 340	8 月 25 日 20:00	75.46	12.3	8 月 24 日 08:00
	高村	8 月 23 日 08:00	8 月 30 日 08:00	3 350	8 月 26 日 17:00	61.6	12.3	8 月 25 日 08:00
	孙口	8 月 23 日 08:00	8 月 30 日 08:00	3 300	8 月 27 日 09:54	47.71	11.3	8 月 25 日 08:00
	艾山	8 月 24 日 08:00	8 月 31 日 08:00	3 280	8 月 28 日 04:00	40.7	16.6	8 月 26 日 08:00
	泺口	8 月 24 日 08:00	8 月 31 日 08:00	3 270	8 月 28 日 08:00	29.96	12.1	8 月 27 日 08:00
	利津	8 月 25 日 08:00	9 月 1 日 08:00	3 260	8 月 28 日 11:00	12.95	13.1	8 月 27 日 08:00

续表 1-4

场次	水文站	开始时间	结束时间	洪峰流量 (m^3/s)	发生时间	对应水位 (m)	最大含沙量 (kg/m^3)	发生时间
4	小浪底	9 月 19 日 00:00	10 月 8 日 00:00	2 540	9 月 28 日 14:00	136.04		
	黑石关	9 月 19 日 00:00	10 月 8 日 00:00	84.5		109.8		
	武陟	9 月 19 日 00:00	10 月 8 日 00:00	28		101.23		
	花园口	9 月 20 日 08:00	10 月 9 日 08:00	2 190	9 月 29 日 20:00	91.67	4.1	9 月 29 日 08:00
	夹河滩	9 月 20 日 08:00	10 月 9 日 08:00	2 200	9 月 30 日 09:48	74.84	3.6	9 月 24 日 08:00
	高村	9 月 21 日 08:00	10 月 10 日 08:00	2 200	9 月 30 日 12:00	60.96	5.4	10 月 4 日 08:00
	孙口	9 月 22 日 08:00	10 月 11 日 08:00	2 310	10 月 1 日 09:06	46.62	7.3	10 月 1 日 08:00
	艾山	9 月 22 日 08:00	10 月 11 日 08:00	2 140	10 月 1 日 16:00	39.57	8.5	10 月 1 日 08:00
	泺口	9 月 22 日 08:00	10 月 11 日 08:00	2 130	10 月 1 日 20:00	28.7	7.0	10 月 2 日 08:00
	利津	9 月 23 日 08:00	10 月 12 日 08:00	1 950	10 月 2 日 08:00	11.96	8.3	10 月 4 日 08:00

2. 第 2 场洪水

第 2 场洪水自 7 月 23 日至 8 月 9 日，历时 18 d，持续时间较长，小浪底水库泄水 34.49 亿 m^3，排沙 0.670 亿 t，洪水在西霞院水库淤积 0.083 亿 t，西黑武水沙量分别为 34.76 亿 m^3 和 0.587 亿 t。小浪底出库洪峰流量为 3 640 m^3/s，花园口站为 2 950 m^3/s，到利津为 2 940 m^3/s，洪峰流量沿程有所衰减。该场洪水小浪底水库有异重流排沙，小浪底站最大含沙量为 90.2 kg/m^3，到花园口减小为 38.4 kg/m^3，到利津站为 35.2 kg/m^3。

3. 第 3 场洪水

第 3 场洪水自 8 月 21 日至 8 月 28 日，历时 7 d，历时较短，小浪底水库泄水 14.55 亿 m^3，排沙仅 0.02 亿 t。洪水在西霞院水库发生微冲，西霞院出库水沙量分别为 15.20 亿 m^3 和 0.011 亿 t。小浪底出库洪峰流量为 3 670 m^3/s，花园口为 3 400 m^3/s，到利津为 3 260 m^3/s，洪峰流量沿程有所减小。该场洪水中花园口站出现最大含沙量 8.17 kg/m^3，到利津站最大含沙量增加到 13.1 kg/m^3。

4. 第 4 场洪水

第 4 场洪水自 9 月 19 日至 10 月 6 日，历时 17 d，小浪底水库泄水 27.01 亿 m^3，为清水下泄，没有排沙。西霞院出库水量为 25.43 亿 m^3。小浪底站洪峰流量为 2 540 m^3/s，该场洪水洪峰流量不大，历时较长。花园口站为 2 190 m^3/s，到泺口站为 2 130 m^3/s、利津站为 1 950 m^3/s，洪水在该河段坦化较少；在泺口至利津之间，洪峰流量减小了 180 m^3/s，洪水有所坦化。花园口的最大流量为 4.1 kg/m^3，到利津增加到 8.3 kg/m^3。

（二）洪水期河道冲淤

4 场洪水在西霞院—利津河段表现为总体冲刷和个别河段淤积，4 场洪水西霞院—利津河段的冲刷量分别为 0.137 亿、0.039 亿、0.133 亿 t 和 0.133 亿 t，西霞院—利津河段共冲刷 0.442 亿 t，占运用年冲刷量 1.103 亿 t（沙量平衡法计算）的 44%。

（1）汛前调水调沙洪水在西霞院—花园口河段淤积 0.150 亿 t。考虑到调水调沙洪水有清水段和排沙量，故分别计算其在下游各河段的冲淤量。清水期西霞院—花园口河段冲刷 0.068 亿 t，水库排沙期西霞院—花园口淤积 0.218 亿 t，表明调水调沙期间西霞院—花园口河段的淤积完全集中在排沙期。排沙期花园口至夹河滩河段微淤 0.047 亿 t。西霞院—花园口河段的清水期的冲刷量 0.068 亿 t，远小于排沙期的淤积量 0.218 亿 t，从而使整个调水调沙期西霞院—花园口河段表现为淤积 0.150 亿 t。调水调沙洪水在夹河滩以下河段均是冲刷的。在西霞院—利津共冲刷 0.137 亿 t。

（2）第 2 场洪水在夹河滩以上河段发生淤积，其中在西霞院—花园口和花园口—夹河滩河段分别淤积 0.085 亿 t 和 0.070 亿 t，在泺口—利津河段微淤 0.015 亿 t，在其余河段是冲刷的，在西霞院—利津共冲刷 0.039 亿 t。

（3）第 3 场洪水在艾山—泺口河段微淤 0.013 亿 t，在其余河段发生冲刷，其中在西霞院—花园口冲刷 0.065 亿 t。西霞院—利津共冲刷 0.133 亿 t。

（4）第 4 场洪水在艾山—泺口河段微淤 0.042 亿 t，在其余河段发生冲刷，其中在西霞院—花园口河段冲刷 0.045 亿 t。在西霞院—利津共冲刷 0.133 亿 t。

从 4 场洪水的冲淤量看，夹河滩以上河段由于清水期的冲刷量小于排沙期的淤积量，因此发生净淤积，西霞院—花园口和花园口—夹河滩河段分别淤积 0.021 亿 t 和 0.030

亿 t,洪水在夹河滩以下河段均是净冲刷的,冲刷最多的是夹河滩—高村河段,为 0.186 亿 t,冲刷最少的是艾山—泺口河段,只有 0.005 亿 t(表 1-5)。

表 1-5　各场洪水在西霞院水库及下游各河段的冲淤量　　（单位:亿 t）

河段	第 1 场洪水			第 2 场洪水	第 3 场洪水	第 4 场洪水	合计
	清水期	排沙期	合计				
西霞院	-0.004	-0.009	-0.013	0.085	0.005	0.000	0.077
西霞院—花园口	-0.068	0.218	0.150	-0.019	-0.065	-0.045	0.021
花园口—夹河滩	-0.090	0.057	-0.033	0.070	-0.005	-0.002	0.030
夹河滩—高村	-0.040	-0.021	-0.061	-0.047	-0.032	-0.046	-0.186
高村—孙口	-0.073	-0.008	-0.081	-0.033	-0.002	-0.016	-0.132
孙口—艾山	-0.011	-0.014	-0.025	-0.005	-0.030	-0.009	-0.069
艾山—泺口	-0.030	-0.010	-0.040	-0.020	0.013	0.042	-0.005
泺口—利津	-0.059	0.012	-0.047	0.015	-0.012	-0.057	-0.101
西霞院—利津	-0.371	0.234	-0.137	-0.039	-0.133	-0.133	-0.442

(三)东平湖和金堤河入黄水量

2012 年东平湖入黄水量为 12.21 亿 m^3,其中非汛期和汛期水量分别为 6.26 亿 m^3 和 5.95 亿 m^3,汛期加水主要在 7 月 4 日至 8 月 26 日。最大日均流量为 295 m^3/s(2012 年 7 月 17 日)(图 1-2)。

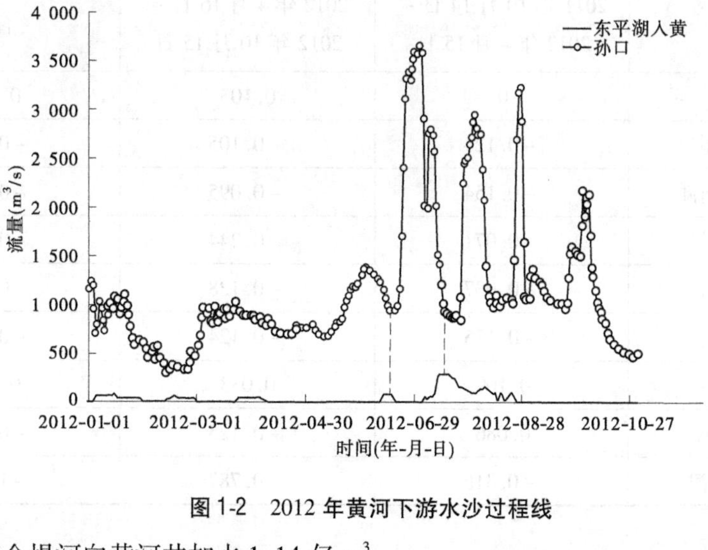

图 1-2　2012 年黄河下游水沙过程线

2012 年金堤河向黄河共加水 1.14 亿 m^3。

第二章　下游河道冲淤变化

一、沙量平衡法计算冲淤量

利用沙量平衡法,采用逐日平均流量和输沙率资料计算各河段的冲淤量。考虑的情况包括:①小浪底水库运用以来每年的第一场调水调沙洪水在7月之前;②断面法施测时间在每年的4月和10月。为了与断面法计算的冲淤量统计时段一致,在沙量平衡法计算冲淤量时,改变以往将7月至10月作为汛期的统计方法,以和断面法测验日期一致的时段(4月16日~10月15日)进行统计(表2-1)。

2011年10月14日~2012年4月15日西霞院至利津河段共冲刷0.286亿t,2012年4月16日~2012年10月15日西霞院至利津河段共冲刷0.787亿t。整个运用年西霞院—利津河段共冲刷1.103亿t。图2-1为2012年冲淤量沿程分布。非汛期艾山以上河道冲刷,而艾山以下河道淤积;汛期除艾山—泺口河段接近微淤0.033亿t外,其余河段都是冲刷的。

表2-1　下游各河段沙量平衡法计算冲淤量结果　　(单位:亿t)

河段	2011年10月14日~2012年4月15日	2012年4月16日~2012年10月15日	合计
西霞院	0	0.103	0.103
西霞院—花园口	-0.123	-0.105	-0.228
花园口—夹河滩	-0.154	-0.095	-0.249
夹河滩—高村	-0.071	-0.244	-0.315
高村—孙口	-0.037	-0.128	-0.165
孙口—艾山	-0.125	-0.124	-0.249
艾山—泺口	0.109	0.033	0.142
泺口—利津	0.086	-0.125	-0.039
西霞院—利津	-0.316	-0.787	-1.103

二、断面法计算冲淤量

根据黄河下游河道2011年10月、2012年4月和2012年10月三次统测大断面资料,利用断面法分析计算了2012年非汛期和汛期各河段的冲淤量。全年西霞院—利津河段共冲刷0.992亿m^3(主槽,下同),其中非汛期和汛期分别冲刷0.258亿m^3和0.734亿m^3,74%的冲刷量集中在汛期;从非汛期冲淤的沿程分布看,具有“上冲下淤”的特点,艾

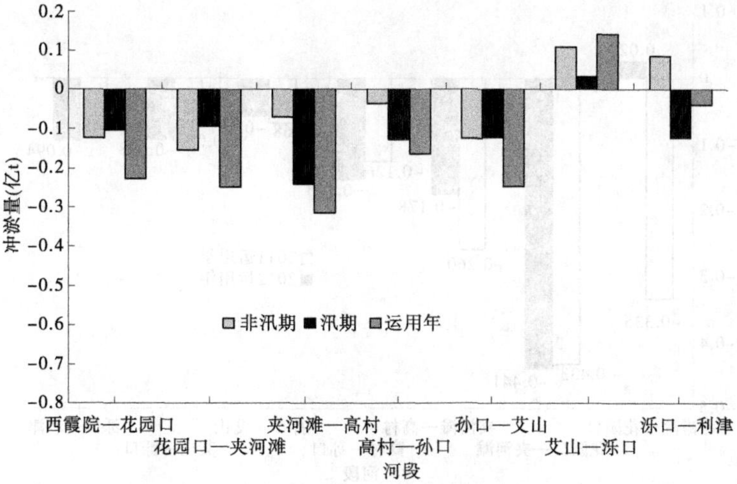

图 2-1　2012 运用年沙量法冲淤量沿程分布

山以上河道冲刷，艾山—利津淤积；汛期整个下游河道都是冲刷的，冲刷量沿程分布呈“上大下小”。2012 年西霞院—花园口河段发生 0.024 亿 m^3 的微淤，花园口以下河段均表现为冲刷，从整个运用年冲刷量的纵向分布看，78% 的冲刷量集中在花园口至孙口之间的河道（表 2-2）。

表 2-2　2012 运用年主槽断面法计算冲淤量成果　（单位：亿 m^3）

河段	2011-10～2012-04	2012-04～10	合计	占利津以上（%）
西霞院—花园口	-0.092	0.116	0.024	-2
花园口—夹河滩	-0.237	-0.204	-0.441	44
夹河滩—高村	-0.103	-0.075	-0.178	18
高村—孙口	0.025	-0.178	-0.153	15
孙口—艾山	0.005	-0.062	-0.057	6
艾山—泺口	0.063	-0.156	-0.093	9
泺口—利津	0.081	-0.175	-0.094	9
高村以上	-0.432	-0.163	-0.595	60
高村—艾山	0.03	-0.240	-0.210	21
艾山—利津	0.144	-0.331	-0.187	19
合计	-0.258	-0.734	-0.992	100
占全年（%）	26	74	100	

图 2-2 为 2011 运用年和 2012 运用年主槽断面法冲淤量沿程分布对比图。两年的共同特点是，花园口以下河段的冲刷分布大体上相同或相近；不同之处是，2011 运用年西霞院—花园口河段为冲刷，且冲刷量较多，而 2012 运用年西霞院—花园口微淤。

三、纵向冲淤分布特点

从 1999 年 10 月小浪底水库投入运用到 2012 年 10 月，黄河下游西霞院—利津河段

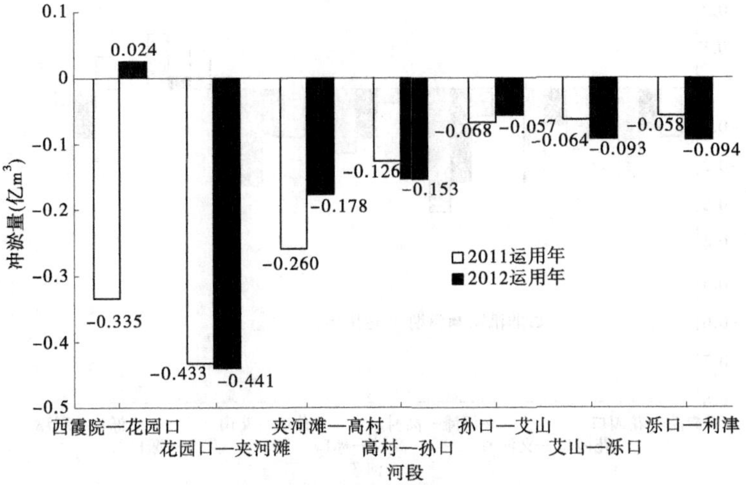

图 2-2　2011 运用年和 2012 运用年断面法冲淤量沿程分布对比

全断面累积冲刷 15.965 亿 m^3，主槽累计冲刷 16.446 亿 m^3。

总体而言，冲刷量主要集中在夹河滩以上河段，夹河滩以上河段和夹河滩—利津河段的冲刷量分别为 9.940 亿 m^3 和 6.506 亿 m^3，冲刷量之比约为 1.53∶1。从河段平均冲刷面积看，西霞院—花园口河段、花园口—夹河滩、夹河滩—高村、高村—孙口、孙口—艾山、艾山—泺口和泺口—利津河段的冲刷面积分别为 3 592、5 444、2 701、1 300、978、784 m^2 和 751 m^2。夹河滩以上主槽的冲刷面积超过了 3 500 m^2，而孙口以下河段不到 1 000 m^2。2012 年花园口以下各河段冲刷增加的面积分别为 438 m^2（花园口—夹河滩）、245 m^2（夹河滩—高村）、115 m^2（高村—孙口）、88 m^2（孙口—艾山）、87 m^2（艾山—泺口）和 52 m^2（泺口—利津），花园口—夹河滩河段增加最多，泺口—利津河段增加最少（图 2-3）。

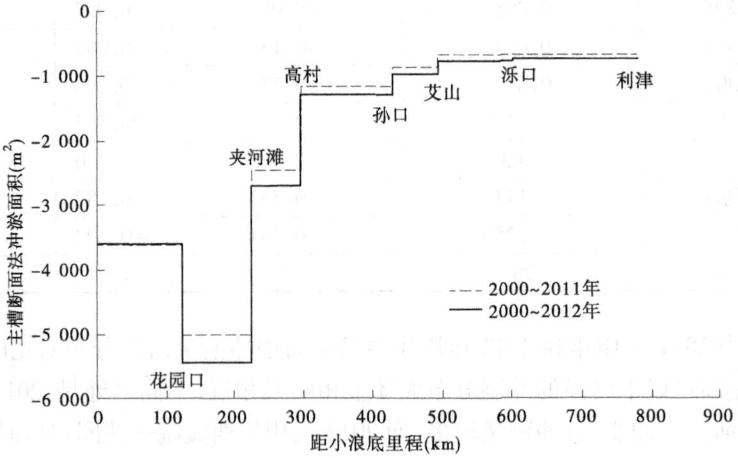

图 2-3　下游河道冲淤量沿程分布

第三章　汛期水位及河道排洪能力变化

一、水文站断面水位变化

将2012年末场洪水(8月洪水)和2011年汛前调水调沙洪水相比,花园口、夹河滩的3 000 m^3/s 水位分别抬升了0.09 m和0.08 m,利津的变化不大,高村、孙口和艾山断面3 000 m^3/s水位分别降低了0.30、0.27 m和0.18 m。将2012年末场洪水(8月洪水)和1999年相比,2 000 m^3/s 水位降幅为花园口1.59 m、夹河滩2.17 m、高村2.44 m、孙口1.82 m、艾山1.38 m、泺口1.83 m、利津1.24 m,高村降幅最大,接近2.5 m,艾山和利津降幅最小,不到1.5 m(表3-1)。

表3-1　水文站断面同流量水位变化统计表　(单位:m)

时段	花园口	夹河滩	高村	孙口	艾山	泺口	利津
2011~2012	0.09	0.08	-0.30	-0.27	-0.18	-0.16	0.01
1999~2012	-1.59	-2.17	-2.44	-1.82	-1.38	-1.83	-1.24

二、平滩流量变化及2013年汛前最小平滩流量预估

初步分析认为,2013年汛前各水文站的平滩流量分别为6 900 m^3/s(花园口)、6 500 m^3/s(夹河滩)、5 800 m^3/s(高村)、4 300 m^3/s(孙口)、4 150 m^3/s(艾山)、4 300 m^3/s(泺口)和4 500 m^3/s(利津)。2013年汛初和上年同期相比,高村、孙口和艾山站的平滩流量比上年增大400、100 m^3/s 和50 m^3/s。2013年汛初和1999年相比,水文站断面的平滩流量增加了1 050~3 250 m^3/s,增加最多的是花园口断面,增加了3 250 m^3/s,最少的是艾山断面,仅增加1 050 m^3/s(表3-2)。

表3-2　水文站断面平滩流量及其变化　(单位:m^3)

年份	花园口	夹河滩	高村	孙口	艾山	泺口	利津
1999①	3 650	3 400	2 700	2 800	3 100	3 200	3 200
2012②	6 900	6 500	5 400	4 200	4 100	4 300	4 500
2013③	6 900	6 500	5 800	4 300	4 150	4 300	4 500
③-②	0	0	400	100	50	0	0
③-①	3 250	3 100	3 100	1 500	1 050	1 100	1 300

受纵向冲刷不断下移的影响,“瓶颈”河段的位置逐渐下移,目前已下移到艾山水文站上游附近。根据水位站2012年大流量时期的出水高度、断面主槽面积及汛后以来的冲淤变化分析,彭楼—陶城铺河段为全下游主槽平滩流量最小的河段,最小值预估为4 100

m^3/s，平滩流量较小的河段有 4 处，分别为武盛庄—十三庄断面河段(4 150 m^3/s)、于庄断面附近河段(4 200 m^3/s)、后张楼—大寺张断面河段(4 100 m^3/s)，以及路那里大断面上下河段(4 100 m^3/s)(图 3-1)。

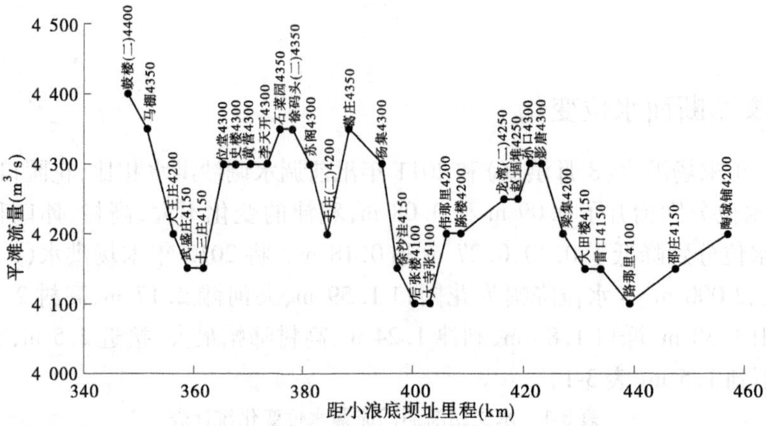

图 3-1　2013 年汛初彭楼—陶城铺河段平滩流量沿程变化

第四章　局部河段淤积成因分析

一、扣马至小马村断面之间河段的局部淤积

根据2012年汛期前后大断面，从2012年4月到2012年10月，扣马(位于开仪断面以上3.16 km)至小马村(在十里铺东断面上游5.49 km)长41.6 km的河段发生淤积，淤积量为0.210 6亿m^3。图4-1为2011年10月~2012年4月、2012年4~10月，以及2011年10月~2012年10月发生的沿程累计冲淤量，其中2012年4~10月该河段的淤积量为0.210 6亿m^3。该河段非汛期(2011年10月~2012年4月)的冲刷量为0.035亿m^3，非汛期的冲刷量远小于汛期的淤积量，因此年淤积量0.175亿m^3。该河段的平均槽宽约为1 200 m，据此计算淤积厚度，汛期达0.42 m，全年达0.35 m，局部河段淤积较多。这是小浪底水库运用以来该河段首次发生淤积，也是小浪底水库运用以来下游河道局部河段淤积最严重的一次。

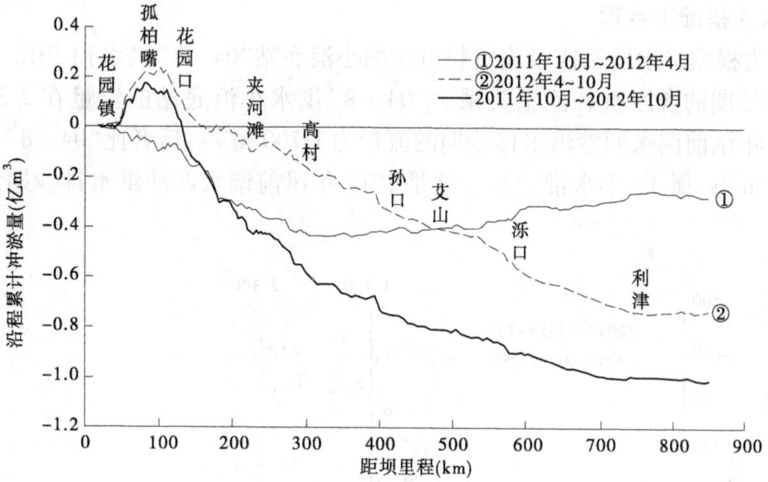

图4-1　汛期沿程累计冲淤量线

二、来水来沙及边界条件分析

小浪底水库运用以来，进入下游含沙量最高的洪水为“04·8”洪水。“04·8”洪水第一阶段自8月22日到25日，历时4 d(图4-2)，小浪底水库排沙0.895亿t，花园口站沙量1.104亿t。洪水期间，西霞院—花园口河道非但没有淤积，还发生0.145亿t的冲刷，断面法也显示2004年汛期西霞院—花园口河段没有发生累积性淤积。2012年调水调沙排沙期，西霞院水库排沙量0.585亿t，为“04·8”洪水的65%，花园口以上河道却发生显著淤积，淤积量0.218亿t，淤积比达37%。

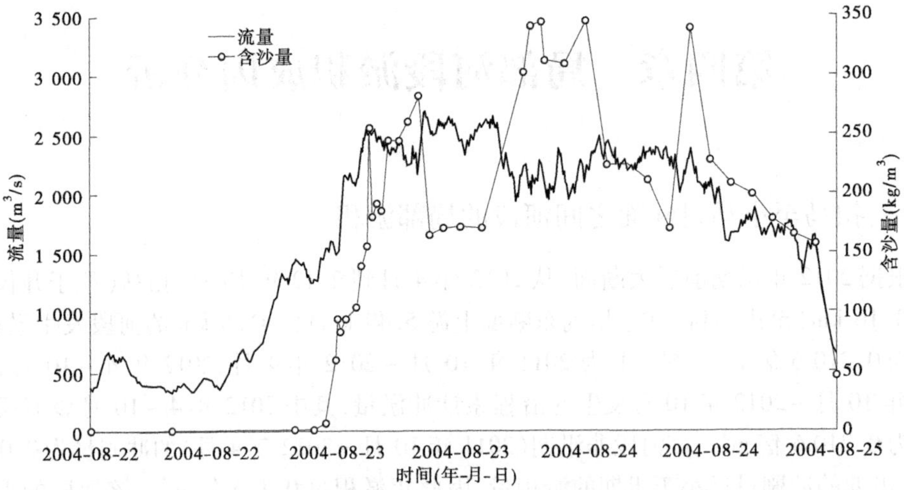

图 4-2 “04 · 8”洪水小浪底站流量、含沙量过程线

通过与“04 · 8”洪水排沙期对比，分析认为，本次调水调沙排沙期局部河段淤积较多与河道主槽横断面变得宽浅、水沙搭配以及纵向的边界条件有关。

(一)水沙搭配不合理

图 4-3 为根据洪水要素摘录表资料点绘的小浪底站“04 · 8”洪水和 2012 年汛前调水调沙洪水排沙期的含沙量和流量关系。“04 · 8”洪水小浪底站的流量在 2 300 m^3/s 左右，而 2012 年汛前调水调沙洪水排沙期的流量为 1 700 m^3/s，后者比“04 · 8”洪水的排沙流量小 600 m^3/s，属于“小水带大沙”，这是 2012 年汛前调水调沙洪水排沙期河道淤积的原因之一。

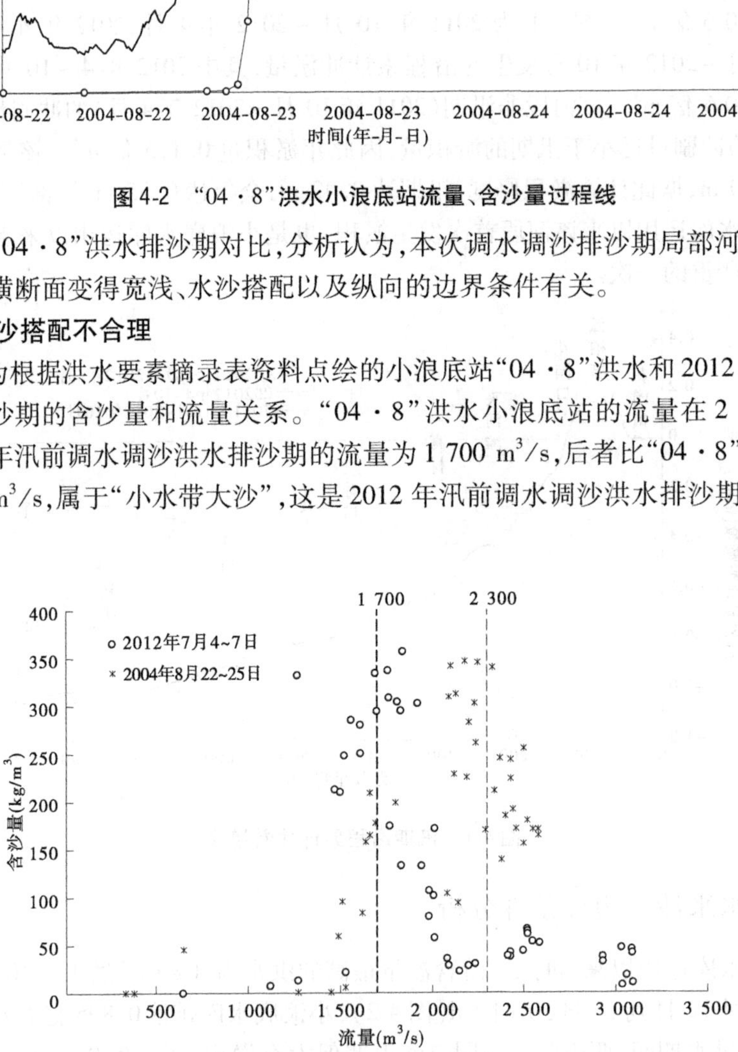

图 4-3 小浪底站 2004 年和 2012 年水沙搭配对比

(二)断面展宽的影响

从 2004 年到 2012 年，小浪底水库持续清水冲刷，花园镇以下河道不少断面不断发生

塌滩展宽,横断面变得宽浅。例如南开仪断面主槽展宽了 200 m,裴峪 1 断面展宽 900 m,黄寨峪东断面展宽了 200 m(图 4-4)。河道展宽必然引起流速降低,从而降低水流的挟沙能力,使河道容易淤积。

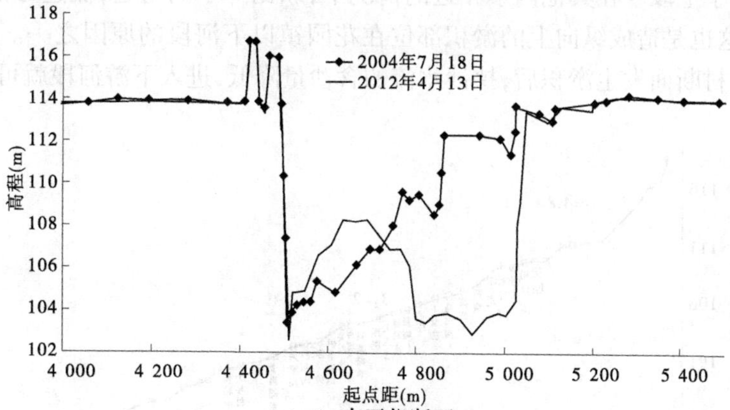

(a)南开仪断面

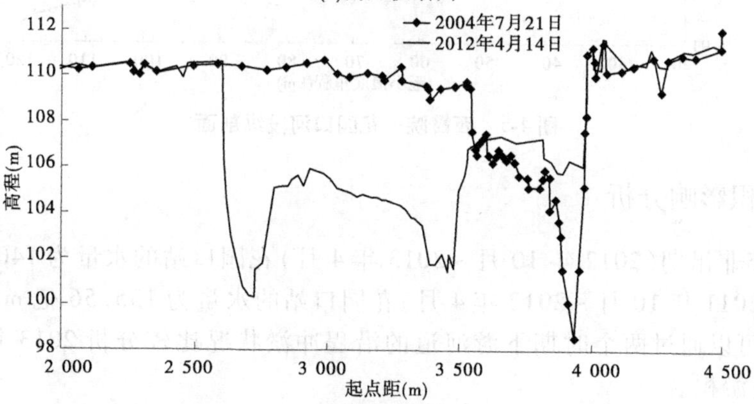

(b)裴峪1断面

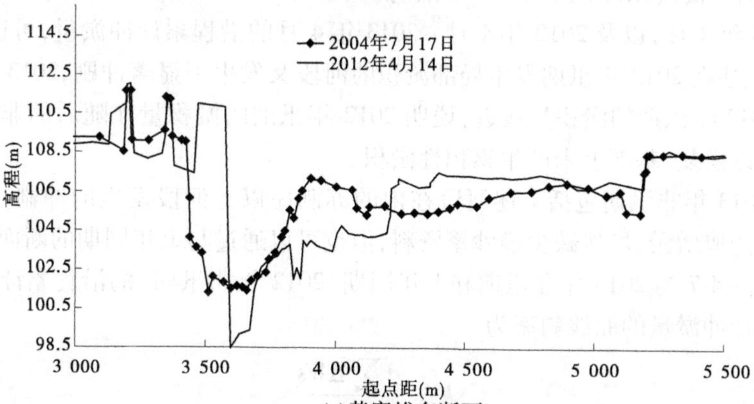

(c)黄寨峪东断面

图 4-4　断面套绘对比图

(三)沿程比降变化的影响

图 4-5 为黄河下游西霞院—花园口河段 2012 年大断面施测水位沿程变化。花园镇以上河段的平均比降为 4.8‱,而花园镇—孤柏嘴河段的比降仅 2‱,花园镇以下河段的纵比降明显小于上段。在其他因素相近的情况下,纵比降小的河道,流速必然小,从而引起河段淤积,这也是造成纵向上的淤积部位在花园镇以下河段的原因之一。当挟沙水流在扣马至小马村断面发生淤积后,挟沙水流的含沙量降低,进入下游河段就可能不再发生淤积。

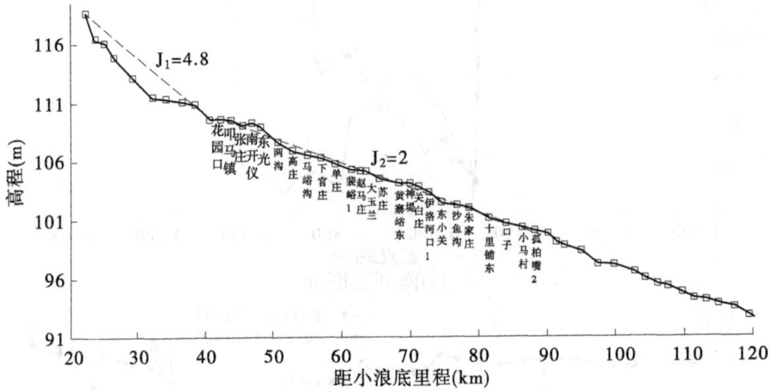

图 4-5　西霞院—花园口河段纵剖面

三、淤积影响分析

2013 年非汛期(2012 年 10 月 ~2013 年 4 月)花园口站的水量为 140.58 亿 m^3,上年同期(2011 年 10 月 ~2012 年 4 月)花园口站的水量为 135.56 亿 m^3,二者十分接近,因此可以通过两个时期下游河道的沿程冲淤状况比较分析 2013 年非汛期是否增加河道淤积。

图 4-6 为西霞院水库以下 2012 年汛期(2012 年 4 ~10 月)、2013 年非汛期(2012 年 10 月 ~2013 年 4 月)以及 2012 年 4 月 ~2013 年 4 月的沿程累计冲淤量,可以看到,2013 年非汛期,上述在 2012 年汛期发生局部淤积的河段又发生了显著冲刷,2013 年非汛期的冲刷量和 2012 年汛期的淤积量接近,说明 2012 年汛期的淤积量在随后的非汛期清水冲刷过程中得以恢复,基本上未产生累积性淤积。

另外,2013 年非汛期包括上述河段在内的苏泗庄以上河段发生的冲刷,没有对苏泗庄以下河道造成增淤,虽然缺少输沙率资料,但也可以通过与上年同期的断面法冲淤量对比来说明。图 4-7 为 2013 年非汛期和上年同期(2012 年非汛期)的沿程累计冲淤量对照图。沿程累计冲淤量的曲线斜率为

$$k = \frac{\mathrm{d}\sum \Delta Ws}{\mathrm{d}L}$$

式中,$\sum \Delta Ws$ 为沿程累计冲淤量;L 为距坝里程。因此,累计冲淤量的曲线斜率 k 反映了纵向上冲刷或淤积的强度。

2012 年非汛期,伟那里—清加 2 断面的淤积强度为 0.40 亿 t/100 km,2013 年非汛期

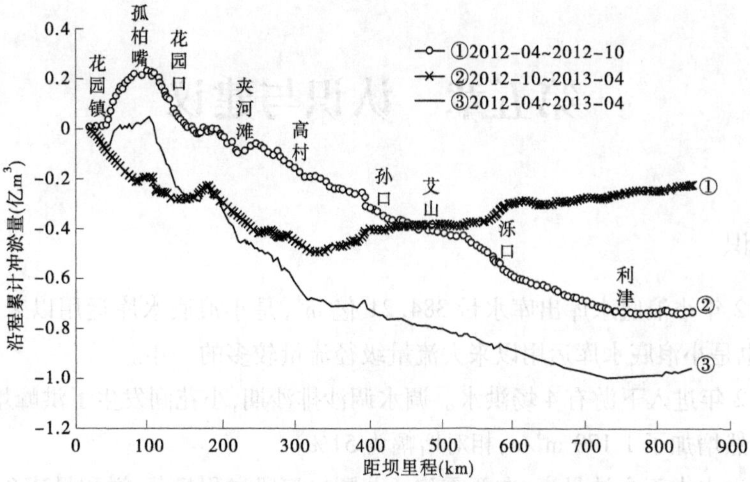

图 4-6　2012 年汛期、2013 年非汛期及最近一年的沿程累计冲淤量

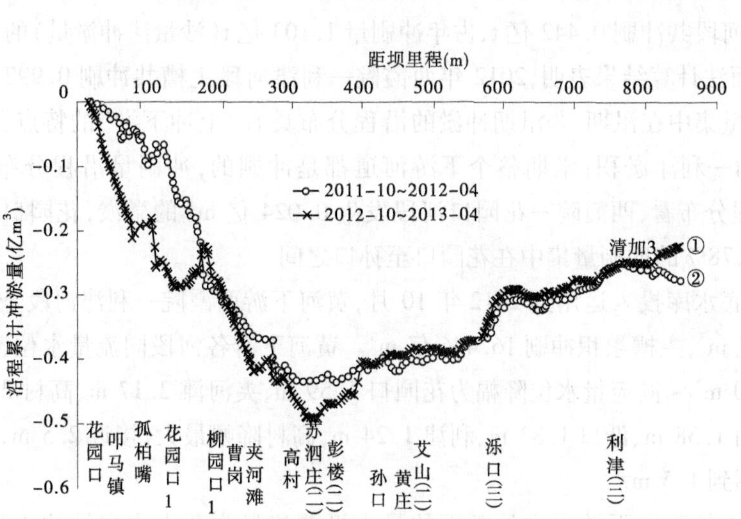

图 4-7　最近的两个非汛期沿程累计冲淤量

为 0.42 亿 t/100 km，二者接近；2012 年非汛期花园口站的水量（作为进入下游河道的水量）为 135.56 亿 m^3，2013 年非汛期花园口站的水量为 140.58 亿 m^3，水量差别不大。2011 年汛期，高村以上河道未发生淤积。以上分析说明，2013 年非汛期苏泗庄以下河道的淤积强度和上年非汛期基本相近，即 2013 年非汛期上河段淤积被冲刷后，没有对下河段造成额外淤积。

第五章　认识与建议

一、认识

(1)2012 年小浪底水库出库水量 384.21 亿 m^3,是小浪底水库运用以来水库泄水最多的一年,也是小浪底水库运用以来大流量级径流量较多的一年。

(2)2012 年进入下游有 4 场洪水。调水调沙排沙期,小花间发生了洪峰增值,小花间洪峰流量仍然增加了 1 170 m^3/s,相对增幅为 51%。

第 1 场洪水由于含沙量高,在西霞院—花园口河段淤积显著,淤积量达 0.150 亿 t,第 2 场洪水在花园口—夹河滩河段淤积 0.070 亿 t,在其余河段冲刷或微淤。4 场洪水在西霞院—利津河段共冲刷 0.442 亿 t,占年冲刷量 1.103 亿 t(沙量法冲淤量)的 44%。

(3)断面法计算结果表明,2012 年西霞院—利津河段主槽共冲刷 0.992 亿 m^3,其中 74% 的冲刷量集中在汛期;非汛期冲淤的沿程分布具有"上冲下淤"的特点,艾山以上河道冲刷,艾山—利津淤积;汛期整个下游河道都是冲刷的,冲刷量沿程分布呈"上大下小"。从沿程分布看,西霞院—花园口河段发生 0.024 亿 m^3 的微淤,花园口以下河段均表现为冲刷,78% 的冲刷量集中在花园口至孙口之间。

自小浪底水库投入运用到 2012 年 10 月,黄河下游西霞院—利津河段全断面累积冲刷 15.965 亿 m^3,主槽累积冲刷 16.446 亿 m^3。黄河下游各河段同流量水位普遍下降,各水文站 2 000 m^3/s 同流量水位降幅为花园口 1.59 m、夹河滩 2.17 m、高村 2.44 m、孙口 1.82 m、艾山 1.38 m、泺口 1.83 m、利津 1.24 m,高村降幅最大,接近 2.5 m,艾山和利津降幅最小,不到 1.5 m。

(4)2013 年黄河下游水文站断面的最小平滩流量为艾山水文站的 4 150 m^3/s,彭楼—陶城铺河段的平滩流量最小,为 4 100 m^3/s。

(5)2012 年汛期花园镇—孤柏嘴之间淤积较多,淤积厚度 0.42 m,是小浪底水库运用以来该河段首次发生淤积,也是小浪底水库运用以来下游河道局部河段淤积最严重的一次。

二、建议

从小浪底水库 1999 年汛后下闸蓄水到 2012 汛后已经运用 13 a。经长年持续清水冲刷,黄河下游河道的最小平滩流量增加到目前的 4 100 m^3/s,河道排洪能力显著增大,满足近期排洪输沙低限要求的河槽基本形成,下游河道主槽可以适应小浪底水库拦沙后期以排沙为主、拦粗排细的水沙条件。同时,截至 2012 年汛后,小浪底水库已累计淤积27.5 亿 m^3,库区三角洲顶点已移动距坝 10.32 km,三角洲顶点以下只有约 2 亿 m^3 的库容,水库最低运用水位 210 m 以下只有 1.93 亿 m^3 库容,很容易形成较高的含沙水流出库。然而,由于游荡性河段清水冲刷塌滩展宽,输沙能力不高,将成为黄河下游河道输沙的制约河段,若水库排沙量更大,后期清水水量不足,可能发生淤积,因此建议优化小浪底水库出库水沙条件,尽可能调控较大的流量级进行排沙。

第六专题　内蒙古河段及下游典型河段河势演变特点

2012年黄河上游发生了近30 a未遇的大洪水,河势发生了较大变化,通过解析卫星影像资料,分析了2012年内蒙古河段巴彦高勒—头道拐河段河势变化,总体来看河势明显变好。巴彦高勒—三湖河口游荡段洪水期间仅嫩滩发生了漫滩,主流更加顺直;三湖河口—昭君坟过渡性河段和昭君坟—头道拐弯曲性河段发生了大漫滩,并出现5处裁弯,河势明显趋于规顺。根据多年河势变化分析认为,对于上游游荡性河段河道整治应遵循就势设坝控制河势,而不是刻意采用微弯型整治。

通过分析黄河下游2012年河势发现,伊洛河口—花园口河段河势更加趋直,适合修建较顺直的双岸整治工程,以此达到缩窄、稳定主槽、利于输沙的目的。

第一章　内蒙古河段河势演变特点

2012 年汛期黄河上游发生了持续强降水过程，在龙羊峡、刘家峡水库高水位拦蓄的情况下，进入宁蒙河道的洪水持续时间仍较长，洪峰流量较大，尤其是洪量达到 140 亿 m^3 左右，形成黄河上游近 30 a 未遇的大洪水，对塑槽和河势有较大的影响作用。

一、游荡性河段河势变化

巴彦高勒—头道拐共设有 108 个黄淤断面（简称黄断）。其中巴彦高勒—三湖河口河段为黄断 1—黄断 38；三湖河口—昭君坟河段为黄断 38—黄断 69；昭君坟—头道拐河段为黄断 69—黄断 108。

根据 2012 年 5 月（洪水前）、8 月（洪水期）和 10 月（洪水后）河势套绘看出，心滩减少、河势更加规顺（图 1-1），但其游荡特性未变，洪水期有一定程度的漫滩（图 1-2）。黄断 20—黄断 24 河段在洪水过后呈规则的微弯型河势（图 1-3）。

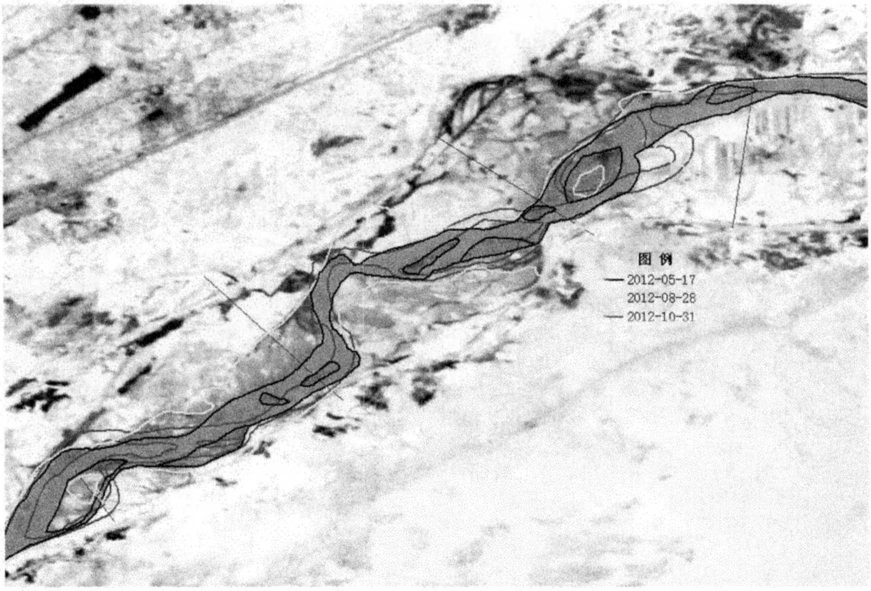

图 1-1　黄断 14—黄断 17 河段河势套绘

统计 2012 年洪水前后主流摆幅和弯曲系数表明（表 1-1），游荡段主流平均摆幅为 200 m，与历史统计 2007 ~2010 年主流平均摆幅 330 m 有一定减小，减幅达到 65%。过渡段扣除裁弯主流摆幅为 130 m，弯曲段扣除裁弯仅为 55 m。

二、过渡河段漫滩、裁弯情况

三湖河口—昭君坟河段为过渡性河段，出现了大漫滩和 2 处裁弯。

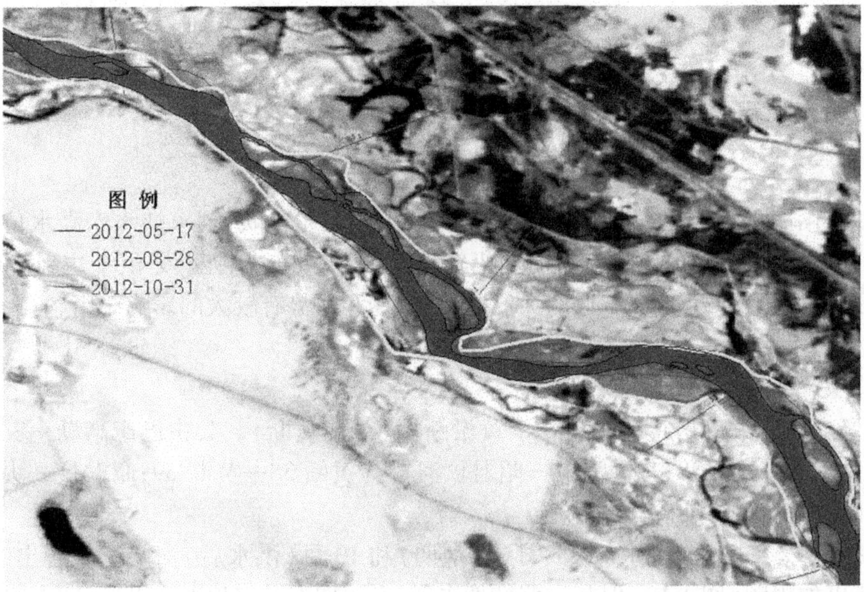

图 1-2　黄断 30—黄断 34 河势套绘

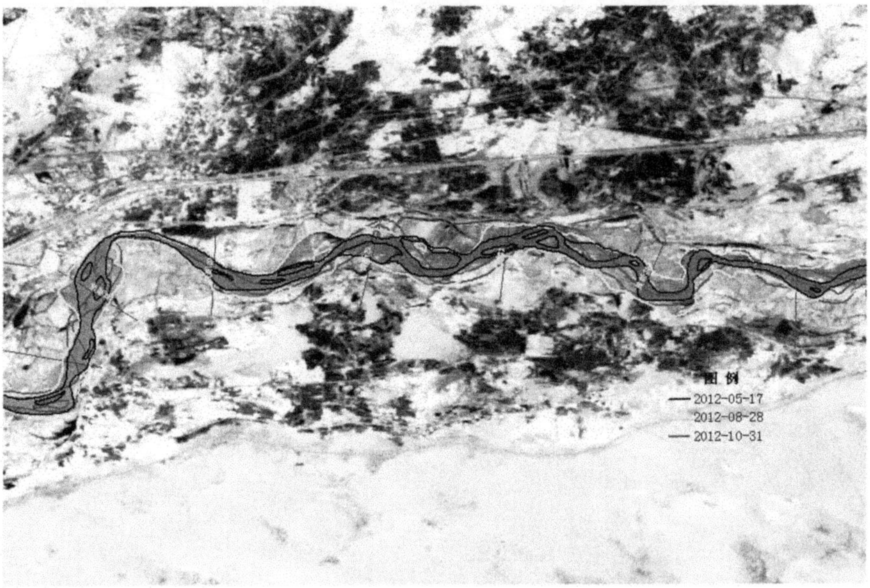

图 1-3　黄断 20—黄断 24 河段河势套绘

根据主流摆动情况(图 1-4)看,游荡段主流摆幅较大,过渡段次之,弯曲段最小,在过渡段出现 2 个裁弯,弯曲段出现 3 个裁弯,游荡段没有发生裁弯现象。根据表 1-2 得出,裁弯后裁弯比为 51% ~54%,因此弯曲系数也均有减小。

表 1-1　各河段 2012 年洪水前后主流平均摆幅

河段名称	河道长度（km）	河型	平均主流摆幅（m）	最大主流摆幅（m）
巴彦高勒—三湖河口	220.3	游荡	200	1 380
三湖河口—昭君坟	126.4	过渡	240（扣除裁弯为 130）	880
昭君坟—头道拐	174.1	弯曲	150（扣除裁弯为 55）	770

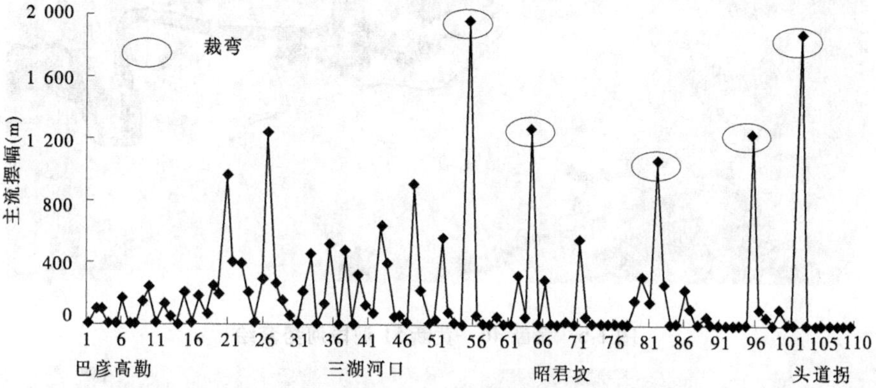

图 1-4　2012 年 10 月相对于 5 月主流摆动变化过程

表 1-2　2012 年洪水期裁弯及弯曲系数情况

河段名称	河段（黄断面号）	裁弯前河长（km）	裁弯后河长（km）	裁弯比（%）	时段	全河段主流线长（km）	弯曲系数
三湖河口—昭君坟	57 ~ 59	8.36	4.13	51	洪水前	231	1.05
	64 ~ 66	6.28	2.89	54	洪水后	234	1.06
昭君坟—头道拐	82 ~ 83	2.01	0.84	58	洪水前	140	1.06
	96 ~ 97	5.37	4.14	23	洪水后	133	1.05
	103 ~ 104	7.994	2.94	63	洪水前	221	1.27
合计		30	14.94	50	洪水后	211	1.21

2012 年洪水漫滩，三湖河口以上漫滩轻微，三湖河口以下自黄断 47 以后游荡段出现大漫滩，漫滩范围大都达到大堤根（图 1-5），平均漫滩宽度 1 470 m。过渡段出现 2 处自然裁弯（图 1-6、图 1-7），发生在黄断 55—黄断 57 和黄断 64—黄断 66。

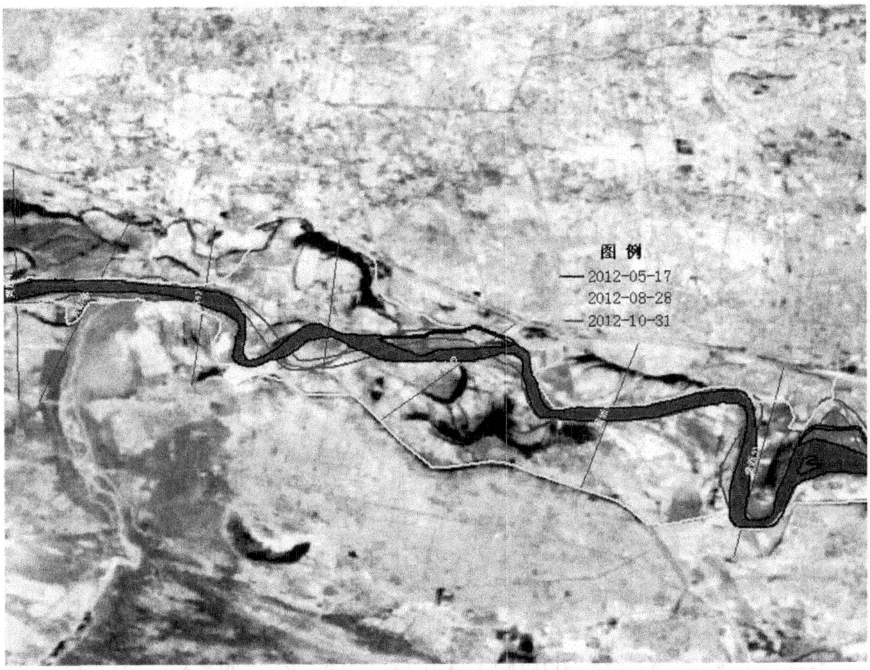

图 1-5　黄断 46—黄断 51 河段河势套绘

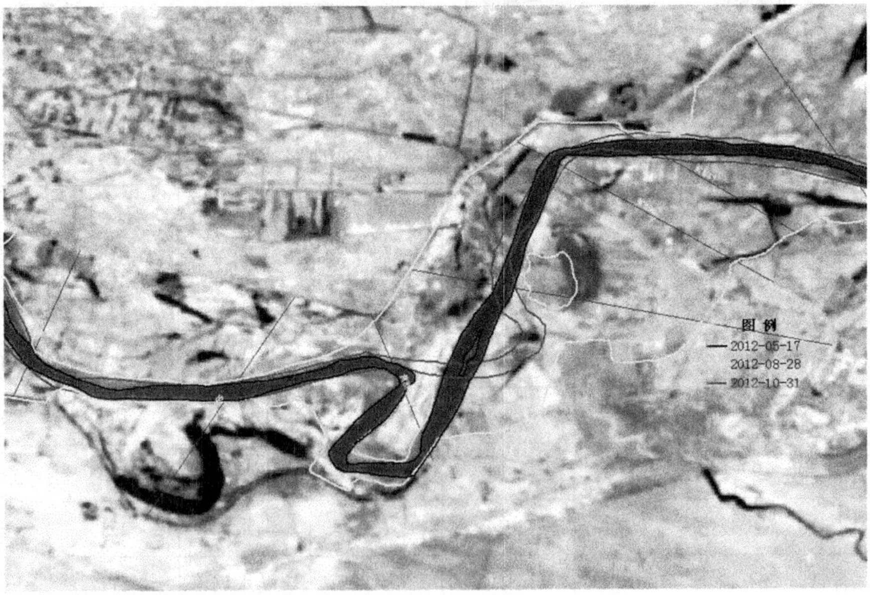

图 1-6　黄断 55—黄断 57 裁弯取直河势

三、弯曲段漫滩、裁弯情况

昭君坟—头道拐河段呈单一河槽，河道弯曲。河势变化较大的是洪水过后出现 3 处裁弯，裁弯后裁弯比为 23% ~63% 不等；主流局部摆幅大，但全河段主流摆幅相对不大。

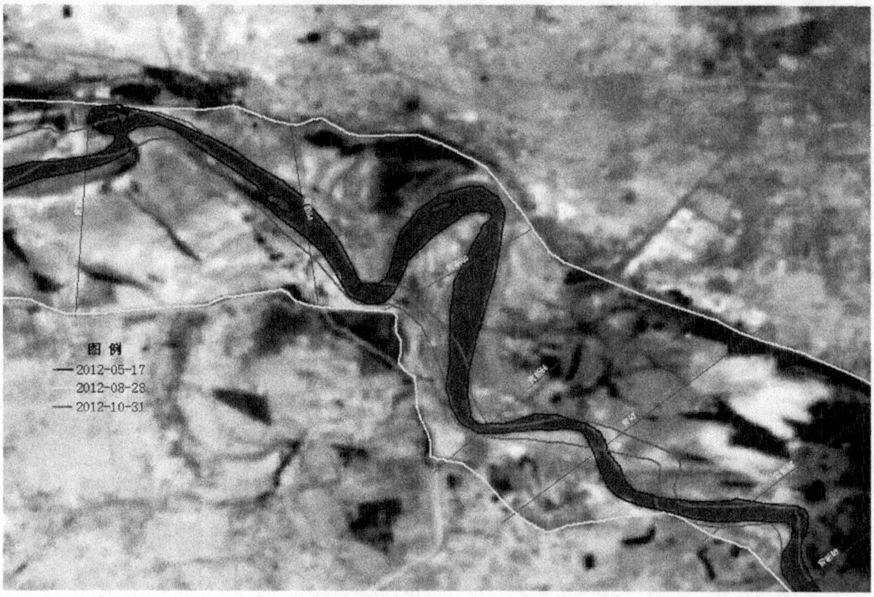

图 1-7　黄断 64—黄断 66 裁弯取直河势

弯曲性河段裁弯河段有黄断 103—黄断 104、黄断 96—黄断 97、黄断 82—黄断 83(图 1-8)。该河段漫滩严重,漫滩大都达到堤根,漫滩宽度平均达 1 800 m(据现场查勘,二滩落淤较少);主流摆幅较小,扣除裁弯主流平均摆幅仅 55 m。

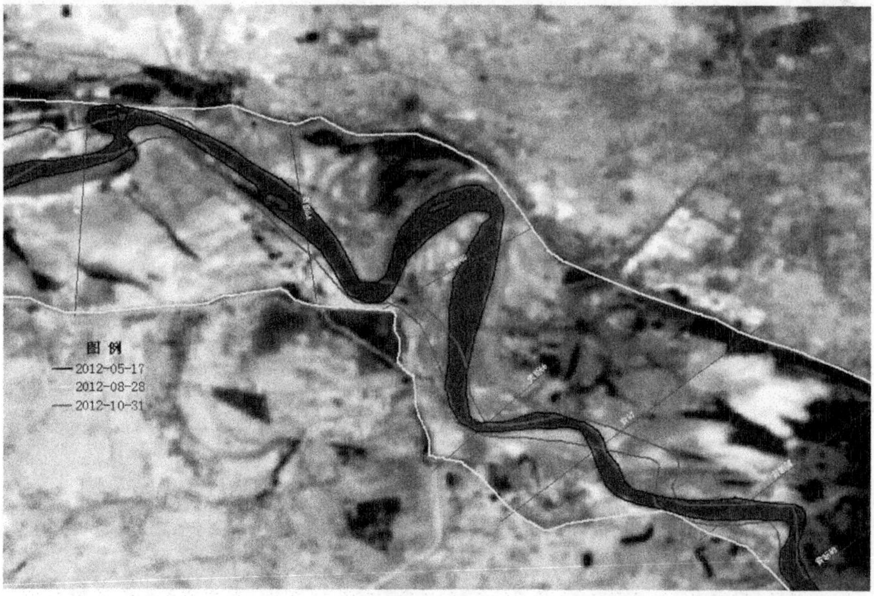

图 1-8　弯曲段洪水漫滩及裁弯河势套绘

四、小结

(1)宁蒙河段的游荡性河道游荡特性未变,汛前、汛后主流摆幅 200 m,较历史平均的

330 m 明显减小，仅有少量漫滩。

(2)过渡段大漫滩，2 处裁弯，裁弯比达 50% 左右；汛前、汛后主流摆幅为 130 m。

(3)弯曲段漫滩严重，出现 3 处裁弯，裁弯比为 23% ~63% 不等，主流摆幅平均 55 m。

总体来说，2012 年汛后河势发生一定调整，有总体向好趋势。

第二章　内蒙古河段河势相对稳定性分析

通过对主流摆幅、主流弯曲系数及河势分形维数的统计，分析了内蒙古河段河势相对稳定特征，为河道整治方法研究提供理论依据。

一、主流摆幅

根据各河段主流摆幅（摆动强度）变化过程分析（图 2-1 ~ 图 2-3），游荡段主流相对稳定期为 1999 ~ 2004 年；过渡段河势相对稳定期为 1990 年以来；弯曲段河势相对稳定期为 1999 ~ 2003 年。

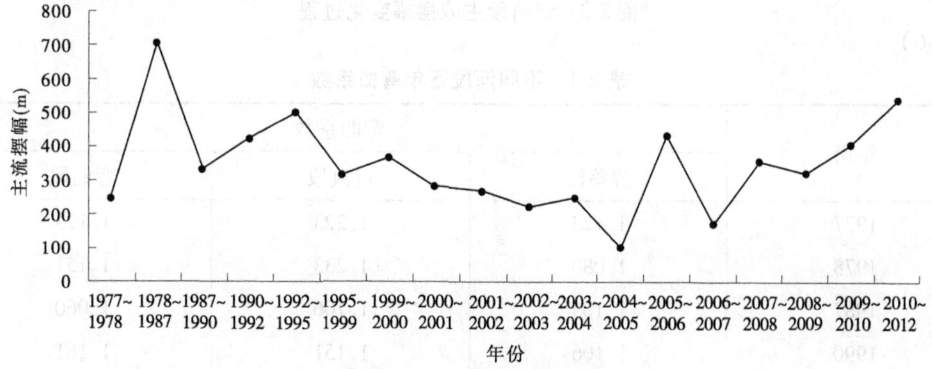

图 2-1　游荡段主流摆幅变化过程

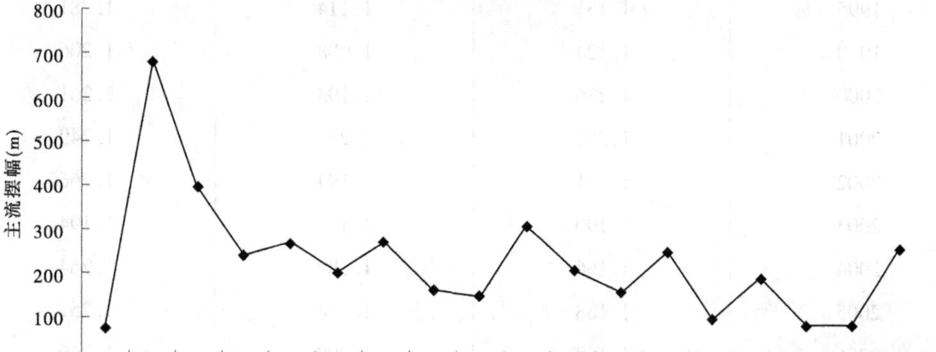

图 2-2　过渡段主流摆幅变化过程

二、弯曲系数

表 2-1 为历年不同河段主流弯曲系数，据此绘成弯曲系数变化过程图（图 2-4 ~

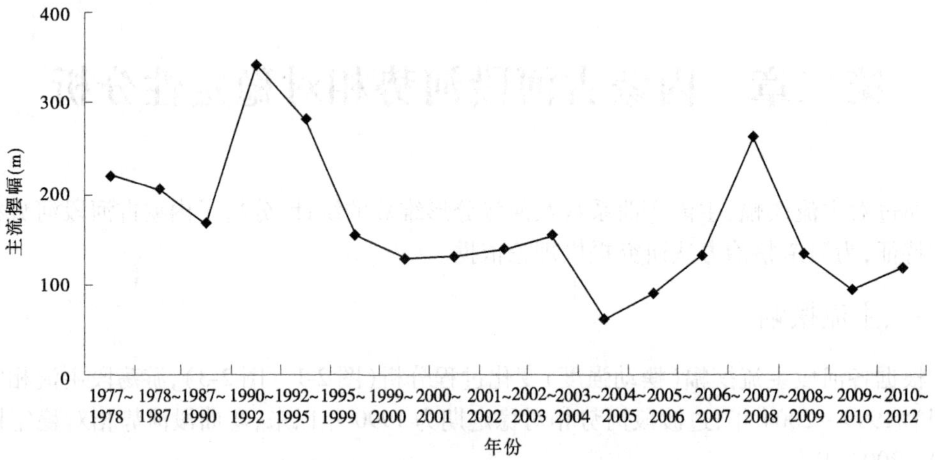

图 2-3　弯曲段主流摆幅变化过程

图 2-6)。

表 2-1　不同河段逐年弯曲系数

年份	弯曲系数		
	游荡段	过渡段	弯曲段
1977	1.123	1.223	1.123
1978	1.080	1.233	1.151
1987	1.105	1.106	1.060
1990	1.106	1.151	1.161
1992	1.121	1.140	1.166
1995	1.151	1.114	1.081
1999	1.124	1.088	1.206
2000	1.236	1.193	1.261
2001	1.282	1.217	1.249
2002	1.161	1.194	1.266
2003	1.190	1.126	1.194
2004	1.166	1.184	1.264
2005	1.188	1.198	1.257
2006	1.153	1.200	1.269
2007	1.122	1.172	1.253
2008	1.160	1.217	1.314
2009	1.176	1.200	1.310
2010	1.179	1.196	1.313
2012	1.161	1.159	1.254
平均	1.155	1.174	1.219

由图 2-4 可以看出，2002 年之后游荡性河段汛期弯曲系数相对稳定，其值在 1.15 ~ 1.19 之间，随来水条件变化不大；即使 2012 年汛期来水量很大(达到平均水量的 3 倍)，但是弯曲系数没有出现明显变化，弯曲系数为 1.18。其原因是目前该河段整治工程相对较完善，河势变化受工程约束影响较大，受水沙条件影响相对较小。

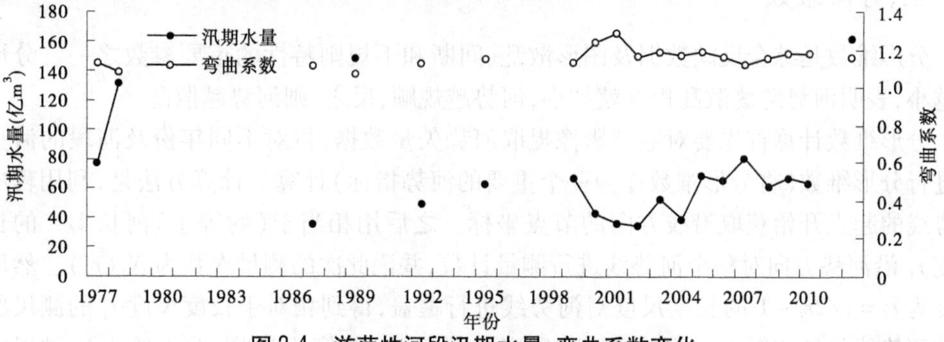

图 2-4　游荡性河段汛期水量、弯曲系数变化

图 2-5 为过渡性河段逐年汛期水量、弯曲系数变化，由该图看出：①弯曲系数变化与汛期水量有较明显的倒影关系，特别是 2000 年以来，说明弯曲系数受来水来沙条件影响较大，而该河段整治工程较少；②相对稳定的弯曲系数在 1.2 左右，对应时期为 2002 ~ 2010 年(其中只有 2003 年偏离较多)。

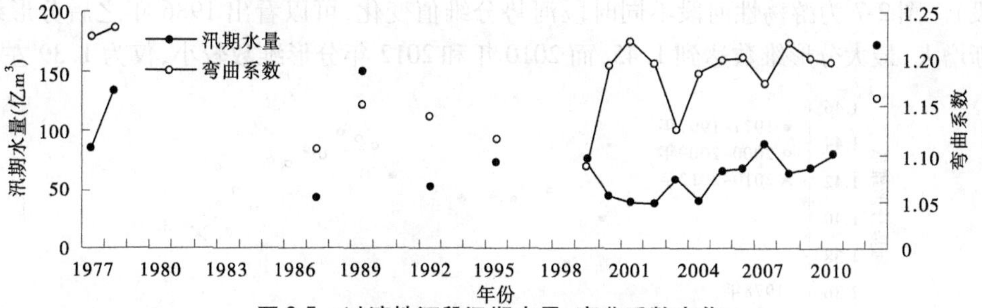

图 2-5　过渡性河段汛期水量、弯曲系数变化

图 2-6 为弯曲性河段逐年汛期水量、弯曲系数变化，可以看出，该河段 2000 年以来弯曲系数变化较小，相对稳定的弯曲系数在 1.25 左右，该河段整治工程较少，说明该河段河势变化随水沙变化不明显，主要是河性所致。

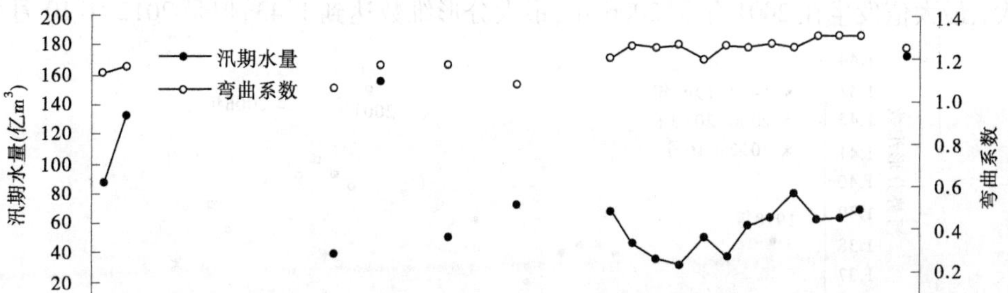

图 2-6　弯曲性河段汛期水量、弯曲系数变化

总之，根据三个河段弯曲系数变化看出，相对稳定的弯曲系数均发生在2000年之后；游荡性河段受整治工程影响较大，受水沙影响较小，2004年之后河势相对稳定；过渡性河段受水沙影响较大；弯曲性河段受水沙影响较小。

三、分形维数

分形维数是综合反映数据及图形散乱、间断和不规则特性的重要参数之一。分形维数越小，表明河势游荡散乱程度就越小，河势越规顺，反之，则河势越散乱。

分形维数计算首先要对遥感影像提取河势矢量数据，再对不同年份及河段的河势边线进行分形维数（将分形维数作为一个重要的河势指标）计算。计算方法是，利用程序自河势线的起点开始获取沿线方向的节点坐标。之后用相当于（约等于）河长1/5的长度尺度 r_1 沿河势方向对整个河势线进行测量计数，并记此次的测量次数为 $N_1(r_1)$。然后用尺度为 $r_i = 1/2r_i - 1$ 的长度尺度对河势线进行覆盖，得到相对于长度尺度 r_i 的测尺所测得的河势线长度 $N(r_i)$。当测量长度尺度 r_i 足够小时，停止计算，并点绘上述过程中的 $\ln(N(r_i))$ 与 $\ln r_i$ 的关系曲线，取曲线中的直线段（分形无标度区）的斜率 d 作为该条河势线的河段分形维数。

黄断1—黄断38为巴彦高勒—三湖河口河段（游荡性河段），黄断38—黄断69为三湖河口—昭君坟河段（过渡性河段），黄断38—黄断108为昭君坟—头道拐河段（弯曲性河段）。图2-7为游荡性河段不同时段河势分维值变化，可以看出1986年之后分形维数逐渐增大，最大分形维数达到1.45，而2010年和2012年分形维数较小，仅为1.39左右。

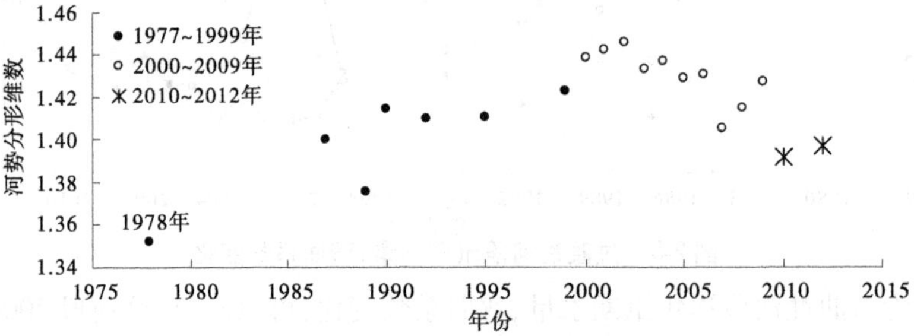

图2-7　游荡性河段河势分形维数变化

图2-8为过渡性河段不同时段河势分形维数变化，可以看出1995～2010年分形维数较大，最大值发生在2001年和2006年，最大分形维数达到1.43，但是2012年10月分形

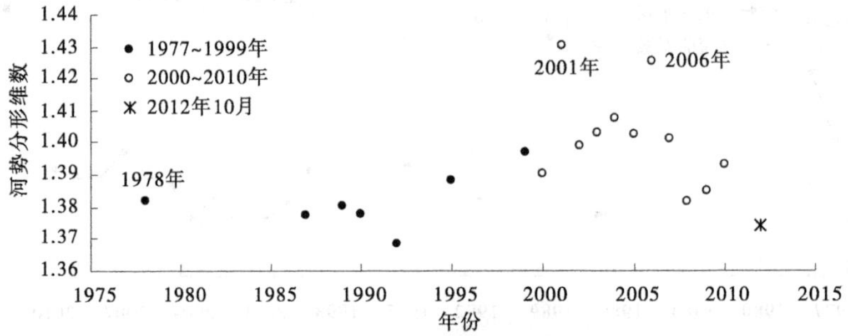

图2-8　过渡性河段河势分形维数变化

维数较小,主要是2012年汛期大水裁弯所致。

图2-9为弯曲性河段不同时段河势分形维数变化,可以看出,1995~2010年分形维数较大,最大值发生在2003年,最大分形维数达到1.45,但是2012年10月分形维数相对较小,主要是2012年汛期大水裁弯所致(共有4处裁弯)。

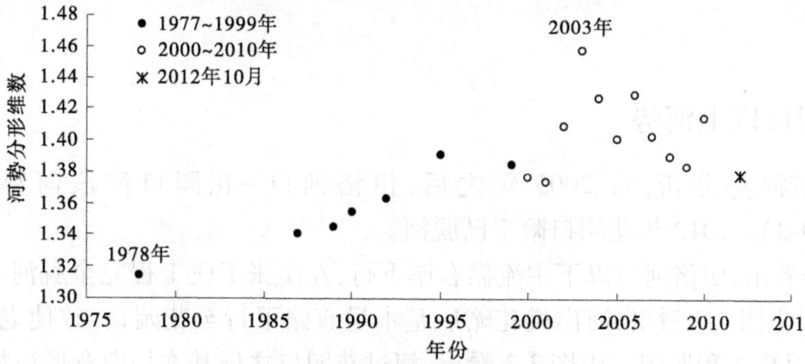

图2-9 弯曲性河段河势分形维数变化

四、小结

巴彦高勒—三湖河口游荡性河段的游荡特性未发生改变;过渡性河段、弯曲性河段裁弯明显,共有5处裁弯;三湖河口以下漫滩严重,漫滩范围至两岸大堤根,游荡性河段仅有少量漫滩。

根据主流摆幅、弯曲系数和河势分形维数综合判断,2000年以后,特别是2004年之后巴彦高勒—昭君坟河段河势相对平顺,弯曲段受河性影响,除了几处裁弯,其他河段河势稳定。

第三章 长期小水作用下黄河下游游荡性河段河势演变特点

一、花园口以上河势

根据多年河势分析，自 2005 年之后，伊洛河口—花园口河段河势逐渐趋直（图 3-1 ~ 图 3-3）。2012 年花园口险工已脱河。

由图 3-1 看出，伊洛河口以下主流靠右岸下行，左岸张王庄工程完全脱河，驾部、枣树沟靠溜下挫。由图 3-2 看出，河出桃花峪后基本呈直路下行至花园口，致使老田庵工程、保合寨工程、马庄工程脱河。由图 3-3 看出，河过花园口之后基本呈微弯形河势下行。

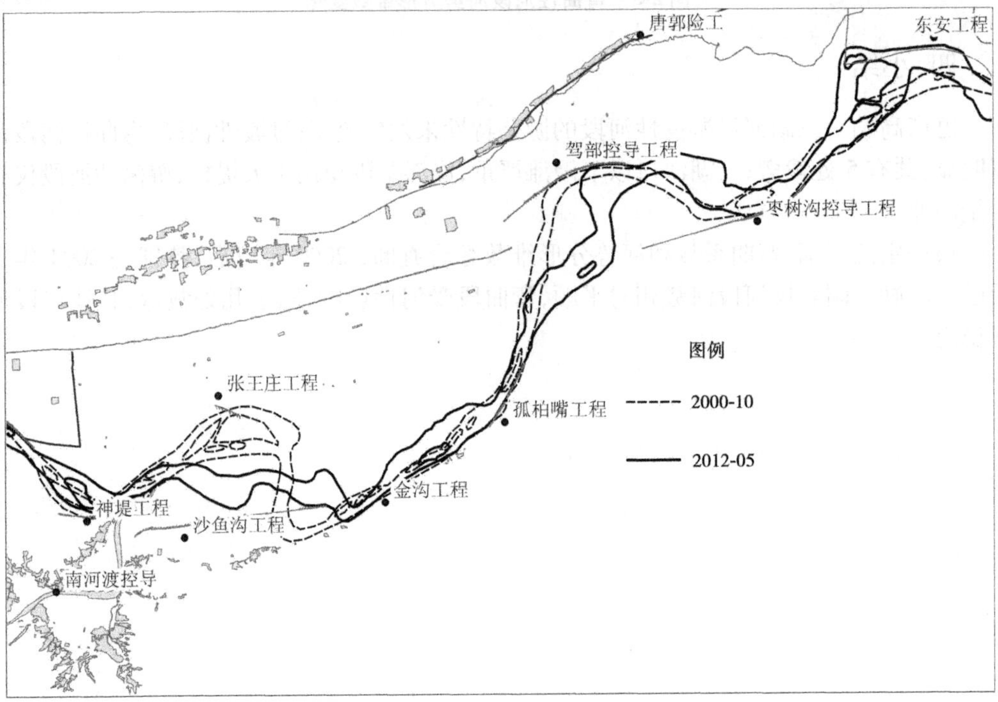

图 3-1 伊洛河口—东安河段河势

分析局部河段河势趋直的主要原因为：上游长期下泄低含沙小水，河脖滩尖被冲蚀，加之冲刷工程下首滩岸，造成河势下挫至脱河。桃花峪以下河势趋直还可能与修建郑州桃花峪黄河公路大桥有关，该大桥于 2010 年 3 月开工，2009 年汛后老田庵还靠河，2010 年汛后即脱河。

温孟滩河段目前河道整治工程长度已占河道长的 95%，河势也较稳定，被称为模范河段，但在长期清水作用下，河势仍没有完全规顺（图 3-4）。

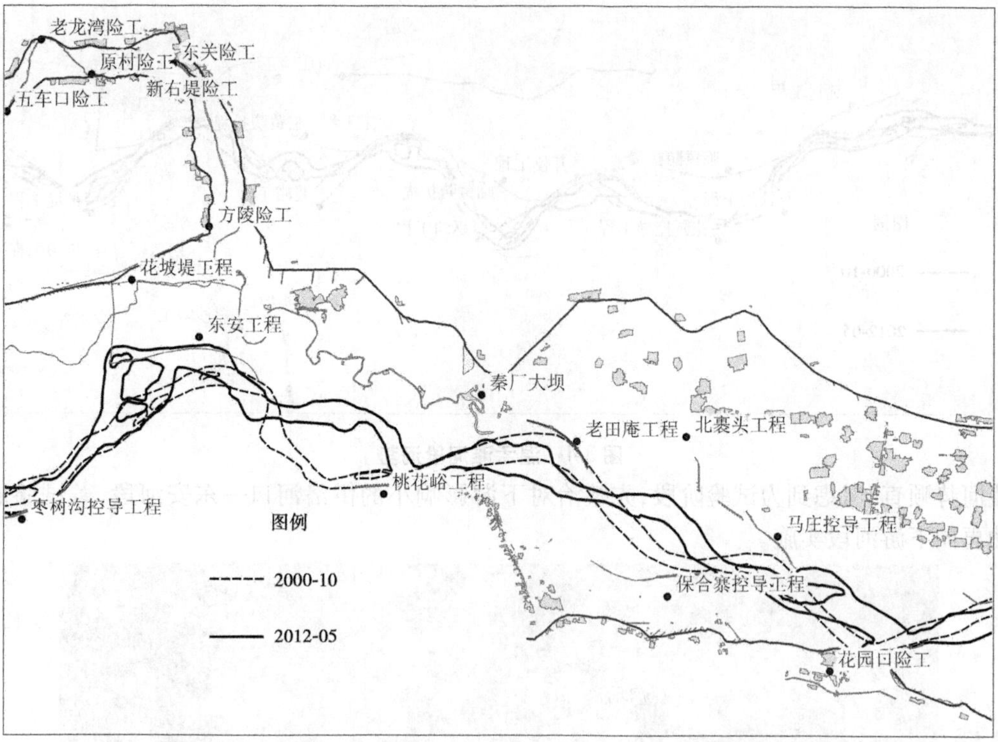

图 3-2　东安—花园口河段河势

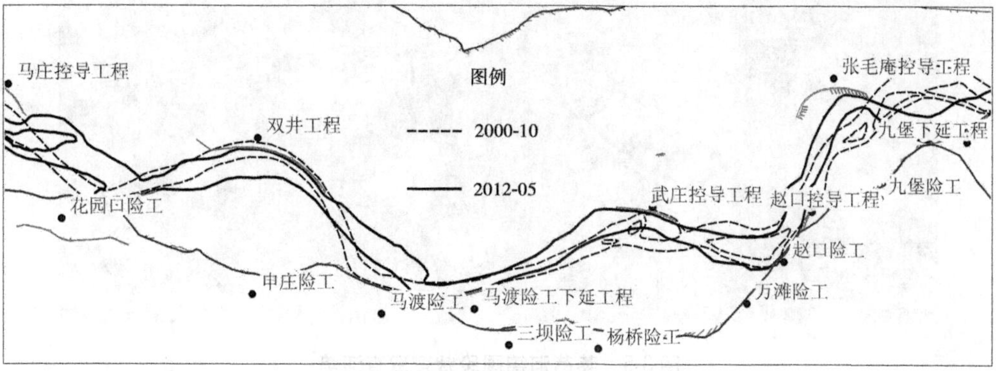

图 3-3　花园口—九堡河段河势

花园口以上河势总体趋直，主要原因是长期清水、小水作用，使滩尖蚀退，溜势下滑，工程下首滩岸坍塌，辅助送溜作用减弱。加之微弯形河势主流弯曲系数较大，如 2012 年 10 月黑岗口—夹河滩河段主流弯曲系数达到 1.46，夹河滩—高村河段弯曲系数为 1.27，河势越弯曲越不利于输沙，2012 年 10 月伊洛河口—花园口河势趋直河段的主流弯曲系数为 1.17，河道较顺直，因此有利于输沙。例如莱茵河的德国段就采取了裁弯取直(图 3-5)。鉴于此，为有利于输沙，建议在目前河势基础上，对河势趋直河段抓住时机开展双岸整治，

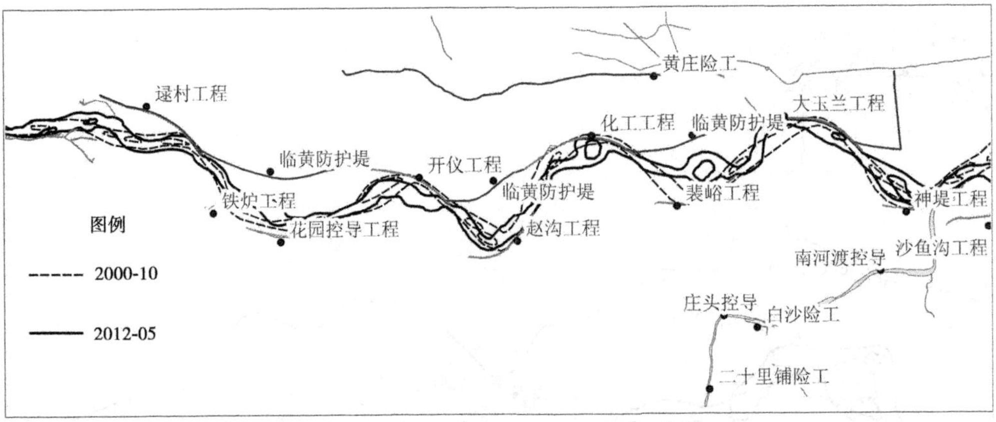

图 3-4　温孟滩河段河势

使河势顺直,考虑到为试验阶段,先整治对下游影响小的伊洛河口—东安河段,若试验成功再向下游河段实施。

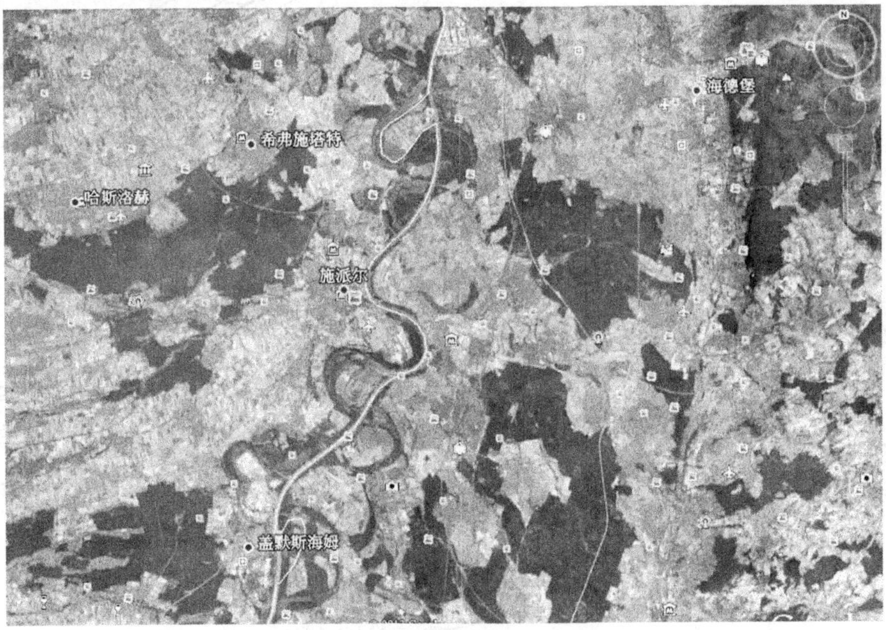

图 3-5　莱茵河德国段裁弯取直河势

二、畸形河湾变化情况

(一)畸形河湾情况

畸形河湾是河势变化的特殊情况,小浪底水库拦沙运用以来,在黑岗口—夹河滩河段曾出现了较严重的畸形河湾,对河道整治和滩区安全构成极大威胁。历史上黑岗口—夹河滩河段为畸形河湾多发河段,1960 年以来游荡性河段发生畸形河湾的情况见表 3-1。

表 3-1　畸形河湾发生河段及时期

出现年份	河段	消失时间(年-月)	消失方法
1975～1977	王家堤—新店集	1978	自然裁弯
1979、1984	欧坦—禅房	1985	自然裁弯
1981～1984	柳园口—古城	1985	自然裁弯
1993～1995	黑岗口—古城	1996	自然裁弯
2003～2005	王庵—古城	2006-05	人工裁弯
2003～2005	欧坦—贯台	2006-05	自然裁弯

2003～2006 年,在大宫与夹河滩之间河段出现多处畸形河湾(图 3-6)。

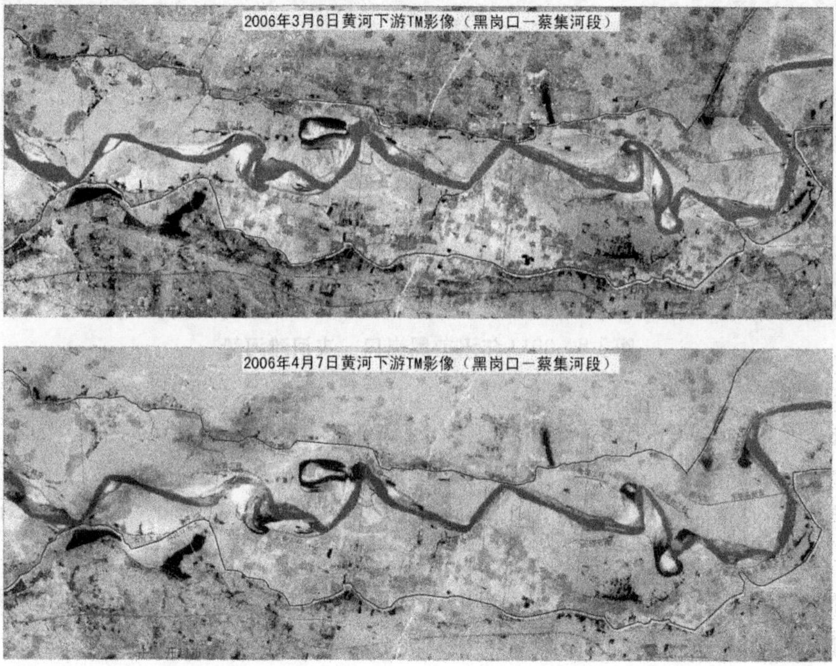

图 3-6　黑岗口—夹河滩河段 2006 年畸形河湾卫片图

黑岗口—夹河滩河段的畸形河湾,经过 2006 年 5 月人工裁弯后消失,目前该河段流路已与规划流路基本一致(图 3-7 和图 3-8)。

(二)韦滩畸形河湾情况好转

韦滩工程前畸形河湾的发展过程是:

2001 年汛后,九堡下延不靠河,主流在九堡下延工程前自西向东基本顺直向下,滑过三官庙工程下首,在黑石工程前约 800 m 处坐弯,折向南岸约 2 500 m 后向东,韦滩工程不靠河。2003 年汛前,该段河势整体上比较顺直,三官庙工程前呈三股河流路,黑石工程下首靠河。2005 年汛后,九堡下延工程前来流方向发生较大变化,主流自西北向东南滑

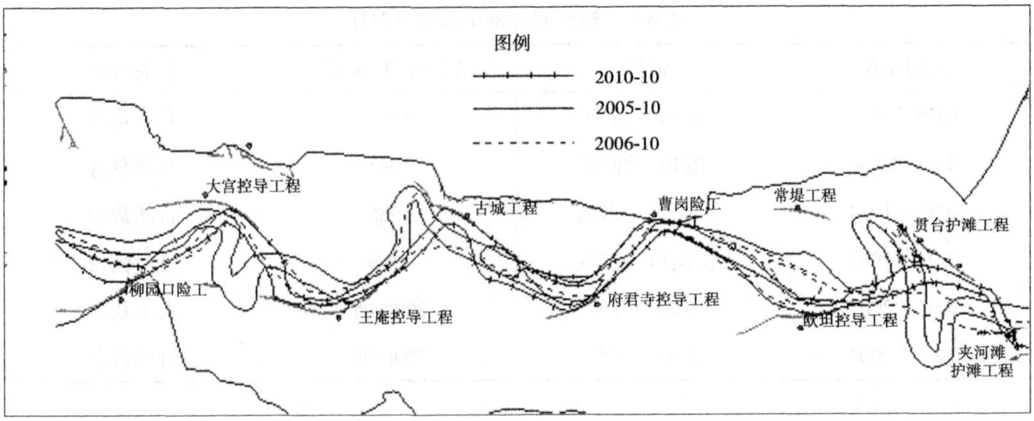

图 3-7　柳园口—夹河滩河段河势

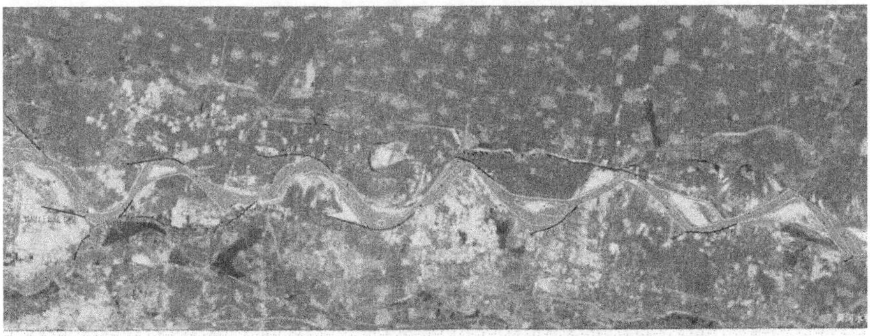

图 3-8　2013 年汛前黑岗口—夹河滩河势

过九堡下延工程下首，在九堡下延工程背河侧坐弯后，折向黑石工程，河势坐弯。2007 年汛前，九堡下延工程下首河湾继续发展，畸形河湾雏形出现（图 3-9），湾顶位置从 2005 年三官庙断面向下游推进到黑石断面，黑石工程前河势平顺。2009 年汛后，九堡下延工程靠主流，河出工程后向东北方向发展，主流在小大宾断面与三官庙断面之间坐弯后，折向东南方向，原九堡下延工程下首河湾继续向下游发展，黑石工程前河势上提。2012 年汛前，九堡下延工程全部靠溜，其下首河湾进一步发展至韦滩工程上首，在韦滩工程上首坐弯，黑石工程前河势进一步上提。

韦滩工程前畸形河湾的雏形出现于 2005 年汛后，经过 2006 ~ 2011 年的发展，到 2011 年汛后南岸湾顶至韦滩工程上首，与 2011 年汛前相比，至 2012 年 6 月，韦滩工程上首湾顶塌滩长度达 700 m。分析韦滩工程前的畸形河湾除与水沙条件相关外，还可能边界条件即与张毛庵工程的修建有关。张毛庵整治工程总长 4 600 m，2001 年完成联坝，截至 2005 年修建完成至 35 坝，2008 年汛后，为改变不利河势对仁村堤村的威胁，三官庙控导工程续建了 33 ~ 42 坝。2010 年汛前至 2011 年汛前北岸湾顶下移约 2 km（图 3-9）。

图 3-10 为韦滩工程上首河势，近 50 m 长工程已在河中，背河受冲，但在 6 月 25 日查勘期间，发现工程前主流明显北移（图 3-11）。

图 3-12 为黑石工程靠溜情况，黑石工程是保护仁村堤村安全的重要工程，目前来看黑石工程较为安全，但局部因抛石较少，有塌滩出现（见图 3-13）。

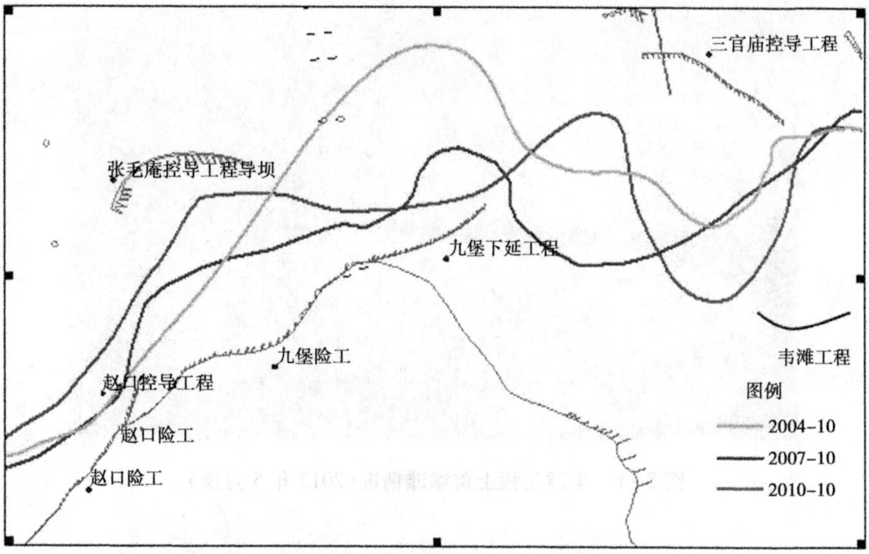

图 3-9　2004～2010 年主流线套绘

图 3-10　韦滩工程上首背河侧河势(2012 年 5 月摄)

(三)2013 年汛前韦滩畸形河湾调整状况

根据 2012 年汛前、汛后和 2013 年汛前韦滩河段河势套绘(图 3-14),2012 年汛前韦滩工程前发育一处向南严重坐弯的畸形河湾,但经过 2012 年调水调沙大水作用后,该畸形河湾主流明显向北移动,主流湾顶移动约有 2.5 km,使畸形河势有了明显缓解,但北岸湾顶位置和坐弯程度未变,仍需加强防守。

三、小结

花园口以上河段河势总体趋直的原因是长期低含沙小水冲蚀滩尖所致,若上游继续来低含沙或清水的话,花园口以上河段将长期处于河势趋直状态。

图 3-11　韦滩工程上首塌滩情况(2012 年 5 月摄)

图 3-12　黑石工程(仁村堤村护堤工程)(2012 年 6 月 26 日摄)

图 3-13　黑石工程局部塌滩(2012 年 6 月 26 日摄)

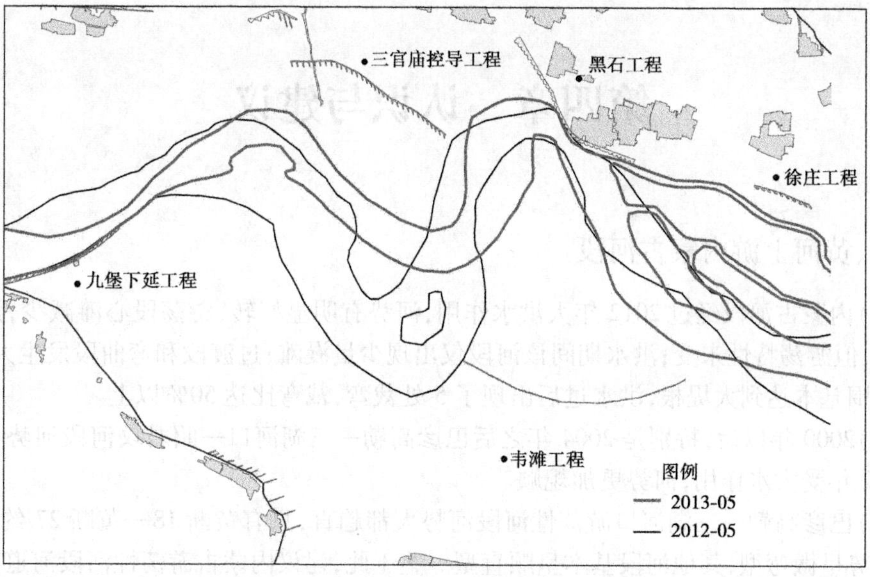

图 3-14　2012 年、2013 年韦滩河段河势套绘

目前韦滩工程前的畸形河湾得到明显改善，但若再长期继续来水来沙偏枯，游荡性河段有再发生畸形河湾的可能性。

第四章　认识与建议

一、黄河上游内蒙古河段

(1)内蒙古河段经过2012年大洪水作用,河势有明显好转,游荡段心滩减少,河势更加规顺,但游荡特性未变;洪水期间该河段仅出现少量漫滩;过渡段和弯曲段发生大漫滩,漫滩范围基本达到大堤根,洪水过后出现了5处裁弯,裁弯比达50%以上。

(2)2000年以后,特别是2004年之后巴彦高勒—三湖河口—昭君坟河段河势相对稳定,2012年受大水作用,河势更加规顺。

(3)巴彦高勒—三湖河口游荡性河段河势大都趋直,只有黄断18—黄断27约55 km河段河势呈微弯型,其他河段基本呈顺直型。鉴于此,建议内蒙古游荡性河段河道整治要就势布弯,不宜刻意、统一采用微弯型整治。

二、黄河下游游荡性河道

(1)自2000年以来,在长期枯水少沙作用下,伊洛河口—花园口河段河道逐渐趋直,其上游温孟滩河段由于受整治工程控制,目前仍呈微弯型。花园口以上河段河势总体逐渐趋直的主要原因是受长期低含沙小水的冲蚀作用,原整治工程前的滩尖被冲蚀,溜势下滑,致使工程下首滩岸塌退,滩岸辅助送溜作用减弱,河势趋直,表现突出的是花园口险工。至2013年汛前,花园口险工完全脱河,还有桃花峪黄河大桥处、保合寨等处都有滩尖被冲透,河势有进一步趋直的趋势。

(2)建议通过整治试点,采取双岸整治措施,维持现有的直河道。为使双岸整治取得经验,可先推荐在伊洛河口—东安河段进行试点,待试验成功再向下游推行。

(3)长期小水容易造成畸形河湾,韦滩工程前畸形河湾在2012年汛前达到最严重的程度,经过2012年的调水调沙作用,2012年汛后韦滩工程前的畸形河湾得到明显好转,但若小浪底水库再继续长期下泄清水和小水,游荡性河段仍可能再次发育畸形河湾。

第七专题　宁蒙河道洪水特点及河床演变分析

2012 年宁蒙河道发生自 1981 年以来的持续时间最长的洪水，对该河段河床演变带来较大影响。该专题依据实测水沙资料及大断面观测资料，分析了 2012 年宁蒙河道洪水特点、河床冲淤变化及河势调整特点等。分析表明，2012 年兰州洪峰流量达到 3 670 m^3/s，进入下河沿的水量近 150 亿 m^3、泥沙量 0.5 亿多 t；2012 年洪水的特点是持续时间长、演进速度慢、同流量水位较历史偏高；主槽冲刷近 2 亿 t，滩地淤积 2 亿多 t；洪水期游荡性河段主流摆动较大，弯曲性河段摆动幅度不大，且在过渡段、弯曲段均发生多处裁弯现象。

第一章　宁蒙河段河道概况

一、河道概况

（一）河道特征

黄河宁蒙河段（指宁夏、内蒙古河段）位于黄河上游的下段，西起宁夏中卫县南长滩，东至内蒙古准格尔旗马栅乡，全长1 203.8 km。受两岸地形控制，形成峡谷河段与平原宽阔河段相间出现的格局。

宁夏河段自宁夏中卫县南长滩至石嘴山头道坎北的麻黄沟，全长380.8 km，该河段河道特点差异明显。下河沿至仁存渡段河道内心滩发育，汊河较多，水流分散，属非稳定分汊型河道，全长161.5 km，该段河床由粗砂卵石组成并以卵石为主，河宽500～3 000 m，主槽宽300～600 m，河道纵比降青铜峡库区以上为0.8‰，库区以下为0.61‰。仁存渡至头道墩为平原冲积河道，河床组成由砂卵石过渡为砂质，为卵石分汊河道向下游游荡性的过渡段，全长70.5 km，心滩较少，边滩发育，河宽1 000～4 000 m，平均宽2 500 m，主槽宽400～900 m，平均宽约550 m，河道纵比降0.15‰，弯曲率1.21；头道墩至石嘴山属游荡性河道，断面宽浅，水流散乱，沙洲密布，河床冲淤变化较大，主流游荡摆动剧烈，本河段长86.1 km，河宽1 800～6 000 m，平均约3 300 m，主槽宽500～1 000 m，平均约650 m，河道纵比降0.18‰，弯曲率1.23。境内主要支流有清水河、红柳沟、苦水河和都思兔河。

内蒙古河段自石嘴山麻黄沟至准格尔旗马栅乡，河段长823 km。其中，乌达公路桥以上为峡谷河道，平均河宽400 m，河道比降0.56‰；乌达公路桥至三盛公为过渡性河段，河长105 km，平均河宽1 800 m，主槽宽600 m，河道比降0.15‰，河道宽窄相间，河心滩较多；三盛公至三湖河口属游荡性河段，河长220.7 km，该段河道顺直，断面宽浅，水流散乱，河道内沙洲众多，河宽2 500～5 000 m，平均宽约3 500 m，主槽宽500～900 m，平均宽约750 m，河道比降0.17‰；三湖河口至昭君坟河长126.4 km，为过渡性河段，南岸有3条大的孔兑汇入，河道宽广，河宽2 000～7 000 m，平均宽约4 000 m，主槽宽500～900 m，平均宽约710 m，河道比降0.12‰；昭君坟至蒲滩拐河长193.8 km，属弯曲性河段，河宽1 200～5 000 m，上宽下窄，上段平均宽3 000 m，下段平均宽2 000 m，主槽宽400～900 m，平均600 m，河道比降0.1‰。头道拐位于蒲滩拐上游约20 km处，蒲滩拐以下属峡谷河段。内蒙古河段沿途有43条较大支流汇入黄河，左岸支流主要有昆都仑河、大黑河、浑河等，右岸主要有西柳沟等十大孔兑。

（二）堤防和河道整治工程情况

黄河宁蒙河段干流堤防大部分始建于20世纪50年代，"九五"以来对部分堤防高度及厚度不足的堤段进行了加高培厚，并新建了部分堤防。截至2012年，宁蒙河段河道整治工程228处、339.0 km，坝垛3 976道。

宁蒙河段干流大部分堤防高度和宽度不足，尤其是支流堤防残缺不全，河道整治工程数量少、质量差。宁蒙河段近期防洪可研中安排加高培厚干流大堤624.949 km，新建堤防8.774 km，加高培厚支流堤防51.334 km，新建支流堤防115.626 km，安排新增河道整治工程85处，长度64.738 km，坝垛623道。

二、水沙情况

宁蒙河段水主要来自下河沿以上，泥沙主要来自青铜峡以上支流、十大孔兑以及沿途风沙。天然情况下（1920～1968年）河段进口站下河沿站多年平均水量314亿 m^3，沙量1.85亿t，平均含沙量5.90 kg/m^3，其中水量占进入黄河下游同期花园口站的64%，而沙量只占13%。水沙异源是下河沿以上来水来沙的另一个特点，其中水量主要来自上诠以上，占下河沿站来水量的86.1%，而沙量主要来自上诠至下河沿区间的洮河、大通河、湟水、祖厉河等支流，占下河沿来沙量的61%。来水来沙量集中在汛期，分别占全年来水量的61.4%和来沙量的86.9%。下河沿以下主要是沙量的加入，来自于清水河、苦水河和内蒙古的十大孔兑，合计年均沙量0.42亿t，对河道调整影响较大。

宁蒙河段洪水主要来自兰州以上，由降雨形成。兰州以上降雨一般强度较小，但历时长，覆盖面大。由此形成的上游洪水具有峰型较胖、洪峰低、历时长、洪量大、含沙量较小等特点。统计表明，上游洪水历时一般为22～66 d。宁蒙河段有实测资料记录以来最大洪水发生于1981年9月，下河沿站最大流量5 780 m^3/s，最大含沙量7.12 kg/m^3。

黄河上游刘家峡和龙羊峡水库运用后汛期拦蓄洪水、削减洪峰。刘家峡单库运用时洪峰削减百分比一般在15%～50%，平均削峰比26%，龙羊峡水库运用后削峰率在21%～85%，平均为59%。龙羊峡水库运用以后宁蒙河段2 000 m^3/s以上流量大幅减少，3 000 m^3/s以上流量不再出现。同时水库运用改变了径流量年内分配，使得汛期径流减少、非汛期径流量增多。

三、水库情况

黄河上游已建成龙羊峡、拉西瓦、李家峡、公伯峡、刘家峡、盐锅峡、八盘峡、大峡、沙坡头、青铜峡、三盛公等水利枢纽。其中沙坡头、青铜峡、三盛公水利枢纽位于宁蒙河段内，其余均位于黄河上游上段。在这些水库中，除龙羊峡、刘家峡水库具有较大库容和调节能力、能够进行多年和不完全年调节外，其他水库库容较小，建成后淤积较快，库容损失大，调节能力非常有限，如青铜峡水库正常蓄水位下原始库容为6.06亿 m^3，由于泥沙淤积目前正常蓄水位下库容仅余0.3亿 m^3，对径流泥沙基本没有调节能力。

刘家峡水库以发电为主，兼有灌溉、防洪、防凌、航运及养殖等综合效益，总库容57亿 m^3，其中有效库容41.5亿 m^3，是一座不完全年调节水库，正常蓄水位1 735 m，死水位1 694 m，汛期限制水位1 726 m。1968年10月15日下闸蓄水。刘家峡水库单库运行时期，汛期蓄水发电运用为主，年均蓄水量26.9亿 m^3，非汛期防凌、灌溉、发电运用相结合，泄水为主，年均泄水24.7亿 m^3，即汛期使进入下游的径流量减少26.9亿 m^3，非汛期则增加24.7亿 m^3。

龙羊峡水库是多年调节的大型水利枢纽，位于刘家峡水库坝址上游332 km处，以发电为主，兼有灌溉、防洪、防凌、航运及养殖等综合效益。水库总库容247亿 m^3，有效库容

193.6 亿 m^3，正常蓄水位 2 600 m，死水位 2 530 m，汛期(7 ~ 9 月)限制水位 2 594 m。1986 年 10 月 15 日下闸蓄水，龙羊峡水库建成运用后，汛期年均蓄水 35.8 亿 m^3，非汛期年均泄水 28.1 亿 m^3。龙羊峡水库建成后，刘家峡水库则调整了原来的运用方式，配合龙羊峡水库对调节后的来水过程进行补偿调节，汛期蓄水量和非汛期泄水量均减少，汛期年均蓄水 6 亿 m^3，非汛期年均泄水 7.3 亿 m^3。

第二章　洪水特点

一、洪水来源及雨情

2012 年 8 月宁蒙河段洪水主要来源于兰州以上和兰州至托克托县区间(简称兰托区间)支流。从 7 月 10 日至 9 月 10 日,兰州以上降雨量共 140.6 mm,其中降雨量在 100 ~ 200 mm 的区域占 23%(图 2-1),大多在该区域北部。降雨量大于 200 mm 的区域占 77%,大多在该区域南部,其中甘南自治州碌曲县达到了 390 mm;兰托区间时段降雨量共 61.41 mm,其中降雨量在 50 ~ 100 mm 之间的区域占 11%(图 2-2),分布在内蒙古的乌海和临河等地区;降雨量在 100 ~ 200 mm 之间的区域占 63%,分布在内蒙古的包头、呼和浩特等地区;降雨量大于 200 ~ 300 mm 的区域占 26%;降雨量在 300 ~ 500 mm 之间的区域占 3%。

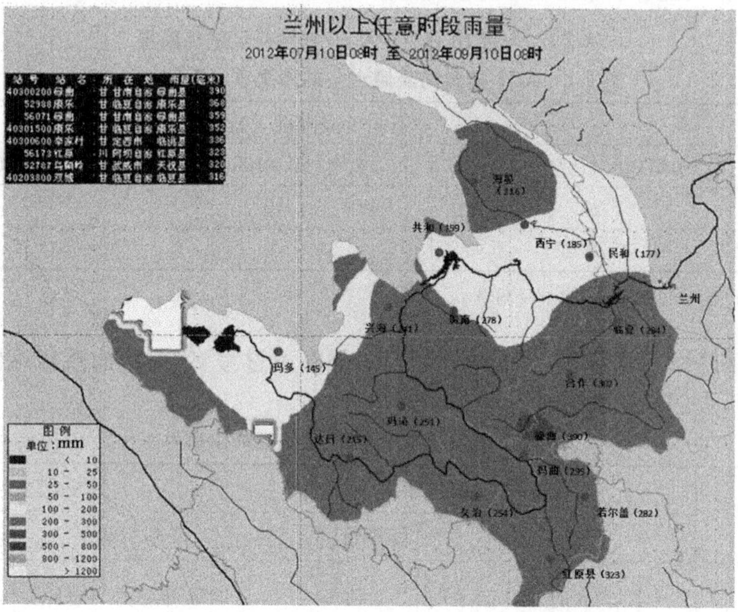

图 2-1　2012 年 7 月 10 日 ~ 9 月 10 日兰州以上区域降雨量

2012 年 8 月洪水是由两次降雨过程形成的。一是 7 月 27 日 ~ 8 月 1 日,兰州以上及兰托区间段多站出现暴雨记录,7 月 28 日黄河巴彦高勒水文站降雨量达 111 mm,7 月 30 日黄河循化水文站降雨量 42.1 mm,小川水文站降雨量 47.0 mm,青铜峡水文站降雨量 54.0 mm;二是 8 月 14 ~ 19 日,8 月 14 日洮河碌曲水文站降雨量 56.4 mm,8 月 17 日洮河李家村水文站降雨量 63.7 mm。本次降雨日数较历年同期平均偏多(表 2-1)。

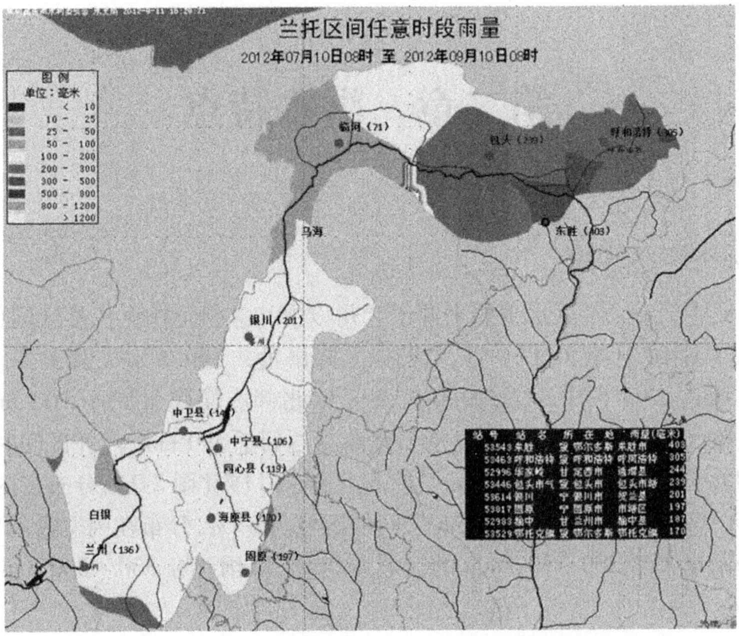

图 2-2　7 月 10 日～9 月 10 日兰托区域降雨量

表 2-1　2012 年黄河流域水文站降雨量级天数统计

区间	不同量级降雨天数(d)		
	中雨(10.1～50 mm)	大雨(50～100 mm)	暴雨(100～200 mm)
兰州以上	27	10	2
兰托区间	9	3	3

注:中雨、大雨、暴雨降水量均指 24 h 降雨量。

西部地区降雨明显偏多,多地暴雨频发。强降雨过程多,多站出现极端降雨事件,部分地区突破历史纪录(表 2-2)。

表 2-2　2012 年内蒙古地区极端降雨事件

站名	2012 年极端降雨事件		历史纪录	
	降雨时间	降雨量(mm)	降雨时间	降雨量(mm)
阿拉善盟阿拉善右旗站	7 月 20 日 8 时～21 日 8 时	48.9	1974 年 7 月 30 日	46.9
包头市土默特右旗站	7 月 20 日 8 时～21 日 8 时	85.0	2008 年 7 月 31 日	72.9
呼和浩特市和林站	7 月 21 日	101.7	1998 年 7 月 12 日	99.1
巴彦淖尔市五原站	7 月 27 日 8 时～28 日 8 时	93.1	1995 年 7 月 14 日	58.9

按照降水距平百分率(M)来划分旱涝等级,一般认为 $M \geq 50\%$ 是大涝,$25\% < M < 50\%$ 为偏涝。从表 2-3 可知,主要来水区间兰州以上 7 月平均降雨量为 130 mm,降雨量

距平百分率为42.1%，属于偏涝；兰托区间7月平均降雨量为108 mm，降雨量距平百分率为90.5%，属于大涝。兰州以上8月平均降雨量为158 mm，降水量距平百分率为51.1%，属于大涝；兰托区间8月平均降雨量为60 mm，降雨量距平百分率为50.3%，属于大涝。

表2-3　主要来水区间旬降雨量

（单位：mm）

区间名称	7月上旬	7月中旬	7月下旬	8月上旬	8月中旬	8月下旬
兰州以上	38	37	55	18	42	98
兰托区间	6	41	61	11	6	43

二、水库调控过程

2012年入汛后，由于黄河上游降水偏多，黄河上游发生1981年以来持续时间最长、流量最大的洪峰。唐乃亥水文站流量从6月底开始起涨，7月25日洪峰流量3 440 m^3/s，为1986年以来最大洪峰，大于2 000 m^3/s的流量历时长达54 d；唐乃亥水文站7～8月径流总量达130.3亿m^3，为1956年设站以来同期最大值（历史同期最大值为1983年117亿m^3），较多年平均值偏多106%，较去年同期偏多97.1%。8月2日8时，唐乃亥水文站流量2 730 m^3/s，龙羊峡水库水位2 591.33 m，较防洪运用汛限水位2 588 m超3.33 m，距设计汛限水位2 594 m差2.67 m；刘家峡水库水位1 728.31 m，较防洪运用汛限水位1 727 m超1.31 m，比设计汛限水位1 726 m超2.31 m。

从图2-3可知，龙羊峡水库在汛期受上游来水影响，水库水位从7月10日开始上涨，7月23日龙羊峡水库水位提前一个月达到2 588 m，开始提闸泄水。7月25日唐乃亥水文站日均流量3 330 m^3/s，洪峰流量3 440 m^3/s，接近10 a一遇洪水。8月24日龙羊峡水库水位超汛限水位2 594 m后仍持续上涨，8月28日，蓄洪多日的龙羊峡水库进行泄洪，入库流量1 930 m^3/s，出库流量1 380 m^3/s，黄河兰州段流量达到3 490 m^3/s。由于黄河上游降水偏多，龙羊峡水库在9月30日仍在超汛限水位2 m左右运行，此时蓄水量为230.7亿m^3。7月20日～10月10日，龙羊峡水库入库水量123亿m^3，出库总水量89.6亿m^3，总蓄水量33.4亿m^3。

2012年7月4日起，刘家峡水库出库流量按照兰州站日均流量不超过1 200 m^3/s控泄，并缓慢上涨。7月12日8时加大至1 500 m^3/s，至7月30日6时，加大至2 500 m^3/s。兰州站7月30日11时出现黄河干流2012年第3号洪峰。为减轻下游防洪压力，7月30日11时～22时30分，刘家峡水库紧急压减下泄水量，压减至500 m^3/s、300 m^3/s和600 m^3/s，进行错峰运用。7月30日22时按控制兰州站2 500 m^3/s下泄。自8月20日起，刘家峡水库出库流量按控制小川水文站2 500 m^3/s均匀下泄。2012年8月22日8时，刘家峡水库水位达到本年度汛期最高水库位1 729.19 m，相应蓄水量33.14亿m^3。为了减缓刘家峡水库上涨速度，并为后期预留防洪库容，自8月24日起，刘家峡水库出库流量按控制兰州站3 200～3 400 m^3/s下泄。8月28日18时，刘家峡水库水位从1 726.98 m降至

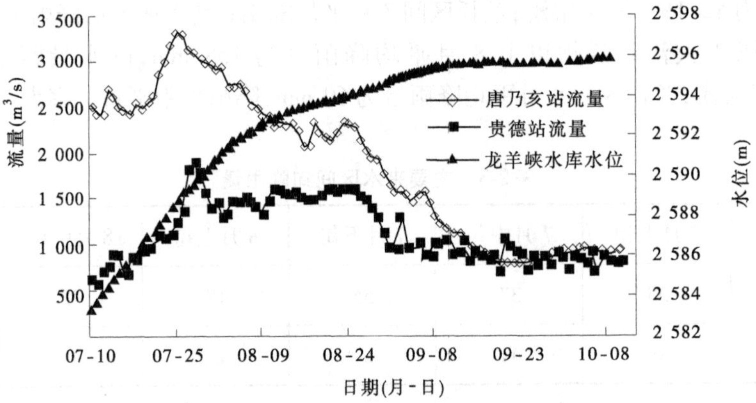

图 2-3　2012 年龙羊峡水库水位与流量过程

汛限水位以下。至 8 月底刘家峡水库通过调控水位回落至汛限水位附近，入库与出库流量基本持平(图 2-4)。

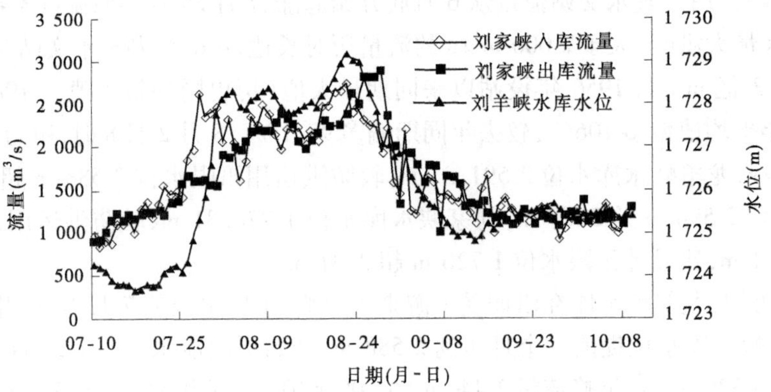

图 2-4　2012 年刘家峡水库水位与流量过程

青铜峡灌区分河西、河东两大系统，渠首引水能力达 600 m³/s。河西总干渠从坝下引水，下分西干、唐徕、惠农、汉延四大干渠；河东总干渠分高低干渠；两大干渠从每年 4 月上、中旬(个别年份 3 月初)开闸放水，10 月底停水。本次洪水期(7 月 20 日～10 月 10 日)青铜峡河西总干渠最大引水流量 342 m³/s(图 2-5)，河东总干渠最大引水流量 93.5 m³/s；河西总干渠共引水 14.2 亿 m³，河东总干渠共引水 1.8 亿 m³，共引水 16.0 亿 m³，图 2-5给出了青铜峡两大干渠在汛期的引水流量过程，图中断开部分为该干渠未引水或干涸的情况。

三盛公水利枢纽在每年的 4 月中、下旬开闸放水，10 月底(个别年份 11 月初)停水。三盛公主干渠设计过水流量 565 m³/s，本次洪水期(7 月 20 日～10 月 10 日)最大引水流量 475 m³/s(图 2-6)；沈乌干渠设计过水流量 75 m³/s，本次洪水期最大引水流量 56.8 m³/s；南干渠批复过水流量 58 m³/s，本次洪水期最大引水流量 19.1 m³/s。三盛公主干渠总引水量为 10.94 亿 m³，沈乌干渠总引水量为 1.8 亿 m³，南干渠总引水量为 0.33 亿 m³，

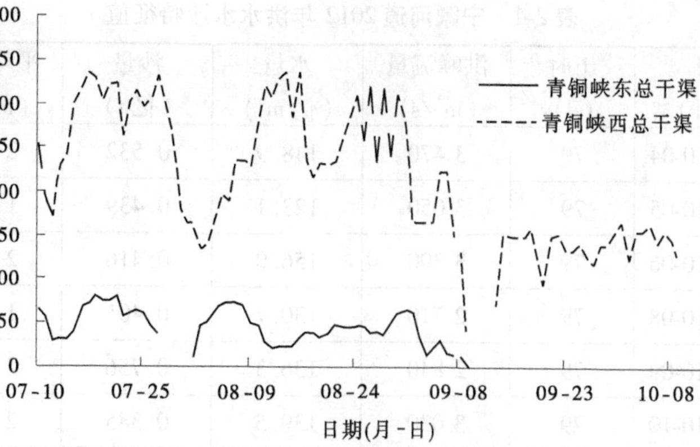

图 2-5　2012 年青铜峡干渠流量

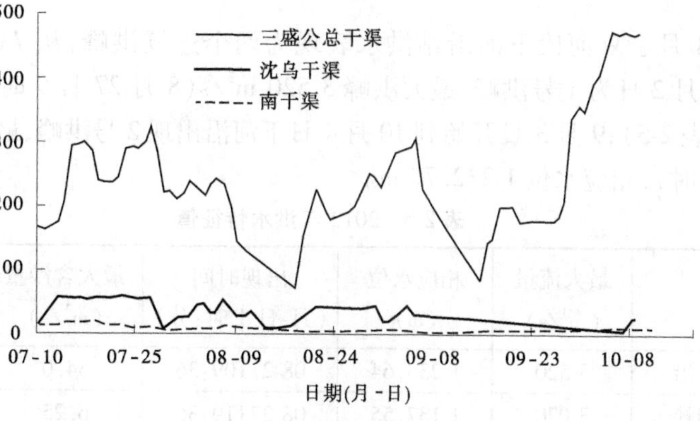

图 2-6　2012 年三盛公干渠流量

共引水 13.07 亿 m^3。

三、水沙特点

与上游以往洪水相比，本次洪水的洪峰流量并不高，仅在 3 000 m^3/s 左右，但是洪量非常大，下河沿达到 148.9 亿 m^3（表 2-4），洪水历时长，达到 79 d，洪水期宁蒙河道各水文站日均流量仍在 2 000 m^3/s 左右。简单还原水库调蓄，若此次洪水龙羊峡和刘家峡水库不调蓄，下河沿洪量约 200 亿 m^3，洪水期各站日均流量将达到 2 500 ~ 3 000 m^3/s。

与洪量形成鲜明对比的是，本次洪水期间支流来沙很少，因而干流站沙量较小，进入宁夏下河沿和内蒙古石嘴山河段的沙量分别为 0.532 亿 t 和 0.416 亿 t，河道调整后头道拐的沙量 0.385 亿 t。

洪量大、沙量小造成此次洪水含沙量较低，各站洪水期平均含沙量仅 2.67 ~ 5.55 kg/m^3。

表 2-4　宁蒙河道 2012 年洪水水沙特征值

水文站	时间（月-日）	历时（d）	洪峰流量（m^3/s）	水量（亿 m^3）	沙量（亿 t）	平均流量（m^3/s）	平均含沙量（kg/m^3）
下河沿	07-18～10-04	79	3 470	148.9	0.532	2 210	3.57
青铜峡	07-19～10-05	79	3 050	123.1	0.439	1 826	3.57
石嘴山	07-20～10-06	79	3 390	156.0	0.416	2 315	2.67
巴彦高勒	07-22～10-08	79	2 710	130.7	0.405	1 939	3.10
三湖河口	07-23～10-09	79	2 840	136.3	0.756	2 022	5.55
头道拐	07-24～10-10	79	3 030	139.5	0.385	2 070	2.76

四、洪水演进

2012 年 8 月宁夏河段下河沿站洪水表现为两个连续洪峰，从 7 月 16 日开始涨水（图 2-7）到 9 月 2 日为 1 号洪峰，最大洪峰 3 520 m^3/s（8 月 27 日 9 时 36 分），相应水位 1 233.64 m（表 2-5）；9 月 3 日开始到 10 月 4 日下河沿出现 2 号洪峰，最大洪峰 2 490 m^3/s（9 月 3 日 12 时），相应水位 1 232.77 m。

表 2-5　2012 年洪水特征值

项目		最大流量（m^3/s）	相应水位（m）	出现时间（月-日 T 时:分）	最大含沙量（m^3/s）	出现时间（月-日 T 时:分）
1 号洪峰	下河沿	3 520	1 233.64	08-27T09:36	54.0	08-02T00:00
	青铜峡	3 070	1 137.55	08-27T19:36	6.25	08-08T16:00
	石嘴山	3 400	1 090.06	08-31T19:00	17.7	08-04T08:30
	巴彦高勒	2 710	1 052.21	08-30T02:00	11.1	08-05T08:00
	三湖河口	2 840	1 020.58	09-03T08:00	7.69	08-07T05:00
	头道拐	3 030	989.65	09-07T20:00	8.38	07-31T16:00
2 号洪峰	下河沿	2 490	1 232.77	09-03T12:00	4.24	09-03T08:00
	青铜峡	2 240	1 136.79	09-05T09:30	6.72	09-03T16:00
	石嘴山	2 670	1 089.42	09-06T08:00	4.12	09-05T08:00
	巴彦高勒	2 610	1 052.06	09-06T02:00	8.39	09-06T14:30
	三湖河口	2 510	1 020.17	09-11T08:00	8.79	09-18T08:00

注：2 号洪峰在头道拐附近加在 1 号洪峰退水段，两次洪峰合成一场峰。

1 号洪峰历时 64.9 h 到达宁蒙河段石嘴山，洪峰流量 3 400 m^3/s（8 月 31 日 19 时），相应水位 1 090.06 m，洪峰减小 3.4%。由于石嘴山到巴彦高勒区间大量引水，巴彦高勒接近平头峰，最大洪峰流量 2 710 m^3/s（8 月 30 日 2 时），巴彦高勒到三湖河口由于引水渠退水，三湖河口洪峰形状变化不大，最大洪峰为 2 840 m^3/s（9 月 3 日 8 时），较巴彦高勒最大洪峰明显增加。

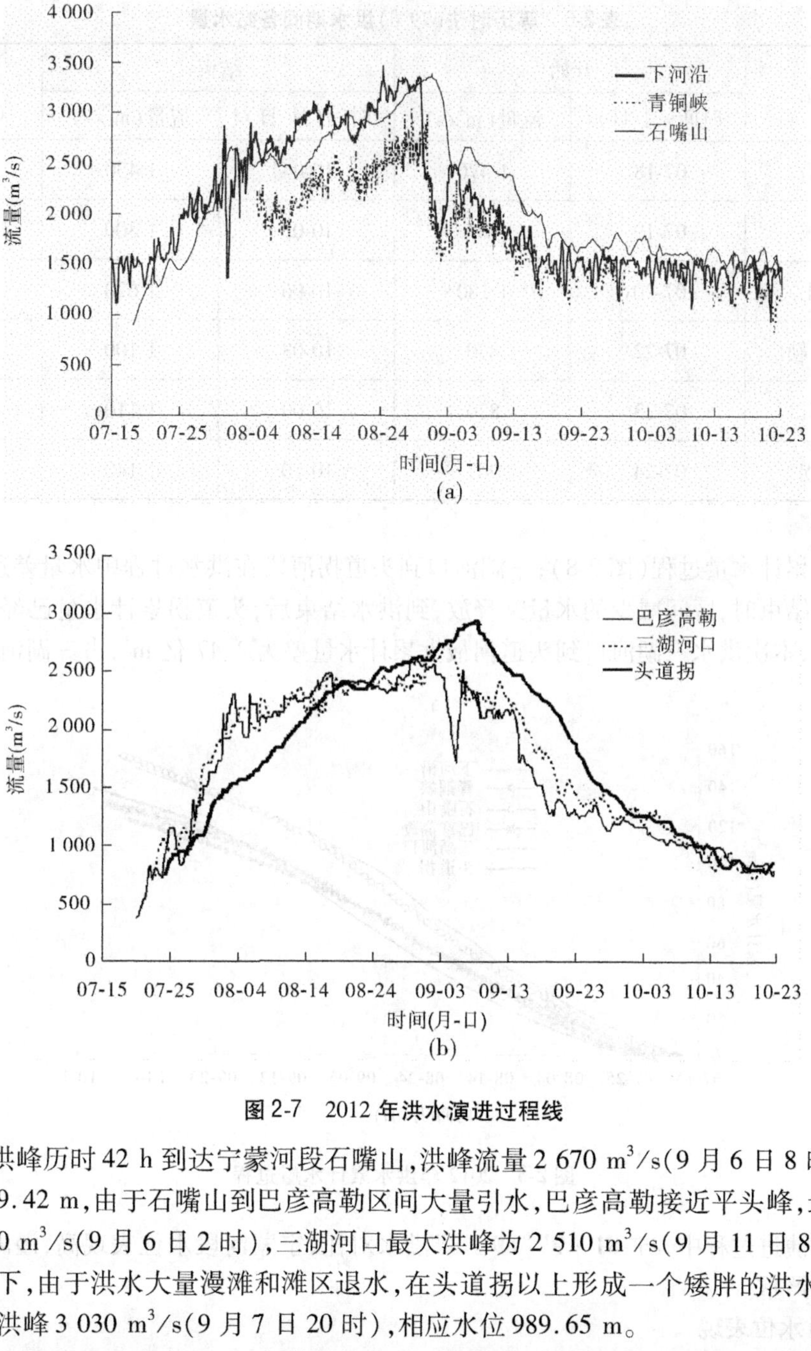

图 2-7　2012 年洪水演进过程线

2 号洪峰历时 42 h 到达宁蒙河段石嘴山，洪峰流量 2 670 m^3/s（9 月 6 日 8 时），相应水位 1 089.42 m，由于石嘴山到巴彦高勒区间大量引水，巴彦高勒接近平头峰，最大洪峰流量 2 610 m^3/s（9 月 6 日 2 时），三湖河口最大洪峰为 2 510 m^3/s（9 月 11 日 8 时）。三湖河口以下，由于洪水大量漫滩和滩区退水，在头道拐以上形成一个矮胖的洪水过程，头道拐最大洪峰 3 030 m^3/s（9 月 7 日 20 时），相应水位 989.65 m。

为完整地分析洪水过程，以头道拐的洪水历时作为计算时段，采用等历时法计算各站水量（表 2-6）。下河沿累计水量为 149.27 亿 m^3，由于河东总干渠和河西总干渠引水，青铜峡累计水量仅剩 121.89 亿 m^3，石嘴山到巴彦高勒由于沈乌干渠、南干渠以及总干渠引水，巴彦高勒累计水量减少到 130.00 亿 m^3，三湖河口累计水量 136.28 亿 m^3，头道拐累计水量为 138.75 亿 m^3，从下河沿至头道拐，水量减少 10.52 亿 m^3。其间由于干渠引退水和滩地上水退水，以及沿程损失等影响，沿程水量不闭合。

表 2-6　等历时法(79 d)洪水期间各站水量

水文站	开始		结束		水量(亿 m^3)
	时间(月-日)	流量(m^3/s)	时间(月-日)	流量(m^3/s)	
下河沿	07-18	1 470	10-04	1 430	149.27
青铜峡	07-19	963	10-05	1 300	121.89
石嘴山	07-20	1 180	10-06	1 620	155.62
巴彦高勒	07-22	850	10-08	1 100	130.00
三湖河口	07-23	870	10-09	1 110	136.28
头道拐	07-24	907	10-10	1 140	138.75

根据累计水量过程(图 2-8),三湖河口到头道拐河段在洪水过程中水量差逐渐增加,但在洪水结束时,区间减少的水量又释放,到洪水结束后,头道拐累计水量已经超过三湖河口水量,本次洪水三湖河口到头道拐最大累计水量差为 2.47 亿 m^3,占三湖河口总水量的 1.8%。

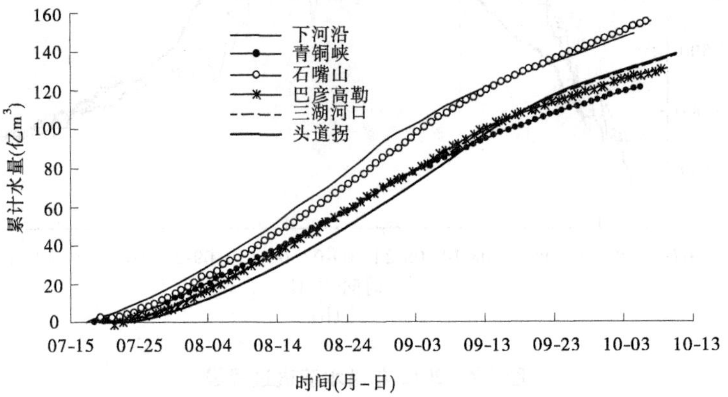

图 2-8　2012 年洪水累计水量过程

洪水演进过程中,与“81 · 9”“89 · 8”洪水对比,宁蒙河段水位表现高,漫滩范围大,洪峰变形严重。

(一)水位表现

与 1981 年和 1989 年相比,2012 年洪水洪峰流量虽然小,但宁蒙河段的巴彦高勒和三湖河口的水位均为汛期历史最高(表 2-7)。2012 年巴彦高勒和三湖河口洪峰流量分别为 2 710 m^3/s 和 2 840 m^3/s,相应水位分别为 1 052.21 m 和 1 020.62 m;而 1989 年两个站洪峰流量分别为 2 780 m^3/s 和 3 000 m^3/s,相应的水位分别为 1 051.21 m 和 1 019.15 m,2012 年水位明显较 1989 年高 1 m 以上。头道拐洪峰流量为 3 030 m^3/s,相应水位 989.65 m,较 1989 年同流量水位 988.91 m 还高 0.74 m。

2012 年巴彦高勒和三湖河口洪水期最高水位分别为 1 052.21 m 和 1 020.62 m，比汛期历史最高水位分别高 0.14 m 和 0.24 m。

初步认为，其原因是 20 世纪 90 年代以来，河道持续发生淤积，同流量水位上升，以及洪水过程中水位涨率偏大。

表 2-7　洪峰流量和最高水位比较

项目	年份	下河沿	青铜峡	石嘴山	巴彦高勒	三湖河口	头道拐
最大流量(m^3/s)	2012	3 520	3 070	3 400	2 710	2 840	3 030
	1989	3 710	3 400	3 390	2 780	3 000	3 030
	1981	5 780	5 870	5 660	5 290	5 500	5 150
	1967	5 240	5 020	5 240	4 990	5 390	5 310
相应水位(m)	2012	1 233.64	1 137.55	1 090.05	1 052.21	1 020.62	989.65
	1989	1 233.54	1 137.26	1 090.13	1 051.21	1 019.15	988.91
	1981	1 235.16	1 138.87	1 091.89	1 052.07	1 019.97	990.33
	1967	1 234.83	1 138.57	1 091.70	1 051.77	1 020.38	990.69
汛期历史最高水位(m)		1 235.19	1 138.87	1 092.35	1 052.07	1 020.38	990.69
相应时间(年-月-日)		1981-09-16	1981-09-17	1946-09-18	1981-09-22	1967-09-13	1967-09-21

(二)洪峰传播速度

下河沿 1 号洪峰 3 520 m^3/s 传播到三湖河口的历时达 166.9 h，较 1981 年洪水慢 15.9 h，较 1989 年洪水 128 h(下河沿 6 号洪峰3 710 m^3/s)慢 84 h；三湖河口到头道拐最大洪峰历时 108 h，较 1981 年洪水传播 84 h 还慢 24 h(1981 年头道拐上游两处决口)，较 1989 年 6 号洪峰慢 8 h。传播速度慢的原因主要是洪水前平滩流量较小，漫滩之后滩区释放洪水，导致洪峰变形大，传播时间滞后。1981 年、1989 年洪水特征值见表 2-8、表 2-9。

表 2-8　1981 年洪水特征值

项目	下河沿	青铜峡	石嘴山	巴彦高勒	三湖河口	头道拐
流量(m^3/s)	5 780	5 870	5 660	5 290	5 500	5 150
时间(月-日 T 时:分)	09-16T13:00	09-17T20:06	09-20T19:00	09-22T03:18	09-22T20:00	09-26T08:00
水位(m)	1 235.19	1 138.87	1 091.89	1 052.07	1 019.97	990.33
传播时间(h)		31.10	70.90	32.30	16.70	84.00

注：三湖河口到头道拐河段决口。

表 2-9　1989 年洪水特征值

洪峰编号	项目	下河沿	青铜峡	石嘴山	巴彦高勒	三湖河口	头道拐
1	流量(m^3/s)	2 090	1 380	1 770	1 300	1 280	1 560
	相应水位(m)	1 232.29	1 135.59	1 088.22	1 050.74	1 018.36	987.83
	时间(月-日 T 时:分)	07-13T10:00	07-14T08:00	07-16T00:00	07-17T00:00	07-18T16:00	07-22T00:00
2	流量(m^3/s)	2 820	2 060	2 280	1 700	1 690	1 880
	相应水位(m)	1 232.89	1 136.23	1 088.89	1 050.80	1 018.73	988.04
	时间(月-日 T 时:分)	07-25T12:00	07-25T23:48	07-26T03:00	07-26T16:00	07-29T16:00	08-01T05:00
3	流量(m^3/s)	2 520	2 050	2 270	2 250	2 290	2 340
	相应水位(m)	1 232.66	1 136.22	1 088.97	1 050.90	1 019.06	988.34
	时间(月-日 T 时:分)	08-08T15:00	08-08T17:00	08-10T00:00	08-10T16:00	08-10T16:00	08-14T05:00
4	流量(m^3/s)	2 620	1 920	2 350	2 180	2 140	2 340
	相应水位(m)	1 232.74	1 136.10	1 089.05	1 051.00	1 018.99	988.34
	时间(月-日 T 时:分)	08-14T05:00	08-13T16:00	08-16T20:00	08-18T08:00	08-19T16:00	08-22T05:00
5	流量(m^3/s)	3 670	2 640	3 060	2 620	2 910	2 810
	相应水位(m)	1 233.51	1 136.72	1 089.80	1 051.05	1 019.12	988.78
	时间(月-日 T 时:分)	09-06T04:00	09-06T13:00	09-08T01:00	09-08T16:00	09-10T08:00	09-12T20:00
6	流量(m^3/s)	3 710	3 400	3 390	2 780	3 000	3 030
	相应水位(m)	1 233.54	1 137.26	1 090.13	1 051.14	1 019.15	988.91
	时间(月-日 T 时:分)	09-15T08:00	09-16T05:00	09-17T16:00	09-18T16:00	09-20T16:00	09-24T20:00
7	流量(m^3/s)	2 830	2 670	2 580	2 100	2 010	
	相应水位(m)	1 232.90	1 136.74	1 088.30	1 050.78	1 018.61	
	时间(月-日 T 时:分)	09-22T01:00	09-23T15:00	09-23T11:00	09-24T08:00	09-25T00:00	
1	传播时间(h)		22	40	24	40	80
2			12	3	13	72	61
3			2	31	16	—	85
4			11	52	36	32	61
5			9	36	15	40	60
6			21	35	24	48	100
7			14	20	21	16	
平均传播时间(h)			9	39	36	15	40

(三)洪峰沿程传播变化

三湖河口至头道拐区间由于洪水漫滩和滩区退水形成的附加洪峰汇入,洪峰变形较大,头道拐以上两个洪峰合成一个。头道拐从 1 000 m^3/s 开始上涨,历时 25 d(8 月 20 日)才到达 2 500 m^3/s,直到 9 月 7 日才出现峰顶流量 3 020 m^3/s(图 2-7),1981 年和 1989 年虽然也发生漫滩,但洪峰形状变化不大(图 2-9 和图 2-10)。

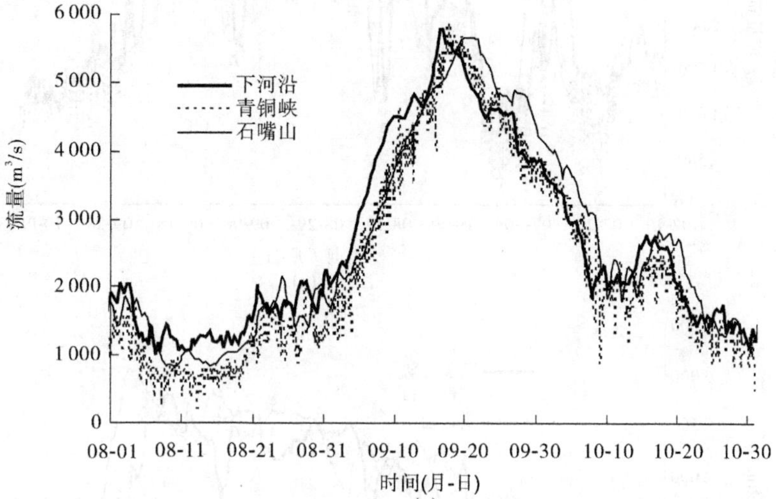

(a)

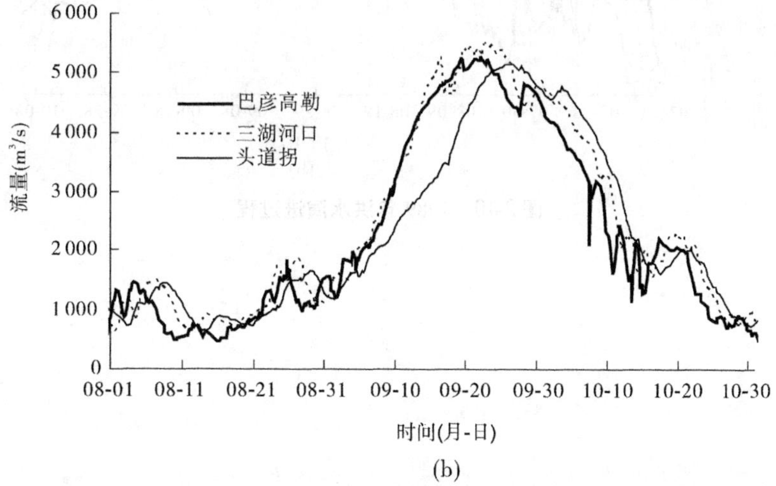

(b)

图 2-9　1981 年洪水演进过程

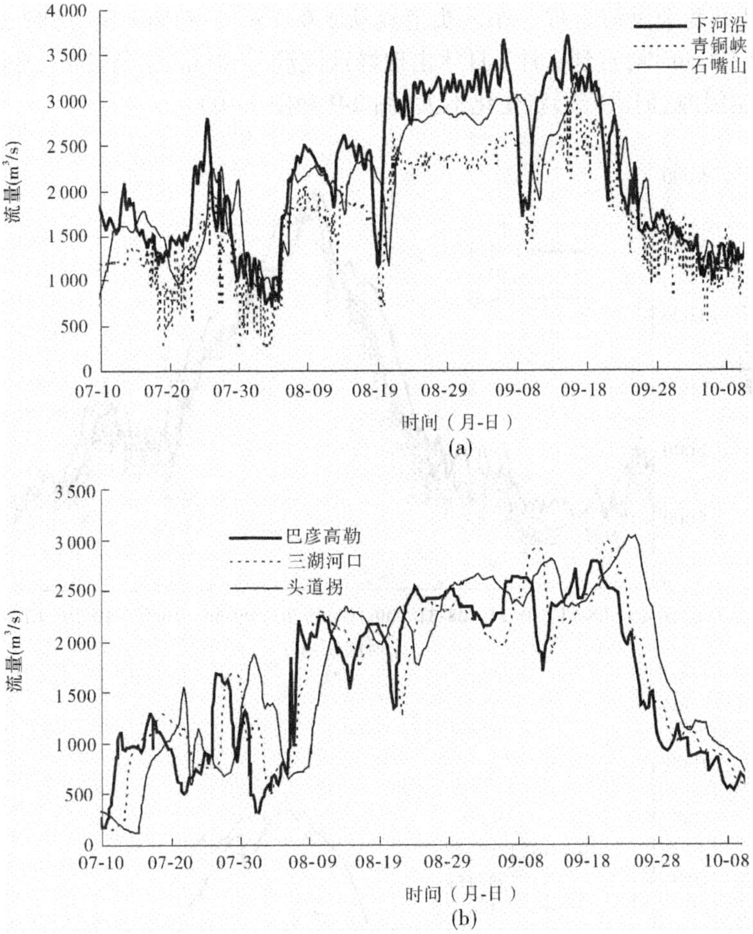

图 2-10　1989 年洪水演进过程

第三章　河道演变特点

一、水文站断面冲淤变化

采用同水位计算水文站断面冲淤变化，内蒙古各代表水文站2012年汛期洪水期的河道断面变化情况见图3-1～图3-3。

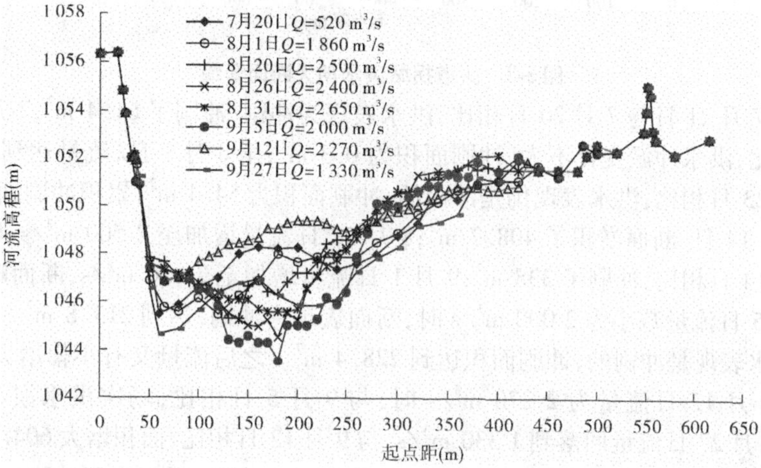

图3-1　巴彦高勒站洪水期大断面套绘

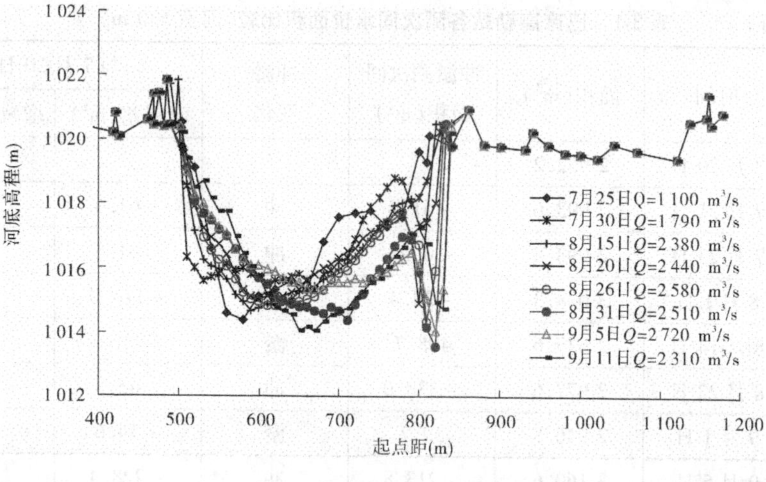

图3-2　三湖河口站洪水期大断面套绘

巴彦高勒水文站断面属于单一河道，比较稳定，断面横向摆动不大，该水文站7月20～23日流量在520～900 m^3/s时，水文站冲淤变化不大（表3-1、图3-1和图3-4），相对来说

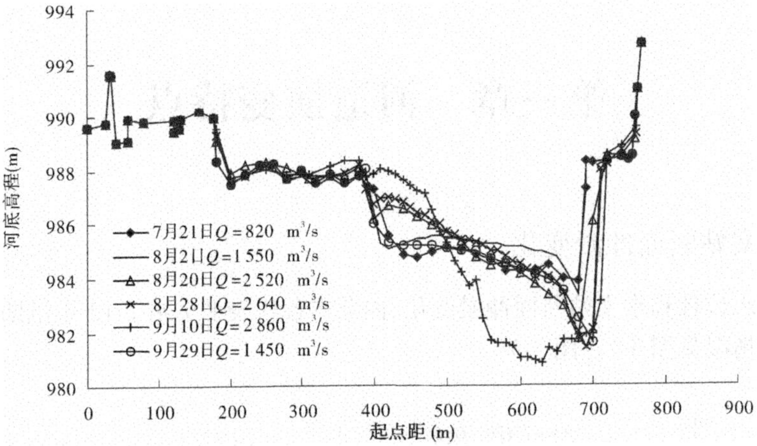

图3-3 头道拐站洪水期大断面套绘

略有冲刷，7月21日与7月20日相比，洪水表现为冲刷，冲刷了61.4 m^2，7月23日与7月21日相比，洪水冲淤变化不大，冲刷面积为0.3 m^2，至8月1日，流量达到1 860 m^3/s时，与7月23日相比，洪水表现仍是冲刷的，冲刷面积为54.4 m^2，累积冲刷面积达到116 m^2。到8月14日，断面淤积了408.7 m^2；8月22日流量增加至2 500 m^3/s，断面发生冲刷，与8月14日相比，冲刷了338 m^2；9月1日流量增加至2 650 m^3/s，断面略减小30.7 m^2；至9月5日流量减小为2 000 m^3/s时，断面表现为冲刷，达到213.8 m^2。截至9月5日，整场洪水表现是冲刷的，冲刷面积达到228.4 m^2。之后流量又有小幅增大，但整体呈落水趋势，9月12日流量为2 270 m^3/s时，与9月5日相比，场次洪水淤积面积达到491.5 m^2；9月27日流量回落到1 330 m^3/s，与9月12日相比，面积增大604.7 m^2。该水文站断面表现先是冲刷，其后是冲淤交替，总体表现为冲刷，断面累积冲刷面积为341.6 m^2（图3-5）。

表3-1 巴彦高勒站各测次同水位面积比较（河宽530 m）

水位(m)	时间	面积(m^2)	冲淤测次间面积(m^2)	冲淤变化	与7月20日相比	
					面积差(m^2)	增减百分数(%)
1 055.08	7月20日	2 932.2				
	7月21日	2 993.6	-61.4	冲	-61.4	-2.1
	7月23日	2 993.8	-0.25	冲	-61.6	-2.1
	8月1日	3 048.3	-54.4	冲	-116.0	-4.0
	8月14日	2 639.6	408.7	淤	292.6	10.0
	8月22日	2 977.6	-338.0	冲	-45.3	-1.5
	9月1日	2 946.8	30.7	淤	-14.6	-0.5
	9月5日	3 160.6	-213.8	冲	-228.4	-7.8
	9月12日	2 669.1	491.5	淤	263.1	9.0
	9月27日	3 273.8	-604.7	冲	-341.6	-11.6

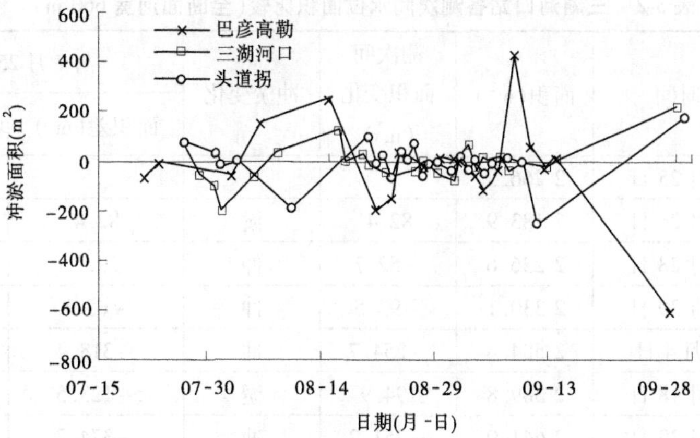

图 3-4　内蒙古典型水文站断面冲淤面积变化

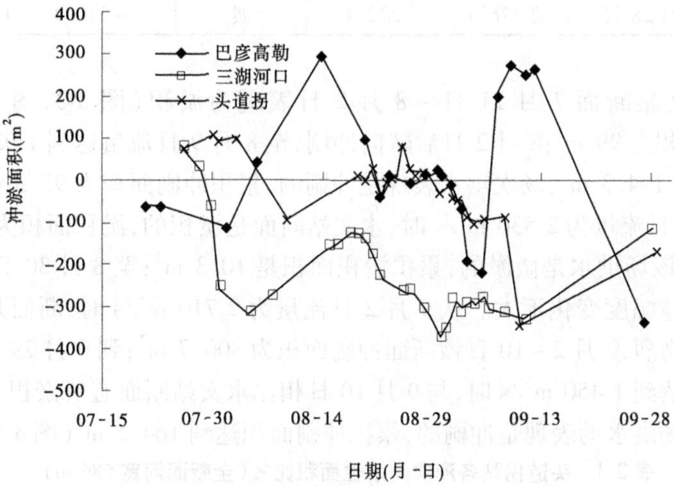

图 3-5　内蒙古各水文站断面累积冲淤面积变化

三湖河口水文站冲淤变化见图 3-2、图 3-4、图 3-5 和表 3-2。与 7 月 25 日相比，7 月 26 日流量为 1 100 m^3/s 时，断面减少 82.4 m^2；7 月 28 日流量为 1 350 m^3/s 时该水文站断面略有冲刷，冲刷面积为 52.7 m^2。截至 7 月 28 日，该水文站场次洪水表现为冲刷，累积冲刷面积约为 29.7 m^2。

从 7 月 30 日开始，断面开始冲刷，至 8 月 4 日流量为 2 210 m^3/s，断面冲刷面积最大，冲刷面积为 254.7 m^2。截至 8 月 4 日累积冲刷面积达 318.4 m^2，之后该断面又略有回淤，至 8 月 18 日流量为 2 500 m^3/s，断面淤积了 194.9 m^2。整场洪水表现为冲刷，累积冲刷面积为 123.5 m^2。至 8 月 30 日累积冲刷面积达到 374.7 m^2。9 月 11 日处于落水阶段，流量为 2 310 m^3/s，与 8 月 30 日相比，该水文站断面是淤积的，断面淤积 41.9 m^2；到 9 月 28 日流量为 1 430 m^3/s 时，水文站断面仍然是淤积的。截至 9 月 28 日，该场洪水先是淤积，然后是冲淤交替，最后整体表现是冲刷的，累积冲刷面积为 110.4 m^2（图 3-5）。

表 3-2　三湖河口站各测次同水位面积比较(全断面河宽 660 m)

水位(m)	时间	面积(m^2)	测次间面积变化(m^2)	冲淤变化	与 7 月 25 日相比	
					面积差(m^2)	增减百分数(%)
1 021.86	7 月 25 日	2 266.3				
	7 月 26 日	2 183.9	82.4	淤	82.4	3.6
	7 月 28 日	2 236.6	-52.7	冲	29.7	1.3
	7 月 30 日	2 330.1	-93.5	冲	-63.8	-2.8
	8 月 4 日	2 584.8	-254.7	冲	-318.4	-14.1
	8 月 18 日	2 389.8	194.9	淤	-123.5	-5.4
	8 月 30 日	2 641.0	-251.2	冲	-374.7	-16.5
	9 月 11 日	2 599.1	41.9	淤	-332.8	-14.7
	9 月 28 日	2 376.7	222.4	淤	-110.4	-4.9

头道拐水文站断面 7 月 21 日～8 月 2 日表现为淤积(图 3-3、图 3-4、图 3-5 和表 3-3),淤积面积为 99 m^2;8 月 2 日后转向冲刷,至 8 月 9 日流量达到 1 930 m^3/s 时,该水文站断面冲刷 194.3 m^2,场次洪水表现是冲刷的,累积冲刷面积为 95.3 m^2。后又略有淤积,至 8 月 19 日流量为 2 530 m^3/s 时,水文站断面是淤积的,淤积面积为 105.7 m^2,与 7 月 21 日相比,该场洪水是微淤的,累积淤积面积是 10.3 m^2;至 8 月 30 日,其间是微冲或微淤,中间调整幅度变化不大。从 9 月 2 日流量为 2 710 m^3/s 时,断面开始冲刷,至 9 月 10 日冲刷最剧烈,9 月 2～10 日该断面冲刷面积为 300.7 m^2;到 9 月 29 日水文站流量有所回落,流量达到 1 450 m^3/s 时,与 9 月 10 日相比水文站断面有所淤积。截至 9 月 29 日,该水文站整场洪水的表现是冲刷的,累积冲刷面积达到 164.5 m^2(图 3-5)。

表 3-3　头道拐站各测次同水位面积比较(全断面河宽 586 m)

水位(m)	时间	面积(m^2)	测次间面积变化(m^2)	冲淤变化	与 7 月 21 日相比	
					面积差(m^2)	增减百分数(%)
990.98	7 月 21 日	2 684.2				
	8 月 2 日	2 585.3	99.0	淤	99.0	3.7
	8 月 9 日	2 779.5	-194.3	冲	-95.3	-3.5
	8 月 19 日	2 673.9	105.7	淤	10.3	0.4
	8 月 30 日	2 714.3	-40.5	冲	-30.2	-1.1
	9 月 2 日	2 728.4	-14.0	冲	-44.2	-1.6
	9 月 10 日	3 029.1	-300.7	冲	-344.9	-12.8
	9 月 29 日	2 848.7	180.4	淤	-164.5	-6.1

总的来说,从 7 月 21 日洪水起始(830 m^3/s)至 9 月 29 日落水期(1 310 m^3/s),洪水

还未完全消退，三个水文站断面均是冲刷的（图3-5）。其中巴彦高勒水文站断面先是冲刷，其后是冲淤交替，最后表现为冲刷，断面累积冲刷面积为341.6 m^2。三湖河口水文站断面则整体表现为冲刷，虽其间有少量回淤，但从整个洪水的累积冲淤量来看，均是冲刷的，共冲刷110.4 m^2。头道拐水文站刚开始则显示淤积，直至9月13日，落水期间才发生冲刷，总冲刷面积164.5 m^2。

二、水位表现

（一）巴彦高勒

巴彦高勒水文站洪水于7月26日开始起涨，起涨流量950 m^3/s，8月30日5时出现最大流量2 710 m^3/s，至10月4日洪水已全部消退。起涨时，流量小于1 200 m^3/s时（7月27日之前）的水位涨率较大（图3-6）；流量在1 230～2 250 m^3/s（7月28日～8月13日）时，水位涨率减小；流量涨在2 250～2 500 m^3/s（8月14～16日）时，水位涨率突然增大，且明显大于起涨1 230～2 250 m^3/s之间（7月28日～8月13日）的小流量的水位涨率；流量为2 410～2 710 m^3/s的"平头峰"期间（8月14日～9月3日），水位流量关系散乱。落水阶段流量从2 440 m^3/s降低到1 900 m^3/s（如图3-6中落水阶段一），后又快速涨到2 480 m^3/s（落水阶断二），其后在2 200～2 480 m^3/s之间震荡。最后到落水阶段三，流量小于2 200 m^3/s以后（9月13日以后），水位流量关系单一减小。对比2 000 m^3/s涨落水位差，落水比涨水高约为0.17 m。但对比1 500 m^3/s涨落水位差，落水比涨水低约0.15 m。对比1 000 m^3/s同流量涨落水位差，落水比涨水低约0.43 m。

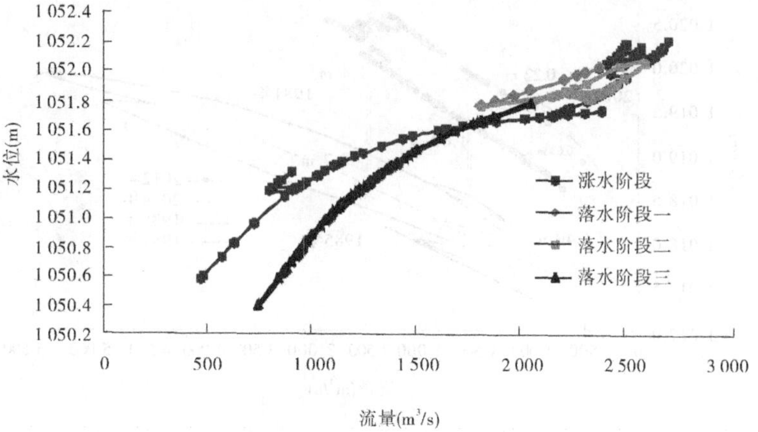

图3-6　2012年洪水巴彦高勒站水位—流量关系

对比近30 a几场典型洪水的水位—流量关系可见（图3-7），1981年洪水期间以及到1985年，水位明显偏低，其后到2004年水位抬升显著。与1981年相比，同500、1 500 m^3/s流量条件下，2004年的水位抬升幅度均在1.3 m左右。到2012年水位出现下降，同流量水位下降0.6～0.8 m。2012年与1981年对比，2 000 m^3/s同流量水位偏高0.9 m左右。

（二）三湖河口

三湖河口水文站于7月27日开始起涨，起涨流量1 030 m^3/s，9月3日8时出现最大

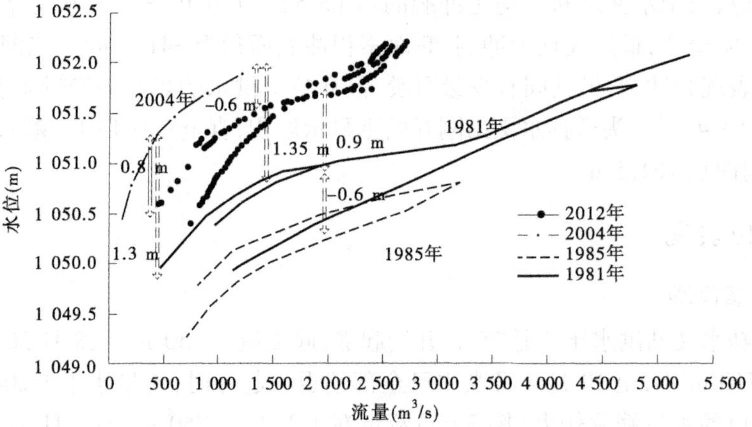

图 3-7 巴彦高勒站典型洪水水位—流量关系对比

流量 2 840 m^3/s(图 3-8),至 10 月 7 日洪水已基本结束,流量为 1 130 m^3/s。本次洪水流量水位过程线为顺时针绳套关系。涨水期的水位流量关系单一,当流量大于 2 000 m^3/s 至洪峰 2 860 m^3/s 时(8 月 1 日~9 月 3 日),随着流量增加,水位在 1 020.4~1 020.6 m 之间,9 月 3 日之后,水位随流量减小而明显降低。从 2 000 m^3/s 的涨落水同流量水位对比看,落水时比涨水时的水位低 0.56 m;对比 1 500 m^3/s 的涨落水同流量水位对比看,落水比涨水水位降低 0.62 m;对比 1 000 m^3/s 同流量涨落水位差,落水比涨水低约 0.63 m。

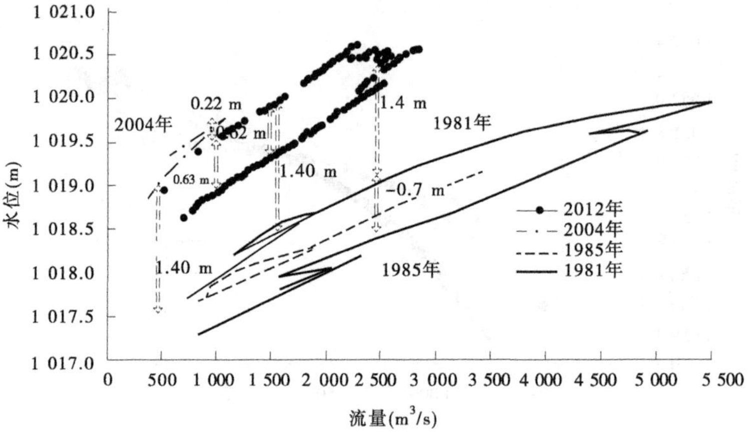

图 3-8 三湖河口典型洪水水位—流量关系

以近 30 a 来三湖河口断面的对比看,1981 年大水期间水位下降较大,2 500 m^3/s 同流量水位下降 0.7 m,但是其后又有所上升。1985 年水位与 1981 年相比水位变化不大。1985 年到 2004 年,三湖河口水位升高较大,500、1 500 m^3/s 和 2 500 m^3/s 同流量水位普遍升高 1.4 m 左右,而且与巴彦高勒不同的是 2004 年至 2012 年水位变化大,未出现下降的趋势,直至本次洪水才出现较大降幅。2012 年与 1981 年相比 2 500 m^3/s 同流量水位偏高 1.4 m 左右。

（三）头道拐

头道拐水文站于 7 月 27 日洪水起涨，起涨流量 1 020 m^3/s，9 月 3 日 8 时出现最大流量 2 800 m^3/s，至 10 月 9 日已基本落下，流量为 1 180 m^3/s。本次洪水流量水位过程线呈逆时针绳套关系（图 3-9），但涨落水阶段水位仍有差别，在 2 000 m^3/s 同流量条件下，落水时的水位比涨水时的略高 0.07 m；1 500 m^3/s 同流量时，落水时水位比涨水时的略高 0.36 m；1 000 m^3/s 同流量水位下略高 0.12 m。

头道拐断面所处河段属基岩河道，对整个河段起到侵蚀基准面的作用，河道冲淤相对不大。但是即使这样，近几年水位也逐步抬升，且水位涨率陡，高水部分水位抬升幅度更高于低水部分。在 1 500 m^3/s 和 2 500 m^3/s 同流量下，2012 年的水位比 1981 年的分别抬高 0.41 m 和 0.77 m。

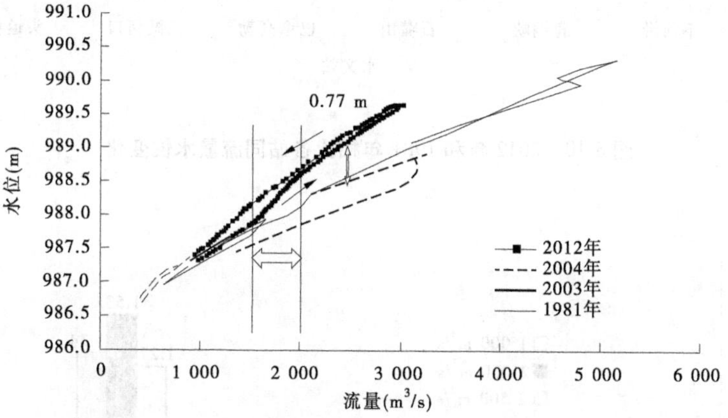

图 3-9　头道拐典型洪水水位—流量关系

可以看出，水文站断面的冲淤和同流量水位的表现并不完全一致，原因是水文站断面资料截止时洪水并未消退，巴彦高勒水文站流量在 1 310 m^3/s，而 1 000 m^3/s 同流量水位则反映了整个洪水从起涨到落水的过程，因此略有差别。

（四）与典型年比较

本场洪水下河沿、青铜峡、石嘴山、巴彦高勒、三湖河口、头道拐等水文站的最大流量分别为 3 520、3 070、3 400、2 710、2 840 m^3/s 和 3 030 m^3/s。将本场洪水涨水期 1 000、2 000 m^3/s 和 2 500 m^3/s 的同流量水位，与 1981 年和 1989 年的比较见图 3-10 和图 3-11。

图 3-10 为与 1981 年相比各站同流量水位变化。与 1981 年相比，下河沿、青铜峡和石嘴山站各站的同流量水位在 2 000 m^3/s 时抬升值分别为 0.09、0.18 m 和 0.26 m，总的来说抬升幅度不大；巴彦高勒断面在 1 000、2 000 m^3/s 和 2 500 m^3/s 条件下分别抬升了 0.60、0.42 m 和 0.61 m；三湖河口分别抬升了 1.48、1.58 m 和 1.32 m，是所有上述水文站断面同流量水位抬升幅度最大的断面；头道拐站 1 000 m^3/s 同流量水位抬升 0.19 m，但 2 000 m^3/s 和 2 500 m^3/s 则抬升了 0.8 m 和 0.77 m，仅次于三湖河口断面。

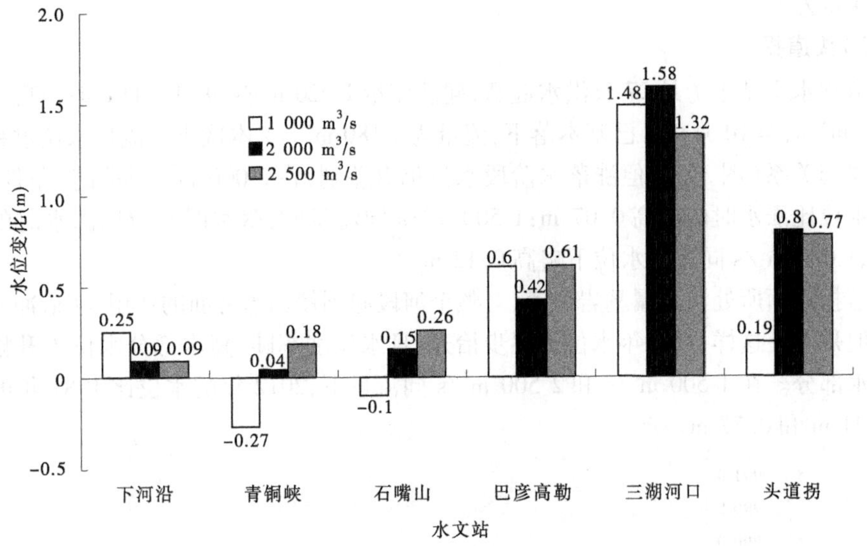

图 3-10　2012 年和 1981 年相比各站同流量水位变化

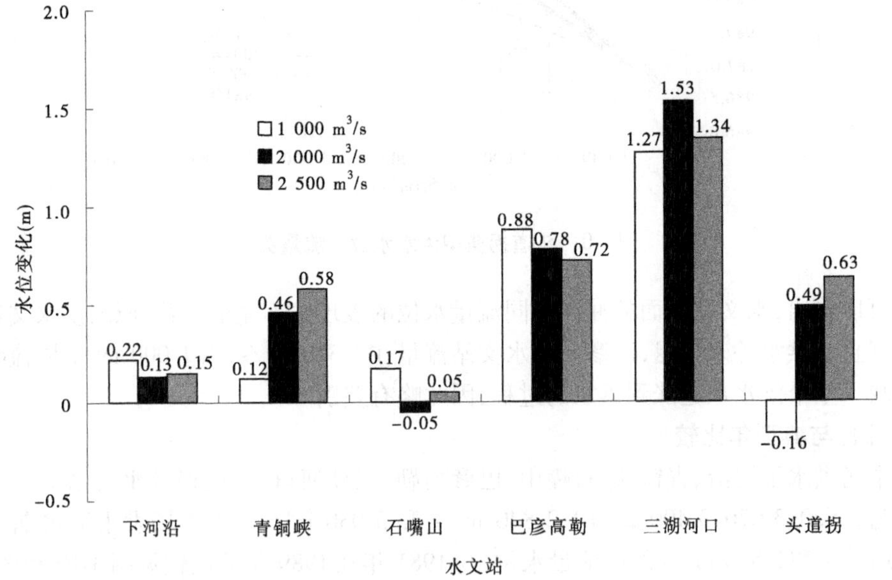

图 3-11　2012 年和 1989 年相比各站同流量水位变化

图 3-11 为与 1989 年相比各站同流量水位变化。2012 年与其相比，下河沿和石嘴山断面的同流量水位抬升不多，青铜峡、巴彦高勒、三湖河口及头道拐断面抬升明显，其中三湖河口的同流量水位是 6 个水文站断面中水位抬升最多的，1 000、2 000 m^3/s 和 2 500 m^3/s 条件下分别抬升了 1.27、1.53 m 和 1.34 m，其次为巴彦高勒断面，分别抬升了 0.88、0.78 m 和 0.72 m，再次为青铜峡和头道拐断面。

三、平滩流量分析

（一）历年平滩流量变化过程

根据宁蒙河段水文站实测资料，通过水位—流量关系、河道冲淤变化及断面形态分析等各种方法综合研究，得到1980～2012年汛前平滩流量（图3-12）。1986年以来，宁蒙河段的排洪输沙能力降低，河槽淤积萎缩，平滩流量减少。1980～1985年来水来沙条件有利，河槽过流能力较大，巴彦高勒和头道拐平滩流量在4 600～5 600 m^3/s之间，三湖河口在4 400～4 900 m^3/s之间。1986～1997年龙刘水库联合运用，平滩流量逐渐减少，至1997年巴彦高勒、三湖河口和头道拐减小为1 900、1 700 m^3/s和3 100 m^3/s。巴彦高勒和三湖河口1998～2001年间，变幅较小，2002～2005年有所减小，此后开始逐渐回升。头道拐1997～2005年变幅较小，基本维持在3 000 m^3/s左右，此后有所增大。

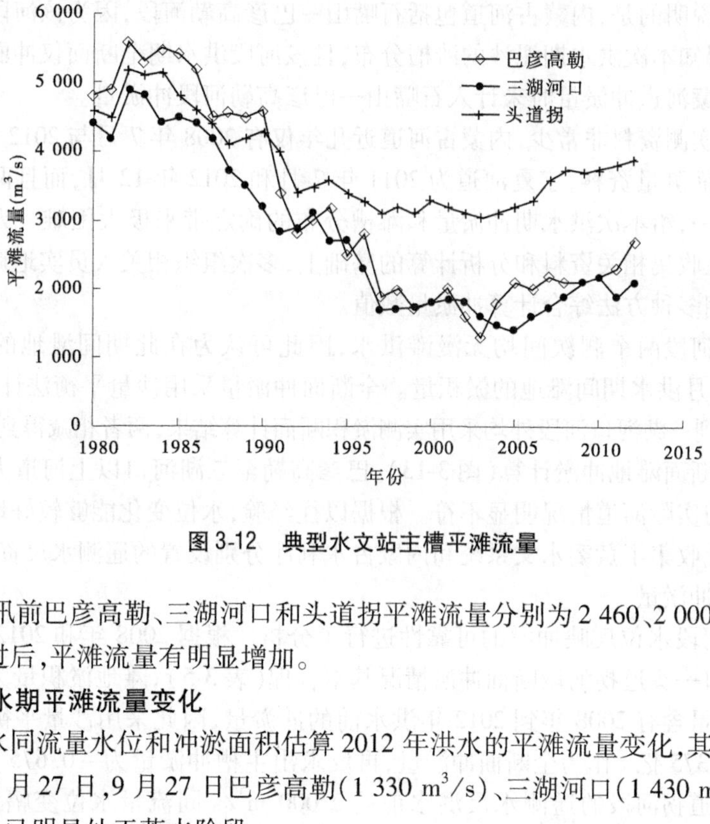

图3-12　典型水文站主槽平滩流量

2012年汛前巴彦高勒、三湖河口和头道拐平滩流量分别为2 460、2 000 m^3/s和3 900 m^3/s。洪水过后，平滩流量有明显增加。

（二）洪水期平滩流量变化

用涨落水同流量水位和冲淤面积估算2012年洪水的平滩流量变化，其中断面资料为7月21日～9月27日，9月27日巴彦高勒（1 330 m^3/s）、三湖河口（1 430 m^3/s）和头道拐（1 450 m^3/s）已明显处于落水阶段。

2012年巴彦高勒、三湖河口和头道拐三站较大流量时（超过1 000 m^3/s）平均流速约为1.72、1.82 m/s和1.53 m/s，利用断面冲淤面积和流速估算平滩流量见表3-4，洪水从起涨7月26日（流量约1 000 m^3/s）至落水期9月27日（流量1 330 m^3/s）巴彦高勒平滩流量增加了588 m^3/s，三湖河口从起涨至落水期9月28日（流量1 450 m^3/s）平滩流量增加了201 m^3/s，头道拐从起涨至9月29日（此时流量1 450 m^3/s，9月7日洪峰3 020 m^3/s）平滩流量增加了252 m^3/s。

表 3-4　2012 年典型水文站洪水期平滩流量变化

站名	平均流速 (m/s)	相应流量(m^3/s)	冲淤面积 (m^2)	平滩流量增加值(m^3/s)
巴彦高勒	1.72	2 270	-341.6	588
三湖河口	1.82	2 450	-110.4	201
头道拐	1.53	2 710	-164.4	252

四、河道冲淤变化

(一)河道冲淤量

1. 冲淤量的综合评估

首先需要说明的是,内蒙古河道包括石嘴山—巴彦高勒河段,因为该河段没有淤积断面测量,无法得知本次洪水期泥沙的滩槽分布,且该河段洪水期全断面仅冲刷 0.042 亿 t,因此在计算宁蒙河道冲淤量时未计入石嘴山—巴彦高勒河段冲淤量。

宁蒙河道实测资料非常少,内蒙古河道近几年仅有 2008 年 7 月与 2012 年 11 月两个测次的淤积断面测量资料,宁夏河道为 2011 年 7 月和 2012 年 12 月,而且两次施测工作的标准也不统一,给本次洪水期冲淤量和滩槽分布的确定带来极大困难。为尽量准确地确定冲淤量,在收集相关资料和分析计算的基础上,多次组织相关人员实地调查并与测量单位交流,采用多种方法综合计算冲淤量数值。

由于宁蒙河段两个测次间均无漫滩洪水,因此可认为在此期间滩地的淤积量即为 2012 年 7～11 月洪水期间滩地的淤积量。全断面冲淤量采用沙量平衡法计算,滩地冲淤量除巴彦高勒到三湖河口河段外均采用实测淤积断面计算结果,两者相减得到主槽冲淤量。

根据实测断面滩地冲淤计算(图 3-13),巴彦高勒至三湖河口以上河道大部分断面滩地是冲刷的,与实际河道情况明显不符。根据以往经验,水位变化能够较好地反映滩槽的冲淤调整,因此收集了黄委水文系统和内蒙古水利厅分别设置的遥测水尺资料,根据水位变化计算滩槽冲淤量。

首先,对河段水位反映冲淤的可靠性进行了分析。根据 2008 年和 2012 年两次断面套绘,三湖河口—头道拐河段断面冲淤情况基本合理(表 3-5),滩地淤积量为 1.050 亿 t。由于主槽冲淤量含有 2008 年到 2012 年洪水前的冲淤量,因此采用沙量平衡法统计的洪水期冲淤量 0.375 亿 t 作为全断面冲淤量,再反求出主槽冲淤量为 -0.675 亿 t。而利用三湖河口—头道拐河段的遥测水尺洪水前后 2 000 m^3/s 同流量水位变幅为 -0.276 m(表 3-6),按照 500 m 河宽计算主槽冲淤量为 -0.594 亿 t,与前面水位变化确定的 0.675 亿 t 比较一致,因此从三湖河口—头道拐河段两种方法对比可以说明,水位变化基本反映主槽冲淤状况。

其次,利用巴彦高勒—三湖河口河段的遥测水尺洪水期水位变化来计算河段主槽的冲淤量,该河段水位平均降低 0.355 m,按照 600 m 主槽宽度来计算,冲刷量为 0.684 亿 t。滩地冲淤量则用输沙率法全断面冲淤量计算的结果 -0.346 亿 t 减去同流量水位推算的主槽冲淤量得到,计算得到巴彦高勒至三湖河口河段滩地淤积 0.338 亿 t。

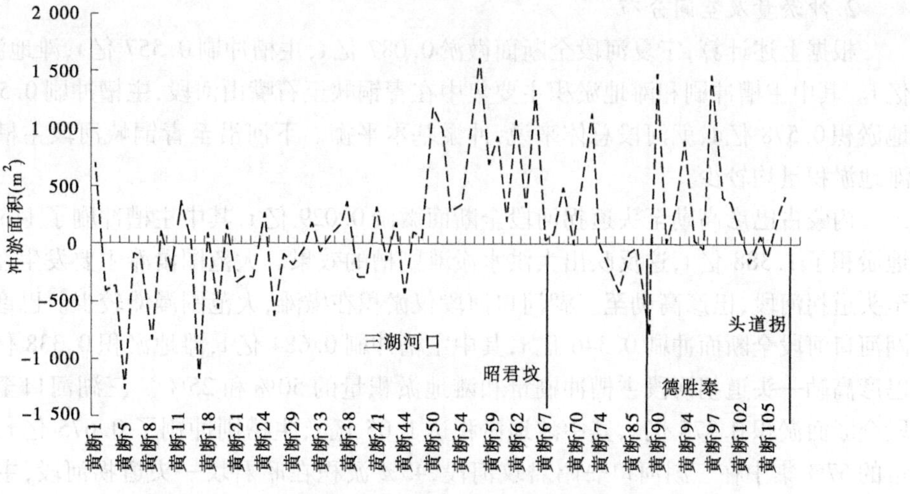

图 3-13　2012 年内蒙古河段滩地冲淤面积沿程变化

表 3-5　宁蒙河段 2012 年汛期滩槽冲淤量　　（单位：亿 t）

<table>
<tr><th>河段</th><th>全断面</th><th>主槽</th><th>滩地</th></tr>
<tr><td>下河沿—青铜峡</td><td>0.050</td><td>-0.016</td><td>0.066</td></tr>
<tr><td>青铜峡—石嘴山</td><td>0.037</td><td>-0.541</td><td>0.578</td></tr>
<tr><td>小计</td><td>0.087</td><td>-0.557</td><td>0.644</td></tr>
<tr><td>巴彦高勒—三湖河口</td><td>-0.346</td><td>-0.684</td><td>0.338</td></tr>
<tr><td>三湖河口—昭君坟</td><td rowspan="2">0.375</td><td rowspan="2">-0.675</td><td>0.600</td></tr>
<tr><td>昭君坟—头道拐</td><td>0.450</td></tr>
<tr><td>小计</td><td>0.029</td><td>-1.359</td><td>1.388</td></tr>
<tr><td>合计</td><td>0.116</td><td>-1.916</td><td>2.032</td></tr>
</table>

表 3-6　根据 2012 年洪水前后实测水尺同流量水位变化计算主槽冲淤量

<table>
<tr><th rowspan="2">水尺名称</th><th colspan="2">2 000 m³/s 同流量水位变幅(m)</th><th rowspan="2">河宽(m)</th><th rowspan="2">主槽冲淤量
(亿 t)</th></tr>
<tr><th>水尺</th><th>河段平均</th></tr>
<tr><td>巴彦高勒</td><td>-0.31</td><td rowspan="3">-0.355</td><td rowspan="3">600</td><td rowspan="3">-0.684</td></tr>
<tr><td>五原一段(皮房圪旦)</td><td>-0.21</td></tr>
<tr><td>四科河头</td><td>-0.24</td></tr>
<tr><td>三湖河口</td><td>-0.66</td><td rowspan="6">-0.276</td><td rowspan="6">500</td><td rowspan="6">-0.594</td></tr>
<tr><td>大河湾</td><td>-0.35</td></tr>
<tr><td>三岔口</td><td>-0.29</td></tr>
<tr><td>画匠营子</td><td>-0.17</td></tr>
<tr><td>新河口</td><td>-0.26</td></tr>
<tr><td>头道拐</td><td>0.07</td></tr>
</table>

2. 冲淤量及空间分布

根据上述计算，宁夏河段全断面微淤0.087亿t，主槽冲刷0.557亿t，滩地淤积0.644亿t。其中主槽冲刷和滩地淤积主要集中在青铜峡至石嘴山河段，主槽冲刷0.541亿t，滩地淤积0.578亿t，就河段总体来说，冲淤基本平衡。下河沿至青铜峡河段主槽冲刷量和滩地淤积量均较少。

内蒙古巴彦高勒至头道拐河段全断面微淤0.029亿t，其中主槽冲刷了1.359亿t，滩地淤积了1.388亿t，这反映出大洪水淤滩刷槽的效果。大范围漫滩主要发生在三湖河口至头道拐河段，巴彦高勒至三湖河口河段仅淤积在嫩滩，大范围漫滩较少。巴彦高勒至三湖河口河段全断面冲刷0.346亿t，其中主槽冲刷0.684亿t，滩地淤积0.338亿t，分别占巴彦高勒—头道拐河段主槽冲刷量和滩地淤积量的50%和25%。三湖河口至头道拐河段全断面淤积0.375亿t，其中滩地淤积达1.05亿t，主槽则冲刷了0.675亿t，滩地淤积量的57%集中在三湖河口—昭君坟河段，43%淤积在昭君坟—头道拐河段，主槽冲刷量占巴彦高勒—头道拐河段主槽冲刷量的50%，滩地淤积量占75%。

3. 分组泥沙冲淤情况

以2012年洪水期内蒙古河段实测水沙资料为基础，计算内蒙古巴彦高勒—头道拐河段干流水文站的分组沙量以及河段的冲淤量（表3-7）。其中分组沙中的细泥沙是指粒径$d<0.025$ mm的泥沙；中泥沙是指粒径$0.25\ \mathrm{mm}<d<0.05$ mm的泥沙；粗泥沙是指粒径$d>0.05$ mm的泥沙；特粗沙是指$d>0.1$ mm的泥沙。从本次洪水期分组沙量及占全沙的比例来看，细泥沙沙量最大，占全沙的比例也最大，在巴彦高勒和头道拐的比例分别占45.8%和43.2%；在巴彦高勒站中泥沙、粗泥沙和特粗沙的比例基本相同，在17.3%～19.1%；而经过漫滩洪水冲淤调整后到达头道拐站，中泥沙、粗泥沙沙量有所增加，占全沙的比例也分别增至23.6%和21.6%，但特粗沙稍有减少，比例也有所下降。

表3-7 内蒙古巴彦高勒—头道拐河段2012年洪水期分组泥沙冲淤情况

水文站	含沙量(kg/m³)	分组沙量(亿t)					分组沙占全沙比例(%)			
		全沙	细沙	中沙	粗沙	特粗沙	细沙	中沙	粗沙	特粗沙
巴彦高勒	3.10	0.404	0.185	0.070	0.077	0.072	45.8	17.3	19.1	17.8
头道拐	2.76	0.385	0.166	0.091	0.083	0.045	43.2	23.6	21.6	11.6
巴彦高勒—头道拐河段冲淤		0.019	0.019	-0.021	-0.006	0.027	100.00	-110.5	-31.6	142.1

由于本次洪水期间支流基本未来沙，因此在河段分组沙冲淤计算中未考虑支流加沙。从该河段的冲淤计算看，巴彦高勒—头道拐河段2012年洪水期淤积0.019亿t，细泥沙和特粗沙是淤积物的主要组成部分，分别淤积0.019亿t和0.027亿t，占全沙淤积量的100.00%和142.1%；而中泥沙和粗泥沙是冲刷的，冲刷量分别为0.021亿t和0.006亿t，占全沙淤积量的-110.5%和-31.6%。根据冲积性河道漫滩洪水泥沙运动规律，初步分析，本次大漫滩洪水期间细泥沙可能主要淤积在滩地，而在主槽内中粗沙得以冲刷，特

粗沙较难以移动。

（二）断面形态变化

1. 断面形态沿程变化

根据2008年6月和2012年10月大断面资料，计算河槽的宽度、滩唇下的断面面积以及河相系数表明，2012年10月与2008年6月相比，有76%的断面河槽面积增加（图3-14），有62%的断面河槽发生展宽（图3-15），有67%的断面河槽平均深度增加（图3-16），有61%的断面的河相系数减小（图3-17）。

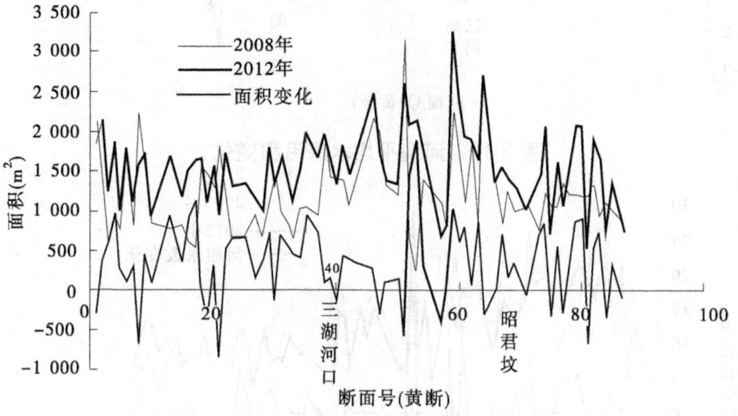

图3-14 河槽面积沿程变化

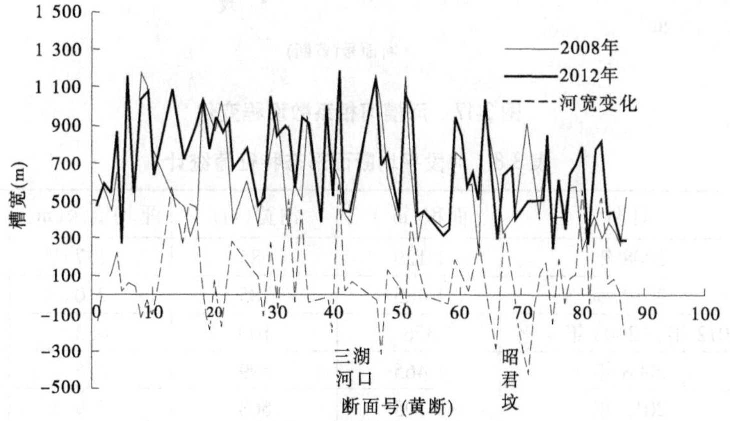

图3-15 河槽宽度沿程变化

统计各河段断面形态特征值可见（表3-8），三湖河口以上、三湖河口—昭君坟和昭君坟以下三个河段的河槽面积分别增加了356、330 m^2 和262 m^2，河槽宽度平均展宽了100、69 m和76 m，可见河槽面积和槽宽增加最多的是三湖河口以上河段；从平均槽深看，三湖河口以上和三湖河口—昭君坟河段的平均槽深分别增加了0.3 m和0.4 m，昭君坟以下河段没有明显变化；各河段河相系数都减小，说明河槽略变窄深。

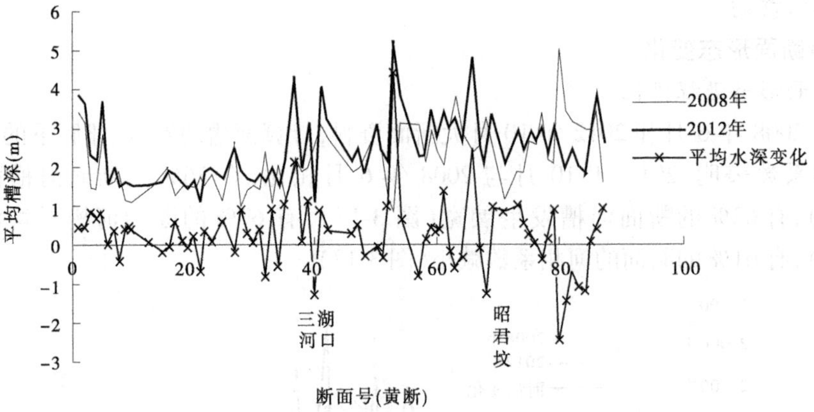

图 3-16　河槽平均水深沿程变化

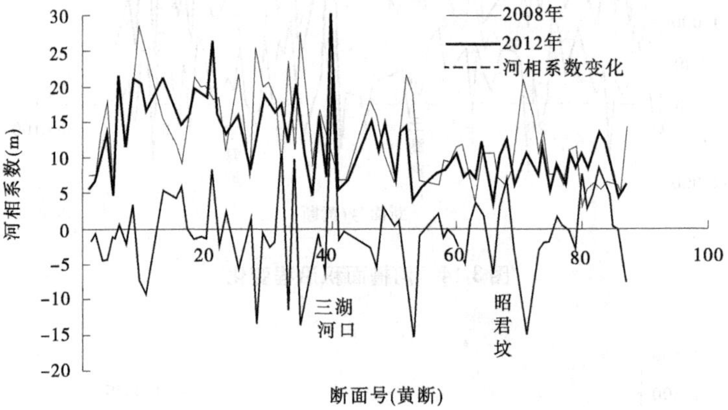

图 3-17　河槽河相系数沿程变化

表 3-8　河段平均断面形态特征值统计

河段	时期	面积(m^2)	河宽(m)	平均槽深(m)	河相系数
三湖河口以上	2008 年	1 129	685	1.7	16.6
	2012 年	1 485	785	2.0	15.3
	2012 年较 2008 年变化	356	100	0.3	-1.3
三湖河口—昭君坟	2008 年	1 465	599	2.5	10.7
	2012 年	1 795	668	2.9	10.1
	2012 年较 2008 年变化	330	69	0.4	-0.6
昭君坟以下	2008 年	1 087	445	2.7	9.2
	2012 年	1 349	521	2.7	8.9
	2012 年较 2008 年变化	262	76	0.0	-0.3

2. 典型断面横断面形态调整

依据断面变化特点，可将典型断面分为三类，一类是兼具展宽和冲深的，如黄断 16（图 3-18），多数断面属于此类；第二类是河槽位置发生显著变化的，如黄断 32（图 3-19），河槽位置在横向上移动了 1 km；第三类是以缩窄冲深为主的断面，如黄断 66(图 3-20)，最深点高程冲刷降低了近 7 m，但此类断面不多。

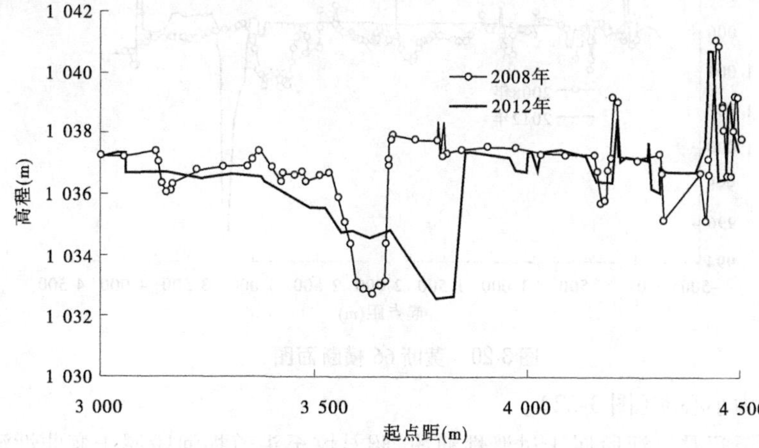

图 3-18　黄断 16 横断面图

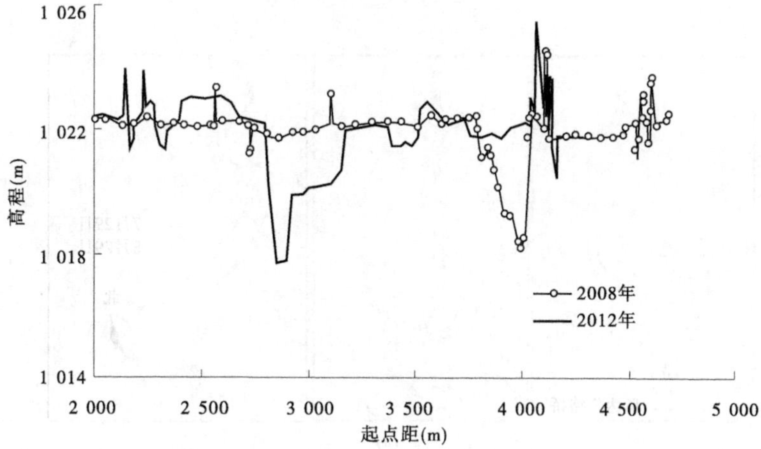

图 3-19　黄断 32 横断面图

五、河势变化

(一)洪水期间河势基本情况

图 3-21～图 3-24 是 2012 年 7 月 29 日和 8 月 29 日的河势套绘。2012 年 7 月 29 日，巴彦高勒水文站日均流量为 1 040 m^3/s，为洪水开始起涨时流量，8 月 29 日日均流量为 2 550 m^3/s。

内蒙古乌达铁路桥至三盛公河段属于过渡性河段，通过洪水涨水前后的对比可以看出，该河段随着洪水流量的增大，水面宽略有增大，但该河段无大面积漫滩，仅以前裸露的心滩被水覆盖，或是大心滩变为小心滩(图 3-21)。整体来看河势较稳定。

三盛公至三湖河口河段属于游荡性河段，可以看出该河段随着洪水流量的增大，水面宽增大，三盛公水利枢纽上部河段有少量漫滩，其他部分河段以前裸露的心滩被水覆盖，

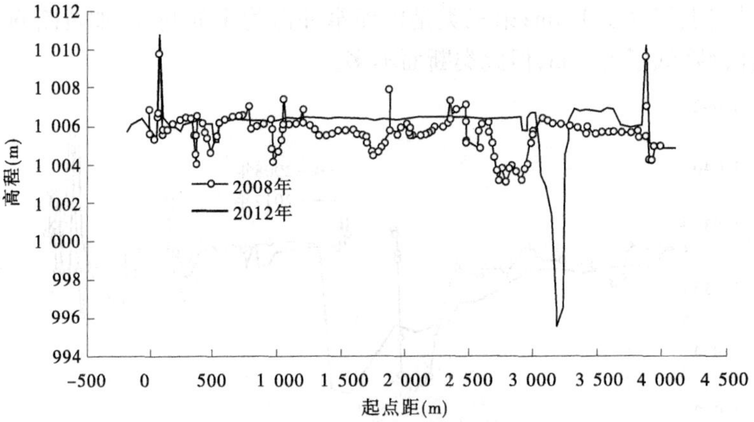

图 3-20 黄断 66 横断面图

或是大心滩变为小心滩(图 3-22)。

三湖河口至昭君坟河段属于过渡性河段,昭君坟至头道拐河段属于弯曲性河段,可以看出这两个河段都发生漫滩(图 3-23 和图 3-24),洪水直至堤根,形成大堤偎水,工程出险情况较多。

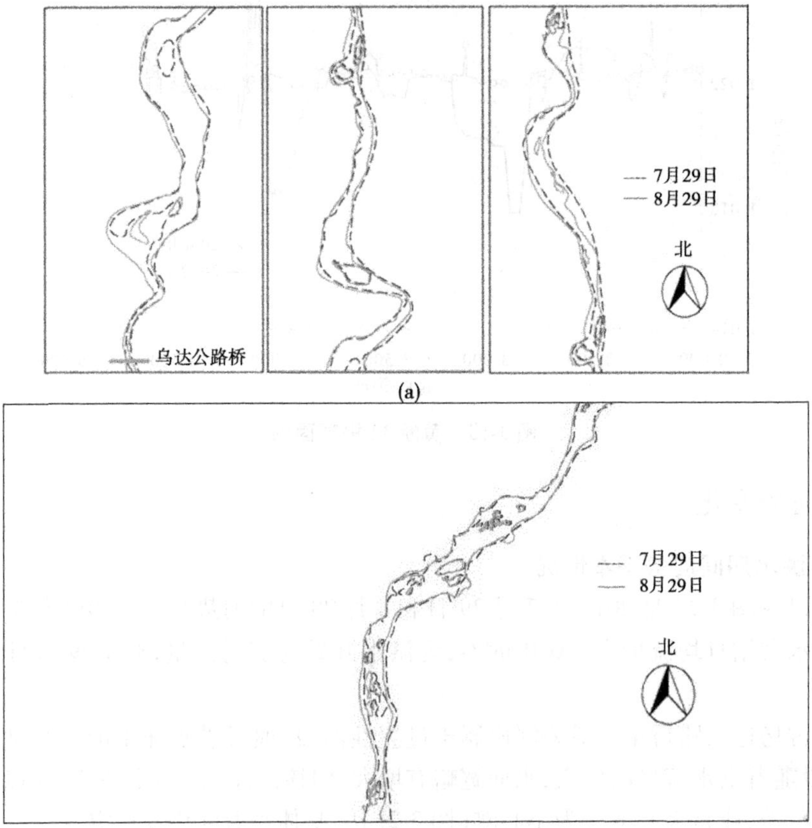

图 3-21 乌达铁路桥至三盛公河段

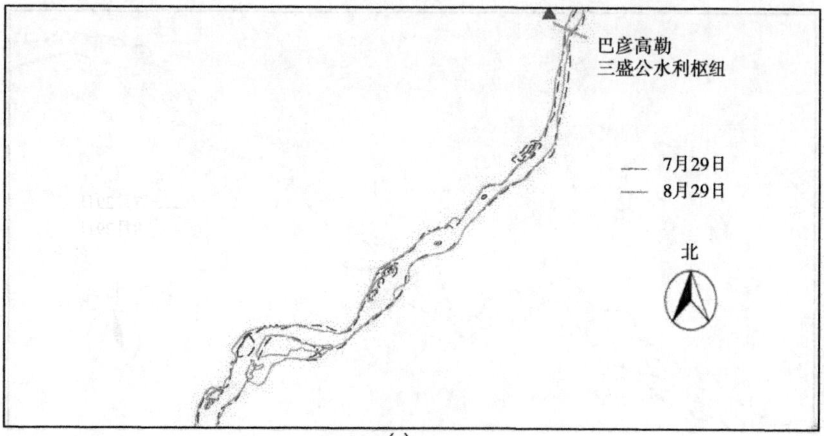

(c)

续图 3-21

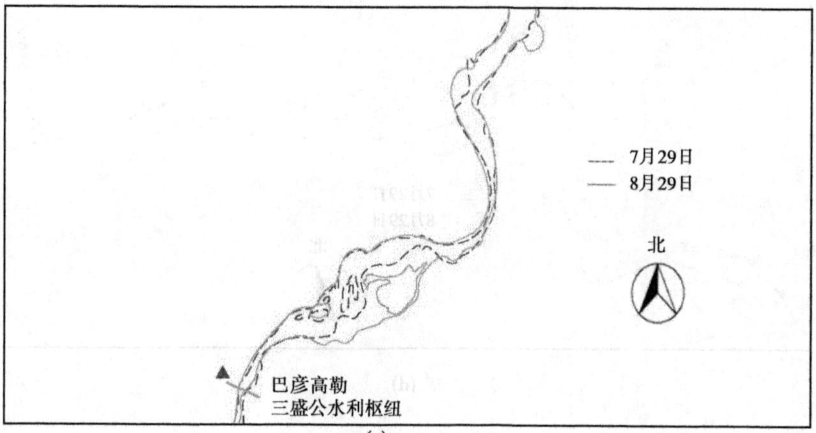

(a)

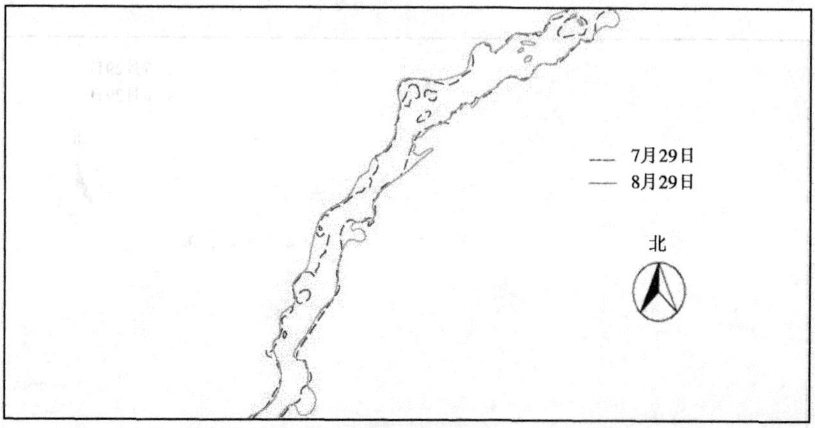

(b)

图 3-22　三盛公至三湖河口河段

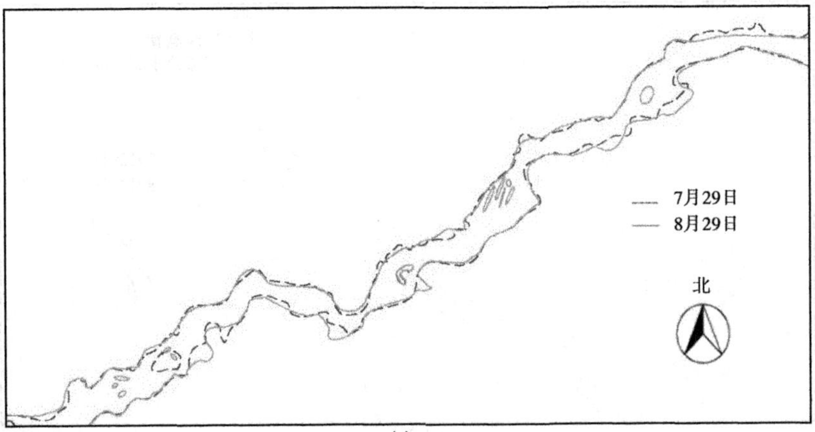

(c)

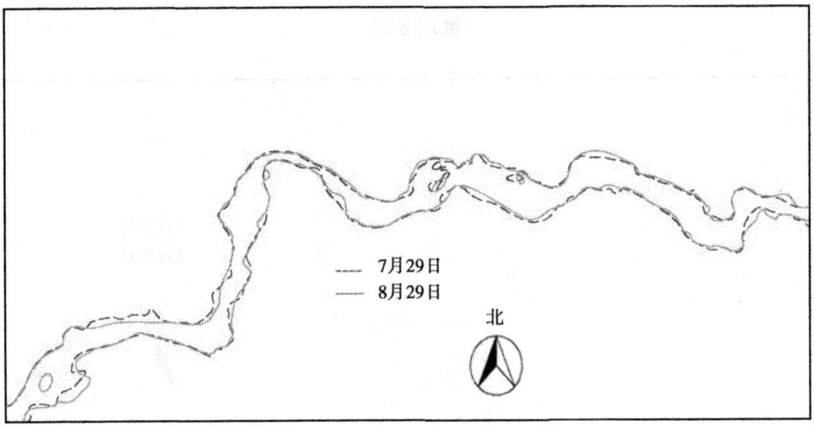

(d)

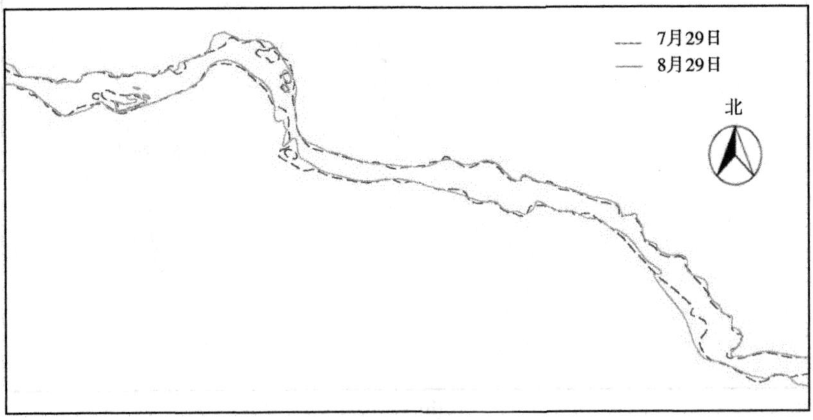

(e)

续图 3-22

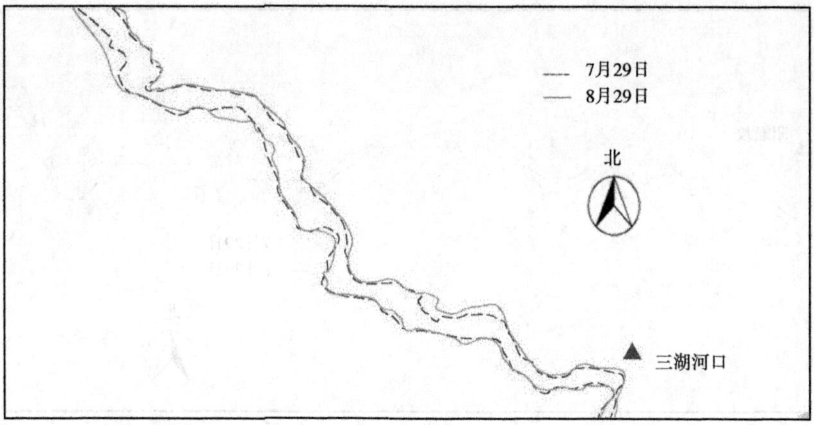

(f)

续图 3-22

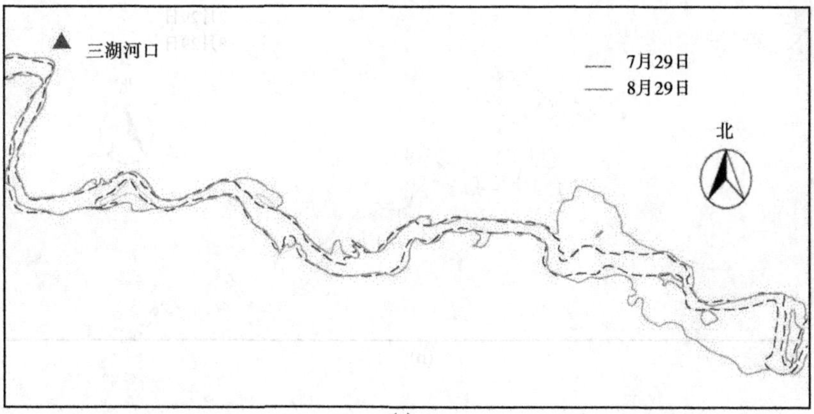

(a)

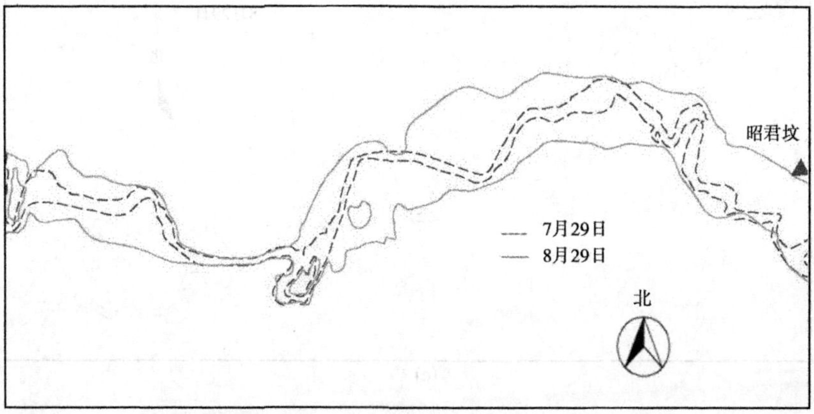

(b)

图 3-23　三湖河口至昭君坟河段

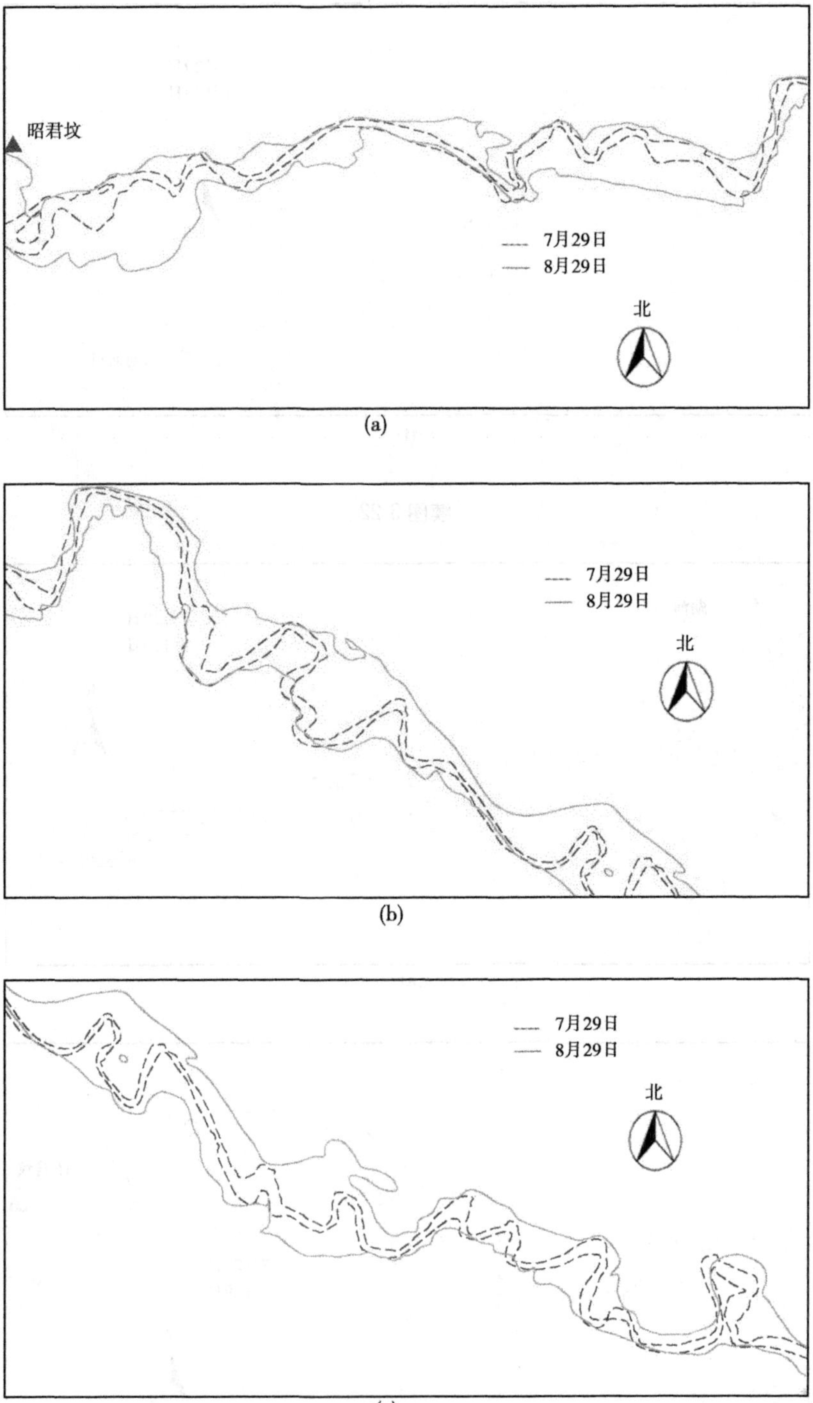

图 3-24　昭君坟至头道拐河段

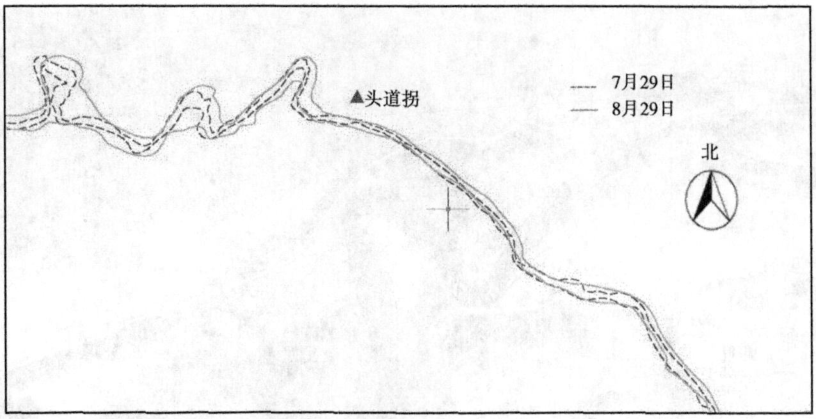

(d)

续图 3-24

(二)洪水期河势变化特点

1. 漫滩特点

图 3-25 为巴彦高勒—三湖河口河段洪水前后及洪水期河势套绘,可以看出该河段游荡段漫滩范围较小。图 3-26 为昭君坟—头道拐河段 2012 年洪水前后及洪水期河势套绘,可以看出该河段漫滩范围较大,基本漫至大堤根。

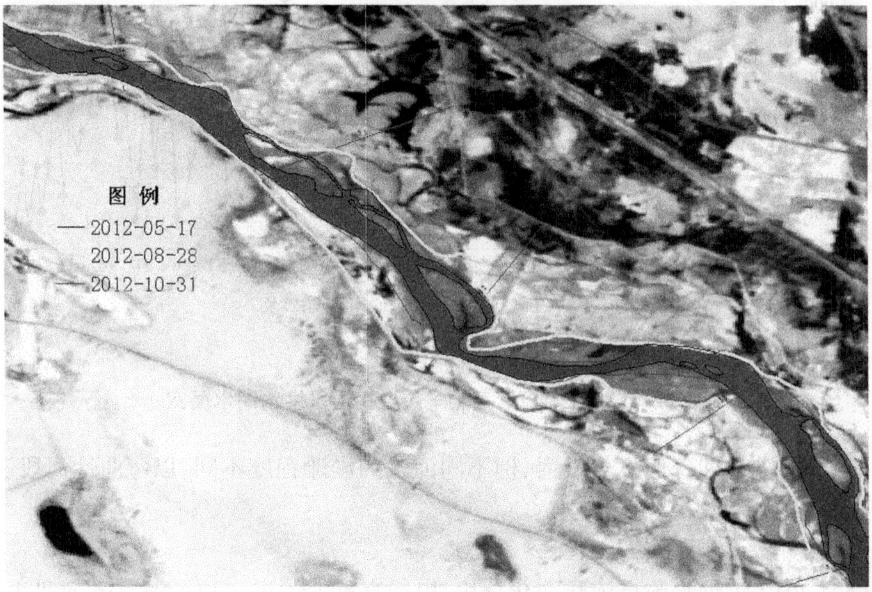

图 3-25　巴彦高勒—三湖河口河段洪水前及洪水期河势套绘

通过点绘巴彦高勒—头道拐河段洪水期水面宽看出(图 3-27),三湖河口—昭君坟的过渡河段和昭君坟—头道拐的弯曲河段漫滩范围较大,而巴彦高勒—三湖河口的游荡性河段漫滩范围较小。

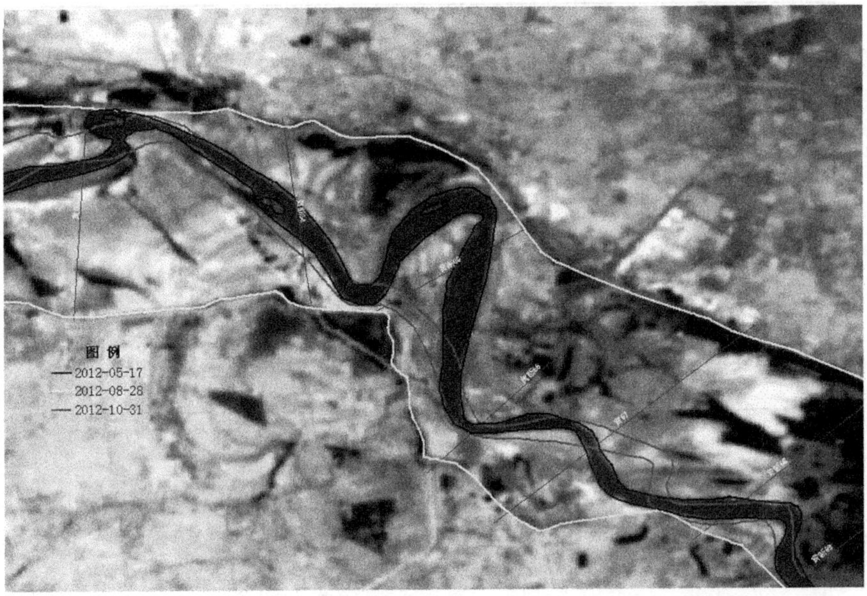

图 3-26　昭君坟—头道拐河段洪水前及洪水期河势套绘

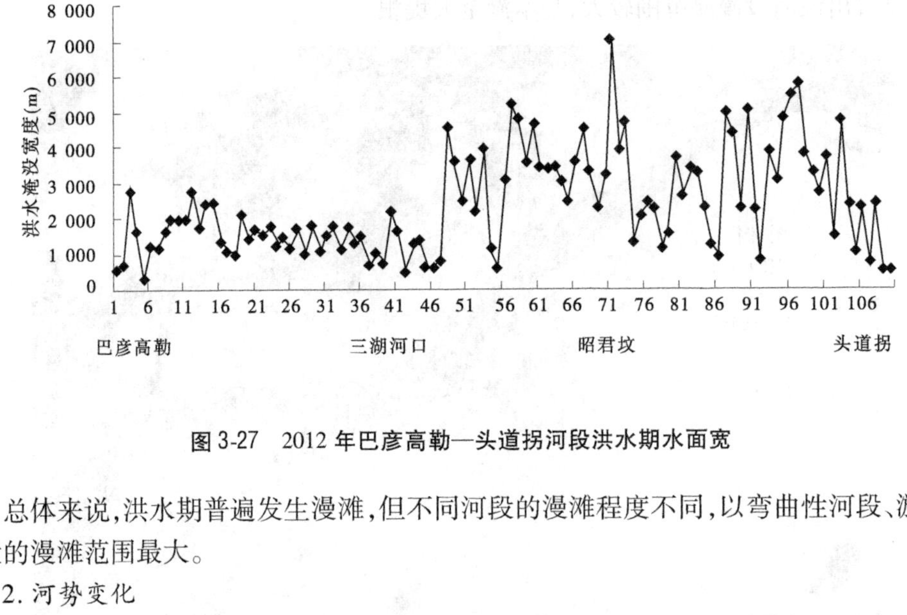

图 3-27　2012 年巴彦高勒—头道拐河段洪水期水面宽

总体来说,洪水期普遍发生漫滩,但不同河段的漫滩程度不同,以弯曲性河段、游荡性河段的漫滩范围最大。

2. 河势变化

通过对 2012 年洪水前后河势变化分析,巴彦高勒—三湖河口的游荡性河段主流摆动较大(图 3-28),三湖河口—昭君坟过渡河段次之。根据巴彦高勒—三湖河口、三湖河口—昭君坟和昭君坟—头道拐洪水前后主流摆幅(图 3-29)及各河段平均和最大主流摆幅的统计(表 3-9)。若扣除裁弯的主流摆幅,游荡段平均主流摆幅为 200 m,过渡段为 130 m,弯曲段为 55 m。

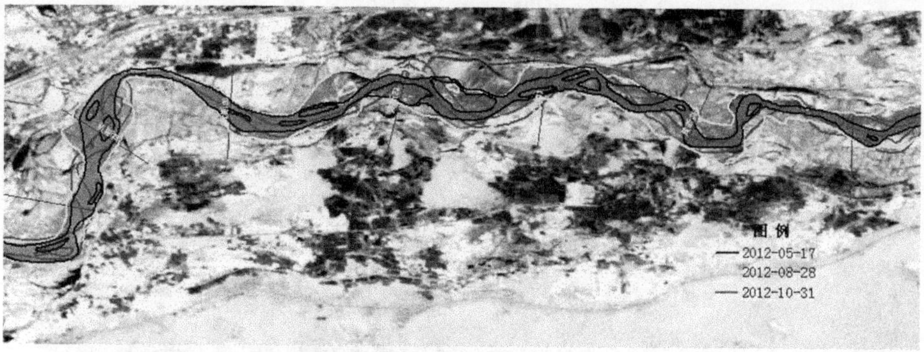

图 3-28　巴彦高勒—三湖河口河段(黄断 20—黄断 24)河势套绘

表 3-9　2012 年洪水前后主流摆幅统计

河段	河道长度(km)	河型	平均主流摆幅(m)	最大主流摆幅(m)
巴彦高勒—三湖河口	220.3	游荡	200	1 380
三湖河口—昭君坟	126.4	过渡	240 (扣除裁弯为 130)	1 960
昭君坟—头道拐	174.1	弯曲	150(扣除裁弯为 55)	770

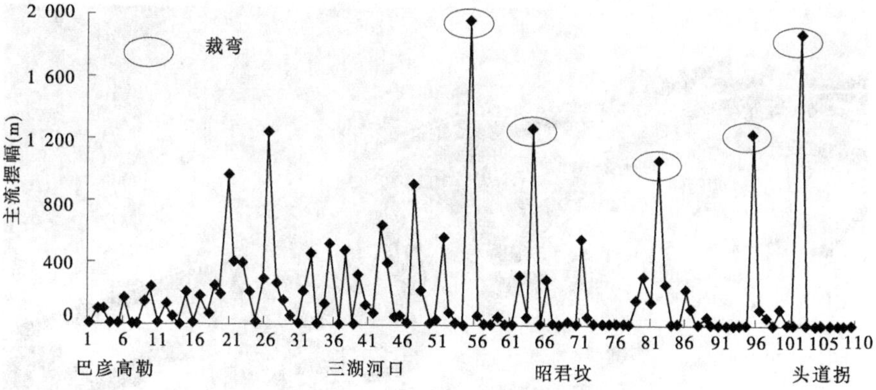

图 3-29　2012 年汛前汛后主流摆幅沿程变化

3. 自然裁弯现象

根据 2012 年洪水前后河势分析,共有 5 处发生了自然裁弯,其中过渡段 2 处,弯曲段 3 处。图 3-30 为过渡段黄断 55—黄断 57 裁弯河势图,图 3-31 为弯曲段黄断 64—黄断 66 裁弯河势图。各河段裁弯情况见表 3-10。三湖河口—头道拐裁弯附近河段裁弯后河长较裁弯前缩短了一半,各河湾河长缩短比例在 23% ~63% 之间。

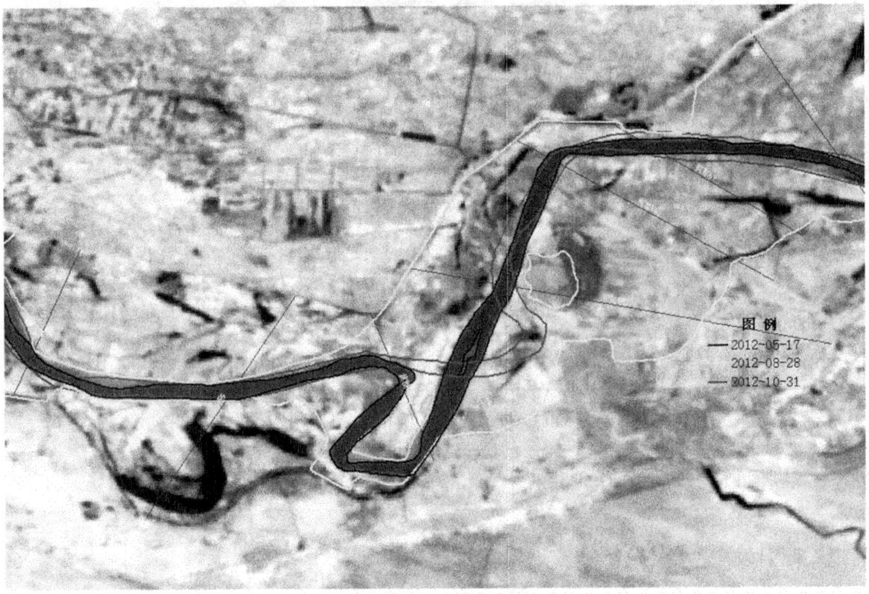

图 3-30　过渡段黄断 55—黄断 57 裁弯河势

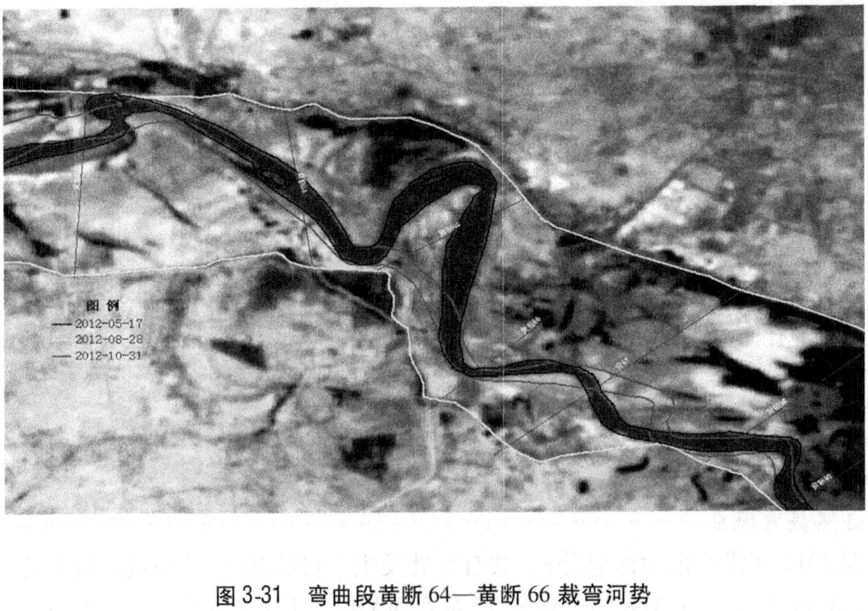

图 3-31　弯曲段黄断 64—黄断 66 裁弯河势

表 3-10 2012 年洪水期裁弯情况

河段	河段（黄断面号）	裁弯前河长(km)	裁弯后河长(km)	河长缩短比例(%)
三湖河口—昭君坟	55 ~ 57	8.36	4.13	51
	64 ~ 66	6.28	2.89	54
昭君坟—头道拐	82 ~ 83	2.01	0.84	58
	96 ~ 97	5.37	4.14	23
	103 ~ 104	7.994	2.94	63
合计		30	14.94	50

第四章　洪水期冲淤特点及冲淤规律

一、洪水期河道冲淤调整时空分布特点

根据宁蒙河道1960～2012年实测资料，统计6～10月下河沿水文站洪峰流量大于1 000 m^3/s的场次洪水冲淤量（表4-1）。由于缺少青铜峡、三盛公水库的入库站资料，冲淤计算中未排除水库的冲淤量。同时考虑到6～10月风沙较小，洪水期冲淤计算未考虑风沙量的影响。

从长时期1960～2012年来看，宁蒙河道洪水期呈淤积状态（图4-1），河段淤积总量为8.879亿t，场次洪水平均淤积0.051亿t。主要淤积时期是1987～1999年，洪水期淤积总量为7.944亿t，为长时期淤积量的89.5%，场次洪水平均淤积量为0.160亿t，为长时期平均值的3.12倍；其次是1960～1968和2000～2012年，平均场次洪水淤积量分别为0.020亿t和0.031亿t，1960～1986年场次洪水淤积的主要是由于青铜峡、三盛公水库的影响。整个河段只有1969～1986年洪水期呈冲刷状态，冲刷总量为0.993亿t，场次洪水平均冲刷0.020亿t。

长时期宁蒙河道淤积空间分年主要在宁夏的青铜峡—石嘴山河段和内蒙古的三湖河口—头道拐河段，两个河段场次洪水淤积总量分别为5.616亿t和3.308亿t，场次洪水平均淤积0.032亿t和0.019亿t；冲刷主要在石嘴山—巴彦高勒和巴彦高勒—三湖河口河段，冲刷总量分别为1.205亿t和1.696亿t，场次洪水平均冲刷量分别为0.007亿t和0.009 8亿t。

洪水期河道冲淤与来水来沙、河段间水库运用以及上下河段的调整密切相关。1960～1968年水沙条件比较有利，流量大，沙量少，洪水期呈微淤状态，淤积总量为0.504亿t，平均每场淤积0.020亿t。从淤积分布分析可知，该时期淤积主要在下河沿—青铜峡河段（图4-2），洪水期淤积总量为1.762亿t，平均场次淤积量为0.073亿t，是整个河段淤积量的3.5倍，这是青铜峡水库1967年开始运用的影响。而在有利的水沙条件下，石嘴山—巴彦高勒、巴彦高勒—三湖河口河道都发生了冲刷（图4-3），冲刷总量分别为0.133亿t和1.220亿t，场次洪水平均冲刷量分别为0.006亿t和0.051亿t。上段冲刷形成来沙量增多，同时1966年、1967年孔兑来沙造成三湖河口以下河段转为淤积，共淤积0.649亿t，场次洪水平均淤积0.027亿t。

1969～1986年由于刘家峡水库拦沙以及来沙少来水多的自然水沙特点，总量为0.993亿t，场次洪水平均冲刷0.020亿t。从该时期的冲淤分布来看，除下河沿—青铜峡受水库拦沙影响发生淤积，以及调整段青铜峡—石嘴山发生淤积外，石嘴山以下河段普遍发生冲刷，而且石嘴山—巴彦高勒、巴彦高勒—三湖河口、三湖河口—头道拐三个河段冲刷比较均匀，场次洪水期间平均分别冲刷0.015亿、0.026亿t和0.026亿t，三河段共冲刷3.525亿t。

表 4-1　宁蒙河道不同时期场次洪水冲淤量

河段	场次洪水平均冲淤量(亿 t)					场次洪水冲淤总量(亿 t)				
	1960～1968 年	1969～1986 年	1987～1999 年	2000～2012 年	1960～2012 年	1960～1968 年	1969～1986 年	1987～1999 年	2000～2012 年	1960～2012 年
下河沿—青铜峡	0.073	0.017	0.006	-0.003	0.017	1.762	0.926	0.286	-0.118	2.856
青铜峡—石嘴山	-0.023	0.030	0.074	0.019	0.032	-0.554	1.605	3.684	0.881	5.616
石嘴山—巴彦高勒	-0.006	-0.015	-0.007	0.001	-0.007 0	-0.133	-0.774	-0.327	0.029	-1.205
巴彦高勒—三湖河口	-0.051	-0.026	0.030	-0.013	-0.009 8	-1.220	-1.365	1.476	-0.587	-1.696
三湖河口—头道拐	0.027	-0.026	0.057	0.027	0.019	0.649	-1.386	2.825	1.220	3.308
下河沿—石嘴山	0.050	0.048	0.079	0.017	0.049	1.208	2.531	3.970	0.763	8.472
石嘴山—头道拐	-0.029	-0.067	0.079	0.014	0.002	-0.705	-3.525	3.973	0.661	0.404
下河沿—头道拐	0.020	-0.020	0.160	0.031	0.051	0.504	-0.993	7.944	1.425	8.879

注:计算冲淤量含青铜峡和三盛公库区淤积量。

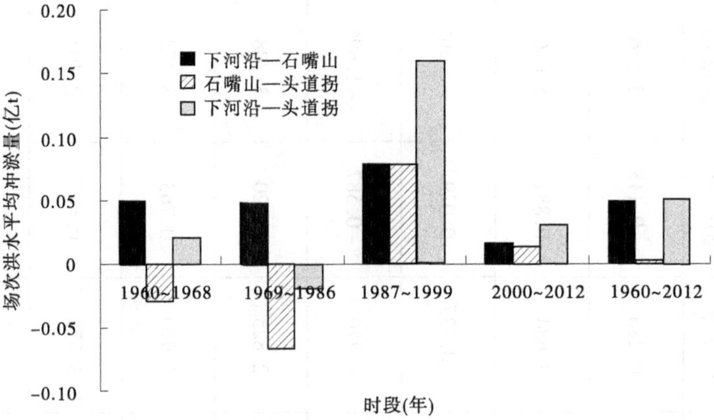

图 4-1　宁蒙河道各河段不同时期场次洪水冲淤量

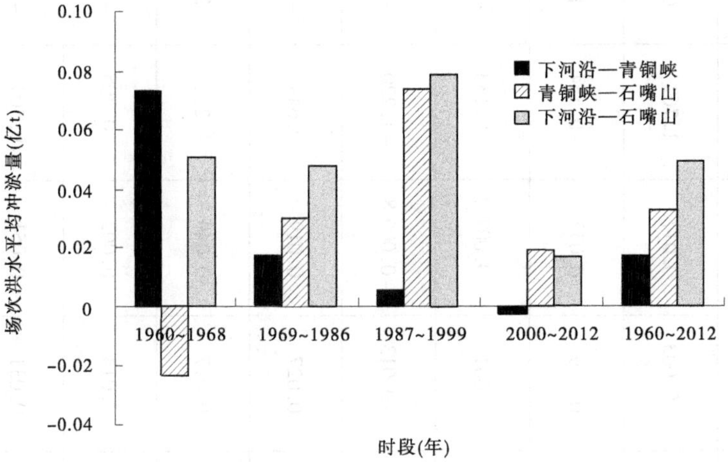

图 4-2　宁夏河段不同时期场次洪水冲淤量分布

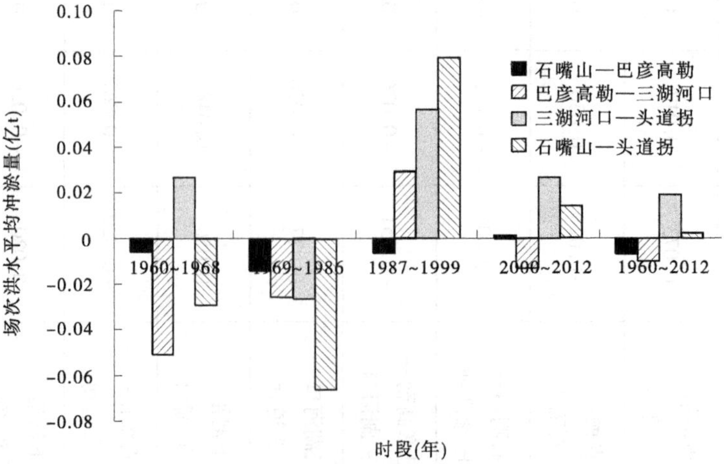

图 4-3　内蒙古河段不同时期场次洪水冲淤量分布

龙羊峡水库运用之后,水沙条件经历了巨大改变。洪峰减少,流量减小,水量减少,整个宁蒙河道洪水期的冲淤发生了强烈变化。根据水沙条件,可将龙刘水库联合运用的1987~2012年分为1987~1999年和2000~2012年两个时段,两个时段洪水期的共同特点是水少、沙多、孔兑来沙量大,整个河道基本上除个别河道外,都发生了淤积。1987~1999年来沙多,孔兑加沙多,淤积更为严重,尤其是调整的主要河段青铜峡—石嘴山和巴彦高勒—三湖河口、三湖河口—头道拐河段淤积严重,场次洪水淤积量都是历史各时期最高的,分别达到0.074亿t、0.030亿t和0.057亿t。2000~2012年,得益于宁蒙河道来沙量大幅度减少,洪水期来水流量条件不利,河道发生淤积,但淤积量较小,巴彦高勒—三湖河口河段还有所冲刷。

二、不同流量条件下不同含沙量级的洪水冲淤特点

表4-2为宁蒙河道非漫滩洪水不同流量级下不同含沙量的洪水冲淤情况。河道冲淤与水流条件关系密切,在来沙条件相同时,河道冲刷量随着平均流量的增大而增大。如在洪水期平均流量小于1 000 m^3/s时,宁蒙河道基本上处于淤积状态,随着流量增大到1 000~1 500 m^3/s,在来沙含沙量小于7 kg/m^3时,宁蒙河道长河段处于冲刷状态,宁蒙河道场次洪水平均冲刷0.035亿t;冲刷主要集中在宁夏下河沿—石嘴山河段,场次洪水平均冲刷量为0.03亿t,内蒙古石嘴山—头道拐河段呈微冲状态,场次洪水平均冲刷量为0.005亿t;当流量在1 500~2 000 m^3/s时,该含沙量级宁蒙河段场次洪水冲刷量有所增大,场次洪水平均增大到0.139亿t;冲刷仍主要集中在宁夏河段,宁夏河段场次洪水平均冲刷量为0.089亿t,其中下河沿—青铜峡、青铜峡—石嘴山场次洪水平均冲刷量分别为0.036亿t和0.052亿t;内蒙古河段该流量级也是冲刷的,场次洪水冲刷量值为0.05亿t,冲刷主要集中在巴彦高勒—三湖河口河段,该河段场次洪水平均冲刷量为0.049亿t,三湖河口—头道拐河段场次洪水平均冲刷量为0.016亿t,而石嘴山—巴彦高勒河段是淤积的,场次洪水平均淤积量为0.014亿t。随着流量进一步增大到2 000~2 500 m^3/s时,宁蒙河道长河段场次洪水冲刷增大到0.245亿t,冲刷主要集中在石嘴山—头道拐河段,场次洪水平均冲刷量为0.139亿t,宁夏河段场次洪水平均冲刷量为0.105亿t。在这个流量级时,宁蒙河道分河段下河沿—青铜峡、青铜峡—石嘴山、石嘴山—巴彦高勒、巴彦高勒—三湖河口和三湖河口—头道拐都是冲刷的。当平均流量进一步增大到大于2 500 m^3/s时,该含沙量级宁蒙河道场次洪水冲刷量略增大到0.253亿t,其中宁夏河段、内蒙古河段都是冲刷的,场次洪水平均冲刷量分别为0.113亿t和0.140亿t。当来水含沙量级在7~10 kg/m^3时,若流量小于2 500 m^3/s,河道处于淤积状态,而若流量大于2 500 m^3/s,内蒙古河段呈冲刷状态,场次洪水平均冲刷量为0.205亿t,而宁夏河段场次洪水呈淤积状态;当含沙量大于10 kg/m^3时,宁蒙河道各流量级都是淤积的。

三、洪水冲淤特性

以含沙量表征来沙条件的指标,以洪水期平均流量大小代表水流条件,统计宁蒙河道非漫滩洪水不同含沙量条件下不同流量级洪水的冲淤量(表4-3)。分析表明当宁蒙河段

表 4-2　宁蒙河道不同流量级条件下不同含沙量级的洪水冲淤情况（去掉漫滩洪水）

流量级（m^3/s）	含沙量级（kg/m^3）	下河沿＋清水河场次洪水特征值			各河段冲淤量（亿 t）							
		总场次（次）	平均流量（m^3/s）	含沙量（kg/m^3）	下河沿—青铜峡	青铜峡—石嘴山	石嘴山—巴彦高勒	巴彦高勒—三湖河口	三湖河口—头道拐	下河沿—石嘴山	石嘴山—头道拐	全河段
<1 000	<7	27	868	3.0	-0.019	0.009	-0.004	0.003	0.015	-0.010	0.014	0.005
	7~10	5	815	7.9	0.031	0.017	-0.004	0.006	0.008	0.048	0.010	0.058
	10~20	11	853	12.4	0.046	0.044	0.001	0.011	0.036	0.089	0.048	0.137
	>20	7	898	43.4	0.028	0.279	-0.038	0.131	0.072	0.306	0.165	0.471
1 000~1 500	<7	40	1 178	2.5	-0.017	-0.013	0.011	-0.019	0.003	-0.030	-0.005	-0.035
	7~10	5	1 272	8.5	0.010	0.031	-0.002	0.012	0.007	0.041	0.016	0.057
	10~20	13	1 166	13.3	0.096	0.035	0.013	0.007	0.015	0.132	0.035	0.167
	>20	9	1 179	28.6	0.103	0.255	0.014	0.064	0.065	0.357	0.143	0.501
1 500~2 000	<7	11	1 775	3.4	-0.036	-0.052	0.014	-0.049	-0.016	-0.089	-0.050	-0.139
	7~10	5	1 690	8.4	-0.025	0.051	0.004	0.014	0.237	0.026	0.255	0.281
	10~20	1	1 998	11.8	-0.003	0.115	0.006	0.042	0.003	0.112	0.051	0.163
	>20	3	1 704	23.7	0.414	0.119	-0.005	0.020	-0.025	0.533	-0.009	0.524
2 000~2 500	<7	12	2 184	3.5	-0.076	-0.030	-0.043	-0.029	-0.067	-0.105	-0.139	-0.245
	7~10	1	2 083	7.6	0.267	-0.082	-0.029	-0.056	-0.074	0.185	-0.159	0.026
	10~20	2	2 160	16.8	0.154	0.107	0.057	-0.005	0.028	0.262	0.080	0.341
	>20											
>2 500	<7	6	2 754	3.5	-0.084	-0.029	-0.024	-0.045	-0.071	-0.113	-0.140	-0.253
	7~10	1	2 976	7.8	0.440	-0.161	-0.145	-0.054	-0.006	0.279	-0.205	0.074
	10~20	2	2 549	11.2	0.007	0.063	-0.012	0.025	0.062	0.070	0.076	0.146
	>20	2	2 668	24.5	0.064	0.278	0.144	0.012	0.076	0.342	0.232	0.574

表 4-3　宁蒙河道不同含沙量条件下不同流量级的洪水冲淤情况（去掉漫滩洪水）

下河沿含沙量（kg/m³）	流量级（m³/s）	下河沿 + 清水河场次洪水特征值			各河段冲淤量（亿 t）							
		总场次（次）	平均流量（m³/s）	含沙量（kg/m³）	下河沿—青铜峡	青铜峡—石嘴山	石嘴山—巴彦高勒	巴彦高勒—三湖河口	三湖河口—头道拐	下河沿—石嘴山	石嘴山—头道拐	全河段
<7	<1 000	27	868	3.0	-0.019	0.009	-0.004	0.003	0.015	-0.010	0.014	0.005
	1 000 ~ 1 500	40	1 178	2.5	-0.017	-0.013	0.011	-0.019	0.003	-0.030	-0.005	-0.035
	1 500 ~ 2 000	11	1 775	3.4	-0.036	-0.052	0.014	-0.049	-0.016	-0.089	-0.050	-0.139
	2 000 ~ 2 500	12	2 184	3.5	-0.076	-0.030	-0.043	-0.029	-0.067	-0.105	-0.139	-0.245
	>2 500	6	2 754	3.5	-0.084	-0.029	-0.024	-0.045	-0.071	-0.113	-0.140	-0.253
7 ~ 10	<1 000	5	815	7.9	0.031	0.017	-0.004	0.006	0.008	0.048	0.010	0.058
	1 000 ~ 1 500	5	1 272	8.5	0.010	0.031	-0.002	0.012	0.007	0.041	0.016	0.057
	1 500 ~ 2 000	5	1 690	8.4	-0.025	0.051	0.004	0.014	0.237	0.026	0.255	0.281
	2 000 ~ 2 500	1	2 083	7.6	0.267	-0.082	-0.029	-0.056	-0.074	0.185	-0.159	0.026
	>2 500	1	2 976	7.8	0.440	-0.161	-0.145	-0.054	-0.006	0.279	-0.205	0.074
10 ~ 20	<1 000	11	853	12.4	0.046	0.044	0.001	0.011	0.036	0.089	0.048	0.137
	1 000 ~ 1 500	13	1 166	13.3	0.096	0.035	0.013	0.007	0.015	0.132	0.035	0.167
	1 500 ~ 2 000	1	1 998	11.8	-0.003	0.115	0.006	0.042	0.003	0.112	0.051	0.163
	2 000 ~ 2 500	2	2 160	16.8	0.154	0.107	0.057	-0.005	0.028	0.262	0.080	0.341
	>2 500	2	2 549	11.2	0.007	0.063	-0.012	0.025	0.062	0.070	0.076	0.146
>20	<1 000	7	898	43.4	0.028	0.279	-0.038	0.131	0.072	0.306	0.165	0.471
	1 000 ~ 1 500	9	1 179	28.6	0.103	0.255	0.014	0.064	0.065	0.357	0.143	0.501
	1 500 ~ 2 000	3	1 704	23.7	0.414	0.119	-0.005	0.020	-0.025	0.533	-0.009	0.524
	2 000 ~ 2 500											
	>2 500	2	2 668	24.5	0.064	0.278	0.144	0.012	0.076	0.342	0.232	0.574

进口含沙量小于7 kg/m³时，宁蒙河段基本表现为冲刷状态，并且随着洪水期平均流量的增加，冲刷量明显增大。当含沙量大于7 kg/m³时，宁蒙河段基本表现为淤积，并且随着含沙量的增大，河道淤积量明显增大。在相同含沙量条件下，随着平均流量的增加，淤积量有所减小，甚至可以达到冲刷状态，如含沙量为7～10 kg/m³的洪水，当流量为1 000～1 500 m³/s时，宁蒙河段场次洪水淤积量为0.057亿t；随着流量增大到2 000～2 500 m³/s时，河道淤积量有所减少，场次洪水平均冲刷0.026亿t；当流量大于2 500 m³/s时，由于河床泥沙补给量的减少，河床粗化，因此该流量级洪水淤积量又有所增加，场次洪水平均淤积量增大到0.074亿t。

四、洪水期冲淤与水沙条件的关系

洪水是塑造河床的主要动力，来水来沙条件是影响宁蒙河道洪水期冲淤演变的主要因素。宁蒙河道的来水来沙主要集中在汛期，尤其是洪水期，河道的冲淤调整也主要发生在洪水期。用来沙系数S/Q（洪水期平均含沙量S与平均流量Q的比值）表征河道来水来沙条件，用场次洪水的冲淤效率（单位水量的冲淤量）表征河道冲淤程度，点绘宁蒙河道洪水期冲淤效率与来沙系数的关系可以看出（图4-4），洪水期河道冲淤调整与水沙关系十分密切，冲淤效率随着来沙系数的增大而增大。来沙系数较小时，淤积效率小，甚至冲刷。宁蒙河道冲淤效率与进口站来沙系数相关关系式如下：

宁蒙河段（下河沿—头道拐）：
$$\frac{\Delta w_s}{w}=745.24\frac{s}{q}-2.8122 \tag{4-1}$$

式中，s为进口站含沙量（下河沿＋清水河＋苦水河＋毛不拉沟＋西柳沟＋罕台川＋昆都伦河），kg/m³；q为进口站平均流量（下河沿＋清水河＋苦水河＋毛不拉沟＋西柳沟＋罕台川＋昆都伦河），m³/s。式(4-1)的相关系数R^2为0.86。洪水期来沙系数S/Q约为0.003 8 kg·s/m⁶时河道基本冲淤平衡，如洪水期平均流量2 200 m³/s、含沙量约8.4 kg/m³左右时长河段冲淤基本平衡。

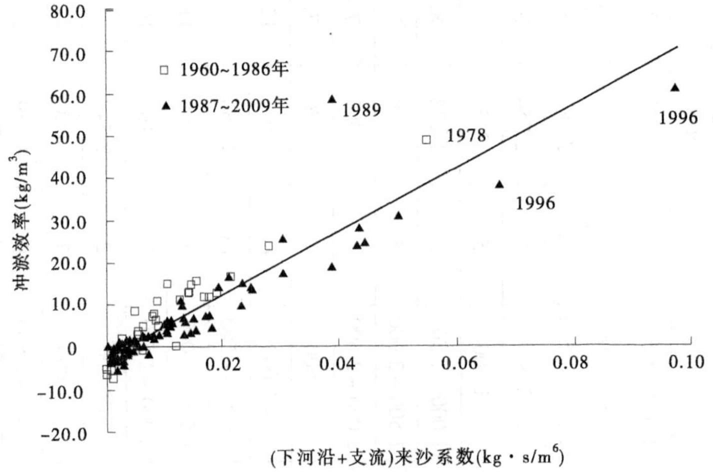

图4-4 宁蒙河道洪水期冲淤效率与来沙系数的关系

宁夏河段（下河沿—石嘴山）和内蒙古河段（石嘴山—头道拐）河道冲淤效率与洪水

期来沙系数的关系(图4-5和图4-6)式分别为:

$$\text{宁夏河段(下河沿—石嘴山)}:\frac{\Delta w_s}{w}=509.54\frac{s}{q}-1.5891 \tag{4-2}$$

$$\text{内蒙古河段(石嘴山—头道拐)}:\frac{\Delta w_s}{w}=811.9\frac{s}{q}-3.3781 \tag{4-3}$$

式(4-2)、式(4-3)的相关系数 R^2 分别为0.84和0.73。式(4-2)中 s 为进口站含沙量(下河沿+清水河+苦水河),kg/m³;q 为进口站平均流量(下河沿+清水河+苦水河),m³/s。式(4-3)中 s 为进口站含沙量(石嘴山+毛不拉沟+西柳沟+罕台川+昆都伦河),kg/m³;q 为进口站平均流量(石嘴山+毛不拉沟+西柳沟+罕台川+昆都伦河),m³/s。当宁夏和内蒙古河段河段洪水期来沙系数分别约为0.0031 kg·s/m⁶和0.0042 kg·s/m⁶时,长河段基本冲淤平衡。

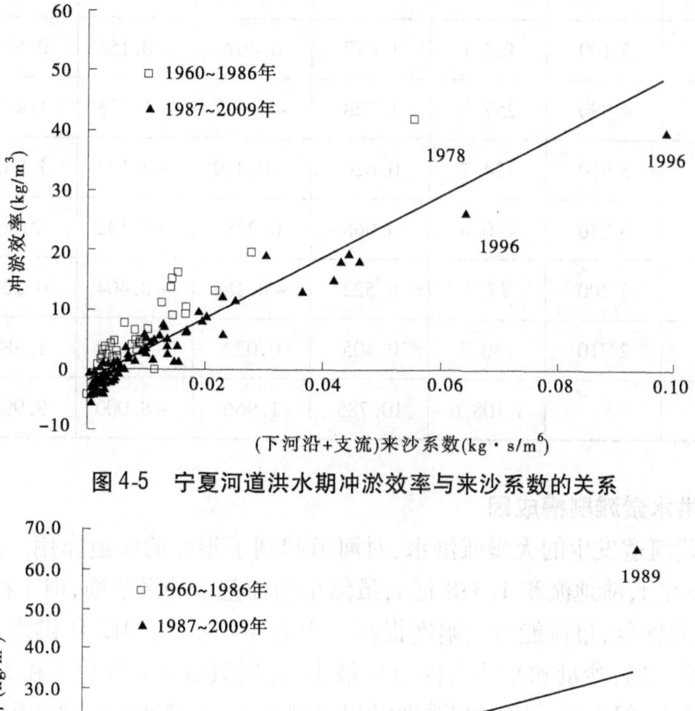

图4-5 宁夏河道洪水期冲淤效率与来沙系数的关系

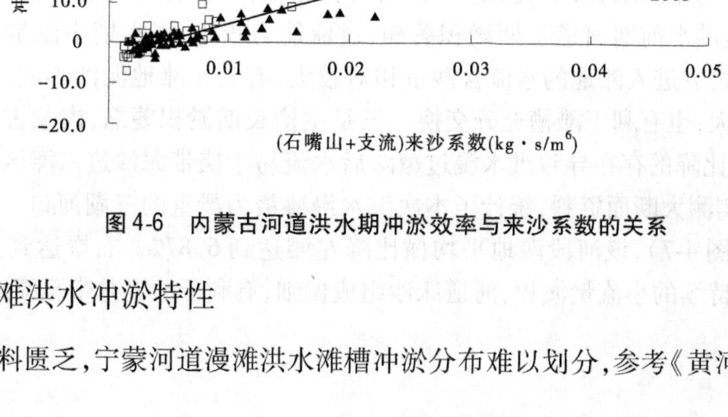

图4-6 内蒙古河道洪水期冲淤效率与来沙系数的关系

五、漫滩洪水冲淤特性

由于资料匮乏,宁蒙河道漫滩洪水滩槽冲淤分布难以划分,参考《黄河干流水库调水调沙关键技术研究与龙羊峡、刘家峡水库运用方式调整研究》项目的相关研究成果，取滩地淤积的8场漫滩洪水资料与2012年洪水一并分析(表4-4)。

表4-4　内蒙古河道漫滩洪水特征及冲淤量变化

年份	历时(d)	巴彦高勒			巴彦高勒—头道拐冲淤量(亿t)			主槽冲淤效率(kg/m³)
		洪峰流量(m³/s)	水量(亿m³)	沙量(亿t)	全断面	主槽	滩地	
1958	53	3 800	115.8	1.865	0.923	-0.224	1.147	-1.93
1959	48	3 570	97.2	2.354	1.058	0.359	0.699	3.69
1961	20	3 280	49.2	0.655	0.221	-0.135	0.356	-2.74
1964	49	5 100	124.1	1.677	0.467	-0.155	0.622	-1.25
1967	68	4 990	257.3	1.728	-0.317	-1.773	1.457	-6.89
1976	55	3 910	124.7	0.626	-0.429	-2.177	1.748	-17.46
1981	45	5 290	140.6	0.968	0.228	-2.132	2.36	-15.16
1984	30	3 200	77.7	0.522	-0.184	-0.404	0.221	-5.20
2012	79	2 710	130.7	0.405	0.029	-1.359	1.388	-11.14
总计			1 108.6	10.785	1.966	-8.000	9.998	-7.22

(一)漫滩洪水淤滩刷槽成因

2012年宁蒙河道发生的大漫滩洪水，对河道起到了很好的塑造作用。巴彦高勒以下主槽冲刷1.359亿t，滩地淤积1.388亿t，虽然全断面基本冲淤平衡，但主槽冲深、滩地淤高，河槽得到有效恢复，过流能力大幅度提高。由表4-4可见，2012年洪水是各场洪水中洪峰流量最小的一场，沙量和平均含沙量也最小，分别只有0.405亿t和3.1 kg/m³。本次洪水虽然来沙少，但主槽冲刷量和滩地淤积量都较多，主槽冲刷效率达到11.14 kg/m³。

从泥沙输移的角度来看，本次洪水一是历时长、进出滩水量大、滩槽水沙交换次数多、交换充分。二是洪水前期河道长期淤积萎缩、过流能力较小，涨水期小流量即发生大漫滩，小流量漫滩之后进入滩地的水流含沙量相对较大，有利于滩地泥沙落淤，同时滩地过流时间长、范围大，也有利于滩槽充分交换。三是主槽长期淤积萎缩，内蒙古河道已形成“悬河”，滩地横比降的存在导致洪水漫过嫩滩后水流易于挟带泥沙进入滩区落淤。利用2012年汛后的实测大断面资料，统计了本次洪水漫滩最为严重的三湖河口—昭君坟河段的滩地横比降(图4-7)，该河段滩地平均横比降左滩达到6.87‱，右岸达到8.71‱。四是经过20多年持续的小流量淤积，河道床沙组成偏细，有利于冲刷并带至滩地。

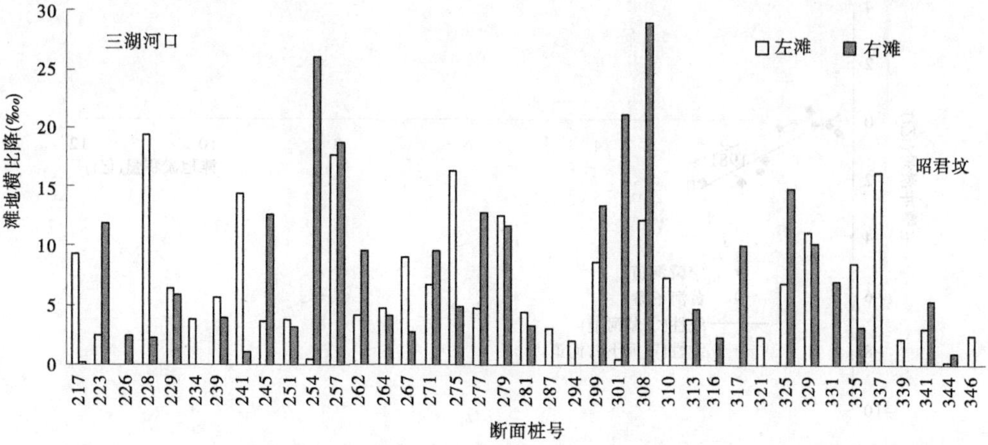

图 4-7　三湖河口—昭君坟河段滩地横比降

从河床演变的角度来看，河道在长期小水作用下，由于流量小，水动力弱，形成断面萎缩，河道过分弯曲，流路增长，比降变缓。当大流量到来时，水流不畅，洪水演进速度缓慢，并产生壅水，洪水位上涨，当水流漫过边滩，洪水淹没弯道凸岸边滩，河面变宽，河道变直，比降增大，冲刷作用增强，并产生切滩撇弯，重新冲出较为顺直和宽深的河槽。所以，大洪水期间，是河流在原有小水形成的河床上塑造新河道的过程，此时由于流量大，河槽变直，比降相对增大，加大了河槽的冲刷，冲出新的河槽对后续行洪排凌非常有利。

由此认为：①河道保留滩地是必要的，其必要性在于河流在长期小水作用下，主河槽萎缩，过洪能力减少，滩地极易上水，此时大面积滩地可以滞纳洪水，减缓洪水位上升。②水流漫滩后，可以滞淤部分泥沙，同时河面变宽，流路会趋直，比降相对增大，冲刷作用增强，促使大洪水重新塑槽。

（二）内蒙古河道漫滩洪水滩槽冲淤量关系

由表 4-4 可见，内蒙古河道漫滩洪水大部分可形成淤滩刷槽效果。但是，1959 年漫滩洪水河槽发生了淤积，其原因主要是洪水沙量达到 2.354 亿 t，而平均流量仅为 2 344 m^3/s，平均含沙量却高达 24.2 kg/m^3，来沙系数为 0.010 3 $kg \cdot s/m^6$，因此如果来沙量很大，水沙搭配非常不利，内蒙古河道漫滩洪水也会发生滩槽同淤的情况。统计的 9 场漫滩洪水合计主槽冲刷 8 亿 t、滩地淤积近 10 亿 t。将内蒙古河道漫滩洪水滩槽冲淤量关系与黄河下游的点绘在一起（图 4-8）可见，两段河道淤滩刷槽的规律是比较相近的，滩地淤积量基本与主槽冲刷量成正比，只是黄河下游的量级较内蒙古河道大。比较两段河道滩槽冲淤量关系，如果要达到主槽 1 亿 t 的冲刷量，黄河下游滩地要淤积 2.3 亿 t 左右，内蒙古河段滩地要淤积 1.2 亿 t，考虑到黄河下游洪水期来沙量大于内蒙古河道，滩地淤积量中上游来沙量所占比例较大，因此黄河下游滩地淤积量大于内蒙古河道的特点是合理的。

内蒙古河道漫滩洪水的主槽一般冲刷效率在 1.25 ~ 17.46 kg/m^3，平均为 7.22 kg/m^3，明显高于非漫滩洪水的冲刷作用。

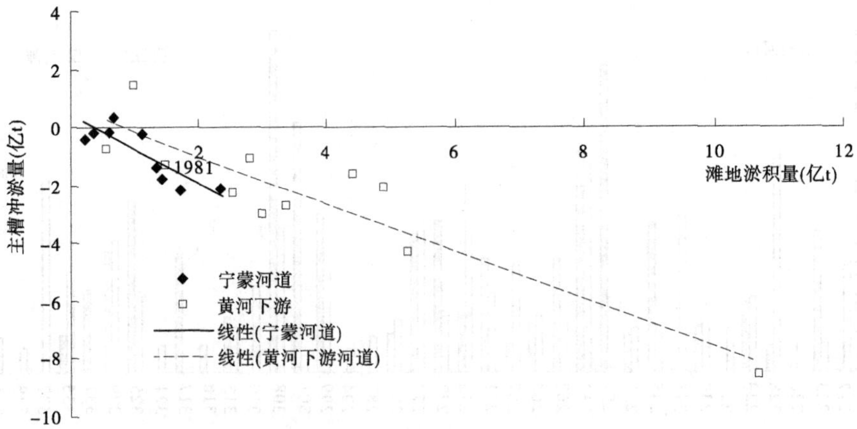

图 4-8　内蒙古河道和黄河下游滩槽冲淤量的关系

第五章　输沙特性及原因分析

一、河道输沙能力

黄河上游干流宁蒙河段、中游小北干流河段、下游河段及支流渭河下游河段均为典型的冲积性河道，由于各河段所处地理位置及水沙条件的差异，河道输沙能力相差较大（表 5-1）。洪水期冲淤平衡来沙系数表示洪水期平均情况下，长河段达到基本不冲不淤状态时所需要的水沙组合条件。该值越小说明输送泥沙需要的水流强度越大，相同流量条件下河道越易淤积。可以看出，黄河下游河道、小北干流河道洪水期冲淤平衡来沙系数为 0.01 $kg \cdot s/m^6$，而宁蒙河道洪水期冲淤平衡来沙系数只有 0.003 8 $kg \cdot s/m^6$，仅为小北干流和黄河下游的 1/3，而渭河下游河道洪水期在低含沙量时（含沙量 $<100\ kg/m^3$）的冲淤平衡来沙系数更大，达到 0.07 $kg \cdot s/m^6$。对比分析相同流量（1 200 m^3/s）条件下各河段输沙能力，小北干流、黄河下游和渭河下游河道分别能输送 12、12 kg/m^3 和 84 kg/m^3 的含沙量河道可不淤积，而宁蒙河道只能输送 4.56 kg/m^3 的含沙水流，超过该量级河道就可能发生淤积，反之河道将发生冲刷。

表 5-1　黄河各冲积性河段洪水期冲淤平衡来沙系数对比

河段	冲淤平衡来沙系数（$kg \cdot s/m^6$）	平均流量（m^3/s）	平均含沙量（kg/m^3）
宁蒙河段	0.003 8	1 200	4.56
小北干流	0.01		12
黄河下游	0.01		12
渭河下游（含沙量 $<100\ kg/m^3$）	0.07		84

对比宁蒙河道和黄河下游河道场次洪水的冲淤效率与来沙系数的关系可见（图 5-1），淤积效率随河道来沙系数的增大而增大，冲刷效率随着来沙系数的减小而增大；并且宁蒙河道较黄河下游河道更易淤积，淤积效率相对高而冲刷效率相对低，冲淤临界指标下游能达到 20 kg/m^3，而宁蒙河道最大在 7 kg/m^3 左右。

二、泥沙特性对输沙能力的影响

（一）宁蒙河道泥沙偏粗

河道输沙存在悬沙和床沙的交换过程，因此泥沙的根本特性决定了河道的输沙能力。表 5-2 为水流条件相近时宁蒙河道出口站头道拐和黄河下游河道出口站利津的悬沙和床沙组成。鉴于宁蒙河道床沙资料非常少，挑选合适的对比观测组次较困难，选取了 1981 年头道拐和利津流量相近的资料进行对比分析。由于 1981 年黄河下游处于冲刷状态，利

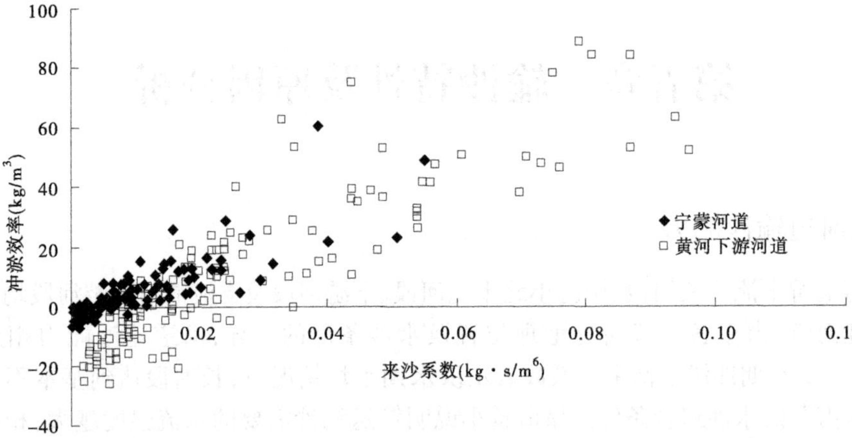

图 5-1　宁蒙河道和黄河下游河道场次洪水冲淤效率与来沙系数的关系

津床沙级配偏粗。但是仍可看到，在床沙中(图 5-2)，头道拐粒径小于 0.1 的泥沙比例只有 26.9%，即特粗沙(粒径大于 0.1 mm)占到 73.1%，而利津小于 0.1 的泥沙比例为 41.5%，特粗泥沙占 58.5%，头道拐特粗沙比例比利津高 14.6 个百分点，说明宁蒙河道床沙明显较利津粗。其次，头道拐悬沙也较利津稍粗(图 5-3)。由于都是河道出口站，可以推断，与黄河下游相比，宁蒙河道输送细沙的能力仍是较高的，悬沙中细沙偏少跟河床补给不足密切相关。

表 5-2　黄河头道拐站和利津站 1981 年床沙、悬沙级配组成

头道拐	$Q=1\ 650$ m^3/s, $S=6.12$ kg/m^3	粒径(mm)	0.005	0.01	0.025	0.05	0.1	0.17	0.25	0.5	
		床沙小于某粒径百分数(%)			0.3	4.9	26.9	59.7	97.1	100	
		悬沙小于某粒径百分数(%)	29.5	39.8	61.2	87	97.6	98.7	100		
利津	$Q=1\ 940$ m^3/s, $S=52.1$ kg/m^3	粒径(mm)	0.007	0.01	0.025	0.05	0.1	0.15	0.17	0.25	0.5
		床沙小于某粒径百分数(%)			2.2	10.9	41.5	78.7	82.5	97.5	100
		悬沙小于某粒径百分数(%)	32.8	41.7	63.4	89.2	100				

点绘宁蒙河道和黄河下游典型年份典型站的床沙级配曲线可以看到(图 5-4)，宁蒙河道床沙中数粒径范围在 0.093 ~ 0.245 mm，而黄河下游的床沙中数粒径范围为 0.045 ~ 0.065 mm。宁蒙河道上、中段的石嘴山和巴彦高勒床沙中几乎全是特粗沙，经过河道调整在出口头道拐站特粗沙比例降为 50%，远远大于黄河下游大多年份在 20% 以下的比例，说明宁蒙河道的床沙明显偏粗。

(二)粗颗粒泥沙对挟沙能力的影响

韩其为院士的非均匀沙不平衡输沙挟沙力公式考虑了床沙组成、悬沙组成、含沙量和水力条件的综合影响，包含的因子较为全面，公式中参数计算方法如下：

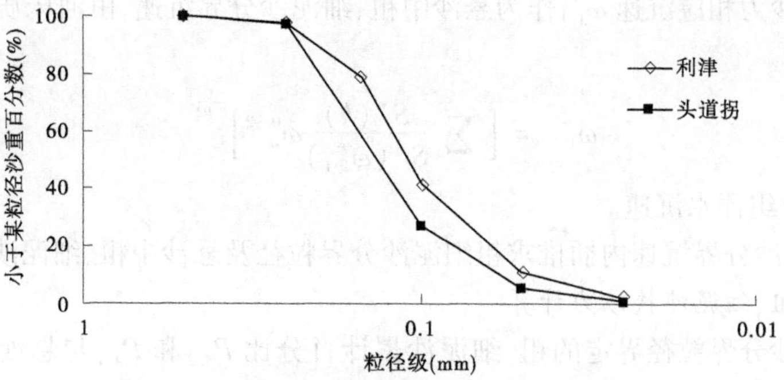

图 5-2　头道拐站和利津站床沙组成级配曲线

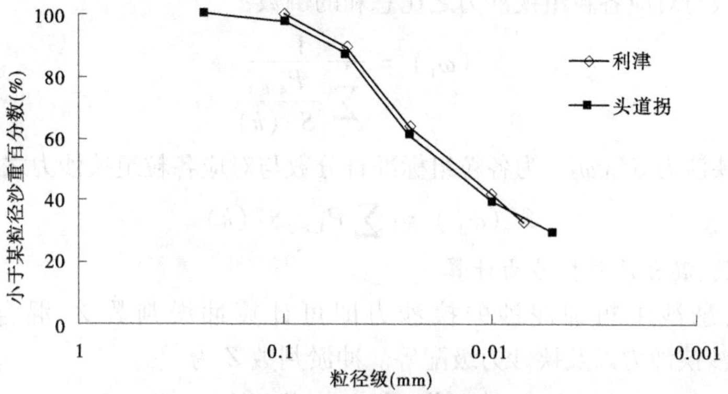

图 5-3　头道拐站和利津站悬沙组成级配曲线

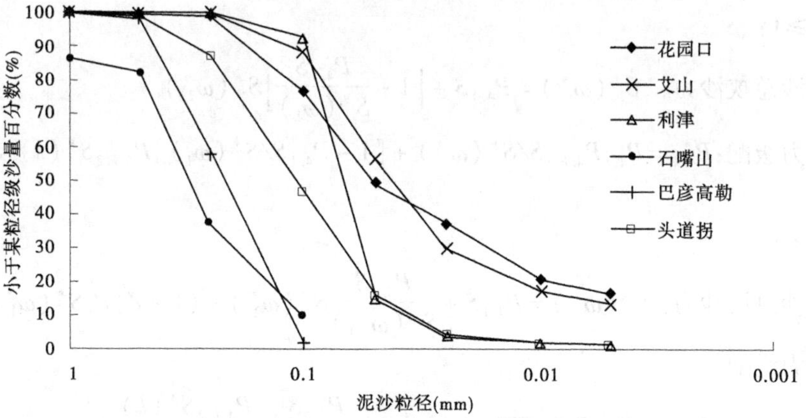

图 5-4　宁蒙河道和黄河下游床沙级配对比

1. 河床质挟沙力及悬沙中粗、细泥沙分界粒径计算

河床质挟沙力 $S^*(\omega_{1.1}^*)$ 指河床质中与悬沙级配相应的部分(称为可悬百分比 P_1)泥沙的挟沙力,由河床质中可悬的各粒组均匀沙挟沙力 $S^*(k)$ 与其相应的百分比 $P_{1.k.1}$ 之积的总和除以可悬百分比求得。

$$S^*(\omega_{1.1}^*) = \sum\left[\frac{P_{1.k.1}S^*(k)}{P_1}\right] \tag{5-1}$$

河床质挟沙力相应沉速 $\omega_{1.1}^{*}$ 作为悬沙中粗、细泥沙分界沉速，由河床质挟沙力级配确定：

$$\omega_{1.1}^{*} = \left[\sum \frac{S^{*}(k)}{S^{*}(\omega_{1.1}^{*})}\omega_{sk}^{0.92}\right]^{\frac{1}{0.92}} \tag{5-2}$$

式中：ω_{sk} 为各粒组浑水沉速。

由粗、细泥沙分界沉速内插推求粗细泥沙分界粒径及悬沙中粗、细泥沙累计百分比。

2. 悬沙中粗、细泥沙挟沙力计算

由粗细泥沙分界粒径界定的粗、细泥沙累计百分比 $P_{4.2}$ 和 $P_{4.1}$ 与悬沙中粗细泥沙的各粒组百分比之比 $P_{4.k.2}$ 和 $P_{4.k.1}$ 称为标准百分数。细泥沙总挟沙力 $S^{*}(\omega_1)$ 为细泥沙各粒组标准百分数与对应各粒组挟沙力之比总和的倒数：

$$S^{*}(\omega_1) = \frac{1}{\sum \frac{P_{4.k.1}}{S^{*}(k)}} \tag{5-3}$$

床沙质总挟沙力 $S^{*}(\omega_2^{*})$ 为各粒组标准百分数与对应各粒组挟沙力之积的总和。

$$S^{*}(\omega_2^{*}) = \sum P_{4.k.2}S^{*}(k) \tag{5-4}$$

3. 冲淤判数、混合沙总挟沙力计算

由河床质、悬沙中粗细泥沙的挟沙力即可计算冲淤判数 Z、混合沙总挟沙力 $S^{*}(\omega^{*})$、分组沙挟沙力以及挟沙力级配等。冲淤判数 Z 为

$$Z = \frac{P_{4.1}S}{S^{*}(\omega_1)} + \frac{P_{4.2}S}{S^{*}(\omega_{1.1}^{*})} \tag{5-5}$$

若 $Z \geqslant 1$：

混合沙总挟沙力：$S^{*}(\omega^{*}) = P_{4.1}S + \left[1 - \frac{P_{4.1}S}{S^{*}(\omega_1)}\right]S^{*}(\omega_2^{*})$ (5-6)

挟沙力级配：$P_{4.k}^{*} = P_{4.1}P_{4.k.1}S/S^{*}(\omega^{*}) + [1 - P_{4.1}S/S^{*}(\omega_1)]P_{4.k.2}S^{*}(k)/S^{*}(\omega^{*})$

(5-7)

若 $Z < 1$：

混合沙总挟沙力：$S^{*}(\omega^{*}) = P_{4.1}S + \frac{P_{4.2}S}{S^{*}(\omega_{1.1}^{*})}S^{*}(\omega_2^{*}) + (1 - Z)P_1S^{*}(\omega_{1.1}^{*})$ (5-8)

挟沙力级配：

$$P_{4.k}^{*} = P_{4.1}P_{4.k.1}S/S^{*}(\omega^{*}) + \frac{P_{4.2}S}{S^{*}(\omega_{1.1}^{*})}\frac{P_{4.k.2}S^{*}(k)}{S^{*}(\omega^{*})} + (1 - z)P_1P_{1.k.1}S^{*}(k)/S^{*}(\omega^{*}) \tag{5-9}$$

分组挟沙力计算公式为：

$$S_k^{*}(\omega^{*}) = P_{4.k}^{*}S^{*}(\omega^{*}) \tag{5-10}$$

式中：$S^{*}(k)$ 为河床质中可悬的各粒径组均匀沙挟沙力；P_1 为床沙可悬百分比；$P_{1.k.i}$ 为床沙标准百分数；$S^{*}(\omega_{1.1}^{*})$ 为床沙混合挟沙力；$\omega_{1.1}^{*}$ 为床沙挟沙力级配相应沉速；$P_{4.1}$ 为冲泻质累积百分数；$P_{4.k.1}$ 为冲泻质标准百分数；$S^{*}(\omega_1)$ 为冲泻质混合挟沙力；$P_{4.2}$ 为床沙质累

积百分数；$P_{4.k.2}$ 为床沙质标准百分数；$S^*(\omega_2^*)$ 为床沙质混合挟沙力；$S^*(\omega^*)$ 为混合总挟沙力；$P_{4.k}^*$ 为挟沙力级配；$S_k^*(\omega^*)$ 为分组挟沙力。

以头道拐站实测床沙和悬沙资料为基础，采用韩其为公式计算了头道拐不同粒径泥沙的挟沙能力（表 5-3），用于对比说明粗、细泥沙挟沙能力的不同。头道拐水力因子为：流量 1 650 m^3/s，含沙量 6.12 kg/m^3，流速 1.39 m/s，水深 2.59 m，水温 19.8 ℃。沉速计算公式为

$$\omega = \sqrt{\left(13.95\frac{\nu}{d}\right)^2 + 1.09\frac{\gamma_s - \gamma}{\gamma}gd} - 13.95\frac{\nu}{d} \tag{5-11}$$

式中：d 为参考粒径；γ_s 为泥沙的容重；γ 为水的容重；g 为重力加速度；ν 为水的黏滞性运动系数，其计算公式为：

$$\nu = \frac{0.017\,75}{1 + 0.033\,7t + 0.000\,221t^2} \tag{5-12}$$

式中：t 为温度。

表 5-3 头道拐站各粒径泥沙输送情况计算结果

项目	泥沙粒径（mm）						比值（d=0.1 mm 与 d=0.025 mm）
	0.005	0.01	0.025	0.05	0.10	0.25	
沉速 ω（m/s）	0.000 032 5	0.000 033 2	0.000 17	0.000 83	0.003 31	0.012 75	19.94
头道拐分组挟沙力 S（kg/m^3）	3.512 88	1.028 16	1.132 20	0.369 38	0.246 55	0.556 74	0.22
悬浮功 $S\omega$	0.000 11	0.000 03	0.000 19	0.000 31	0.000 82	0.007 10	4.34

表 5-3 和图 5-5 为计算结果。计算表明，粒径为 0.1 mm 特粗沙的沉降速度是粒径为 0.025 mm 细沙沉降速度的 19.9 倍。分组挟沙力是计算条件下某一粒径组泥沙的挟沙能力，反映了各组泥沙在水流中的重力，其与这一粒径组的大小、来沙和床沙中这一粒径组的含量关系较大。分组挟沙力随着粒径的增大明显减小，粒径为 0.1 mm 的特粗沙的挟

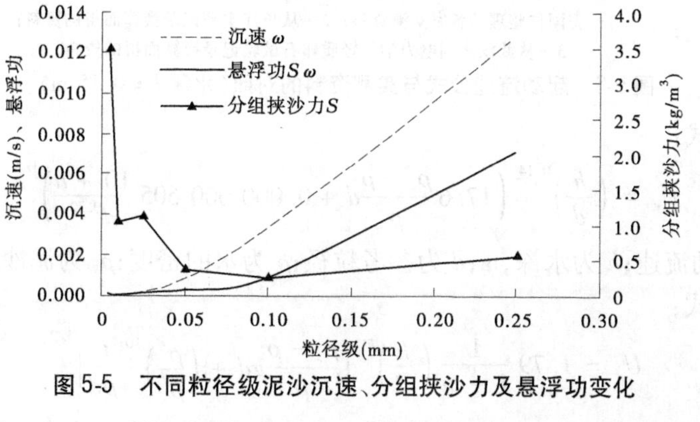

图 5-5 不同粒径级泥沙沉速、分组挟沙力及悬浮功变化

沙力仅为0.247 kg/m^3，只有粒径为0.025 mm 的细沙的挟沙力1.132 kg/m^3的0.22倍，即为细沙挟沙能力的1/5。分组挟沙力 S 与泥沙沉降速度 ω 的乘积即为某一粒径组泥沙单位时间内下沉所做的功，也就是悬浮起来所需要的水流的悬浮功，反映了泥沙悬浮需要的能量大小，对比头道拐站粒径为0.1 mm 的特粗沙与粒径为0.025 mm 的细沙的悬浮功，前者是后者的4.34倍，说明泥沙越粗，所需要的输送能量越大。相近流量条件下利津含沙量达到52.1 kg/m^3，而头道拐只有6.12 kg/m^3，就在于利津来沙中和河床中细沙多，细沙的挟沙能力能够得到基本满足，挟带较高含沙量的细沙；而头道拐由于细沙补给少，细沙挟沙能力不能得到满足，只能挟带或冲刷偏粗的泥沙，而同样的水流能量挟带粗沙量远小于细沙量，所以头道拐的含沙量明显偏低。

（三）细泥沙河床补给条件

根据已有的研究成果（图5-6），在水深 h =0.15 m 情况下，粒径为0.17 mm 的泥沙起动流速最小；当粒径 d >0.17 mm 时，重力作用占主要地位，粒径越大，越不易起动，起动流速越高；当粒径 d <0.17 mm 时，黏结力作用占主要地位，粒径越小，越不易起动，起动流速越高；粒径在0.05～0.17 mm 之间最易起动。参照图5-4，石嘴山和巴彦高勒床沙中该粒径组泥沙几乎没有，头道拐这一粒径组有，说明这部分泥沙运动至其下游河道，由于水流条件改变，存留在其下游的河床中。因此，冲刷时期，从上游的泥沙来源来看，宁蒙河道的床沙中很少有细沙补给。参考文献中起动流速计算公式如下：

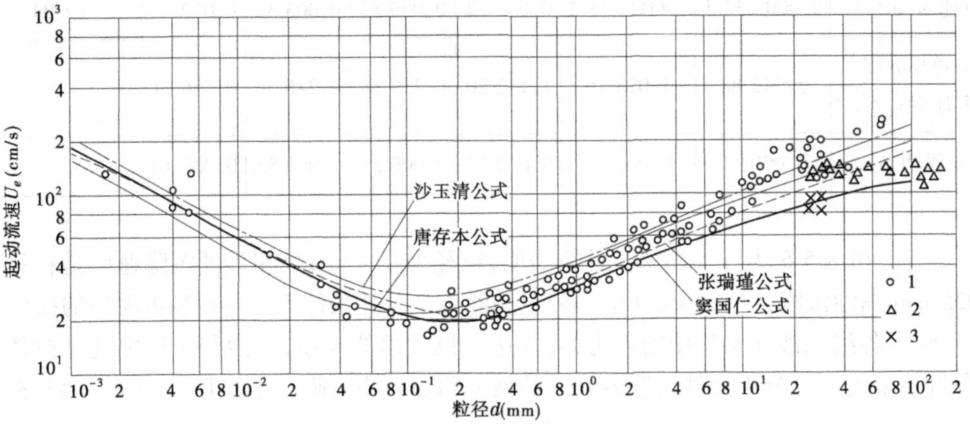

1—窦国仁整理的各家实测资料；2—从长江实测记录换算而得的资料；
3—从武汉水利电力学院轻质卵石试验记录换算而得的资料

图5-6　起动流速公式与实测资料的对照（水深 h =0.15 m）

张瑞瑾公式：

$$U_e = \left(\frac{h}{d}\right)^{0.14}\left(17.6\frac{\rho_s-\rho}{\rho}d + 0.000\,000\,605\frac{10+h}{d^{0.72}}\right)^{1/2} \tag{5-13}$$

式中：U_e 为起动流速；h 为水深，m；d 为参考粒径；ρ 为水的密度；ρ_s 为泥沙的密度（下同）。

唐存本公式：

$$U_e = 1.79\frac{1}{1+m}\left(\frac{h}{d}\right)^m\left[\frac{\rho_s-\rho}{\rho}gd + \left(\frac{\rho'}{\rho'_c}\right)^{10}\frac{C}{\rho d}\right]^{1/2} \tag{5-14}$$

式中：m 为指数，取变值，对于一般天然河道，m =1/6；C =8.885×10^{-5}。

窦国仁公式：

$$U_e = 0.741g\left(11\frac{h}{K_s}\right)\left(\frac{\rho_s-\rho}{\rho}gd + 0.19\frac{gh\delta+\varepsilon_k}{d}\right)^{1/2} \tag{5-15}$$

式中：K_s 为河床糙度对于平整床面，当 $d \leqslant 0.5$ mm 时，取 $K_s = 0.5$ mm；当 $d > 0.5$ mm 时，取 $K_s = d$；根据交叉石英丝试验成果定为 $\delta = 0.213 \times 10^{-4}$ cm，$\varepsilon_k = 2.56\ \text{cm}^3/\text{s}^2$。

沙玉清公式：

$$U_e = \left[267\left(\frac{\delta}{d}\right)^{1/4} + 6.67\times10^9\,(0.7-\varepsilon)^4\left(\frac{\delta}{d}\right)^2\right]^{1/2}\sqrt{\frac{\rho_s-\rho}{\rho}gdh^{1/5}} \tag{5-16}$$

式中：δ 为薄膜水厚度，取 0.000 1 mm；ε 为孔隙率，其稳定值约为 0.4；粒径 d 以 mm 计；水深 h 以 m 计；g 以 m/s^2 计；U_e 以 m/s 计。

床沙组成决定着泥沙的补给条件，当水流含沙量不足临界含沙量时，水流处于次饱和状态，水流将向床面层寻求补给，河床将发生冲刷。宁蒙河道由于床沙中缺少细沙补给，呈现出与黄河下游不同的演变特点。黄河下游细沙冲淤效率基本上随着流量的增大而增大，但是当冲刷持续时间较长后，河床发生粗化，床沙中细沙补给不足，冲刷效率明显降低，即使大流量的冲刷效率也很低。而宁蒙河道细沙的冲刷效率基本上不随流量变化，一直维持在 4 kg/m^3 以下，与下游河床粗化后的情况类似。统计场次洪水的冲刷效率，黄河下游平均为 5.90 kg/m^3，最大达到 18.5 kg/m^3，而宁蒙河道平均为 1.58 kg/m^3，最大也仅 4.10 kg/m^3，较黄河下游偏小很多。

综合分析，宁蒙河道来沙中细沙比例小，水流的挟沙力难以得到满足，而富余的挟沙力输送粗泥沙时由于相同的水流能量输送的粗泥沙量远少于细泥沙，因此水流的整体含沙量较低。冲刷状态存在同样问题，床沙中细沙含量非常少，恢复含沙量很低，粗泥沙又难以冲起输送，因此水流的整体含沙量也较低。总体来看，在水流条件相同的情况下，宁蒙河道细沙少、粗泥沙比例高的条件决定了其输沙能力偏低。

第六章　不同洪水过程作用分析

2012 年洪水是近 30 a 来发生的大漫滩洪水，有效地恢复了河槽，同时由于洪水来沙较少，因而也是对上游水库塑造的洪水过程的实践检验。本次洪水经过了龙刘水库调控，洪峰流量有所降低，洪水过程也相应改变。为充分比较洪水漫滩与否以及不同漫滩程度下宁蒙河道的冲淤状况，设置了不同的水沙组合方案，利用数学模型进行方案计算，分析宁蒙河道对水沙条件的敏感性。

一、宁蒙河道水文水动力学数学模型

（一）河床边界条件及概化处理

根据河段特性，将宁蒙河道分成四个河段进行计算，分别是青铜峡—石嘴山河段、石嘴山—巴彦高勒河段、巴彦高勒—三湖河口河段及三湖河口—头道拐河段，将宁蒙河道断面概化为图 6-1。由多年平均实测大断面资料及水力要素确定宁蒙河道各计算河段断面形态特征及水力参数（见表 6-1）。

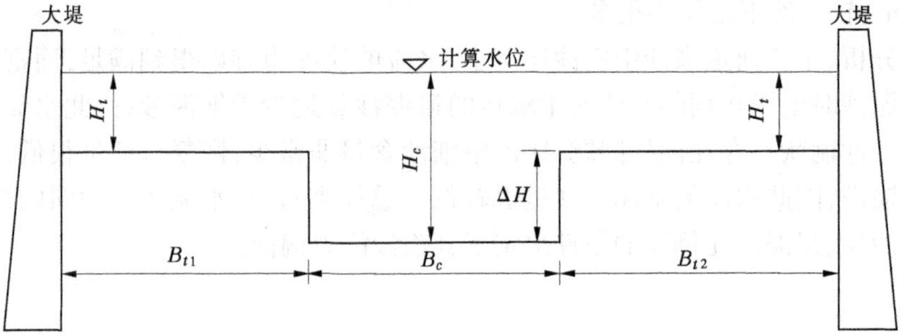

图 6-1　河道计算断面概化图

表 6-1　宁蒙河道各河段断面形态特征及水力参数

河段	青铜峡—石嘴山	石嘴山—巴彦高勒	巴彦高勒—三湖河口	三湖河口—头道拐
河段长度（km）	194	142	221	300
河宽（m）	2 500	1 500	3 500	4 091
主槽宽度（m）	550	550	750	944
滩地宽度（m）	1 950	950	2 750	3 147
主槽纵比降（‰）	1.7	1.7	1.4	0.8
滩地纵比降（‰）	1.7	1.7	1.4	0.8
主槽糙率	0.015	0.015	0.015	0.014
滩地糙率	0.025	0.03	0.03	0.03

图 6-1 中，H_t 表示滩地水深，H_c 表示主槽水深，B_{t1}、B_{t2}表示左右滩地宽度，ΔH 表示滩槽高差。

(二)河床变形计算

1. 基本方程

(1)水流连续方程：

$$\frac{\partial Q}{\partial x} + \frac{\partial A}{\partial t} = 0 \tag{6-1}$$

(2)水流动量方程：

$$V\frac{\partial V}{\partial x} + \frac{\partial V}{\partial t} + g\frac{\partial h}{\partial x} + g\frac{\partial z}{\partial x} = g(J_o - J_f) \tag{6-2}$$

(3)泥沙平衡方程：

$$\frac{\partial Q_s}{\partial x} + \gamma_s B\frac{\partial Z}{\partial t} = 0 \tag{6-3}$$

式中：Q 为流量；A 为过水断面面积；h 为水深；V 为流速；Q_s 为输沙率；x 为水流方向距离；t 为时间；Z 为河床高程；B 为河宽；γ_s 为泥沙容重；g 为重力加速度；J_o 为床面坡降；J_f 为阻力坡降。

2. 河床变形计算

将上述微分方程变为差分方程，略去微小变化项，以黄河实测资料求得有关参数，进行沿程洪水推演及水流泥沙计算。

1)沿程断面流量推求

由下游河床起始边界条件确定起始平滩流量，当来水流量小于河段平滩流量时，只进行主河槽输沙计算，各河段流量采用下式计算：

$$Q_2 = Q_1 + Q_{支} - Q_{引} \tag{6-4}$$

式中：Q_1、Q_2为计算河段进出口断面流量；$Q_{支}$为支流汇入流量；$Q_{引}$为引出流量。

当来水流量大于平滩流量时，洪水漫滩，滩地滞蓄洪水作用大，采用马斯京根公式进行沿程洪水推演：

$$Q_{22} = C_0 Q_{12} + C_1 Q_{11} + C_2 Q_{21} \tag{6-5}$$

式中：流量 Q 的第一下标为断面序号，第二下标为计算时段序号；C_0、C_1、C_2为洪水演进系数。

根据实测洪水资料推求得到，从青铜峡至头道拐各站的洪水演进系数相同，分别为 $C_0 = 0.05$，$C_1 = 0.9$，$C_2 = 0.05$。

2)滩槽流量计算

由洪水演进求得各断面流量后，对漫滩洪水进行滩地、主槽流量分配及相应水力因子计算。滩槽流量分配按照下式进行试算：

$$Q = Q_c + Q_t = \frac{B_c J_c^{1/2}}{n_c}(\Delta H + H_t)^{5/3} + \frac{B_t J_t^{1/2}}{n_t} H_t^{5/3} \tag{6-6}$$

式中：Q 为全断面过流量；Q_c 和 Q_t 为主槽和滩地过流量；B_c 和 B_t 为主槽和滩地宽度；J_c 和 J_t 为主槽和滩地比降；n_c 和 n_t为主槽和滩地糙率；H_t为滩地水深；ΔH 为滩槽高差，初始值由已知平滩流量给定，计算中随滩槽冲淤而调整。

由式(6-6)通过试算求滩槽流量。

首先假设滩地水深,求得滩地流量和主槽流量,二者相加与总流量对比,如果超出误差范围,则重新假设滩地水深再次进行试算,直到滩地流量和主槽流量之和与总流量的差值在5%的误差范围内。

3)滩槽泥沙分配

水流漫滩后会将一部分泥沙带入滩地,泥沙大部分会在滩地上落淤。同时,漫滩水流在滩地流动一段距离后又会汇入主槽。合理计算水流入滩及其入汇主槽时挟带的沙量,是模型的关键技术问题之一。

入滩水流含沙量与主槽含沙量以及断面垂向含沙量分布有关,在一维计算中不能给出断面含沙量分布,可假定入滩地含沙量 S_t 与主槽含沙量 S_c 成比例,即

$$S_c = KS_t \tag{6-7}$$

根据黄河下游多年实测资料分析,K 值一般为1.5~2。由于宁蒙河段实测漫滩洪水资料较少,在对宁蒙河道2012年洪水进行验证计算时,考虑到2012年汛前宁蒙河道的平滩流量较小,K 值取1.2~2。

已知进口断面总输沙率 Q_s,滩槽输沙率分配为

$$Q_s = Q_{sc} + Q_{st} = Q_{sc}(1 + \frac{Q_t}{KQ_c}) = CQ_{sc} \tag{6-8}$$

其中

$$Q_{sc} = Q_s/C$$

$$Q_{st} = Q_s\left(1 - \frac{1}{C}\right)$$

$$C = 1 + \frac{Q_t}{KQ_c}$$

式中:Q_c 和 Q_t 为主槽和滩地过流量;Q_{sc} 和 Q_{st} 为主槽和滩地输沙率;Q_s 为全断面输沙率;C 为系数。

4)出口断面输沙率计算

出口断面主槽输沙率公式采用常用的黄河输沙率公式,即本站输沙率与本站主槽流量 Q_c、上断面含沙量 $S_{上}$ 有关。对于漫滩洪水,由于滩槽水流多次交换,计算河段进口断面含沙量对出口断面输沙影响不如非漫滩条件下直接,特别是部分细泥沙淤到滩地上,使"多来多排"效能降低。因此,在漫滩条件下,上断面的主槽含沙量按下式进行衰减处理:

$$S_{上} = \frac{Q_s}{Q_c C^N} \tag{6-9}$$

式中:N 为计算河段滩槽交换的次数。求得主槽输沙率后,全断面输沙率公式由式(6-8)得到。

河段的淤积量可由进出口断面输沙率之差扣除河段内的引沙量求得,即

$$\Delta Q_s = Q_{s1} - Q_{s2} - Q_{s引} \tag{6-10}$$

$$Q_{s引} = Q_{引}(S_1 + S_2)/2 \tag{6-11}$$

式中:ΔQ_s 为河段冲淤量;Q_{s1} 和 Q_{s2} 分别为进出口断面的输沙率;$Q_{s引}$ 为河段内引水的输沙

率；$Q_{引}$为河段内的引水；S_1和S_2为进出口断面含沙量。

5）滩槽淤积量计算

（1）各漫滩子河段入滩地输沙率。

由式（6-10）求得河段总淤积量，假定淤积量沿程均匀分布，由按距离内插求得各子河段入口断面输沙率：

$$Q_{si} = Q_s - \frac{i-1}{N}\Delta Q_s \tag{6-12}$$

各子河段入滩地输沙率为：

$$Q_{sti} = Q_{si}(1 - \frac{1}{C}) \tag{6-13}$$

式中：i为计算子河段序号；N为子河段数。

（2）各子河段由滩地返回主槽输沙率。

滩地水流挟沙力公式采用张瑞瑾公式，即

$$S_* = 0.22\left(\frac{V_n^3}{gH_n\omega_n}\right)^{0.76} \tag{6-14}$$

式中：V_n为滩地平均流速；$V_n = \frac{Q_n}{B_nH_n}$，m/s；ω_n为滩地悬沙沉速，m/s，宁蒙河道滩地淤积物的沉速采用$\omega_n = 0.000\ 15 \sim 0.000\ 25$ m/s。

由此计算各子河段滩地返回主槽输沙率为

$$Q_{sn2} = Q_nS_* \tag{6-15}$$

（3）各子河段滩地淤积量。

$$\Delta W_{sti} = [(Q_s - \frac{i-1}{N}\Delta Q_s)(1 - \frac{1}{C}) - Q_tS_t]\Delta T \tag{6-16}$$

（4）计算河段滩地淤积量。

$$\Delta W_{st} = \sum_{i=1}^{N}[(Q_s - \frac{i-1}{N}\Delta Q_s)(1 - \frac{1}{C}) - Q_tS_t]\Delta T$$

$$= [(NQ_s - \frac{N-1}{2}\Delta Q_s)(1 - \frac{1}{C}) - NQ_tS_t]\Delta T \tag{6-17}$$

（5）计算河段主槽淤积量。

$$\Delta W_{sc} = \Delta Q_s\Delta T - \Delta W_{st} \tag{6-18}$$

6）河道冲淤变形计算

由泥沙平衡方程的差分求得滩槽冲淤厚度：

$$\Delta Z_t = \Delta W_{st}/\gamma_s/A_t \tag{6-19}$$

$$\Delta Z_c = \Delta W_{sc}/\gamma_s/A_c \tag{6-20}$$

式中：A_n、A_p分别为滩地、主槽平面面积，$\gamma_s = 1.4 \times 10^3$ kg/m³。

滩槽冲淤铺沙后，形成新的断面形态，其滩槽高差为

$$\Delta H_j = \Delta H_{j-1} + \Delta Z_n - \Delta Z_p \tag{6-21}$$

计算河段平滩流量为

$$Q_j = \frac{B_c J^{1/2}}{n_c}(\Delta H_j)^{5/3} \tag{6-22}$$

式中：j 为计算时段序号。由此进入下一计算时刻，程序的计算流程见图 6-2。

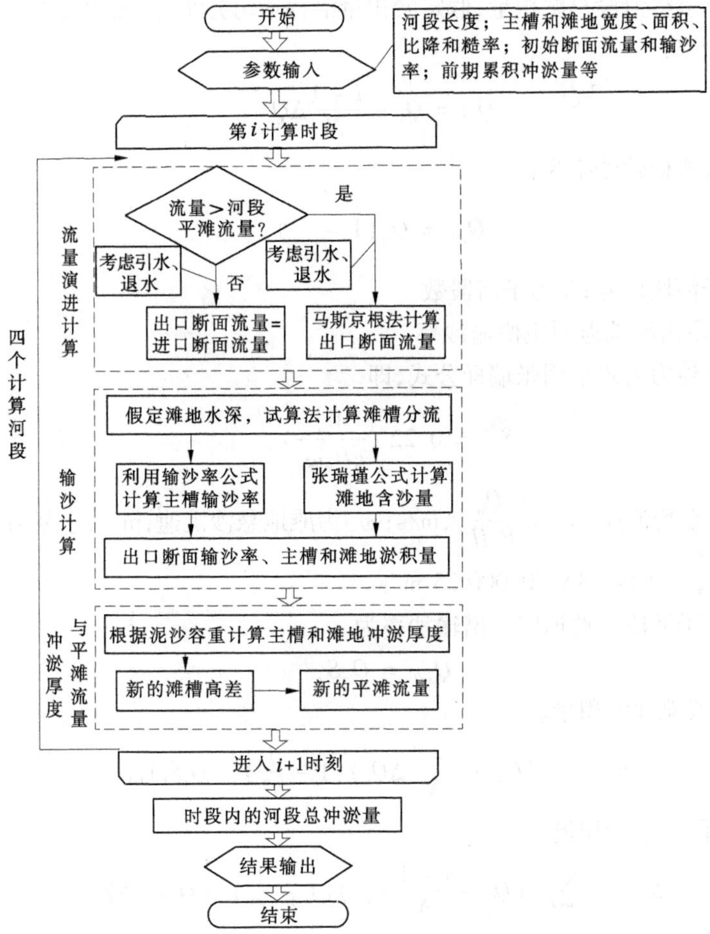

图 6-2　水文学数学模型计算流程

（三）主槽输沙率公式

由于水文水动力学模型属于半经验模型，其核心部分为各河段的输沙率公式是否适宜。模型在以往进行长系列计算时，采用的公式为宁蒙河道长期平均输沙率公式，该输沙率公式不宜用于一场洪水过程的验证。因此，针对 2012 年洪水过程，利用实测水沙资料重新率定主槽输沙率公式，各河段的输沙率公式见式(6-23)～式(6-28)。

(1)石嘴山站：

$$Q_s = 0.001\,5 Q^{1.015} S^{0.36} \tag{6-23}$$

(2)巴彦高勒站：

$$Q_s = 1.06 \times 10^{-5} Q^{1.66} S^{0.65} \tag{6-24}$$

(3)三湖河口站：

漫滩洪水 $$Q_s = 3 \times 10^{-5} Q^{1.669} S^{0.063} \tag{6-25}$$

非漫滩洪水 $$Q_s = 2.6 \times 10^{-5} Q^{1.6835} S^{0.0519} \tag{6-26}$$

(4)头道拐站：

漫滩洪水 $$Q_s = 5.4 \times 10^{3} Q^{0.895} \tag{6-27}$$

非漫滩洪水 $$Q_s = 1.6 \times 10^{-6} Q^{2.12} S^{0.1606} \tag{6-28}$$

式中：Q_s为本站输沙率，t/s；Q 为本站流量，m^3/s；S 为上断面的含沙量，kg/m^3。

二、水文水动力学模型验证与方案计算

（一）模型验证

宁蒙河道 2012 年洪水期(7 月 1 日 ~9 月 30 日)的水沙特性见表 6-2。

表 6-2　2012 年宁蒙河道洪水期水沙特性

水文站	青铜峡	石嘴山	巴彦高勒	三湖河口	头道拐
总水量(亿 m^3)	111.6	141.4	120.4	125.1	128.1
总沙量(亿 t)	0.418	0.378	0.390	0.766	0.375
日均最大流量(m^3/s)	2 720	3 370	2 660	2 840	3 010

利用上述水文水动力学模型对 2012 年的洪水进行验证，模型计算结果和实测资料分析结果对比见表 6-3 和图 6-3、图 6-4。由此可以看出，计算和实测的各站流量过程基本一致，输沙率过程略有出入。从验证结果来看，实测和计算的全断面和滩槽的冲淤量基本吻合。

表 6-3　2012 年洪水期宁蒙河道各河段实测与计算冲淤量　(单位：亿 t)

河段	方案	全断面	主槽	滩地
青铜峡—石嘴山	实测	0.037	-0.541	0.578
	计算	0.048	0.048	0
石嘴山—巴彦高勒	实测	-0.042		
	计算	-0.049	-0.062	0.013
巴彦高勒—三湖河口	实测	-0.346	-0.684	0.334
	计算	-0.416	-0.573	0.157
三湖河口—头道拐	实测	0.375	-0.675	1.05
	计算	0.381	-0.383	0.764

（二）水文水动力学模型方案计算与比较

针对宁蒙河道 2012 年的洪水，需要进一步研究在没有龙刘水库调节时以及龙刘水库将其调节至最大流量不超过宁蒙河道的平滩流量大小时河道的冲淤特性，因此设置以上两种方案，通过水文水动力学模型进行计算和对比分析。

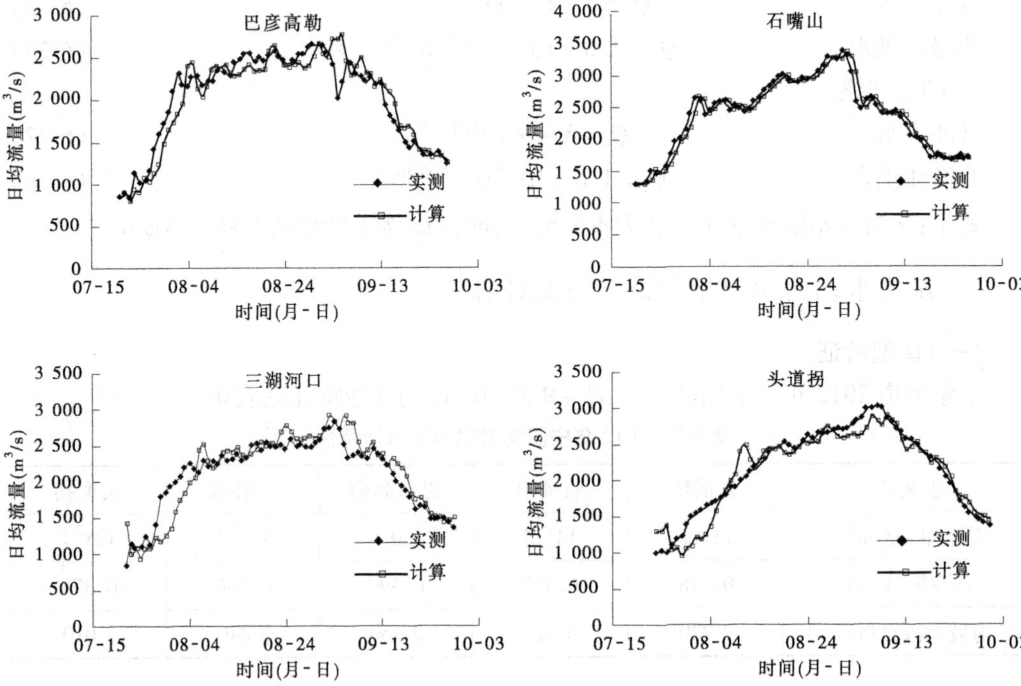

图 6-3　宁蒙河道 2012 年洪水期实测与计算流量过程

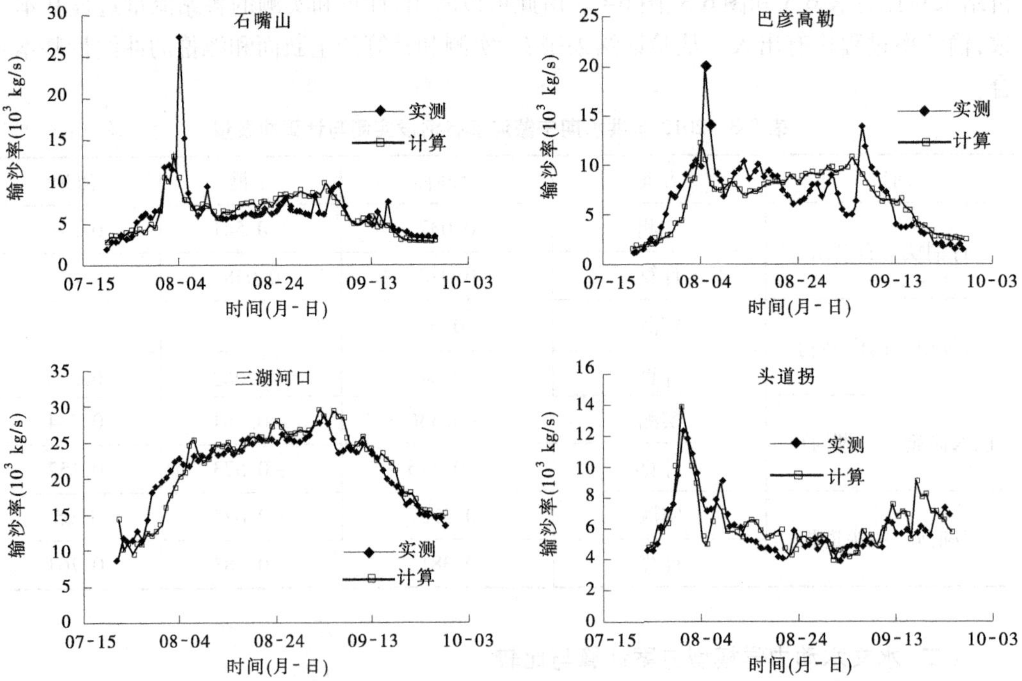

图 6-4　宁蒙河道 2012 年洪水期实测与计算输沙率过程

1. 方案一:龙刘水库不调节

1)流量还原

将洪水期间龙羊峡水库进出库站(唐乃亥与贵德)流量差值、刘家峡水库进出库(循化+红旗+折桥与小川)流量差值按传播时间加到青铜峡站,其中龙羊峡水库出库流量到青铜峡的传播时间为4 d,刘家峡水库出库流量到青铜峡的传播时间为2 d,还原计算式为

$$Q = Q_0 + (Q_1 - Q_2) + (Q_3 - Q_4) \tag{6-29}$$

式中:Q 为青铜峡站还原后流量;Q_0为青铜峡站还原前流量;Q_1、Q_2为龙羊峡水库进出库流量;Q_3、Q_4为刘家峡水库进出库流量。流量演进考虑了传播时间。

2)沙量还原

和流量相对应,将龙羊峡水库进出库站(唐乃亥与贵德)输沙率差值、刘家峡水库进出库(循化+红旗+折桥与小川)输沙率差值按传播时间加到青铜峡站上,假定沙量沿程不调整,即

$$Q_s = Q_{s0} + (Q_{s1} - Q_{s2}) + (Q_{s3} - Q_{s4}) \tag{6-30}$$

式中:Q_s为青铜峡站还原后输沙率;Q_{s0}为青铜峡站还原前输沙率;Q_{s1}、Q_{s2}为龙羊峡水库进出库输沙率;Q_{s3}、Q_{s4}为刘家峡水库进出库输沙率。

3)还原前后水沙特性对比

青铜峡站2012年洪水期间实际水沙过程与还原后的水沙特征对比见表6-4。如果洪水期间龙刘水库不进行调节,则洪水总量比实测多53.09亿 m^3,沙量多0.085亿 t,最大和最小日均流量和输沙率均比实测大。根据表6-4计算得到含沙量,实测的平均含沙量为6.913 kg/m^3,如果水库不调节,则含沙量为8.319 kg/m^3,比实测有所增大。

表6-4　青铜峡站2012年洪水期实测和还原后的水沙特征

方案	总水量(亿 m^3)	流量(m^3/s)		
		最大日均	最小日均	平均
实测	111.60	2 720	841	1 845.7
龙刘水库不调节	164.69	4 320	1 034	2 723.06
按流量1 500 m^3/s控制	111.50	1 500	841	1 466.6
方案	总沙量(亿 t)	含沙量(kg/m^3)		
实测	0.418	37.41	1.294	6.913
龙刘水库不调节	0.503	53.67	1.404	8.319
按流量1 500 m^3/s控制	0.347	31.35	0.907	4.56

青铜峡断面实测和水库还原后的流量和输沙率过程见图6-5和图6-6。还原后的日均输沙率较实测值大,但趋势基本一致。流量过程的差异较大,水库削峰较大,削峰率大。对比流量过程和输沙率过程来看,水库的调节主要是蓄水,削减洪峰,拦沙作用不明显,导致沙峰期间流量并不大,约1 800 m^3/s,影响了河道的输沙能力。

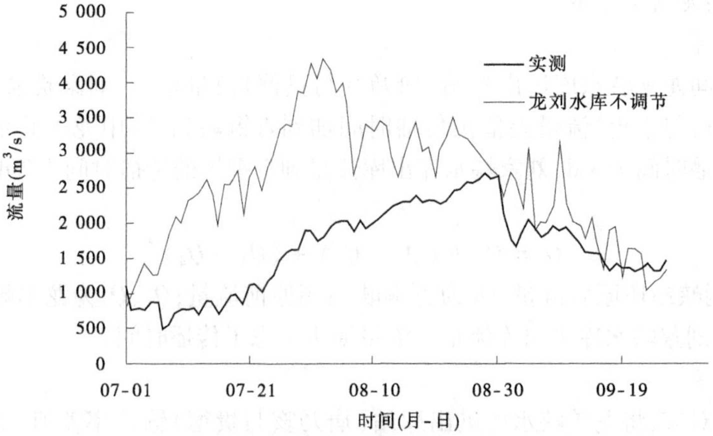

图 6-5　青铜峡断面实测和水库还原后流量过程

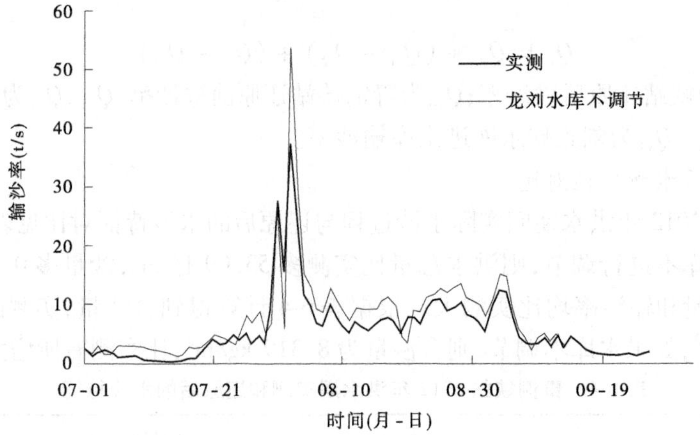

图 6-6　青铜峡断面实测和水库还原后输沙率过程

4)方案计算结果

利用水文水动力学模型对还原后的水沙进行计算,其冲淤状况见表 6-5。

表 6-5　龙刘水库不调节时宁蒙河道洪水期冲淤状况　　　(单位:亿 t)

河段	全断面	主槽	滩地
青铜峡—石嘴山	0.029	0.024	0.005
石嘴山—巴彦高勒	-0.131	-0.165	0.034
巴彦高勒—三湖河口	-1.0	-1.734	0.734
三湖河口—头道拐	1.218	-0.791	2.009
全河段	0.116	-2.666	2.782

方案一与模型验证计算结果相比,由于含沙量较低,各河段主槽淤积减少,冲刷增加。青铜峡—石嘴山河段主槽淤积量减少了 50%,其他三个河段主槽的冲刷量均有显著增加。同时由于流量较大,各河段有不同程度的漫滩,尤其是内蒙古巴彦高勒—头道拐河段

漫滩较为严重,表现出了明显的淤滩刷槽效果。方案一中全河段主槽冲刷2.666亿t,滩地淤积2.782亿t,模型验证计算中主槽冲刷0.97亿t,滩地淤积0.934亿t。滩地淤积主要发生在三湖河口—头道拐河段。

可以看出,如果龙刘水库不调节,则宁蒙河道主槽冲刷将大幅度增加,同时漫滩后滩地淤积也显著增加,淤滩刷槽效果更明显。

2.方案二:按平滩流量控制流量过程

方案二旨在研究如果控制洪水期间流量不超过河段最小平滩流量,则宁蒙河道的冲淤特性又将如何。因此,对青铜峡断面的实测流量过程进行调节,最小平滩流量按1 500 m^3/s 控制。

流量调节:由图6-7可知,7月27日~9月15日期间日均流量均超过1 500 m^3/s,将该时间段内流量全部按1 500 m^3/s 处理,实际多出的流量通过水库调节补在9月16日及以后,使9月16日以后的日均流量均等于1 500 m^3/s,一直持续到总水量与洪水期的总水量一致。

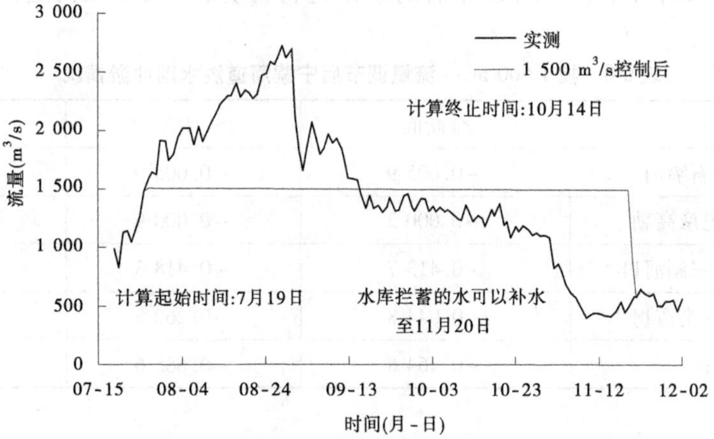

图6-7 按照1 500 m^3/s 进行控制后青铜峡断面的流量过程

输沙率调节:当水库对流量过程进行调节时,保持其含沙量不变,据此得到调节后的日均输沙率。

按平滩流量进行控制后青铜峡断面的流量和输沙率过程见图6-7和图6-8。水库将洪水过程中超出1 500 m^3/s 的流量拦截后,在洪水后期补水,拦蓄的水量可以一直补水保持日均流量为1 500 m^3/s 至11月20日。但考虑到方案计算要保持水量一致,当水库补水至10月14日时,水量与洪水期(7月19日~9月26日)实测水量一致,故方案二计算起止时刻为7月19日~10月14日。

1)还原前后水沙特性

按流量1 500 m^3/s 进行控制和调节后青铜峡断面的水沙特征见表6-4。调节后的沙量比实测沙量少0.071亿t,平均含沙量为3.11 kg/m^3,比实际过程有所降低,但比方案一的含沙量略高。

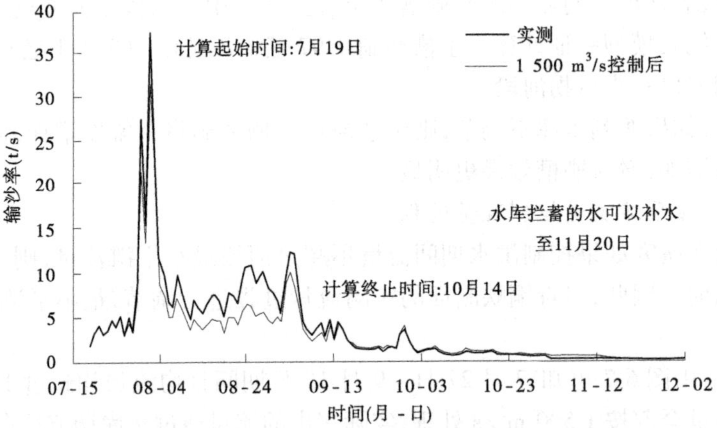

图 6-8　按照 1 500 m^3/s 进行控制后青铜峡断面的输沙率过程

2)方案计算结果

利用水文水动力学模型对还原后的水沙进行计算,得到宁蒙河道的冲淤特性见表 6-6。

表 6-6　按 1 500 m^3/s 流量调节后宁蒙河道洪水期冲淤情况　(单位:亿 t)

河段	全断面	河槽	滩地
青铜峡—石嘴山	-0.005 9	-0.005 9	0
石嘴山—巴彦高勒	-0.000 2	-0.000 9	0.000 7
巴彦高勒—三湖河口	-0.413 7	-0.418 3	0.004 6
三湖河口—头道拐	-0.044 8	-0.260 5	0.215 7
全河段	-0.464 6	-0.685 6	0.221 0

由于青铜峡—石嘴山河段区间有退水,部分时段的流量超过了 1 500 m^3/s,在石嘴山以下河段发生漫滩。青铜峡—石嘴山河段主槽发生冲刷,石嘴山—巴彦高勒河段基本冲淤平衡。巴彦高勒以下河段主槽冲刷量均小于验证方案和龙刘水库不调节方案(方案一)。三湖河口—头道拐河段平滩流量最小,洪水在该河段发生漫滩,主槽冲刷量和滩地淤积量相当。

方案二中全河段主槽冲刷 0.685 6 亿 t,滩地淤积 0.221 0 亿 t,滩地淤积主要发生在三湖河口—头道拐河段。

三、水动力学模型验证和方案计算

(一)计算条件

计算河段:巴彦高勒水文站(黄断 1)—头道拐水文站(黄断 109)。

计算地形:黄断 1—黄断 87 采用 2008 年汛前实测大断面资料;黄断 89—黄断 109 采用 2004 年实测大断面资料。河床采用 1988 年 8 月巴彦高勒实测床沙级配。

进口水沙条件:采用 2012 年巴彦高勒实测水沙过程(图 6-9)与 2008 年巴彦高勒实

测悬沙级配过程。

出口条件:采用头道拐水文站2008年报汛水位流量关系曲线资料(图6-10)。

引水及河损条件:没有考虑沿程引水、河道损失及孔兑入汇。

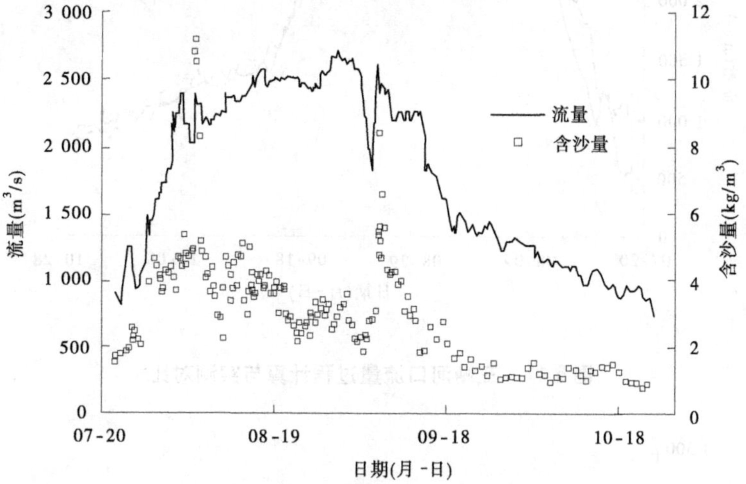

图6-9 巴彦高勒实测水沙过程

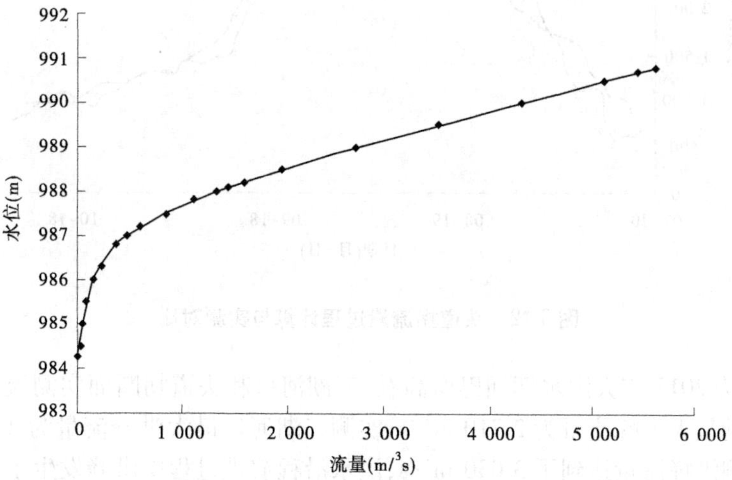

图6-10 头道拐水位流量关系曲线

(二)水动力学模型计算成果

图6-11、图6-12分别为三湖河口、头道拐断面计算与实测流量比较,可以看出,三湖河口计算流量过程与实测值基本一致,头道拐断面计算与实测值稍微有差异。头道拐断面在7月31日~8月20日计算流量较实测偏大,8月20日至出现最大洪峰流量3 030 m^3/s,其间计算流量比实测偏小,计算最大洪峰流量为2 763 m^3/s,偏小了267 m^3/s。在落水期计算与实测相比,无论是传播时间还是计算流量,都与实测的基本一致。

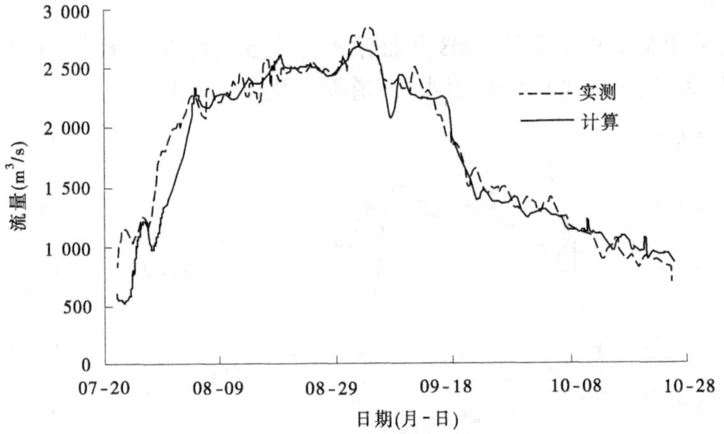

图 6-11　三湖河口流量过程计算与实测对比

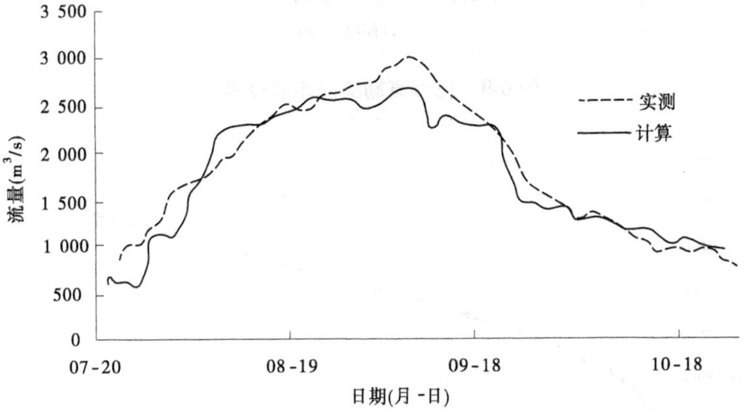

图 6-12　头道拐流量过程计算与实测对比

图 6-13 为 2012 年大洪水期间巴彦高勒、三湖河口和头道拐断面实测流量传播过程，实测巴彦高勒最大洪峰流量为 2 710 m^3/s，实测三湖河口最大洪峰流量为 2 840 m^3/s，而在头道拐实测洪峰流量达到了 3 030 m^3/s，洪水沿程演进过程中洪峰发生了增值，如果区间没有沿程孔兑入汇，目前，一维水动力学模型难以模拟该现象。

计算与实测的含沙量过程也有误差。图 6-14 为巴彦高勒、三湖河口、头道拐站实测含沙量套绘，可以看出，巴彦高勒在 8 月 5 日出现最大沙峰 11.2 kg/m^3，头道拐在 7 月 31 日 16 时出现最大沙峰 8.38 kg/m^3，从最大沙峰传播过程看，实测沙峰传播规律不明显，造成计算含沙量过程与实测比较有差异。

从河段冲淤量上看(表 6-7)，巴彦高勒—三湖河口河段的计算结果是冲刷了 0.312 9 亿 t，输沙率法计算实测冲淤量冲刷了 0.35 亿 t；三湖河口—头道拐河段的计算结果是淤积了 0.391 亿 t，输沙率法计算淤积了 0.375 亿 t。计算分河段冲淤量与输沙率法计算实测冲淤量比较接近。

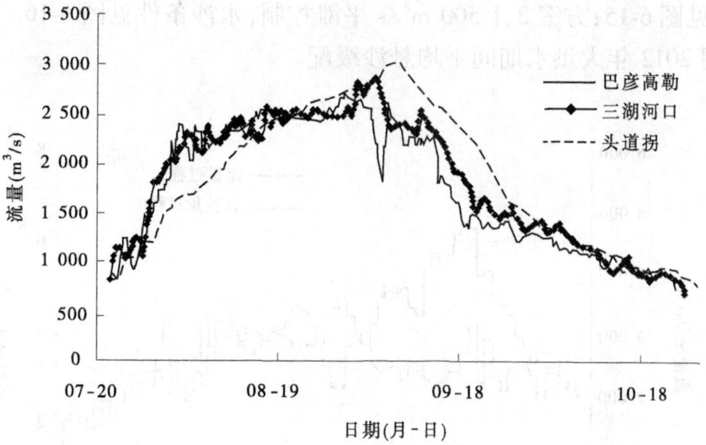

图 6-13　实测流量过程套绘

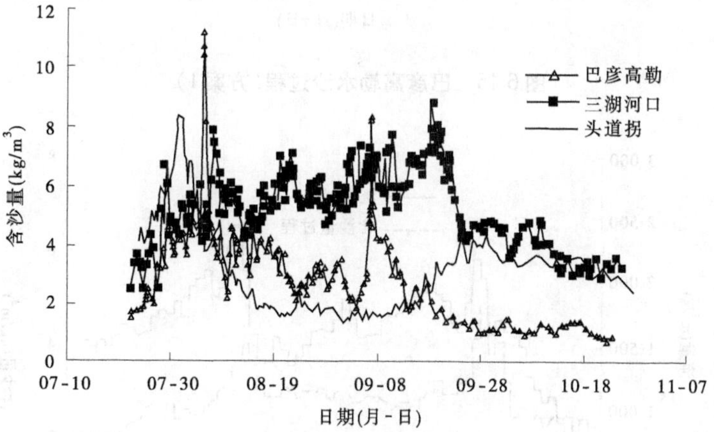

图 6-14　实测含沙量过程套绘

表 6-7　2012 年洪水期巴彦高勒至头道拐河段实测与计算冲淤量　（单位：亿 t）

河段	方案	全断面	主槽	滩地
巴彦高勒—三湖河口	计算	-0.313	-0.694	0.381
	实测	-0.346	-0.684	0.338
三湖河口—头道拐	计算	0.391	-0.404	0.795
	实测	0.375	-0.675	1.050

（三）水动力学模型方案计算

1. 计算条件

在 2012 年大洪水计算基础上开展方案计算，设计两个计算方案：方案 1，水库不调节，水沙条件见图 6-15；方案 2，1 500 m^3/s 平滩控制，水沙条件见图 6-16。方案计算进口悬沙级配采用 2012 年大洪水期间平均悬沙级配。

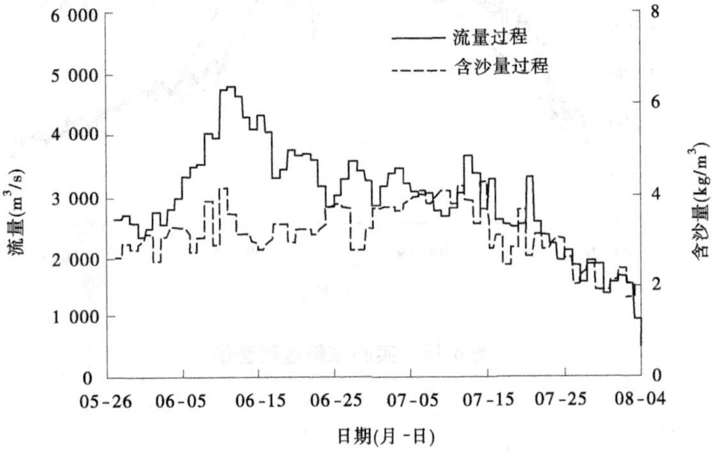

图 6-15　巴彦高勒水沙过程(方案 1)

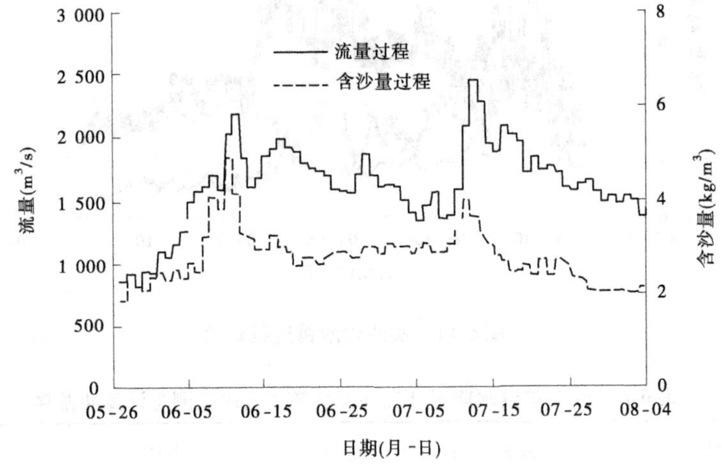

图 6-16　巴彦高勒水沙过程(方案 2)

2. 计算成果

图 6-17 和图 6-18 分别为方案 1 和方案 2 中巴彦高勒、三湖河口和头道拐的流量过程图。

表 6-8 为巴彦高勒—头道拐河段两个方案下的冲淤量和滩槽分布。当水库不调节时，由于流量大、含沙量低，主槽冲刷较大，同时漫滩后淤积较多，表现出明显的淤滩刷槽效果。按 1 500 m^3/s 控制流量时，主槽冲刷较少，比实际洪水过程中的冲刷还小。

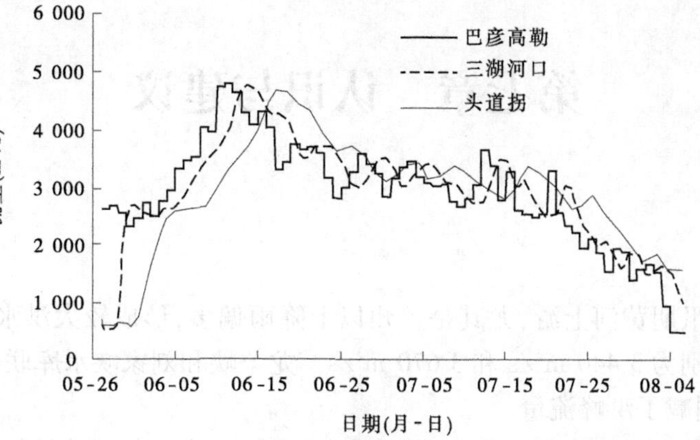

图 6-17　计算流量过程(方案 1)

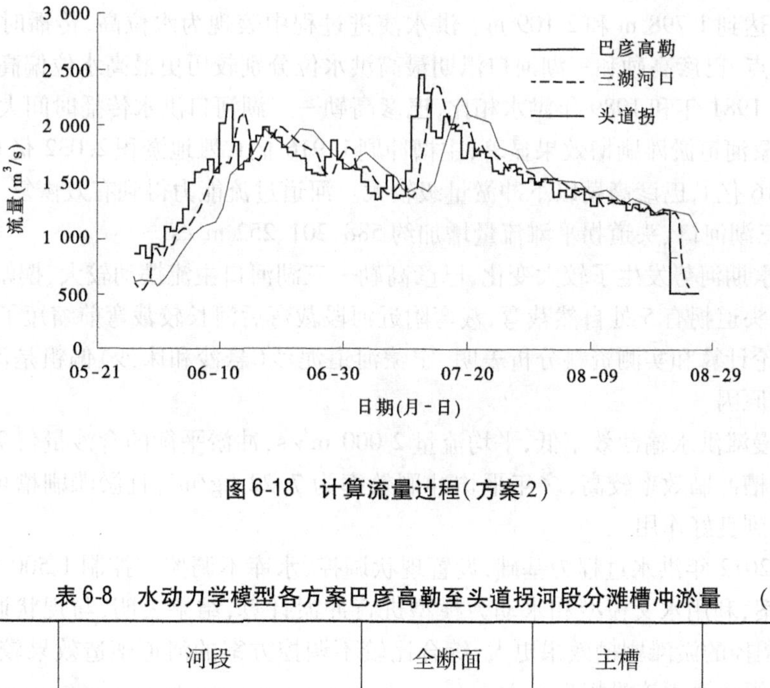

图 6-18　计算流量过程(方案 2)

表 6-8　水动力学模型各方案巴彦高勒至头道拐河段分滩槽冲淤量　(单位:亿 t)

方案	河段	全断面	主槽	滩地
水库不调节	巴彦高勒—三湖河口	-0.461	-1.240	0.779
	三湖河口—头道拐	0.462	-0.848	1.310
1 500 m³/s 平滩控制	巴彦高勒—三湖河口	-0.212	-0.455	0.243
	三湖河口—头道拐	0.283	-0.159	0.442

第七章　认识与建议

一、认识

(1)2012 年汛期黄河上游,尤其是兰州以上降雨偏多,形成较大洪水过程,唐乃亥和兰州洪峰流量分别为 3 440 m^3/s 和 3 670 m^3/s。龙羊峡和刘家峡水库联合调度较大地改变了洪水过程,削减了洪峰流量。

(2)2012 年宁蒙河道洪水洪量大,下河沿水量 148.9 亿 m^3,而沙量仅 0.532 亿 t,因此各站平均含沙量低,各站分别在 2.67～5.55 kg/m^3 之间。宁蒙河段洪水漫滩严重,其中三湖河口—头道拐河段漫滩范围最大,三湖河口—昭君坟和昭君坟—头道拐河段洪水期水面宽分别达到 1 798 m 和 2 109 m。洪水演进过程中表现为水位高、传播时间长、洪峰变形大的特点,巴彦高勒和三湖河口汛期最高洪水位分别较历史最高水位偏高 0.14 m 和 0.20 m。与 1981 年和 1989 年洪水相比,巴彦高勒—三湖河口洪水传播时间大大延长。

(3)宁蒙河道淤滩刷槽效果显著,主槽冲刷 1.916 亿 t,滩地淤积 2.032 亿 t,全断面仅淤积了 0.116 亿 t,巴彦高勒以下冲淤量级较大。河道过流能力得到有效恢复。初步估算巴彦高勒、三湖河口、头道拐平滩流量增加约 588、201、252 m^3/s。

(4)洪水期河势发生了较大变化,巴彦高勒—三湖河口主流摆动较大、摆幅为 200 m;三湖河口—头道拐有 5 处自然裁弯,裁弯附近河段裁弯后河长较裁弯前缩短了约一半。

(5)理论计算和实测资料分析表明,宁蒙河道泥沙(悬沙和床沙)偏粗是河道输沙能力低的重要原因。

(6)非漫滩洪水输沙效率低,平均流量 2 000 m^3/s,冲淤平衡的含沙量仅 7.6 kg/m^3。漫滩洪水主槽冲刷效率较高,多年平均冲刷效率为 7.22 kg/m^3,且淤滩刷槽可对健康河道的维持起到良好作用。

(7)以 2012 年洪水过程为基础,设置现状调控、水库不调控和控制 1 500 m^3/s(不漫滩)三个方案,利用水文模型和水动力模型进行冲淤计算,结果表明,与现状调控方案相比,水库不调控的淤滩刷槽效果更大,综合比较不调控方案的河道塑造效果较好,但是需要说明的是漫滩洪水淹没损失较大。

二、建议

(1)加强水利水保治理措施治理力度,将减少支流和沙漠来沙放在上游开发治理的首位;在河槽恢复期,需要尽早扩大河槽的过流面积,同时避免支流来沙进一步淤积干流河道,在首先利用大漫滩洪水的前提下,可通过泄放低含沙洪水冲刷河道、稀释支流来沙、减少淤积;在河槽维持期可实行水量多年调节,一般枯水年份不泄放洪水,调蓄水量,出现丰水或较大洪水漫滩不可避免时,水库少蓄水甚至不蓄水,形成足够程度的漫滩洪水,冲刷前一个时期的河道淤积,并增加滩槽高差,恢复河槽过流能力。

(2)宁蒙河道有关研究工作较薄弱，建议进一步加强洪水水沙演进特点、河道输沙规律、河道冲淤和河势演变规律、河道整治方式和适应性等方面的研究。

(3)黄河上游是流域整体的一部分，其来水不仅影响全河的供水安全，其来沙也对中下游河道及水库运用产生影响，尤其是其来沙偏粗，影响程度更大。从全流域的角度出发，上游泥沙的处理和分布是一个需要统筹考虑的问题，因此在流域整体性越来越强的背景下，统筹上游泥沙的处理和利用已提到议事日程，需要尽早开展研究。

(4)宁蒙河道实测资料观测工作不系统、不规范，河道淤积断面测量基准不统一、位置不固定、时间不连续且间隔时间过长；重要水文站的悬沙级配、河床泥沙级配等许多重要的观测项目未开展，对研究上游水沙和河床演变特性造成极大的困难，建议加强宁蒙河道实测资料的系统观测工作。

第八专题　基于下垫面治理的黄河中游典型支流暴雨洪水分析

2012年黄河中游河龙区间连续发生4次强降雨过程。本专题通过野外调查分析,系统整理了皇甫川、佳芦河、湫水河和柔远河等支流2012年水土保持措施实施面积、坡面措施和坝库工程蓄水拦沙及水毁情况、植被措施覆盖度变化以及人为新增水土流失等的资料,在此基础上,对各支流2012年暴雨洪水特性、水土保持措施削洪减沙量、减洪减沙能力、洪水输沙量锐减的下垫面成因等进行了定性分析和定量计算,并提出了一些新的认识和治理建议。

第一章 黄河中游暴雨洪水概况

2012 年 7 月 20 ~ 21 日，黄河中游河口镇至龙门区间（简称河龙区间）北部地区降大暴雨，其中降雨量大于 50、100 mm 的笼罩面积分别为 16 840 km^2 和 6 990 km^2。皇甫川、窟野河上游降暴雨到大暴雨。暴雨中心位于窟野河上游支流牸牛川和清水川一带，其中牸牛川新庙站单站降雨量达 167 mm，21 日 2 ~ 8 时的 6 h 降雨量高达 135.6 mm；清水川土墩则焉单站降雨量达 163 mm，哈镇站 6 h 降雨量达 116 mm。与此同时，泾渭河也发生了较强降雨，其中地处泾河流域最大的一级支流马莲河流域的甘肃省庆阳市环县东部和华池县西北部出现局部暴雨的强降雨过程，马莲河二级支流柔远河悦乐站 6 h 降雨量达 110 mm；泾河流域出口站张家山水文站出现入汛以来最大洪水。河龙区间北部 2012 年"7 · 21"暴雨等值线图见图 1-1。

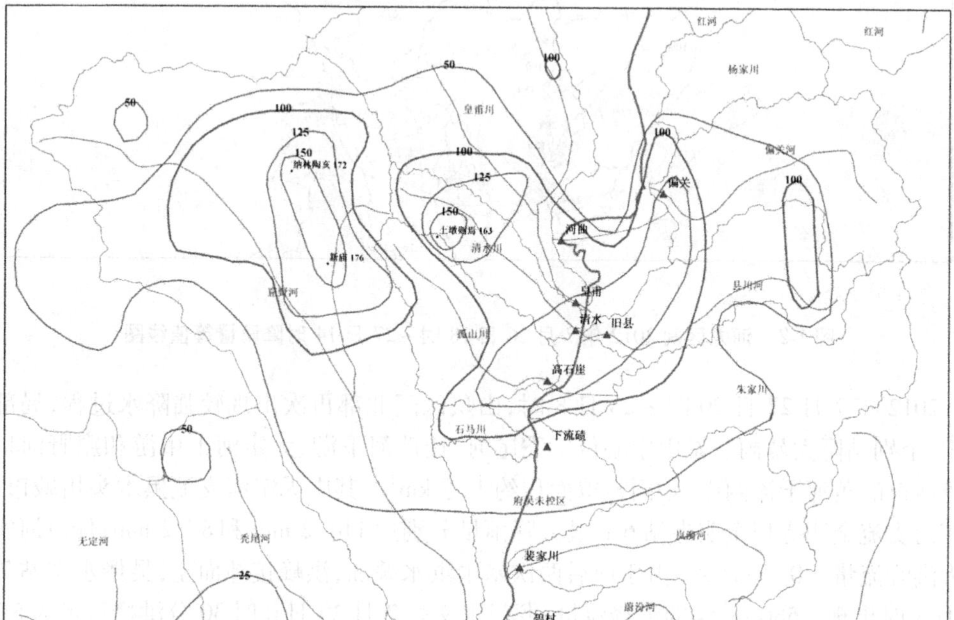

图 1-1 河龙区间北部 2012 年"7 · 21"暴雨等值线图

7 月 26 日 16 时 ~ 27 日 14 时，黄河中游山陕区间部分地区又突降中到大雨，局部地区降暴雨、大暴雨到特大暴雨，陕西省榆林市北部日降雨量达 200 mm 以上。佳芦河申家湾站 12、6 h 和 4 h 最大降雨量分别高达 221.2、211.2 mm 和 108.6 mm，40 min 降雨量达 86.4 mm，均为该站有记录以来最大降水；秃尾河高家川站 6 h 降雨量为 134.6 mm；清凉寺沟清凉寺站、穆家坪站和湫水河程家塔站 2 h 降雨量分别为 56.8、74.2 mm 和 77.6 mm。佳芦河出现 1971 年以来最大洪水过程，实测最大洪峰流量 1 820 m^3/s。黄河中游干流吴堡水文站 7 月 27 日出现洪峰流量 10 600 m^3/s 的洪水，为 1989 年以来最大洪水；干流龙门水文站 7 月 28 日 7 时出现洪峰流量 7 620 m^3/s，为 1996 年以来最大洪水，由此形成黄河干流 2012 年 1 号洪峰。河龙区间 2012 年 7 月 26 日 18 时～27 日 14 时降雨量等值线图见图 1-2。

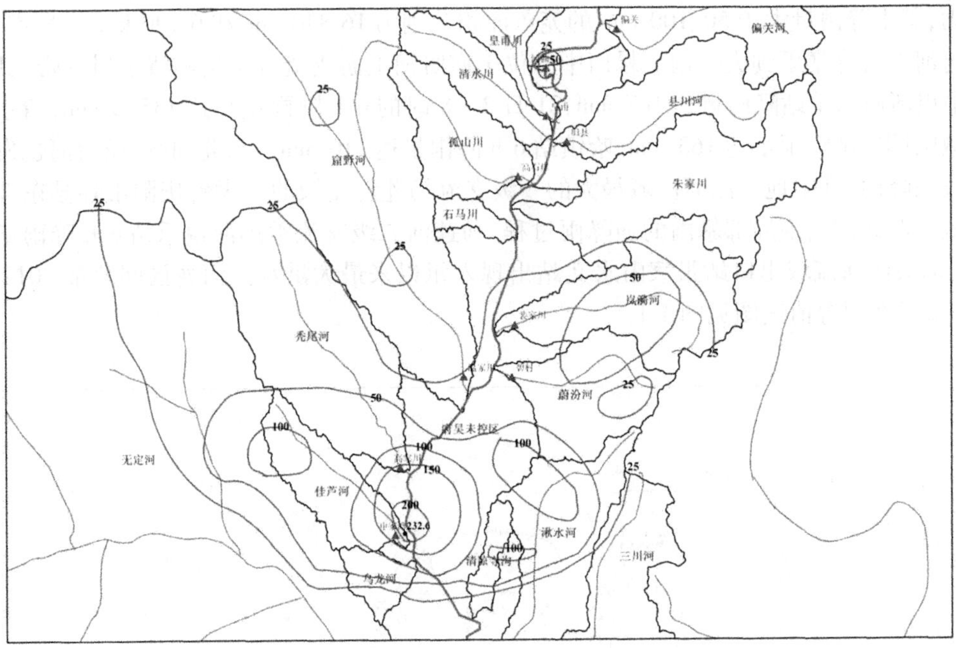

图 1-2　河龙区间 2012 年 7 月 26 日 18 时～27 日 14 时降雨量等值线图

2012 年 7 月 27 日 20 时～28 日 8 时，山陕区间北部再次出现较强降水过程，局部降暴雨，个别站降大暴雨。暴雨中心位于秃尾河、佳芦河下游、无定河上中游和窟野河口至佳芦河口的黄河干流两岸，暴雨笼罩面积约 1 万 km^2。其中无定河支流黑木头川殿市站、佳芦河支流金明寺川金明寺站 6 h 最大降雨量分别达 114.2 mm 和 87.2 mm；佳芦河实测最大洪峰流量 2 010 m^3/s。由于前后两次暴雨洪水叠加，洪峰接踵而至，吴堡水文站 7 月 28 日 8 时出现 7 580 m^3/s 的洪峰流量，龙门水文站 7 月 29 日 0 时 30 分洪峰流量为 5 740 m^3/s，由此形成黄河干流 2012 年 2 号洪峰。河龙区间 2012 年 7 月 27 日 20 时～28 日 8 时降雨量等值线图见图 1-3。

此外，2010 年 9 月 18～19 日，河龙区间的湫水河、清凉寺沟、三川河普降 100 mm 以上暴雨，暴雨中心在湫水河和三川河下游，其中湫水河林家坪站 4 h 降雨量 185 mm，最大洪峰流量 2 300 m^3/s，最大含沙量 487 kg/m^3。

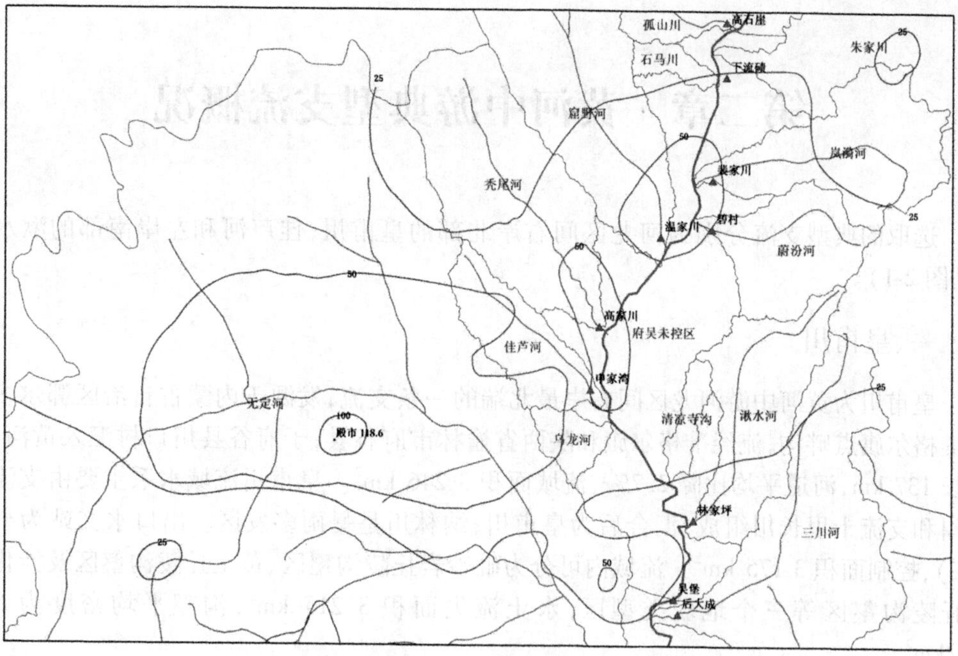

图 1-3 河龙区间 2012 年 7 月 27 日 20 时～28 日 8 时降雨量等值线图

第二章　黄河中游典型支流概况

选取的典型支流分别为河龙区间右岸北部的皇甫川、佳芦河和左岸南部的湫水河（见图 2-1）。

一、皇甫川

皇甫川为黄河中游河龙区间右岸最北端的一条支流，发源于内蒙古自治区鄂尔多斯市准格尔旗点畔沟，流经准格尔旗和陕西省榆林市府谷县，于府谷县川口村汇入黄河，干流长 137 km，河道平均比降 2.7‰，流域面积 3 246 km^2。皇甫川流域水系主要由支流纳林川和支流十里长川组成，汇合后为皇甫川；纳林川是暴雨多发区。出口水文站为皇甫（三），控制面积 3 175 km^2。流域内可分为砒砂岩丘陵沟壑区、黄土丘陵沟壑区及沙化黄土丘陵沟壑区等三个地貌类型区，水土流失面积 3 215 km^2，沟壑平均密度为 6.2 km/km^2。

二、佳芦河

佳芦河发源于陕西省榆林市榆阳区双山乡断桥村，由西北向东南流至榆林市佳县佳芦镇木厂湾村后注入黄河，干流长 93 km，沟道平均比降 6.28‰，流域面积 1 134 km^2。出口水文站为申家湾，控制面积 1 121 km^2。佳芦河地处黄土高原毛乌素沙漠南缘，流域地貌类型绝大部分属黄土丘陵沟壑区，梁峁起伏，沟壑纵横，沟壑密度 3.24 km/km^2。

三、湫水河

湫水河发源于山西省吕梁市兴县黑茶山东北麓，流经兴县和吕梁市临县，于临县碛口镇注入黄河。干流全长 122 km，流域面积 1 989 km^2。湫水河流域出口水文站为林家坪，控制面积 1 873 km^2。流域水土流失面积 1 650 km^2，大部分为黄土丘陵沟壑区，面积 1 588 km^2；流域上游东北部及东部为土石山区和林区，面积 401 km^2。

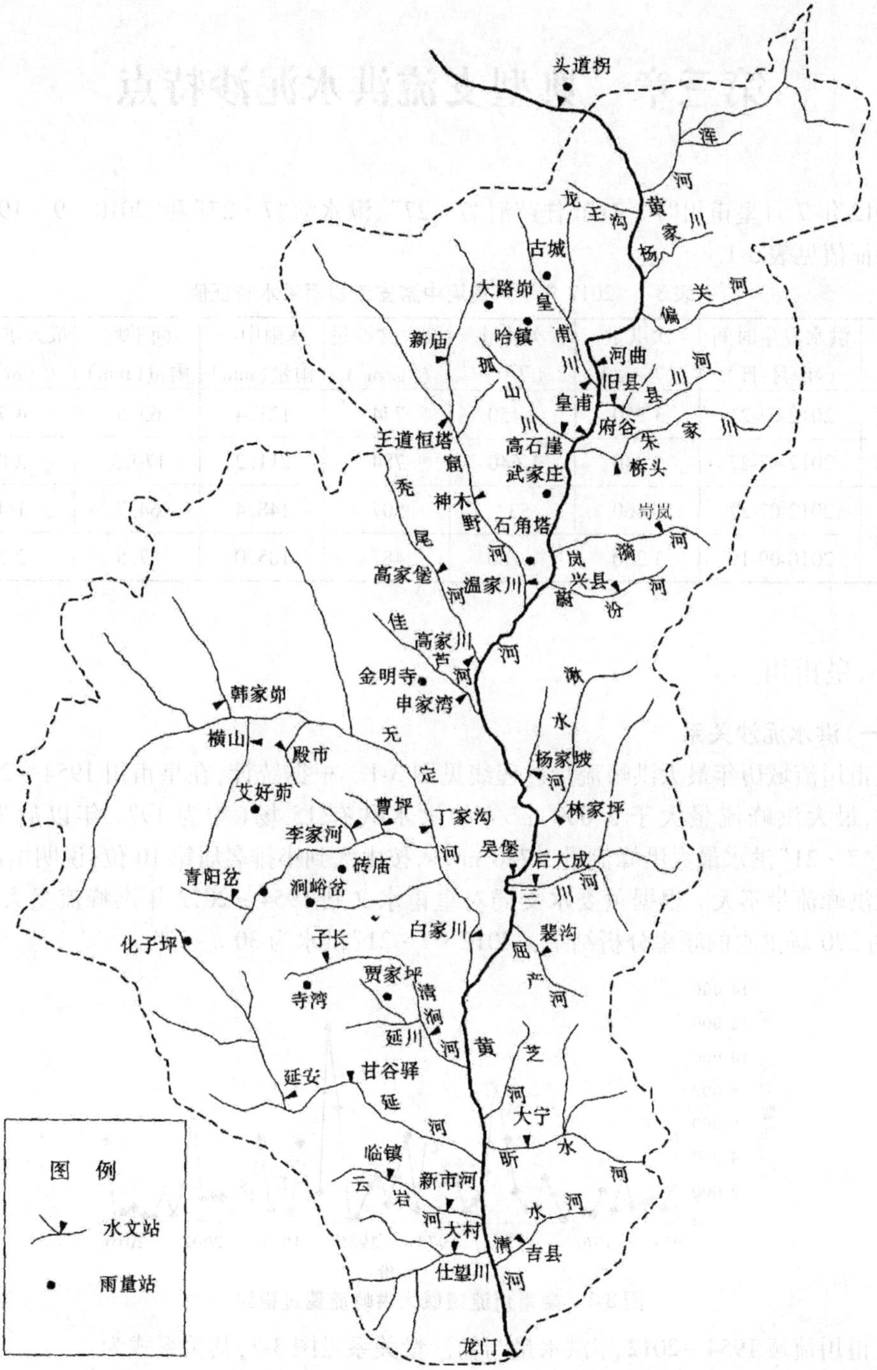

图 2-1 黄河河龙区间水系分布图

第三章　典型支流洪水泥沙特点

2012 年 7 月皇甫川“7 · 21”、佳芦河“7 · 27”、湫水河“7 · 27”和“2010 · 9 · 19”暴雨洪水特征值见表 3-1。

表 3-1　2012 年 7 月黄河中游支流暴雨洪水特征值

河流	洪水发生时间（年-月-日）	次洪量（万 m^3）	次沙量（万 t）	最大含沙量（kg/m^3）	暴雨中心雨量（mm）	面平均雨量（mm）	最大洪峰流量（m^3/s）
皇甫川	2012-07-21	3 250	1 450	774	121.4	63.5	4 720
佳芦河	2012-07-27	6 040	1 640	784	211.2	170.3	2 010
湫水河	2012-07-27	1 460	532	507	148.4	64.7	1 400
	2010-09-19	3 250	1 260	487	185.0	87.5	2 300

一、皇甫川

（一）洪水泥沙关系

皇甫川流域历年最大洪峰流量过程线见图 3-1。根据统计，在皇甫川 1954 ~ 2012 年系列中，最大洪峰流量大于 3 000 m^3/s 的洪水共有 15 场（均为 1971 年以后发生），“2012 · 7 · 21”洪水最大洪峰流量 4 720 m^3/s，按由大到小排名居第 10 位，说明本次洪水的最大洪峰流量不大。根据黄委水文局对皇甫水文站 1954 ~ 2012 年洪峰流量大于 100 m^3/s 的 270 场洪水的频率分析结果，“2012 · 7 · 21”洪水为 30 a 一遇。

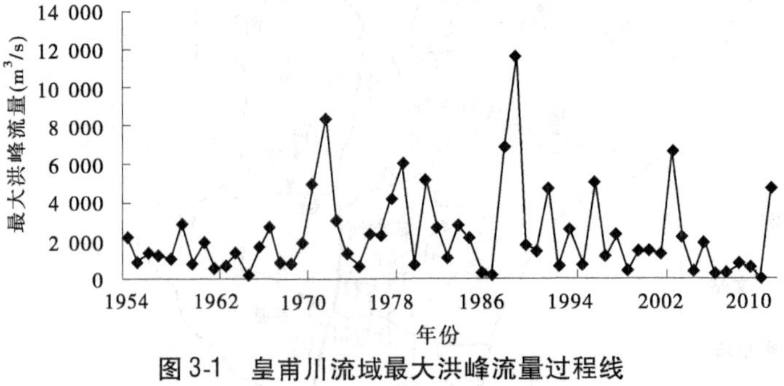

图 3-1　皇甫川流域最大洪峰流量过程线

皇甫川流域 1954 ~ 2012 年洪水量与输沙量关系见图 3-2，其关系式为：

$$W_{HS} = 0.427\,5W_H - 160.15 \tag{3-1}$$

式中：W_H为年洪水量，万 m^3；W_{HS}为年洪水输沙量，万 t。式(3-1)的相关系数为 0.955。

由图 3-2 可以看出，“2012 · 7 · 21”暴雨洪水量和洪水输沙量均明显偏小。虽然“2012 · 7 · 21”暴雨洪水点据偏低，但与 1954 ~ 2012 年资料系列数据仍在同一分布带上，说明流域洪水输沙关系未发生明显变化。

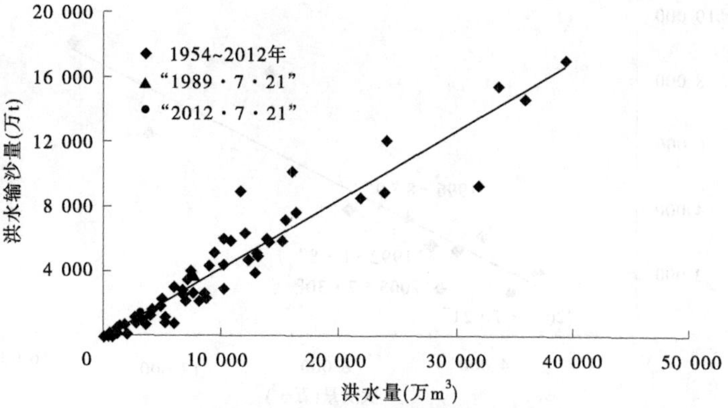

图 3-2 皇甫川流域洪水泥沙关系

选取皇甫川流域具有代表性的"1989・7・21"暴雨与本次暴雨进行对比分析更能说明问题(图 3-2)。皇甫川"1989・7・21"暴雨与"2012・7・21"暴雨的面平均雨量和2、4、6 h最大暴雨量(雨强)分别为62.5、47.3、51.6、79.6 mm和63.5、34.1、69.8、90.4 mm,比较接近,但"2012・7・21"暴雨产生的洪水量、洪水输沙量分别只有3 250万m^3和1 450万t,分别比"1989・7・21"暴雨对应值减少了56.6%和63.3%;最大洪峰流量4 720 m^3/s,仅为"1989・7・21"暴雨的40.7%;最大含沙量774 kg/m^3,比"1989・7・21"暴雨洪水最大含沙量984 kg/m^3减小了210 kg/m^3。

(二)场次暴雨产洪关系

为进一步分析近期下垫面变化对皇甫川流域场次暴雨产洪关系的影响,选择1954~2012年系列中最大洪峰流量大于4 000 m^3/s的11场洪水(均为1970年以后发生),点绘流域场次暴雨产洪关系见图 3-3。

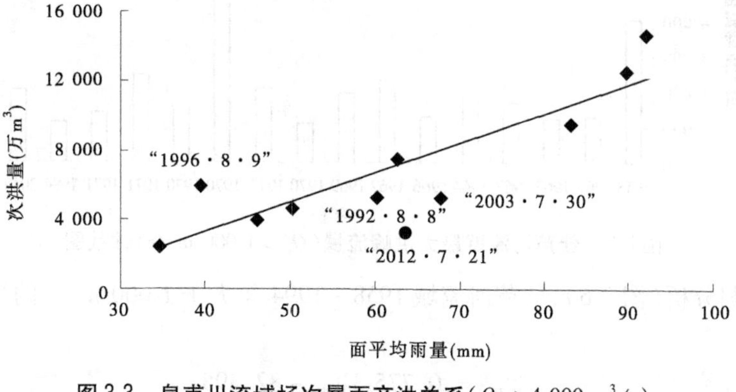

图 3-3 皇甫川流域场次暴雨产洪关系(Q_m >4 000 m^3/s)

在相同面平均降雨量条件下,"2012・7・21"暴雨产洪量最小。皇甫川流域近期由于水土保持综合治理(坡面措施与沟道坝库工程)措施的实施,极大地改变了流域下垫面的拦蓄条件,具有非常明显的削洪减沙作用。流域场次洪水泥沙关系图(图 3-4)也显示,"2012・7・21"暴雨产洪产沙量不大。

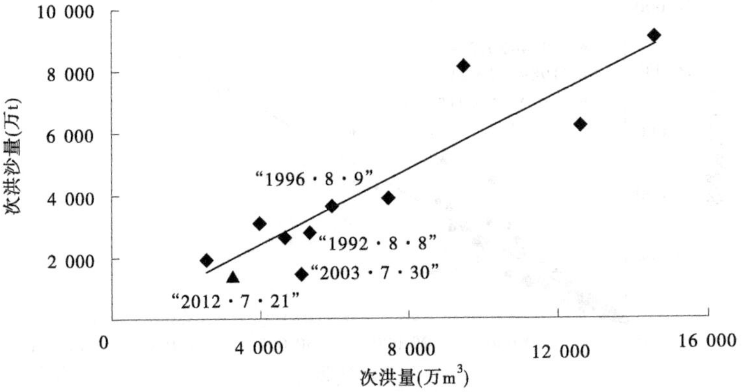

图 3-4　皇甫川流域场次洪水泥沙关系(Q_m >4 000 m^3/s)

二、佳芦河

(一)场次洪水泥沙关系(Q_m >1 000 m^3/s)

佳芦河流域历年最大洪峰流量 Q_m 大于 1 000 m^3/s 柱状图以及对应的洪水量与洪水输沙量关系分别见图 3-5、图 3-6。根据统计,在佳芦河 1958 ~2012 年系列中, Q_m 大于 1 000 m^3/s 的洪水共有 16 场,"2012 · 7 · 27"洪水 Q_m 为 2 010 m^3/s,按由大到小排名居第 6 位。由图 3-6 可以看出,与大于 1 000 m^3/s 的其他 15 场大洪水相比,"2012 · 7 · 27"洪水输沙量明显偏小。

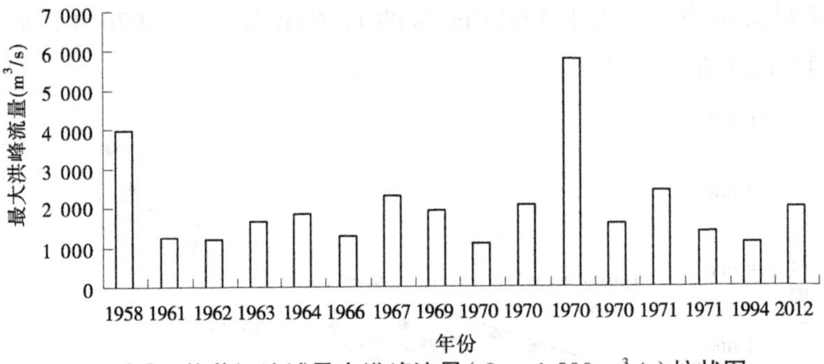

图 3-5　佳芦河流域最大洪峰流量(Q_m >1 000 m^3/s)柱状图

根据回归分析(图 3-6),佳芦河流域 1958 ~1994 年大于 1 000 m^3/s 的场次洪水泥沙关系式为:

$$W_{HS} = 0.775\ 3W_H - 82.395 \tag{3-2}$$

式中: W_H 为场次洪水量,万 m^3; W_{HS} 为场次洪水输沙量,万 t。式(3-2)的相关系数为 0.982。

"2012 · 7 · 27"暴雨洪水量为 6 040 万 m^3,代入式(3-2)计算后得到其对应的洪水输沙量应为 4 600 万 t,但本次暴雨实测洪水输沙量仅为 1 640 万 t,只有计算值的 35.7%,减少了 64.3%。因此,佳芦河流域"2012 · 7 · 27"暴雨洪水输沙量与历史相同洪水量对应的洪水输沙量相比大为减少。

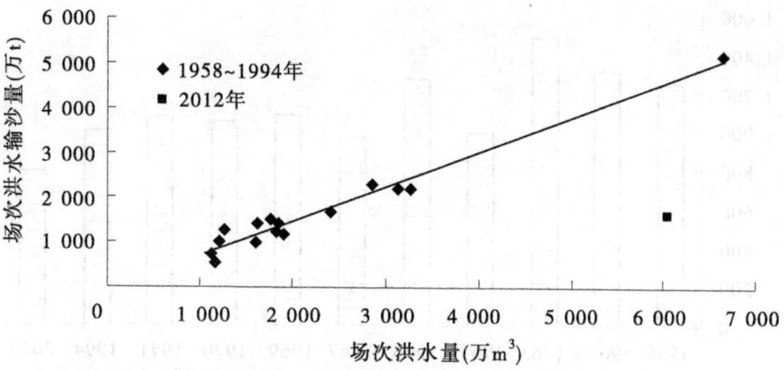

图 3-6　佳芦河流域场次洪水泥沙关系($Q_m > 1\ 000\ m^3/s$)

(二)不同时段洪水泥沙关系

以黄河中游水土保持生态建设大规模开展的 1997 年为界,基于佳芦河流域下垫面变化考虑,点绘流域 1957 ~ 2012 年历年不同时段洪水泥沙关系见图 3-7(其中包括 Q_m 小于 1 000 m^3/s 的洪水)。1997 ~ 2012 年与 1957 ~ 1996 年相比,相同洪水量条件下,输沙量减小。这与 1997 年以来流域水土保持综合治理对下垫面的影响有密切关系。

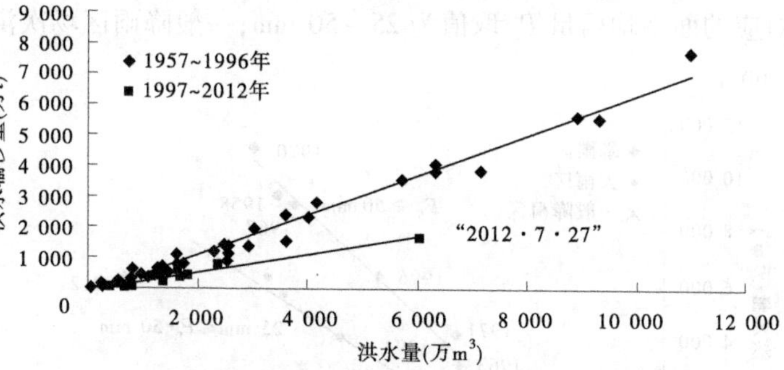

图 3-7　佳芦河流域不同时段洪水泥沙关系

通过回归分析,佳芦河流域 1957 ~ 1996 年和 1997 ~ 2012 年两个时段洪水泥沙线性关系式分别为:

1957 ~ 1996 年　　$W_{HS} = 0.659\ 2W_H - 279.46$　　(3-3)

1997 ~ 2012 年　　$W_{HS} = 0.296\ 6W_H - 96.277$　　(3-4)

式中:W_H 为年洪水量,万 m^3;W_{HS}为年洪水输沙量,万 t。式(3-3)、式(3-4)相关系数分别为 0.989 和 0.975。

由图 3-7 及式(3-3)、式(3-4)斜率及截距可以看出,1997 年以来佳芦河流域洪水泥沙关系已经发生变化,值得关注。

流域洪水泥沙线性关系式的物理意义是其斜率表示流域洪水期平均含沙量,可以反映平均含沙量的变化。对比式(3-3)、式(3-4)的斜率可知,佳芦河流域 1957 ~ 1996 年洪水期平均含沙量为 659.2 kg/m^3,1997 ~ 2012 年下降为 296.6 kg/m^3,减小了 55%。从 1994 年以前最大洪峰流量大于 1 000 m^3/s 的 15 场历史洪水最大含沙量来看,其平均值为 1 140 kg/m^3,"2012 · 7 · 27"洪水最大含沙量仅为 784 kg/m^3,在 16 场历史洪水中排名最末位(图 3-8)。因此,与历史大洪水相比,"2012 · 7 · 27"洪水含沙量大幅度下降。

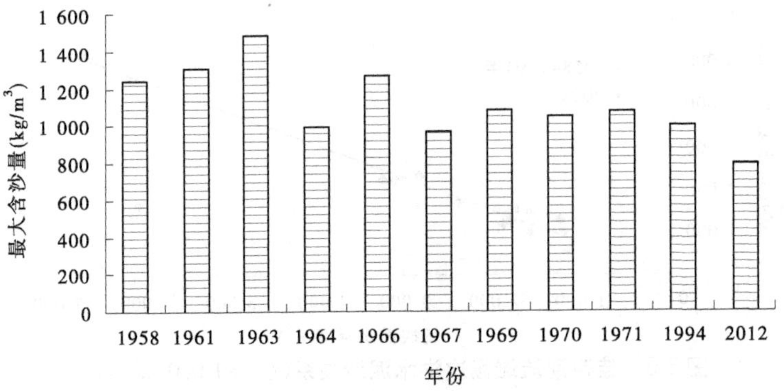

图 3-8　佳芦河流域特大洪水年份最大含沙量变化柱状图

(三)汛期降雨产流关系

根据 1957 ~ 2012 年水文资料，点绘佳芦河流域汛期(5 ~ 9 月)降雨产流关系见图 3-9。按照发生洪水时降雨量的大小，佳芦河流域汛期降雨产流关系可以分为三个区，即暴雨区、大雨区和一般降雨区。其中暴雨区场次洪水对应的面平均雨量 $P_c \geq 50$ mm；大雨区场次洪水对应的面平均雨量 P_c 取值为 25 ~ 50 mm；一般降雨区场次洪水对应的面平均雨量 $P_c < 25$ mm。

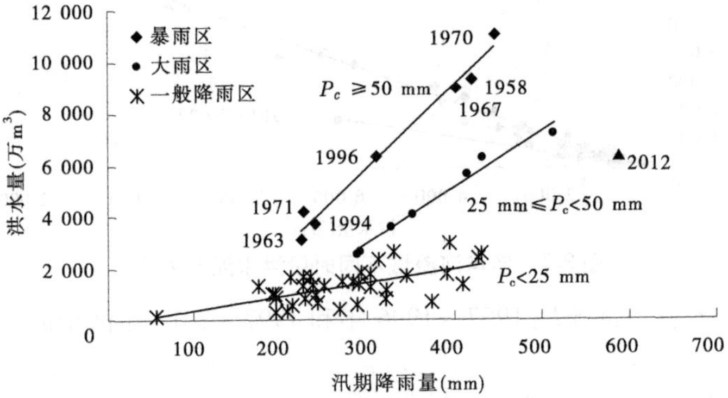

图 3-9　佳芦河流域汛期降雨产流关系

通过回归分析，佳芦河流域三个区汛期降雨产流关系式分别为：

暴雨区　　$W_H = 31.987P_X - 3\ 755.8$　　(3-5)

大雨区　　$W_H = 21.985P_X - 3\ 683.4$　　(3-6)

一般降雨区　　$W_H = 5.465P_X - 206.7$　　(3-7)

式中：W_H为年洪水量，万 m^3；P_X 为流域汛期降雨量，mm。式(3-5) ~ 式(3-7)的相关系数分别为 0.991、0.984 和 0.637。

当佳芦河流域发生高强度暴雨或大暴雨时，其降雨量与流域产洪量具有非常密切的线性正相关关系，暴雨越大，产洪量越大。暴雨区的单位降雨量的产洪量(暴雨区线性关系式斜率)高达 32 万 m^3/mm。2012 年虽然发生了"7・27"暴雨洪水，但 2012 年点据却在大雨区右侧，偏离暴雨区较远，说明目前佳芦河流域发生特大暴雨时的降雨产洪关系与以往相比已经发生明显变化，相同汛期降雨对应的产洪量明显减小，这显然与目前流域下垫面的拦蓄作用显著增大密切相关。

对于中等强度的大雨，佳芦河流域降雨产流关系仍为非常密切的线性正相关关系。大雨区单位降雨量的产洪量为22万m^3/mm，比暴雨区绝对值减小10万m^3/mm，减小了31.3%。

对于汛期一般强度降雨，佳芦河流域降雨产流关系虽然相关性较差，但其相同降雨下的产洪量却明显小于大暴雨区。根据以上关系式计算，对于相同的汛期降雨（如400 mm），大雨区的产洪量只有暴雨区的56.5%，一般降雨区的产洪量分别为暴雨区和大雨区的21.9%和38.7%。由于流域一般降雨区的降雨产流关系相对比较散乱，说明其影响因素比较复杂。

三、湫水河洪水泥沙特点

湫水河流域历年最大洪峰流量过程线以及对应的洪水量与输沙量关系分别见图3-10、图3-11。

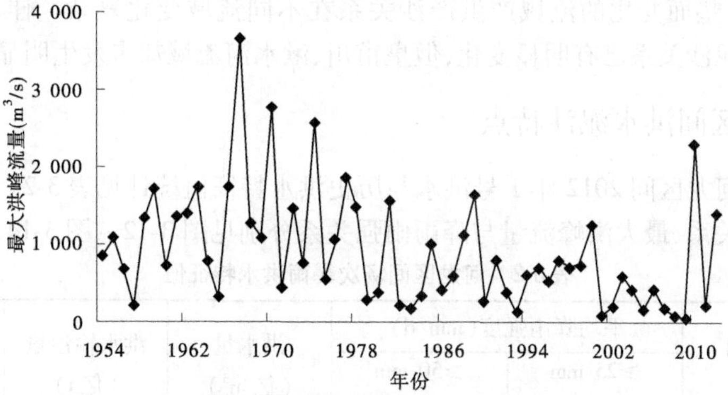

图3-10　湫水河流域最大洪峰流量过程线

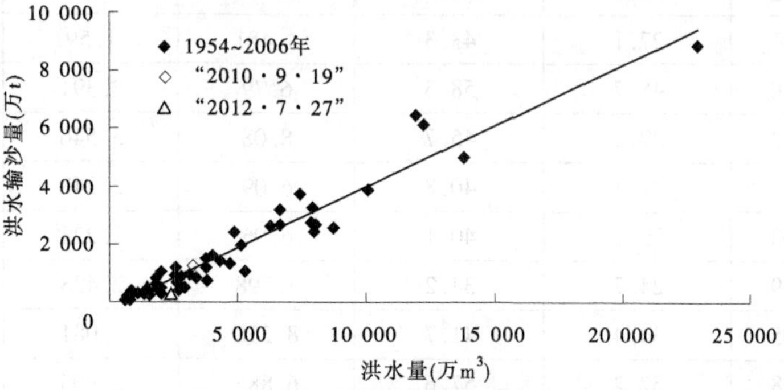

图3-11　湫水河流域洪水泥沙关系

根据统计，在湫水河流域1954～2012年共59年的资料系列中，"2010·9·19"暴雨洪水最大洪峰流量2 300 m^3/s，排名第4，为1975年以来最大洪峰流量；"2012·7·27"洪水最大洪峰流量1 400 m^3/s，排名第14。虽然这两次洪水的洪峰流量不小，并且"2012·7·27"暴雨的面平均雨量、暴雨中心雨量、笼罩面积和雨强均远高于历史洪水，但产洪产沙量却明显偏小（图3-11）。

根据回归分析,湫水河流域长系列洪水输沙关系为:

$$W_{HS} = 0.420\,4W_H - 261.72 \tag{3-8}$$

式中:W_H为年洪水量,万 m^3;W_{HS}为年洪水输沙量,万 t。式(3-8)的相关系数为0.965。

由图3-11 可以看出,"2010·9·19"和"2012·7·27"这两次大洪水的产洪产沙关系仍然符合2010年以前湫水河流域产洪产沙关系的线性变化规律。

从最大含沙量变化看,"2010·9·19"洪水最大含沙量为487 kg/m^3,"2012·7·27"洪水最大含沙量为507 kg/m^3。由于湫水河流域1954~1989年多年平均最大含沙量为810 kg/m^3,与之相比,这两次洪水的最大含沙量分别减小了39.9%和37.4%,减小幅度均接近40%。

根据以上对比分析,皇甫川、佳芦河、湫水河等3条支流2012年7月暴雨洪水特点是:

(1)暴雨量大,雨强大,笼罩面积大;

(2)较往年相比,相同降雨条件下,洪峰流量、最大含沙量、洪水量和洪水输沙量明显减小;

(3)基于下垫面变化的流域产洪产沙关系在不同流域变化复杂。佳芦河流域1997年以来的洪水泥沙关系已有明显变化,但皇甫川、湫水河流域却未发生明显变化。

四、河龙区间洪水泥沙特点

黄河中游河龙区间2012年1号洪水与历史洪水特征值统计见表3-2。河龙区间场次暴雨洪水泥沙关系、最大洪峰流量与降雨雨强关系分别见图3-12~图3-14。

表3-2 河龙区间场次暴雨洪水特征值

洪水发生时间(年-月-日)	平均降雨强度(mm/d)		洪水量(亿 m^3)	洪水输沙量(亿 t)	最大洪峰流量(m^3/s)
	≥25 mm(大雨)	≥50 mm(暴雨)			
1964-08-13~15	50.9	61.9	6.708	1.804	17 300
1966-07-29~31	27.1	43.3	4.481	1.59	10 100
1967-08-06~10	48.7	58.3	6.79	2.391	15 300
1967-08-11~13	37.2	45.7	8.08	3.546	21 000
1967-08-22~25	34.1	40.8	6.09	2.248	14 900
1967-09-01~03	26.7	40.1	6.06	2.223	14 500
1969-07-27~29	24.7	34.2	3.798	2.428	9 000
1970-08-02~05	34.4	41.7	8.258	5.081	13 800
1971-07-26~28	52.2	57.6	6.885	2.905	14 300
1977-07-06~08	45.2	53.2	6.4	3.54	14 500
1977-08-02~04	43.7	72.1	4.74	2.081	13 600
1977-08-06~08	39.7	45.1	9.7	5.99	12 700
1988-08-06~08	27.9	33.4	10.28	3.477	10 200

续表 3-2

洪水发生时间（年-月-日）	平均降雨强度(mm/d)		洪水量（亿 m^3）	洪水输沙量（亿 t）	最大洪峰流量（m^3/s）
	≥25 mm（大雨）	≥50 mm（暴雨）			
1989-07-22～25	33.0	42.0	7.177	1.994	9 500
1994-08-05	40.9	46.3	12.0	3.63	10 600
1996-08-10	32.4	38.2	9.6	1.77	11 000
2012-07-26～29	58.5	69.3	6.24	0.567	7 620

注:1989 年及以前数据来自参考文献[3];1994、1996 年部分数据来自参考文献[4]。

与龙门水文站 1996 年以前实测最大洪峰流量在 9 000 m^3/s 以上的 16 场历史大洪水或特大洪水相比,河龙区间“2012·7·28”暴雨虽然大于等于 25 mm 的平均强度最大,大于等于 50 mm 的平均强度次大,但最大洪峰流量却为最小,洪水输沙量也最小;洪水量按由大到小排名居第 12 位,也相对较小。另据黄委水文局统计,形成黄河干流 2012 年 1 号、2 号洪峰的暴雨笼罩面积很大。河龙区间 2012 年 7 月 26～28 日暴雨过程中降雨量大于 50、100 mm 和 150 mm 的笼罩面积分别为 2.9 万、0.695 万 km^2 和 0.264 万 km^2。

河龙区间 2012 年 1 号洪水最为突出的特点是“两大一最小”:暴雨平均强度大,暴雨笼罩面积大,洪水输沙量最小。

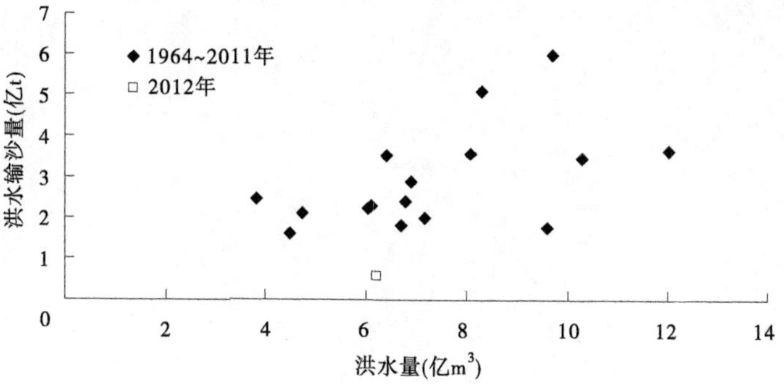

图 3-12　河龙区间场次暴雨洪水泥沙关系

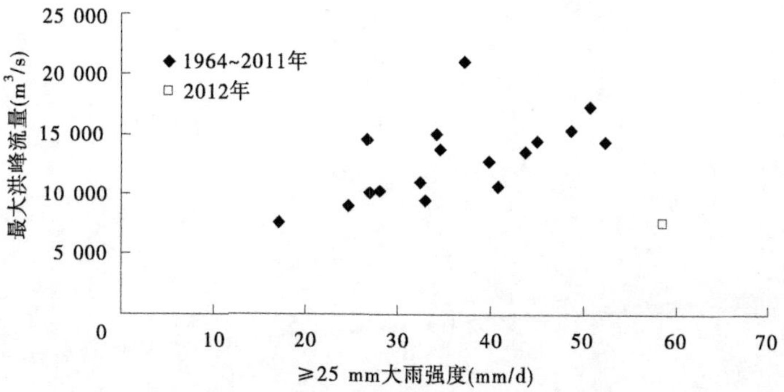

图 3-13　河龙区间最大洪峰流量与场次降雨强度关系(1)

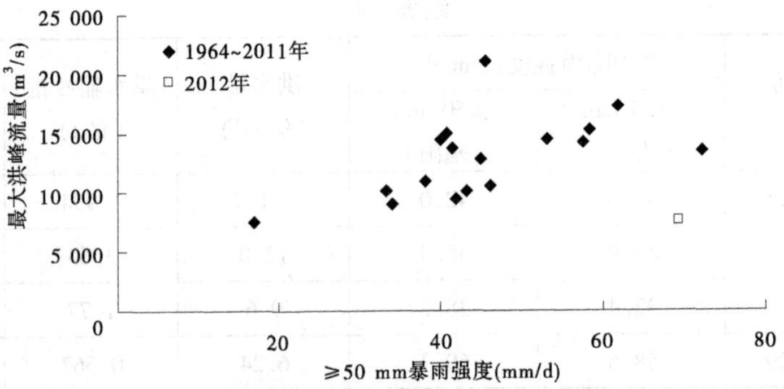

图 3-14 河龙区间最大洪峰流量与场次降雨强度关系(2)

第四章　水土保持措施削洪减沙量计算

为深入分析河龙区间典型流域在2012年7月暴雨中水土保持措施抵御洪水的能力、暴雨条件下水土保持措施蓄水减沙效益，以及目前流域治理方面存在的问题，剖析相关流域水土保持措施变化和综合治理对流域水沙变化的影响，对皇甫川、佳芦河、湫水河等3条支流坡面措施和沟道坝库工程削洪减沙量进行了计算。

一、水保措施保存面积核实

通过历时半个月的典型调查，详细了解了近年来黄河中游地区有关省(区)水土保持生态工程建设、生态修复、封禁治理及林草等植被恢复，淤地坝、水库淤积情况，2012年7月大暴雨期间水利水保措施及设施损坏情况等，并就今后如何继续开展水土保持综合治理等有关问题，与当地水利水保部门进行了深入交流和探讨。

通过典型调查，在广泛收集黄河中游地区本次暴雨涉及有关省(区)水利水保措施年报等资料的基础上，采用卫星遥感资料修正、抽样调查、与第一次全国水利普查公报数据核对等多种方法，核实了皇甫川、佳芦河、湫水河等3条支流截至2012年底的水保措施保存面积，详见表4-1。

表4-1　河龙区间3条典型支流水保措施保存面积

流域		梯(条)田	林地	草地	坝地	封禁治理	合计
皇甫川	2006年面积(hm^2)	2 827	129 131	49 928	1 720	10 024	193 630
	配置比(%)	1.4	66.7	25.8	0.9	5.2	100
	2012年面积(hm^2)	4 668	145 391	42 133	4 740	60 425	257 357
	配置比(%)	1.8	56.5	16.4	1.8	23.5	100
佳芦河	2006年面积(hm^2)	10 311	29 874	7 605	1 259	722	49 771
	配置比(%)	20.7	60.0	15.3	2.5	1.5	100
	2012年面积(hm^2)	19 050	44 586	11 102	2 046	1 498	78 282
	配置比(%)	24.3	57.0	14.2	2.6	1.9	100
湫水河	2006年面积(hm^2)	12 744	64 526	4 585	4 951	1 507	88 313
	配置比(%)	14.4	73.1	5.2	5.6	1.7	100
	2012年面积(hm^2)	21 400	85 602	5 580	7 474	4 966	125 022
	配置比(%)	17.1	68.5	4.4	6.0	4.0	100

2012年9~12月皇甫川、佳芦河、湫水河等3条支流水保措施面积增长变化不大，因此截至2012年底3条支流水保措施的核实面积可以近似代表各支流7月发生大暴雨时

的下垫面治理现状。

皇甫川、佳芦河、湫水河等3条支流2012年底水保措施累积保存面积分别比2006年底增加了32.9%、57.3%和41.6%,增长幅度均超过了30%,其中佳芦河增幅接近60%。平均来看,皇甫川、湫水河年均治理进度分别为5.5%和7%,佳芦河为9.6%。

水保措施配置比指某一单项水土保持措施保存面积与水土保持措施总保存面积之比。皇甫川、佳芦河、湫水河水保措施配置比计算结果见表4-1;2006年与2012年不同年代变化过程见图4-1~图4-3。

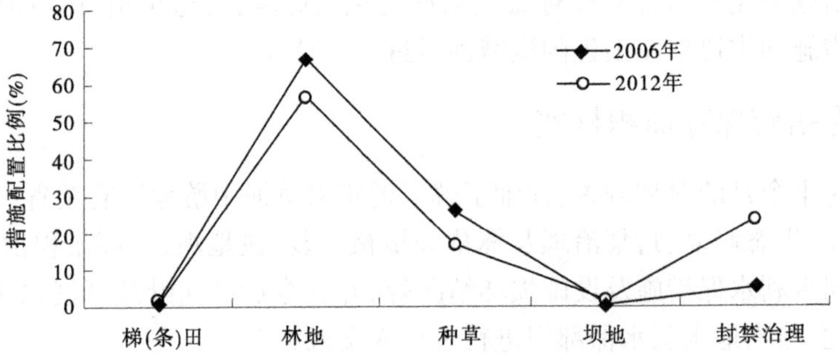

图4-1　皇甫川流域水保措施配置比变化对比

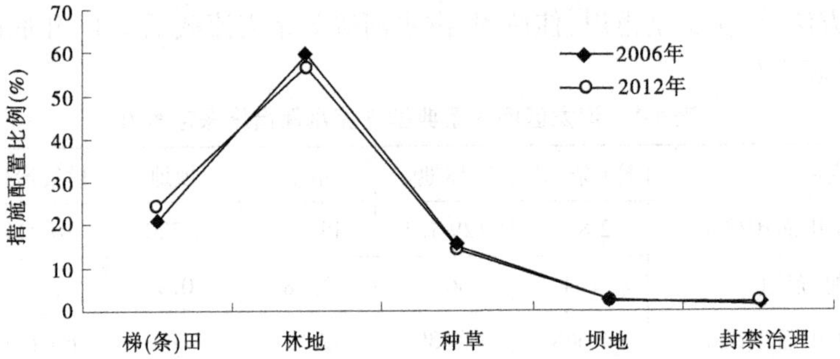

图4-2　佳芦河流域水保措施配置比变化对比

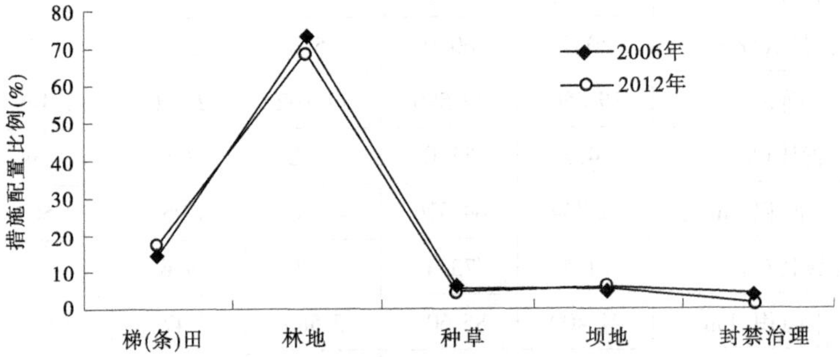

图4-3　湫水河流域水保措施配置比变化对比

与2006年相比,2012年皇甫川、佳芦河、湫水河3条支流的梯田、坝地和封禁治理配置比均呈上升趋势,其中3条支流梯田配置比分别上升了28.6%、17.4%和18.8%,坝地配置比分别上升了100.0%、4.0%和7.1%；佳芦河、湫水河封禁治理配置比分别上升了26.7%和135.3%。尤其是皇甫川流域2012年封禁治理配置比是2006年的4.5倍。但3条支流林草措施配置比均呈下降趋势，其中林地配置比分别下降了15.3%、5.0%和6.3%，草地配置比分别下降了36.4%、7.2%和13.5%。虽然3条支流中皇甫川流域林草措施配置比下降均最为明显，但其封禁治理配置比的突飞猛进足以弥补。

总体而言，3条支流工程措施（梯田和坝地）配置比上升，封禁治理配置比上升最为明显；林草措施配置比则有所下降。水保措施配置比的变化对流域水土保持措施减洪减沙作用的充分发挥将产生重要影响，有待进一步深入研究。

二、水保措施减洪减沙量计算

采用"指标法"计算皇甫川、佳芦河、湫水河2012年水土保持措施减洪减沙量。根据"十一五"国家科技支撑计划重点课题"黄河流域水沙变化情势评价研究（2006BAB06B01）"的研究成果，求得皇甫川、佳芦河、湫水河等3条支流近期水土保持措施减洪减沙指标见表4-2。3条支流2012年水土保持措施减洪减沙量计算结果见表4-2。

表4-2　河龙区间3条典型支流2012年水土保持措施减洪减沙量

流域	计算指标	梯(条)田	林地	草地	坝地	封禁治理	合计
皇甫川	减洪指标（万 m^3/hm^2）	0.009 2	0.006 0	0.003 1	0.603 0	0.001 3	—
	减沙指标（万 t/hm^2）	0.004 6	0.003 0	0.001 6	0.206 4	0.000 6	—
	减洪量（万 m^3）	43	867	132	2 858	78	3 978
	减沙量（万t）	21	438	67	978	36	1 540
	减洪所占比例（%）	1.1	21.8	3.3	71.8	2.0	100
	减沙所占比例（%）	1.4	28.4	4.3	63.6	2.3	100
佳芦河	减洪指标（万 m^3/hm^2）	0.012 9	0.008 1	0.002 5	0.765 0	0.002 8	—
	减沙指标（万 t/hm^2）	0.009 9	0.006 2	0.002 0	0.258 2	0.002 8	—
	减洪量（万 m^3）	246	363	28	1 565	4	2 206
	减沙量（万t）	188	275	22	528	4	1 017
	减洪所占比例（%）	11.1	16.4	1.3	71.0	0.2	100
	减沙所占比例（%）	18.5	27.0	2.2	51.9	0.4	100
湫水河	减洪指标（万 m^3/hm^2）	0.014 6	0.007 5	0.007 2	0.260 8	0.006 0	—
	减沙指标（万 t/hm^2）	0.005 3	0.002 7	0.002 6	0.100 4	0.002 0	—
	减洪量（万 m^3）	312	643	40	1 949	30	2 974
	减沙量（万t）	113	233	15	750	10	1 121
	减洪所占比例（%）	10.5	21.6	1.4	65.5	1.0	100
	减沙所占比例（%）	10.1	20.8	1.3	66.9	0.9	100

三、水保措施减洪减沙量计算分析

(1)2012 年皇甫川流域水土保持措施减洪 3 978 万 m^3,减沙 1 540 万 t,减洪减沙效益分别达到 28.2% 和 41.5%。在“2012·7·21”暴雨中水土保持措施减洪减沙效益分别达到 55.0% 和 51.5%。水土保持措施的削洪减沙效益非常明显。

(2)2012 年佳芦河流域水土保持措施减洪 2 206 万 m^3,减沙 1 017 万 t,减洪减沙效益分别达到 19.6% 和 38.0%。在“2012·7·27”暴雨中水土保持措施减洪减沙效益分别达到 26.8% 和 38.3%。

(3)2012 年湫水河流域水土保持措施减洪 2 974 万 m^3,减沙 1 121 万 t,减洪减沙效益分别达到 35.2% 和 60.8%。在“2012·7·27”暴雨中水土保持措施减洪减沙效益分别达到 67.1% 和 67.8%。

从各单项水土保持措施减洪减沙所占比例来看(表 4-2),3 条支流中坝地减洪减沙所占比例最大,其中减洪所占比例均在 65% 以上,减沙所占比例均在 50% 以上。湫水河坝地减沙所占比例最大,达到 66.9%,皇甫川居中为 63.6%,佳芦河流域虽然坝库损毁比较严重,却依然发挥了十分重要的拦沙作用,减沙所占比例虽然最小,也有 51.9%。

林草等植被措施(包括封禁治理)减洪减沙所占比例其次。减洪所占比例为 17.9%(佳芦河)~27.1%(皇甫川),减沙所占比例为 23.0%(湫水河)~35.1%(皇甫川),皇甫川林草等植被措施减洪减沙所占比例均超过了 25%。

梯田减洪减沙所占比例位居第 3。佳芦河、湫水河梯田减洪所占比例相当,均在 11% 左右,减沙所占比例分别为 18.5% 和 10.1%,均大于 10%;皇甫川梯田减洪减沙所占比例最小,仅分别为 1.1% 和 1.4%,尚不及封禁治理的 2.0% 和 2.3%。

北京师范大学利用 2012 年 8 月遥感影像对皇甫川流域植被状况的解译结果表明,支流纳林川和十里长川植被覆盖度约为 70%,平均郁闭度约为 40%。由于纳林川正是“2012·7·21”暴雨区,因此皇甫川流域林草等植被措施在本次暴雨中发挥了很大的拦蓄作用。

此外,通过调查发现,皇甫川流域梯田主要集中在支流十里长川,规模不大,支流纳林川几乎没有梯田。由于“2012·7·21”暴雨中心在地处纳林川下游的古城,因此 3 条支流中皇甫川梯田减洪减沙所占比例最小。

四、水土保持措施减沙能力分析

定义水土保持措施单位措施面积最大减沙量为水土保持措施减沙能力。根据以往对黄河中游地区水土保持径流小区资料的分析,梯田、林地、草地等坡面水土保持措施具有不同的拦蓄作用。当坡地径流深较小时,径流基本上被拦蓄;随着径流深的增加,存在某种措施的最大拦蓄径流的能力,亦即最大填洼深度。小区牧草拦蓄的最大径流深为 5 ~ 15 mm,林地拦蓄的最大径流深为 20 ~ 40 mm,水平梯田拦蓄的径流深最大可达 70 mm。

坡面水土保持措施拦减洪水必然减少洪水输沙量。小区牧草的减沙作用约为 17 000 t/km^2,林地为 26 000 t/km^2,水平梯田可达 28 000 t/km^2。此即黄河中游坡面措施的最大减沙能力。一般来说,大面积上坡面措施的最大减沙能力要比小区低 20% 左右。

根据水利部第二期黄河水沙变化研究基金项目“河龙区间水土保持措施减水减沙作用分析”成果，河龙区间小区一类梯田的减沙能力最大可以达到25 000 t/km^2，减沙效益可达86%；二类梯田的减沙能力最大约为15 000 t/km^2，减沙效益在70%左右；三类梯田的减沙能力最大只有5 000 t/km^2，减沙效益在50%左右。

该研究成果同时表明，不同产流产沙水平下不同质量的林地减沙水平不同。林地的减沙能力不仅与林地的覆盖度有关，而且与产流产沙水平有关。随着产流产沙量的增大，林地的减洪减沙量增大，当增大到一定的极限以后不再变化。覆盖度为90%时，小区林地的最大减沙能力可以达到27 000 t/km^2；覆盖度为60%时，小区林地的最大减沙能力为18 000 t/km^2；覆盖度为30%时，小区林地最大减沙能力只有5 000 t/km^2。

草地减洪减沙不仅与草地质量有关，而且与对照区的产流产沙水平有关。覆盖度为70%时，小区草地的最大减沙能力可达2 800 t/km^2；覆盖度为50%时，最大减沙能力可达1 400 t/km^2；覆盖度为35%时，最大减沙能力只有650 t/km^2，减沙能力较差。

定义水土保持措施减沙指标为某一时段单位措施面积减沙量。水土保持措施减沙指标一般小于其减沙能力。由于水土保持措施减沙能力与减沙指标密切相关，为简化研究问题，本次研究把表4-2中确定的3条支流减沙指标作为其减沙能力。根据表4-2中各单项水土保持坡面措施的减沙指标可知，皇甫川、佳芦河、湫水河等3条支流2012年梯田减沙能力分别为46、99 t/hm^{2}和53 t/hm^2；林地减沙能力分别为30、62 t/hm^{2}和27 t/hm^2；草地减沙能力分别为16、20 t/hm^{2}和26 t/hm^2。

本次调查中了解到，3条支流梯田质量普遍较好，可按一类梯田考虑；根据计算，皇甫川、佳芦河、湫水河植被覆盖度分别为76.4%、50.4%和48.3%。按照上述河龙区间小区不同类别、不同覆盖度的坡面措施最大减沙能力折减20%计算，则皇甫川、佳芦河、湫水河等3条支流梯田最大减沙能力为200 t/hm^2；林地最大减沙能力分别为180、95 t/hm^{2}和90 t/hm^2；草地最大减沙能力分别为24、11.2 t/hm^{2}和10 t/hm^2。

显然，在2012年7月洪水中皇甫川、佳芦河、湫水河流域梯田减沙能力均远未达到其最大减沙能力200 t/hm^2，抵御暴雨洪水的空间仍然很大；林地减沙能力也未达到其最大减沙能力，分别只有其最大减沙能力的16.7%、65.3%和30.0%。

2012年7月洪水中，皇甫川流域草地减沙能力只有其最大减沙能力的66.7%，也未达到其最大减沙能力；佳芦河、湫水河流域草地减沙能力分别是其最大减沙能力的1.79倍和2.60倍，是否已经超出其最大减沙能力，有待进一步开展研究。

五、植被措施对流域洪水泥沙削减作用分析

根据以往研究，黄河中游地区植被覆盖度与径流泥沙指数关系分别为：

$$y_1 = 36.298e^{-0.004\,7x} \quad r = 0.825 \tag{4-1}$$

$$y_2 = 177\,09e^{-0.043\,9x} \quad r = 0.908 \tag{4-2}$$

式中：y_1为流域多年平均径流深，mm；y_2为流域多年平均输沙模数，t/(km^2·a)；x为流域平均植被覆盖度(%)。

据此，只要知道植被覆盖度的变化，便可求得径流泥沙的变化。由式(4-1)和式(4-2)可以估算，若植被覆盖度提高1%，减水率可以提高0.5%，减沙率可以提高4.3%。

2012年皇甫川流域植被(包括林草措施及封禁治理)覆盖度(植被措施核实面积/流域面积×100%)为76.4%,佳芦河为50.4%,湫水河为48.3%;与2006年相比,3条支流植被覆盖度分别增加了18.1%、16.7%和12.8%。则3条支流减水率可以分别提高9.1%、8.4%和6.4%;减沙率可以分别提高77.8%、71.8%和55.0%。因此,皇甫川、佳芦河、湫水河等3条支流植被措施在2012年7月的暴雨中对来自坡面的洪水泥沙削减作用非常显著。

第五章 水保措施对洪水输沙量的影响

皇甫川、佳芦河、湫水河水土保持措施在2012年7月暴雨洪水中的削洪减沙效益十分明显,既说明黄河中游地区在1997年以来持续大规模治理背景下,近期水土保持措施的削洪减沙能力有了明显提高,也与近期3条支流下垫面出现的一些新的变化特征密切相关。

一、梯田

皇甫川、佳芦河、湫水河梯田建设情况各不相同。皇甫川流域近期梯田建设主要集中在支流十里长川,规模不大;支流纳林川几乎没有梯田。全流域梯田配置比例仅为1.8%。佳芦河和湫水河近期梯田建设规模则较大。佳芦河和湫水河流域2012年梯田保存面积分别比2006年增加了84.8%和67.9%,梯田配置比例分别达到24.3%和17.1%,因此佳芦河和湫水河流域的梯田在"2012·7·27"暴雨中发挥了较大的拦蓄作用。

二、淤地坝工程

根据本次调查统计,皇甫川流域截至2012年底共计建设淤地坝约750座,其中1990年以后修建的治沟骨干工程(也称为大型淤地坝或骨干坝,坝高一般在20 m以上,库容一般为50万~100万m^3,控制流域面积3~5 km^2,在坝系中起拦截上游洪水泥沙、保护下游中小型淤地坝安全的作用)总库容达3.1亿m^3。内蒙古准格尔旗1990年以后在皇甫川流域新建骨干坝149座,控制面积比(骨干坝控制面积之和/流域水土流失面积×100%)42.3%,总库容1.761亿m^3;府谷县截至2010年底共建骨干坝231座,中型坝456座,小型坝1 503座。

佳芦河流域截至2012年底共计建设淤地坝3 913座,其中骨干坝202座,中型坝1 765座,小型坝1 946座;1990年以后新建骨干坝20座,控制面积比10.7%,总库容0.339亿m^3。

湫水河流域截至2012年底共计建设淤地坝5 540座,其中骨干坝76座,中型坝63座,小型坝5 401座;1990年以后新建骨干坝48座,控制面积比9.7%,总库容0.354亿m^3。

皇甫川、佳芦河、湫水河地处"2012·7·21"和"2012·7·27"暴雨区的中小淤地坝绝大多数建于20世纪70年代和80年代初期,到90年代中后期已基本淤满;但2003年以来新建的淤地坝大多数淤积缓慢,至今也未淤满。根据本次现场调查和统计,有30%左右的骨干坝蓄水运用。由于皇甫川、佳芦河、湫水河2012年7月暴雨核心区基本上为2003年以来流域淤地坝建设密度最大的地区,因此数量庞大的淤地坝群(系)在本次暴雨中削减洪峰、拦沙减蚀的作用非常突出,减洪减沙所占比例最大。

三、植被

1997 年以来,黄河中游地区由于退耕还林、生态修复和封禁治理等措施的实施,植被恢复速度明显加快。就 2012 年 7 月发生暴雨的皇甫川、佳芦河、湫水河而言,植被变化也非常明显。2012 年皇甫川流域植被覆盖度为 76.4%,佳芦河为 50.4%,湫水河为 48.3%;与 2006 年相比,3 条支流植被覆盖度分别增加了 18.1%、16.7% 和 12.8%。

根据抽样调查,2012 年 7 月暴雨前皇甫川、佳芦河、湫水河植被平均郁闭度(植被叶冠垂直投影面积与植被面积之比)分别为 0.47、0.49 和 0.42。根据联合国粮农组织规定,郁闭度在 0.70 以上(含 0.70)为稠密植被,郁闭度在 0.20 ~ 0.69 之间为中度植被,郁闭度在 0.20 以下(不含 0.20)为稀疏植被。因此,3 条支流均已达到中度植被的郁闭度水平。

显然,皇甫川、佳芦河、湫水河植被措施在本次暴雨中的拦蓄作用十分明显是有充分的植被建设覆盖度和郁闭度作基础,其减洪减沙所占比例仅次于淤地坝并非偶然。

第六章　认识与建议

一、初步认识

(1)2012 年 7 月皇甫川、佳芦河、湫水河流域暴雨洪水特点是暴雨量大,雨强大,暴雨笼罩面积大;洪峰流量、最大含沙量、洪水量和洪水输沙量明显减小。河龙区间 2012 年 1 号洪水最为突出的特点是暴雨平均强度大,暴雨笼罩面积大,洪水输沙量最小。

(2)2012 年皇甫川流域水土保持措施减洪 3 978 万 m^3,减沙 1 540 万 t,减洪减沙效益分别达到 28.2% 和 41.5%。在"2012·7·21"暴雨中水土保持措施减洪减沙效益分别达到 55.0% 和 51.5%。

(3)2012 年佳芦河流域水土保持措施减洪 2 206 万 m^3,减沙 1 017 万 t,减洪减沙效益分别达到 19.6% 和 38.0%。在"2012·7·27"暴雨中水土保持措施减洪减沙效益分别达到 26.8% 和 38.3%。

(4)2012 年湫水河流域水土保持措施减洪 2 974 万 m^3,减沙 1 121 万 t,减洪减沙效益分别达到 35.2% 和 60.8%。在"2012·7·27"暴雨中水土保持措施减洪减沙效益分别达到 67.1% 和 67.8%。

(5)皇甫川、佳芦河、湫水河坝地减洪减沙所占比例最大,其中减洪所占比例均在 65% 以上,减沙所占比例均在 50% 以上。湫水河坝地减沙所占比例最大(66.9%),皇甫川居中(63.6%),佳芦河流域最小(51.9%)。

(6)林草等植被措施(包括封禁治理)减洪减沙所占比例其次,其中减洪所占比例为 17.9%(佳芦河)~27.1%(皇甫川),减沙所占比例为 23.0%(湫水河)~35.1%(皇甫川)。

(7)梯田减洪减沙所占比例位居第 3。佳芦河、湫水河梯田减洪所占比例相当,均在 11% 左右,减沙所占比例分别为 18.5% 和 10.1%,均大于 10%;皇甫川梯田减洪减沙所占比例最小,仅分别为 1.1% 和 1.4%。

(8)在 2012 年 7 月暴雨中,皇甫川、佳芦河、湫水河流域梯田、林地减沙能力均未达到其最大减沙能力,抵御暴雨洪水的空间仍然很大;皇甫川流域草地减沙能力只有其最大减沙能力的 66.7%,也未达到其最大减沙能力;佳芦河、湫水河流域草地减沙能力分别是其最大减沙能力的 1.79 倍和 2.60 倍,对此需要继续开展研究。

二、存在问题

(1)坡耕地水土流失依然十分严重。

地处佳芦河流域的佳县王家砭镇程家沟骨干坝 2011 年 8 月建成,坝高 35 m,总库容 285 万 m^3,在"2012·7·27"暴雨中一次淤积厚度达 10 m。主要原因是暴雨落区几乎全为坡耕地,特大暴雨造成的水土流失非常严重,导致淤积量非常大。由此说明,目前黄河中游北部黄土丘陵沟壑区坡耕地水土流失依然十分严重。

(2)经济活动强烈地区的人为水土流失依然严重。

根据本次调查,"2010·9·19"暴雨中心在下游林家坪附近,属于黄土丘陵沟壑区,最大4 h降雨量185 mm,侵蚀比较严重;"2012·7·27"暴雨中心在上游土石山区,最大4 h降雨量101 mm,侵蚀相对较弱。但"2012·7·27"洪水最大含沙量反而比"2010·9·19"洪水大20 kg/m^3,主要原因是2011年以来湫水河流域人为新增水土流失所致。

皇甫川流域发生的现象也同样说明了这一问题。皇甫川流域2012年8月6日又发生了最大洪峰流量为1 520 m^3/s的洪水,虽然该值仅为"2012·7·21"洪水最大洪峰流量的32.2%,但最大含沙量却高达861 kg/m^3,比"2012·7·21"洪水最大含沙量774 kg/m^{3}还高87 kg/m^3,其原因主要是上游河道有一处采沙场被洪水冲毁所致。

(3)水土保持综合治理项目偏少。

调查了解,目前黄河中游地区水土保持治理投入偏少,部分流域治理项目偏少,后续治理项目缺乏,影响治理效果;水利投入相对偏多,建议注意平衡。

(4)陇东干旱地区荒山治理亟待加强。

对于陇东干旱地区的环县、华池、镇原等县而言,水土保持治理要以荒山治理为主,封禁为辅,一封了之不行。封禁治理也不能一劳永逸。

三、建议

(1)继续加大水土保持综合治理力度。

近期淤地坝"亮点"工程、生态修复、封禁治理、坡耕地改造等大规模水土保持生态建设的蓄水减沙作用十分明显,尤其是本次对高强度的大暴雨削洪减沙作用非常明显。但任何流域治理都不可能达到百分之百,加之黄河中游支流沟壑密度大,黄土土质疏松,泥沙粒径粗,造成流域洪水最大含沙量仍然较高。因此,需要继续加大水土保持综合治理力度。如果没有后续治理项目支撑,水土保持措施的减洪减沙作用将不可持续。

(2)进一步加强水保治理措施研究。

淤地坝在本次暴雨中拦洪拦沙作用最大,应通过典型调查进行不同规格、不同配比、不同淤积速度条件下单坝与坝系拦洪拦沙作用的综合分析研究;梯田在黄河中游不同地区其减水减沙作用有所不同,应分不同区域、不同水土流失类型区进行分析研究。同时,进一步开展坡面措施最大减沙能力研究。

随着黄河中游地区退耕还林还草政策的持续实施,本次暴雨区植被对流域坡面来水来沙的削减作用非常明显,是流域径流泥沙减少的重要原因,应深入研究近期植被措施大幅度减少坡面径流后,引起沟谷连锁减沙的效应及坡沟减沙的自调控关系。

(3)加大治沟骨干工程建设力度,在佳芦河流域大力实施"坡改梯"工程。

调查了解,佳芦河、湫水河等"2012·7·27"暴雨区1990年以后修建的治沟骨干工程数量很少,治沟骨干工程控制面积占流域水土流失面积的比例分别只有10.7%和9.7%。因此,应进一步加大河龙区间支流治沟骨干工程建设力度,继续提高治沟骨干工程控制面积比例。

佳县王家砭镇程家沟骨干坝在佳芦河流域"2012·7·27"暴雨中一次淤积厚度达10

m,主要原因是暴雨落区几乎全为坡耕地。由于佳芦河流域坡度大于25°的坡耕地面积占流域黄土丘陵沟壑区总面积的19.5%,是本次特大暴雨水土流失的主要来源地,因此在佳芦河流域大力实施“坡改梯”工程十分必要。

(4)高度关注经济活动强烈地区的人为新增水土流失。

在本次调查中发现,湫水河流域已经开工的山西中南部铁路和临(县)离(石)高速公路建设弃土弃渣乱堆乱倒及河道无序挖沙现象比较严重,由此大大增加了流域洪水期的最大含沙量,应该引起高度重视。佳芦河流域正在施工的榆(林)佳(县)高速公路建设引起的人为新增水土流失也值得关注和重视。

(5)加强河道采沙管理。

河道采沙对洪水演进的影响不容忽视。近期河龙区间河道填洼水沙量很大也是洪水泥沙减少的原因之一,但同时若管理不善,又是潜在的增沙来源地。应该加强河龙区间支流及干流河道的采沙管理,保证规范有序。同时,流域上游就地拦截、城镇橡胶坝建设对水资源的拦蓄等问题不容忽视。

第九专题　汛期高含沙中常洪水小浪底水库调控运用方式研究

本专题所指高含沙中常洪水是指三门峡站沙峰含沙量超过 200 kg/m^3、洪峰流量4 000 ~8 000 m^3/s 的洪水。通过研究典型高含沙中常洪水小浪底水库的不同调度方式,对水库淤积和下游河道冲淤的影响,提出相对优化的高含沙中常洪水的小浪底水库调控运用方式。

2011 ~2012 年年度咨询对汛期黄河中游中高含沙量小洪水小浪底水库调控运用方式进行了初步探讨,并在去年年度咨询研究成果的基础上,结合现状条件及运用方式的最新研究成果,探讨了 2013 年汛期黄河中游高含沙中常洪水小浪底水库运用方式。

第一章　小浪底库区现状淤积形态及输沙方式

小浪底水库自2002年开始，共进行了14次调水调沙。2002年7月4～15日、2003年9月6～18日及2004年6月19日9时～7月12日分别进行了3次调水调沙试验，从2005年开始转入生产运行，共进行了11次，其中2007年7月29日～8月12日、2010年7月24日～8月3日、2010年8月11～21日为汛期调水调沙。

小浪底水库自1999年9月蓄水运用以来至2012年10月的13年内，入库沙量为42.411亿t，出库沙量为8.692亿t，沙量平衡法淤积量为33.719亿t。小浪底全库区断面法淤积量为27.5亿m^3，年均淤积2.115亿m^3。

从2004年开始的基于小浪底水库塑造异重流的黄河汛前调水调沙，小浪底水库共排沙2.417亿t，占水库运用以来排沙量的33.01%，水库排沙主要依靠汛期排沙。小浪底水库目前已进入拦沙运用后期，三角洲顶点位于HH8断面，距坝前仅为10.32 km，探讨小浪底水库汛期调水调沙的关键技术指标显得尤为重要。

2012年汛后小浪底水库淤积三角洲顶点位于距坝10.32 km的HH8断面（图1-1，采用水文局调整后的断面间距资料），三角洲顶点高程210.66 m，坝前淤积面高程约为184 m。从淤积形态分析，2012年小浪底水库坝前的排沙方式仍为异重流排沙，由于三角洲顶点距坝仅有10.32 km，形成的异重流很容易排沙出库。

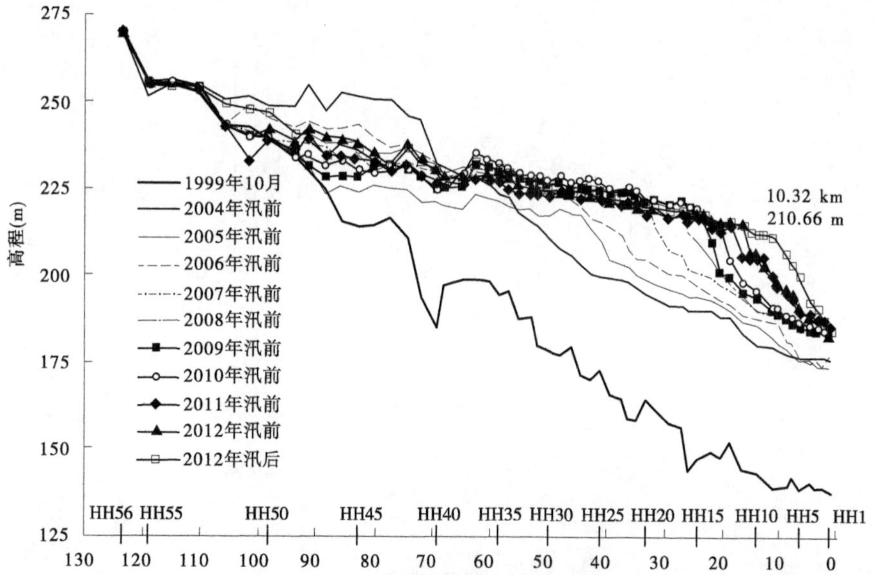

图1-1　小浪底水库历年淤积纵剖面

图1-2为2012年汛后库容曲线，表1-1为各特征水位及对应库容。其中三角洲顶点以下还有约2.09亿m^3库容，水库最低运用水位210 m以下还有1.93亿m^3库容。

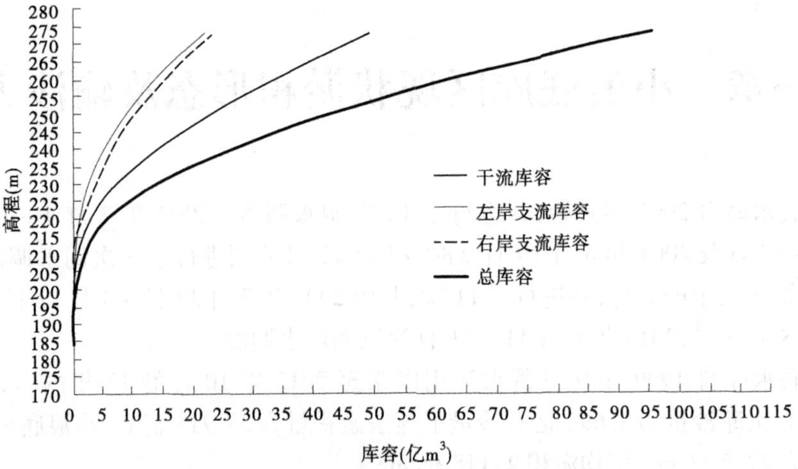

图 1-2　小浪底水库 2012 年汛后库容曲线

表 1-1　2012 年汛后小浪底水库各特征水位及对应库容

水位(m)	230	225	220	215	210
库容(亿 m^3)	14.0	9.45	5.94	3.48	1.93

第二章　小浪底水库拦沙后期最新研究成果综述

小浪底水库运用方式主要着眼于如何提高黄河下游的减淤效益，使黄河下游河道有连续 20 a 和更长时间的不淤积抬高河床。

规划设计确定的以防洪、减淤运用为中心的水库运用分两个时期，即初期为拦沙和调水调沙运用，后期为调水调沙正常运用，保持 51 亿 m^3 有效库容长期进行防洪、减淤和兴利运用。现在，小浪底水库已经具备转入拦沙运用后期的条件，可采取"拦粗排细"、相机排沙运用方式。

调水调沙的主要任务是在尽可能延长小浪底水库拦沙运用年限的同时，通过对出库水沙过程的调节，尽可能减少下游河道主河槽的淤积，增加并维持河道主槽的过流能力。调水调沙期主要为 7 月 11 日至 9 月 30 日，每年的 6 月可根据前汛期限制水位以上蓄水情况相机进行调水调沙运用。

利用小浪底水库干、支流拦沙库容进行调水调沙具有以下作用：拦粗沙排细沙运用，提高黄河下游减淤效益；发挥下游河道大水输大沙作用；维持河势流路相对稳定，防止大规模冲刷和坍滩险情；增大平滩流量，提高排洪能力，减小中常洪水漫滩概率。如何充分发挥下游河道的排沙潜力，减缓库区淤积尤其细泥沙的淤积，并维持艾山以下窄河段不淤积、维持主槽较大的平滩流量，是治黄生产所急需回答的问题。

在小浪底工程设计阶段，水库拦沙后期运用方式拟定为逐步抬高拦粗排细运用（简称方式一），即利用黄河下游河道大水输沙，泥沙越细输沙能力越大，且有一定输送大于 0.05 mm 粗沙能力的特性，水库保持低壅水、合理地拦粗排细，实现下游河道减淤。运用方式一：库水位变幅小，滩槽同步上升，再降低水位敞泄排沙冲刷，从而形成高滩深槽。这样运用存在以下几个不利因素，一是根据官厅、三门峡等已建水库淤积物特性分析，淤积物的干容重随泥沙淤积厚度的增加而变大，即淤积深度越深，其干容重越大，淤积体长时间受力固结，泥沙颗粒与颗粒之间已不是没有联系的松散状态，而是固结成整体，这样抗冲性能大，不容易被水流冲刷，所以从恢复库容来说，水库若长时间先淤后冲，不如水库运用到一定时间后，冲淤交替为好；二是龙羊峡、刘家峡两库投入运用后，汛期进入小浪底水库的水量大幅度减少，加之上中游地区工农业用水的增长，汛期中常洪水出现概率日趋减小，因此在水库淤积量较大时再降低水位冲刷淤积物恢复库容的做法风险较大。

变化了的水沙条件迫切需要相应的水库运用方式，黄河设计公司提出了多年调节泥沙、相机降低水位冲刷调水调沙运用（简称方式二）。运用方式二是对运用方式一的继承和发展。这一调水调沙运用的思路是根据以往研究成果，采取"多年调节泥沙，相机降水冲刷"的运用方式，利用水库有限的拦沙库容，取得较长时间、较大的防洪减淤效益。

黄河设计公司在小浪底水库拦沙后期防洪减淤运用方式研究中，提出了拦沙后期减淤运用推荐方案。小浪底水库拦沙后期的防洪运用主要分为三个阶段，第一阶段为拦沙初期结束至水库淤积量达到 42 亿 m^3 之前的时期，254 m 以下防洪库容基本在 20 亿 m^3 以上;第二阶段为水库淤积量在42亿~60亿m^3的时期,这一阶段水库的防洪库容减少较多,但防洪运用水位仍不超过254 m;第三阶段为淤积量大于60亿m^3以后的时期,这一时期254 m以下的防洪库容很小,中常洪水的控制运用可能使用254 m以上防洪库容。

目前水库运用进入拦沙后期第一阶段,黄河设计公司拦沙后期减淤运用推荐方案第一阶段7月11日~9月10日主要包括三种情况。

一、蓄满造峰和凑泄造峰

当入库流量小于2 600 m^3/s,具体调度指令如下(图2-1):

(1)当水库可调节水量大于等于13亿m^3时,水库蓄满造峰,凑泄花园口流量大于等于3 700 m^3/s。即当入库流量加黑石关、武陟流量大于等于3 700 m^3/s时,出库流量按入库流量下泄;当入库流量加黑石关、武陟流量小于3 700 m^3/s时,水库凑泄花园口流量为3 700 m^3/s,若凑泄5 d后,水库可调水量仍大于2亿m^3,水库凑泄花园口断面流量为下游主槽平滩流量,直至水库可调水量等于2亿m^3,若最后一天凑泄流量不足2 600 m^3/s,则凑泄造峰调节结束,当日改为蓄水,出库流量等于400 m^3/s;若水库可调水量预留2亿m^3后,水库造峰流量不足5 d,则不再预留,水库继续造峰,满足5 d要求,但水库水位不得低于210 m;当水库造峰结束后,相临日期入库流量加黑武流量大于等于2 600 m^3/s,则出库流量按入库流量下泄,直到入库流量加黑武流量小于2 600 m^3/s时,水库开始蓄水,出库流量等于400 m^3/s。

(2)当潼关、三门峡平均流量大于等于2 600 m^3/s且水库可调节水量大于等于6亿m^3时,水库相机凑泄造峰,凑泄花园口流量大于等于3 700 m^3/s。即当入库流量加黑石关、武陟流量大于等于3 700 m^3/s时,出库流量按入库流量下泄;当入库流量加黑石关、武陟流量小于3 700 m^3/s时,水库凑泄花园口流量为3 700 m^3/s,若凑泄5 d后,水库可调水量仍大于2亿m^3,水库凑泄花园口断面流量为下游主槽平滩流量,直至水库可调水量等于2亿m^3,若最后一天凑泄流量不足2 600 m^3/s,则凑泄造峰调节结束,当日蓄水,出库流量等于400 m^3/s;若水库可调水量预留2亿m^3后,水库造峰流量不足5 d,则不再预留,水库继续造峰,满足5 d要求,但水库水位不得低于210 m;当水库造峰结束后,相临日期入库流量加黑武流量大于等于2 600 m^3/s,则出库流量按入库流量下泄,直到入库流量加黑武流量小于2 600 m^3/s时,水库开始蓄水,出库流量等于400 m^3/s。

(3)水库可调节水量小于6亿m^3时,小浪底出库流量仅满足机组调峰发电需要,出库流量为400 m^3/s。

(4)潼关、三门峡平均流量小于2 600 m^3/s,小浪底水库可调节水量大于等于6亿m^3且小于13亿m^3时,出库流量仅满足机组调峰发电需要,出库流量为400 m^3/s。

二、高含沙水流调度

当入库流量大于等于2 600 m^3/s,且入库含沙量大于等于200 kg/m^3,进入高含沙水流调度,具体调度指令如下(图2-2):

(1)当水库蓄水量大于等于3亿m^3时,提前2 d凑泄花园口流量等于下游主槽平滩流量,直至水库蓄水等于3亿m^3后,出库流量等于入库。

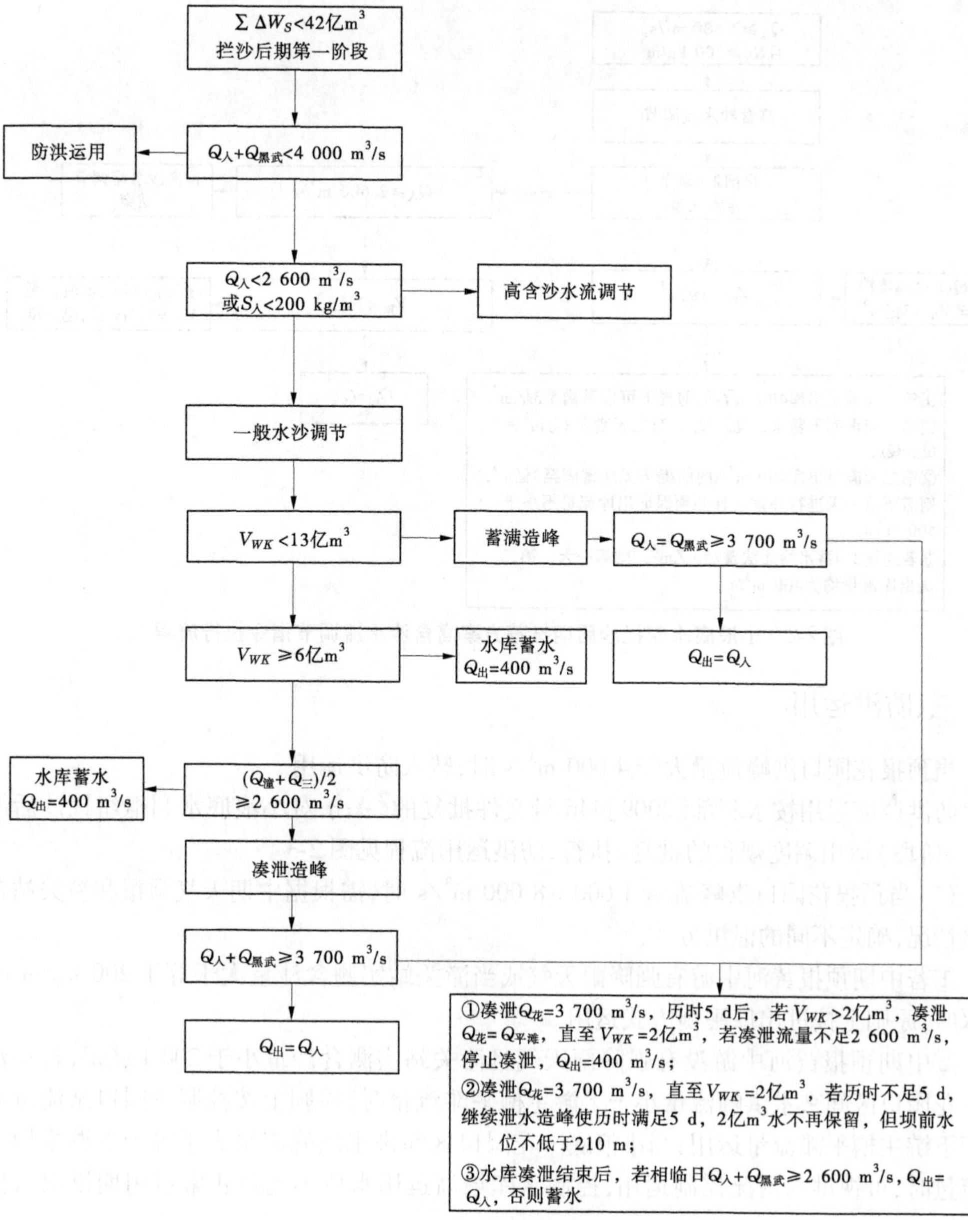

图 2-1　7 月 11 日～9 月 10 日调节指令执行流程

(2)当水库蓄水量小于 3 亿 m^3时，提前 2 d 水库蓄水至 3 亿 m^3后(①第二天满足出库 400 m^3/s 的前提下可蓄满至 3 亿 m^3，则第一天水库不蓄水，出库等于入库，第二天蓄至 3 亿 m^3后出库等于入库；②第二天满足出库 400 m^3/s 的前提下无法蓄满至 3 亿 m^3，则需要第一天进行补蓄，且必须保证出库流量不小于 400 m^3/s；③若连续两天蓄水均无法蓄满 3 亿 m^3，则第一天、第二天出库流量均为 400 m^3/s)，出库流量等于入库。

(3)当入库流量小于 2 600 m^3/s 时，高含沙调节结束。

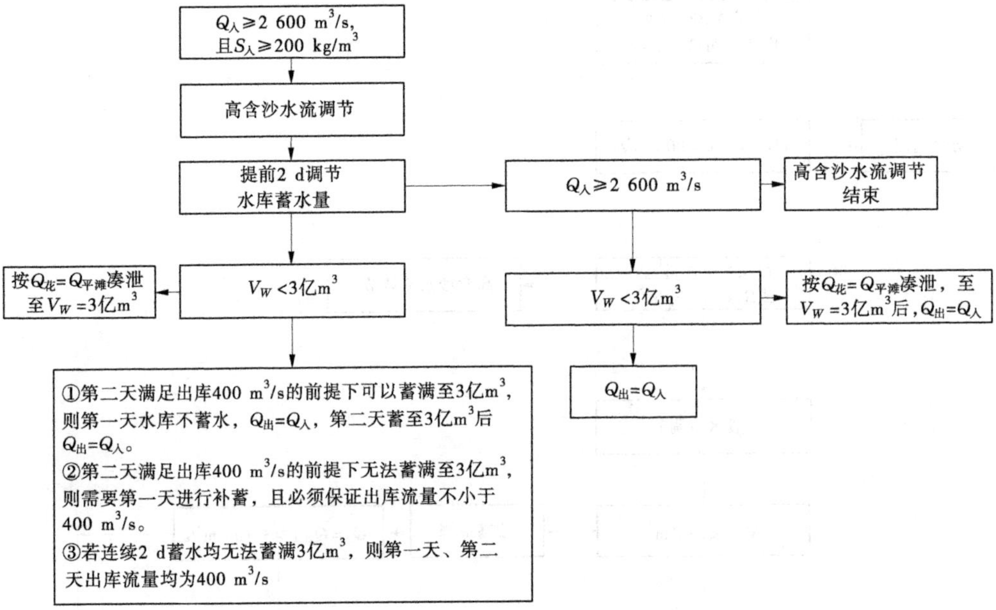

图 2-2　小浪底水库拦沙后期推荐方案高含沙水流调节指令执行流程

三、防洪运用

当预报花园口洪峰流量大于 4 000 m^3/s 时，转入防洪运用。

防洪调度运用按水利部〔2009〕446 号文件批复的《关于对小浪底水利枢纽拦沙后期(第一阶段)运用调度规程的批复》执行，防洪运用流程见图 2-3。

(1)当预报花园口洪峰流量 4 000 ~ 8 000 m^3/s 时，需根据中期天气预报和潼关站含沙量情况，确定不同的泄洪方式。

①若中期预报黄河中游有强降雨天气或当潼关站实测含沙量大于等于 200 kg/m^3 的洪水时，原则上按进出库平衡方式运用。

②中期预报黄河中游没有强降雨天气且潼关站实测含沙量小于 200 kg/m^3，若小浪底—花园口区间来水洪峰流量小于下游主槽平滩流量时，原则上按控制花园口站流量不大于下游主槽平滩流量运用；当小浪底—花园口区间来水洪峰流量大于等于下游主槽平滩流量时，可视洪水情况控制运用，控制水库最高运用水位不超过正常运用期汛限水位 254.0 m。

(2)当预报花园口洪峰流量 8 000 ~ 10 000 m^3/s 时，若入库流量不大于水库相应泄洪能力，原则上按进出库平衡方式运用；若入库流量大于水库相应泄洪能力，则按敞泄滞洪运用。

(3)当预报花园口流量大于 10 000 m^3/s 时，若预报小浪底—花园口区间流量小于等于 9 000 m^3/s，按控制花园口 10 000 m^3/s 运用；若预报小浪底—花园口区间流量大于 9 000 m^3/s，则按不大于 1 000 m^3/s 下泄；当预报花园口流量回落至 10 000 m^3/s 以下时，按控制花园口流量不大于 10 000 m^3/s 泄洪，直到小浪底库水位降至汛限水位以下。

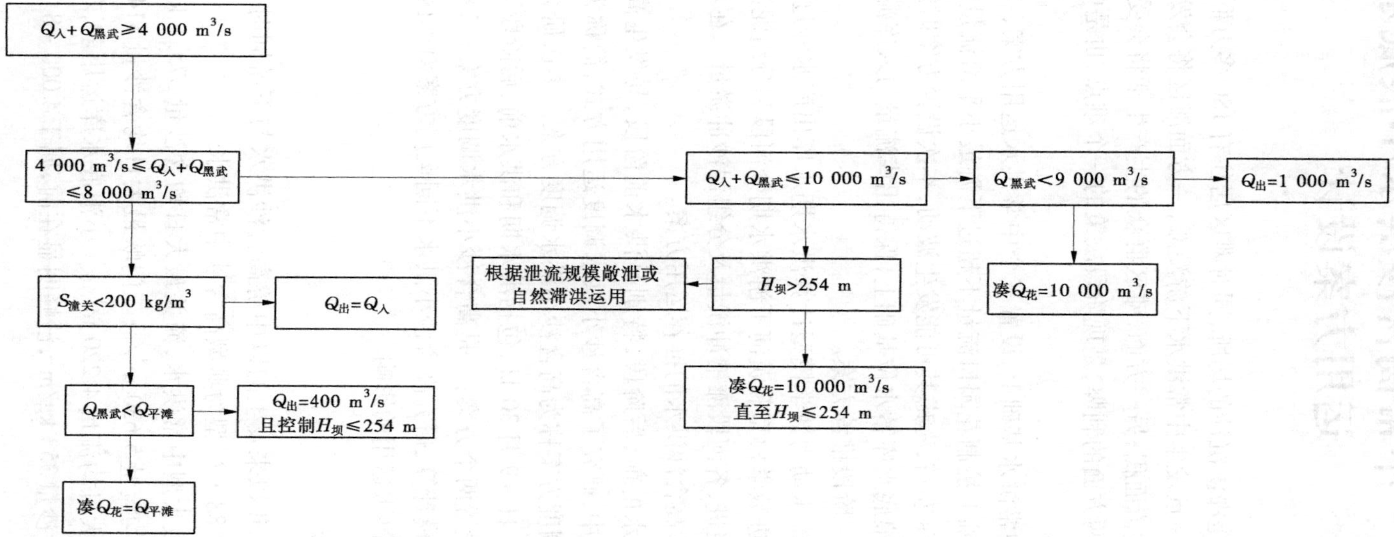

图 2-3　水库拦沙后期第一阶段推荐方案防洪运用调节指令流程

第三章 中常高含沙洪水小浪底水库运用方案设计

黄河下游滩区不仅是滞洪沉沙的场所，同时滩区居住有180多万群众，因而也是滩区群众生产生活的场所。一旦发生中常洪水下游漫滩，一方面滩区将会发生淤积，增加滩槽高差，有利于增大主槽过流面积；另一方面，滩区群众的生产生活将会受到影响，甚至威胁到生命安全。如何取舍两方面的利弊，是现阶段决策的一个难点，也是中常洪水调度的难点。

为此，在选取典型中常洪水基础上，设置三个中常洪水运用方案，一是在提前预泄降低小浪底水库蓄水位基础上控制花园口流量不超过下游最小平滩流量（近期下游最小平滩流量已达到4 100 m^3/s左右，考虑其可能发生波动，本次设置方案时选用4 000 m^3/s）；二是在提前预泄降低小浪底水库蓄水位基础上，保持出库流量与入库流量相等；三是采用小浪底水库拦沙后期第一阶段推荐方案。

利用小浪底水库一维水动力数学模型计算洪水期水库出库水沙过程，再利用黄河下游一维非恒定流水沙演进数学模型和黄河下游洪水期分河段和分组泥沙冲淤计算经验公式，分别计算下游洪水演进、各河段滩槽冲淤量及分组泥沙冲淤量。在对比分析各方案优劣基础上，提出典型中常高含沙洪水的推荐运用方案。

由于中常高含沙洪水的前、后阶段，特别是洪水前阶段，易发生高含沙小洪水。在2011～2012年咨询研究中，研究了高含沙小洪水调度运用方式，简称为高含沙小洪水调度原则，采用该原则的调度方案称为高含沙小洪水调度方案。本次研究选取时段为汛期的调水调沙时段7月11日～9月30日，包括洪水期和洪水前、后阶段。对于洪水前阶段发生的高含沙小洪水，设置两个方案：一是高含沙小洪水调度方案；二是小浪底水库拦沙后期推荐方案。通过数模计算，研究高含沙小洪水不同运用方案对库区和下游的影响，以及对后期的中常高含沙洪水运用的影响。

一、典型洪水选取

通过比选选择1986年以来发生的以中游高含沙洪水与下游同时来水的“96·8”型和以中游高含沙为主的“88·8”型为典型高含沙中常洪水。

“96·8”属于上下较大型中常洪水，潼关最大日均含沙量375.1 kg/m^3（相应日均流量1 810 m^3/s），最大日均流量5 630 m^3/s；三门峡最大日均含沙量514.7 kg/m^3（相应日均流量2 040 m^3/s），最大日均流量4 220 m^3/s。小浪底水库运用前，花园口最大洪峰流量为7 860 m^3/s，最大含沙量353 kg/m^3，沙峰明显在前，属于4 000～8 000 m^3/s量级的中常洪水。

“88·8”为上大型高含沙中常洪水，来水以河龙区间、龙三区间为主，潼关最大日均含沙量268.9 kg/m^3（相应日均流量2 190 m^3/s），最大日均流量6 000 m^3/s；三门峡最大日均含沙量 341.7 kg/m^3(相应日均流量 3 570 m^3/s),最大日均流量 5 050 m^3/s。小浪底水库运用前,花园口最大洪峰流量为 7 000 m^3/s,最大含沙量 194 kg/m^3,属于 4 000 ~ 8 000 m^3/s 量级的高含沙洪水。

二、方案设置

通过计算不同调度方案下入库水沙在小浪底水库的输移情况,以及调度后出库水沙在下游河道中的输送和冲淤情况,分析比较各方案中对库区和下游相对较为有利的水库调度方案。入库水沙选用三门峡水文站水沙过程,进入下游的水沙条件用库区数学模型计算的出库水沙和伊洛河黑石关水文站和沁河武陟水文站的相应日均水沙过程。

(一)计算时段

本次方案计算时段选取小浪底水库拦沙后期第一阶段,即汛期 7 月 11 日 ~9 月 30 日调水调沙阶段。

(二)出库初始水位

小浪底水库的初始水位设定为 220 m。

(三)地形

库区地形和下游河道地形均选用 2012 年汛后地形。

(四)调度原则

1. 高含沙小洪水调度原则

从水沙过程来看,两场典型洪水在洪水前都有一个高含沙小洪水过程,其中 1996 年 7 月 17 日和 7 月 18 日的日均含沙量分别为 412.5 kg/m^3 和 413.0 kg/m,而相应日均流量分别为 2 420 m^3/s 和 1 920 m^3/s,不满足小浪底水库拦沙后期第一阶段高含沙洪水的运用条件。7 月 17 ~21 日沙量达到 2.375 亿 t,这部分泥沙若不排出水库,则库区的淤积严重。

针对这种高含沙小洪水,采用 2012 年咨询报告对高含沙小洪水的调度运用研究成果,实行高含沙小洪水调度运用。高含沙小洪水的判定标准为:预报潼关流量大于 1 500 m^3/s 持续 2 d、含沙量大于 100 kg/m^3。当未发生高含沙小洪水时,按小浪底水库拦沙后期推荐方案运用;当发生高含沙小洪水时,采用高含沙小洪水调度原则运用,具体调度原则为:

当预报潼关流量大于 1 500 m^3/s 持续 2 d、含沙量大于 100 kg/m^3时提前 2 d 预泄,凑泄花园口流量等于下游主槽平滩流量 4 000 m^3/s。若 2 d 内已经预泄到水库蓄水量剩 3 亿 m^3,则从蓄水量达到 3 亿 m^3后按进出库流量相等运用;若预泄 2 d 后蓄水量仍大于 3 亿 m^3,仍凑泄花园口流量等于下游主槽平滩流量,直至水库蓄水量剩 3 亿 m^3后,按出库流量等于入库流量下泄。结束条件是当三门峡流量小于 1 000 m^3/s 时,水库开始蓄水,按流量 400 m^3/s 下泄。

2. 高含沙中常洪水调度原则

在选取的两场高含沙中常洪水过程(1996 年 7 月 28 日 ~8 月 16 日和 1988 年 8 月 5 ~25 日)中,小浪底水库的调度运用设为 3 种方式:

第一种方式:控制花园口流量不超过 4 000 m^3/s($Q_{花} \leqslant 4\ 000$ m^3/s)。

水库提前两天预泄，凑泄花园口流量等于下游主槽平滩流量4 000 m^3/s。①若2 d内水库蓄水量到达3亿 m^3，来水流量（三门峡＋黑石关＋武陟）小于等于4 000 m^3/s，按进、出库平衡运用，保持水库蓄水量3亿 m^3；当来水流量大于4 000 m^3/s 时，控制花园口流量4 000 m^3/s 泄放。②若2 d后，蓄水量仍大于3亿 m^3，来水流量（三门峡＋黑石关＋武陟）小于4 000 m^3/s，按控制花园口流量4 000 m^3/s 泄放，直到水库蓄水量3亿 m^3，当来水流量大于4 000 m^3/s 时，控制花园口流量泄放4 000 m^3/s（图3-1）。

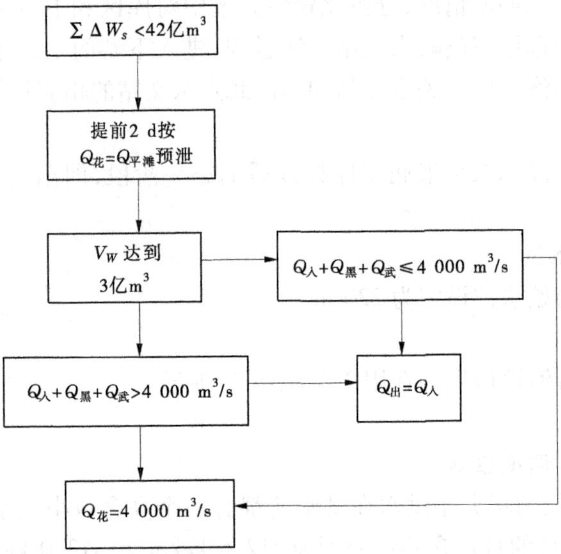

图3-1 控制花园口流量不超过4 000 m^3/s 方案水库调度运用框图

第二种方式：出库流量等于入库流量（$Q_出=Q_入$）。

水库提前2 d预泄，凑泄花园口流量等于下游主槽平滩流量4 000 m^3/s。①若2 d内水库蓄水量到达3亿 m^3，保持蓄水量不变，水库按进、出库平衡运用。②若2 d后，蓄水量仍大于3亿 m^3，来水流量（三门峡＋黑石关＋武陟）小于4 000 m^3/s，按控制花园口流量4 000 m^3/s 泄放，直到水库蓄水量3亿 m^3；当来水流量大于4 000 m^3/s 时，按进、出库平衡运用泄放（图3-2）。

第三种方式：小浪底水库拦沙后期第一阶段推荐方案。

参见前述的小浪底水库拦沙后期最新研究成果。

（五）调度方案设置

洪水前阶段，设置两种调度原则：一是高含沙小洪水调度方式，二是推荐运用方式。中常洪水期有三种调度原则：一是控制花园口流量不超过4 000 m^3/s，二是进出库流量相等，三是小浪底水库拦沙后期推荐方案。

因研究的重点是中常洪水期水库调度运用方式，所以在洪水期3种方案的基础上，洪水前均采用高含沙小洪水方案，由此设置了三种方案。另外，为了分析中常洪水前高含沙小洪水的调度运用方式，选取中常洪水期采用推荐方案加洪水前也采用推荐方案，再设置一种方案。根据上述原则，每个类型的洪水共设置四种方案（表3-1）。

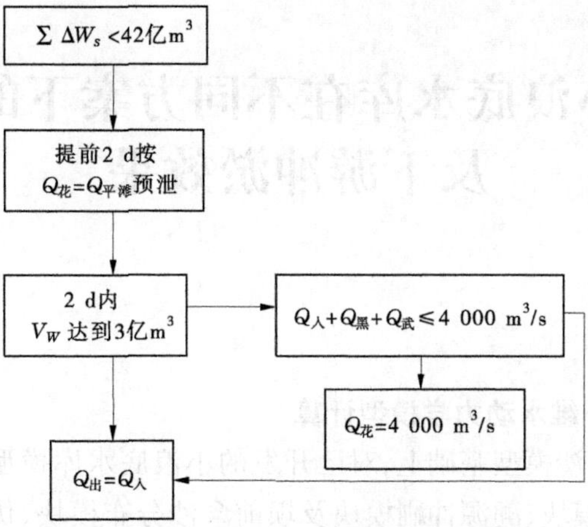

图 3-2　出库流量与入库流量相等方案水库调度运用框图

表 3-1　典型水沙过程小浪底水库调度方案设置

水沙类型	方案	洪水前、后	洪水过程
"88·8"型	方案 1	高含沙小洪水	控制花园口流量不超过 4 000 m^3/s
	方案 2	高含沙小洪水	水库出库流量等于入库流量
	方案 3	高含沙小洪水	小浪底水库来沙后期推荐方案
	方案 4	小浪底水库拦沙后期推荐方案	小浪底水库来沙后期推荐方案
"96·8"型	方案 1	高含沙小洪水	控制花园口流量不超过 4 000 m^3/s
	方案 2	高含沙小洪水	水库出库流量等于入库流量
	方案 3	高含沙小洪水	小浪底水库来沙后期推荐方案
	方案 4	小浪底水库拦沙后期推荐方案	小浪底水库来沙后期推荐方案

第四章　小浪底水库在不同方案下的排沙作用及下游冲淤效果

一、模型简介

（一）小浪底水库一维水动力学模型计算

在分析已有一维水沙模型基础上，对已开发的小浪底水库模型主要构件或模块择优整合，加入非恒定水流模块、溯源冲刷模块及坝前含沙分布模块，优化完善了小浪底水库一维水沙动力学模型。模型可用于计算库区水沙输移、干流倒灌淤积支流形态、库区异重流产生及输移、河床形态变化与调整、出库水流过程及水流含沙量、泥沙级配等。通过小浪底水库物理模型试验资料、三门峡水库实测过程及汛前调水调沙过程进行验证分析，计算结果均表明模型计算结果可靠，性能良好，计算结果满足工程精度要求和实际需要。

水库输沙过程中沿程存在多种输沙状态，不同的输沙状态下产生的相应淤积或冲刷对地形的塑造特性也不相同。以小浪底水库为例，在水库进口段类似于一般河道，体现出沿程冲淤的特征；水库中段的三角洲顶点附近，若遇降水冲刷运用常发生溯源冲刷，冲刷效率高、输沙强度大，是水库形态优化和库容恢复的重要方式；而在水库近坝段，上游输移的高含沙洪水常能形成异重流排沙出库，输沙能力极强，远高于明渠壅水排沙。模型通过划分沿程冲刷、溯源冲刷和壅水排沙三段实现对水库输沙的全景机制的把握，建立起能够考虑溯源冲刷特征的水库动力学模型构架。

模型建成后，得到了小浪底水库多年调水调沙和系列年的计算验证，特别是在2008年以来的历次调水调沙方案编制和年度咨询中得到应用。

（二）黄河下游一维泥沙数学模型简介

黄河下游一维非恒定流水沙演进数学模型（YRSSHD1D0112），吸收了国内外最新的建模思路和理论，对模型设计进行了标准化设计，注重了泥沙成果的集成，引入最新的悬移质挟沙级配理论等研究成果，通过对已有一维模型的调研，在继承优势模块和水沙关键问题处理方法等基础上，增加了近年来黄河基础研究的最新成果，该模型通过多年的调水调沙及多种方案的验证和计算，比较符合黄河的实际情况。

模型中关键问题处理如下。

1. 非均匀沙沉速

单颗粒泥沙自由沉降公式采用水电部1975年水文测验规范中推荐的沉速公式：

$$\omega_{0k} = \begin{cases} \dfrac{\gamma_s - \gamma_0}{18\mu_0} d_k^2 & (d_k < 0.1\ \text{mm}) \\ (\lg S_a + 3.79)^2 + (\lg\varphi_a - 5.777)^2 = 39 & (0.1\ \text{mm} \leqslant d_k < 1.5\ \text{mm}) \end{cases} \tag{4-1}$$

式中：粒径判数 $\varphi_a = \dfrac{g^{1/3}\left(\dfrac{\gamma_s-\gamma_0}{\gamma_0}\right)^{1/3} d_k}{\nu_0^{\frac{2}{3}}}$，沉速判数 $S_a = \dfrac{\omega_{0k}}{g^{1/3}\left(\dfrac{\gamma_s-\gamma_0}{\gamma_0}\right)^{1/3} \nu_0^{1/3}}$；$\gamma_s$、$\gamma_0$ 分别为泥沙和水的重率，取值为 2.65 t/m^3 和 1.0 t/m^3；μ_0、ν_0 分别为清水动力黏滞性系数（kg·s/m^2）和运动黏滞性系数（m^2/s）。

2. 挟沙水流单颗粒沉速

考虑到黄河水流含沙量高、细沙含量多，颗粒间的相互影响大，浑水黏性作用较强，故需对单颗粒泥沙的自由沉降速度作修正。代表性的相应修正公式如下：

$$\omega_s = \omega_0(1 - 1.25S_V)\left(1 - \frac{S_V}{2.25\sqrt{d_{50}}}\right)^{3.5} \tag{4-2}$$

式中：d_{50} 为泥沙中值粒径，单位为 mm。

3. 非均匀沙混合沉速

非均匀沙代表沉速采用下式计算：

$$\omega = \sum_{k=1}^{NFS} p_k \omega_{sk} \tag{4-3}$$

式中：NFS 为泥沙粒径组数，模型中取 8；p_k 为悬移质泥沙级配。

4. 水流挟沙力及挟沙力级配

水流挟沙力是反映河床处于冲淤平衡状态下，水流挟带泥沙能力的综合性指标。模型中先计算全沙挟沙力，而后乘以挟沙力级配，求得分组挟沙力。

对于全沙挟沙力，模型中选用张红武公式：

$$S_* = 2.5\left[\frac{(0.0022 + S_v)U^3}{\kappa \dfrac{\gamma_s - \gamma_m}{\gamma_m} gh\omega_s}\ln\left(\frac{h}{6D_{50}}\right)\right]^{0.62} \tag{4-4}$$

式中：D_{50} 为床沙中径，m；浑水卡门常数 $\kappa = 0.4[1 - 4.2\sqrt{S_v}(0.365 - S_v)]$。

挟沙力级配主要用韩其为公式。

5. 泥沙非饱和系数

泥沙非饱和系数与河床底部平均含沙量、饱和平衡条件下的河底含沙量有关，该系数随着水力泥沙因子的变化而变化，结合含沙量分布公式，经归纳分析后，可将 f_s 表示如下：

$$f_s = \left(\frac{S}{S_*}\right)^{\frac{0.1}{\arctan\left(\frac{S}{S_*}\right)}} \tag{4-5}$$

式中：S 为含沙量；S_* 为挟沙力。

当 $\dfrac{S}{S_*} > 1$ 时，河床处于淤积状态，$f_s > 1$，一般不会超过 1.5；当 $\dfrac{S}{S_*} < 1$ 时，河床处于冲刷状态，$f_s < 1$。

对于含沙量小，挟沙力大时，f_s 是一个较小的数。

6. 动床阻力

动床阻力是反映水流条件和河床形态的综合系数，取值的合理与否直接影响到水沙

演变的计算精度。通过比较国内目前的研究成果,采用以下计算公式:

$$n = \frac{c_n\delta_*}{\sqrt{g}h^{5/6}}\left\{0.49\left(\frac{\delta_*}{h}\right)^{0.77} + \frac{3\pi}{8}\left(1-\frac{\delta_*}{h}\right)\left[\sin\left(\frac{\delta_*}{h}\right)^{0.2}\right]^5\right\}^{-1} \quad (4\text{-}6)$$

式中:弗劳德数 $Fr = \sqrt{u^2+v^2}/gh$;摩阻高度 $\delta_* = d_{50}\ 10^{10[1-\sqrt{\sin(\pi Fr)}]}$;涡团参数 $c_n = 0.375\kappa$。

二、"96·8"型水沙过程不同调度方案比较

(一)水沙过程

"96·8"型洪水汛期入库水沙过程采用三门峡水文站日均流量含沙量(见图 4-1)。按照流量过程划分为洪水前、洪水期和洪水后三个时段,洪水期时段为 1996 年 7 月 28 日~8 月 16 日。该水沙过程在较大流量出现之前有两次高含沙小洪水过程,日均最大含沙量达到 413 kg/m³ 和 514.7 kg/m³,其中第二次高含沙小洪水过程与大流量洪水过程时间靠近,因而将其划在洪水阶段。

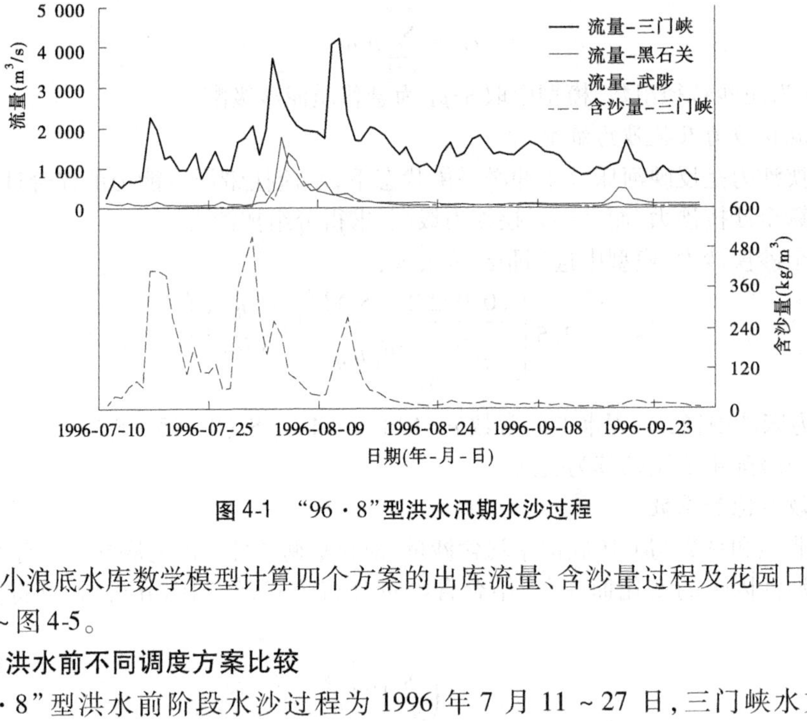

图 4-1 "96·8"型洪水汛期水沙过程

利用小浪底水库数学模型计算四个方案的出库流量、含沙量过程及花园口流量过程见图 4-2~图 4-5。

(二)洪水前不同调度方案比较

"96·8"型洪水前阶段水沙过程为 1996 年 7 月 11~27 日,三门峡水文站水量 15.246 亿 m³,沙量 3.236 亿 t,平均流量 1 038 m³/s,平均含沙量 212.2 kg/m³。来沙平均含沙量高,来沙组成较粗,其中细颗粒泥沙含量仅 38.8%,中颗粒泥沙含量为 36.5%,粗颗粒泥沙含量为 24.7%。三门峡站来沙组成见图 4-6。

这一水沙条件下,方案 1~方案 3 均采用高含沙小洪水调度原则,方案 4 为小浪底水库拦沙后期推荐方案,实则仅为高含沙小洪水调度运用和推荐运用两个方案。小浪底推荐方案一直处于蓄水运用状态,出库沙量很少,库区淤积严重。两方案下出库沙量、水库淤积量和排沙比见图 4-7~图 4-9。

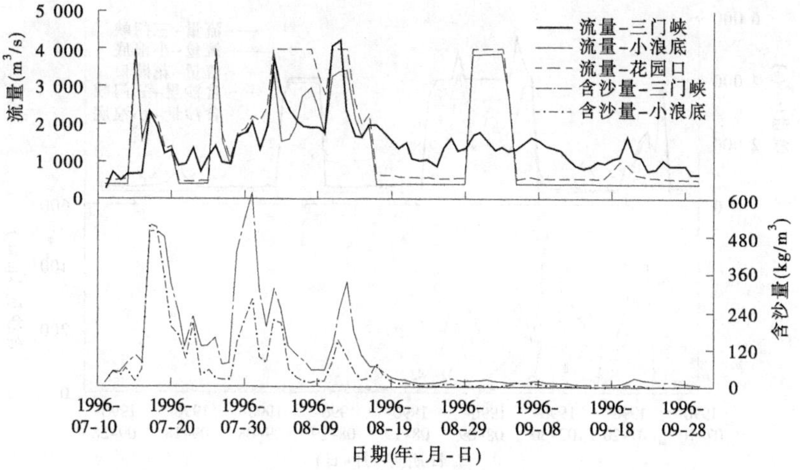

图 4-2 "96 · 8"洪水方案 1 进出库及花园口水沙过程

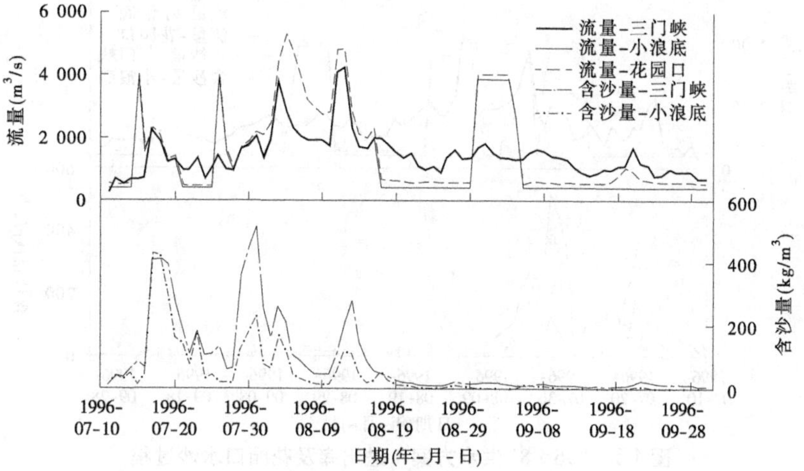

图 4-3 "96 · 8"洪水方案 2 进出库及花园口水沙过程

计算结果表明,经过高含沙小洪水调度运用,由于提前预泄降低水库,出库流量相对较大,可以将入库泥沙较多地排出水库,较推荐方案多排泥沙 1.905 亿 t,其中细颗粒泥沙 1.190 亿 t,占多排沙量的63%,中颗粒泥沙 0.387 亿 t,占20%,粗颗粒泥沙 0.328 亿 t,仅占 17%。可见,由于水库留有一定的蓄水体,实现了拦粗排细的效果,使得出库泥沙显著变细。

利用黄河下游一维水动力学模型计算表明(表 4-1),高含沙小洪水方案在下游河道中的淤积量比推荐方案多了 0.815 亿 t。由于多出库沙量中大于 0.05 mm 的粗颗粒泥沙仅有 0.328 亿 t,若使这部分泥沙全部淤积在下游河道中,占到下游多淤积量的 40%。由此可见,下游河道中多淤积量中有大量的细颗粒泥沙和中颗粒泥沙,这部分泥沙在后期小浪底水库下泄清水过程中可以被冲刷带走,因此下游的淤积量不大。

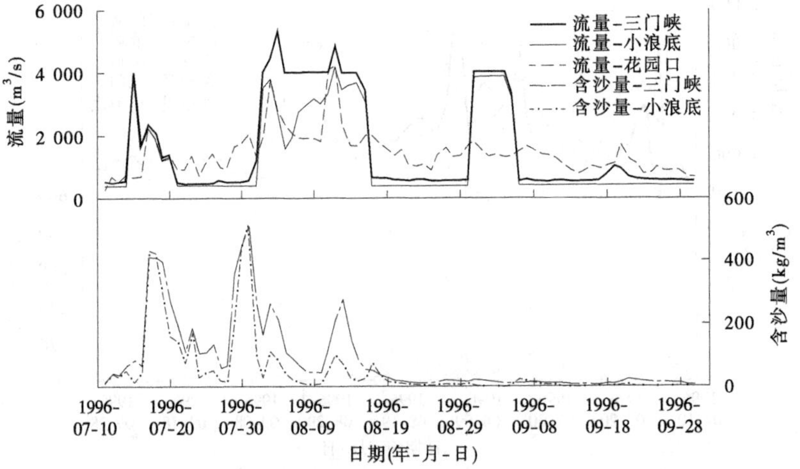

图 4-4 “96·8”洪水方案 3 进出库及花园口水沙过程

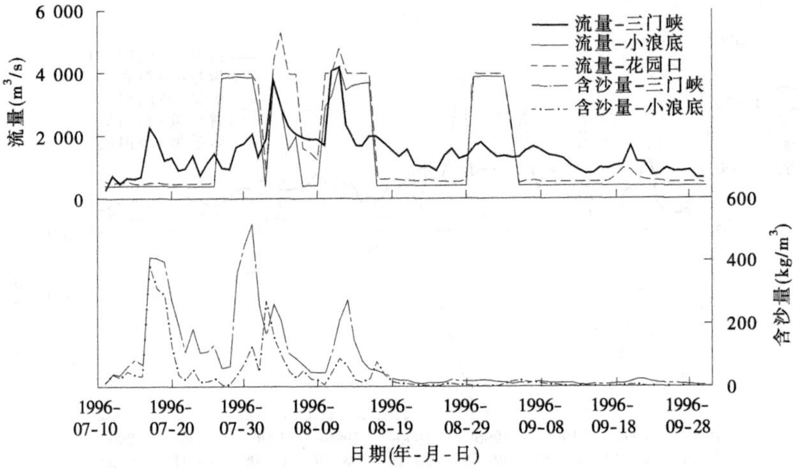

图 4-5 “96·8”洪水方案 4 进出库及花园口水沙过程

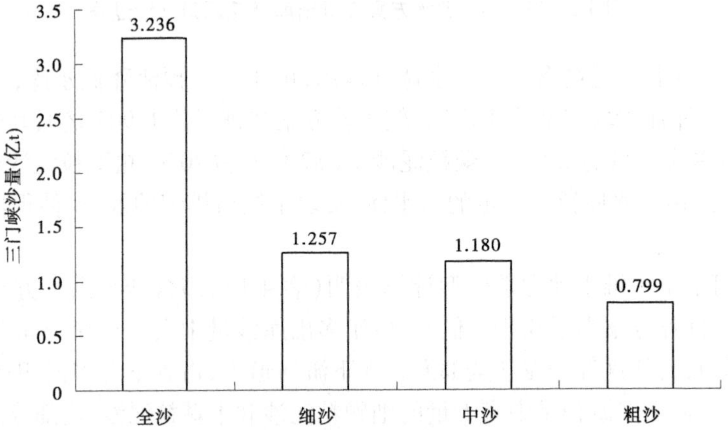

图 4-6 “96·8”型洪水三门峡站泥沙组成

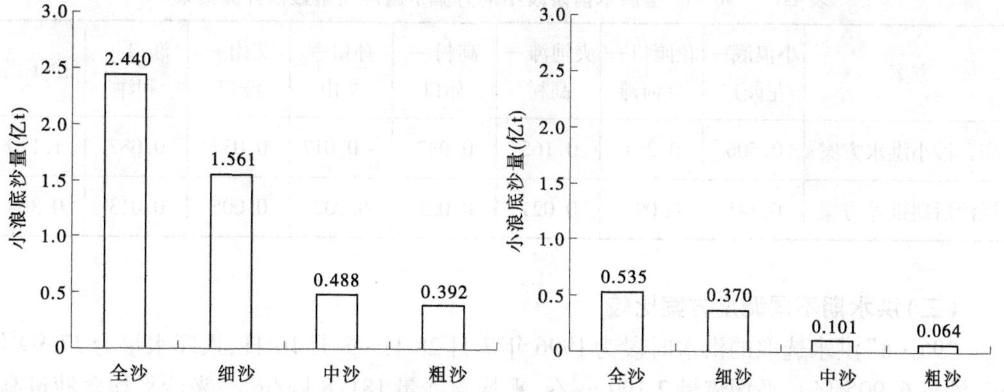

(a)高含沙小洪水调度方案　　(b)拦沙后期推荐方案

图 4-7　洪水前阶段小浪底出库沙量对比

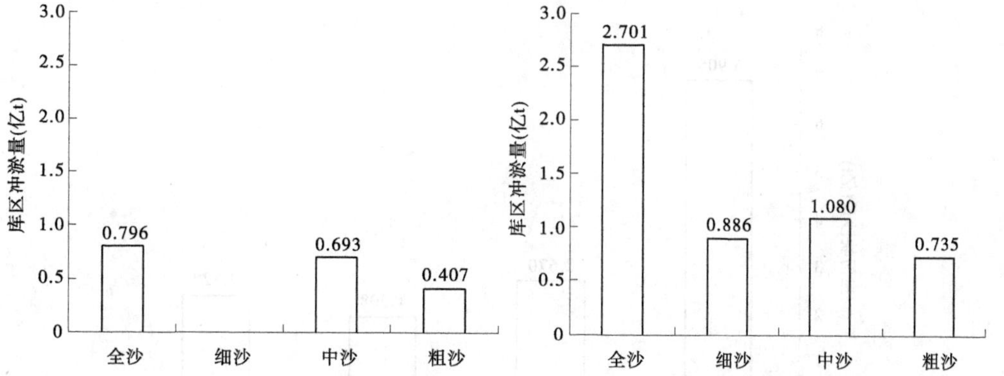

(a)高含沙小洪水调度方案　　(b)拦沙后期推荐方案

图 4-8　洪水前阶段小浪底水库淤积量对比

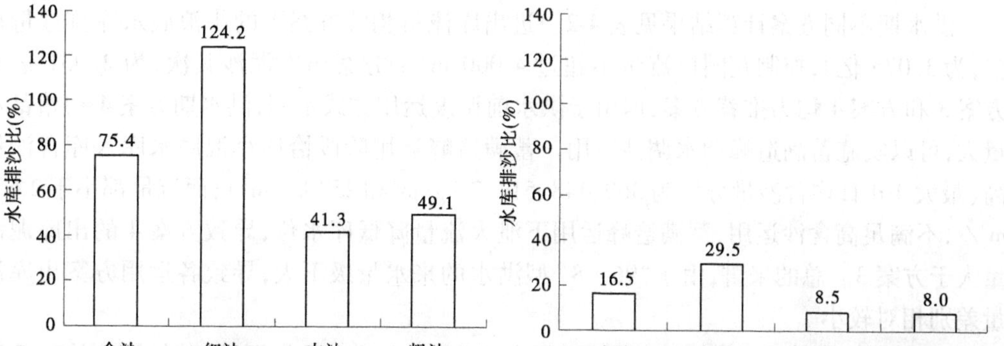

(a)高含沙小洪水调度方案　　(b)拦沙后期推荐方案

图 4-9　洪水前阶段小浪底水库排沙比对比

表 4-1 “96·8”型洪水前阶段不同方案下游冲淤量数模计算结果

方案	小浪底—花园口	花园口—夹河滩	夹河滩—高村	高村—孙口	孙口—艾山	艾山—泺口	泺口—利津	全下游
高含沙小洪水方案	0.506	0.254	0.165	0.087	-0.017	0.037	0.087	1.119
拦沙后期推荐方案	0.145	0.095	0.021	0.023	0.002	0.005	0.013	0.304

(三)洪水期不同调度方案比较

“96·8”洪水选取的洪水时段为1996年7月28日~8月16日,入库水量为37.99亿m^3,沙量6.905亿t,平均流量2 199 m^3/s,平均含沙量181.8 kg/m^3。来沙平均含沙量高,来沙组成较粗,其中粗颗粒泥沙含量达到33.7%,细颗粒泥沙含量仅38.7%,中颗粒泥沙含量为27.6%。不同粒径组的入库泥沙量见图4-10。

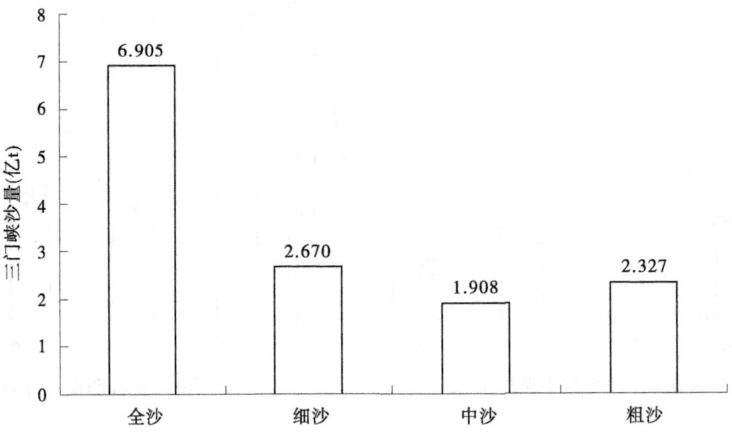

图 4-10 “96·8”型洪水洪水期入库泥沙组成

洪水期不同方案计算结果见表4-2。进出库流量相等方案下的小浪底水库排沙量最多,为3.075亿t,控制花园口流量不超过4 000 m^3/s方案出库泥沙其次,为2.931亿t。方案3和方案4均为推荐方案,但由于洪水前调度运用方式不同,洪水期方案4初始蓄水量大,可以实施蓄满造峰调水调沙运用。蓄满造峰运用阶段恰逢小浪底水库入库含沙量高(最大4 d日均含沙量分别为360、448、514.7 kg/m^3和257 kg/m^3),而流量都小于2 600 m^3/s,不满足高含沙运用,蓄满造峰运用下泄大流量降低库水位,导致方案4的出库泥沙量大于方案3。总的来讲,由于“96·8”型洪水的来水量级不大,导致各运用方案出库沙量差别相对较小。

从排沙比看,方案1、方案2的相对较高,无论是全沙还是细泥沙,其排沙比均高于其他2个方案。

表 4-2 “96 · 8”型洪水不同方案计算结果

方案	三门峡			小浪底			冲淤量（亿 t）	排沙比（%）	
	水量（亿 m^3）	沙量（亿 t）	细泥沙比例（%）	水量（亿 m^3）	沙量（亿 t）	细泥沙比例（%）		全沙	细泥沙
1	37.992	6.905	38.7	37.992	2.931	59	3.974	42	64
2				37.992	3.075	57	3.831	45	66
3				42.217	2.393	62	4.512	35	55
4				47.594	2.795	60	4.110	40	63

洪水期进入下游的水沙在下游河道中的冲淤表现，采用了下游一维非恒定流水沙演进数学模型和利用实测资料回归的经验公式两种方法进行计算，两种方法计算的结果见表 4-3 和表 4-4。

从数模计算的黄河下游分河段冲淤量分布看，淤积主要集中在高村以上河段，高村以下河段微冲或微淤；从经验公式计算的分组沙冲淤量看，方案 1 和方案 2 黄河下游河道细颗粒泥沙淤积量分别占 58% 和 53%，粗颗粒泥沙占 20% 左右；方案 3 和方案 4，由于出库粗颗粒泥沙量较少，淤积几乎全部为细泥沙。方案 1 和方案 4 的出库沙量比较接近（见表 4-2），但方案 1 的淤积量明显大于方案 4，主要由于方案 4 出库平均流量较大，从而其输沙能力也相对较强。

表 4-3 “96 · 8”型洪水期不同方案黄河下游河道冲淤量数模计算结果 （单位：亿 t）

方案	位置	小浪底—花园口	花园口—夹河滩	夹河滩—高村	高村—孙口	孙口—艾山	艾山—泺口	泺口—利津	全下游
1	主槽	0.314	0.244	0.150	0.061	-0.012	0.018	0.034	0.809
	滩地	0.000	0.000	0.000	0.000	0.000	0.000	0.000	0.000
	全断面	0.314	0.244	0.150	0.061	-0.012	0.018	0.034	0.809
2	主槽	0.349	0.274	0.165	0.072	-0.022	0.020	0.009	0.866
	滩地	0.000	0.000	0.022	0.046	0.046	0.033	0.046	0.193
	全断面	0.349	0.274	0.187	0.118	0.024	0.053	0.054	1.059
3	主槽	0.241	0.062	0.067	-0.042	-0.023	0.000	-0.019	0.286
	滩地	0.000	0.000	0.016	0.039	0.039	0.030	0.013	0.137
	全断面	0.241	0.062	0.083	-0.003	0.016	0.030	-0.006	0.423
4	主槽	0.237	0.128	0.002	-0.045	-0.025	0.005	-0.007	0.297
	滩地	0.000	0.000	0.003	0.015	0.026	0.011	0.013	0.068
	全断面	0.237	0.128	0.005	-0.030	0.001	0.016	0.007	0.365

表 4-4 "96·8"型洪水期不同方案黄河下游河道冲淤量经验公式计算结果

方案	进入下游					不同河段冲淤量(亿 t)					不同分组泥沙冲淤量(亿 t)		
	W	W_s	Q_{pj}	S_{pj}	$P_细$	小浪底—花园口	花园口—高村	高村—艾山	艾山—利津	全下游	细泥沙	中泥沙	粗泥沙
1	52.02	2.931	3 011	56.3	58.7	0.192	0.382	-0.046	0.156	0.683	0.394	0.147	0.142
2	52.02	3.075	3 011	59.1	57.1	0.273	0.379	-0.019	0.143	0.775	0.410	0.176	0.189
3	56.25	2.393	3 255	42.5	61.8	0.083	0.108	-0.019	0.048	0.220	0.226	0.001	-0.007
4	61.63	2.795	3 566	45.4	60.4	0.080	0.118	-0.006	0.040	0.232	0.232	-0.015	0.015

注:W 指水量,亿 m^3;W_s 指沙量,亿 t;Q_{pj}指平均流量,m^3/s;S_{pj}指平均含沙量,kg/m^3;$P_细$指细颗粒泥沙含量(%)。

(四)洪水后不同调度方案比较

由于在洪水过后阶段入库水流含沙量较低,没有满足高含沙小洪水的启动条件,因此这一阶段各方案的调度运用方式相同,出库水沙量也基本相当,受初始水位和初始蓄水量的影响较小。本阶段入库沙量0.764 亿 t,细颗粒泥沙为0.574 亿 t,占75%。四个方案的小浪底出库沙量比较接近,分别为 0.143 亿、0.139 亿、0.164 亿、0.196 亿 t。

由于各方案进入下游的沙量较少且比较接近,下游河道各河段主槽均发生冲刷,其中方案 2 主槽冲刷量最大,为 0.142 亿 t,方案 4 主槽冲刷量最小,为 0.077 亿 t,差别较小。滩地基本不淤积,或发生微淤,最大淤积量仅为 0.055 亿 t(见表 4-5)。

表 4-5 "96·8"型洪水后阶段各方案黄河下游河道冲淤量数模计算结果

方案	位置	不同河段冲淤量(亿 t)							
		小浪底—花园口	花园口—夹河滩	夹河滩—高村	高村—孙口	孙口—艾山	艾山—泺口	泺口—利津	全下游
1	主槽	-0.068	-0.041	-0.010	-0.011	-0.016	0.010	0.012	-0.124
	滩地	0.000	0.000	0.000	0.000	0.000	0.000	0.000	0.000
	全断面	-0.068	-0.041	-0.010	-0.011	-0.016	0.010	0.012	-0.124
2	主槽	-0.069	-0.041	-0.010	-0.012	-0.020	-0.001	0.012	-0.142
	滩地	0.000	0.000	0.000	0.000	0.009	0.013	0.013	0.035
	全断面	-0.069	-0.041	-0.010	-0.012	-0.011	0.012	0.025	-0.107
3	主槽	-0.064	-0.037	-0.010	-0.013	-0.015	0.013	0.013	-0.113
	滩地	0.000	0.000	0.000	0.005	0.021	0.020	0.010	0.055
	全断面	-0.064	-0.037	-0.010	-0.008	0.006	0.032	0.022	-0.059
4	主槽	-0.055	-0.027	-0.007	-0.012	-0.012	0.017	0.019	-0.077
	滩地	0.000	0.000	0.000	0.001	0.002	0.001	0.000	0.005
	全断面	-0.055	-0.027	-0.007	-0.011	-0.011	0.018	0.019	-0.073

从分河段冲淤量分别来看,洪水后阶段的流量较小,含沙量较低,主槽的冲刷主要发生在夹河滩以上河段,夹河滩—艾山河段微冲,艾山—利津河段发生微淤。这与以前研究的小水低含沙量水流上段冲刷、艾山—利津河段发生淤积的成果是一致的。

(五)全过程不同调度方案比较

"96·8"型水沙全过程入库水沙量分别为 100.75 亿 m^3和 10.905 亿 t,利用水库数学模型计算的不同水库调度方案的出库沙量分别为5.515亿、5.653亿、4.931亿t和3.526亿t,方案2出库沙量最多、方案4最少,两者相差2.127亿t(表4-6)。

表4-6 "96·8"洪水全过程各方案库区排沙和下游河道冲淤效果对比

方案	小浪底			冲淤量(亿t)	排沙比(%)		下游冲淤量(亿t)			水库和下游淤积总量(亿t)
	水量(亿 m^3)	沙量(亿t)	细泥沙比例(%)		全沙	细泥沙	主槽	滩地	全断面	
1	88.889	5.515	61.8	5.390	51	76	1.803	0	1.803	7.193
2	88.897	5.653	60.9	5.252	52	77	1.843	0.228	2.071	7.323
3	89.563	4.931	63.7	5.974	45	70	1.346	0.192	1.538	7.512
4	88.803	3.526	63.2	7.379	32	50	0.524	0.073	0.596	7.975

洪水前阶段采用高含沙小洪水调度运用原则与洪水期控制花园口流量不超过下游平滩流量调度运用原则相结合的方案1,较方案4的水库多排沙1.989亿t,其中细颗粒泥沙1.180亿t,中颗粒泥沙0.434亿t,粗颗粒泥沙0.375亿t。从小浪底水库和下游河道淤积的总量来看,方案1的淤积总量最小,方案4的最多,且方案1控制下游不漫滩,从而减小下游滩区的淹没损失。

从黄河下游河道冲淤计算结果来看(表4-7),方案2淤积量最多,达到2.071亿t,方案1次之,方案4最少,仅0.596亿t。一定量级洪水排沙越少在下游河道中的淤积量越小。四个方案中仅方案1没有发生漫滩,其他三个均发生了漫滩,滩地发生不同程度的淤积,但淤积量均较小。方案2滩地淤积量最多,为0.228亿t,方案4淤积量最小,仅为0.073亿t。

表4-7 "96·8"型全过程下游冲淤量数模计算结果

方案	位置	不同河段冲淤量(亿t)							
		小浪底—花园口	花园口—夹河滩	夹河滩—高村	高村—孙口	孙口—艾山	艾山—泺口	泺口—利津	全下游
1	主槽	0.752	0.457	0.306	0.137	-0.045	0.065	0.132	1.804
	滩地	0.000	0.000	0.000	0.000	0.000	0.000	0.000	0.000
	全断面	0.752	0.457	0.306	0.137	-0.045	0.065	0.132	1.804
2	主槽	0.786	0.486	0.320	0.147	-0.059	0.055	0.108	1.843
	滩地	0.000	0.000	0.022	0.046	0.055	0.046	0.059	0.228
	全断面	0.786	0.486	0.342	0.193	-0.004	0.102	0.166	2.071
3	主槽	0.702	0.374	0.122	0.034	-0.017	0.051	0.081	1.346
	滩地	0.000	0.000	0.016	0.044	0.060	0.049	0.023	0.192
	全断面	0.702	0.374	0.138	0.078	0.043	0.100	0.104	1.538
4	主槽	0.327	0.196	0.016	-0.034	-0.036	0.028	0.026	0.524
	滩地	0.000	0.000	0.003	0.017	0.028	0.012	0.013	0.073
	全断面	0.327	0.196	0.019	-0.017	-0.008	0.040	0.039	0.596

综上所述,从“96·8”型洪水的全过程来看,方案1的库区和下游的总淤积量最小,且该方案的库区排沙比高,特别是细颗粒泥沙的排沙比达到76%。另外,方案1控制下游不漫滩,有效保证了下游滩区180多万群众的生命财产安全。因此,从“96·8”型高含沙中常洪水全过程来看,方案1最优。

(六)“96·8”型水沙优化调度方案

“96·8”型全过程出库泥沙量的差异主要在洪水前阶段,高含沙小洪水调度运用可以显著提高水库排沙比,同时留存一定蓄水量可以达到拦粗排细的作用。由于进入黄河下游河道的泥沙以细颗粒为主,粗颗粒泥沙较少,因而虽然在排沙过程中下游河道发生一定的淤积,但淤积的泥沙以细颗粒和中颗粒泥沙为主,在小浪底水库下泄清水时比较容易被冲刷带走。因此,当遇到高含沙小洪水的入库水沙过程,建议小浪底水库采用高含沙小洪水调度原则运用,既显著减小水库的无效淤积,又对下游淤积影响较小。

由于“96·8”型高含沙水流过程出现在洪水初期,相应入库流量小,推荐方案采用水库拦蓄,库区发生淤积,但其中有一天满足推荐方案所要求的高含沙洪水运用条件,进而加大出库流量,降低水位排沙。紧接着大流量入库时推荐方案开展防洪运用,控制花园口流量4 000 m^3/s,出库流量较大,可以显著增大水库排沙。可见,对于“96·8”型洪水,方案1与推荐方案相似,但方案1在洪水初期预泄2 d降低蓄水位,因而其排沙量比推荐方案稍大一点。

方案2实际上是按来多少走多少运用,水库对入库流量过程没有调节,仅在运用初期通过预泄降低水位,可以显著增大水库排沙量,因而该方案的出库沙量最大。该方案出库流量超过平滩流量4 000 m^3/s的天数为6 d,在下游河道发生漫滩,滩区淤积量不大。由于黄河下游滩区居住了180多万群众,漫滩将会给滩区群众的生产和生活带来损失和不便。可见,方案1较方案2实现了下游不漫滩,较方案3(推荐方案)既实现下游不漫滩,又有效排泄入库泥沙,减少水库淤积。因此,针对“96·8”型洪水,建议采用方案1调度运用方式,即在提前预泄降低水库蓄水位的基础上控制花园口流量不超过下游平滩流量方案。

三、“88·8”型水沙过程不同调度方案比较

(一)入库水沙及出库过程

将“88·8”型洪水按照流量过程划分为洪水前、洪水期和洪水后三个时段,“88.8”洪水期选取为1988年8月5~25日。洪水前阶段有高含沙小洪水过程,最大日均含沙量260.8 kg/m^3,最大日均流量3 350 m^3/s,大流量对应的含沙量低,小流量对应的含沙量高,因此不满足拦沙后期推荐方案中的高含沙运用条件。洪水期为典型的高含沙中常洪水,最大日均含沙量为341.7 kg/m^3,最大日均流量为5 050 m^3/s,按拦沙后期推荐方案,先按防洪运用,再按高含沙水流运用(图4-11)。

利用小浪底水库数模模型计算4个方案的出库流量、含沙量过程及花园口流量过程,见图4-12~图4-15。

(二)洪水前不同调度方案比较

“88·8”洪水的洪水前时段为1988年7月11日~8月4日,三门峡水文站水量

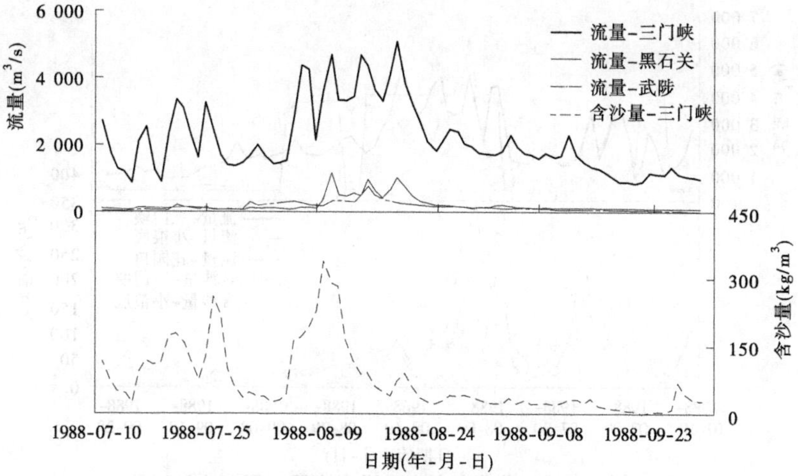

图 4-11 “88·8”型洪水汛期水沙过程

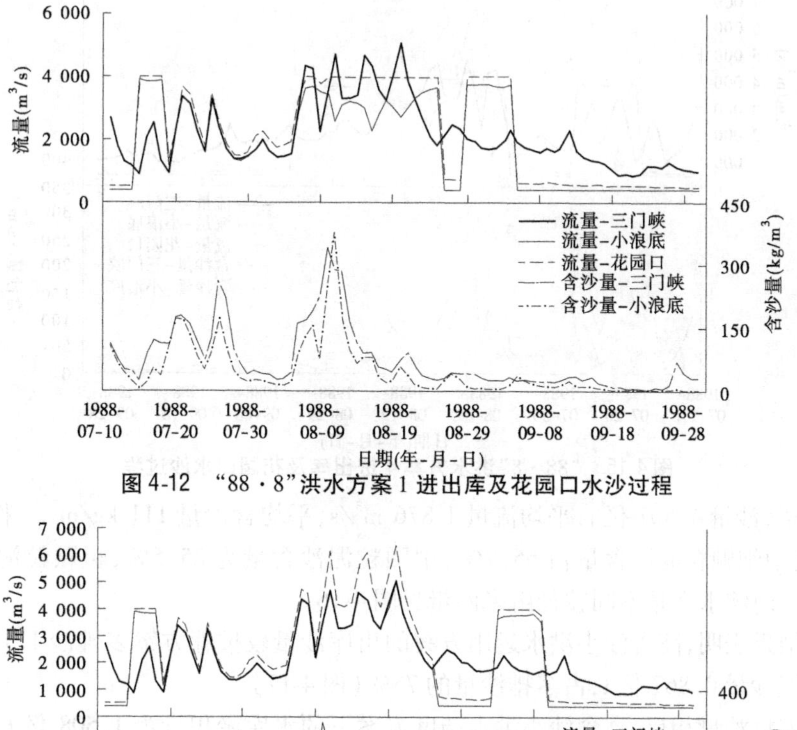

图 4-12 “88·8”洪水方案 1 进出库及花园口水沙过程

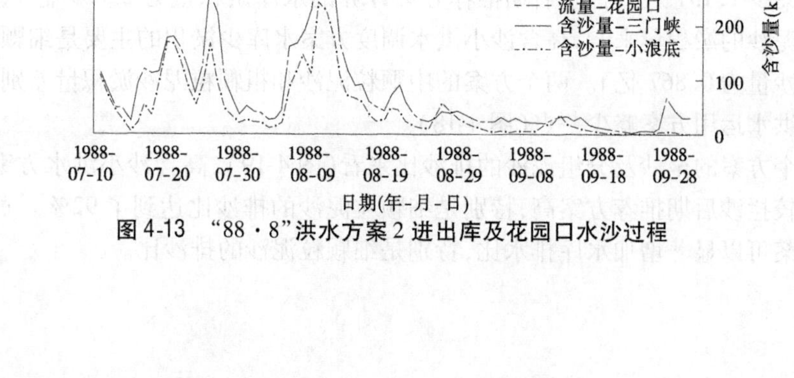

图 4-13 “88·8”洪水方案 2 进出库及花园口水沙过程

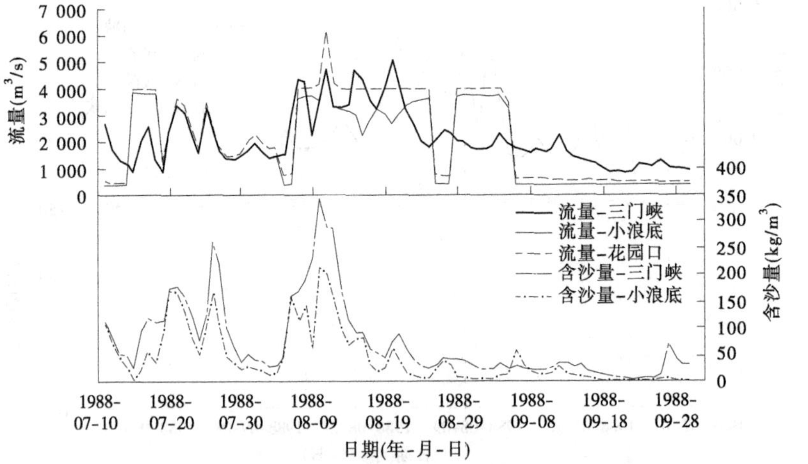

图 4-14 "88·8"洪水方案 3 进出库及花园口水沙过程

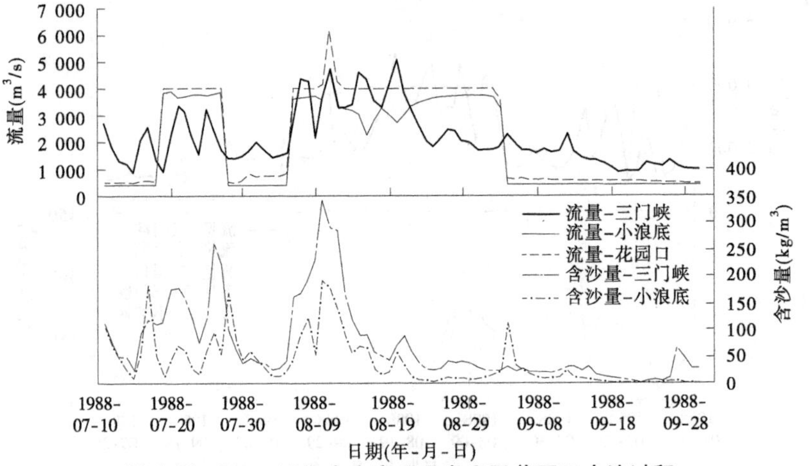

图 4-15 "88·8"洪水方案 4 进出库及花园口水沙过程

40.53 亿 m^3,沙量 4.501 亿 t,平均流量 1 876 m^3/s,平均含沙量 111 kg/m^3。来沙组成相对较细,其中细颗粒泥沙含量占 55.7%,中颗粒泥沙含量为 25.5%,粗颗粒泥沙含量为 18.8%。三门峡水文站不同粒径组来沙量见图 4-16。

计算结果表明,高含沙小洪水运用方案的出库沙量较推荐方案多排沙 1.151 亿 t,其中多排细泥沙量 0.867 亿 t,占多排沙量的 75%(图 4-17)。

与水库排沙量相反,高含沙小洪水调度方案下的水库淤积量为 1.508 亿 t,比拦沙后期推荐方案少 1.151 亿 t,拦沙后期推荐方案计算的水库淤积量为 2.659 亿 t。从两个方案的分组泥沙的淤积量来看,高含沙小洪水调度方案水库少淤积的主要是细颗粒泥沙,少淤积细泥沙量为 0.867 亿 t。两个方案的中颗粒泥沙和粗颗粒泥沙淤积量差别不大,其中高含沙小洪水运用方案略少一点(图 4-18)。

从两个方案的全沙及分组泥沙的排沙比来看(图 4-19),高含沙小洪水方案计算的水库排沙比较拦沙后期推荐方案高,特别是细颗粒泥沙的排沙比达到了 92%。可见高含沙小洪水方案可以显著增加水库排水比,特别是细颗粒泥沙的排沙比。

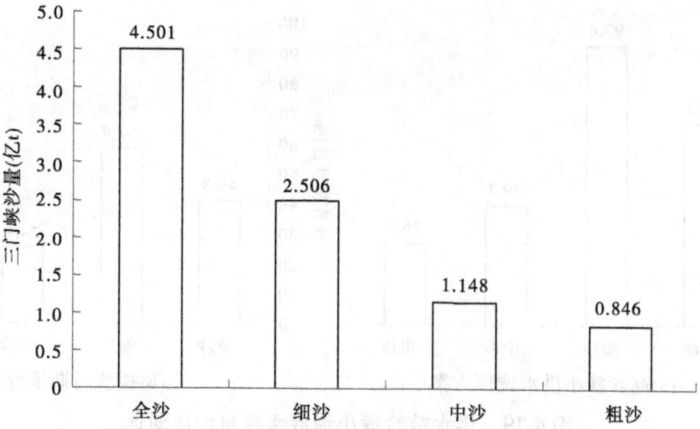

图 4-16 "88·8"型洪水三门峡水文站泥沙组成

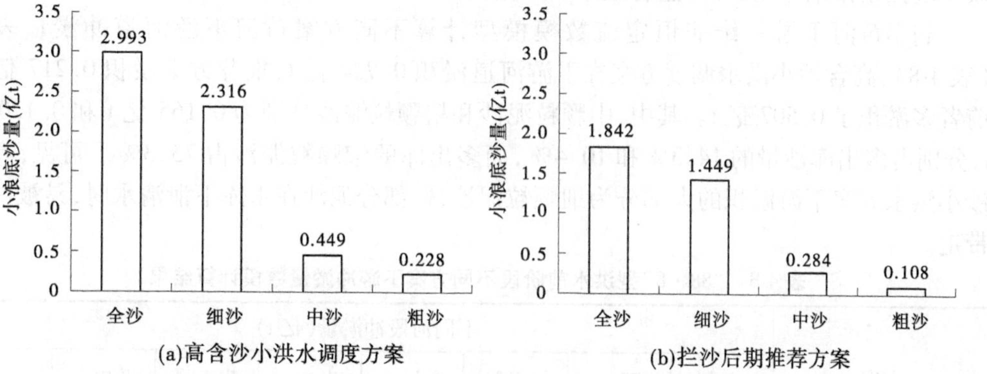

图 4-17 "88·8"型洪水前阶段小浪底出库沙量对比

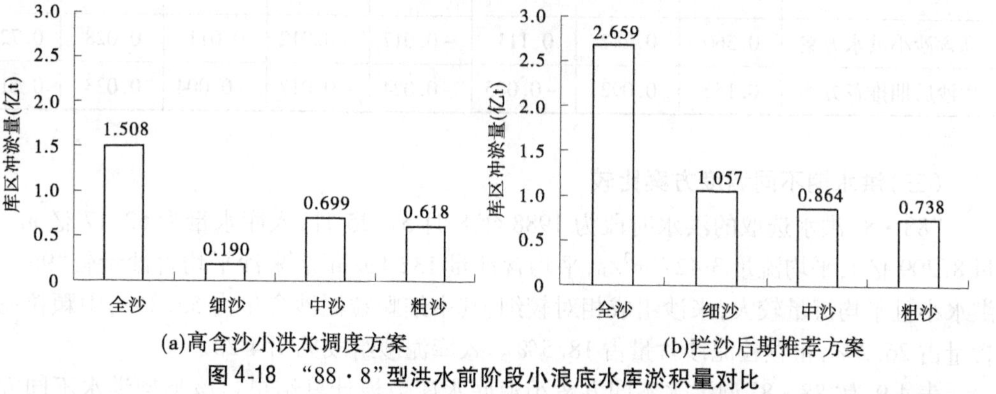

图 4-18 "88·8"型洪水前阶段小浪底水库淤积量对比

"88·8"型洪水前阶段，高含沙小洪水调度运用方案的排沙效果明显大于推荐方案。与"96·8"型的洪水前阶段略有不同，由于"88·8"型洪水前阶段入库水量较大，推荐方案在含沙量较高时段水库蓄水量达到了 13 亿 m^3，满足蓄满造峰条件，实施蓄满造峰调水调沙运用，出库流量大，水位降低，一定程度上加大了高含沙小洪水的出库沙量。但其排沙量仍明显小于高含沙小洪水方案。显然，当遇到高含沙小洪水时，采用高含沙小洪水调度运用原则、提前预泄降低水库水位并留少量蓄水体，可以显著增大水库排沙量，同时有

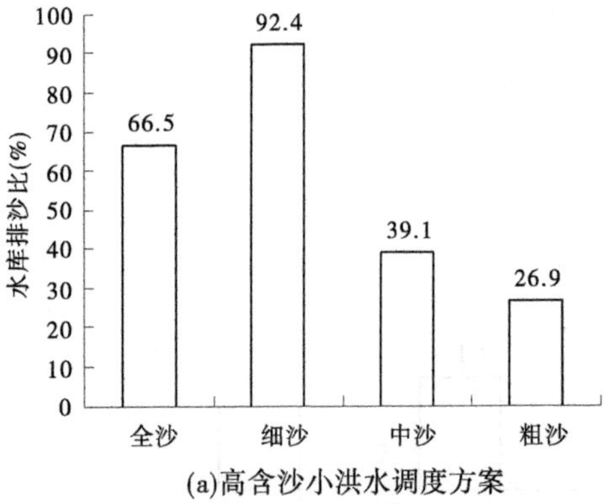

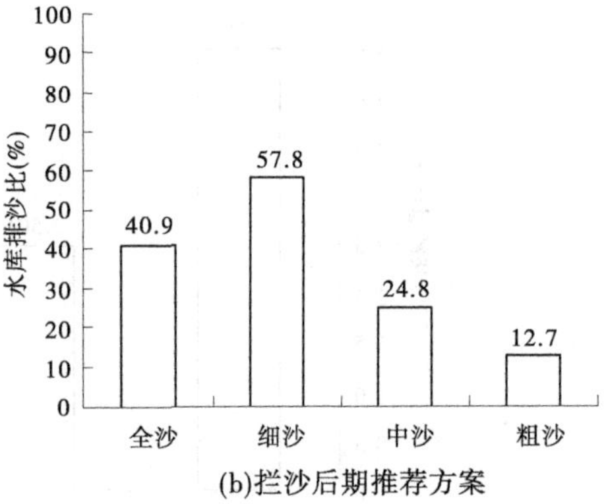

图 4-19　洪水前阶段小浪底水库排沙比对比

效实现拦粗排细作用,可以显著减小水库淤积。

利用黄河下游一维非恒定流数模模型计算不同方案黄河下游河道冲淤量表明(表 4-8),高含沙小洪水调度方案在下游河道淤积 0.724 亿 t,推荐方案淤积 0.217 亿 t,前者多淤积了 0.507 亿 t。其中,中颗粒泥沙和粗颗粒泥沙分别为 0.165 亿 t 和 0.120 亿 t,分别占多出库沙量的 14.3% 和 10.4%,而多出库的细颗粒泥沙占 75.3%。可见,高含沙小洪水方案下游淤积的大部分为细颗粒泥沙,这部分泥沙在水库下泄清水时,易被冲刷带走。

表 4-8　"88·8"型洪水前阶段不同方案下游冲淤量数模计算结果

方案	不同河段冲淤量(亿 t)							
	小浪底—花园口	花园口—夹河滩	夹河滩—高村	高村—孙口	孙口—艾山	艾山—泺口	泺口—利津	全下游
高含沙小洪水方案	0.360	0.242	0.111	-0.017	-0.012	0.011	0.028	0.724
拦沙后期推荐方案	0.152	0.092	-0.005	-0.024	-0.017	-0.004	0.023	0.217

(三)洪水期不同调度方案比较

"88·8"洪水选取的洪水时段为 1988 年 8 月 5~25 日,入库水量为 62.17 亿 m^3,沙量 8.209 亿 t,平均流量 3 427 m^3/s,平均含沙量 132 kg/m^3。来沙平均含沙量较"96·8"洪水小且平均流量较大,来沙组成相对较细,其中细颗粒泥沙含量占 55.3%,中颗粒泥沙含量占 26.2%,粗颗粒泥沙含量占 18.5%。入库泥沙组成见图 4-20。

表 4-9 为"88·8"型洪水不同方案小浪底水库数模计算结果。该类型洪水不同方案下出库泥沙有较大差别,进出库平衡的方案 2 出库沙量最大,为 5.394 亿 t,全沙排沙比达 66%;推荐方案中初始水库蓄水量较大,方案 4 的出库沙量少,仅为 3.858 亿 t,排沙比为 47%,较方案 2 的排沙比低 19%。控制花园口流量不超过 4 000 m^3/s 的方案 1 与前期实施高含沙小洪水运用后蓄水量较小的推荐方案 3 相比差别较小,出库沙量分别为 4.778 亿 t 和 4.429 亿 t,排沙比分别为 58% 和 54%。

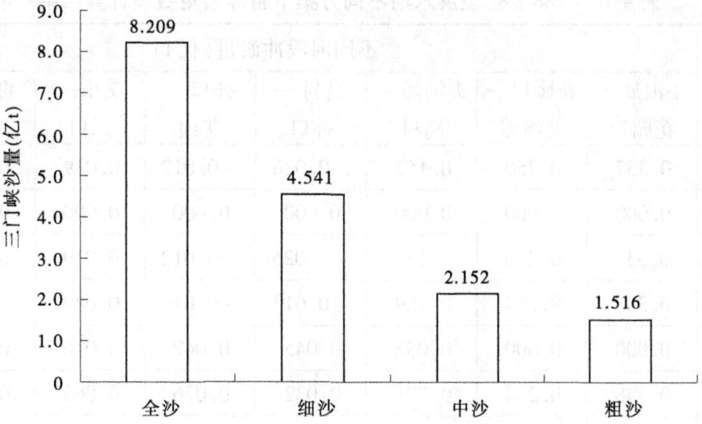

图 4-20 “88·8”洪水入库泥沙组成

表 4-9 “88·8”型洪水不同方案小浪底水库冲淤量及排沙比计算结果

方案	三门峡			小浪底			冲淤量(亿 t)	排沙比(%)	
	水量(亿 m^3)	沙量(亿 t)	细泥沙比例(%)	水量(亿 m^3)	沙量(亿 t)	细泥沙比例(%)		全沙	细泥沙
1	62.173	8.209	55.3	56.053	4.778	67	3.432	58	70
2				62.173	5.394	64	2.815	66	75
3				55.250	4.429	68	3.780	54	67
4				58.019	3.858	72	4.351	47	61

方案 1 与方案 3 相比,方案 3 洪水阶段出库流量过程中有 3 d 超过 4 000 m^3/s,其中仅 1 d 日均流量较大,为 6 107 m^3/s,其他 2 d 的日均流量接近 4 000 m^3/s,分别为 4 141、4 199 m^3/s。方案 3 出库流量过程将在下游发生漫滩。可见,对于“88·8”型洪水,流量级较大(洪水过程平均流量大于 3 000 m^3/s)而含沙量较小(洪水过程平均含沙量小于 150 kg/m^3)的洪水,小浪底水库采用提前预泄降低水库蓄水位、控制花园口流量不超过下游平滩流量的调度运用方式,既可以显著排泄入库泥沙,又能确保下游不漫滩。

针对计算的洪水期各方案出库水沙过程,采用了下游一维非恒定流水沙演进数学模型计算和利用实测资料回归的经验公式计算下游河道冲淤量(表 4-10、表 4-11)。两种方法计算的洪水期下游河道的冲淤量结果比较一致。方案 2 下游河道淤积量最多,数模计算的结果为 1.032 亿 t,经验公式计算结果为 0.897 亿 t;方案 4 下游河道淤积量最少,两种计算方法的结果分别为 0.335 亿 t 和 0.292 亿 t。从沿程分布来看,淤积主要在高村以上河段,高村—艾山河段微冲或微淤,艾山—利津河段少量淤积。

表 4-10 "88·8"型洪水期不同方案下游冲淤量数模计算结果

方案	位置	不同河段冲淤量(亿 t)							
		小浪底—花园口	花园口—夹河滩	夹河滩—高村	高村—孙口	孙口—艾山	艾山—泺口	泺口—利津	全下游
1	主槽	0.337	0.250	0.155	-0.026	-0.012	0.019	0.018	0.741
	滩地	0.000	0.000	0.000	0.000	0.000	0.000	0.000	0.000
	全断面	0.337	0.250	0.155	-0.026	-0.012	0.019	0.018	0.741
2	主槽	0.398	0.254	0.189	-0.013	-0.016	0.049	-0.028	0.833
	滩地	0.000	0.000	0.032	0.045	0.042	0.016	0.064	0.199
	全断面	0.398	0.254	0.221	0.032	0.026	0.065	0.035	1.032
3	主槽	0.223	0.092	0.154	-0.015	-0.013	0.012	-0.003	0.450
	滩地	0.000	0.000	0.011	0.025	0.020	0.020	0.029	0.105
	全断面	0.223	0.092	0.165	0.009	0.007	0.031	0.026	0.554
4	主槽	0.206	0.111	-0.010	-0.051	-0.022	0.004	0.021	0.259
	滩地	0.000	0.000	0.010	0.013	0.025	0.006	0.022	0.076
	全断面	0.206	0.111	0.000	-0.038	0.003	0.010	0.044	0.335

表 4-11 "88·8"型洪水期不同方案下游冲淤量经验公式计算结果

方案	进入下游					冲淤量(亿 t)							
	W	W_s	Q_{pj}	S_{pj}	$P_{细}$	小浪底—花园口	花园口—高村	高村—艾山	艾山—利津	全下游	细泥沙	中泥沙	粗泥沙
1	69.94	4.778	3 855	68.3	66.5	0.261	0.464	-0.012	0.155	0.868	0.739	0.075	0.054
2	76.06	5.394	4 192	70.9	63.5	0.302	0.463	-0.003	0.134	0.897	0.715	0.069	0.113
3	69.14	4.429	3 811	64.1	68.4	0.168	0.437	-0.044	0.153	0.715	0.693	0.037	-0.015
4	71.91	3.858	3 963	53.7	71.5	0.088	0.156	-0.004	0.052	0.292	0.528	-0.092	-0.143

注：W 指水量，亿 m^3；W_s 指沙量，亿 t；Q_{pj} 指平均流量，m^3/s；S_{pj} 指平均含沙量，kg/m^3；$P_{细}$ 指细颗粒泥沙含量(%)。

从分组泥沙的冲淤量来看，由于水库调节进入下游河道的泥沙以细颗粒泥沙为主，中颗粒和粗颗粒泥沙量较小，加上洪水期流量较大，下游河道淤积以细颗粒泥沙为主，中、粗颗粒泥沙相对较少。从以往来沙较细的中高含沙量洪水来看，洪水期细颗粒泥沙确实也是发生淤积的。

(四)洪水后不同调度方案比较

洪水期过后，入库水流含沙量较低，没有满足高含沙小洪水的启动条件。因此，两类洪水各方案下的调度运用方式相同，出库水沙量也基本相当，受初始水位和初始蓄水量的影响较小。本阶段小浪底入库沙量为 1.238 亿 t，出库沙量分别为 0.250 亿、0.229 亿、0.284 亿 t 和 0.432 亿 t。

由于各方案进入下游的沙量较少且比较接近，数模计算的下游河道各河段主槽均发生冲刷，其中方案 1 主槽冲刷量最大，为 0.168 亿 t，方案 2 主槽冲刷量最小，为 0.102 亿 t，差别较小。滩地不淤或微淤，最大淤积量仅为 0.031 亿 t。各方案下游河道冲淤量数模计算结果见表 4-12。

表 4-12 “88·8”型洪水后阶段各方案下游河道冲淤量数模计算结果

方案	位置	不同河段冲淤量(亿 t)							
		小浪底—花园口	花园口—夹河滩	夹河滩—高村	高村—孙口	孙口—艾山	艾山—泺口	泺口—利津	全下游
1	主槽	-0.065	-0.078	-0.010	-0.017	-0.013	0.015	0.000	-0.169
	滩地	0.000	0.000	0.000	0.000	0.000	0.000	0.000	0.000
	全断面	-0.065	-0.078	-0.010	-0.017	-0.013	0.015	0.000	-0.169
2	主槽	-0.070	-0.045	-0.012	-0.012	-0.009	-0.001	0.047	-0.102
	滩地	0.000	0.000	0.000	0.000	0.018	0.013	0.000	0.031
	全断面	-0.070	-0.045	-0.012	-0.012	0.008	0.012	0.047	-0.070
3	主槽	-0.066	-0.038	-0.008	-0.013	-0.012	0.007	-0.005	-0.135
	滩地	0.000	0.000	0.003	0.007	0.015	0.002	0.001	0.028
	全断面	-0.066	-0.038	-0.005	-0.005	0.003	0.008	-0.005	-0.108
4	主槽	-0.042	-0.024	-0.011	-0.017	-0.019	-0.021	-0.007	-0.141
	滩地	0.000	0.000	0.000	0.005	0.001	0.001	0.001	0.007
	全断面	-0.042	-0.024	-0.011	-0.012	-0.018	-0.021	-0.006	-0.134

从分河段冲淤量分布看，洪水后阶段的流量较小，含沙量较低，主槽的冲刷主要发生在夹河滩以上河段，夹河滩—艾山河段微冲，艾山—利津河段发生微冲甚至微淤。

(五)全过程不同调度方案比较

“88·8”水沙全过程入库水沙量分别为 149.91 亿 m^3 和 13.948 亿 t，方案 2 出库沙量最大，为 8.616 亿 t，其在下游河道中的淤积量也最大，为 1.687 亿 t；方案 1 和方案 3 出库沙量居中且接近，方案 1 较方案 3 水库多排沙 0.315 亿 t，下游多淤积 0.117 亿 t；方案 4 的出库沙量最少，为 6.132 亿 t，下游淤积量也最小，为 0.419 亿 t。从水库和下游的淤积总量来看，方案 2 最少，方案 1 次之，方案 4 最多(表 4-13)。而方案 1 控制了下游不漫滩，可以减小洪水漫滩在下游滩区造成的损失。

表 4-13 “88·8”洪水全过程各方案库区排沙和下游河道冲淤效果对比

方案	小浪底			冲淤量	排沙比(%)		下游河道冲淤量(亿 t)			水库和下游淤积总量(亿 t)
	水量(亿 m^3)	沙量(亿 t)	细泥沙比例(%)		全沙	细泥沙	主槽	滩地	全断面	
1	132.24	8.021	71.3	5.927	58	74	1.295	0	1.295	7.222
2	138.39	8.616	69.0	5.333	62	77	1.455	0.232	1.687	7.020
3	133.91	7.706	72.6	6.242	55	72	1.044	0.134	1.178	7.420
4	130.87	6.132	74.7	7.816	44	59	0.331	0.088	0.419	8.235

从全时段下游河道沿程冲淤分布看(表 4-14),淤积主要集中在花园口以上和花园口—高村两个河段,占全下游淤积量的90%以上。四个方案中,除方案 1 控制花园口流量不超过下游平滩流量外,其他 3 个方案在下游均出现了漫滩现象,滩地发生淤积。不过,滩地淤积量均不大,其中方案 2 淤积量为 0.232 亿 t,方案 3 滩地淤积 0.134 亿 t,方案 4 滩地淤积 0.088 亿 t。由于流量超过 4 000 m^3/s 的天数除方案 2 较多(14 d)外,方案 3 和方案 4 均较少(均为 3 d);方案 3 和方案 4 花园口流量大于 4 200 m^3/s 的历时仅 1 d。可见,方案 3 和方案 4,虽然漫滩了,但由于大流量历时短,下游淤滩刷槽效果不明显。

表 4-14 "88·8"洪水全过程各方案库区排沙和下游冲淤效果对比

方案	位置	不同河段冲淤量(亿 t)							
		小浪底—花园口	花园口—夹河滩	夹河滩—高村	高村—孙口	孙口—艾山	艾山—泺口	泺口—利津	全下游
1	主槽	0.632	0.414	0.256	-0.060	-0.038	0.044	0.047	1.295
	滩地	0.000	0.000	0.000	0.000	0.000	0.000	0.000	0.000
	全断面	0.632	0.414	0.256	-0.060	-0.038	0.044	0.047	1.295
2	主槽	0.688	0.452	0.288	-0.041	-0.038	0.059	0.047	1.455
	滩地	0.000	0.000	0.032	0.045	0.060	0.030	0.065	0.232
	全断面	0.688	0.452	0.320	0.004	0.023	0.089	0.112	1.687
3	主槽	0.520	0.297	0.258	-0.045	-0.038	0.030	0.021	1.044
	滩地	0.000	0.000	0.014	0.032	0.035	0.021	0.031	0.134
	全断面	0.520	0.297	0.273	-0.013	-0.002	0.052	0.051	1.178
4	主槽	0.316	0.178	-0.025	-0.092	-0.060	-0.021	0.035	0.331
	滩地	0.000	0.000	0.010	0.018	0.028	0.007	0.026	0.088
	全断面	0.316	0.178	-0.015	-0.075	-0.033	-0.014	0.061	0.419

(六)"88·8"型水沙优化调度方案

在"88·8"型洪水的前阶段、洪水期阶段均出现高含沙洪水。洪水前阶段,采用高含沙小洪水调度方案,可以增大水库排沙比,较推荐方案多排泥沙 1.152 亿 t,而多排沙量中75%为细颗粒泥沙量(0.867 亿 t)。

洪水期阶段方案 1 控制花园口流量不超过 4 000 m^3/s,一方面,由于其不漫滩,可避免滩区群众的生产生活遭受损失;另一方面,该方案在通过预泄降低蓄水位,水库留存少量蓄水,既可以增加水库排沙量,又保证了拦粗排细效果,减小进入下游河道的粗颗粒泥沙量。

方案 2 为进出库平衡运用,也通过预泄降低水库水位,增大水库排沙效果。该方案为各方案中水库排沙最多的,相应下游的淤积量也最大。该方案花园口流量超过 4 000 m^3/s的天数较多,下游出现漫滩,但计算的滩地淤积量不大,淤滩刷槽效果不明显。

方案 3 和方案 4 虽然都为推荐方案,但由于洪水前阶段调度运用方式不同,导致洪水期初始蓄水位不同,方案 3 初始水位低,相应水库排沙量大一些。这两个方案在下游河道均发生了漫滩，但大流量历时较短，日均流量大于4 000 m^3/s 的只有3 d，大于4 200 m^3/s 的仅1 d。虽然漫滩，但大流量历时短，滩地淤积很少，没有明显的淤滩刷槽现象。

综合分析来看，对于“88・8”型水沙过程，方案1在洪水前高含沙小洪水阶段采用高含沙小洪水调度运用原则，可以显著减少库区细颗粒泥沙淤积，从长时段来看对下游河道的淤积影响较小；在洪水期，通过提前预泄降低水库水位，同时留存一定量的蓄水体，采用控制花园口流量不超过平滩流量的调度方式，既可以增大水库排沙量，又因进入下游的泥沙以细颗粒泥沙为主，长期而言对下游河道的淤积影响较小，可控制下游河道不漫滩。因此，针对“88・8”型洪水，建议采用方案1调度运用方式，即在提前预泄降低水库蓄水位的基础上控制花园口流量不超过下游平滩流量方案。

四、排沙水位对典型洪水排沙效果影响分析

在2012年汛后地形条件下，根据小浪底水库排沙水位的不同，设置排沙水位分别为225、220、215 m和210 m 4种方案，利用经验公式估算，各方案计算结果见表4-15。由于“96・8”洪水入库细颗粒含量低，水库排沙比小于“88・8”洪水。计算结果表明，随着排沙水位的降低，水库排沙量增大，但变化的幅度为先小后大再变小。也就是说，当排沙水位从225 m降低到220 m时，排沙量有所增加，但增加的幅度较小，“88・8”洪水和“96・8”洪水分别增加了0.840亿t和1.052亿t；当排沙水位从220 m降低到215 m时，排沙量增加幅度较大，“88・8”洪水和“96・8”洪水分别增加了2.480亿t和1.870亿t；当排沙水位进一步从215 m降低到210 m时，排水量增加的幅度明显减小，“88・8”洪水和“96・8”洪水分别增加了1.355亿t和0.839亿t。

表4-15　小浪底水库不同排沙水位方案组合及排沙计算结果

洪水类型	入库沙量(亿t)	入库泥沙所占比例(%)			水位(m)	出库沙量(亿t)	排沙比(%)	出库泥沙所占比例(%)			分组沙排沙比(%)		
		细泥沙	中泥沙	粗泥沙				细泥沙	中泥沙	粗泥沙	细泥沙	中泥沙	粗泥沙
“88・8”	8.209	55.3	26.2	18.5	225	3.078	37.5	87.2	9.8	3.0	59.1	14.1	6.0
					220	3.918	47.7	85.9	10.6	3.5	74.1	19.3	9.0
					215	6.398	77.9	82.0	12.8	5.2	115.5	38.1	22.1
					210	7.753	94.5	79.8	14.0	6.2	136.3	50.39	31.9
“96・8”	7.086	39.4	27.3	33.3	225	1.772	25.0	86.4	9.2	4.4	54.9	8.4	3.3
					220	2.824	39.8	84.0	10.5	5.6	54.9	15.3	6.6
					215	4.694	66.2	79.3	12.5	8.2	133.4	30.2	16.3
					210	5.533	78.1	77.2	13.4	9.5	153.0	38.27	22.2

已有研究表明，当排沙水位在三角洲顶点附近时，易形成溯源冲刷，从而可以显著提高水库排沙量。2012年汛后，小浪底水库坝前三角洲顶点高程为210.86 m。根据2012年汛后水库的库容曲线来看，210 m以下的库容为1.93亿 m^3，215 m以下库容为3.84亿 m^3。考虑后期供水影响，水库需水量应不少于3亿 m^3。

因此，综合考虑水库三角洲淤积形态、三角洲顶点以下库容及水库排沙效果，当遭遇高含沙中常洪水时，推荐小浪底水库排沙水位为215 m。

第五章　认识与建议

一、主要认识

在现状地形(2012年汛后)条件下,选取"96·8"洪水和"88·8"洪水作为典型水沙过程。洪水前阶段设置2个方案:高含沙小洪水调度方案和拦沙后期推荐方案;洪水期设置3个方案:控制花园口流量不超过4 000 m^3/s方案、进出库平衡方案和小浪底水库拦沙后期推荐方案。利用小浪底水库数学模型和下游一维非恒定流数学模型以及下游经验关系式,计算两个典型水沙各方案水库出库水沙过程及库区冲淤变化,下游分河段冲淤量和分组沙冲淤量情况。

计算分析表明,采用高含沙小洪水调度原则,可以显著增大水库排沙量,同时由于多排入下游河道的泥沙以细颗粒泥沙为主,长期而言对下游河道的淤积影响较小。对于高含沙中常洪水,采用提前预泄降低水库蓄水位并留存3亿m^3蓄水体的基础上控制花园口流量不超过下游平滩流量的方案,可以显著减小水库的细颗粒泥沙淤积,同时进入下游河道的泥沙主要为细颗粒泥沙。

因此,对于"96·8"和"88·8"两种类型的高含沙中常洪水过程,选取方案1为优化方案,不仅可以使水库和下游河道的淤积总量相对较少,而且可以控制下游不漫滩、有效减小下游滩区的漫滩损失,保障滩区群众的生产生活安全。

二、建议

(1)当黄河中游发生高含沙小洪水时,利用上年度报出的"汛期黄河中游中高含沙量小洪水小浪底水库调控运用方式研究"的成果,采用高含沙小洪水调度原则运用。

(2)当黄河中游发生高含沙中常洪水时,建议在采用提前预泄降低水库蓄水位并留存3亿m^3蓄水量的基础上,控制花园口流量不超过下游平滩流量的调度运用方式,既可以减少水库的细颗粒泥沙,又不显著增加下游河道的淤积量。

(3)综合考虑水库三角洲淤积形态、三角洲顶点以下库容及水库排沙效果,如果遭遇高含沙中常洪水,建议小浪底库水位降至215 m及以下运用。

第十专题　泾河、渭河干支流河道及水库淤积调查分析

通过调查，定量分析了渭河、泾河（简称泾渭河）河道及水库淤积，对于认识近年来其水沙变化成因，具有重要的现实意义。分析表明，2006 年以来渭河流域水库、河道总淤积量为 0.135 亿 m^3；水库淤积量最大，为 0.513 7 亿 m^3；渭河采砂活动较严重，对河床演变及防洪安全带来较大影响，需进一步加强管理。

第一章　泾河、渭河干支流水沙变化

渭河、泾河(简称泾渭河)干支流水少沙多、水沙异源,降水、来水来沙均集中于汛期。20世纪90年代以来渭河干流、支流水沙锐减,支流径流量比输沙量减少幅度更大,导致平均含沙量增高,汛期、非汛期水沙基本呈均匀衰减态势。渭河水量原来以咸阳以上来水为主,近年咸阳以上来水大幅减少,渭河下游水沙搭配更加不利。总体上呈现出"降水减幅少,来水来沙减幅大,大洪水少、水沙搭配关系不和谐"的典型特征。

一、渭河干流水沙变化

据1919～2011年实测资料统计,渭河多年平均径流量为71.3亿m^3,多年平均输沙量为3.514亿t(表1-1)。其中汛期多年平均径流量、输沙量分别为44.1亿m^3、3.147亿t。20世纪60年代径流量最大,为96.2亿m^3;40年代输沙量最大,为4.849亿t。20世纪90年代径流量最小,为43.8亿m^3;2000～2005年输沙量最小,为1.252亿t。

与1919～2011年长系列均值相比,20世纪90年代渭河来水来沙大幅减少,径流量减少38.6%,输沙量减少21.5%,来水减少比例明显大于来沙减少比例,平均含沙量相应增大了27.8%。小洪水高含沙量发生的频率增大,加重了河槽淤积,渭河下游悬河特征进一步加剧。2006～2011年径流量、输沙量分别为51.0亿m^3、1.369亿t,分别比多年平均减少28.5%、61.0%,平均含沙量相应增大了45.4%。

表1-1　渭河下游华县各年代水沙量统计表

时段(年)	平均径流量				平均输沙量			
	年(亿m^3)	距平(%)	7～10月(亿m^3)	汛期比例(%)	年(亿t)	距平(%)	7～10月(亿t)	汛期比例(%)
1919～1929	56.9	-20.2	35.5	62.4	3.469	-1.28	3.254	93.8
1930～1939	83.2	16.7	56.3	67.7	4.435	26.2	4.028	90.8
1940～1949	93.9	31.7	57.2	60.9	4.849	40.0	4.439	91.5
1950～1959	85.5	19.9	52.0	60.9	4.290	22.1	3.862	90.1
1960～1969	96.2	34.9	53.7	55.8	4.361	17.1	3.877	88.9
1970～1979	59.4	-16.7	37.9	63.8	3.842	24.1	3.635	94.6
1980～1989	79.1	10.9	51.3	64.8	2.758	-21.5	2.368	85.9
1990～1999	43.8	-38.6	24.2	55.3	2.760	-21.5	2.370	85.6
2000～2005	47.5	-33.3	31.5	66.3	1.252	-64.4	0.914	73.0
2006～2011	51.0	-28.5	32.4	63.5	1.369	-61.0	0.929	67.9
1919～1959	79.3	11.2	49.9	62.9	4.241	13.9	3.880	91.5
1919～2011	71.3		44.1	61.9	3.514		3.147	89.6

渭河汛期水沙量占全年比例波动不大，说明年内水沙量衰减基本均匀分布。但2000年以后沙量明显减少，远大于径流量减少比例，水沙搭配相对有利。2000年以后，渭河先后发生了2003年的"03·8"、2005年的"05·10"、2011年的"11·9"等3场大洪水，这几场洪水均由华西秋雨形成，水多沙少，对减少渭河下游河道淤积、改善渭河下游河势起到了积极作用。

图1-1为渭河华县历年平均含沙量。20世纪90年代虽然径流量最小，但是平均含沙量大部分年份显著大于历史平均值。2000年以后除2001年、2002年外，其余年份均明显小于历史平均值。

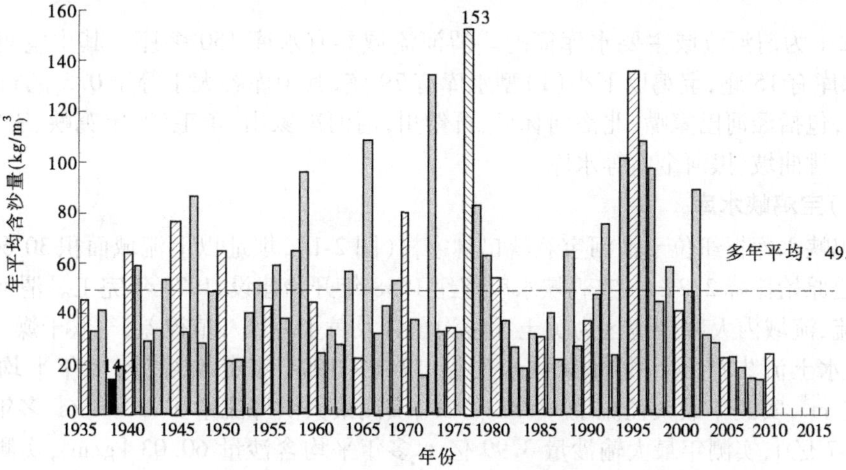

图1-1　渭河华县历年平均含沙量柱状图

二、泾河干支流径流量、输沙量变化

渭河支流泾河多年平均径流量14.95亿m^3，输沙量2.679亿t，多年平均含沙量为179 kg/m^3，是渭河沙量的主要来源支流。泾河径流量主要集中在汛期7~10月，汛期径流量占全年水量的73.7%，汛期输沙量占全年输沙量的90.9%，汛期输沙量比径流量更为集中。

泾河径流主要来自干流杨家坪以上及雨落坪、杨家坪至张家山区间，其径流量占径流总量的74.6%；泥沙则有一半以上来自马莲河雨落坪以上地区。马莲河、蒲河是泾河泥沙的主要来源区。泾河具有水沙异源的典型特征。泾河多年平均径流量占渭河的比例约为20%；平均输沙量占渭河的比例达到2/3以上。泾河是渭河下游泥沙的主要来源。渭河咸阳以上是渭河下游水量的主要来源。渭河下游同样具有明显的水沙异源特性。

第二章 水库淤积调查、分析计算

先后实地查勘了泾河、渭河以及黄河干流河段，并调取了陕西、甘肃、宁夏、山西水利厅关于水库、灌区的相关资料，同时到陕西省渭河管理局、运城市水务局、三门峡水利枢纽管理局等单位收集了大中型水库淤积资料。

一、渭河水利工程(大型水库)简况

表2-1为渭河流域主要水库简况。渭河流域共有水库150多座。其中宝鸡以上小(1)型水库有15座，宝鸡以下小(1)型水库有79座，其中库容大于等于0.5亿 m^3 的水库有11座，包括泾河巴家嘴、北洛河林皋、石堡川，渭河冯家山、羊毛湾、宝鸡峡、王家崖、零河、信邑、桃曲坡，黑河金盆等水库。

(一)宝鸡峡水库

宝鸡峡水库枢纽位于渭河宝鸡峡口林家村(图2-1)，坝址以上流域面积30 661 km^2，库区河道原始比降2.3‰。宝鸡峡水库枢纽1958年开始建设，1974年完工。渭河是一条多沙河流，流域内大部分地区为黄土丘陵沟壑区及黄土塬区，植被差，气候干燥，洪水暴涨暴落，水土流失严重。据林家村水文站1944～1994年资料统计，多年平均径流量24.01亿 m^3，实测年最大径流量48.82亿 m^3，实测最大洪峰流量5 030 m^3/s，多年平均输沙量1.47亿 t，实测年最大输沙量3.99亿 t，多年平均含沙量60.03 kg/m^3，实测最大含沙量845 kg/m^3。水沙量年内分配极不平衡，径流量7～9月占全年的45.5%，12月～翌年2月占全年的9.4%。输沙量6～8月占全年的76.3%，汛期平均含沙量102.6 kg/m^3，泥沙主要来自上游的散渡河、葫芦河、牛头河等。在输沙量中悬移质占98%以上，年平均为1.44亿 t，推移质占0.03亿 t。

图2-1 宝鸡峡水库鸟瞰图

表 2-1　渭河流域主要水库简况

所属省区	所属支流	水库名称	坝高(m)	总库容(亿 m³)	防洪库容(亿 m³)	兴利库容(亿 m³)	死库容(亿 m³)	水电站装机(万 kW)	年发电量(亿 kW·h)	年供水量(亿 m³)	地点	投运时间
甘肃	泾河	巴家嘴	74.0	5.10		3.38	1.580	0.208 4	0.04	0.159 8	庆阳	1962
	泾河	王家湾	43.0	0.317	0.095	0.222	0.048				西峰市	
	泾河	崆峒	63.8	0.297	0.167	0.223	0.060	0.189	0.100		平凉	
宁夏	泾河	店洼	31.2	0.210	0.080	0.030	0.130	—	—	0.050	茹河	
	泾河	石头腰岘	24.2	0.155	0.090	0.090	0.060	—	—	0.030	小河	
	泾河	乃河	38.4	0.130	0.100	0.030	0.010	—	—	0.030	茹河	
	泾河	庙台	52.5	0.160	0.060	0.090	0.060	—	—	0.020	茹河	
陕西	泾河	泔河	51.0	0.544		0.211	0.016	0	0	0.440	咸阳	1958
	泾河	小(1)型 40 座		平均 295 万 m³								
	北洛河	拓家河		0.276 5		0.105 2					延安洛川	
	北洛河	郑家河		0.117 5		0.785					延安黄陵	
	北洛河	福地		0.105		0.487					铜川	
	北洛河	石堡川	58.0	0.622	0.24	0.324	0.059	0	0	0.140	渭南	
	北洛河	林皋		0.33							渭南	
	北洛河	小(1)型 6 座		平均 291 万 m³								
甘肃	渭河	锦屏	37.0	0.120	0.051	0.096	0.016			0.032	通渭	
	渭河	东峡	41.3	0.860	0.602	0.040	0.064			0.011	平凉	1 959
宁夏	渭河	三里店	36.0	0.110	0.022	0.028	0.057	—	—	0.030	固原	
	渭河	张家嘴头	29.0	0.440	0.208	0.027	0.017	—	—	0.050	西吉	
	渭河	夏寨	22.0	0.241	0.193	0.130	0.007	—	—	0.020	西吉	
	渭河	马莲	40.0	0.266	0.015	0.014	0.010	—	—	0.030	西吉	

续表 2-1

所属省区	所属支流	水库名称	坝高(m)	总库容（亿 m^3）	防洪库容（亿 m^3）	兴利库容（亿 m^3）	死库容（亿 m^3）	水电站装机（万 kW）	年发电量（亿 kW·h）	年供水量（亿 m^3）	地点	投运时间
陕西	渭河	王家崖	24.0	0.942		0.465	0.045	0	0	1.490	宝鸡	1970
	渭河	信邑		0.329							宝鸡	
	渭河	宝鸡峡		0.5							宝鸡	2005
	渭河	段家峡		0.183 2		0.112 7					宝鸡	
	渭河	东风		0.135							宝鸡	
	渭河	白狄沟		0.1457							宝鸡	
	渭河	老鸭嘴		0.180 3							咸阳	
	渭河	冯村		0.189							咸阳	
	渭河	玉皇阁		0.157 5							咸阳	
	渭河	黑松林		0.143							咸阳	1958
	渭河	乾陵		0.1							咸阳	
	渭河	黑河金盆	130.0	1.77	0.304	1.45	0.100	1.820	0.658	2.710	咸阳	2002
	渭河	石头河	114.0	1.47	0.310	1.20	0.050	2.370	0.440	1.012		1972
	渭河	冯家山	73.5	3.89	0.920	2.86	0.910	0.450	0.000	1.350		1978
	渭河	羊毛湾	47.6	1.20		0.522	0.150	0.105	0.042	0.123		1973
	渭河	麻家边		0.12							渭南	
	渭河	零河		0.42							西安	
	渭河	尤河		0.245							渭南	
	渭河	石砭峪		0.281							西安	1973
	渭河	桃曲坡	61.0	0.572		0.395	0.110	0	0	0.500	铜川	

宝鸡峡水库总库容 0.5 亿 m^3，有效库容 0.320 亿 m^3，经过多年淤积，目前已淤积 0.180 亿 m^3。

水库非汛期蓄水。汛期(7～8 月)以 630 m 为汛限水位，上游来水大于 200 m^3/s、含沙量大于 165 kg/m^3时，水库敞泄，并放空排沙。上游来水小于 200 m^3/s、含沙量小于 165 kg/m^3时，水库蓄水、不超汛限水位。每年灌溉后，8 月 15～31 日敞泄排沙。汛初、汛末遇到大于 50 a 一遇洪水时，视情况开启增泄洪洞。当预报水库上游发生洪水时，及时向省、市抗旱防汛指挥部、水务局报告水情、汛情、工情，并严格按照上级批准的调度运行方案运行。

(二)冯家山水库

冯家山水库位于渭河支流千河下游的陈仓、凤翔、千阳三县(区)交界处，是陕西省关中地区最大的蓄水工程。冯家山水库工程于 1970 年动工兴建，1974 年下闸蓄水，同年 8 月向灌区供水灌溉，1980 年整个工程基本建成，1982 年 1 月竣工交付使用。该工程是以农业灌溉及工业、城市居民生活供水为主，兼作防洪、发电等综合利用的大(2)型水利工程。

水库枢纽由拦河大坝(碾压式均质土坝，高度 75 m)、输水洞、泄洪洞、溢洪洞、非常溢洪道、坝后电站等工程组成。水库控制流域面积 3 232 km^2，占全流域面积的 92.5%，总库容 4.28 亿 m^3，有效库容 2.86 亿 m^3，拦沙库容 1.42 亿 m^3。

(三)王家崖水库

王家崖水库位于宝鸡县石羊庙乡王家崖村北的千河干流上，宝鸡峡总干渠从坝顶通过，大坝既是宝鸡峡总干渠跨千河的过沟建筑物，又可拦蓄千河径流调济宝鸡峡灌区用水。

该水库作为宝鸡峡总干渠上的一个过沟建筑物，和塬边渠道工程同时于 1958 年春开始规划，同年 11 月根据初设成果动工兴建。1962 年春，工程缓建。1969 年 3 月，工程开始复工建设，1970 年 12 月竣工，1971 年正式投入运用。

王家崖水利枢纽工程由大坝、坝顶干渠、溢洪道、干渠渡槽及放水洞组成，并建有渠水入库进水道、抽水站及坝东引水渠等附属工程。大坝为碾压式均质土坝，坝顶长 1 816 m，宽 8.2 m，最大坝高 24 m，1992 年加防浪墙高 1 m，按 3 级标准，防洪标准为 100 年一遇洪水设计，1 000 年一遇洪水校核，2 000 年一遇洪水保坝，库容 9 420 万 m^3。

(四)泔河水库

泔河水库位于礼泉县城北 3.5 km 泔河与小河汇流处，是宝鸡峡灌区渠库结合工程之一。泔河水库建于 1962 年。水库总库容为 0.544 亿 m^3，兴利库容为 0.211 亿 m^3，集水面积为 710 km^2。泔河水库以灌溉为主，兼顾渔业生产、水利、旅游等综合利用，其主要永久建筑物按Ⅲ级设计。该枢纽由土坝、溢洪道、泄洪洞、输水洞、进水道、抽水站等工程组成。

(五)泔河二库

泔河二库位于陕西省礼泉县烟霞乡境内，泾河一级支流泔河下游的主河道上，距泾河入渭口 8 km。水库由土坝、溢洪道、放水洞组成。工程于 1976 年动工修建，1983 年基本建成。2007 年除险加固。

(六)信邑水库

信邑水库位于扶风县东北 7.5 km 的美阳河上，宝鸡峡塬上总干渠 117 +300 处，总库容为0.329亿 m^3，是宝鸡峡渠库结合工程之一。该水库是以灌溉为主，兼顾防洪、养殖等综合效益。信邑沟水库为Ⅱ等工程，中型规模。该水库枢纽工程由土坝、进水道、放水洞（兼泄洪）、坝后抽水站等组成。

（七）羊毛湾水库

羊毛湾水库位于陕西乾县石牛乡羊毛湾村北的渭河支流漆水河上，是一座以灌溉为主，兼顾防洪、养殖等综合利用的大型水利工程。水库枢纽工程由大坝、输水洞、溢洪道和泄水底洞组成，总库容1.2亿 m^3，有效库容0.522亿 m^3。羊毛湾水库坝址以上控制流域面积1 100 km^2，多年平均径流量0.85亿 m^3。水库按多年调节设计。

羊毛湾水库于1958年动工建设，历经12 a，于1970年建成，先后于1986年、2000年两次对羊毛湾水库进行除险加固。为补充水库水源，于1995年建成"引冯济羊"输水工程，每年可由冯家山水库向羊毛湾水库输水3 000万 m^3，有效解决了水库水源不足问题。

（八）石头河水库

石头河水库位于岐山、眉县、太白县三县交界处，渭河南岸支流石头河上的斜峪关上游1.5 km处，北距蔡家坡20 km。工程以灌溉为主，兼具发电和防洪效益，是陕西省关中西部地区实现南水北调以解决渭北黄土高原缺水问题的一项大型水利工程。石头河水利枢纽大坝是亚洲第一高黏土心墙土石坝，最大坝高114 m，水库总库容1.47亿 m^3。水电站装机容量4.95万kW，设计灌溉面积8.5万 hm^2。工程于1971年10月开工，1989年10月完工。坝址控制流域面积673 km^2，多年平均降雨量746.6 mm，多年平均流量为14.1 m^3/s。大坝按百年一遇洪水设计，流量为2 690 m^3/s；千年一遇洪水校核，流量为4 620 m^3/s。水库控制流域面积673 km^2，多年平均径流量4.48亿 m^3，多年平均输沙量16.37万t。枢纽主要由拦河坝、溢洪道、泄洪隧洞、引水隧洞和水电站组成。

（九）金盆水库

金盆水库枢纽工程于黑河峪口以上约1.5 km处，距西安市86 km。该水库总库容1.77亿 m^3，是一项以城市供水为主，兼顾农灌、发电、防洪等综合利用的大(2)型水利工程。枢纽由拦河坝、泄洪洞、溢洪洞、引水洞、坝后电站及古河道防渗工程等建筑物组成。水库按百年一遇洪水标准（Q = 3 600 m^3/s）设计，2 000年一遇洪水（Q = 6 400 m^3/s）校核。正常高水位594.0 m，汛限水位593.0 m，设计、校核洪水位分别为594.34 m和597.18 m。

（十）石堡川水库

石堡川水库灌区位于渭北旱原东部，水库总库容0.638亿 m^3，水库防汛担负着下游0.5万人口、1.5万亩耕地和西延铁路、渭清公路及四座水电站等的安全。

石堡川水库位于洛川县石头公社盘曲河村附近的石堡川河干流上，坝址以上多年平均径流量为2.41亿 m^3。水库枢纽由拦河坝、输水洞、泄洪洞、排沙底洞等组成，总库容6 220万 m^3，有效库容3 235万 m^3。拦河坝为均质土坝，坝高58.9 m，坝顶高程941.9 m，坝顶长380 m，顶宽4.9 m。石堡川水库1969年7月开工，1973年陕西省建设委员会又批准了《石堡川水库灌溉工程扩大初步设计》，采用投资包干，工程进度加快，1976年水库主体完成，1982年水库灌区工程全面完成。

（十一）巴家嘴水库

巴家嘴水库是一座大(2)型水库，位于甘肃省境内泾河（黄河一级支流）支流蒲河中游，距庆阳市所在地西峰区 19 km。巴家嘴水库总库容 5.10 亿 m^3，兴利库容 3.38 亿 m^3，是渭河流域最大的水库，其功能为防洪、供水、灌溉和发电。水库控制流域面积 3 478 km^2，多年平均径流量 1.268 亿 m^3。水库大坝为黄土均质坝，于 1955 年 9 月开始兴建，1960 年 2 月截流，1962 年 7 月建成。水库防洪标准按百年一遇洪水设计，2 000 年一遇洪水校核。初建坝高 58 m，坝顶高程 1 108.7 m，相应库容 2.57 亿 m^3。水库枢纽由大坝、溢洪道、输水洞、泄洪洞和两级电站组成。

泄水建筑物布置在大坝左岸，总计最大泄流量 5 349 m^3/s。左岸两条泄水洞，一条直径 2.0 m，洞口底坎高程 1 083.5 m，洞后接电站引水管；另一条直径 4 m，洞口底坎高程 1 085 m，用作泄洪排沙。第二次加高坝体的同时，又改建了原有的两条泄水洞，将向电站输水的洞口底坎高程抬升到 1 087 m，将泄洪排沙洞底坎高程抬升到 1 085.6 m。泄洪洞最大泄流能力为 101 m^3/s（库水位达到 1 124 m 高程）。1992 年 9 月增建泄洪洞工程正式开工，历经 7 a，于 1998 年 7 月建成投入运用。增建泄洪洞位于左坝肩山体内，与原 4 m 洞径泄洪洞大致平行，两洞轴线相距约 65 m，设计最大泄量 503 m^3/s，全长 410 m。

经过 1965 年、1973 年、2009 年三次加高，现坝高 75.6 m，坝顶宽 6.0 m，长 565 m，总库容 5.4 亿 m^3，有效库容 2.1 亿 m^3，目前已淤积 3.3 亿 m^3。

巴家嘴水库建有总装机 2 084 kW 的两级电站，安装发电机组 7 台，年均发电量 400 万 kW·h。1981 年配套建成了总装机 2.65 万 kW 的九级电力提灌工程，设计灌溉面积 14.40 万亩。1996 年建成日供水能力 4.38 万 m^3 的西峰城乡供水工程，是庆阳市唯一的城区水源工程。水库对下游陕、甘 2 省 10 个县（区）的 14 万多人，28.5 万亩耕地及国道 312 线的防洪安全有重大影响。

汛初、汛末遵循"蓄清排浑、异重流排沙"的调度原则运用，主汛期严格遵循"空库度汛"的调度原则。汛期始末遇到大于 20 a 一遇以上洪水时，视情况开启增建泄洪洞、旧泄洪洞、输水洞泄洪；主汛期三洞敞开泄洪，必要时溢洪道参与泄洪，严禁下闸蓄水。当预报水库上游发生洪水时，水库管理所及时向省、市抗旱防汛指挥部、水务局报告水情、汛情、工情，并严格按照上级批准的调度运行计划和抗旱防汛指挥部的调度指令进行调度。

（十二）桃曲坡水库

桃曲坡水库位于渭北石川河支流沮河下游，坝址距耀县城 15 km。水库于 1969 年动工兴建，1980 年正式蓄水，1984 年通过验收，水库总库容 0.572 亿 m^3，兴利库容 0.360 亿 m^3，死库容 0.168 亿 m^3。正常蓄水位 788.5 m（溢洪道加闸前为 784.00 m）；设计洪水位 788.5 m，校核洪水位 790.5 m，回水长度 6 km。坝址以上控制流域面积 830 km^2。多年平均径流量为 6 686 万 m^3，多年平均年输沙量为 90.4 万 t。

该水库是一座以灌溉为主，兼顾城市供水、防洪、多种经营等综合利用的中型工程。设计灌溉面积 31.83 万亩。水库枢纽工程设计等级为Ⅲ等，主要建筑物按 3 级设计，防洪标准为百年一遇洪水，千年一遇洪水校核，抗震烈度为 6 度。百年一遇洪峰流量为 1 780 m^3/s，千年一遇洪峰流量为 3 250 m^3/s。百年一遇设计洪水时水库最大下泄量为 1 454 m^3/s，千年一遇校核洪水水库最大泄流量为 2 218 m^3/s。水库枢纽工程由均质土坝，侧槽式溢洪道和高、低放水洞组成。

为缓解灌区缺水和铜川市用水矛盾问题，1993 年陕西省开始陆续实施了马拦河引水工程与桃曲坡水库溢洪道加闸工程。马拦河引水工程已于 1999 年竣工，水库可引水总量由 6 686 万 m^3 增加到 10 920 万 m^3。溢洪道加闸工程现已完成，加闸后正常蓄水位比原来正常蓄水位 784.00 m 高出 4.5 m，即 788.5 m，兴利库容 3 602 万 m^3，增加 1 016 万 m^3，在保证城市供水的基础上，农田灌溉保证率由 37.4% 提高到 48.1%。

（十三）东峡水库

东峡水库位于甘肃静宁县城东约 5 km 的葫芦河一级支流渝河（也称南河或甜水河）峡谷处，始建于 1958 年，1960 年建成蓄水运行，后经一次扩建、一次抗震加固和两次蓄清排浑，水库坝高 41.34 m，总库容 0.860 亿 m^3，控制流域面积 552 km^2，是一座以防洪为主，兼有灌溉、城市供水和旅游等多重功能的综合型水库。水库按百年一遇洪水设计，千年一遇洪水校核。

二、典型水库用水及淤积计算分析

（一）冯家山水库

表 2-2 为冯家山水库 2001 ~ 2011 年用水量。2001 ~ 2011 年平均用水为 2.537 亿 m^3，其中工业用水年平均为 0.143 亿 m^3；农业灌溉用水年平均为 0.968 亿 m^3；生活用水年平均为 0.242 亿 m^3；生态用水年平均为 0.911 亿 m^3；蒸发、渗漏损失年平均为 0.273 亿 m^3。

从冯家山水库用水类别分析，农业灌溉用水最大；从年际分析，2011 年综合用水量最大；从年内分析，6 月用水量最大。

冯家山入库平均含沙量为 8.76 kg/m^3，由于水库用水一般经过沉淀，并取用表层清水，因此冯家山用水基本不带走泥沙。

（二）巴家嘴水库

表 2-3 为巴家嘴水库不同年份、不同水位级相应库容变化。从表中可以看出巴家嘴水库淤积变化情况。1997 年 11 月 ~ 2011 年 12 月巴家嘴水库淤积量约为 0.234 4 亿 m^3，平均每年淤积 0.015 63 亿 m^3。

巴家嘴水库建库至今已淤积 3.3 亿 m^3。建库至 1997 年 10 月淤积量约为 3.080 5 亿 m^3，平均每年约为 856 万 m^3；1997 年 11 月 ~ 2001 年 12 月淤积量约为 997 万 m^3，平均每年约为 249 万 m^3；2001 年 12 月 ~ 2004 年 6 月淤积量约为 330 万 m^3，年均 132 万 m^3；2004 年 6 月 ~ 2008 年 8 月淤积量约为 818 万 m^3，平均每年约为 164 万 m^3；2008 年 8 月 ~ 2011 年 12 月淤积量约为 50 万 m^3，年均 15 万 m^3。由年均淤积量而知，逐时段减少。

表 2-2　冯家山水库 2001 ~2011 年各类用水量

（单位：万 m^3）

用水类别	年份	月份												年总量
		1	2	3	4	5	6	7	8	9	10	11	12	
城市 工业	2001	70	77	107	68	71	81	108	102	61	28	45	63	884
	2002	80	56	70	65	76	92	123	112	106	114	110	109	1 112
	2003	113	108	135	138	132	166	138	128	86	85	120	139	1 487
	2004	156	148	164	162	133	136	155	143	110	90	97	156	1 652
	2005	157	123	157	169	151	166	135	95	81	61	92	141	1 529
	2006	110	94	95	81	114	110	114	128	105	74	157	165	1 347
	2007	134	115	120	117	115	118	102	99	98	109	138	131	1 397
	2008	118	106	128	91	100	119	128	118	125	92	131	143	1 399
	2009	140	129	140	136	140	136	140	140	136	82	120	120	1 559
	2010	105	100	100	90	75	90	110	110	90	76	120	120	1 186
	2011	235	235	150	150	175	200	200	160	150	99	235	235	2 224
	均值	129	117	124	115	117	129	132	121	104	83	124	138	1 434
城市 生活	2001	299	253	85	86	155	161	183	180	170	162	160	163	2 057
	2002	163	153	159	153	163	167	215	207	196	204	180	186	2 146
	2003	197	163	186	180	168	173	174	166	155	166	154	157	2 039
	2004	158	152	162	158	162	170	173	168	159	156	155	152	1 925
	2005	171	145	159	146	163	167	164	167	162	153	152	178	1 925
	2006	170	144	158	154	165	170	170	184	180	177	179	194	2 045
	2007	196	171	193	175	205	180	190	192	157	177	177	181	2 192
	2008	183	198	203	192	209	200	189	188	200	204	207	180	2 353
	2009	284	260	284	275	284	275	284	284	275	232	260	270	3 267
	2010	255	240	240	260	275	300	310	300	275	249	260	270	3 234
	2011	270	245	265	265	280	355	290	310	305	258	305	310	3 458
	均值	213	193	190	186	203	211	213	213	203	194	199	204	2 422

续表 2-2

用水类别	年份	月份												年总量
		1	2	3	4	5	6	7	8	9	10	11	12	
农业 灌溉	2001	97	59	14	785	825	1 893	3 014	3 090				823	10 598
	2002	851	247	848	168	566	1 266	4 341	835	721			519	10 363
	2003		518	1 056	37	996	4 197	44		1 512			1 267	9 629
	2004	1 681	2 585	36		837	3 830	674						9 643
	2005	539	82	527	1 357	926	3 038	2 295	71				2 223	11 057
	2006	418			141	495	688	628	2 019				211	4 601
	2007	675	459	250		484	1 679						1 487	5 035
	2008	1 324	442	566	1 655	2 791	2 285	1 471	2 556	797	450	376	2 177	16 890
	2009	713	1 056	1 057	1 070	1 901	750	1 125					2 556	10 228
	2010	824	887	2 070	1 066	1 655	666	998					2 029	10 195
	2011	1 352	887	2 070	945	1 475	593	889						8 211
	均值	770	656	772	657	1 177	1 899	1 407	779	275	41	34	1 208	9 677
环境 生态	2001	97	59	396	291	66	645	67	66	65	66	65	66	1 949
	2002	66	64	66	65	1 005	1 669	952	66	65	66	65	66	4 215
	2003	66	65	440	96	427	414	44	138	2 227	4 780	1 199	2 844	12 740
	2004	67	65	35	1 136	1 225	325	52	66	1 444	65	227	255	4 962
	2005	40	99	66	466	81	125	1 878	4 477	3 001	3 978	3 165	280	17 656
	2006	46	398	1 585	1 522	1 028	455	703	92	967	1 337	608	215	8 956
	2007	186	33	90	76	62	64	776	2 509	1 981	1 808	1 553	842	9 980
	2008	127	138	236	1 371	1 220	1 230	819	17	470	154	38	37	5 857
	2009	38	64	12	31	182	188	508	526	357	325	88	141	2 460
	2010	43	86	192	211	1 184	1 419	536	1 658	3 085	1 956	1 781	1 144	13 295
	2011	958	27	126	119	189	265	415	2 909	3 194	3 109	3 414	3 403	18 128
	均值	158	100	295	489	606	618	614	1 139	1 532	1 604	1 109	845	9 109

续表 2-2

用水类别	年份	月份												年总量
		1	2	3	4	5	6	7	8	9	10	11	12	
蒸渗	2001	229	225	217	210	224	217	213	203	192	238	230	232	2 630
	2002	207	202	222	224	243	242	242	230	213	214	200	198	2 636
	2003	174	170	185	183	197	184	189	225	241	251	240	242	2 482
	2004	213	203	226	228	239	232	227	240	235	244	232	233	2 754
	2005	211	204	226	224	235	234	250	257	242	253	241	239	2 814
	2006	212	207	229	226	238	235	249	248	240	250	235	236	2 806
	2007	213	204	225	227	241	236	250	259	243	253	242	240	2 833
	2008	212	205	229	230	242	233	245	250	232	243	232	230	2 785
	2009	202	192	207	211	227	229	239	245	227	246	233	241	2 699
	2010	211	204	224	218	236	232	239	254	243	251	242	245	2 799
	2011	217	206	225	219	235	229	236	252	240	249	241	239	2 787
	均值	209	202	220	218	232	228	234	242	232	245	233	234	2 730

巴家嘴水库2006年进行除险加固改造,增加了两个溢洪道,泄量增加到了5 300 m^3/s。2006年以后淤积状况有所改善。因此,2008年后水库淤积量仅为50万 m^3。

根据以上分析计算,2006年至2011年巴家嘴水库淤积约为0.054 2亿 m^3。

表2-3 巴家嘴水库不同年份、不同水位级相应库容变化

水位(m)	库容(万 m^3)				
	1997年11月	2001年12月	2004年6月	2008年8月	2011年12月
1 086	0	0	0	0	0
1 088	0	0	0	0.7	0
1 090	0	0	0	4.1	0
1 092	0	0	0	11.5	0
1 094	0	0	0	26.6	0
1 096	0	0	0	55.4	5.4
1 098	2.5	0	0	93.7	43.7
1 100	10.2	0	0	143.2	93.2
1 102	47.9	0	0	202.2	152.2
1 104	120.7	0	0	273.5	223.5
1 106	240.7	9.9	3.6	357.9	307.9
1 108	450.7	103.8	86.1	457.6	407.6
1 110	865.7	298.3	232	576.4	526.4
1 112	1 529.7	741	536.4	833.1	783.1
1 114	3 029.5	2 129.5	1 878.4	1 760.4	1 710.4
1 116	5 503	4 537	4 278.8	3 460.8	3 410.8
1 118	8 333.2	7 336.4	7 006.7	6 188.7	6 138.7
1 120	11 249.5	10 840	9 923	9 105	9 055
1 122	15 725.6	14 728.8	14 399.1	12 181.1	12 131.1
1 124	19 123.5	18 166	17 797	16 829	16 779
1 126	22 824.5	21 827.7	21 498	20 680	20 630
1 128	26 687.5	25 690.7	25 361	24 543	24 493
1 130	30 647.5	30 477	29 321	28 903	28 853
1 132	35 916.5	34 919.7	34 590	33 772	33 722
1 134	41 288.5	40 357	39 962	39 144	39 094
1 136	46 799.5	45 802.7	45 473	44 655	44 605

三、渭河流域较大水库不同时段淤积量

表2-4为渭河流域较大水库不同时段淤积量。渭河流域各水库建库至1997年、1997～2005年、2006～2011年三个时段总淤积量分别为2.544 1亿、0.421 3亿、0.513 7亿 m^3。其中1997～2005年、2006～2011年平均淤积量分别为0.046 8亿、0.085 6亿 m^3。

表 2-4　渭河流域较大型水库不同时段淤积量

流域	河名	水库名称	总库容（亿 m^3）	有效库容（亿 m^3）	死库容（亿 m^3）	建成年份	不同时段淤积量（亿 m^3）			说明
							建库至 1997	1997～2005	2006～2011	
渭河	千河	冯家山	3.89	2.86	0.91	1974	0.818 0	0.078 1	0.056 1	2003 年加高培厚，2006～2011 年用水带走泥沙
渭河	漆水河	羊毛湾	1.20	0.522 0	0.15	1970	0.142 2	0.028 1	0.093 0	1986 年、2000 年除险加固
渭河	渭河	宝鸡峡	0.50	0.320		1971			0.082 5	渠首加坝加闸工程 1997 年动工，2005 年完成
渭河	石头河	石头河	1.47	1.20	0.05	1989			0.051 7	2005 年姜眉公路眉太段施工弃渣倒土，库容有损失
渭河	黑河	金盆	2.00	1.77	0.100	2002			0.038 0	黑河多年平均含沙量为 0.399 m^3/s，相对清澈
渭河	零河	零河	0.419 5				0.169 9	0.035	0.037 8	2002 年除险加固
渭河	千河	王家崖	0.942 0	0.822 0	0.018 0	1970	0.385 0	0.005 6	0.006 0	宝鸡峡配套工程，1998 年 3 月除险加固，2006 年 1 月竣工
渭河	美阳河	信邑	0.335 0	0.265 8		1971	0.117 3	0.103 2	0.036 5	宝鸡峡配套工程，2002 年 7 月除险加固，2006 年 1 月竣工。有效库容增加 0.135 1 亿 m^3
渭河	湋河	湋河二库	0.329 0				0.020 8	0.004 0	0	宝鸡峡灌区渠库结合工程，2007 年除险加固
渭河	蒲河	巴家嘴	5.10	3.380	1.580	1962	0.420 1	0.132 7	0.054 2	泾河流域
渭河	北洛河	石堡川	0.622 0	0.324 0	0.059	1982			0.036 8	
渭河	沮河	桃曲坡	0.572 0	0.360 2	0.168 3	1980	0.141 0	0.016 8	0.012 6	
渭河	漠谷河	大北沟	0.476 0				0.100 8	0.007 8	0.005 5	位于漠谷河下段大北沟与苇子沟汇流处，是宝鸡峡渠库结合工程之一
渭河	泾河	湋河	0.544 0	0.544	0.016	1962	0.229 0	0.010 0	0.003 0	
合计							2.544 1	0.421 3	0.513 7	

注：此表由陕西水利厅河库处提供，巴家嘴数据由庆阳水务局提供。

第三章　河道淤积调查分析

一、渭河、北洛河下游冲淤分析

表 3-1 为根据断面法计算的渭河下游(咸阳至渭河入黄口)不同时段淤积量。2000 年 6 月～2011 年 11 月渭河下游累计冲刷 1.410 9 亿 m^3,其中 2000 年 6 月～2006 年 4 月渭河下游累计淤积 0.240 2 亿 m^3,年均淤积 0.040 0 亿 m^3;2006 年 4 月～2011 年 4 月渭河下游累计冲刷 1.651 1 亿 m^3,年均冲刷 0.330 2 亿 m^3。2006 年后渭河下游河道淤积有所减轻,2011 年渭河发生了 1981 年以来最大的一场洪水,华县洪峰流量 5 050 m^3/s,渭河下游河道大幅度冲刷,冲刷量为 0.621 2 亿 m^3。

表 3-1　渭河下游不同时段淤积量

时段						淤积量(亿 m^3)
起			止			
年	月	日	年	月	日	
2000	6	15	2000	11	16	0.295 5
2000	11	16	2001	5	25	-0.030 2
2001	5	27	2001	10	29	0.191 5
2001	10	29	2002	5	22	0.023 4
2002	5	22	2002	9	27	0.193 1
2002	9	27	2003	5	23	-0.004 8
2003	5	23	2003	11	23	-0.169 3
2003	11	23	2004	5	15	-0.110 9
2004	5	15	2004	10	23	0.169 4
2004	10	23	2005	5	15	-0.134 2
2005	5	15	2005	10	21	-0.043 3
2005	10	21	2006	4	10	-0.140 3
2006	4	10	2006	10	24	0.280 3
2006	10	24	2007	3	30	-0.071 2
2007	3	30	2007	10	18	-0.077 1
2007	10	18	2008	4	23	-0.240 4
2008	4	23	2008	9	24	0.239 3
2008	9	24	2009	4	5	-0.136 3
2009	4	5	2009	10	24	-0.036 6

续表 3-1

时段						淤积量（亿 m^3）
起			止			
年	月	日	年	月	日	
2009	10	24	2010	5	9	-0.133 0
2010	5	9	2010	11	5	-0.894 8
2010	11	5	2011	4	24	0.039 9
2011	4	24	2011	11	2	-0.621 2
2000 ~ 2006						0.240 2
2006 ~ 2011						-1.651 1
2000 ~ 2011						-1.410 9

表 3-2 为北洛河下游各时段淤积量。1999 年 10 月 ~2011 年 11 月北洛河下游累计淤积 0.080 亿 m^3，其中 1999 年 10 月 ~2006 年 10 月渭河下游累计淤积 0.096 亿 m^3，年均淤积 0.013 8 亿 m^3；2006 年 10 月 ~2011 年 11 月北洛河下游累计冲刷 0.016 亿 m^3，年均冲刷 0.003 2 亿 m^3。2006 年后北洛河下游河道淤积同样有所减轻，呈略微冲刷状态。

表 3-2　北洛河下游不同时段淤积量

时段						淤积量（亿 m^3）
起			止			
年	月	日	年	月	日	
1999	10	10	2000	6	15	-0.005 4
2000	6	15	2000	11	7	0.106 0
2000	11	7	2001	5	27	-0.022 9
2001	5	27	2001	10	29	0.110 5
2001	10	29	2002	5	28	-0.008 7
2002	5	28	2002	9	28	0.018 1
2002	9	27	2003	5	29	-0.001 5
2003	5	29	2003	11	19	-0.117 1
2003	11	19	2004	5	12	-0.017 6
2004	5	12	2004	10	23	0.013 3
2004	10	23	2005	5	15	0.002 8
2005	5	15	2005	10	20	0.017 7
2005	10	20	2006	4	8	0.000 6

续表 3-2

时段						淤积量（亿 m^3）
起			止			
年	月	日	年	月	日	
2006	4	8	2006	10	8	0.001 1
2006	10	20	2007	4	8	0.004 4
2007	4	20	2007	10	18	0.003 3
2007	10	18	2008	4	15	0.001 5
2008	4	15	2008	10	5	-0.002 4
2008	10	5	2009	3	25	0.001 5
2009	3	25	2009	10	22	0.003 2
2009	10	22	2010	5	20	-0.000 8
2010	5	20	2010	9	25	0.004 8
2010	9	25	2011	4	25	-0.005 4
2011	4	25	2011	11	18	-0.026 9
1999～2006						0.095 8
2007～2011						-0.016 0
1999～2011						0.079 8

图 3-1、图 3-2 分别为北洛河洑头、南荣华 2006 年以来大断面套绘。北洛河洑头、南荣华断面基本没有变化，仅 2011 年略微冲刷，基本佐证了上述断面法计算结果。

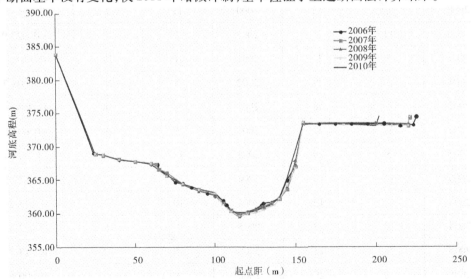

图 3-1　北洛河洑头 2006 年以来大断面套绘

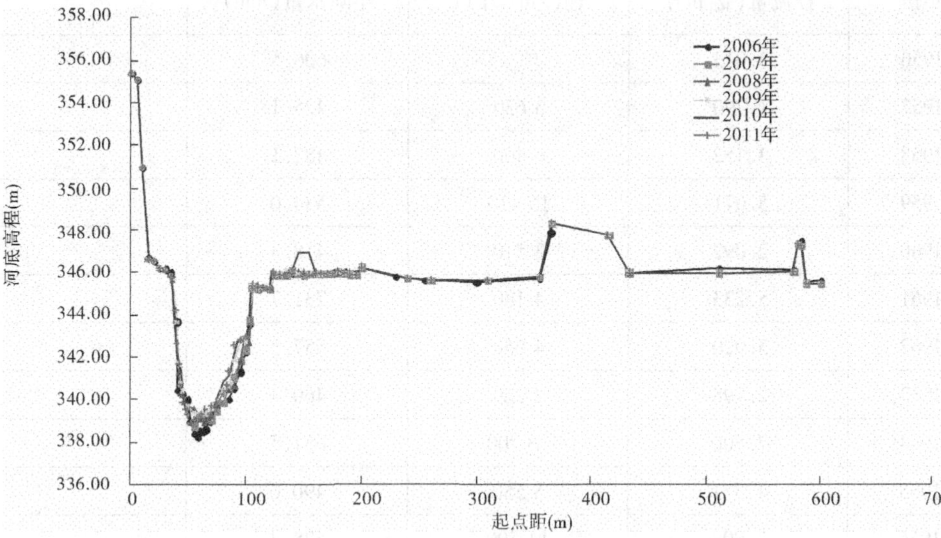

图 3-2　北洛河南荣华 2006 年以来大断面套绘

二、渭河干流及主要支流河道冲淤分析

渭河上游各支流近年水沙量均有变化。总体而言，2005 年后水沙量均小于多年平均值，属于枯水枯沙年份。

(一)渭河支流葫芦河

表 3-3 为葫芦河秦安站多年平均径流量、输沙量和降雨量。秦安站多年平均降雨量、径流量、输沙量分别为 484.1 mm、2.885 亿 m^3、0.410 亿 t。1990 年以来，葫芦河秦安水沙量大幅减少，1990～2011 年秦安站多年平均降雨量、径流量、输沙量分别为 443.95 mm、1.276亿 m^3、0.137 亿 t，分别比多年平均减少 8.29%、55.8%、66.6%。可见在降雨量减少不多的情况下，水沙大幅减少，沙量减少将近 7 成。2006～2011 年秦安站多年平均降雨量、径流量、输沙量分别为 457.3 mm、0.769 7 亿 m^3、0.041 38 亿 t，分别比多年平均减少 5.53%、73.3%、89.0%。可见近年来降雨量有所增大，而水沙量持续减少，沙量减少接近 9 成。

根据同流量水位法计算葫芦河河道冲淤量。秦安多年平均流量为 9.148 m^3/s，故以秦安站 10 m^3/s 同流量水位分析河道冲淤变化。

1991～2011 年秦安站同流量水位累计上升 0.24 m，其中 2006～2011 年累计上升 0.04 m。葫芦河秦安以上集水面积约为 9 805 km^2，由于葫芦河秦安以上支流较多，通过现场实地查勘，河道面积按照秦安以上集水面积的 1/20 估算，由此计算 2006～2011 年葫芦河秦安以上累计淤积 0.196 1 亿 m^3。

表 3-3　葫芦河秦安站水沙特征值

年份	径流量(亿 m³)	输沙量(万 t)	年降水量(mm)	10 m³/s 同流量水位(m)
1956	3.013		606.5	
1957	1.790	3 630	425.1	
1958	3.152	6 400	482.1	
1959	5.071	15 410	534.0	
1960	2.092	3 510	418.3	
1961	5.233	4 180	731.7	
1962	3.920	4 050	557.2	
1963	2.798	2 260	460.4	
1964	7.600	10 700	651.5	
1965	4.371	5 550	490.6	
1966	7.803	14 500	528.4	
1967	8.129	10 400	657.6	
1968	8.480	13 600	587.6	
1969	5.114	7 190	375.6	
1970	6.317	11 800	555.8	
1971	2.451	2 600	352.3	
1972	1.656	1 590	369.4	
1973	7.488	21 200	510.2	
1974	1.967	1 850	498.3	
1975	3.361	4 490	576.0	
1976	3.824	3 840	531.2	
1977	4.770	10 300	591.3	
1978	3.460	5 300	564.1	
1979	2.700	2 870	402.6	
1980	3.520	5 980	480.6	
1981	3.670	4 810	527.3	
1982	1.950	2 040	364.7	
1983	2.310	2 200	530.7	
1984	4.400	5 300	603.8	
1985	3.510	2 860	541.9	

续表 3-3

年份	径流量(亿 m^3)	输沙量(万 t)	年降水量(mm)	10 m^3/s 同流量水(m)
1986	2.342	2 690	376.8	
1987	1.340	1 300	436.4	
1988	2.060	3 170	567.9	
1989	1.834	1 700	452.7	
1990	2.959	2 390	563.1	
1991	1.431	1 440	356.9	92.80
1992	4.363	8 430	569.1	
1993	1.914	1 290	518.9	92.93
1994	1.527	1 550	339.8	92.90
1995	1.086	1760	329.9	
1996	1.155	1 230	342.1	92.88
1997	0.321 9	286	276.6	92.90
1998	0.474 2	662	385.6	
1999	0.774 0	1 410	362.1	
2000	0.814 9	1 840	478.2	
2001	0.844 2	626	478.5	92.91
2002	0.660 9	981	347.1	92.90
2003	2.347	1 870	726.4	92.95
2004	1.057	696	408.1	93.02
2005	1.719	1 190	541.0	93.01
2006	0.805 0	681	416.3	93.00
2007	0.976 1	956	572.0	93.01
2008	0.630 8	175	460.6	93.00
2009	0.274 4	31.9	384.9	93.01
2010	0.516 8	97.6	387.8	93.02
2011	1.415	541	522.8	93.04
平均	2.912	4 238	483.4	

图 3-3 为秦安水文站 2006 ~ 2011 年汛前大断面套绘。秦安断面逐年略微淤积,由此说明葫芦河秦安以上河道略微淤积是较为合理的。

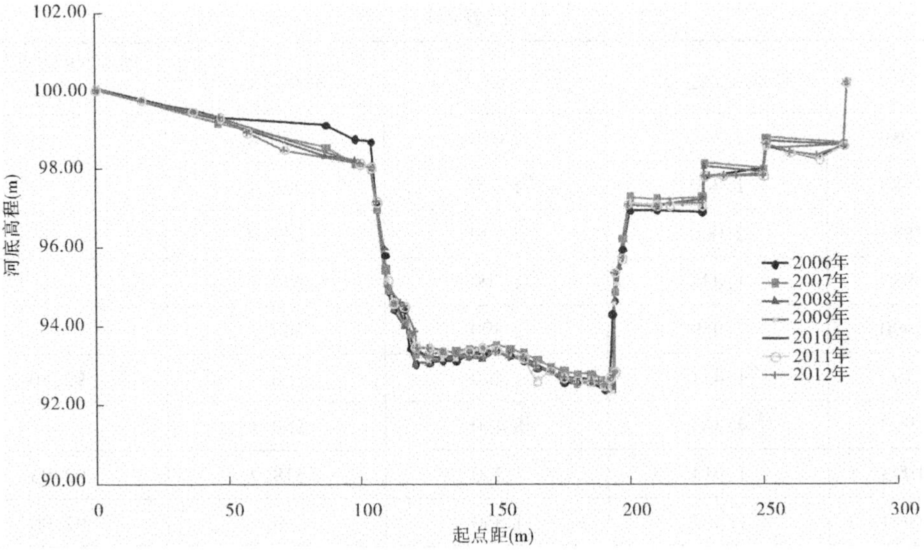

图 3-3　秦安历年大断面套绘

（二）渭河干流武山到北道河段

表 3-4 为渭河干流北道站多年平均径流量、输沙量和降雨量。北道站多年平均径流量、输沙量分别为 6.212 亿 m^3、0.415 亿 t。2006 ~ 2011 年北道站年平均径流量、输沙量分别为 5.291 亿 m^3、0.204 亿 t，分别比多年平均减少 14.8%、50.9%，沙量减少 5 成。

由于该河段河道先后开展有挖沙及北道附近河道治理，因此同流量水位不具备代表性。从图 3-4 可以看出渭河北道 2006 年以后大规模整治挖深的情况。2011 年开始，北道河段启动河道综合治理工程，将河道进一步挖深并一分为二，分为湖区及河道两部分，进一步改变了北道同流量水位系列。

基于以上情况，故以输沙量差值法计算渭河北道以上河道冲淤量。

表 3-4　渭河北道站多年平均径流量、输沙量、同流量水位

年份	径流量(亿 m^3)	输沙量(万 t)	20 m^3/s 同流量水位(m)
1990	14.60	7 530	
1991	7.844	6 270	1 079.48
1992	14.30	15 600	1 079.43
1993	9.891	3 480	1 079.50
1994	6.783	6 060	1 079.20
1995	4.158	4 580	1 079.21
1996	3.875	3 200	1 078.96
1997	1.286	1 310	1 078.66
1998	2.308	3 850	1 078.60
1999	4.272	4 440	1 078.36
2000	3.579	5 670	1 078.20

续表 3-4

年份	径流量(亿 m^3)	输沙量(万 t)	20 m^3/s 同流量水位(m)
2001	3.478	1 920	1 077.54
2002	2.619	2 460	1 077.22
2003	11.520	7 810	1 077.52
2004	4.347	1 950	1 077.22
2005	10.050	2 900	1 076.90
2006	5.638	4 150	1 077.21
2007	7.116	3 820	1 076.98
2008	6.018	1 270	1 076.50
2009	4.171	948	1 075.51
2010	3.022	612	1 075.16
2011	5.782	1 420	1 074.85
平均	6.212	4 148	

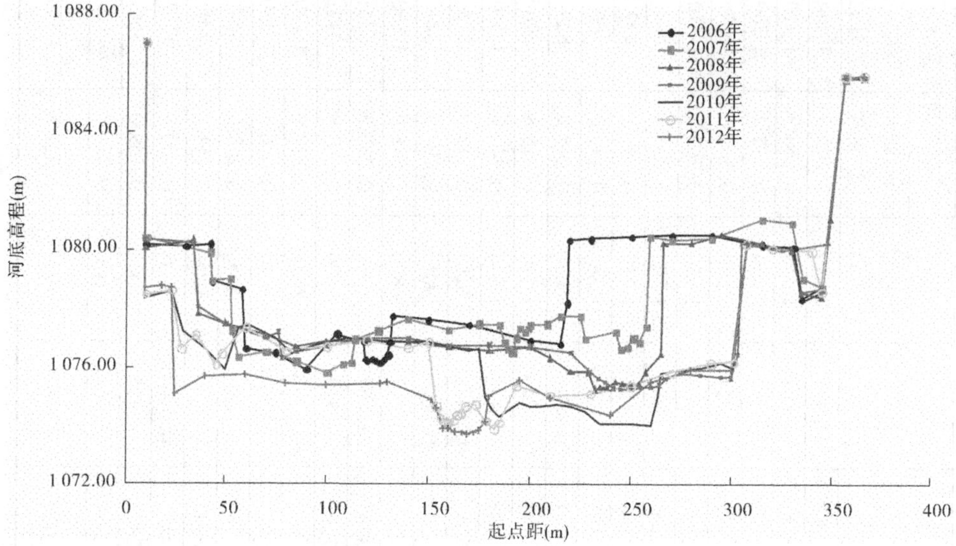

图 3-4　渭河北道历年大断面套绘

表 3-5 为渭河北道以上干、支流 1990 年以来各年输沙量、径流量。根据输沙量计算，1990 年以来渭河上游输沙量基本平衡。渭河上游武山、葫芦河秦安、散渡河甘谷、藉河天水 1990 年以来年均输沙量分别为 0.156 4 亿、0.137 0 亿、0.084 4 亿、0.010 8 亿 t，合计为 0.388 7 亿 t；渭河下游北道 1990 年以来年均输沙量为 0.414 8 亿 t；河段区间有 3 484 km^2 的未控区，按照水文比拟法计算，未控区间产沙约为 0.064 6 亿 t。据此计算，北道以上渭河干支流河道(除葫芦河外)1990 年以来略有淤积，年均淤积量约为 0.038 5 亿 t。

表 3-5　渭河北道站以上 1990 年以来平均径流量、输沙量

年份	渭河武山(1)		葫芦河秦安(2)		散渡河甘谷(3)		藉河天水(4)		1+2+3+4	渭河北道	
	径流量(亿 m^3)	输沙量(万 t)	径流量(亿 m^3)	输沙量(万 t)	径流量(亿 m^3)	输沙量(万 t)	径流量(亿 m^3)	输沙量(万 t)	输沙量(万 t)	径流量(亿 m^3)	输沙量(万 t)
1990	7.548	3 380	2.959	2 390	0.605 5	1 860	0.945 1	197	7 827	14.60	7 530
1991	4.970	3 540	1.431	1 440	0.368 3	1 210	0.314 6	34.6	6 224.6	7.844	6 270
1992	6.122	3 460	4.363	8 430	0.487 2	1 760	0.822 8	282	13 932	14.30	15 600
1993	5.078	982	1.914	1 290	0.309 6	687	0.720 1	154	3 113	9.891	3 480
1994	4.015	2 960	1.527	1 550	0.367 4	1 310	0.281 2	60.6	5 880.6	6.783	6 060
1995	2.771	2 250	1.086	1 760	0.253 7	844	0.098 0	36.5	4 890.5	4.158	4 580
1996	2.540	1 310	1.155	1 230	0.181 8	472	0.017 0	22.5	3 034.5	3.875	3 200
1997	1.127	1 050	0.321 9	286	0.131 6	400	0.024 2	83.9	1 819.9	1.286	1 310
1998	1.527	2 030	0.474 2	662	0.205 9	829	0.041 1	42.5	3 563.5	2.308	3 850
1999	2.645	1 560	0.774 0	1 410	0.215 8	696	0.148 0	99.9	3 765.9	4.272	4 440
2000	2.656	2 840	0.814 9	1 840	0.340 0	1 350	0.143 4	80.9	6 110.9	3.579	5 670
2001	2.191	634	0.844 2	626	0.113 0	215	0.166 2	76.0	1 551	3.478	1 920
2002	1.811	907	0.660 9	981	0.194 9	621	0.049 5	27.0	2 536	2.619	2 460
2003	5.334	2 340	2.347	1 870	0.548 0	1 860	1.090	361	6 431	11.52	7 810
2004	2.040	378	1.057	696	0.230 3	674	0.181 2	30.0	1 778	4.347	1 950
2005	5.130	779	1.719	1 190	0.169 8	232	0.710 4	77.2	2 278.2	10.05	2 900
2006	2.891	1 460	0.805 0	681	0.317 0	1 120	0.520 6	308	3 569	5.638	4 150
2007	3.292	593	0.976 1	956	0.376 5	1 230	0.861 5	305	3 084	7.116	3 820
2008	3.851	656	0.630 8	175	0.203 9	464	0.374 7	17.7	1 312.7	6.018	1 270
2009	2.335	614	0.274 4	31.9	0.151 6	291	0.301 4	5.49	942.39	4.171	948
2010	1.540	415	0.516 8	97.6	0.103 8	92.0	0.400 4	27.7	632.3	3.022	612
2011	1.934	282	1.415	541	0.169 0	356	0.656 3	50.9	1 229.9	5.782	1 420
平均	3.334	1 564	1.275 7	1 370	0.274 8	844.23	0.403 1	108.2	3 887	6.211 7	4 148
2006 年以来累积	15.843	4 020	4.618 1	2 482.5	1.321 8	3 553	3.114 9	714.79	10 770	31.747	12 220

2006 年以后情况有所变化，渭河上游武山、葫芦河秦安、散渡河甘谷、藉河天水 2006 年以来累积输沙量分别为 0.402 0 亿、0.248 3 亿、0.355 3 亿、0.071 5 亿 t，合计为 1.077 0 亿 t；渭河下游北道 2006 年以来累积输沙量为 1.222 0 亿 t；考虑其中 3 484 km^2 的未控区间，按照水文比拟法计算未控区间输沙量约为 0.179 1 亿 t。据此计算，北道以上渭河干支流河道 2006 年以来累计淤积 0.034 1 亿 t，年均淤积量约为 0.005 7 亿 t，淤积有所减轻。根据相关分析，渭河泥沙密度一般选取 1.4 g/cm^3，由此计算渭河北道以上 2006 年以来累积淤积泥沙 0.024 36 亿 m^3，冲淤基本平衡。

（三）渭河干流北道到拓石、拓石到林家村、林家村站到魏家堡河段

表 3-6 为渭河干流北道至拓石、拓石至林家村及宝鸡峡林家村站至魏家堡站区间 2006 年以来径流量、输沙量。

拓石 2006 年以来平均径流量、输沙量分别为 8.366 亿 m^3、0.214 8 亿 t。拓石 2006 年以来平均流量为 26.5 m^3/s。区间两条支流设有水文站，分别为牛头河社棠水文站和通关河凤阁岭水文站。

拓石以上集水面积 29 092 km^2，减去渭河北道（24 871 km^2）、牛头河社棠（1 846 km^2）、通关河凤阁岭（846 km^2）等集水面积 27 563 km^2，未控区间面积约为 1 529 km^2。2006 年以来渭河北道至拓石区间累积来沙 1.287 4 亿 t，用水文比拟法计算未控区间累积来沙为 0.067 6 亿 t，合计为 1.355 0 亿 t。拓石断面 2006 年以来累积来沙 1.288 6 亿 t。

根据沙量平衡法计算，渭河北道至拓石区间 2006 年以来累积淤积 0.066 4 亿 t，区间年均淤积 0.111 7 亿 t。渭河泥沙密度一般为 1.4 g/cm^3，由此计算渭河北道至拓石区间 2006 年以来累积淤积 0.047 43 亿 m^3，略有淤积。

渭河拓石至林家村区间河段长 82 km，建有宝鸡峡水库，区间有小水河等支流加入，小水河把口水文站为朱园。拓石水文站 2006～2010 年累计输沙量为 1.288 6 亿 t。朱园水文站上游植被好，因此未施测含沙量。林家村集水面积 30 661 km^2，减去朱园（402 km^2）、拓石（29 092 km^2）集水面积，未控区间面积约为 1 167 km^2。用水文比拟法计算未控区间累积来沙为 0.030 29 亿 t，2006 年以来渭河拓石至林家村区间累积来沙合计为 1.318 9 亿 t。上下游拓石和林家村沙量不平衡差为 0.523 1 亿 t。

由于区间有宝鸡峡水库，宝鸡峡水库 2006 年以来累积淤积 0.082 5 亿 t，因此估算拓石至宝鸡峡河段淤积量为 0.440 6 亿 t，区间年均淤积 0.073 4 亿 t。取渭河泥沙密度 1.4 g/cm^3，由此计算渭河北道至拓石区间 2006 年以来累积淤积 0.314 7 亿 m^3，淤积较为严重。

魏家堡近年平均径流量、输沙量分别为 16.972 亿 m^3、0.189 9 亿 t，其中魏家堡多年平均流量为 53.8 m^3/s。区间两条支流设有水文站，分别为清姜河益门镇和千河千阳站。

魏家堡以上集水面积 37 006 km^2，减去宝鸡峡林家村、清姜河益门镇、千河千阳等集水面积 33 815 km^2，未控区间面积约为 3 191 km^2。2006 年以来渭河宝鸡峡至魏家堡区间累积来沙 0.940 2 亿 t，用水文比拟法计算未控区间累积来沙为 0.098 2 亿 t，合计为 1.038 4亿 t。魏家堡断面 2006 年以来累积来沙 1.139 4 亿 t。

由沙量平衡法计算，渭河宝鸡峡至魏家堡区间 2006 年以来累积冲刷 0.101 0 亿 t。区间年均冲刷0.016 83亿 t。取渭河泥沙密度 1.4 g/cm^3，由此计算渭河宝鸡峡至魏家堡区间 2006 年以来累积冲刷 0.072 14 亿 m^3，略有冲刷。

表 3-6 渭河魏家堡站以上 2006 年以来平均径流量、输沙量

年份	北道(1)	社棠(2)	凤阁岭(3)	(1)+(2)+(3)	拓石	朱园(4)	渭河林家村(5)	清姜河益门镇(6)	千河千阳(7)	(5)+(6)+(7)	渭河魏家堡	
	输沙量(万 t)	输沙量(万 t)	输沙量(万 t)	输沙量(万 t)	输沙量(万 t)		输沙量(万 t)	输沙量(万 t)	输沙量(万 t)	输沙量(万 t)	径流量(亿 m^3)	输沙量(万 t)
2006	4 150	62.1	15.7	4 227.8	4 090		2 860	0.691	52.5	2 913	9.774	2 880
2007	3 820	181	42.3	4 043.3	3 960		2 200	1.58	9.67	2 211	16.29	3 860
2008	1 270	35.3	6.25	1 311.55	1 500		777	0.245	8.71	786	10.64	1 070
2009	948	7.36	6.0	961.36	835		450	1.59	2.31	454	10.59	767
2010	612	61.2	33.9	707.1	701		451	0.905	1 310	1 762	19.77	707
2011	1 420	168	34.7	1 622.7	1 800		1 220	6.06	49.6	1 276	33.69	2 110
平均	4 148	85.83	23.149	2 146	2 148		1 326	1.845	238.80	1 567	16.972	1 899
2006 年以来累积	12 220	514.96	138.9	12 874	12 886		7 958	11.071	1 432.79	9 402		11 394

(四)渭河干流魏家堡至咸阳河段

咸阳多年平均径流量、输沙量分别为44.29亿m^3、1.213亿t,其中多年平均流量为140 m^3/s。1991~2011年咸阳多年平均径流量、输沙量分别为23.19亿m^3、0.332亿t(表3-7),年平均流量为73.54 m^3/s。图3-5为咸阳历年大断面套绘。

表3-7 渭河咸阳站水沙特征值

年份	径流量(亿m^3)	输沙量(亿t)	70 m^3/s同流量水位(m)
1991	26.54	0.488	384.20
1992	34.88	1.290	384.16
1993	39.62	0.396	384.10
1994	18.10	0.368	384.05
1995	5.279	0.238	384.25
1996	11.25	0.215	384.10
1997	5.772	0.060	384.15
1998	17.81	0.278	383.96
1999	17.93	0.380	384.00
2000	14.75	0.481	383.58
2001	9.865	0.095	383.59
2002	8.239	0.170	383.22
2003	49.11	0.914	383.20
2004	16.10	0.118	383.07
2005	45.72	0.570	383.13
2006	19.35	0.297	382.88
2007	25.84	0.275	382.62
2008	19.62	0.054	382.40
2009	20.36	0.039	382.40
2010	31.61	0.074	383.30
2011	49.30	0.166	382.13
平均	23.19	0.332	

咸阳以上集水面积46 827 km^2,魏家堡、石头河鹦鸽、汤峪河漫湾、黑河黑峪口、涝河涝峪口等集水面积39 463 km^2,未控面积约为7 364 km^2。

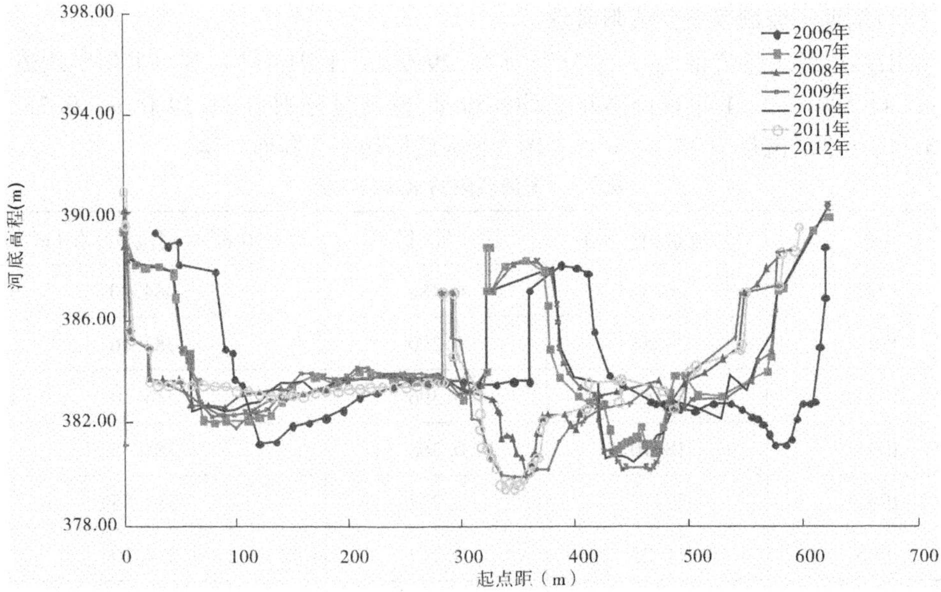

图 3-5 咸阳历年大断面套绘

表 3-8 为渭河魏家堡至咸阳站区间干支流近年来平均径流量、输沙量。2006 年以来渭河魏家堡至咸阳区间累积来沙 1.158 6 亿 t，用水文比拟法计算未控区间累积来沙为 0.142 3亿 t，合计为 1.300 9 亿 t。渭河咸阳断面 2006 年以来累积来沙 0.905 0 亿 t。由此计算渭河魏家堡至咸阳以上区间 2006 年以来累积淤积泥沙 0.395 9 亿 t，年均淤积 0.065 98亿 t。取渭河泥沙密度 1.4 g/cm^3，由此计算渭河魏家堡至咸阳区间 2006 年以来累积淤积泥沙 0.282 8 亿 m^3，淤积量相对不大。

三、泾河上游干、支流河道冲淤分析

泾河上游各支流 2006 年以后水沙量均比多年均值小，属于枯水枯沙年份。

（一）泾河支流马莲河雨落坪以上河段

表 3-9 为马莲河雨落坪站多年平均径流量、输沙量。雨落坪站多年平均径流量、输沙量分别为 4.337 亿 m^3、1.195 8 亿 t，多年平均流量为 13.74 m^3/s。

以雨落坪站 15 m^3/s 同流量水位分析河道冲淤变化。

1991～2011 年雨落坪站同流量水位累计上升 0.09 m，2006～2011 年累计上升 0.16 m。马莲河雨落坪以上集水面积约为 19 019 km^2，考虑到雨落坪水位流量关系曲线以及雨落坪水文站石板河床的实际情况，说明马莲河雨落坪以上 1991～2011 年有累计淤积的趋势。图 3-6 为雨落坪 2006 年以来大断面套绘，高水部分基本没有变化，低水部分有累计淤积的趋势。

马莲河雨落坪以上支流较多，河道面积按照雨落坪以上集水面积的 1/10（1 901.9 km^2）计算，由此得出 2006～2011 年马莲河雨落坪以上累计淤积 0.304 0 亿 m^3，年均淤积约为 0.050 67 亿 m^3。

表 3-8　渭河魏家堡至咸阳站区间 1991 年以来平均径流量、输沙量

年份	渭河魏家堡 (1)		石头河鹦鸽 (2)	汤峪河漫湾 (3)	涝河涝峪口 (4)		黑河黑峪口 (5)		(1)+(2)+(3)+(4)+(5)	渭河咸阳	
	径流量 (亿 m^3)	输沙量 (万 t)	输沙量 (万 t)	输沙量 (万 t)	径流量 (亿 m^3)	输沙量 (万 t)	径流量 (万 m^3)	输沙量 (万 t)	输沙量 (亿 t)	径流量 (亿 m^3)	输沙量 (亿 t)
1990											
1991										26.54	0.488
1992										34.88	1.290
1993										39.62	0.396
1994										18.10	0.368
1995										5.279	0.238
1996										11.25	0.215
1997										5.772	0.060
1998										17.81	0.278
1999										17.93	0.380
2000										14.75	0.481
2001										9.865	0.095
2002										8.239	0.170

续表 3-8

年份	渭河魏家堡（1）		石头河鹦鸽（2）	汤峪河漫湾（3）	涝河涝峪口（4）		黑河黑峪口（5）		（1）+（2）+（3）+（4）+（5）	渭河咸阳	
	径流量（亿 m^3）	输沙量（万 t）	输沙量（万 t）	输沙量（万 t）	径流量（亿 m^3）	输沙量（万 t）	径流量（亿 m^3）	输沙量（万 t）	输沙量（亿 t）	径流量（亿 m^3）	输沙量（亿 t）
2003										49.11	0.914
2004										16.10	0.118
2005										45.72	0.570
2006	9.774	2 880	19.5	0.603 4		3.13		1.347	0.290 4	19.35	0.297
2007	16.29	3 860	60.0	1.066		9.62		3.832	0.393 5	25.84	0.275
2008	10.64	1 070	13.5	0.930 2		2.47		2.226	0.108 9	19.62	0.054
2009	10.59	767	11.3	1.131		1.71		2.058	0.783 2	20.36	0.039
2010	19.77	707	9.19	1.266		3.82		4.663	0.725 9	31.61	0.074
2011	33.69	2 110	17.7	1.732		10.8		6.404	0.214 7	49.30	0.166
平均		1 899	21.87	1.121 4		5.258 3		3.421 7	0.193 1	23.19	0.332
2006 年以来累积									1.158 6		0.905

表 3-9　马莲河雨落坪站水沙特征值

年份	径流量(亿 m^3)	输沙量(万 t)	15 m^3/s 同流量水位(m)
1955	3.789 0	9 940	
1956	5.915 0	20 400	
1957	2.660 0	6 040	
1958	7.078 0	28 200	
1959	4.804 0	20 400	
1960	2.914 0	6 190	
1961	4.744 0	9 950	
1962	3.752 0	9 060	
1963	3.589 0	8 440	
1964	9.614 0	34 900	
1965	2.438 0	2 310	
1966	6.745 0	26 700	
1967	3.391 0	6 080	
1968	4.961 0	14 500	
1969	3.767 0	9 710	
1970	5.205 0	15 000	
1971	2.153 0	10 600	
1972	4.162 0	2 430	
1973	6.481 0	2 470	
1974	3.635 0	8 890	
1975	4.628 0	9 340	
1976	3.750 0	6 890	
1977	7.200 0	30 900	
1978	4.880 0	11 600	
1979	3.300 0	7 510	
1980	3.440 0	6 960	
1981	4.200 0	9 800	
1982	2.880 0	4 160	
1983	3.620 0	3 390	
1984	5.620 0	14 500	

续表 3-9

年份	径流量(亿 m^3)	输沙量(万 t)	15 m^3/s 同流量水位(m)
1985	5.230 0	11 200	
1986	2.980 0	6 480	
1987	2.800 0	4 920	
1988	8.340 0	29 900	
1989	3.727 0	7 310	
1990	4.499 0	11 900	
1991	4.386 0	11 200	988.51
1992	5.654 0	17 500	988.51
1993	4.078 0	10 100	988.48
1994	6.725 0	29 200	988.50
1995	5.136 0	18 600	988.52
1996	5.511 0	22 400	988.53
1997	3.242 0	13 200	988.48
1998	4.156 0	11 700	
1999	4.078 0	12 800	
2000	2.524 0	7 780	
2001	3.424 0	10 200	
2002	4.892 0	16 700	988.41
2003	5.476 0	13 000	988.40
2004	3.380 0	8 410	988.51
2005	2.721 0	7 190	988.46
2006	2.798 0	5 890	988.44
2007	2.498 0	5 740	988.50
2008	2.748 0	5 690	988.52
2009	2.831 0	5 060	988.49
2010	3.697 0	8 330	988.58
2011	2.351	1 560	988.60
平均	4.337	11 958	
2006 年以来累积		32 270	0.16

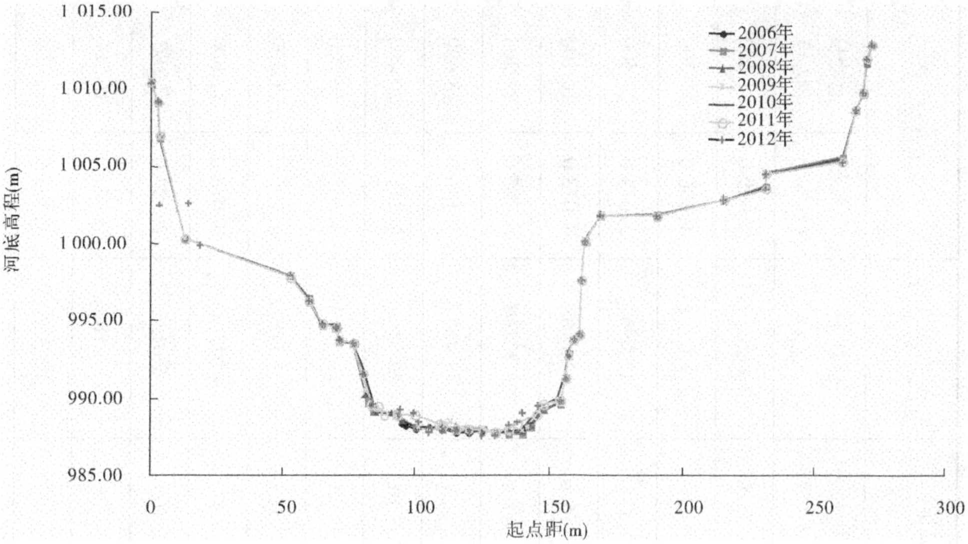

图 3-6　雨落坪历年大断面套绘

以下用沙量平衡法验证马莲河雨落坪以上 2006 年以来淤积量。表 3-10 为雨落坪以上河道干支流近年来平均径流量、输沙量。马莲河洪德以上集水面积 4 640 km^2，马莲河庆阳以上集水面积 10 630 km^2，雨落坪以上集水面积 19 019 km^2，东川河贾桥、合水川板桥、柔远川悦乐集水面积分别为 2 988、807、528 km^2，庆阳以上未控面积约为 7 364 km^2。由于庆阳以上为马莲河上游，比降大，河道淤积量不大，雨落坪以上未控面积约为 4 594 km^2。

根据表 3-10 计算，2006 年以来马莲河雨落坪以上累积来沙 3.001 5 亿 t，用水文比拟法计算未控区间累积来沙为 0.725 0 亿 t，合计为 3.726 5 亿 t。马莲河雨落坪断面 2006 年以来累积来沙 3.227 0 亿 t。由此计算马莲河雨落坪以上区间 2006 年以来累积淤积泥沙 0.499 5 亿 t，区间年均淤积 0.083 25 亿 t。取泾河泥沙密度 1.4 g/cm^3，由此计算马莲河雨落坪以上 2006 年以来累积淤积泥沙 0.356 8 亿 m^3，淤积量相对较大。

同流量水位法得出 2006～2011 年马莲河雨落坪以上累计淤积 0.304 0 亿 m^3，沙量平衡法得出累积淤积泥沙 0.356 8 亿 m^3，两者差距相对不大，故以沙量平衡法为准。

（二）泾河干流杨家坪以上河段

表 3-11 为泾河干流杨家坪站多年平均径流量、输沙量。杨家坪站多年平均径流量、输沙量分别为 6.749 9 亿 m^3、0.671 7 亿 t。其中多年平均流量为 21.39 m^3/s。以杨家坪站 20 m^3/s 同流量水位分析河道冲淤变化。

泾河杨家坪以上集水面积约为 14 124 km^2。1991～2001 年杨家坪站同流量水位基本稳定，2002 年汛前杨家坪开始修建公路桥。开挖施工导致主流刷深，图 3-7 为杨家坪 2006 年以来大断面套绘，高水部分基本没有变化，低水部分虽有年际间的变化，但总体冲淤平衡。

表 3-10　马莲河洪德至雨落坪区间 1990 年以来平均径流量、输沙量

年份	马莲河洪德 (1)		马莲河庆阳 (2)		东川河贾桥 (3)		合水川板桥 (4)		(2)+(3)+(4)	雨落坪	
	径流量 (亿 m^3)	输沙量 (万 t)	径流量 (亿 m^3)	输沙量 (万 t)	径流量 (亿 m^3)	输沙量 (万 t)	径流量 (亿 m^3)	输沙量 (万 t)	输沙量 (亿 t)	径流量 (亿 m^3)	输沙量 (亿 t)
1990	0.713 6	3 590	2.581	8 960	0.834	1 620	0.125 9	75.9	10 655.9	4.499 0	11 900
1991	0.492 0	2 770	1.858	6 920	0.799	1 750	0.190 1	491	9 161	4.386 0	11 200
1992	0.552 4	3 600	2.446	10 600	1.346	4 350	0.120 3	146	15 096	5.654 0	17 500
1993	0.861 5	5 500	1.749	6 810	0.652	949	0.123 9	75.6	7 834.6	4.078 0	10 100
1994	1.964	15 600	3.681	20 600	1.705	6 080	0.100 9	51.9	26 731.9	6.725 0	29 200
1995	0.754 5	4 500	2.639	10 800	0.911	2 480	0.134 8	175	13 455	5.136 0	18 600
1996	1.176	7 300	3.411	16 400	1.198	3 500	0.178 1	319	20 219	5.511 0	22 400
1997	0.985 1	6 520	2.409	11 000	0.521 1	1 070	0.070 9	9.3	12 079.3	3.242 0	13 200
1998	0.440 6	2 500	2.058	7 500	0.830 4	1 880	0.119	165	9 545	4.156 0	11 700
1999	0.514 0	3 070	1.926	6 030	0.965 0	2 930	0.092 1	82.1	9 042.1	4.078 0	12 800
2000	0.500 4	2 780	1.403	4 050	0.501 7	858	0.077 6	105	5 013	2.524 0	7 780
2001	0.768 3	4 530	1.962	6 060	0.865 5	1 830	0.110 3	128	8 018	3.424 0	10 200
2002	0.949 2	5 670	2.437	9 980	0.896 3	2 190	0.124 4	152	12 322	4.892 0	16 700

续表 3-10

年份	马莲河洪德(1)		马莲河庆阳(2)		东川河贾桥(3)		合水川板桥(4)		(2)+(3)+(4)	雨落坪	
	径流量(亿 m^3)	输沙量(万 t)	径流量(亿 m^3)	输沙量(万 t)	径流量(亿 m^3)	输沙量(万 t)	径流量(亿 m^3)	输沙量(万 t)	输沙量(亿 t)	径流量(亿 m^3)	输沙量(亿 t)
2003	0.399 9	2 000	2.524	7 220	0.879 6	2 000	0.275 2	478	9 698	5.476 0	13 000
2004	0.439 5	2 210	1.687	5 210	0.701 7	1 720	0.154 4	265	7 195	3.380 0	8 410
2005	0.351 3	1 510	1.459	4 380	0.481 8	936	0.157 7	254	5 570	2.721 0	7 190
2006	0.547 5	2 910	1.286	4 220	0.375 5	431	0.069 5	42.9	4 693.9	2.798 0	5 890
2007	0.564 8	2 620	1.304	3 950	0.509 2	849	0.075 7	89.3	4 888.3	2.498 0	5 740
2008	0.420 4	2 080	1.263	3 520	0.751 0	1 330	0.122 1	129	4 979	2.748 0	5 690
2009	0.359 9	1 810	1.176	3 270	0.613 7	867	0.181 4	282	4 419	2.831 0	5 060
2010	0.401 7	2 380	1.688	6 090	1.109 0	2 900	0.108 8	65.1	9 055.1	3.697 0	8 330
2011	0.257 6	910	1.141	1 870	0.402 4	63.3	0.109 9	45.9	1 979.2	2.351	1 560
平均	0.655 2	3 925	2.004	7 520	0.811 3	1 936	0.128 3	164.9	9 620	3.945 7	11 552
2006 年以来累积	2.551 9	12 710	7.858	22 920	3.760 8	6 440.3	0.667 4	654.2	30 014.5	16.923	32 270

2006 ~ 2011 年杨家坪同流量水位基本稳定在 928.10 m 左右。2005 年以来杨家坪 20 m^3/s 同流量水位累计上升 0.02 m。考虑到杨家坪水位流量关系曲线以及河道实际情况，泾河杨家坪以上河道面积约占集水面积的 1/10，约为 1 412 km^2，估算泾河杨家坪以上 2006 ~ 2010 年累计淤积约为 0.141 2 亿 m^3。年均淤积约为 0.023 53 亿 m^3，略微淤积。

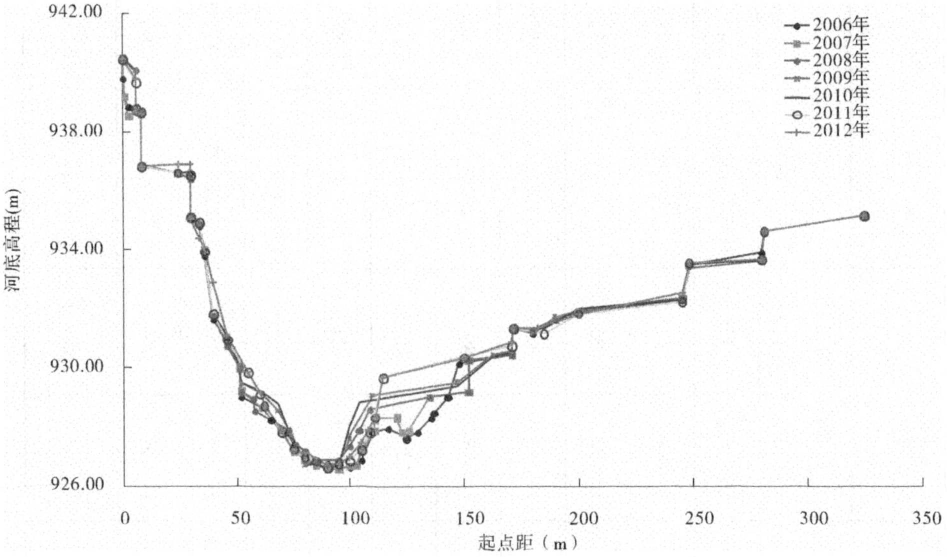

图 3-7　杨家坪历年大断面套绘

表 3-11　泾河杨家坪站水沙特征值

年份	径流量(亿 m^3)	输沙量(万 t)	20 m^3/s 同流量水位(m)
1956	8.491	10 400	
1957	5.273	5 920	
1958	10.08	17 500	
1959	6.385	10 200	
1960	3.789	3 420	
1961	10.51	4 300	
1962	7.274	3 640	
1963	6.525	3 550	
1964	17.99	23 300	
1965	6.783	2 600	
1966	16.68	25 600	
1967	13.27	6 870	
1968	14.43	14 200	
1969	7.918	8 250	

续表 3-11

年份	径流量(亿 m^3)	输沙量(万 t)	20 m^3/s 同流量水位(m)
1970	12.31	20 100	
1971	4.168	2 160	
1972	3.272	547	
1973	10.81	23 200	
1974	5.086	3 640	
1975	11.79	8 660	
1976	9.53	5 550	
1977	7.19	10 900	
1978	6.41	6 270	
1979	5.37	6 130	
1980	6.29	7 350	
1981	9.12	8 440	
1982	4.71	4 890	
1983	7.44	4 170	
1984	8.66	8 300	
1985	6.60	4 160	
1986	4.40	3 690	
1987	3.56	3 930	
1988	6.74	8 970	
1989	6.194	4 060	
1990	9.098	5 560	
1991	3.756	4 130	929.39
1992	6.672	8 910	929.38
1993	4.500	1 130	929.30
1994	4.449	4 940	929.18
1995	3.837	6 620	929.18
1996	8.276	18 500	929.12
1997	3.08	3 800	928.28
1998	3.805	3 400	
1999	3.869	4 090	
2000	2.788	2 920	

续表 3-11

年份	径流量(亿 m^3)	输沙量(万 t)	20 m^3/s 同流量水位(m)
2001	4.055	1 150	
2002	4.002	4 580	928.28
2003	8.009	4 530	928.25
2004	3.759	1 180	928.13
2005	5.173	1 880	928.09
2006	4.000	1 300	928.10
2007	2.876	1 390	928.17
2008	2.830	1 500	928.15
2009	2.105	1 050	928.10
2010	5.257	1 990	928.16
2011	5.560	215	928.11
平均	6.749 9	6 717	
2006 年以来累积		7 230	0.01

利用输沙量差值法验证计算泾河杨家坪以上 2006 年以来的淤积量。表 3-12 为泾河杨家坪以上河道干支流近年来平均径流量、输沙量。泾河泾川以上集水面积 3 145 km^2，泾河杨家坪以上集水面积 14 124 km^2，蒲河毛家河、洪河红河、内河袁家庵集水面积分别为 7 189、1 272、1 658 km^2，杨家坪以上未控面积约为 4 005 km^2。由于泾河泾川、蒲河毛家河、洪河红河、内河袁家庵以上均为河流上游，比降大，河道基本不淤积。故只计算泾河泾川至杨家坪区间的冲淤量。

根据表 3-12 计算，2006 年以来泾河杨家坪以上累积来沙 0.769 9 亿 t，用水文比拟法计算未控区间累积来沙为 0.218 3 亿 t，合计为 0.988 2 亿 t；泾河杨家坪断面 2006 年以来累积来沙 0.744 5 亿 t。由此计算泾河杨家坪以上区间 2006 年以来累积淤积泥沙 0.243 7 亿 t，年均淤积 0.040 6 亿 t。取泾河泥沙密度 1.4 g/cm^3，由此计算泾河杨家坪以上 2006 年以来累积淤积泥沙 0.174 1 亿 m^3。

同流量水位法得出 2006～2011 年泾河杨家坪以上累计淤积 0.141 2 亿 m^3；沙量平衡法得出泾河杨家坪以上 2006 年以来累积淤积泥沙 0.174 1 亿 m^3，两者差距不大，故以输沙量差值法数值为准。

(三)泾河干流杨家坪—张家山河段

以沙量平衡法计算杨家坪以下、张家山以上河道冲淤量。

表 3-13 为泾河杨家坪以下、张家山以上干、支流 1991 年以来输沙量及径流量。

表 3-12　泾河泾川至杨家坪区间 1990 年以来平均径流量、输沙量

年份	泾河泾川 (1)		内河袁家庵 (2)		洪河红河 (3)		蒲河毛家河 (4)		(1)+(2)+(3)+(4)	杨家坪	
	径流量 (亿 m^3)	输沙量 (万 t)	径流量 (亿 m^3)	输沙量 (万 t)	径流量 (亿 m^3)	输沙量 (万 t)	径流量 (亿 m^3)	输沙量 (万 t)	输沙量 (亿 t)	径流量 (亿 m^3)	输沙量 (亿 t)
1990	3.255	1 690	2.100	406	0.488 1	664	1.968	2 500	5 260	9.098	5 560
1991	1.165	385	0.664 1	30.2	0.411 2	765	1.571	2 930	4 110.2	3.756	4 130
1992	2.594	1 190	0.965 4	108	0.423 1	866	2.636	6 820	8 984	6.672	8 910
1993	1.949	196	1.261	133	0.204 8	71.2	1.158	831	1 231.2	4.500	1 130
1994	1.401	313	0.967 7	90.4	0.237 1	209	1.746	3 880	4 492.4	4.449	4 940
1995	1.021	795	0.418 4	227	0.205 3	330	1.963	4 850	6 202	3.837	6 620
1996	2.581	4 000	1.346	600	0.666 4	1 590	3.468	10 100	16 290	8.276	18 500
1997	0.757 6	136	0.356 1	107	0.134 4	40.5	1.418	3 280	3 563.5	3.08	3 800
1 998	1.508	434	0.567 2	43.6	0.398 0	562	1.370	2 500	3 539.6	3.805	3 400
1999	1.571	1 150	0.624 2	121	0.132 7	213	1.690	2 480	3 964	3.869	4 090
2000	0.636 9	180	0.454 2	87.2	0.142 2	72.0	0.979 3	2 150	2 489.2	2.788	2 920
2001	1.592	396	1.213	271	0.219 2	223	1.032	537	1 427	4.055	1 150
2002	1.018	297	0.698 8	83.1	0.333 7	552	1.845	3 660	4 592.1	4.002	4 580
2003	2.395	227	2.527	264	0.348 6	349	1.928	3 610	4 450	8.009	4 530
2004	1.421	233	0.884 7	178	0.201 3	169	1.081	951	1 531	3.759	1 180
2005	1.688	588	1.625	234	0.246 0	297	1.070	864	1 983	5.173	1 880
2006	1.363	388	0.906 4	68.5	0.327 5	312	0.937 3	579	1 347.5	4.000	1 300
2007	0.807 4	79.4	0.682 3	16.2	0.210 7	49.2	1.135	1 290	1 434.8	2.876	1 390
2008	0.817 0	3.87	0.588 7	5.98	0.128 8	27.5	1.322	1 650	1 687.35	2.830	1 500
2009	0.627 7	38.9	0.403 9	0.138	0.152 8	37.5	0.882 0	949	1 025.538	2.105	1 050
2010	2.003	734	2.322	481	0.296 4	199	0.806 1	585	1 999	5.257	1 990
2011	2.381	57.4	2.362	66.9	0.220 4	20.1	0.685 9	60.8	205.2	5.560	215
平均	1.570 6	614. 2	1.088 1	164.6	0.278 6	346.23	1.486 0	2 593.5	3 686	4.625 3	3 853
2006 年以来累积	7.999 1	1 301.6	7.265 3	638.72	1.336 6	645.3	5.768 3	5 113.8	7 699.4	22.628	7 445

表 3-13　泾河桃园以上 1991 年以来平均径流量、输沙量

年份	泾河杨家坪 (1)		马莲河雨落坪 (2)		三水河芦村河 (3)		(1)+(2)+(3)	张家山		泾河桃园	
	径流量 (亿 m^3)	输沙量 (万 t)	径流量 (亿 m^3)	输沙量 (万 t)	径流量 (亿 m^3)	输沙量 (万 t)	输沙量 (万 t)	径流量 (亿 m^3)	输沙量 (万 t)	径流量 (亿 m^3)	输沙量 (万 t)
1991	3.756	4 130	4.386 0	11 200	0.835 4	145	15 475				
1992	6.672	8 910	5.654 0	17 500	0.577 3	130	26 540				
1993	4.500	1 130	4.078 0	10 100	0.667 6	49.6	11 280				
1994	4.449	4 940	6.725 0	29 200	0.575 9	84.0	34 224				
1995	3.837	6 620	5.136 0	18 600	0.233 4	162	25 382				
1996	8.276	18 500	5.511 0	22 400	0.388 6	82.1	40 982				
1997	3.08	3 800	3.242 0	13 200	0.282 1	2.24	17 002				
1998	3.805	3 400	4.156 0	11 700	0.448 6	67.2	15 167				
1999	3.869	4 090	4.078 0	12 800	0.263 5	14.3	16 904				
2000	2.788	2 920	2.524 0	7 780	0.211 4	60.7	10 761				
2001	4.055	1 150	3.424 0	10 200	0.255 2	67.4	11 417				
2002	4.002	4 580	4.892 0	16 700	0.165 9	12.8	21 293	6.939	19 600		
2003	8.009	4 530	5.476 0	13 000	2.702	724	18 254	17.42	20 400	17.57	18 200
2004	3.759	1 180	3.380 0	8 410	0.270 9	49.5	9 640	5.963	11 400	9.537	11 500

续表 3-13

年份	泾河杨家坪 (1)		马莲河雨落坪 (2)		三水河芦村河 (3)		(1)+(2)+(3)	张家山		泾河桃园	
	径流量 (亿 m^3)	输沙量 (万 t)	径流量 (亿 m^3)	输沙量 (万 t)	径流量 (亿 m^3)	输沙量 (万 t)	输沙量 (万 t)	径流量 (亿 m^3)	输沙量 (万 t)	径流量 (亿 m^3)	输沙量 (万 t)
2005	5.173	1 880	2.721 0	7 190	0.217 1	8.01	9 078	6.915	8 040	9.613	8 790
2006	4.000	1 300	2.798 0	5 890	0.323 0	17.8	7 209	4.519	7 710(7 290)	7.539	8 660
2007	2.876	1 390	2.498 0	5 740	0.490 0	10.9	7 141	4.456	6 890(6 390)	8.151	7 830
2008	2.830	1 500	2.748 0	5 690	0.290 0	0.895	7 191	3.602	7 640(7 170)	7.497	7 270
2009	2.105	1 050	2.831 0	5 060	0.230 8	0.201	6 110	3.435	6 720(6 320)	5.176	6 160
2010	5.257	1 990	3.697 0	8 330	0.875 0	41.1	10 361	10.51	14 700 (14 600)	13.00	17 100
2011	5.560	215	2.351	1 560	1.512	96.5	1 871.5	9.807	2 680	13.87	3 210
平均		3 950		12 035		86.50	16 072		9 272		9 406
2006 年以来累积		7 445		32 270		167.40	39 884		46 340 (44 450)		50 240

1991 年以来下游站除个别年份外输沙量均偏大，泾河上游杨家坪、马莲河雨落坪、三水河芦村河 1991 年以来年均输沙量分别为 0.395 0 亿、1.203 5 亿、0.086 5 亿 t，合计为 1.607 2亿 t。泾河下游张家山、桃园年以来年均输沙量分别为 0.927 2 亿、0.940 6 亿 t。如果不考虑区间沙量加入，桃园以上泾河干支流河道 1991 年以来略有冲刷。

2006 年以后泾河上游杨家坪、马莲河雨落坪、三水河芦村河累积输沙量分别为 0.744 5亿、3.227 亿、0.016 74 亿 t，合计为 3.988 2 亿 t。泾河下游张家山、桃园 2006 年以来累积输沙量分别为 4.634 亿、5.024 亿 t。泾河上游杨家坪、马莲河雨落坪、三水河芦村河集水面积分别为 14 124 km^2、19 019 km^2、1 294 km^2，泾河张家山集水面积为 43 216 km^2，杨家坪至张家山区间未控面积为 8 799 km^2，按照水文比拟法计算未控区间来沙约为 0.943 5亿 t。由此计算泾河杨家坪至张家山区间 2006 年以来累计淤积 0.297 7 亿 t。取泾河泥沙密度 1.4 g/cm^3，由此计算泾河杨家坪至张家山区间 2006 年以来累积淤积泥沙 0.212 6 亿 m^3，年均淤积 0.035 44 亿 m^3。

（四）泾河干流张家山—桃园河段

泾河桃园集水面积为 45 373 km^2，泾河张家山至桃园区间未控面积为 2 157 km^2。按照水文比拟法计算未控区间来沙约为 0.238 8 亿 t。由此按沙量平衡法计算，泾河张家山至桃园区间 2006 年以来累计冲刷 0.151 2 亿 t。取泾河泥沙密度 1.4 g/m^3，泾河张家山至桃园区间 2006 年以来累积冲刷 0.108 0 亿 m^3，年均冲刷 0.018 亿 m^3。

第四章　渭河下游临渭区河段采砂情况调查

渭河下游临渭区河段是采砂集中地区。该河段赤水河口以上为过渡河道，赤水河口以下为蜿蜒型河道，河道比降1.8‰～3.0‰，河道宽3 km左右，主槽一般宽300 m左右，滩面宽大、主槽窄深。近期赤水河以上的过渡河段呈现出明显的曲流特征——滩槽明显且具有相对较为稳定的主槽，该河段治理以稳定主槽和增加泄洪能力为主要目标。

该河段有4条南山支流汇入，分别是零河、尤河、赤水河、遇仙河，其中零河和尤河上建有零口水库和尤河水库，拦蓄了这两条支流几乎全部的砾、卵石推移质和部分粗砂推移质。

渭河中下游有着丰富的砂石资源，主要来自泾河、千河及较大南山支流。渭河下游渭南市境内河段在20世纪90年代以前，往往是零星采砂。20世纪90年代以来，随着经济的快速发展和基本建设规模的扩大，对河砂的需求不断增加，渭河河道的采砂规模随之迅速扩大，采砂量亦迅猛增涨，尤其是在将灞河划为禁采河流后，在渭河采砂的单位和个人越来越多，采砂量与日俱增。

一、临渭区河段砂石资源概况

渭河下游连续宽级配床沙的输移量随流速的增大而增加。由于床沙组成与来水条件、边界条件及河道形态等因素有关，在渭河下游有泾河和南山支流汇入或有抛石护岸等局部因素影响，因此局部河段床沙粒径大于1 mm部分在料配曲线中占有一定比例，临渭区以下河段，除南山支流零河、尤河、赤水河入渭河口段外，河床组成基本上为中细砂。

在渭河下游临渭区以下河段，河床由中细砂、中粗砂组成。一般来说，弯道的凸岸边滩、江心洲滩（碛坝）、江心洲的头部和尾部都是推移质泥沙和悬移质泥沙堆积的部位，构成位置相对固定的成型堆积体，其泥沙粒径的组成视不同河段而异，渭河下游临渭区以下河道沙质推移质就逐渐沉积在由中细砂、中粗砂组成的河床上。

在临渭区段，可以作为建筑用砂的中粗砂主要分布在渭河主槽及滩地的下部；主槽以中粗砂、中细砂为主，砂的成分以石英、长石为主，分选、磨圆均较好，泥质含量少。渭河主槽中堆积的中粗砂可以作为3区建筑用砂，上游渭淤19#断面附近，颗分资料显示已接近2区砂，为较为理想的混凝土细骨料。

按临渭区主槽极限开采深度内（枯水期河水位以下15.0 m），根据各段河槽的曲流长度35.545 km及主槽宽度计算，可供建筑用砂的静态可利用储量为6 812万 m^3。按最深点以下2.5 m开采深度考虑，可供利用的建筑用砂静态总储量为843万 m^3。临渭区河段砂石多年平均可能静态补给量约285.7万 m^3。在进行砂石资源利用的情况下，渭河下游临渭区河段砂石多年平均可能补给量为285.7万～500.0万 m^3。

二、河段采砂相关规划成果

临渭区河段采砂方式主要是利用采砂船抽砂（水捞），水捞采砂船分为吸砂泵和链斗式两种，生产的砂料均需堆放在河道滩地控水后进行销售。目前，临渭区主要是利用采砂船采砂，采砂必须在河道内滩地临时沉沙控水后才能成为商品砂，故需要在河滩就近沉砂，同时多在河滩临时堆砂。如果河道内无就近条件，或在河道外就近堆砂，或就近在公路、村庄征地堆放，占用农田并大风天气引起场尘，对当地土地利用、环境造成了一定的影响，同时渭河下游河道内堆砂也极大地影响着河道景观。

临渭区河段采砂的主要方式为机械抽砂船抽采，依据《渭河下游渭南市境内河段河道采砂规划报告(2010年10月~2015年4月)》(简称《采砂规划》)，临渭区河段内布设8个采砂场，开采总长7.6 km，规划2010年开采量80万 m^3(见表4-1)。

表4-1　渭河下游临渭区境内河段可采区规划

编号	管理单位	可采区名称	可采区长度(km)	位置(按河道距离计)		2010年开采量(万 m^3)	控制机械台数(台)	备注
				上端	下端			
1	渭南河务局	张义(上)	1.10	渭淤19断面上游4.26 km	渭淤19断面上游3.16 km	11.0	3(大)	河中心线右岸
2		张义(下)	0.95	渭淤19断面上游2.60 km	渭淤19断面上游1.65 km	10.0	3(大)	河中心线右岸
3		西庆屯	0.70	渭淤19断面上游1.10 km	渭淤19断面上游0.40 km	7.0	2(大)	河中心线右岸
4		姜方郭	1.00	渭淤18断面上游2.65 km	渭淤18断面上游1.65 km	12.0	3(大)	河中心线右岸
5		沙王	0.85	渭淤18断面上游1.25 km	渭淤18断面上游0.40 km	7.0	2(大)	河中心线右岸
6		上涨渡	1.10	渭淤16(二)断面上游2.20 km	渭淤16(二)断面上游1.10 km	13.0	4(大)	河中心线右岸
7		田家	0.60	渭淤14断面上游1.50 km	渭淤14断面上游0.90 km	6.0	2(大)	河中心线右岸
8		埝头	1.30	渭淤14断面下游0.40 km	渭淤14断面下游1.70 km	14.0	3(大)	河中心线右岸
合计				7.60		80.0		

考虑到随着国民经济的发展对砂石料需求的增加，在今后5 a内拟以8%的增长率控制采砂量，到2015年度渭河下游临渭区境内河段共计采砂量为108.8万 m^3，各可采区各年度采砂量列于表4-2。

表 4-2　临渭区境内河段可采区各年度采砂量规划

管理中心	开采区名称	年度砂石开采量(万 m^2)				
		2010 年 10 月 ~ 2011 年 4 月	2011 年 10 月 ~ 2012 年 4 月	2012 年 10 月 ~ 2013 年 4 月	2013 年 10 月 ~ 2014 年 4 月	2014 年 10 月 ~ 2015 年 4 月
渭南河务局	张义(上)	11.0	11.9	12.8	13.9	15.0
	张义(下)	10.0	10.8	11.7	12.6	13.6
	西庆屯	7.0	7.6	8.2	8.8	9.5
	姜方郭	12.0	13.0	14.0	15.1	16.3
	沙王	7.0	7.6	8.2	8.8	9.5
	上涨渡	13.0	14.0	15.2	16.4	17.7
	田家	6.0	6.5	7.0	7.6	8.2
	埝头	14.0	15.1	16.3	17.6	19.0
	小计	80.0	86.5	93.4	100.8	108.8

为了避免规划期内保留区大量使用给河势、防洪等方面带来不利影响，在严格控制使用原则下，必须实施保留区年度控制采砂总量。根据河务局的保留区数量及河道长度，并根据河道的储沙量及补给量等综合考虑，临渭区河段的保留区年度控制采砂总量为 10.0 万 m^3，规划保留区 5 处，总长 4.25 km，详见表 4-3。

表 4-3　渭河下游临渭区境内河段保留区规划

编号	管理单位	保留区名称	保留区长度(km)	位置	
				上端	下端
1	渭南河务局	零河口(下游)	0.60	渭淤 19 断面上游 4.86 km	渭淤 19 断面上游 4.26 km
2		南赵村(上)	1.20	渭淤 19 断面下游 0.40 km	渭淤 18 断面上游 3.65 km
3		沙王桥(上)	0.30	渭淤 18 断面下游 0.60 km	渭淤 18 断面下游 0.90 km
4		杨家下段	1.25	渭淤 16(二)断面下游 0.40 km	渭淤 15 断面上游 2.90 km
5		田家工程	0.90	渭淤 15 断面下游 0.55 km	渭淤 14 断面上游 1.50 km
合计			4.25		

根据调查计算，2010 年临渭区河段开采量 196.0 万 m^3 左右，每年开采量均按 2010 年开采量估算。

三、渭河下游临渭区河段现状采砂、堆砂的基本特点

(一)现状采砂点分布及其开采方式、开采量

2010 ~ 2011 采砂年度，渭河下游渭南临渭区河段共设置 9 个采砂场，由上游至下游

分别为张义下、西庆屯、姜方郭、沙王、上涨渡、田家、埝头、信义、孝义采砂场，开采长度分别为0.95、0.7、1、0.85、1.1、0.6、1.3、0.7、1.4 km，共8.6 km，办理采砂设备卡66个，许可开采量83万 m^3。2010～2011采砂年度采砂场基本情况统计见表4-4。

表4-4　2010～2011采砂年度采砂场基本情况统计表

编号	采砂点名称	位置（上端－下端）	开采长度（km）	年开采量		开采点距堤防距离	开采方式
				许可（万 m^3）	实际（万 m^3）		
1	张义下	渭淤19断面上游2.60 km 渭淤19断面上游1.65 km	0.95	10.0	12	无堤防	采砂船抽砂
2	西庆屯	渭淤19断面上游1.10 km 渭淤19断面上游0.40 km	0.7	7.0	14	无堤防	
3	姜方郭	渭淤18断面上游2.65 km 渭淤18断面上游1.65 km	1	12.0	24	1	
4	沙王	渭淤18断面上游1.25 km 渭淤18断面上游0.40 km	0.85	9.0	18	1.5	
5	上涨渡	渭淤16(二)断面上游2.20 km 渭淤16(二)断面上游1.10 km	1.1	10.0	16	2	
6	田家	渭淤14断面上游1.50 km 渭淤14断面上游0.90 km	0.6	6.0	12	1	
7	埝头	渭淤14断面下游0.40 km 渭淤14断面下游1.70 km	1.3	12.0	18	0.8	
8	信义	渭淤13断面下游0.80 km 渭淤13断面下游1.50 km	0.7	10.0	60	1.5	
9	孝义	渭淤13断面下游0.40 km 渭淤13断面下游1.50 km	1.4	7.0	22	1.5	
总计			8.6	83.0	196		

注：位置主要写表与断面或河道工程的相对关系。

从表4-4可以看出，9个采砂场年开采量总量达196万 m^3，大于许可开采量83万 m^3；年开采量最大为信义砂场，为60万 m^3，最小为张义下、田家砂场，均为12万 m^3。沙王采砂场2010～2011采砂年度许可开采长度0.85 km，办理采砂设备卡8个，许可开采量7万 m^3，实际开采量约18万 m^3，远大于许可开采量。

临渭区河段河道采砂具有以下几个显著特点：

（1）砂石资源特性和临渭区河段采砂方式决定了滩地沉砂成为河道砂石开采的生产环节，沉砂控水后才能完成采砂过程，砂石资源才能成为可销售的商品砂。

（2）河道砂石开采具有明确的时限要求，一般集中在当年10月至翌年3月，采砂时限短，销售时间长，集中开采全年销售是临渭区河段采砂的一个显著特征。

（3）采砂活动对河道管理影响较大，增加了河务管理的任务、管理成本。

虽然多年来采砂管理逐步规范，取得了明显成效，但仍存在以下几个方面的突出问题：

（1）砂石料拉运过程中，车辆吨位较大，经常出现不按批复运输路线行驶的情况，造成部分堤顶路面、联坝路损坏较为严重，维修养护成本增大，给工程管理带来很大的困难。

（2）由于河沙抽出后必须在河道内进行砂料沉积排水，采砂时限短而集中，超采现象严重。

（3）《采砂规划》中个别可采区域砂储量探测、来砂分析不准确，与现实生产作业有一定差距，造成个别区域无砂可采，采砂深度难以控制，造成超区域开采。

（4）采砂船多为采砂户自制，难以形成统一的管理控制。同时，随着砂石需求旺盛，采砂从业人员逐年增多，非法采砂活动时有发生，例如2010年临渭区共计12名采砂户从事非法作业，影响规范管理工作。

（二）现状堆砂点分布及其堆砂方式、堆砂量

由于抽出的砂石料必须沉淀排出抽砂积水，因此在河道工程保护范围外可根据具体情况划定临时沉砂场，堆砂点至堤防距离应为3～5 km，采砂户自行将砂石料从开采点沉砂场转运至堆砂点。2010～2011年临渭区河段堆砂基本情况统计详见表4-5。

表4-5　2010～2011年临渭区河段堆砂基本情况

编号	采砂点名称	位置（上端－下端）	开采长度（km）	年开采量（万 m^3）	实际转运量（万 m^3）	转运距离（km）		堆砂相对河槽位置		堆砂方式
						堤防至堆砂场距离	转运总长	右	左	
1	张文下	渭淤19断面上游2.60 km 渭淤19断面上游1.65 km	0.95	12	0	无堤防		√		滩地堆砂
2	西庆屯	渭淤19断面上游1.10 km 渭淤19断面上游0.40 km	0.7	14	0	无堤防		√		
3	姜方郭	渭淤18断面上游2.65 km 渭淤18断面上游1.65 km	1	24	8	3～5	4～6		√	滩地与河道外联运堆砂
4	沙王	渭淤18断面上游1.25 km 渭淤18断面上游0.40 km	0.86	18	4	3～5	4～7		√	
5	上涨渡	渭淤16（二）断面上游2.20 km 渭淤16（二）断面上游1.10 km	1.1	16	0	3～5	5～7		√	滩地堆砂
6	田家	渭淤14断面上游1.50 km 渭淤14断面上游0.90 km	0.6	12	8	3～5	4～6	√		滩地与河道外联运堆砂
7	埝头	渭淤14断面下游0.40 km 渭淤14断面下游1.70 km	1.3	18	14	3～5	4～6	√		
8	信义	渭淤13断面下游0.80 km 渭淤13断面下游1.50 km	0.7	60	8	3～5	5～7		√	
9	孝义	渭淤13断面下游0.40 km 渭淤13断面下游1.50 km	1.4	22	6	3～5	5～7		√	
总计			8.6	196	48					

注：位置主要写表与断面或河道工程的相对关系。

由表4-5中可以看出，堆砂场至堤防距离一般为3~5 km，张义下、西庆屯、田家、埝头堆砂场相对河槽偏右，姜方郭、沙王、上涨渡、信义、孝义堆砂场相对河槽偏左。

经2011年3月底停采后统计，河段范围滩地内实际堆砂总量约163万 m^3，截至目前，河道内滩地仍剩余44万 m^3。堆砂场实际转运总量为48万 m^3，埝头转运量最大，为14万 m^3，其次为姜方郭、田家、信义，转运量均为8万 m^3，张义下、西庆屯、上涨渡未转运。堆砂量最大为信义52万 m^3，沙王采砂场堆砂高度最高时超过12 m。

渭河临渭区段的现状堆砂方式主要有滩地堆砂、滩地与河道外联运堆砂两种方式，其中，张义下、西庆屯、上涨渡采用滩地堆砂，姜方郭、沙王、田家、埝头、信义、孝义采用滩地与河道外联运堆砂。

2010~2011年度采砂情况与调研结果表明，临渭区段河道堆砂具有以下特点：

（1）采砂生产期集中的冬季各建筑工地处于停工期，砂石处于销售淡季，停采期是销售旺季，堆砂场是实现非开采期全年销售必须的环节。

（2）严重超采造成堆砂超高超量。现有的采砂设备日生产量平均在500~1 500 m^3，各采砂户为了节约成本，征用的临时沉砂场面积不够，实际开采量为许可量的2.36倍，超采严重，造成开采的砂石超高超量堆放。

（3）砂石转运需要大量费用。据调研，砂石转运需费用3~4元/(m^3·km)，由于超采，大大增加了需转运砂石量，砂石转运需大量费用。

堆砂存在的主要问题为：一是河道滩地砂石料堆积数量大，转运量大，清障工作难度大；二是没有进行转运的砂场并没有影响销售，反而是转运出去的滞销，因此各采砂户转运的积极性不高。

（三）采砂量估算

根据2010年9个采砂场年开采总量196万 m^3 估算，2006~2011年渭河下游临渭区河段采砂总量约为1 176万 m^3。由于渭河下游用断面法计算冲淤量，因此已包括采砂量。

第五章 渭河流域水库、河道冲淤分析成果综述

渭河流域2006年以来水库、河道冲淤量见表5-1。2006年以来渭河流域水库、河道淤积总淤积量约为0.135 3亿m^3，年均淤积量约为0.022 6亿m^3，占2006～2011年华县年均输沙0.977 8亿m^3(1.369亿t)的2.31%。水库淤积量最大，为0.513 7亿m^3，其次为马莲河雨落坪以上，淤积量为0.356 8亿m^3；渭河拓石至宝鸡峡河道淤积量为0.314 7亿m^3；渭河咸阳以下冲刷最多，冲刷1.791 4亿m^3；泾河杨家坪至张家山区间冲刷量为0.108 0亿m^3。北洛河冲刷量为0.015 7亿m^3。

2006～2010年渭河流域水库、河道总淤积量约为0.783亿m^3，年均约为0.156 6亿m^3。2011年渭河发生了1981年以来最大的一场洪水，渭河发生了大幅冲刷，具有小水逐年淤积、大水集中冲刷的特点。

表5-1 渭河流域水库及河道冲淤量

序号	淤积名称	2006～2011年淤积量(亿m^3)	说明
1	水库	0.513 7	
2	葫芦河秦安以上	0.196 1	
3	渭河北道以上区间	0.024 36	
4	渭河北道至拓石区间	0.047 43	
5	渭河拓石至宝鸡峡区间	0.314 7	河道部分
6	渭河林家村至魏家堡区间	-0.072 14	
7	渭河魏家堡至咸阳区间	0.282 8	
8	泾河杨家坪以上	0.174 1	
9	马莲河雨落坪以上	0.356 8	
10	泾河杨家坪至张家山区间	0.212 6	
11	泾河张家山至桃园区间	-0.108 0	
12	渭河咸阳以下	-1.791 4	
13	北洛河	-0.015 7	
合计		0.135 3	年均0.002 26

参 考 文 献

[1] 韩其为. 水库淤积[M]. 北京:科学出版社,2003.

[2] 张瑞瑾. 河流泥沙动力学[M]. 2 版. 北京:中国水利水电出版社, 1998.

[3] 黄河水利科学研究院. 黄河干流水库调水调沙关键技术研究与龙羊峡、刘家峡水库运用方式调整研究[R]. 2008.

[4] 金双彦,范国庆,胡跃斌,等. 2012 年汛期黄河流域水沙情势跟踪研究[R]. 黄河水利委员会水文局,2013.

[5]金双彦,林灿尧,张展,等. 下垫面变化对皇甫川"7·21"洪水特性的影响[J]. 人民黄河,2013,35(4):19-21.

[6] 黄河勘测规划设计有限公司. 2011 年黄河中下游洪水调度方案研究[R]. 2011.

[7] 黄河勘测规划设计有限公司. 小浪底水库拦沙后期防洪减淤运用方式研究技术报告[R]. 2011.

[8] 宋伟华,盖永刚,蔺冬. 2013 年龙羊峡、刘家峡水库联合防洪调度方案研究[R]. 黄河勘测设计有限公司,2013.

[9] 侯素珍,林秀芝,等. 利用并优化桃汛洪水冲刷潼关高程试验分析[J]. 泥沙研究,2008(4):54-57.

[10] 黄河水利科学研究院. 2006~2008 年利用并优化桃汛洪水过程冲刷降低潼关高程原型试验分析评估[R]. 2009.

[11] 林秀芝,等. 2009 年利用并优化桃汛洪水冲刷潼关高程原型试验效果分析[C]//陈五一,夏军,朱鉴远. 水文泥沙研究新进展. 北京:中国水利水电出版社,2010.

[12] 张林忠,江恩惠,赵新建. 黄河下游游荡型河道整治效果评估[J]. 人民黄河,2010,32(3):21-23.

[13] 韩曼华,顾文书. 黄河河龙区间与泾洛渭地区暴雨与产水产沙关系的初步分析[M]//汪岗,范昭. 黄河水沙变化研究(第一卷). 郑州:黄河水利出版社,2002.

[14] 潘贤娣,董雪娜,李勇,等. 黄河水沙特性变化综合分析[M]//汪岗,范昭. 黄河水沙变化研究(第二卷). 郑州:黄河水利出版社,2002.

[15] 冉大川,左仲国,吴永红,等. 黄河中游近期水沙变化对人类活动的响应[M]. 北京:科学出版社,2012.

[16] 冉大川,李占斌,李鹏,等. 大理河流域水土保持生态工程建设的减沙作用研究[M]. 郑州:黄河水利出版社,2008.

[17] 冉大川,柳林旺,赵力仪,等. 黄河中游河口镇至龙门区间水土保持与水沙变化[M]. 郑州:黄河水利出版社,2000.

[18] 徐建华,李晓宇,陈建军,等. 黄河中游河口镇至龙门区间水利水保工程对暴雨洪水泥沙影响研究[M]. 郑州:黄河水利出版社,2009.